Callwey

AUDEMARS, PIGUET & C°

BREGUET
2316
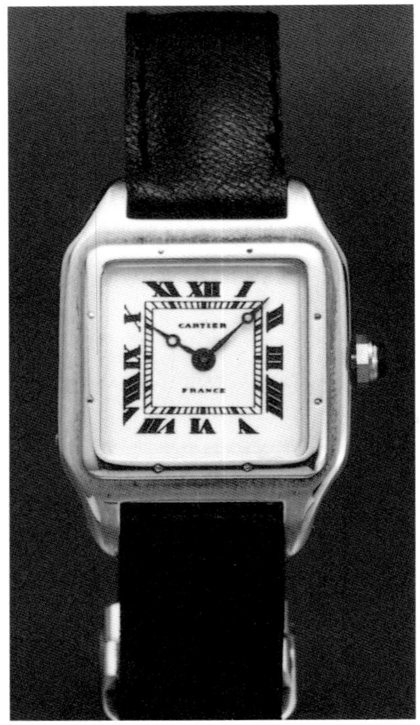
CARTIER
FRANCE

Helmut Kahlert
Richard Mühe
Gisbert L. Brunner

ARMBAND UHREN

100 Jahre Entwicklungsgeschichte

Callwey

Idee und Konzeption
Christian Pfeiffer-Belli

Dank
Für die Erstellung des Preisführers
danken Autoren und Verlag
Herrn Stefan Muser,
Auktion Dr. Crott, Mannheim

5. erweiterte Auflage mit über 1500 Uhren und Preisführer

1996 Verlag Georg D. W. Callwey GmbH & Co.,
Streitfeldstraße 35, 81673 München

Umschlaggestaltung: HBC-Design, München,
unter Verwendung einer Aufnahme von Antiquorum, Genf
Herstellung: Heide Hohendahl, München
Satz und Montage: Filmsatz Schröter GmbH, München
Farb-Lithos: Karl Findl & Partners, Icking
Schwarzweiß-Lithos: Brend'amour, Simhart GmbH & Co., München,
und eurocrom 4, Villorba/Italien
Druck und Bindung: Kösel GmbH & Co., Kempten
Printed in Germany

Schutzumschlag:
Eine von zwei hergestellten Stahl-Gold-Kalenderuhren
mit Chronograph von Audemars Piguet, Nr. 45908, 1947;
Handaufzugswerk, 13linig mit 19 Steinen, Breguet-Spirale,
8 Adjustments

Die Deutsche Bibliothek – CIP-Einheitsaufnahme

Armbanduhren: 100 Jahre Entwicklungsgeschichte / Helmut Kahlert;
Richard Mühe; Gisbert L. Brunner. – 5., erw. Aufl. –
München: Callwey, 1996
ISBN 3-7667-1241-1
NE: Kahlert, Helmut; Mühe, Richard; Brunner, Gisbert L.

Inhaltsverzeichnis

Bildteil

Anhang

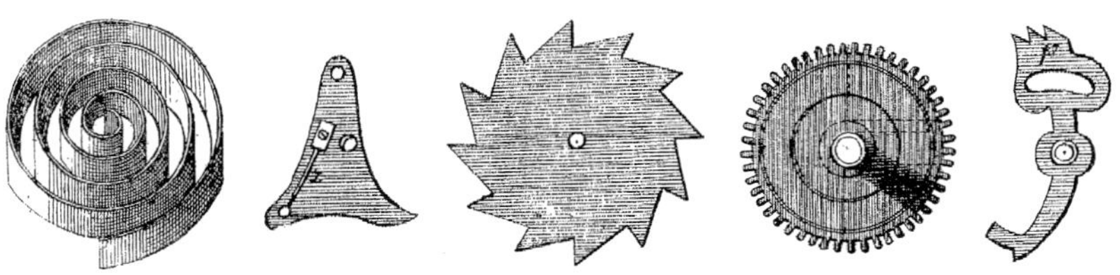

Vorwort zur 5. Auflage

Jede Uhrenform hat ihre große Zeit, und zum 20. Jahrhundert gehört die Armbanduhr. Über Grenzen und Kontinente hinweg, der rasche Blick auf die Uhr am Handgelenk ist zur internationalen Gewohnheit geworden. Was im 19. Jahrhundert noch Programm und Versprechen blieb, die tragbare Uhr für alle, hat man für große Teile der Weltbevölkerung im Zeitalter der Armbanduhr eingelöst.

Weltweit wurden um 1965 etwa 100 Millionen mechanische Uhren gefertigt, dreißig Jahre später, 1995 hat die Weltproduktion die Milliardengrenze knapp überschritten. Die weitaus meisten dieser Uhren waren mit einem Quarzwerk ausgestattet, dies gilt für Großuhren wie für Kleinuhren (Armbanduhren). Die Produktionsstätten von Japan und Hongkong liegen mengenmäßig eindeutig an der Spitze, betrachtet man hingegen den Wert der verkauften Uhren, dominiert die Schweizer Fertigung. Leider erlauben es die statistischen Unterlagen nicht, exakt zwischen Großuhren und Armbanduhren zu trennen, aber Experten schätzen die Weltproduktion von Armbanduhren auf jährlich 500 bis 700 Millionen.

Die Armbanduhr dokumentiert und repräsentiert einen entscheidenden Abschnitt der Uhrengeschichte. Während die einen zwischen 1950 und 1970 ihre Ansprüche an die Leistungsfähigkeit mechanischer Systeme immer höher angesetzt haben, bei komplizierten Uhren wie bei Gebrauchsuhren, arbeiteten andere an der elektromechanischen Armbanduhr, der Stimmgabeluhr und schließlich am elektronischen Werk mit Schwingquarz.

Entscheidende Bauteile der neuen Technologie entstanden nicht in Uhrenfabriken oder in ihnen nahestehenden Forschungsinstitutionen, sondern gewissermaßen nebenbei mit staatlicher Förderung in den Laboratorien der großen Elektronikunternehmen. Heute gelten die elektromechanischen Werke von 1960, ebenso wie die noch recht klobig wirkenden Quarzarmbanduhren von 1970, als Dokumente der Technikgeschichte – und sind des Sammelns wert. Immer mehr verkürzt sich der Zeitraum, in dem aus Gebrauchsgütern erhaltenswerte Objekte werden. Ob man die frühe automatische Armbanduhr von Harwood aus der Zeit vor 1930 heranzieht oder die *Omega Speedmaster Professional* (Astronautenuhr) von 1965 – als »Klassiker« gelten beide.

Eingeordnet in die Geschichte der Zeitmessung und selbst bezogen auf 700 Jahre Geschichte der mechanischen Räderuhr, die Armbanduhr erscheint als sehr junger Uhrentyp. Sie ist, wenn einzelne Vorläufer ausgeklammert bleiben, erst ein gutes Jahrhundert alt, so daß der Untertitel dieses Buches – 100 Jahre Entwicklungsgeschichte – gerechtfertigt erscheint. Im Jahre 1930 wurden von der Schweiz erstmals ebensoviele Armbanduhren wie Taschenuhren exportiert, insgesamt jeweils 6,2 Millionen. Bereits zwanzig Jahre später galt die Taschenuhr als nostalgische Erscheinung, die als modern und praktisch eingestufte Armbanduhr hatte gewonnen. Und was oft vergessen wird: Es waren die Frauen, die der Armbanduhr zum Durchbruch verholfen haben, während manche Fach»Männer« die Entwicklung eher zu bremsen versuchten.

Der Schwerpunkt dieses Buches liegt bei den mechanischen Armbanduhren, wobei auch die moderne Produktion angemessene Berücksichtigung findet. Besonders ausführlich wird die Schweizer Armbanduhr behandelt. Die deutschen Hersteller werden ihrem Stellenwert entsprechend einbezogen, doch man findet auch vom Design oder von der Technik her interessante Armbanduhren aus Frankreich oder aus Japan, aus den USA oder aus Rußland.

Geschrieben wurde dieser Band für einen breiten Kreis (möglicher) Sammler und Liebhaber von Armbanduhren, deshalb hatten Verständlichkeit und Lesbarkeit Vorrang. Doch auch Uhrmacher und Uhrenhistoriker werden manche Anregung finden. Besonderen Wert legten die Autoren auf den Bildteil, wobei, stärker als allgemein üblich, Uhrwerke abgebildet und detailliert beschrieben werden. Das ermöglicht dem Leser, durch Vergleichen Sachkompetenz zu erlangen, also einen Informationsvorsprung, der sich bei möglichen Käufen positiv auswirken kann.

Bei der ersten Auflage dieses Bandes im Jahre 1983 hatten zwei Motive die Verfasser geleitet: Als *Uhrensammler* wollten sie ihren Kollegen, deren Zahl allerdings damals noch recht klein war, ein Buch vorlegen, das motivierend die Breite des Sammelgebietes aufzeigt, von der Gebrauchsuhr bis zur Luxusuhr. Es sollte ebenso die zahllosen reizvollen Varianten, Sonderformen und »Komplikationen« zu ihrem Recht kommen lassen. Als *Technikhistoriker* sahen die Autoren es als ihren Auftrag an, die mechanische Armbanduhr, die damals technisch wie ökonomisch dem starken Druck der »Quarzrevolution« ausgesetzt und in ihrer Existenz gefährdet war, in Bild und Wort angemessen zu dokumentieren. Nur wenige Daten zur Erinnerung: Zwischen 1980 und 1985 gingen in der Schweizer Uhrenindustrie über 14000 Arbeitsplätze verloren, und die Firmen Omega (1984), Certina (1985) und Longines (1986) mußten die Herstellung eigener Kaliber aufgeben (zit. nach Kocher).

Es war damals ein verlegerisches Wagnis, einen anspruchsvollen Bildband über Armbanduhren zu publizieren. Inzwischen sind im gleichen Verlag acht Bücher über Armbanduhren erschienen.

Erwartet hatten die Autoren, daß die mechanische Armbanduhr bald zu einem beliebten Sammelobjekt werden würde. Auch die rasch einsetzende Publikationswelle zum Thema Armbanduhr haben sie vorhergesehen. Daß jedoch wenige Jahre später die mechanische

Armbanduhr eine überwältigende »Renaissance« erleben durfte, hat auch sie irritiert. Verschiedene soziokulturelle Strömungen mögen diesen Prozeß unterstützt und beschleunigt haben – aufkommendes Bewußtsein für Tradition und für den Wert handwerklicher Arbeit, Vorliebe für subtil präsentierte Statussymbole oder auch nur schlicht neu empfundener Spaß am perfekt funktionierenden Mechanismus. Faktum ist, hochwertige mechanische Armbanduhren haben wieder ihren Markt, der zeitweise von Wachstumstendenzen geprägt ist. Der schnelle Blick zum Handgelenk wird zum Erkennungszeichen Gleichgesinnter.

Die hier vorgestellte fünfte Auflage des Buches »Armbanduhren« wurde im Bild- und Textteil umfassend überarbeitet. Viele Abbildungen konnten ausgetauscht werden, weil aussagekräftigeres Material zur Verfügung stand. Als Orientierungshilfen neu eingebracht wurden ein Glossar und ein Verzeichnis Schweizer Uhrenhersteller. Das Register entspricht dem neuesten Stand, das Literaturverzeichnis wurde beträchtlich erweitert und liefert wesentliche Materialien für eine Bibliographie der Armbanduhr. Neu formuliert erscheint das Kapitel über das Sammeln von Armbanduhren, wobei die Erfahrungen langer Jahre und die Ergebnisse vieler Expertengespräche einfließen konnten.

Besondere Hervorhebung verdient eine weitere Serviceleistung für die Leserin und den Leser. Angeregt durch amerikanische Veröffentlichungen über Uhren wurde dem Buch eine Preisliste beigelegt, die den gegenwärtigen Marktwert von rund 750 Armbanduhren aus dem Zeitraum von 1910 bis 1996 dokumentiert. Damit wird auch der wirtschaftliche Aspekt des Sammelns, der bisher in der deutschsprachigen Literatur eher vernachlässigt worden war, in dieses Standardwerk integriert.

Für Sammler und Freunde alter wie neuer Armbanduhren steht somit ein umfassendes, aktualisiertes Nachschlagewerk zur Verfügung und gleichzeitig – so hoffen wir – ein zum Lesen anregender Textband.

Furtwangen/München
Im Herbst 1996

Helmut Kahlert
Richard Mühe
Gisbert L. Brunner

Entstehung eines neuen Uhrentyps

1–3 Armbänder mit Uhren. Die Anordnung des Zifferblattes erschwert das Ablesen der Zeit. Die lose am Armband befestigte Uhr blieb Episode. Aus der Anzeige eines Wiener Uhrenhändlers, 1891.

Was ist eine Armbanduhr?

Scheinbar bedarf es nicht vieler Worte, um zu erklären, was eine Armbanduhr ist: eine am Arm, genauer am Handgelenk getragene Kleinuhr, die Kombination von Uhr und Armband. Dabei steht das Wort Armband stellvertretend für die Art der Befestigung, es kann sich auch um einen massiven Armreif, eine Spange oder ein Kettchen handeln. Der Begriff Armbanduhr erscheint klar und eindeutig, im Vergleich etwa zu dem Wort Taschenuhr, das die Trageweise dieser Uhrenart aus historischer Sicht höchst unvollkommen wiedergibt, denn Taschenuhren im strengen Sinn des Wortes waren lediglich die Herrenuhren nach 1820. Dennoch wird hier vorgeschlagen, im Einzelfall zu unterscheiden zwischen der Armbanduhr und der am Armband getragenen (älteren) Schmuckuhr, die von der Funktion her gesehen nicht als vollwertige Armbanduhr gelten kann.

Kennzeichnend für die Armbanduhr ist nicht nur das Tragen am Arm, sondern auch die Art und Weise, wie die Zeit abgelesen wird: rasch und unkompliziert, aus der Bewegung heraus, durch einfaches Anwinkeln des Armes. Selbst überzeugte Liebhaber der Taschenuhr sahen hier einen entscheidenden Vorteil. Nur die Armbanduhr macht es möglich, ohne Vorbereitung und weitere Handgriffe, »mit einem Blick«, den Stand der Zeiger zu erkennen. Praktisch und nützlich, einfach und schnell sind Attribute, die beim Aufkommen der Armbanduhr immer wieder lobend hervorgehoben werden.

Die frühesten bekannten Formen der am Arm getragenen Uhr erfüllen jedoch diese Bedingungen nicht, denn bei ihnen verläuft die Achse des Zifferblattes, von der 6 zur 12, nicht parallel zum Armband, sondern rechtwinklig dazu, also in Armrichtung. Wer bei dieser Anordnung die Zeit ablesen will, muß eine Bewegung machen, die dem Faschistengruß ähnelt, meinte Alfred Helwig 1930. Erschwerend kommt hinzu, daß die kleinen Zifferblätter und winzigen Zeiger besonders der Damenuhren bei gestrecktem Arm kaum mehr erkennbar sind.

Deshalb empfiehlt es sich, in diesen Fällen eher von Armbändern mit Uhren als von Armbanduhren zu sprechen, von »bracelet-montre« und nicht von »montre-bracelet«, wie es anfänglich geschah, als Juweliere und Uhrmacher sich nicht einigen konnten, wie der neue Uhrentyp heißen sollte. Uhren in Armbändern mit der uns geläufigen Stellung des Zifferblattes, also Armbanduhren im funktionalen Sinn, lassen sich um 1850 nachweisen.

Wenn trotzdem im Rahmen dieser Darstellung die wichtige Grenze zwischen Vorläufern und Frühformen auf die Zeit um 1880 gelegt wird, so vorwiegend aus zwei Gründen. Von diesem Zeitraum an kann die Schmuck-Armbanduhr als Uhrengattung gelten, deren Beliebtheit zwar nach wie vor den Schwankungen der Mode, vor allem der Kleidermode, unterworfen blieb, deren Entwicklung jedoch keine einschneidenden Unterbrechungen mehr erfuhr. Hinzu kommt, daß langsam aber stetig immer mehr Frauen und Männer zu der Auffassung gelangten, die Armbanduhr sei auch für ihr Berufs- und Arbeitsleben zweckmäßig und brauchbar.

Die frühen Vorläufer

In der Literatur findet man wenig gesicherte Daten über die Frühgeschichte der Armbanduhr. Deshalb läßt es sich manchmal nicht umgehen, Einzelhinweise extensiv auszulegen und Vermutungen an die Stelle von Fakten zu setzen. Armband und Uhr, beide Teile haben ihre eigene Geschichte. Im Gegensatz zur Antike war es in Mittelalter und Neuzeit nicht üblich, daß Männer Armbänder getragen haben – das änderte sich erst grundlegend mit dem Aufkommen der modernen Armbanduhr im 20. Jahrhundert. Bei den

Damen hingegen hielt sich das Armband, wenn auch der Grad seiner Beliebtheit von Modeströmungen beeinflußt wurde. Besonders verbreitet waren Armbänder im Zeitalter der Renaissance und im 19. Jahrhundert.
Die hier vertretene Auffassung, daß erstmals in der Renaissancezeit Uhr und Armband miteinander kombiniert wurden, läßt sich auch aus uhrengeschichtlicher Sicht stützen. Die Experimentierfreude der Epoche schlug sich im Formenreichtum der Uhren nieder. Zudem wurde damals gezielt versucht, die Leistungsfähigkeit mechanischer Systeme zu ergründen. Der damit in Zusammenhang stehende Trend zur Miniaturisierung rückte auch die Armbanduhr in den Bereich des Machbaren.
Beispiele für kleine Renaissanceuhren findet man in den Museen: in La Chaux-de-Fonds eine 1648 gefertigte Uhr von Johann Ulrich Schmidt aus Augsburg mit einem Werk von 4 Linien Durchmesser, in Furtwangen ein 5 3/4liniges Miniaturührchen von Martin Hyllius aus Dresden, 1620. Es gab damals die Uhr im Ring, die Uhr im Degenknauf, warum nicht die am Armband?
In verschiedenen Veröffentlichungen wird davon gesprochen, daß der Graf von Leicester, der Oberstallmeister und Günstling von Königin Elisabeth I., seiner Herrscherin 1571 eine kleine runde, mit Edelsteinen besetzte Uhr geschenkt habe, die an einem »armlet« (Armband, Armreif) befestigt war. Vermutlich handelte es sich nicht um eine fest mit dem Armband verbundene Uhr, sondern eher um einen Armreif mit Berlocke. Von dem französischen Philosophen und Mathematiker Blaise Pascal (1623–1662) wird berichtet, daß er seine Taschenuhr am Handgelenk getragen habe.
Eine andere Episode über das Entstehen der Armbanduhr stammt von Jaquet und Chapuis. Frei übersetzt lautet die Textstelle: Eine junge Frau saß auf einer Parkbank und stillte ihr Kind. Die Taschenuhr hatte sie dabei mit der Kette am Handgelenk befestigt. Ein Passant war verblüfft von diesem Einfallsreichtum. Er ging nach Hause, brachte zwei Ösen und ein Band an einer kleinen Taschenuhr an – und »erfand« so die Armbanduhr.
Vielleicht geht diese oft wiedergegebene Geschichte zurück auf einen Zeitschriftenbeitrag, der zuerst in einer belgischen Uhrmacherzeitung erschienen war und der 1912 von der Schweizer »Revue Internationale de l'Horologerie« nachgedruckt wurde. Der Verfasser meinte, er könne nicht sagen, wann oder von wem die Armbanduhr erdacht worden sei, wohl aber zu welchem Zweck. Auch hier erfolgt wieder der Hinweis auf junge Mütter und Erzieherinnen, die ihre Uhren vor den zupackenden Händen der Kinder sichern wollten und diese deshalb mit einem Lederriemen am Arm befestigt hätten, ein Verfahren, das wohl mehr »der Zweckmäßigkeit als der Koketterie« entsprochen habe. Es erscheint plausibel, daß die offen getragene Damenuhr stets der Gefahr ausgesetzt war, von Kleinkindern als Spielzeug angesehen zu werden.
Der »Almanach du Dauphin« von 1772 soll einen Pariser Uhrmacher in der Rue de Buci erwähnen, der Ring- und Armbanduhren im Programm hatte, und in einem Rechnungsbuch der Genfer Firma Jaquet-Droz & Leschot taucht 1790 eine Uhr auf, »qui est fixée sur un bracelet«. Belegt ist ferner, daß der Pariser Juwelier Nitot im Jahre 1806 zwei kostbare, mit Perlen besetzte Armbänder schuf, die nach der damaligen Mode an beiden Armen getragen wurden. Das eine Armband enthielt als extravagantes Schmuckelement eine kleine Uhr, das andere einen kleinen mechanisch schaltbaren Kalender. Es handelte sich um ein Hochzeitsgeschenk der französischen Kaiserin Joséphine an ihre Schwiegertochter Amalie Auguste, eine Tochter des Königs Maximilian I. von Bayern, der späteren Prinzessin von Leuchtenberg.
Dieses (erneute?) Auftreten der am Arm getragenen Schmuckuhr paßt wieder in den Stil der Zeit. Armbänder gewinnen an Beliebtheit und ähnlich wie in der Renaissance erlebt die Form- und Phantasieuhr eine neue Blütezeit, vor allem durch Genfer und Pariser Meister. Bassermann beschreibt 1917 im Katalog einer Uhrensammlung aus süddeutschem Privatbesitz eine Uhr aus dieser Epoche mit folgenden Worten: »Armband, mit Uhr in der Schließe. Gold. Das Armband aus einem breiten System von Ringen geflochten. Die Schließe achteckig, dunkelblau emailliert und mit doppelter Reihe Brillanten eingefaßt. Oben die mit Brillanten besetzte Unruhe, unten das Zifferblatt. Wohl Genfer Arbeit, um 1790.«
Typisch für diese frühen Vorläufer der Armbanduhr ist ihre achteckige, ovale oder spitzovale Form und die Gestaltung der Vorderseite, oben die sichtbare, häufig verzierte

4, 5 Ringuhr aus der Zeit der Renaissance, unten geschlossen, oben geöffnet mit Blick auf das Zifferblatt. Derartig kleine Uhrwerke könnten auch am Armband getragen worden sein.

6 Typische Frühform der am Arm getragenen Uhr. Wohl Genfer Erzeugnis, nach 1800. Unten das kleine Emailzifferblatt, darüber die sichtbare, diamantbesetzte Unruh.

7 Ein Hochzeitsgeschenk für Kaiserin Josephine, zwei kostbare Armbänder mit Uhr und Kalender. Arbeit von Nitot, Paris, 1806.

Unruh und unten das kleine Emailzifferblatt mit Stahlzeigern. Ähnliche Formen sind auch als Anhängeuhren oder als Ringuhren bekannt. Getragen wurden diese Uhren an Armbändern verschiedener Gestalt wie Gliederarmband, Armspange, Haar- oder Samtband. Die Anordnung des Zifferblattes weist diesen Uhrentyp als Schmuckuhr am Armband aus und nicht als Armbanduhr im funktionellen Sinn. Auch in den folgenden Jahrzehnten wurden vereinzelt am Arm getragene Uhren gefertigt, so von der Firma Breguet zwischen 1831 und 1838. Als Werkgröße werden 8 Linien (18,5 mm) genannt. Um die Mitte des 19. Jahrhunderts waren breite, massiv wirkende Armbänder modern, die an der Schauseite oft einen kapselartigen Aufsatz trugen. Dieser bot sich geradezu an, eine kleine runde Damen-Taschenuhr aufzunehmen, während noch in der vorangegangenen Periode die rechteckigen Formwerke häufiger waren. Runde Uhren der genannten Art hatten oft einen verzierten Deckel, so daß man nur bei genauem Hinsehen erkennen kann, ob es sich lediglich um eine Verzierung oder um das Gehäuse einer Uhr handelt.
Nicht selten gestaltete man in der ersten Hälfte des 19. Jahrhunderts die Armbänder so, daß eine komplette Schmuckuhr oder auch eine kleine Taschenuhr eingelegt werden konnte. Derartige Versuche, die Trageweise der Damenuhr abwandeln zu können, lassen sich auch noch in späterer Zeit nachweisen.
Eine vermutlich für den neapolitanischen Hof bestimmte Schmuckuhr der Zeit nach 1840 wird mit folgenden Worten beschrieben: »Das kunstvoll bearbeitete Armband besteht aus massivem Gold. Perlen und Emailarbeiten in den Farben blau und weiß erhöhen die dekorative Wirkung. Die Uhr, eine kleine Taschenuhr mit Lepinewerk und Schlüsselaufzug, ist verborgen unter einem Deckel mit Scharnier und kann ohne Schwierigkeit herausgenommen werden ...« Armbanduhren dieser Art waren keine Unikate mehr, doch im Vergleich zur offen getragenen Damen-Taschenuhr blieben sie selten. Der Katalog der Weltausstellung 1851 in London nennt Uhrwerke in Ringen, Lorgnettendeckeln, Broschen, Geldbörsen – und auch in Armbändern.

Die Armbanduhr – eine Spätform

»Die Modenarrheit, die Uhr an der unruhigsten und den gröbsten Temperaturschwankungen ausgesetzten Körperstelle, im Armbande, zu tragen, verschwindet hoffentlich bald wieder«, schreibt 1917 der Hamburger Professor H. Bock und gibt damit die Meinung fast aller Fachleute wieder. Diese Hoffnung hat sich nicht erfüllt. Zwei Fragen drängen sich auf: Warum konnte sich die Armbanduhr dennoch durchsetzen und warum erst im 20. Jahrhundert und nicht schon früher?
Die Antwort der Uhrmacher erscheint auf den ersten Blick plausibel. Die Technologie der Kleinuhr orientierte sich an den Bedingungen der Taschenuhr und nicht an denen der Armbanduhr. Die Werke waren nicht für die speziellen Belastungen konstruiert, die eine Trageweise am Handgelenk zwangsläufig mit sich bringt. Die Entwicklungsstadien der mechanischen Armbanduhr scheinen diese Ansicht zu bestätigen: die allmähliche Verdrängung des Zylinderwerks durch die Schweizer Ankerhemmung, die stoßgesicherte Armbanduhr, die Automatikuhren, die immer kleineren und flacheren Kaliber.
Doch der Kenner der Uhrengeschichte könnte hier stutzig werden, denn viele, im Zeitalter der Armbanduhr verbesserte oder gar perfektionierte Konzeptionen waren seit langem bekannt. Perrelet (nach 1770) und Breguet (1787) leisteten entscheidende Vorarbeit für die Automatikuhr. Und wiederum Breguet konzipierte für die automatische Taschenuhr eine Stoßsicherung, sein mehrfach verbessertes System Parachute, das er später auch in andere Taschenuhren einbaute. Das Problem der Zeigerstellung von der Aufzugskrone her löste Adrien Philippe zwischen 1840 und 1860. Diese Neuerung in Verbindung mit dem Kronenaufzug sollte für die künftige Armbanduhr noch weitaus mehr Bedeutung erlangen als für die Taschenuhr. So weist 1888 das »Horological Journal« ausdrücklich darauf hin, daß es kleine Uhren mit Kronenaufzug (»keyless watches«) waren, die Damen damals am Armband trugen. Miniaturuhren lassen sich bereits in der Renaissancezeit nachweisen und werden nach 1800 in vielfältigen Variationen zum gängigen Handelsartikel. Als in der ersten Hälfte des 19. Jahrhunderts bei den Herren eng anliegende Beinkleider Mode waren, kamen schmale, nicht auftragende Taschenuhren auf den Markt. Warum wurden diese vielen Impulse nicht schon früher aufgegriffen? Von der Technologie her gesehen war die Arm-

8 Bei den Damen waren um 1850 sehr breite, massiv wirkende Armbänder beliebt. Häufiger als bisher angenommen wurde, hat man in die Schmuckkapsel kleine runde Zylinderuhren eingebaut.

Gegenüberliegende Seite:
11 Sehr frühe Armbanduhr von Omega, 1902. Aufzugskrone links. Mögliche Erklärungen: der neue Uhrentyp sollte am rechten Handgelenk getragen werden; empfindliche Krone an die Innenseite verlegt; Spezialuhr für Linkshänder.

12 Gehäuse einer Damenuhr, Eterna, um 1910. Typisches schmales, flexibles Metallband, Tulasilbergehäuse und rote »12«.

9 Silberne Armbanduhr am starren Schmuckband, um 1900. Zum Stellen hat man Uhren dieser Bauform vom Handgelenk abgenommen, weil seitliche Zeigerstellvorrichtung und Krone gleichzeitig betätigt werden mußten.

10 Das Zifferblatt um 90 Grad gedreht – und aus der Taschenuhr wird äußerlich eine Armbanduhr. Die Anzeige stammt aus dem Jahre 1913. Armbanduhren mit 8-Tage-Laufwerk wurden später von den Automatikuhren vollkommen verdrängt. ▷

11

12

banduhr bereits im 19. Jahrhundert zu realisieren. Der Übergang von der Taschenuhr zur Armbanduhr verzögerte sich offensichtlich, blieb hinter den technischen und wirtschaftlichen Möglichkeiten zurück.

Zudem darf nicht vergessen werden, daß die erwähnten Fachleute der Zeit nach 1900 meist von der präzisen Herren-Taschenuhr her argumentiert haben, die in der Westentasche sicher untergebracht war und die pfleglich behandelt wurde. Zudem war es im ausgehenden 19. Jahrhundert verfestigte Meinung, eine Kleinuhr müsse stets in senkrechter Stellung bleiben, tagsüber in der Westentasche und des nachts am Uhrenständer. Doch beim Blick auf die Damenuhren der Zeit verschiebt sich die Perspektive. Obwohl in der Fachsprache »Taschenuhren« genannt, wurden diese nach wie vor offen getragen, an kurzer Halskette oder einer Brosche, an langer Kette oder auf verschiedene Weise am Gürtel befestigt.

Im einen Fall war es recht beschwerlich, die Zeit abzulesen, im anderen mußte man bei jedem Hinsetzen damit rechnen, daß die Mechanik einen tödlichen Stoß erhielt, falls die freischwingende Uhr an die Tischkante prallte. Auch wenn die üblicherweise eingebauten Zylinderwerke hinsichtlich Genauigkeit keinen hohen Ansprüchen genügt haben, von der Funktionssicherheit her gesehen wäre die Trageweise am Arm entschieden der gewohnten vorzuziehen gewesen. Ähnliche Zylinderwerke wurden im übrigen später Jahrzehnte hindurch millionenfach in Armbanduhrgehäuse eingebaut und scheinen somit bestimmten Ansprüchen des praktischen Lebens entsprochen zu haben. Auch damit kann belegt werden, daß technologische Faktoren offensichtlich nicht die entscheidende Ursache für das späte Auftreten der Armbanduhr sein konnten.

Deshalb wird hier versucht, die Entstehung der Armbanduhr im Zusammenhang mit der uhrengeschichtlichen Entwicklung und der Ausformung eines spezifischen Zeitbewußtseins als Ausdruck europäischer Kulturentfaltung zu sehen. Uhren und Zeitmeßgeräte der verschiedensten Art haben mit unterschiedlicher Intensität dazu beigetragen, die Menschen für Zeitabläufe zu sensibilisieren, ihnen Zeitintervalle bewußt zu machen. Sie legen den Rahmen fest, der notwendig ist, um Zeit sinnvoll planen und nutzen zu können. An-

dererseits verlangt ein bestimmter Entwicklungsstand des Zeitbewußtseins die ihm gemäße Art der Zeitmessung. Beide Prozesse wirken aufeinander ein, Uhren prägen unser Zeitgefühl, veränderte Ansprüche und Einstellungen erfordern neue Uhrentypen. Auch die Armbanduhr als herausragende Uhrengattung unseres Jahrhunderts verdankt ihre allgemeine Verbreitung solchen Einflüssen.
Ein Blick in die Geschichte beweist es, die Uhren kommen immer näher an uns heran. Sie verstärken damit die Tendenz, die Zeit bewußt wahrzunehmen. So haben die öffentlichen Schlaguhren des Mittelalters wesentlich dazu beigetragen, von den jahreszeitlich verschieden langen Temporalstunden zu der uns gewohnten Zählweise zu kommen, bei der unabhängig von Tag und Nacht oder von der Jahreszeit jede Stunde gleich lang ist. Eine nächste Stufe wurde erreicht, als die Zimmeruhren sich durchgesetzt hatten. Die öffentliche Zeitmessung wird ergänzt durch häuslichen Gebrauch von Uhren.
Schließlich kamen die tragbaren Uhren auf, anfangs sowohl Schmuckstücke wie Zeitmesser und deshalb nur zeitweilig und sichtbar auf der Kleidung getragen. In der zweiten Hälfte des 19. Jahrhunderts verstärkt sich die Tendenz, die Uhr tagsüber ständig in der Westentasche bei sich zu haben, jetzt ist sie uns schon »auf den Leib gerückt«. Als vorläufige Endstufe dieser Entwicklung, wenn man von dem medizinischen Sonderfall des Herzschrittmachers absieht, kann die Armbanduhr gelten. Sie ist »hautnah«, immer im Blickfeld – auch bei Nacht.
Die Armbanduhr konnte sich jedoch erst durchsetzen, als ein ausgeprägtes Bedürfnis danach bestand. Dieses Bedürfnis läßt sich begründen mit den Ansprüchen des beruflichen und gesellschaftlichen Lebens der modernen Zeit, bei der es in vielen Situationen notwendig wird, schnell, mit einem Blick, die Zeit ablesen zu können. Dennoch, reichen Argumente der Brauchbarkeit und Zweckmäßigkeit aus, um die Armbanduhr als Massenerscheinung zu erklären? Vielleicht gibt es noch eine andere Komponente, die eher mit der seelischen Disposition des modernen Menschen und seiner Einstellung zur Zeit zusammenhängt. Diesen Bereich spricht Sigmund von Radecki an, wenn er überspitzt kritisch feststellt, daß wir Sklaven der gemessenen Zeit geworden sind und deshalb durch Fesseln gehalten werden müssen – »die Armbanduhr ist die Handfessel der Zeit«.
Doch genug der Philosophie. Die Armbanduhr ist der passende Uhrentyp für ein Zeitalter, das gekennzeichnet wird durch Großunternehmen und Bürokratie, durch Rationalisierung und Leistungsstreben, durch Termine und geplante Freizeit. Pünktlichkeit gilt als soziale Tugend, weil sie nicht nur organisatorische Abläufe erleichtert, sondern auch Rücksicht nimmt auf das begrenzte Zeitbudget der anderen. Was vordem das Privileg der Könige war, wurde zur allgemeinen Verhaltensweise.
In einem »Führer zum Erfolg und zur Lebensharmonie«, der 1920 erschienen ist, als die Armbanduhr gerade zur Alternative geworden war, stehen folgende Sätze: »An dem Weg, den die Zeit jahraus, jahrein geht, steht der Mensch. Er hat mit ihr einen Vertrag abgeschlossen, einen guten Vertrag. Die Zeit hat sich in seinen Dienst gestellt... In der Zeit ruht der Erfolg.«
Die Armbanduhr ist jetzt mehr als nur ein praktikabler Zeitmesser, sie wird zum Repräsentanten unserer Lebensform. In der Gegenwart erleben wir die letzte Steigerung dieser Entwicklung: Die Betroffenheit, mit der manche Träger von Quarzarmbanduhren reagieren, wenn ihr Chronometer nicht sekundengenau mit der Zeitanzeige des Fernsehens übereinstimmt.
Vielleicht läßt sich auch die Tatsache, daß Männer eher zögernd die neuartige Trageweise der Uhr aufgegriffen haben, besser mit soziologischen und psychologischen als mit technischen Argumenten begründen. Das Armband galt Jahrhunderte hindurch als typisches Attribut der Frau. Ein Symbol des Mannes hingegen war zumindest in der zweiten Hälfte des 19. Jahrhunderts die Uhr mit Kette in der Westentasche. In einer Zeit, in der die Geschlechterrollen weitaus stärker als heute voneinander abgegrenzt wurden, mußte ein Mann mit Armbanduhr damit rechnen, bei seinen Zeitgenossen als verweichlicht, wenn nicht gar als weibisch zu gelten. Nur »ganze« Männer waren diesem Vorwurf nicht ausgesetzt, etwa Reiteroffiziere, Sportler oder Flieger. Möglicherweise haben auch die Uhrmacher, als sie sich so vehement für die Taschenuhr und gegen die Armbanduhr aussprachen, unterschwellig ein männliches Symbol verteidigt.

13–15 Mit wenigen Handgriffen konnte diese Hängeuhr in eine Armbanduhr verwandelt werden. Das Modell kam 1912 auf den Markt, es ist kennzeichnend für die Übergangszeit von der Taschenuhr zur Armbanduhr.

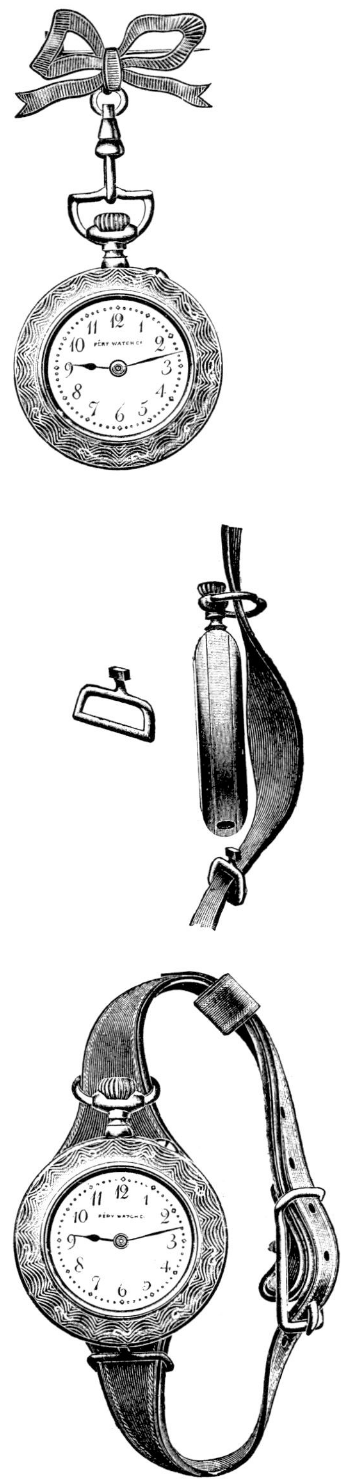

16 Armbanduhren von 1913. Verschiedene Schweizer Firmen haben damals auch in deutschen Fachzeitschriften mit Anzeigen im Großformat für die Armbanduhr geworben.

Die ersten Jahrzehnte

Napoleon I. pflegte zu sagen, daß der Unterschied zwischen ihm und seinen Gegnern darin bestehe, daß diese nicht wüßten, wieviel fünf Minuten wert seien. Deshalb hat er seinen Offizieren empfohlen, bei Meister Breguet arbeiten zu lassen. Auch in der Geschichte der Armbanduhr treten militärische Bedürfnisse als wichtiger Entwicklungsfaktor hervor. Um 1880 lieferte neben anderen Schweizer Firmen auch C. Girard-Perregaux in La Chaux-de-Fonds Armbanduhren an die deutsche Kriegsmarine, wie Jaquet und Chapuis in ihrem Standardwerk über die Schweizer Taschenuhr berichten. Es handelte sich um runde Uhren mit 10–12 Linien Werkdurchmesser in goldenen, später in mattgoldenen Gehäusen, die an einem Kettenarmband aus Metall getragen wurden. Es waren vermutlich die ersten in Serien gefertigten Armbanduhren.

Als militärischer Ausrüstungsgegenstand hat sich wahrscheinlich die Armbanduhr zuerst im Burenkrieg (1899–1902) praktisch bewährt, diese Erfahrungen wirkten sich später positiv in England auch auf dem zivilen Markt aus. In einer Großanzeige veröffentlichte das Schweizer »Omega-Uhren-Syndikat« 1904 in der »Leipziger Uhrmacher-Zeitung« den Erfahrungsbericht eines britischen Artillerie-Offiziers: »Der Bedeutung Rechnung tragend, in einem aktiven Armee-Corps übereinstimmende Zeit zu haben, verschaffte ich mir vor meiner Abreise in Canada ein Dutzend Omega-Armbanduhren ... Der ausgiebige Gebrauch während soviel Dienstmonaten in einem berittenen Corps ist sicher eine harte Probe, besonders wenn man die Extreme der Hitze und Kälte sowie des starken Regens und die fortwährenden Sandstürme ... in Berücksichtigung zieht.« Der Oberstleutnant kommt abschließend zu dem Urteil, daß die Armbanduhr »unerläßlicher Teil der Feldausrüstung« sei.

Weltweit durchgesetzt hat sich die Armbanduhr dann im Weltkrieg 1914–1918. Auf beiden Seiten erkannten die Soldaten rasch, daß es die Bedingungen des modernen Kriegs nicht mehr erlaubten, im Gefecht Mantel und Waffenrock aufzuknöpfen, wenn ein Blick auf die Uhr notwendig war. Bereits aus den ersten Kriegsmonaten wurde berichtet, daß es »nicht nur bei Truppenführern, sondern auch bei Mannschaften vielfach üblich sei, die Uhr am linken Handgelenk zu tragen«. Die Zahl der neu auf den Markt kommenden Uhrarmbänder wächst von Tag zu Tag, schreibt 1915 eine deutsche Fachzeitschrift. Namen wie *Army* (Genf), *Poilu* (Bezeichnung für den französischen Soldaten des Ersten Weltkriegs/Paris) und *Mars* (Köln) für spezielle Armbandverschlüsse weisen in die gleiche Richtung. Für die US-Armee entwickelte Cartier eine Armbanduhr mit dem Namen *Tank*.

Von der Verbreitung der Armbanduhr her gesehen hätte es keine bessere Situation geben können als diesen Krieg, heißt es sinngemäß in einer Schweizer Jubiläumsschrift der Uhrenindustrie. Hatte man zu Beginn des Kriegs in der Schweiz noch Exporteinbußen befürchtet, so änderte sich die Lage bald, als die kriegführenden Mächte den Wert der Armbanduhr erkannt hatten, die so gut den Anforderungen der Soldaten entsprach. Besonders beliebt war damals die runde Uhr vom Kaliber 13, die häufig mit Leuchtzifferblatt ausgestattet wurde.

Doch ihre ersten bedeutsamen Erfolge erreichte die am Arm getragene Uhr nicht bei den Herren, sondern bei den Damen, zuerst als Schmuckuhr, wobei bis 1900 manchmal das Zifferblatt wie bereits bei den Vorläufern um 1800 noch so angeordnet war, daß seine Achse von der 6 zur 12 rechtwinklig zur Richtung des Armbandes verlief. Danach entwickelte sich die Damen-Armbanduhr immer stärker zur Kombination von Gebrauchsuhr und Schmuckstück.

17 Der Weltkrieg 1914/18 machte die Herren-Armbanduhr zum notwendigen Gebrauchsgut. Robuste Gehäuse mit Glasschutz und starke Leuchtziffern kennzeichnen die Soldatenuhr dieser Jahre.

18 »Reichskrone-Leuchtblatt-Uhr für den Feldgebrauch« mit 2-Jahresgarantie. Handelsmarke von Huber, München, für Soldaten des Ersten Weltkrieges.

19 Als die Armbanduhr noch Werbung nötig hatte. Katalog um 1910. ▷

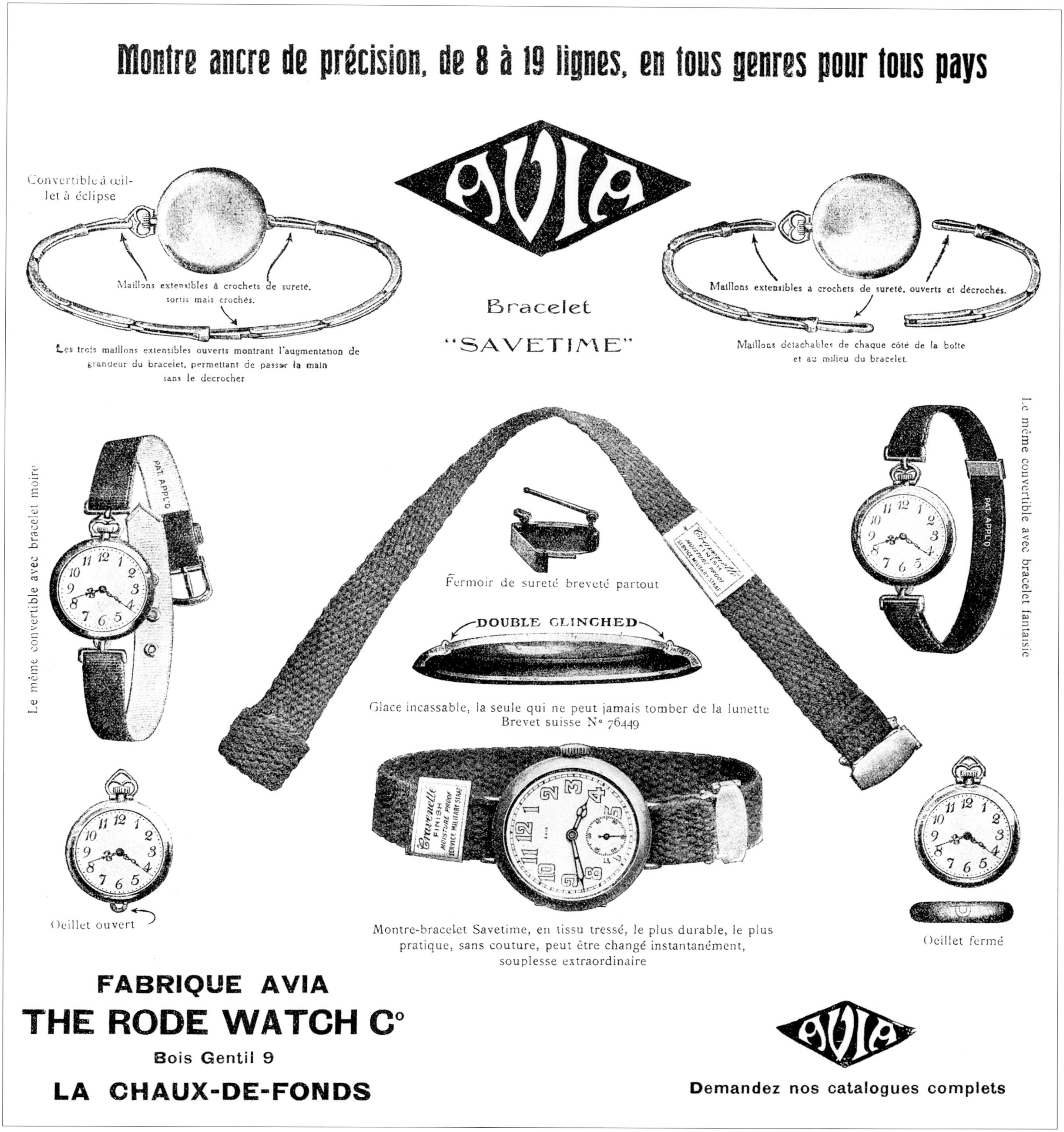

Montre ancre de précision, de 8 à 19 lignes, en tous genres pour tous pays
Convertible à œillet à éclipse
Maillons extensibles à crochets de sureté, sortis mais crochés.
Les trois maillons extensibles ouverts montrant l'augmentation de grandeur du bracelet, permettant de passer la main sans le decrocher
Bracelet "SAVETIME"
Maillons extensibles à crochets de sureté, ouverts et décrochés.
Maillons détachables de chaque côté de la boîte et au milieu du bracelet.
Le même convertible avec bracelet moire
PAT. APPL'D
Fermoir de sureté breveté partout
DOUBLE CLINCHED
Glace incassable, la seule qui ne peut jamais tomber de la lunette
Brevet suisse N° 76449
Le même convertible avec bracelet fantaisie
Cravenette FINISH MOISTURE PROOF SERVICE MILITARY STRAP
AVIA
Oeillet ouvert
Montre-bracelet Savetime, en tissu tressé, le plus durable, le plus pratique, sans couture, peut être changé instantanément, souplesse extraordinaire
Oeillet fermé
FABRIQUE AVIA
THE RODE WATCH C°
Bois Gentil 9
LA CHAUX-DE-FONDS
Demandez nos catalogues complets

In den Jahren nach 1880 war die Damenuhr am Arm zwar kein wirtschaftlicher Erfolg, aber auch keine Seltenheit mehr. Die Produkte der Schweizer Uhrenfabriken fanden in den einzelnen Ländern unterschiedliche Aufnahme. Während etwa aus den USA und Chile Musterlieferungen einer Uhrenfirma wieder zurückgesandt wurden, verzeichnete man aus Peru Nachbestellungen. Einfluß hatte kurzzeitig auch die Kleidermode. Als vor 1900 langärmelige Kleider modern wurden, erlitt nach Aussagen von Zeitgenossen die Armbanduhr einen Rückschlag. Andererseits lassen sich seit 1890 im Anzeigenteil auch der deutschen Uhrmacher-Zeitschriften immer wieder Abbildungen von Armbanduhren nachweisen.

Ihre weitere Verbreitung verdankt diese Uhrenform jedoch nicht den Damen der Gesellschaft, sondern den weiblichen Angestellten, deren Zahl in Deutschland zwischen 1882 und 1907 von 93000 auf 452000 angewachsen war. »Die Frau tritt immer mehr ins öffentliche Leben«, heißt es dazu im ersten Beitrag über Armbanduhren, der 1902 in einer deutschen Uhrmacherzeitschrift (Süddeutsche Uhrmacherzeitung) erschienen ist. Die berufstätigen Frauen in Kontor und Ladengeschäft, im Post- und Schuldienst und in den Heilberufen ließen die Armbanduhr bereits vor dem Ersten Weltkrieg zu einer gebräuchlichen Uhrenform werden.

Die in der üblichen Weise offen getragene Damenuhr hat den Anforderungen des Berufslebens nicht entsprochen. Die Trageweise am Handgelenk verminderte die Gefahr von Beschädigung, Diebstahl und Verlust, erlaubte es, die Zeit rasch abzulesen, und vermochte auch das Schmuckbedürfnis zu befriedigen.

Aus soziologischer Sicht scheint die Armbanduhr zeitweise sogar eine Art Statussymbol der sich allmählich emanzipierenden Frau gewesen zu sein. In Kurzfassung lautet die hier vertretene These: Nicht die Mode, sondern das Büro hat der Armbanduhr den Weg geebnet.

In einem Abschnitt, der besonders die Entwicklung zwischen 1880 und 1920 darstellt, muß noch ein weiterer, das Aufkommen der Armbanduhr positiv beeinflussender Bereich erwähnt werden, der mit dem Hinweis auf Freizeit, Sport und moderne Verkehrsmittel umschrieben werden kann. Als Beispiel dazu die Ankündigung eines Münchner Großhändlers. Dieser bietet 1909 Armbanduhren in der Größe von 14 Linien (31,6 mm) mit Ankerwerk (15 Steine) an und wendet sich dabei besonders an »Reiter, Offiziere und Automobilisten«. In einem Verkaufsbericht der Hanauer Firma Dingeldein aus dem Jahre 1902 stehen folgende Sätze: »Der Vertrieb erstreckt sich hauptsächlich auf die Schweiz und Frankreich, aber auch viel auf die besseren Plätze Deutschlands. Mit Vorliebe werden die Armbänder für die Reisezeit oder beim Sporttreiben von den Damen getragen. Auch bei den Herren sieht man sie jetzt viel, allerdings dann in massiverer Ausführung.« Selbst wenn es damals nur ein kleiner Personenkreis war, der sich eine zusätzliche Uhr für Reise und Sport leisten konnte, das spätere Image der Armbanduhr als »moderner« Uhrentyp wurde hier schon vorgeprägt.

Unentbehrlich war die Armbanduhr für die aufkommende Fliegerei. Für den brasilianischen Flugpionier Santos-Dumont schuf Cartier 1904 ein spezielles Modell und, wenn auch hier der Entwicklung zeitlich vorgegriffen wird, Longines brachte 1932 eine Stundenwinkel-Armbanduhr für Piloten auf den Markt, die in Zusammenarbeit mit Charles Lindbergh entwickelt worden war.

Stärker in die Breite wirkte ein anderes Verkehrsmittel, das der Armbanduhr förderlich war, das Fahrrad. Schon vor 1900 wurden Schutzgehäuse angeboten, die es erlaubten, die Taschenuhr an der Lenkstange zu befestigen und sie somit im Blickfeld zu haben. Wer sich die damaligen Straßenverhältnisse vorstellt, Kopfsteinpflaster in den Städten, ungeteerte Wege auf dem Land und zusätzlich noch die im Vergleich zu heute höheren und weniger betriebssicheren Fahrräder, wird ohne weiteres zugestehen, daß es ein recht abenteuerliches Unterfangen war, einhändig fahrend die Taschenuhr herauszuziehen. Auch das Fahrrad hat somit dazu beigetragen, die Vorteile der Armbanduhr weiten Bevölkerungskreisen bewußt zu machen.

Die Auswirkungen dieser Trends zugunsten der Armbanduhr lassen sich an der Neuproduktion von Uhren erkennen, ebenso jedoch daran, in welchem Umfang damals bereits Taschenuhren am Arm getragen wurden. Bestimmte Armbandformen, etwa Riemen mit Lederkapseln oder Metallbänder mit besonderen Klammervorrichtungen, erlaubten die Nutzung einer Uhr wahlweise sowohl als Taschenuhr wie als Armbanduhr. Nach 1910

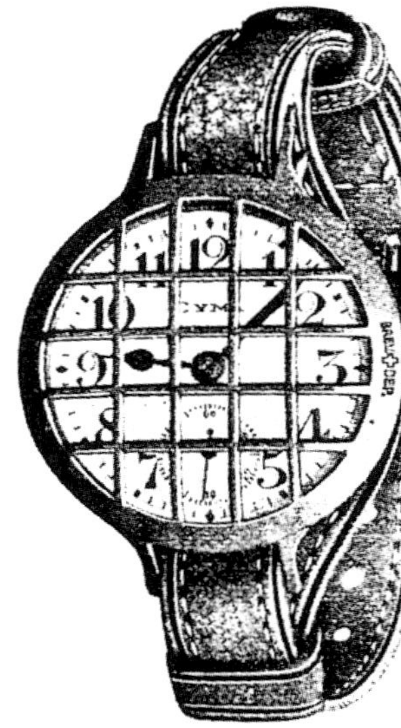

20 Armbanduhr mit Schutzgitter, das Glas und Lünette abdeckt. Cyma, La Chaux-de-Fonds, 1915.

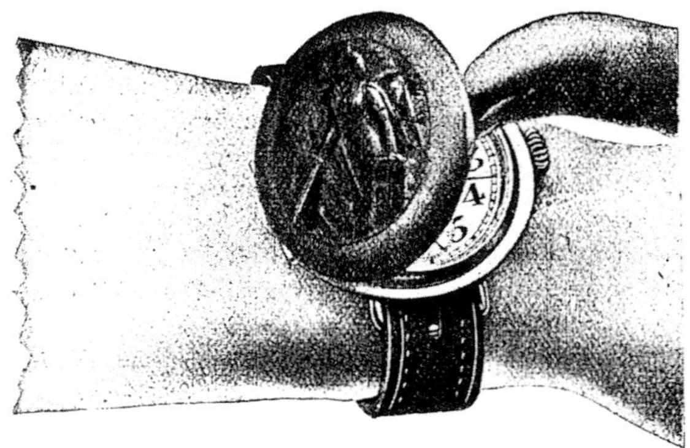

21 Armbanduhr mit aufklappbarem Deckel (Savonnette). Häufig mit geprägten nationalen Motiven. Um 1916.

22 Die Soldatenuhr des Ersten Weltkrieges hat auch in den folgenden Jahren das Aussehen der robusten Sportuhr beeinflußt. Leuchtzeiger, Leuchtziffern und Sekundenanzeige, Schweizer Ankerwerk. Longines, um 1930.

23

24

25

26

23–26 Zwei goldene Damen-Taschenuhren mit Schweizer Zylinderwerk, gefertigt um 1895 (Abb. 23, 24) und 1905 (Abb. 25, 26). Wie unzählige andere Damenuhren wurden sie zu Armbanduhren umgebaut. Wegen der Sekundenanzeige konnte rechts das Zifferblatt nicht gedreht werden. Die verzierte Rückseite kommt beim Tragen am Handgelenk nicht mehr zur Geltung.

27 Rolex-Armbanduhr, die 1914 vom Observatorium Kew/ England mit einem Gangzeugnis der Klasse A ausgezeichnet wurde.

kamen für Damen bestimmte Schmuckgarnituren auf, die es ermöglichten, die Uhr je nach Wunsch und gesellschaftlicher Situation an der Kette, an der Brosche, am Chatelaine oder am Arm zu tragen.

Häufig wurden auch Damen-Taschenuhren zu Armbanduhren umgearbeitet. Im wesentlichen mußte der Uhrmacher dabei vier Arbeitsgänge durchführen: Kürzen von Bügelknopf und Aufzugswelle – Befestigen einer neuen Aufzugskrone – Drehen des Zifferblattes um 90 Grad – Anbringen der Haltevorrichtung für das Armband.

Nachträglich umgearbeitete Taschenuhren sind meistens leicht zu erkennen an den Lötspuren der Ösen oder am neu befestigten Zifferblatt. Häufig genügt allerdings schon der Blick auf die Rückseite des Gehäuses, denn genuine Armbanduhren haben dort üblicherweise keine Ornamente.

Nach 1910 war die Armbanduhr, über den Rahmen der weiterhin gefertigten Schmuckuhr hinaus, fester Bestandteil des Fertigungsprogramms vieler Schweizer Uhrenfabriken. Dies bewies eindrucksvoll die Schweizer Nationalausstellung in Bern 1914. Das gleiche Jahr bringt auch einen bedeutsamen technischen Erfolg. Eine runde Rolex-Armbanduhr, Werkdurchmesser 25 mm, wurde vom Observatorium in Kew/England mit einem Gangzeugnis der Klasse A ausgezeichnet. Damit war der Beweis erbracht: auch Armbanduhren können Chronometer sein.

Beim gegenwärtigen Stand der Forschung muß offenbleiben, welche Personengruppe zuerst die Armbanduhr nicht als Schmuckstück, sondern als funktionell-praktischen Zeitmesser verwendet hat. Waren es die Offiziere der deutschen Kaiserlichen Marine oder die Schweizer Kindermädchen, die Straßenbahnführer von Paris, wie eine andere Quelle meint, oder eine uns noch unbekannte Berufsgruppe, die dazu übergegangen war, ihre Taschenuhren in Lederkapseln am Arm zu tragen?

Gesichert erscheint jedoch folgender zeitlicher Rahmen:

Ende 18. Jh.	Am Armband getragene Schmuckuhren nachweisbar.
1800–1880	Verschiedene Armbandformen mit Damenuhren, vermutlich Einzelstücke.
1880–1910	Damen-Schmuckuhren, Militäruhren und Sportuhren. Vorbild bleibt die kleine runde Taschenuhr.
1910–1930	Experimentierphase der Armbanduhr. In Technologie und Design werden neue Konzepte erprobt.
1880–1930	Taschenuhren werden (zeitweilig) am Arm getragen. Umbau zahlreicher Damenuhren.
nach 1930	Armbanduhr eigenständiger, leistungsfähiger Uhrentyp. Vorherrschaft der Armbanduhr beginnt. Die Taschenuhr verliert rasch an Bedeutung.

In einer Reihe uhrengeschichtlicher Veröffentlichungen wird der »Siegeszug« der Armbanduhr genau datiert, auf Oktober 1927, als Mercedes Gleitze, mit einer *Rolex Oyster* am Arm, den Ärmelkanal durchschwommen hat. Der große Werbeerfolg einer Schweizer Firma beeindruckte manche Autoren offenbar so stark, daß sie daraus eine Trendwende abgeleitet haben. Selten lassen sich jedoch Uhrenlegenden so leicht widerlegen wie in diesem Fall – dank der Schweizer Exportstatistik, die im Gegensatz zur deutschen seit 1920 Taschenuhren und Armbanduhren getrennt ausweist. Danach exportierte die Schweiz 1920 7,7 Millionen (75,4%) fertige Taschenuhren gegenüber 2,5 Millionen (24,6%) Armbanduhren. Diese Relation von 3:1 zugunsten der Taschenuhr ging bis 1925/26 auf 2:1 zurück. Knapp zehn Jahre später, im Jahre 1934, hatte sich das Verhältnis umgekehrt. Jetzt wurden nur noch 3,2 Millionen Taschenuhren (34,9%), aber 6,0 Millionen Armbanduhren (65,1%) exportiert. Dieser Verdrängungsprozeß der Taschenuhr durch die Armbanduhr ließ sich nicht aufhalten, weder durch skeptische Fabrikanten noch durch widerstrebende Uhrmacher. Nach der Schweizer Exportstatistik lag der Kipp-Punkt im Jahre 1930, 6,2 Millionen Taschenuhren standen 6,2 Millionen Armbanduhren gegenüber. Die sportliche Höchstleistung der bereits genannten Mercedes Gleitze hatte auf diese stetige Entwicklung keinen entscheidenden Einfluß, wie die untenstehende Graphik (Abb. 29) nachweist.

Diese Globalzahlen der Schweizer Exportstatistik zeigen den Verkauf neuer Uhren auf den Weltmärkten, sie erlauben keine Rückschlüsse darauf, ab wann tatsächlich mehr Armbanduhren als Taschenuhren getragen wurden, in welchem zahlenmäßigen Verhältnis Damen- und Herren-Armbanduhren zueinander gestanden haben, welche Länder sich gegenüber dem neuen Zeitmesser besonders aufgeschlossen oder ablehnend verhielten, oder von welchem Jahr an auch in der Reparaturpraxis der Uhrmacher die Armbanduhr dominiert hat.

Wenn man jedoch davon ausgeht, daß aus Preisgründen, wegen der kleineren Gehäuse,

28 Erst im Jahre 1930 kommt die größte deutsche Uhrenfabrik mit einem selbstentwickelten Ankerwerk für Herren-Armbanduhren auf den Markt.

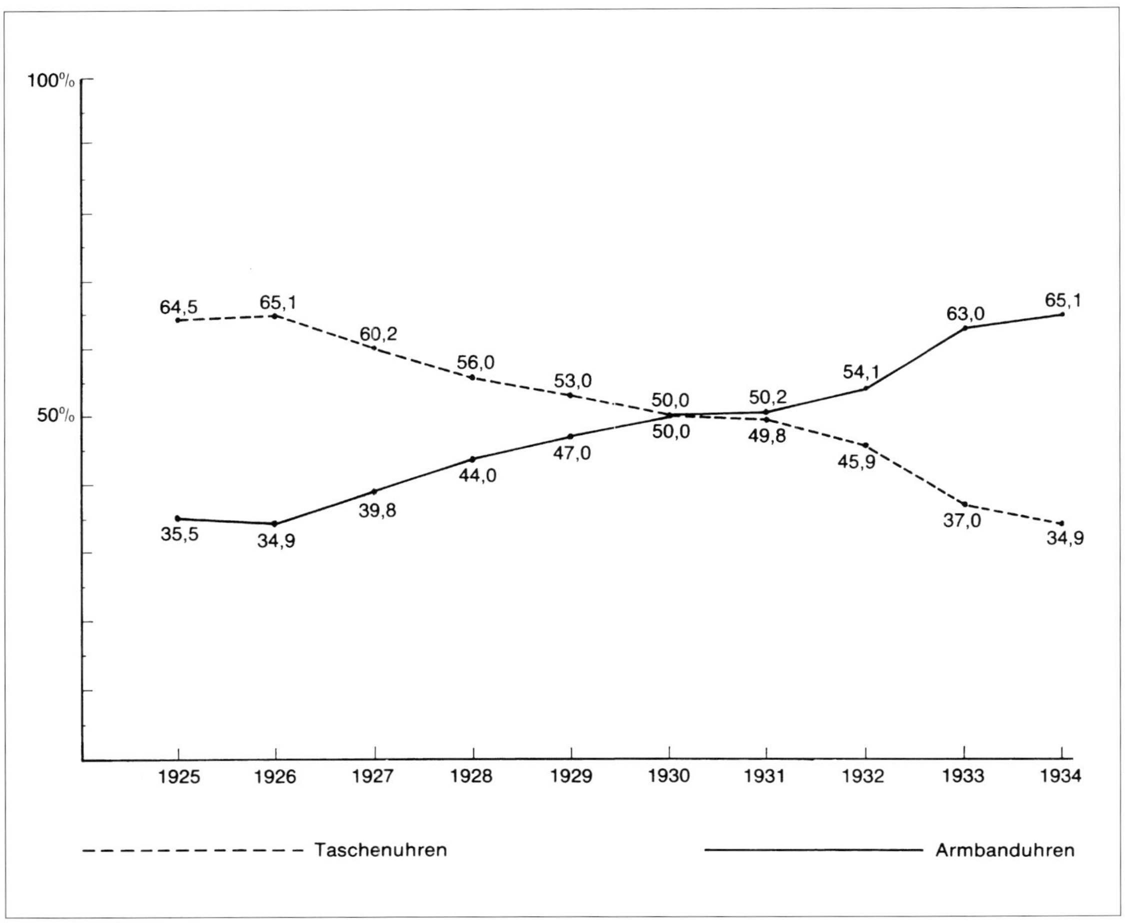

◁ **29** Export Schweizer Taschen- und Armbanduhren (Fertiguhren) zwischen 1925 und 1934. Anteil Taschenuhren/Armbanduhren in Prozent der Gesamtmenge.

verstärkt durch das Schmuckbedürfnis, bei Damen-Armbanduhren Gold- und Silbergehäuse einen beträchtlichen Anteil hatten, dann läßt sich aus der Statistik weiterhin entnehmen, was an anderer Stelle bereits herausgestellt worden ist, daß die Damenuhr früher als die Herrenuhr zum Massenartikel wurde. Während 1920 noch 52% der von der Schweiz exportierten fertigen Armbanduhren Edelmetallgehäuse hatten, betrug deren Anteil 1930 nur noch 29% der Gesamtmenge.

Für Deutschland schätzte im Jahre 1928 der Enquete-Ausschuß der Uhrenindustrie, wohl etwas zu konservativ, einen Jahresverbrauch von 2,1 Millionen Taschenuhren und 1,2 Millionen Armbanduhren. Wenige Jahre später ist die Frage: »Verkaufen Sie mehr Armbanduhren oder mehr Taschenuhren?« gängiges Thema der Uhrmacherfachpresse. Nach Angaben von Helmut Junghans wurden 1934 in seinem Hause täglich 1500 Taschenuhren und 2000 Armbanduhren gefertigt. Auch diese Daten weisen darauf hin, daß nach 1930 die Armbanduhr bei Produktion und Verkauf in Deutschland die Taschenuhr überrundet hatte.

Die Haltung der Uhrmacher

Von den deutschen Uhrmachern wurde die Armbanduhr Jahrzehnte hindurch ablehnend oder zumindest skeptisch beurteilt. Nur wenige hatten bereits vor dem Ersten Weltkrieg erkannt, daß sich hier ein lebensfähiger neuer Uhrentyp durchzusetzen begann. Ein belgischer Uhrmacher schreibt bereits 1912, daß die Armbanduhr, weil sie so praktisch und nützlich ist, sich zweifellos bei Männern wie bei Frauen noch weiter einbürgern wird. Ein deutscher Kollege kommt unter dem Eindruck des ersten Kriegsjahres 1915 zu dem Urteil: »Es kann heute niemand mehr im Zweifel sein, daß alle, die an eine Zukunft der Armbanduhr nicht glauben wollten, wozu die Fachleute in der Uhrmacherei ohne Ausnahme gehören, auf der ganzen Linie geschlagen sind.«

In den 80er Jahren des 19. Jahrhunderts waren es die Großuhrenhersteller, die mit neuen Modellen überrascht haben. Jetzt wurde der deutsche Uhrmacher, der in der Kriegs- und ersten Nachkriegszeit die Entwicklung der Schweizer Uhrenindustrie nur aus der Distanz verfolgen konnte, plötzlich mit der Armbanduhr als Dauer- und Massenerscheinung konfrontiert. Langsam setzte sich die Erkenntnis durch, daß eine Ablehnung der Armbanduhr ähnliche Folgen haben könnte wie früher die negative Einstellung zu Fabrikregulatoren und Babyweckern.

Anfangs als kurzlebige Modetorheit abgetan oder gar als Verstoß gegen die hehren Prinzipien der Uhrmacherkunst, später als Belebung des Verkaufsgeschäfts begrüßt, in der Reparaturpraxis jedoch besonders wegen der kleinen Kaliber der Damenuhren gefürchtet, tastete man sich nur zögernd an die neue Technologie heran. Eine grundsätzliche Wende in der Haltung der deutschen Uhrmacher zeichnete sich erst um 1930 ab. Bis dahin hatten sie unerschütterlich die Position der Taschenuhr verteidigt. Im Jahre 1929 wurde auf der Uhrmacher-Reichstagung die

30 Form und Funktion des neuen Uhrentyps wirken sich auf die Konstruktion aus. Anzeige vom Jahre 1922 in der »Süddeutschen Uhrmacherzeitung«, deren Redaktion der Armbanduhr relativ aufgeschlossen gegenüberstand.

Damen-Armbanduhr in die Reihe der zugelassenen Meisterstücke aufgenommen. 1930 stellte die Schriftleitung der »Deutschen Uhrmacher-Zeitung« die Frage zur Diskussion, welche Kenntnisse der Armbanduhr ein qualifizierter Gehilfe haben müsse. Ein Jahr später begann auf Anregung der Uhrmacher-Fachlehrer die jahrelang andauernde Auseinandersetzung, ob die Armbanduhr in die Lehrlingsausbildung integriert werden solle oder nicht. Erst in den 30er Jahren wurde somit die Armbanduhr als eigenständiges Glied in der langen Entwicklungsgeschichte der Uhr akzeptiert. Verbraucher und (Schweizer) Produzenten hatten diese Entscheidung schon früher getroffen.

Deutlich wird die Situation nochmals an den teils humorvollen, teils drastisch-selbstkritischen Einleitungssätzen der ersten zusammenfassenden Darstellungen zur Reparaturpraxis der Armbanduhr. Diese Texte enthalten viele Hinweise zum jeweiligen Stand der Technik und werden deshalb, als Hilfe für den Sammler, zitiert.
Der erste längere Beitrag in einer deutschen Uhrmacherzeitschrift stammt von Bruno Hillmann 1925. Darin heißt es: »Sollte aber jemand sich verleiten lassen, in Aussicht auf guten Erwerb sich als Spezialreparateur von Armbanduhren auszugeben, der darf sicher rechnen, innerhalb einer kürzeren Anzahl Jahre zum ›alten Eisen‹ zu gehören, wenn es ihm nicht noch gelingt, nach gründlicher Augen- und Nervenheilkur... in einer Schwarzwälder-Uhrenfabrik beim Sortieren von Babywecker-Deckeln sein Gnadenbrot zu verzehren.« (Die Uhrmacherkunst, 1925, S. 148 in Fortsetzungen)
Arno Hofrichter (Genf) sichert sich sorgfältig ab gegenüber den Verfassern renommierter Uhrmacherlehrbücher, ehe er zu schreiben wagt: »Was diese Autoren aber noch nicht bringen konnten, war die Reparatur der winzigen Armbanduhr mit ihren versteckten Fehlern, weil die Entwicklung dieser Spezies erst nach deren Künstlerlaufbahn einsetzt... Weit entfernt, mich in fachlicher Kunstfertigkeit an ihre Seite stellen zu wollen, glaube ich doch berechtigt zu sein, dieses Thema zu behandeln, weil ich Gelegenheit hatte, die vielstufigen Metamorphosen der Armbanduhr an ihrer Geburtsstätte zu beobachten« und er sich mit der Reparatur »praktisch nicht nur befassen durfte, sondern befassen mußte...«. (Die Uhrmacherkunst, 1926, S. 62 in Fortsetzungen)
Anton Lechner, der sich intensiv für die Integration der Armbanduhr in die Ausbildung der Uhrmacher eingesetzt hat, findet für seine Reparaturwinke folgende Überschrift: »Laßt den Vata a Ruh', der macht eine ganz kleine Armband-Uhr!« Dann folgt eine Reihe elementarer Hinweise, angefangen von der Sauberkeit des Werktisches bis zu den notwendigen Werkzeugen. »Mit der alten gewohnten Zwickzange... ist da nichts mehr anzufangen, da verkratzt man die Zifferblätter, drückt die Zeiger ab, springt der Lack der Zahlen weg und nachher rutscht man doch noch richtig aus und der Kratzer ist drin...« (Süddeutsche Uhrmacherzeitung, 1933, I, S. 12 in Fortsetzung)
Schließlich sei noch Hans Jendritzki zitiert: »Allgemein heißt es, die Armbanduhren sind die Schmerzenskinder der Uhrmacher. Und dann sind die schlechten Qualitäten der Uhren schuld, daß die Uhren nicht gehen. Gewiß gibt es viele verbaute Kaliber bei den Armbanduhren, die außerordentlich Mühe machen, den Lebensodem sich einhauchen zu lassen. Aber wie sehen die feinen Armbanduhren aus, wenn sie ein- oder gar mehrmals repariert sind? Wie kommt es, daß solche Uhren nach der Reparatur auch noch Fehler machen? Die minderwertige Qualität kann doch hieran nicht schuld sein?« (Die Uhrmacherkunst, 1934, S. 115 in Fortsetzungen)
Das erste in Deutschland verlegte Fachbuch über die Armbanduhr verfaßte Bruno Hillmann. Es erschien 1925 unter dem Titel »Die Armbanduhr – ihr Wesen und ihre Behandlung bei der Reparatur« (48 Textseiten, 55 Abbildungen). Das bekannte Lehrbuch von Hans Jendritzki, das vielfach aufgelegt wurde, kam erstmals 1937 unter dem Titel »Die Reparatur der Armbanduhr« auf den Markt (107 Seiten, 78 Abbildungen). Es kennzeichnet die Lage, daß der »Leitfaden der Uhrmacherlehre« von Hermann Sievert, in der 13. durchgesehenen Auflage von 1931, im Text keinen Hinweis auf die Armbanduhr bringt; die Armbanduhr hatte es wirklich recht schwer, sich bei den (deutschen) Uhrmachern durchzusetzen.

Das Votum der Verbraucher

Früher als die Männer hatte sich die modebewußte wie die berufstätige Frau für die Arm-

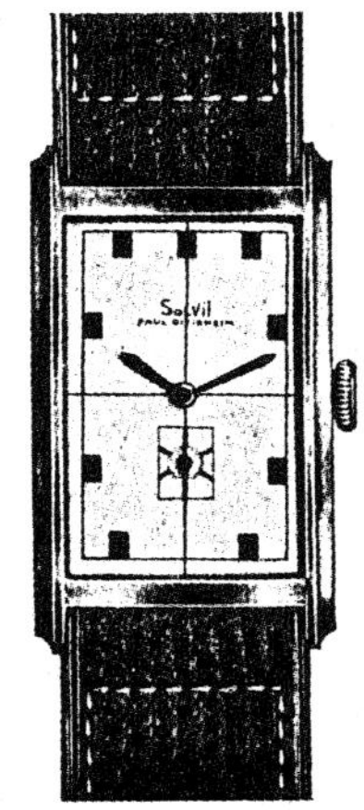

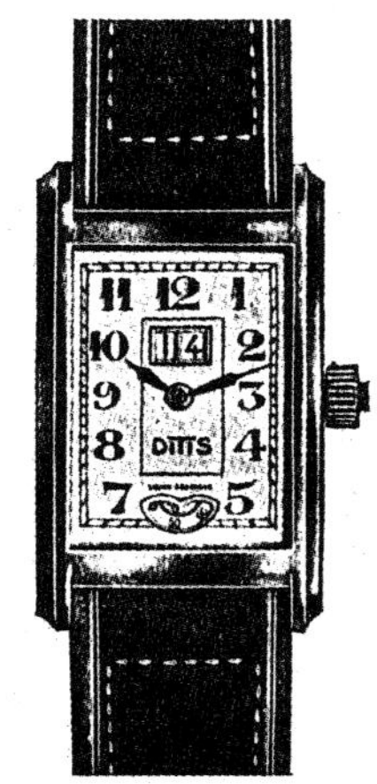

31–33 Uhren aus der Manufaktur Paul Ditisheim, La Chaux-de-Fonds, nach 1930. Alle $8^3/_4'''$. Die »Solvil« repräsentierte die obere, die »Ditis« die mittlere Preislage.

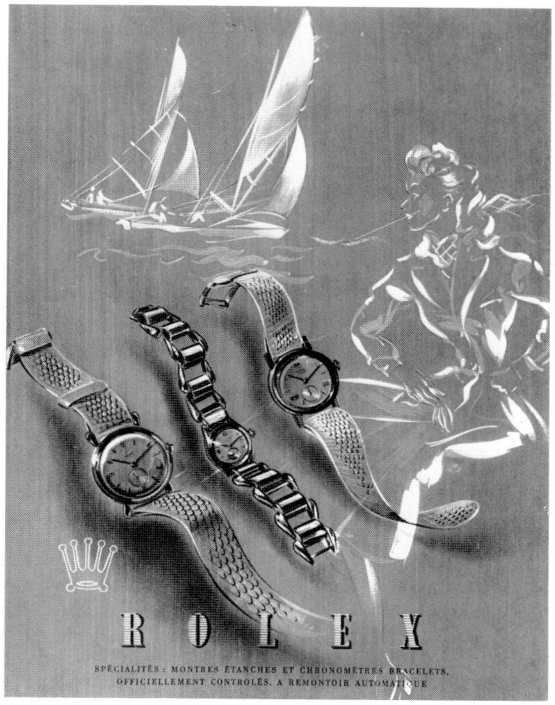

34, 35 Sportliche Eleganz – in der Werbung für die Armbanduhr immer wieder angesprochen. Anzeigen aus dem Jahre 1943.

banduhr entschieden. Als im Jahre 1914 ein großes französisches Modejournal seine Leserinnen nach ihrem liebsten Schmuckstück fragte, war die Entscheidung eindeutig. Von 4350 Antworten entfielen 3437, also 79 %, auf die Armbanduhr. Andere Schmuckstücke wie Anhänger, Medaillons, Ringe oder Colliers erreichten nur geringe Anteile der Stimmen.
Bei den Männern führten die Erfahrungen des Ersten Weltkriegs weltweit zu einem steigenden Interesse an der Armbanduhr. Kritische Zeitgenossen haben auch die Folgen deutlich erkannt: »In der Tagespresse haben bereits wiederholt Aussprachen über die Zweckmäßigkeit dieser Art des Uhrentragens stattgefunden, und sie hat so begeisterte Fürsprache gefunden, daß gar nicht daran zu denken ist, daß der Soldat im Dienst, auch im Frieden im Zivildienst, die Uhr anders tragen wird . . .«
Aber im Vergleich zu den Damen blieb die Männerwelt dennoch konservativer. Viele Kriegsteilnehmer fanden nach Friedensschluß wieder zur Taschenuhr zurück, die ja zugleich so etwas wie ein Symbol für die verlorene »gute alte Zeit« geworden war. Die jüngere Generation hielt vielfach an der zweckmäßigeren Armbanduhr fest. Mit der Armbanduhr wurden jetzt Begriffe wie modern, sportlich und fortschrittlich verbunden, während die Taschenuhr eher konservative Käufer anzog. Auf längere Sicht schadete diese Polarisierung beim Produkt-Image der Taschenuhr und nützte der Armbanduhr.

Doch die deutsche Uhrenwirtschaft wollte es genau wissen und beauftragte deshalb 1936/37 das Nürnberger Institut für Konsumforschung mit einer Marktstudie. Das Ergebnis bestätigte die Vermutungen: es gab zwei eindeutig abgrenzbare Gruppen, die Anhänger der Taschenuhr und die Anhänger der Armbanduhr.
Mit zunehmendem Alter steigt die Vorliebe für die Taschenuhr, dies gilt für alle sozialen Schichten. Für viele ist die Taschenuhr nicht nur Gebrauchsgegenstand, sondern »etwas Lebendiges«, ein »treuer Kamerad«, an den sich »viele Erinnerungen« knüpfen. Auch paßt nach Meinung dieser Gruppe die Taschenuhr besser zum Mann, sie verleiht Würde und Ansehen und gilt zudem als besonders zuverlässiger und haltbarer Zeitmesser.
Die Freunde der Armbanduhr verkörpern eine andere Einstellung, bei ihnen haben zweckbetonte Überlegungen Vorrang. Der Träger der Armbanduhr erscheint als moderner, fortschrittlich eingestellter Mensch, das Gegenstück zum Spießbürger. Ein Studienrat formulierte: »Bei Neuanschaffungen würde ich mir eine Armbanduhr kaufen, weil es eben Mode ist. Meine Jungen lachen immer, wenn ich meine alte runde Taschenuhr herausziehe, fast genieren sie sich.« Für diese Generation ist die Uhr kein Erinnerungsstück, sondern Gebrauchs-, ja Verbrauchsgut.
Der Käufer der Taschenuhr ist der ideale Kunde, er verlangt Qualität, zu ihm kann der Uhrmacher leicht eine Dauerverbindung aufbauen. Doch diese Gruppe nimmt nach Meinung des Nürnberger Instituts rasch ab. Die Käufer der Armbanduhr verhalten sich in Hinblick auf die Qualitätsuhr ambivalent. Eine Teilgruppe kauft, vor allem nach schlechten Erfahrungen, anspruchsvollere Uhren, die andere findet sich mit den Mängeln ab und ersetzt die ausgediente Armbanduhr durch eine ebenso preiswerte neue.
Die Marktforschungsstudie bringt keine Langzeitprognose. Deshalb soll abschließend ein Uhrmacher zu Wort kommen, der 1932 in der »Deutschen Uhrmacher-Zeitung« schrieb: »Unsere Großväter lebten in der Zeit der Spindeluhr, unsere Väter trugen mit Stolz ihre Taschenuhren, und für unsere Kinder ist schon in jungen Jahren der sehnlichste Wunsch eine Armbanduhr. Vielleicht werden unsere Enkelkinder einmal elektrisch regulierte Uhren am Arm tragen. Wer weiß, was uns die Technik bringen wird!«

Reinigen, Zusammensetzen, Ölen, Regulieren

Die Armbanduhr muß, wie früher hervorgehoben wurde, fast jedes Jahr ganz gereinigt werden. Mit einer Halbreinigung kommt man selten gut aus, denn wenn man nur die kleinen Räder oder die Gangpartie reinigt, dann sitzt im Minuten- und Federhausrade noch Schmutz genug, der sich schnellstens wieder auf die übrigen Teile verbreitet. Manchmal kommen Uhren zur Reparatur, die einen schlechten Gang machen und scheinbar noch nicht unsauber sind, so daß man verleitet wird, an Gangstörungen zu denken. Aber in der Regel macht die Unruh erst dann wieder einen flotten Gang, wenn die Uhr ganz gereinigt worden ist. Sofern auch nur die Zapfen der Gangteile in etwas verdicktem Öl laufen, schwingt bereits die Unruh träge, was schließlich bei der Kleinheit der Teile nicht besonders verwunderlich ist. Diese Beobachtung kann man sehr oft schon in einem halben oder gar einem Vierteljahr nach der Reparatur machen. Das wird sich ganz nach der Behandlung richten, die der Uhr durch den Träger zuteil wird. Man unterlasse daher auch nie, beim Reinigen das untere Decksteinplättchen und die Rückerpartie abzunehmen, damit die Decksteine und die Unruhlochsteine ordentlich gereinigt werden können. Der Reparateur, der da glaubt, sich diese Mühe und Umstände ersparen zu können, wird bald durch Nackenschläge eines Besseren belehrt werden.

Beim Reinigen entferne man auch den Grat, der sich bei neuen Uhren zahlreich an den Rändern der Brücken, Ausdrehungen und Löcher in der Werkplatte befindet, da er vielfach lose sitzt, sich nach und nach ganz löst, dann an eine unrechte Stelle gelangt und die Uhr zum Stehenbleiben bringt.

Man verwende zum Reinigen nur reines Benzin bester Sorte, das man nach dem Gebrauch nicht wegschüttet, sondern in einer besonderen Flasche aufhebt, damit es für weniger feine Werke noch verwendet werden kann. Gutes reines Benzin, ein sauberes, feines und faserfreies Stück Leinwand zum Abtrocknen und eine reine Bürste machen die halbe Arbeit. Die ganz feinen Spiralfedern tauche man in allerfeinstes Benzin, das nur in Apotheken erhältlich ist; man riskiert dabei wenigstens nicht, daß die Umgänge nach dem Benzinbade noch zusammenkleben, wie es bei der Verwendung gewöhnlichen oder unreinen Benzins gewöhnlich der Fall ist. Dieses feine Benzin, das zu Medizinalzwecken angewandt wird, ist zwar teuer, doch wird immer nur sehr wenig davon gebraucht.

Über das Reinigen des Gehäuses haben wir schon an anderer Stelle gesprochen, so daß wir darauf nicht mehr einzugehen brauchen.

Braun gewordene Metallzifferblätter reinigt man durch Eintauchen in eine stark verdünnte Zyankalilösung (starkes Gift, daher mit Vorsicht zu gebrauchen!) und sofortiges Nachspülen in Wasser. Hierbei werden aber leicht die Zahlen, wenn sie nicht mit Lack, sondern nur in Tusche aufgetragen sind, undeutlich. Bessere Ergebnisse erzielt man mit pulverisiertem Weinstein, den man mit Wasser zu einem Brei anrührt; diesen Brei trägt man mit Wasser auf das Blatt auf, und mit trockener Watte reibt man dann nach. Leuchtzahlen erleiden bei beiden Verfahren keinen Schaden.

Während man sonst gewohnt ist, das Zusammensetzen einer Taschenuhr in der Weise vorzunehmen, daß man erst die kleinen Räder, dann die Gangteile einsetzt und zuletzt die Federhauspartie und den Aufzug hinzufügt, muß man bei Armbanduhrwerken, wie in so vielem, auch hierin vom Alltäglichen abweichen.

Man fängt am besten mit der Federhauspartie und dem Aufzugmechanismus an, da man gerade beim Einsetzen des letzteren nicht immer glatt wegkommt, und dann ist es besser, fest zupacken zu können und nicht auf die eingesetzte Unruh Rücksicht nehmen zu müssen. Es kommt allerdings vor, daß Federhaus und Minutenrad eine gemeinsame Brücke haben und auch einige der folgenden Räder, selbst bis zum Ankerrade, vor dem Minutenrade eingesetzt werden müssen; da muß man sich eben dreinschicken. Sind dann Aufzug und Räderwerk eingesetzt und die Aufziehwelle an Ort und Stelle, dann kann man durch langsames Aufziehen und Laufenlassen der Räder ausprobieren, ob alles freiläuft. Dann wird der Anker eingesetzt und der Gang nochmals nachgeprüft, insbesondere daraufhin, ob die Zähne ausreichend auf Ruhe fallen und genügend verlorener Weg vorhanden ist. Hierauf folgt das Einstellen der Unruh. Zum Ölen der Gangpartie und der dünneren Zapfen der Räder nehme man dünnflüssiges Öl und sei hierbei ja recht sparsam, denn ein Zuviel schadet immer, während ein Zuwenig kaum von Übel sein kann. Ich habe beispielsweise noch keinen angerosteten Zapfen in Armbanduhrwerken angetroffen, was wohl schon mit dem Umstande erklärt werden kann, daß sie gar nicht so lange

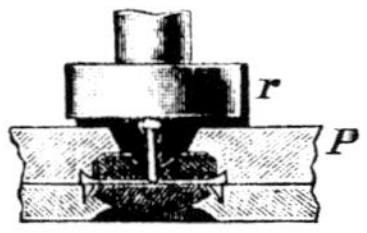

Abb. 54

Abb. 55

gehen können, ohne im allgemeinen reparaturbedürftig zu werden. Ankergabel und Ellipse brauchen deshalb überhaupt kein Öl, selbst ein sogenannter Ölhauch ist überflüssig. Ganz anders gestaltet sich die Sache bei zu reichlichem Ölgeben. Da ist zum Beispiel der obere Ankerzapfen mit dem ganz kurzen Ansatz. Das hier überschüssige Öl verbreitet sich zwischen Brücke und Anker (siehe auch Abb. 53) und hemmt des letzteren freie Bewegung; schließlich läuft es durch das Hin- und Hergehen des Ankers bis zu den Anschlagstiften, und die Gabel fängt an zu kleben, was sehr bald am trägen Gang zum Ausdruck kommt.

Der untere Zapfen der Unruhwelle (vergl. Abb. 54) steht manchmal fast ohne Ansatz an der Sicherheitsrolle *r*, und diese geht dann ganz knapp über der Ausdrehung in der Werkplatte *P*, so daß sich dieser enge Raum bei zu reichlichem Ölgeben sofort mit Öl füllt, wie dies in der Abbildung dargestellt ist. Dadurch wird nicht nur die freie Schwingung der Unruh gehemmt, sondern das Öl kann auch den Umfang der Sicherheitsrolle erreichen, wodurch das Sicherheitsmesser bei Erschütterungen zum Ankleben kommt. Ähnlich geht es beim Lochstein im Unruhkloben (s. Abb. 55) zu, wenn dieser an der Aufdeckung keine erweiterte Senkung hat und die Spiralrolle sich ziemlich knapp am Kloben *B* dreht; dann füllt das reichlich gegebene Öl diesen Raum aus und kann nun über die Spiralrolle *S* seinen Spaziergang bis zur Spiralfeder und zum Unruhschenkel ausdehnen. Diese Angaben mögen manchem als Phantastereien erscheinen; sie sind jedoch weiter nichts als Tatsachen aus den Vorkommnissen der Praxis. Natürlich mußten hier in den Abbildungen die Verhältnisse in übertriebenem Maßstabe gegeben werden, um überhaupt eine Vorstellung von den verhängnisvollen Wirkungen zu reichlichen Ölens liefern zu können.

Das richtige Ölen der Gangpartie erfordert auch einen richtigen Ölgeber, den man sich durch Ausprobieren passend herrichten muß.

In den Lochstein im Unruhkloben gibt man am besten erst dann Öl, wenn Unruh und Spiralfeder so weit am Kloben geordnet sind, daß sie eingesetzt werden können. Hat nämlich der Lochstein schon vorher Öl, so kann es sehr leicht vorkommen, daß der obere Zapfen bereits Öl angenommen hat und dann beim Einsetzen der Unruhpartie leicht mit den Umgängen der Spiralfeder in Berührung kommt, was zur Folge hätte, daß letztere zusammenkleben. Den Aufzugsrädern gebe man dickflüssiges Öl und auch nur gerade so viel, daß es nicht auseinanderfließen kann.

Wenn nun das Werk so weit zusammengesetzt und geölt ist, so wird man es ganz aufziehen und nun seine Freude an den lebhaften Unruhschwingungen haben oder — auch nicht. Wenn die Schwingungen in der senkrechten Lage ein wenig nachlassen, so muß man sich dreinschicken, denn das ist bei den im Verhältnis zu dicken Unruhzapfen und auch minderwertigen Lochsteinen nicht anders zu erwarten. Lassen die Schwingungen aber bedenklich nach, besonders dann, wenn die Unruh über der Gabel steht, dann wird das Sicherheitsmesser auf einer Seite noch zu wenig Luft an der Sicherheitsrolle haben oder die Ellipse an der inneren Rundung der Gabelhörner streifen. Auch in diesem Falle wird man sich mit den zu weiten Zapfenlöchern abfinden und durch geeignetes Abbiegen der Begrenzungsstifte noch etwas mehr Luft zu schaffen suchen müssen.

Lassen die Schwingungen in einer bestimmten horizontalen Lage des Werkes (Zifferblatt oben oder unten) auffällig nach, so liegen irgendwie noch Streifungen vor, die verschiedener Natur sein können: der Anker kann an der Brücke, die Spiralfeder an den Unruhschenkeln, am Minutenrade oder am Unruhkloben, auch am Spiralklötzchen streifen, die Unruh am Minutenrade oder an der Ankerbrücke, die Gabelhörner an der Hebelscheibe, die Ellipse am Sicherheitsmesser; möglicherweise reicht auch ein Unruhzapfen nicht genügend weit durch den Lochstein, so daß er also nicht auf dem Decksteine läuft. Über das Vorhandensein der Mehrzahl dieser Fehler muß man übrigens schon beim Beginn einer Reparatur Feststellungen machen. Kommt man überhaupt zu keinem Erfolg, d. h. schwingt die Uhr in allen Lagen schlecht, dann findet man gewöhnlich, daß die Feder zu schwach ist. In so manchen Fällen ist es jedoch unmöglich, eine stärkere Feder einzusetzen, da sie nicht die genügende Anzahl von Entwicklungsumgängen ergibt. Die Uhr ist also im wahren Sinne des Wortes verbaut.

Das Aufsetzen des Zifferblattes geschieht am besten, wenn das Werk im Gehäuse ist, denn oft muß man beim Einsetzen der Aufziehwelle feststellen, daß das Zeigerstelltrieb sich schiefgestellt hat und ein Einstecken der Welle unmöglich ist. Wenn dann das Zifferblatt mit seitlich im Werkplattenrande angeordneten Schrauben befestigt ist, dann sieht man sich genötigt, das Werk wieder aus dem Gehäuse zu nehmen. Zweckmäßig ist es, wenn das Gehäuse derart eingerichtet ist, daß die Aufziehwelle schon vor dem Einsetzen des Werkes in das Gehäuse eingesteckt und befestigt werden kann.

Ist das Zifferblatt mit den sogenannten Zuckerhutschrauben zu befestigen, die manchmal knapp zwischen zwei Brücken eingeklemmt sitzen, dann achte man beim Hochschrauben wohl darauf, daß man die nahestehende Brücke nicht mit hochhebt und womöglich einem Triebe auf diese ungewöhnliche Weise die „Luft abschneidet". Besser ist es dann, wenn man die Schraube nach unten dreht, denn das leichte Metallblatt — um ein solches handelt es sich meistens — wird auch von e i n e r Schraube genügend gehalten, und obendrein sorgt der Glasrand schon dafür, daß es nicht schlottert.

Beim Zeigeraufsetzen achte man darauf, daß der Stundenzeiger nicht auf dem Blatte streift; es gibt nichts Fataleres als die blanken oder dunklen Ringe auf den Metallblättern, die von der Nachlässigkeit irgendeines Arbeiters Zeugnis ablegen. Zum Aufdrücken des Minutenzeigers haben wir ein großartiges Hilfsmittel in unseren Bürstenstielen; sie sind handlich, beschädigen das Zeigerauge nicht und rutschen auch nicht ab. **Klopfen mit dem Hammer ist streng verboten! Haben sich inzwischen in dem Werke Staubfasern angesetzt, wie sie immer in jedem Arbeitsraum in der Luft herumfliegen, dann blase man nicht mit dem Munde, denn der** Hauch ist feucht und es kann auch Speichel dabei sein und in den feinen Teilchen Rost erzeugen. Man bediene sich vielmehr zum Staubausblasen eines Gummiballes mit Rohr, der aber nie zu anderen Zwecken verwendet werden darf und stets unter Verschluß gehalten werden muß, damit er nicht selbst Fasern annimmt. Sehr gute Dienste leistet übrigens beim Reinigen der kleinen Uhren ein gewöhnlicher H a a r p i n s e l, ein sogenannter Tuschpinsel mit einem Federkiel. Da dessen zugespitzte Form nichts nützt, stutzt man ihn kurzerhand mit einer scharfen Scheere fast bis zur Hälfte zurück. Mit diesem so hergestellten Bürstchen kann man in die verborgensten Winkel gelangen, was mit unsern gewöhnlichen Bürsten nicht möglich ist.

Ist nun die Uhr fertig, dann wird man sie regulieren, und hat man sie schön reguliert, dann geht sie beim Kunden, der sie seiner eigenen Behandlung unterwirft, doch nicht richtig. Hat man die Unruh gut abgewogen, sei es nun eine Zylinder- oder eine Ankerunruh, hat man die Zapfen gut poliert, die Spiralfeder richtig gelegt, dann lege man sich selber mit gutem Gewissen auf sein sanftes Ruhekissen und überlasse das Weitere dem lieben Herrgott, denn selbst der wird nicht einmal verlangen, daß man aus einer gewöhnlichen Armbanduhr eine Präzisionsuhr machen soll, wenigstens nicht von dem, der um sein tägliches Brot zu kämpfen hat. Man muß bei einer Armbanduhr immer vorsichtig und fürsorglich sein, um mit ihr nicht noch mehr Arbeit zu bekommen, als man schon hat. Darum gehe man mit der Spiralfeder recht vorsichtig um, und beim Reinigen der Unruh achte man darauf, daß man die Schrauben nicht lockert und den Reifen nicht verbiegt, was bei den aufgeschnittenen und obendrein noch weichen Unruhen nur mit größter Mühe zu vermeiden ist. Darum prüfe man auch jede Unruh vor dem Aufsetzen der Spiralfeder nochmals nach, ob sie nicht wieder einen Schwerpunkt bekommen hat, damit man im Notfalle noch rechtzeitig wieder nachhelfen kann.

Beim Schwerpunktausgleichen vermeide man überhaupt ein voreiliges Abfeilen oder Beschweren, denn gewöhnlich ist die Unruh nur verbogen, was man ja durch Nachprüfung im Rundlaufzirkel sofort entdecken kann.

Wie oft kann man sehen, daß bei der Spiralfeder ein viertel oder halber Umgang durchgesteckt ist. Wozu dient eigentlich das überflüssige Schwänzlein? Mir kommt es vor wie der Blinddarm, von dem man auch nicht weiß, wozu er dient, und nach dessen Beseitigung der Mensch ruhig weiter lebt; darum einfach weg mit diesem Spiralfeder-Anhängsel bis auf ein kurzes Stümpfchen, denn sonst schlägt nur der äußere Spiralfederumgang dagegen, und die Uhr reguliert nicht, oder, wenn es in respektvoller Entfernung abgebogen ist, steht es den Unruhschraubenspitzen im Weg.

36 Auszug aus B. Hillmann, Die Armbanduhr ..., Berlin 1925

37 Uhr in Schmuckband integriert, um 1860. Gold-Emailarbeit, Zylinderwerk mit Schlüsselaufzug, originales Lederetui.

◁ **38** Uhr in geschlossener Schmuckkapsel an durchbrochenem Emailband, signiert »Capt et Freundler«. Genf, 1813 (vgl. auch Abb. 393).

39 Goldenes Armband mit einzulegender Damen-Taschenuhr von Henri Capt, reiche Emaildekoration. Genf, um 1860.

Zu Seite 28/29:
40 Silberne Herren-Armbanduhr mit Datums- und Wochentagsanzeige (rechts) von Henry Moser, Le Locle, daneben links das vergoldete Uhrwerk, um 1915/20 (vgl. auch Abb. 1185–1187)

SUNDAY

41 Typische Omega-Kollektion aus der Zeit um 1915: Herrenuhren am schmalen Lederband, Damenuhren am schmalgliedrigen »Ziehband«

42 Schweizer Schmuck-Armbanduhren aus den 30er Jahren

43 Entwürfe zu Schmuck-Armbanduhren aus der Kollektion von ESZEHA (Chopard). Genf, um 1920. ▷

44, 45 Aus dem Katalog einer Schweizer Uhrengroßhandlung von 1914/15. Auffallend die Vorliebe für die rote »12«.

■ DIE FUTURISTISCHE INTERPRETATION EINER LEGENDE DURCH MODERNES DESIGN.

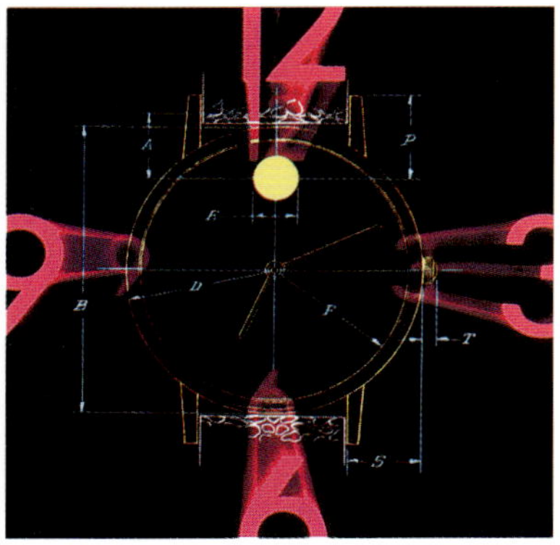

Über das legendäre Zifferblatt mit dem goldenen Punkt:
Nathan George Horwitt, der Künstler, erdachte sich eine Uhr ohne Ziffern, als ein Experiment in reiner, funktionaler und unbelasteter Gestaltung.

Movado-Uhren in Museen auf der ganzen Welt.

Staatliches Museum für angewandte Kunst Neue Sammlung, München, Deutschland

Museum Moderne Kunst Wien, Oesterreich

Museo de Arte Moderno Bogota, Kolumbien

Museum Baymans-van Beuningen, Rotterdam, Holland

Museo de Arte Contemporaneo Caracas, Venezuela

Finnish Museum of Horology Espaal, Helsinki, Finnland

Sezan Museum of Art Tokyo, Japan

Kunstindustri-museets Billedbog, Kopenhagen, Dänemark

Museo de Bellas Artes Bilbao, Spanien

Design Museum London, England

Kawasaki City Museum Kawasaki, Japan

Victoria and Albert Museum London, England

Museum Ludwig Köln, Deutschland

Museum Beyer Zürich, Schweiz

Museo de Arte de São Paolo São Paolo, Brasilien

Die neue Armbanduhr Museum Safiro.™ Das legendäre runde Zifferblatt in Schwarz mit dem goldenen Punkt, rechteckiges Gehäuse in 18karätiger Mikron-Goldauflage. Flaches Saphirglas. Schwarzes Kalbslederarmband. Schweizer Quarzwerk. Wasserdicht bis 30m. Für Damen und Herren.

MOVADO®
The Museum® Watch.
SWISS

Movado Watch Company SA
Bettlachstrasse 8
2540 Grenchen-Schweiz
Tel.: ++41 32 329 36 00
Fax: ++41 32 329 36 01

http://www.movado.com

Cindy
Crawford's Wahl
Constellation "My choice"
Edelstahl, Weissgold-Lünette
mit 30 Brillanten. DM 3.950.–
(unverbindliche Preisempfehlung)
OMEGA – Swiss made since 1848.
Omega -- my choice Cindy Crawford
Ω
OMEGA
The sign of excellence
OMEGA - Rudolf-Diesel-Straße 7 • 65760 Eschborn • Tel. 06173 / 606221 • http://www.omega.ch

PARMIGIANI
FLEURIER
Célébrer le Temps.
Parmigiani Mesure et Art du Temps SA
Manufacture Rue de l'Hôpital 33 CH 2114 Fleurier
T +41 32 862 66 30 F +41 32 862 66 31

Wandel der Technologie

Entwicklungsphasen bis 1960

46–49 Modelle, die 1932 als progressiv galten:
Abb. 46: Sekunde in der Mitte
Abb. 47: Wasserdichte Sportuhr mit Stoßsicherung
Abb. 48: Armbanduhr in Form eines Autokühlers
Abb. 49: Springende Stunde, sich drehender Minutenkreis und Sekundenanzeige

Taschenuhren und Armbanduhren ähneln sich in Aufbau des Werkes und seiner Gestaltung. Auch bei der Armbanduhr werden Bauteile und Baugruppen verwendet, die bereits von der Taschenuhr her bekannt sind, man denke an das Räderwerk, den Antrieb, die Steinlager oder an das zentrale System der mechanischen Kleinuhr, die Verbindung von Hemmung und Gangregler (Unruh mit Spiralfeder). Erst die Stimmgabeluhr und kurz darauf die Quarzuhr bringen neue technologische Lösungen für bekannte Aufgaben, die Elektronik löst die Feinmechanik ab.

Dennoch ist die Armbanduhr in dem halben Jahrhundert zwischen 1910 und 1960 etwas anderes geworden als nur das verkleinerte, am Arm getragene Abbild der Taschenuhr. Der neue Uhrentyp stellte an Entwicklung und Produktion neue Aufgaben, deren Bewältigung sich dann auch auf den Bau von Taschenuhren positiv ausgewirkt hat, wie etwa bei der Stoßsicherung oder bei der Verwendung neuer Werkstoffe nachgewiesen werden kann. Eigene Wege hingegen schlugen die Konstrukteure ein, als sie für Armbanduhren besondere Formwerke schufen oder das automatische Aufzugssystem der perfekten Lösung nahebringen konnten. Wenn auch die größere mechanische Uhr – gleiche Technologie und Sorgfalt der Bearbeitung vorausgesetzt – immer bessere Gangergebnisse bringen dürfte als die kleinere, die Armbanduhren haben in unserem Jahrhundert einen Stand der Präzision und Zuverlässigkeit erreicht, den sich auch renommierte Fachleute der letzten Jahrhundertwende kaum vorstellen konnten.

Die zeitliche Abgrenzung eines breiten Entwicklungsprozesses mit Überschneidungen und Verlagerungen ist immer problematisch, trotzdem wird hier vorgeschlagen, den Zeitraum zwischen 1910 und 1930 als Experimentierphase der Armbanduhr zu bezeichnen. Dies läßt sich äußerlich erkennen an den Experimenten mit Gehäusen und Zifferblättern, deren Höhepunkt um 1920 lag, und dem allmählichen Übergang um 1930 zu ruhigeren, stärker funktionell orientierten Formen.

Dies gilt jedoch ebenso für die Technologie der Armbanduhr. Im Jahre 1927 bestand die wasserdichte Rolex-Uhr (*Oyster*) eine weithin beachtete Bewährungsprobe, 1929 begann die Serienfertigung der ersten funktionierenden automatischen Armbanduhr nach *System Harwood*, im gleichen Zeitraum entstanden leistungsfähige Sportuhren. Die Entwicklung der Spiralfeder *Nivarox* war 1933 abgeschlossen, ebenso das Problem der Stoßsicherung gelöst. Im gleichen Zeitraum verlangsamte sich die manchmal spielerisch anmutende Suche nach neuartigen Werkformen, wofür die kleinen Baguette-Werke der Damenuhren als bekanntestes Beispiel gelten können.

»Die Uhrmacher-Woche« brachte 1931 folgenden Überblick der Schweizer Produktion: »Als Artikel, die sich gegenwärtig besonderer Beliebtheit erfreuen, seien die sogenannten Baguettes-Armbanduhren für die Dame genannt, weiter Herren-Sportuhren mit Stoßdämpfer, wasserdichte Uhren für diejenigen, die dem Wassersport huldigen, Notora- und Kalender-Armbanduhren für Geschäftsleute, Armbanduhren ohne Zeiger, 8-Tage-Armbanduhren und ähnliches. Vergessen wir ferner nicht die Armbanduhren mit automatischem Selbstaufzug... Eine noch stärkere Zunahme der Ausfuhr verzeichnen die Armbandchronographen.« Ausdrücke wie unzerbrechlich, wassergeschützt oder wasserdicht, unmagnetisch, rostfrei und automatisch tauchen in den 30er Jahren immer häufiger in Schweizer Uhrenanzeigen auf.

Da es die Hauptaufgabe dieses Buches ist, den jeweiligen Stand der Technik durch ausgewählte Armbanduhren zu dokumentieren, kann der einführende Text an dieser Stelle auf eine Fortschreibung der Entwicklung verzichten, zumal einzelne Uhrenarten und herausragende Technologien noch dargestellt werden. Für die folgende Querschnittsbetrachtung der Zeit um 1960 wurden die Berichte zur Basler Mustermesse verschiedener Fachzeitschriften herangezogen, denn diese Veranstaltung hatte sich zu der weltweit beachteten Leistungsschau der Schweizer Uhrenindustrie entwickelt.

Die Grundtendenzen lassen sich durch folgende Adjektive kennzeichnen. Die Armbanduhren werden immer präziser und robuster, komplizierter und flacher. Bei den Herren-Armbanduhren wird der automatische Aufzug allmählich zur Selbstverständlichkeit, von 16 gemeldeten Neuheiten beziehen sich 1959 allein zehn auf diesen Uhrentyp. Automatische Herrenuhren sind jetzt fast ausnahmslos in »unmagnetische« und »wasserdichte« Gehäuse eingebaut, mit einer unzerbrechlichen Zugfeder und mit Stoßsicherungen an den Unruhlagern versehen. »Die Automatikuhr macht übrigens der klassischen Uhr jetzt auch ihre Überlegenheit auf dem Gebiet der Eleganz streitig«, heißt es in einem Bericht zur Uhrenmesse 1961.

Bei den Luxusuhren verstärkt sich die Tendenz zu immer flacheren Kalibern, welche den Einbau in Gehäuse mit möglichst elegantem Profil erlaubten, besonders erwähnt wird 1956 eine ultraflache Herrenuhr mit einer Gesamtdicke von 7 mm im wasserdichten Gehäuse. Bemühungen werden deutlich, bestimmte Armbanduhr-Kaliber als Chronometer in Handelsqualität serienweise herzustellen (1957). Die Zahl punktueller Verbesserungen und verkaufsfördernder Varianten läßt sich kaum mehr überblicken; erwähnt sei vom Jahre 1959 eine Uhr, bei der sich durch Druck auf einen Knopf, ohne das Gehäuse öffnen zu müssen, Vor- oder Nachgang regulieren lassen, die *Correctomatic* aus dem Hause Pierce. »Uhren für Flieger, Taucher, Autofahrer, Ingenieure und Ärzte, Hand- und Armbandchronographen hatten an vielen Ständen einen Ehrenplatz und überboten einander an Wasserdichtigkeit, Widerstandskraft gegen magnetische Felder und Verfeinerungen ihrer Meßvorrichtungen.« (1961)

Bei den Damenuhren wird das automatische Aufzugssystem weitergetrieben und verwirklicht. Die kleinste Uhr dieser Art hat 1959 einen Gehäuse-Passungsdurchmesser von 15,2 mm bei stark reduzierter Höhe; ein anderes Automatikwerk von 20 mm Durchmesser und einer Totalhöhe von 5 mm ist mit direkter Zentralsekunde und 26 wirksamen Rubinen ausgestattet. Damen-Wecker-Armbanduhren und Kalenderuhren gehören ebenso selbstverständlich zum Programm wie Sportuhren oder kleinste Werke von überraschend genauem Gang. Die Technik der mechanischen Armbanduhr stand 1960 am Anfang ihres letzten Entwicklungsabschnitts.

Materialforschung und Fertigungstechnik

Intuition und handwerkliches Geschick haben in früheren Jahrhunderten entscheidend die Weiterentwicklung der Uhrentechnik bestimmt. Bei den Fortschritten der Armbanduhr tritt das ingenieurwissenschaftliche Element stärker hervor. Wesentlichen Einfluß gewinnen die Schweizer Fachschulen, bestimmte Forschungsinstitute und die Entwicklungsabteilungen bekannter Uhrenfabriken. Dies wird besonders deutlich bei materialkundlichen Forschungen, bei der Entwicklung und Erprobung neuer Kaliber, bei neuartigen Meß- und Prüfverfahren und bei der Vervollkommnung der Uhrenfertigung.

Die Bedeutung der Materialforschung für die Entwicklung der mechanischen Armbanduhr soll hier an drei Beispielen erläutert werden (weitere Belege enthält das Kapitel über Unruh und Spiralfeder, s. Seite 36 ff.).

Viele Fabrikanten und Uhrmacher haben die Mängel der stählernen Zugfeder, Korrosion, Magnetisierung und vor allem Ermüdungsbruch, mit Gleichmut hingenommen, Reinhard Straumann (1892–1967) dachte anders. Schon in jüngeren Jahren schwebte ihm das Bild einer nichtrostenden, unmagnetischen und unzerbrechlichen Triebfeder vor, die diese Eigenschaften mit einer den besten gehärteten Stahlfedern vergleichbaren Elastizität verband.

»Während zwanzig Jahren befaßte sich Straumann leidenschaftlich mit der Lösung dieses Problems«, schreibt einer seiner Mitarbeiter. Endlich war dieses Ziel erreicht. Die Zugfeder *Nivaflex* erfüllte alle die gestellten Anforderungen, sie hält länger, als es der Gebrauchsdauer einer mechanischen Armbanduhr entspricht.

Mit dem Einfluß von Magnetfeldern auf die Gangleistung der Armbanduhr befaßten sich die Konstrukteure bereits in den 30er Jahren. Zwei Lösungswege boten sich an, die auch miteinander kombiniert werden konnten: Ersatz stählerner Bauteile, besonders beim

50 Reinhard Straumann (1892 – 1967). Er schuf mit der Zugfeder »Nivaflex« und der Spiralfeder »Nivarox« wesentliche Grundlagen für die Verbesserung der mechanischen Armbanduhr.

51 IWC »Ingenieur«, Schaffhausen, um 1965. Abgeschirmt gegen magnetische Störungen bis 1000 Oerstedt.

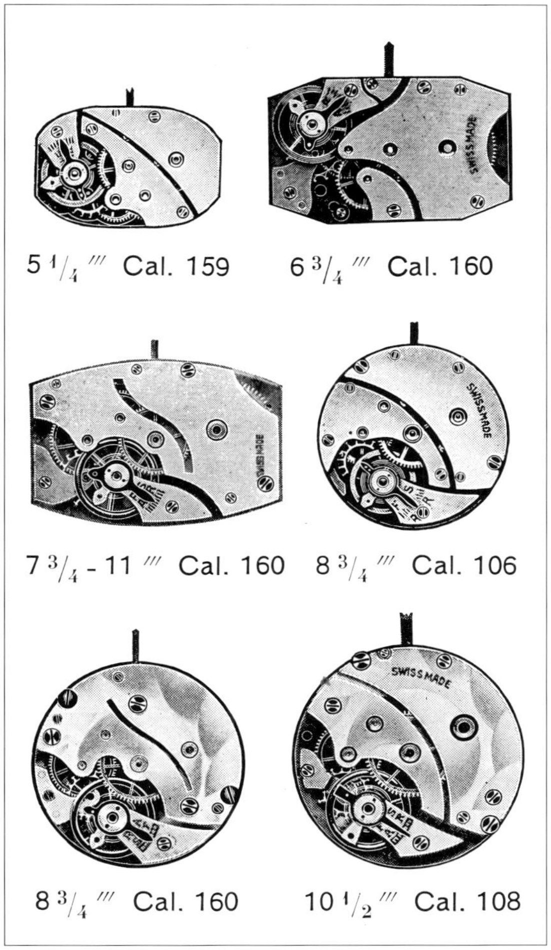

52 Auch in der Schweizer Armbanduhren-Fertigung hielt sich die Zylinderhemmung lange. Zylinderwerke aus dem Jahre 1937.

Regulierorgan, durch weniger anfällige Legierungen oder Einbau eines Schutzgehäuses, welches das Werk gegenüber magnetischen Einflüssen abschirmt. Bei der *IWC-Ingenieur* ist es 1956 gelungen, einen Schutz gegen magnetische Störungen bis 1000 Oersted zu erreichen, während normalerweise ein Einfluß von 100 Oersted schon ausreichte, eine als »unmagnetisch« bezeichnete Uhr in der Regulierung zu stören.
Wie bedeutsam auch die Schmiermittel eingeschätzt werden müssen, geht aus einem häufig kolportierten Wort hervor, das Breguet gegenüber Napoleon gebraucht haben soll: »Geben Sie mir das perfekte Uhrenöl, Sire, und ich baue Ihnen die perfekte Uhr.«
Die in der zweiten Hälfte des 19. Jahrhunderts entwickelten Uhrenöle waren Mischungen aus Klauenölen und flüssigen Paraffinen. Zwar befriedigte ihre Oberflächenspannung, doch sie oxydierten und verharzten. Die kleinen Kaliber besonders der Armbanduhr verlangten jedoch besonders leistungsfähige Schmiermittel. Man wurde sich klar, daß durch die chemischen Gesetze der Verbesserung klassischer Uhrenöle bestimmte Grenzen gesetzt waren und suchte deshalb nach neuen Öl-Synthesen. Um 1950 waren wesentliche Forschungen abgeschlossen. Genannt gehört in diesem Zusammenhang jedoch auch die Entwicklung von brauchbaren Trockenschmierstoffen, etwa für die Zugfeder. Diese haben wesentlich zur Betriebssicherheit der automatischen Armbanduhren beigetragen.
Es würde zu weit führen, all die Geräte für den Werkzeug- und Vorrichtungsbau aufzuzählen oder die verschiedenen Werkzeugmaschinen und Fertigungshilfen, die entscheidend an der Qualitätssteigerung der Armbanduhr aller Preisklassen beteiligt waren. Der hundertste Teil eines Millimeters wurde zur üblichen Größenordnung, das Tausendstel ein gängiges Toleranzmaß. Während es früher üblich war, daß die einzelnen Teile erst bei der Montage oder gar durch den Uhrmacher auf endgültige Form und Funktion gebracht wurden, verlagerten sich jetzt die Bemühungen darauf, durch bloßes Zusammenfügen ohne Nacharbeit bereits die gewünschte Gesamtfunktion zu erreichen.
Lediglich bei der Reglage, dem stufenweisen Zusammensetzen aller Teile des Schwingsystems und dem Abgleichen auf eine Sollfrequenz, bzw. bei der folgenden Feinregulierung, hatten um 1960 herkömmliche Arbeitsverfahren noch ihren angestammten Platz. In diesem Bereich zeichnet sich die Fertigungsautomation erst später ab. Wilhelm Keil spricht dieses Ziel an, wenn er 1957 fordert, »die Reglage bei der Teilefertigung vorwegzunehmen«. Eine Elektronikfirma, deren Programm auf die Bedürfnisse der Uhrenbranche zugeschnitten ist, kündigt 1966 Maschinen an, die das Schwingsystem vollautomatisch auswuchten und andere, die maschinell die Spirale an der Rolle ansetzen.
Das Interesse an der hochwertigen Marken-Armbanduhr sollte jedoch nicht zur Vernachlässigung der in weitaus höheren Stückzahlen gefertigten preisgünstigen Gebrauchsuhren führen. Wie einer Marktforschungsstudie zu entnehmen ist, entfielen in der Bundesrepublik Mitte der 60er Jahre 75 % der verkauften Herrenuhren und 67 % der verkauften Damen-Armbanduhren auf die Preisklasse unter 100,- DM.
Von Anfang an waren sich die Fachleute einig, daß für die Armbanduhr letztlich nur die Schweizer Ankerhemmung in Frage komme. In der Zeit vor dem Zweiten Weltkrieg setzte sich dann auch dieses Hemmungssystem in Preisklassen durch, die vorher den Zylinderwerken vorbehalten waren. Von der anderen Seite her engten produktionstechnisch verbesserte Stiftankeruhren den Raum der Zylinderuhr zusätzlich ein. Trotzdem wurde diese Bauform bei Armbanduhren selbst 1950 noch vereinzelt produziert. Insgesamt gesehen kann für die billigere Armbanduhr festgestellt werden, daß die Fortschritte der Produktionstechnik ihr in noch höherem Maße zugute kamen als der anspruchsvollen Uhr. Nach 1970 gab es die Stiftankeruhr mit Automatik und Kalender, mit Zentralsekunde und Stoßsicherung. Den verbleibenden qualitativen Unterschied erkennt auch der Laie, doch der Abstand hat sich verringert.

53 Von der kleinen Armbanduhr bis zum Wecker – Stiftankerhemmungen kennzeichnen die billige Uhr. Anzeige von 1953.

Viele Einflüsse wirken auf den genauen Gang einer Armbanduhr ein, doch das Regulierorgan, die Unruh mit Spiralfeder, hat zentrale Bedeutung. Deshalb soll dieser Komplex etwas ausführlicher dargestellt werden. Ein auch vom Uhrensammler allgemein beachtetes Kennzeichen der älteren Armbanduhr besserer Qualität ist die Ausstattung mit einer bimetallischen *Kompensationsunruh.* In den 30er Jahren bahnte sich jedoch auf diesem Gebiet ein Umdenken der Konstrukteure an. Seitdem werden Armbanduhren mit selbstkompensierender Spiralfeder und einmetallischer Unruh ausgestattet, seit 1960 zunehmend mit ringförmiger großer Unruh ohne Schrauben.

Mit Hilfe der Kompensationsunruh sollte erreicht werden, die durch schwankende Temperaturen verursachten Unregelmäßigkeiten beim Gang der Uhr auszugleichen, also zu kompensieren. Das Ausmaß des Temperatureinflusses ist beachtlich, bei einer gewöhnlichen (nicht kompensierten) Messingunruh mit Stahlspiralfeder führt eine Temperaturzunahme von 1° Celsius bereits dazu, daß die Uhr in 24 Stunden etwa 12 Sekunden nachgeht.

Etwa 90% dieses Fehlers werden von der Spiralfeder verursacht, denn die Elastizität des Federstahls läßt bei Erwärmung nach. Dies haben die großen Meister der Uhrmacherkunst bereits im ausgehenden 18. Jahrhundert erkannt und deshalb die Unruh so gestaltet, daß sie den Einfluß der Temperatur auf die Spirale (weitgehend) kompensieren konnte. Die Unruh übernimmt also bei diesem konstruktiven Konzept die Aufgabe, sich den Gegebenheiten der Spiralfeder anzupassen und dadurch den Gang der Uhr zu verbessern.

Die Kompensationsunruh besteht aus zwei verschiedenen Metallen, deshalb ist auch die Bezeichnung *Bimetallunruh* gebräuchlich. Beide Metalle, meist werden Stahl und Messing miteinander kombiniert, haben unterschiedliche Ausdehnungskoeffizienten. Messing mit dem höheren Koeffizienten bildet den Außenreif, Stahl den Innenreif und die Schenkel der Unruh. In der Regel besteht die Kompensationsunruh aus $^2/_5$ Stahl und $^3/_5$ Messing. Dicht neben den Schenkeln ist der Reif zweimal aufgeschnitten. Damit die Reifenenden sich in gleicher Weise krümmen können, müssen beide Hälften völlig symmetrisch und beide Metalle homogen miteinander verbunden sein.

Tritt beispielsweise eine Erhöhung der Temperatur ein, so reagiert die Stahlfeder durch Verlängerung und Nachlassen der Elastizität, d.h. die Uhr geht nach. Gleichzeitig dehnt sich jedoch der Außenreif aus Messing stärker aus als der Innenreif aus Stahl, die freien Enden biegen sich nach innen. Diese Biegung zum Mittelpunkt hin bewirkt, daß der Trägheitsradius der Unruh kleiner wird, die Uhr also – wenn man ansonsten sich völlig gleichbleibende Bedingungen voraussetzt – vorgehen würde.

Die Wirkung der nachlassenden Elastizität der Spiralfeder wird somit durch die Anpassung der Unruh annähernd ausgeglichen. Eine Feinabstimmung, die Beeinflussung der radialen Bewegung der freien Reifenenden innerhalb gewisser Grenzen, läßt sich durch Versetzen der außen am Unruhreif angebrachten Abgleichschrauben erreichen. Entsprechende Löcher sind fabrikationstechnisch schon vorgesehen. Daneben gibt es noch eine zweite Gruppe von Schrauben, die Masseschrauben. Sie dienen dazu, den Schwingkörper auszuwuchten.

Kompensationsunruhen erfordern relativ viel Aufwand bei Herstellung wie Reparatur und können leicht deformiert werden, doch gravierender ist ein anderer Nachteil, den die Uhrmacher den sekundären Fehler nennen. Der Ausgleich der Wirkungen des Verhaltens der Spiralfeder durch die Unruh gelingt trotz entsprechender Feinstellung nicht im gesamten Temperaturbereich, sondern nur punktuell, höchstens bei zwei Temperaturen.

Wenn also bei 20° Celsius und bei 35° Celsius die Gangabweichung fast ausgeglichen werden konnte, wird die Uhr trotzdem bei anderen Temperaturen abweichen, also vor- oder nachgehen. Die Ursache dafür ist, daß bei Temperaturänderungen die Reaktionskurve der Unruh geradlinig verläuft, die der Spirale hingegen gekrümmt. Zwar laufen beide in gegenläufiger Richtung, sie kompensieren sich jedoch nur tendenziell und nicht vollkommen. Dies läßt sich durch eine einfache Überlegung klarmachen. Wenn eine gekrümmte Linie von einer waagrecht verlaufenden Geraden in zwei Punkten geschnitten wird, dann stimmen nur an diesen beiden Punkten die Werte von Gerade und Kurve überein, doch davor, dazwischen und dahinter weichen beide voneinander ab. Das Ab-

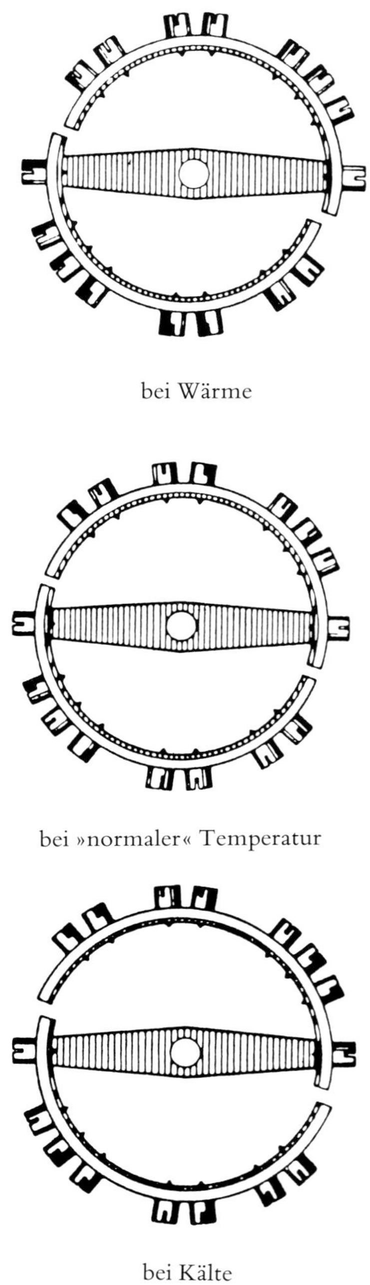

54 Verhalten der Kompensationsunruh bei Temperaturschwankungen

55 Die klassische Kompensationsunruh: Außenreif Messing, Innenreif Stahl. Bis zum Aufkommen neuer Legierungen war die anspruchsvolle Armbanduhr mit einer Unruh dieser Art ausgestattet.

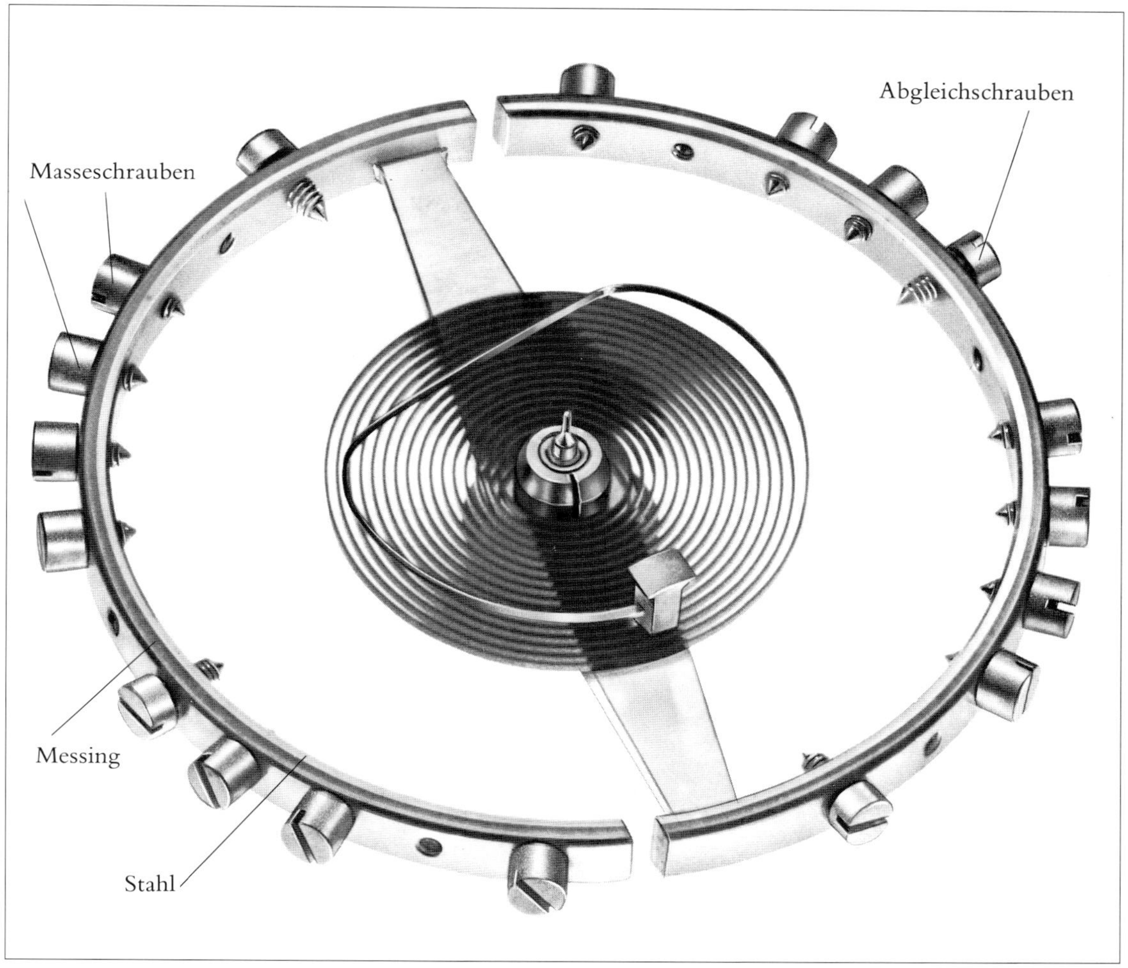

56 Charles Edouard Guillaume (1861–1938), Nobelpreisträger der Physik 1920. Seine Forschungsergebnisse beeinflußten später auch die Entwicklung der mechanischen Armbanduhr.

weichungsfeld verdeutlicht den sekundären Fehler.

Diese verbleibende Ungenauigkeit hat die Uhrmacher immer wieder herausgefordert und zu raffinierten Abhilfen angeregt. Doch der entscheidende Lösungsweg zeichnete sich erst Ende des 19. Jahrhunderts ab. Durch intensive Forschungen gelang es Ch. E. Guillaume (1861–1938), einen Spezialstahl mit 44% Nickelgehalt zu schaffen, der sich zur Herstellung von Kompensationsunruhen besonders eignete. Eine entsprechend geformte Unruh aus dieser Legierung (und Messing) schaltete den sekundären Fehler praktisch aus.

Erst jetzt wurde die Kompensationsunruh ihrem Namen voll gerecht. Die Kurve des Vorgehens der Uhr durch die Unruh wird zum Spiegelbild der Kurve des Nachgehens durch die Spiralfeder. Während eine auf zwei Temperaturen feingestellte Uhr mit herkömmlicher Kompensationsunruh immer noch etwa 3–5 Sekunden im dazwischenliegenden Temperaturbereich vorging, verzeichneten Präzisionswerke mit *Guillaume-Unruh* nur noch einen sekundären Kompensationsfehler von einigen Zehntelsekunden. Dieses für die Präzisionszeitmessung so wichtige System konnte sich jedoch bei tragbaren Uhren nicht durchsetzen, es war zu teuer und zu empfindlich.

Für die Armbanduhr entscheidend wurde ein zweiter Denkansatz, der anstrebte, den Ausgleich der Temperaturänderungen nicht wie bisher der Unruh, sondern der Spiralfeder zuzuordnen.

Ein Regleur aus La Chaux-de-Fonds, Paul Perret, machte um 1900 die ersten Versuche, Spiralfedern aus Nickelstahl auf einmetallische Unruhreife zu montieren. Dabei stellte er fest, daß die Temperatur Spiralen aus diesem Material viel weniger beeinflußte, als er dies von stählernen Spiralen gewohnt war. In der Anfangszeit zusammen mit Perret, verfolgte Guillaume diesen Gedanken konsequent weiter. Nach intensiver Laborarbeit hatte er 1919 eine Legierung gefunden, deren Elastizitätsmodul in einem weiten Temperaturbereich einer völlig flachen Kurve entsprach. Die selbstkompensierende Spiralfeder

war gefunden. Guillaume nannte die neue Legierung *Elinvar.*
P. Béguin berichtet dazu: »Als Kuriosum darf bemerkt werden, daß diese Neuheit in Qualitätsuhren bei den Fachhändlern wenig Anklang fand, denn Elinvarspiralen waren nicht blau [wie die gewohnten Stahlspiralen, Anm. d. Verf.]. Viele Uhrmacher waren überzeugt, daß ›weiße‹ Spiralen in guten Uhren nichts zu suchen hatten. Die Überlegenheit der Elinvarspiralen wurde erst nach langen Jahren anerkannt.« Eine Schätzung besagt, daß 1938 immerhin schon etwa 100 Millionen Uhren mit Spiralen aus diesem Werkstoff ausgestattet waren.
Wenn auch das Elinvar dem herkömmlichen Federstahl auf dem Gebiet der Temperaturkompensation weit überlegen war, so konnten andere Eigenschaften des Stahls, etwa hohe Elastizität und konstantes Schwingungsverhalten, noch nicht erreicht werden. An dieser Stelle beginnt ein zweiter Entwicklungsabschnitt, der wiederum mit dem Namen Reinhard Straumann verbunden bleibt. Nach jahrelangen Versuchen, wobei auch ein spezielles Meßgerät entwickelt wurde, das Straumann »Waage der Zeiten« nannte, konnte 1933 die Spiralfeder *Nivarox* auf den Markt gebracht werden. Sie besteht aus einer Legierung von Eisen und Nickel, ähnlich dem Elinvar, aber unter Beifügung von Beryllium als Hauptelement zur Verbesserung der elastischen und kompensierenden Eigenschaften sowie gering dosierter Beimischungen von Titan, Mangan und Silizium, die den Widerstand gegen magnetische Einflüsse beträchtlich erhöht haben.
Die Höchstleistungen, das Wort ist an dieser Stelle wirklich angebracht, der modernen Spiralfeder beschreibt Helmut Mann mit folgenden Worten: »Diese Legierung ist rostfrei, unempfindlich gegen magnetische Felder, besitzt die erforderliche hohe Elastizität, verbunden mit niedriger innerer Reibung [Dämpfung], stützt die Schwingungskonstanz in allen Lagen und erhält durch die Wärmebehandlung einen hohen Grad von Stabilität, der die Gangbeständigkeit sichert. Ihr besonderer Vorteil ist die Selbstkompensation, meist Thermokompensation genannt. Das ist ihre Fähigkeit, bei richtiger Abstimmung aller Faktoren in Zusammensetzung, Verformung, Wärmebehandlung und Wahl des Querschnittes, den thermoelastischen Koeffizienten auf Null zu bringen.«

Damit hatte sich die Lage gegenüber früher völlig verändert. Die Spiralfeder sicherte die Anpassung an die Temperatur, die Unruh brauchte bloß noch zu funktionieren, als möglichst exakt ausgewuchteter Schwingkörper der Spiralfeder zu folgen. Man gewinnt rückblickend den Eindruck, daß das neuartige Metall mit seinen faszinierenden Eigenschaften den Uhrmachern, zumindest während einer Übergangszeit, irgendwie unheimlich war, denn nur zögernd haben sie sich von der alten Form der Unruh getrennt. Neben einmetallischen Unruhn aus Messing und besonders Neusilber blieb auch die Stahl-Messing-Unruh mit ungeschnittenen Reifen weiter in Gebrauch.
Eine durchgreifende Neuorientierung zeichnete sich erst nach 1935 ab, als die *Glucydur-Unruh* aus gehärteter Berylliumbronze bekannt wurde. Dieses Metall erwies sich als besonders widerstandsfähig bei der Weiterverarbeitung, etwa dem Vernieten, Auswuchten oder Feinstellen. Zudem erlaubten die gleichen mechanischen Eigenschaften eine größere Präzision bei der Fertigung der Unruh, deren Reif oder Arme weniger leicht verbogen werden konnten trotz beträchtlich reduzierter Dicke. Nun hatte die moderne Spiralfeder ihr qualitativ passendes Pendant gefunden, Nivarox-Feder und Glucydur-Unruh, beides im übrigen Markennamen, wurden zum Kennzeichen der modernen mechanischen Armbanduhr.
Ein Merkmal der klassischen Kompensationsunruh hat sich am längsten gehalten, die Schrauben am Reifumfang. Hierzu bemerkt P. Béguin noch 1969: »Die einmetallischen Unruhn mit Schrauben ... erzielten derartig gute Gangergebnisse und die Gewohnheit ihrer Verwendung ist äußerst tief verwurzelt, so daß man den Reguleuren beinahe Gewalt antun muß, wenn sie sich mit den zeitgemäßen ringförmigen Unruhn befassen müssen.« Dennoch, das neue Konzept ließ sich nicht aufhalten.
Als Vorläufer kann die bei Patek Philippe um 1955 verwendete Unruh *Gyromax* gelten. In acht Ausfräsungen eines Beryllium-Reifens sind zur Feinregulierung drehbare geschlitzte Rollen angepaßt. Dadurch war es möglich, den Drehradius der Unruh zu erweitern, ohne das Gewicht zu vermehren. Moderne ringförmige Unruhn haben häufig drei Schenkel und sind bereits vom Hersteller nach bestimmten Verfahren ausgewuchtet und

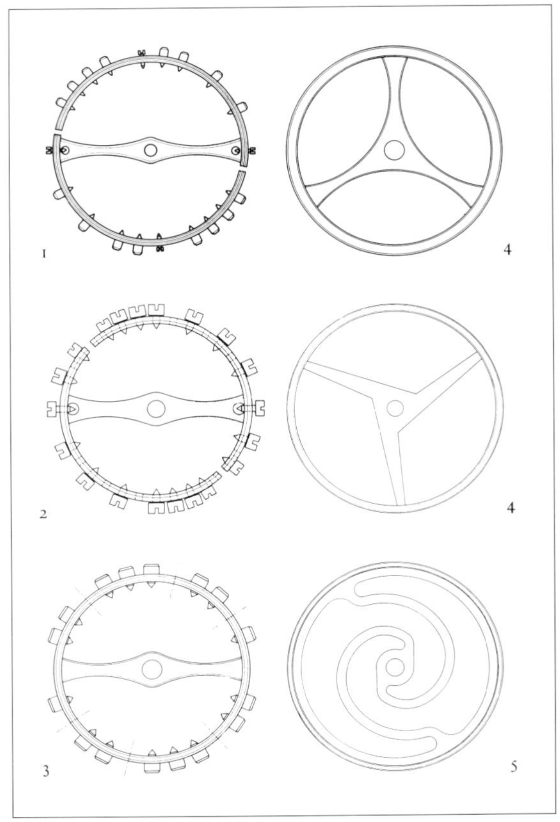

57 Verschiedene Formen der Unruh, Stand 1969:
1 Geschnittene Stahl-Messingunruh
2 Geschnittene Guillaume-Unruh
3 Glucydur-Unruh mit Schrauben
4 Ringförmige Unruh aus Kupfer-Beryllium (Glucydur) bzw. Neusilber
5 Ringförmige Unruh mit elastischen Armen als Stoßsicherung

58 Blick auf die Gangpartie einer Automatikuhr von Patek Philippe mit der Gyromax-Unruh, um 1955

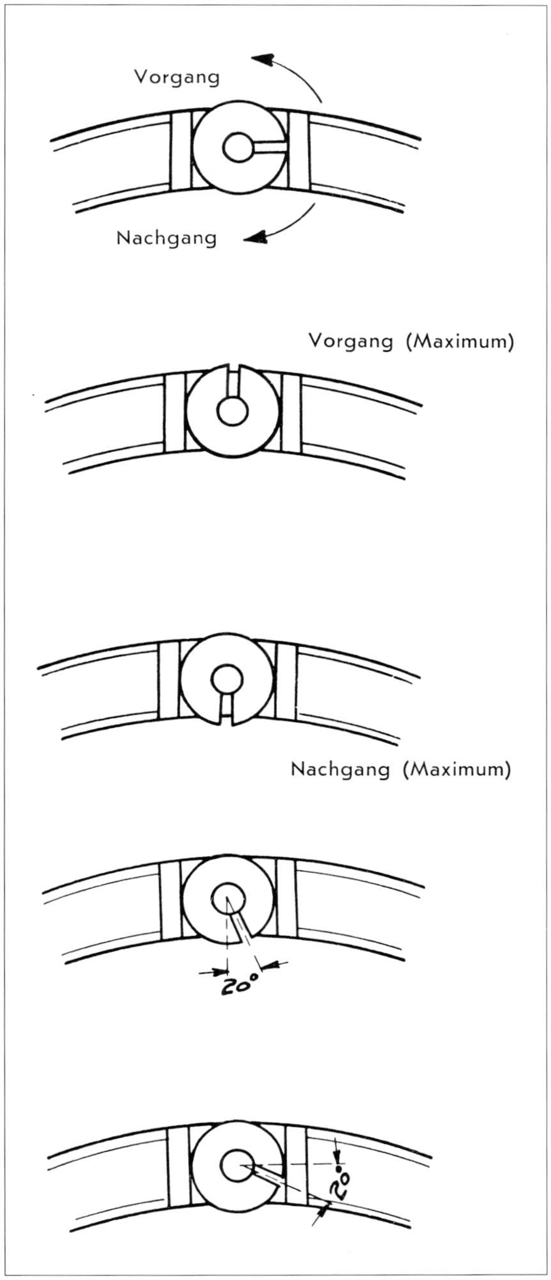

59 Feinregulierung der Gyromax-Unruh mit Hilfe geschlitzter, drehbarer Rollen

reguliert. Die Vorteile des neuen Typs haben schließlich überzeugt: großes Trägheitsmoment bei relativ geringem Gewicht, einfache Herstellungsweise und hohe Stabilität gegen Verformung. Im Jahre 1968 wurden etwa 90% der Schweizer Ankeruhren mit einer ringförmigen Unruh ausgestattet.

Armbanduhr-Kaliber

Der Begriff Kaliber wird in der Uhrentechnik nicht einheitlich verwendet, er kann sich auf die Werkgröße, die Werkform und den Werktyp beziehen. Die Werkgröße mißt man häufig an Pariser Linien (1 Linie = 2,256 mm). Ein rundes Werk von 10 1/2 Linien hat somit einen Durchmesser von 23,60 mm, sehr kleine Werkchen für die Damenuhr haben eine Größe von 4 oder 5 Linien, also 9,02 bzw. 11,28 mm Durchmesser. Die überkommene Maßeinheit hat sich in der Fachsprache gehalten, trotz verschiedener Ansätze, auf das metrische System umzustellen. Bezugsgröße ist der Durchmesser der vorderen Werkplatte, wobei in Richtung der Aufzugswelle gemessen wird. Die kleinen runden »Damen-Taschenuhren« von 1900, viele davon im goldenen Gehäuse, enthielten meist Werke mit Durchmessern im Bereich von 24 bis 27 mm, das entsprach in der klassischen Uhrmachersprache Kalibergrößen zwischen 10 1/2 und 12 Linien. So haben also die Damenuhren von ehedem die Standardgrößen der späteren Herren-Armbanduhren beeinflußt.
Armbanduhren und Taschenuhren unterscheiden sich auch hinsichtlich der Werkformen. Armbanduhren vor 1914 hatten meist runde Werke. Danach folgte eine Periode, in der bei den Herrenuhren neben den runden auch sogenannte Formwerke beliebt wurden. Die verbreitete Form »Tonneau« (franz. Fäßchen) war oval mit geraden Schmalseiten, Standardkaliber dieser Art hatten Maße von 7 3/4 × 11 bzw. 8 3/4 × 12 Linien. Schließlich, verstärkt durch den Einfluß der Automatikuhr, verlieren bei den Herren die Formwerke an Bedeutung. An dieser Stelle erscheint jedoch der Hinweis nötig, daß Herren-Armbanduhren, in denen vom Gehäuse und vom Zifferblatt her Formkaliber vermutet werden, oft mit runden Werken ausgestattet sind, ebenso wie, allerdings seltener, runde Gehäuse auch Formwerke enthalten können. Anders verlief die Entwicklung bei den Damenuhren. Hier hat sich das Formwerk gehalten, wenn es auch in einzelnen Zeitabschnitten unterschiedlich häufig vertreten war. Es gibt rechteckige, ovale und ovalisierte Werke, aber auch Baumuster nach anderen geometrischen Formen. Bei den rechteckigen Werken hat man häufig die Ecken abgeschrägt oder die Schmalseiten leicht gerundet. Besonderer Beliebtheit in den 20er Jahren erfreute sich das längliche, schmalrechteckförmige *Baguette-Werk* (franz. baguette, Stäbchen), das auch in späteren Jahren noch gebaut wurde. Das kleinste Baguette-Werk von 1935 maß an der Schmalseite 2 1/4 Linien. Häufig werden jedoch in der Literatur auch kleinere Damen-Formwerke als Baguettes bezeichnet, so bereitete den Uhrmachern in der Anfangszeit das gängige Kaliber 5 1/4‴ viel Kopfzerbrechen.
Bei den Taschenuhren der zweiten Hälfte des 19. Jahrhunderts hatten sich zwei Werktypen durchgesetzt, das *Brückenwerk* und die Taschenuhr mit 3/4-Platine. Der Name Brükkenwerk besagt, daß für jedes Mobil eine eigene Brücke vorgesehen ist. Beim *3/4-Platinenwerk* haben Ankerrad und Unruh die ihnen zugehörigen Brücken, während alle anderen Mobile unter der 3/4-Platine untergebracht sind. Bei Armbanduhren findet man durchgehende Platinen vorwiegend in der unteren und untersten Preisklasse. Anspruchsvollere Kaliber orientieren sich stärker am Brückenwerk, allerdings ist die Vielfalt der Werktypen größer als bei der Taschenuhr.
Je mehr sich auch bei den Damenuhren die Automatik durchgesetzt hat, umso stärker traten runde Uhrwerke (wieder) in den Vordergrund. Bei Uhren hingegen, die lediglich für Handaufzug ausgelegt werden, hat das Formwerk auch heute noch gute Chancen. Jaeger-LeCoultre entwickelte 1975 ein ovales Werk (Kaliber 840) und 1992 ein tonnenförmiges (Kaliber 822) für zwei *Reverso*-Varianten, A. Lange & Söhne in Glashütte haben 1994 für die Damenuhr *Arkade* eigens das Formwerk 911 konzipiert.
Alfred Helwig geht 1930 bei einer Besprechung der konstruktiven Probleme beim Bau von Armbanduhren von einem Vergleich der offenen Taschenuhr mit der Sprungdeckeluhr (Savonnette) aus. Bei der ersten Art steht die Aufzugswelle gegenüber dem Sekundenblatt, bei der anderen – wie bei der Armbanduhr – rechtwinklig dazu. Daraus ergeben sich bestimmte Folgerungen für die räumliche Anordnung einzelner Bauteile. Helwig kommt

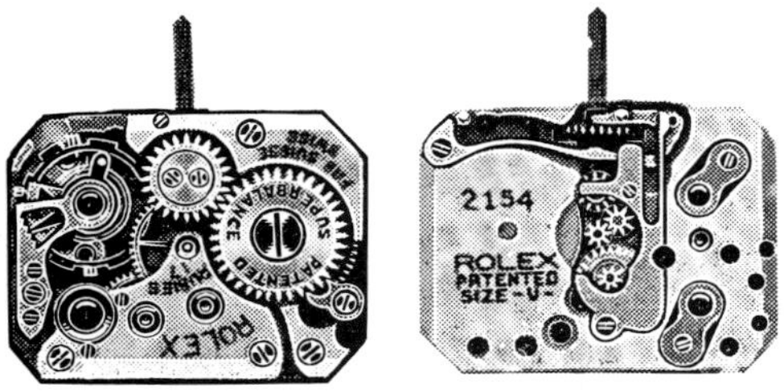

Kaliber 100

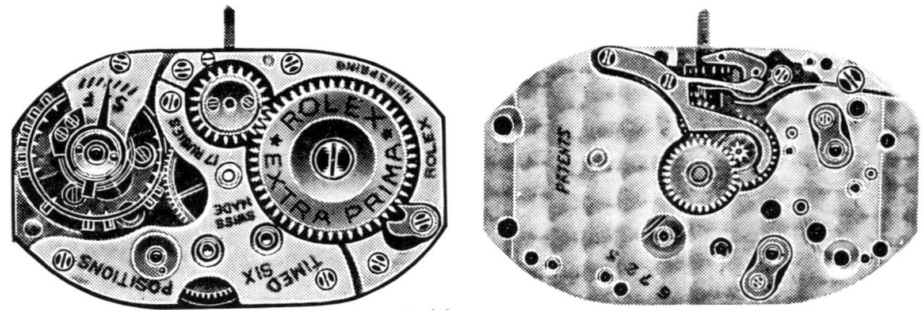

Kaliber 200

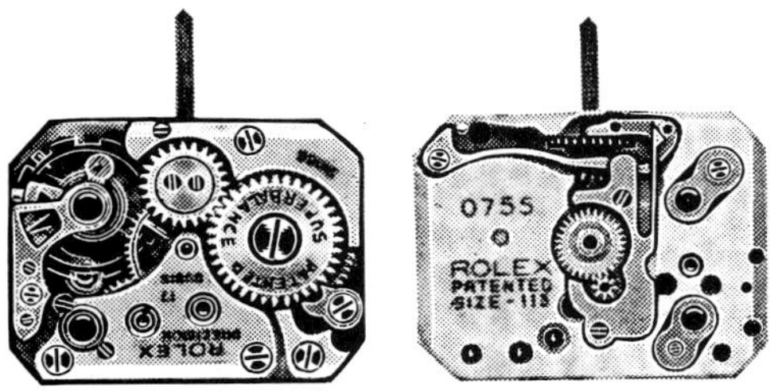

Kaliber 160

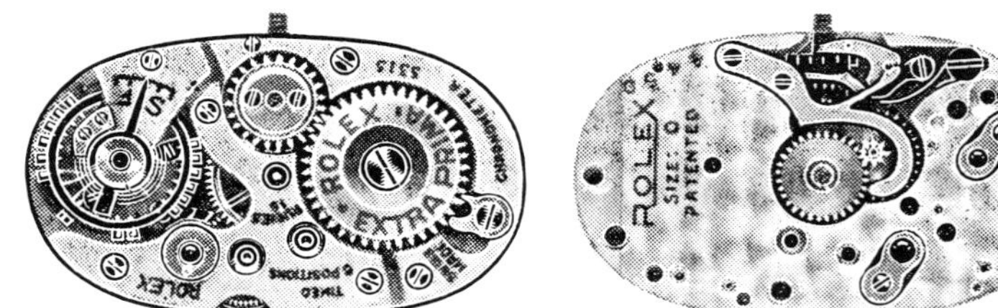

Kaliber 250

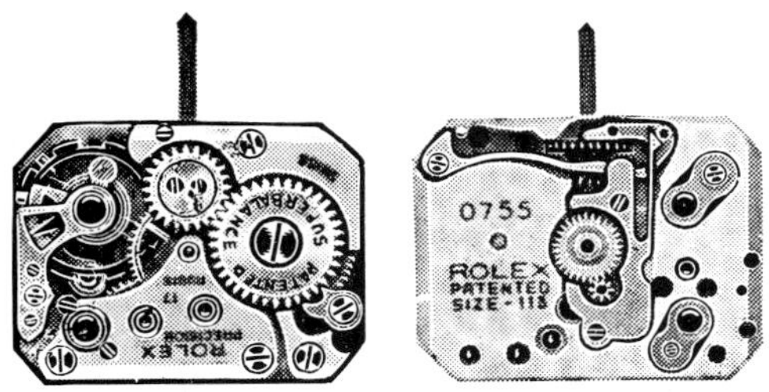

Kaliber 161

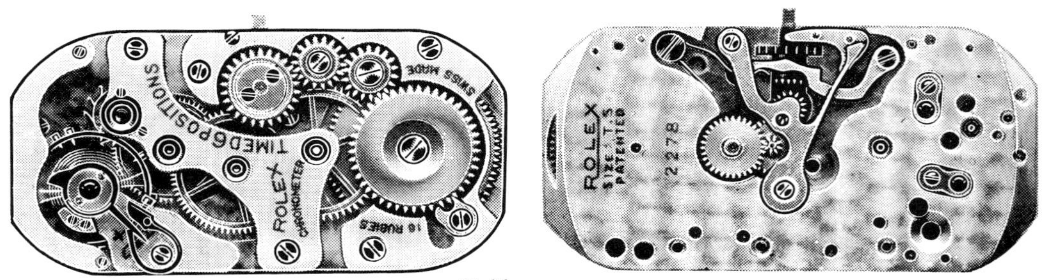

Kaliber 300

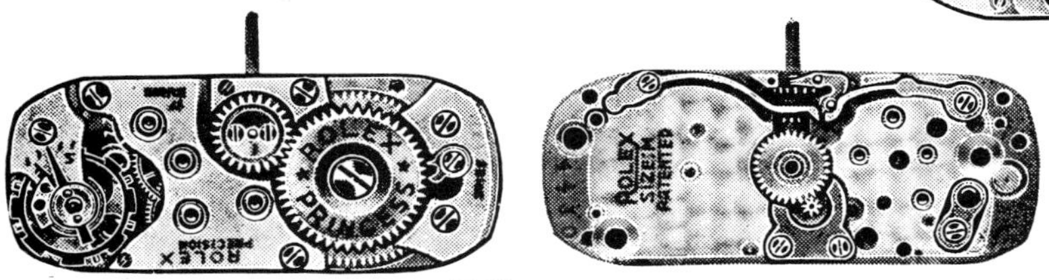

Kaliber 170

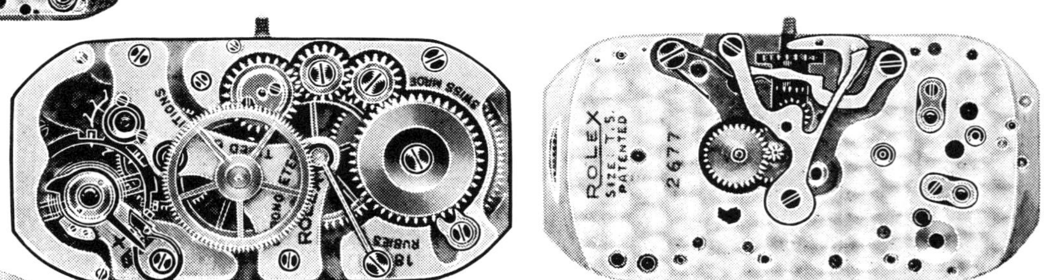

Kaliber 310

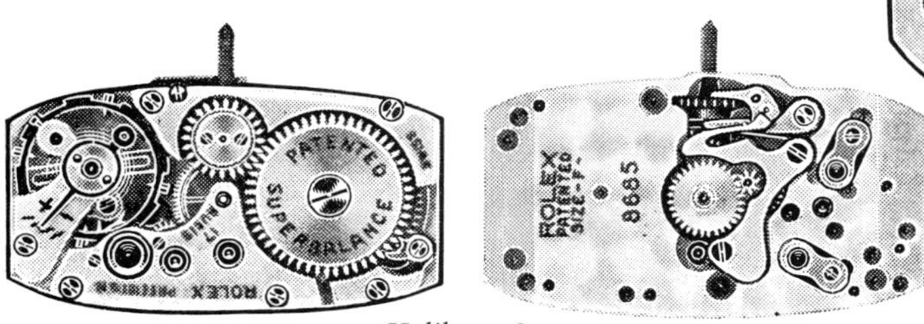

Kaliber 180

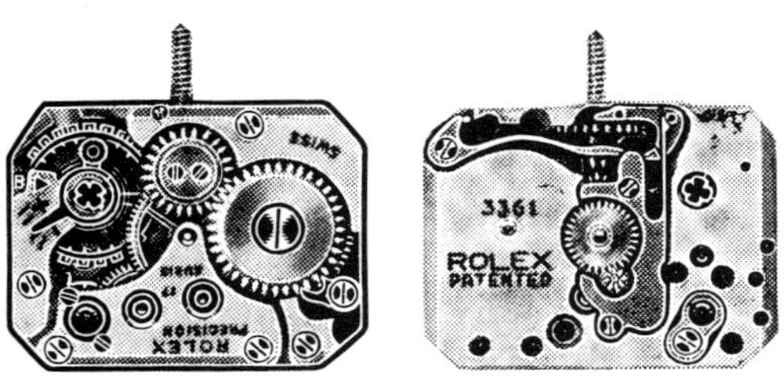

Kaliber 192

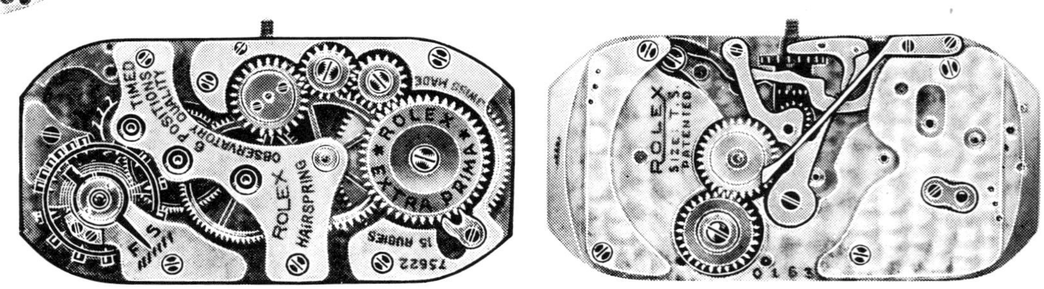

Kaliber 350

Kaliber 700

Kaliber 1160

Kaliber 1315

Kaliber 1040

Kaliber 1530

Kaliber 1066 M

60 Verschiedene Rolex-Kaliber
(Vorder- und Rückseite)

61 Kaliber für Armbanduhren, »Revue« von Thommen S. A., Waldenburg/Schweiz, 1938

REVUE FABRIQUE D'HORLOGERIE THOMMEN S.A.

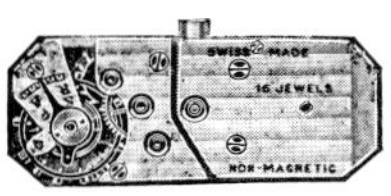
4 1/4‴ Cal. 67

5‴ Cal. 48

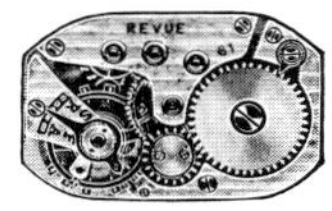
5 1/4‴ Cal. 61.

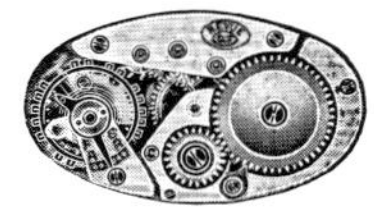
5 1/2‴ Cal. 55

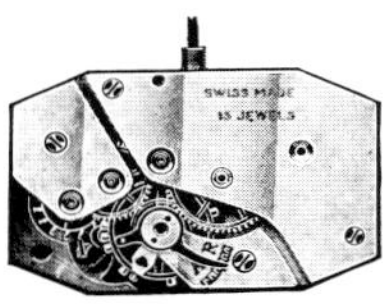
6 3/4‴ Cal. 46

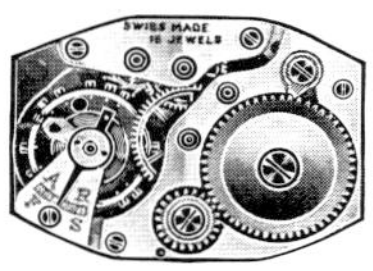
7 1/2‴ Cal. 47

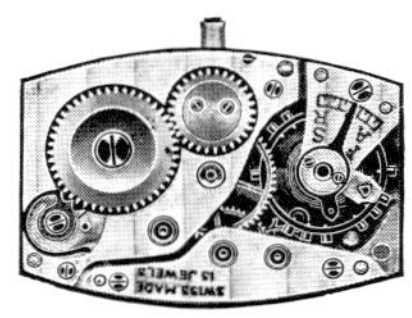
7 3/4-11‴ Cal. 70

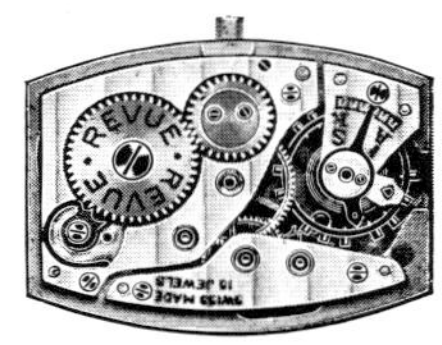
8 3/4-12‴ Cal. 71

9‴ Cal. 54

9/13‴ Cal. 69
seconde au centre

7 3/4‴ Cal. 49

8 3/4‴ Cal. 42-22

9 3/4‴ Cal. 50-3

10 1/2‴ Cal. 39

10 1/2‴ Cal. 56-3

10 1/2‴ Cal. 56-22

11‴ Cal. 57-18

Calibres des montres suisses – Schweizerische Uhrwerke – Swiss Watch Movements

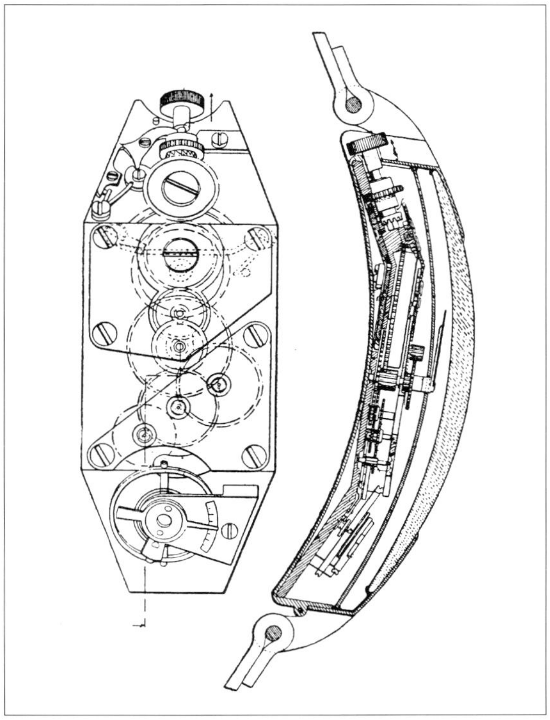

62 Das Werk »Polyplan« von Movado, eine Konstruktion, die der Wölbung des Handgelenkes folgt; 1912. Gewölbte Gehäuse waren damals nicht selten, doch sie enthielten meist normale runde Werke (vgl. auch Abb. 432–436).

63 »Duoplan«, die Uhr in zwei Etagen, um 1932. Die Aufzugskrone ist auf der Rückseite ins Gehäuse eingelassen.

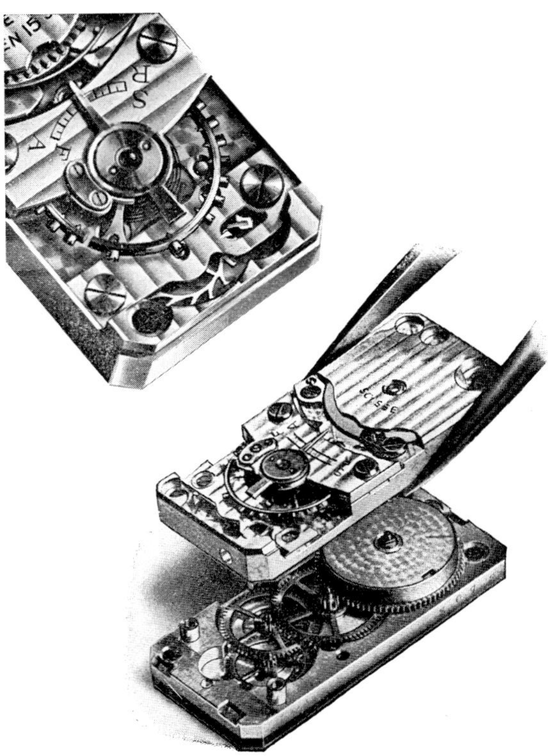

zu folgender Aussage: Zwei Vorzüge der Sprungdeckeluhr, »die geringere Werkhöhe und die gesündere Unterbringung des Laufwerks, sollen uns gerade bei der Armbanduhr hochwillkommen sein«. Während Armbanduhren der ersten Produktionsperiode ohne Sekundenanzeige oder mit dem von der Taschenuhr her gewohnten Sekundenblatt ausgestattet wurden, setzte sich später der zentrale Sekundenzeiger durch. Verschiedene Übergangsformen haben schließlich zur raumsparenden »direkten Zentralsekunde« im Kraftfluß und damit zu neuartigen Werktypen geführt.

Die Formwerke der ersten Generation wurden häufig aus Teilen kleiner runder Werke gebaut. Vorhandener Raum blieb manchmal ungenutzt. Später hat man Federhaus und Unruh im Vergleich zu den kraftübertragenden Teilen der Uhr überdimensioniert. Dies zwang bei kleineren Werken dazu, die Laufwerksräder zusammenzudrängen und teilweise in zwei Ebenen zu lagern. Wie ein Blick auf viele Formwerke zeigt, befindet sich die Unruh in der einen Ecke, das Federhaus in der anderen.

Als Beispiele für die Experimentierfreude der Konstrukteure sollen hier zwei Kaliber kurz vorgestellt werden, das Werk *Polyplan* von Movado (um 1913) und das Werk *Duoplan* von LeCoultre (um 1932).

Bei der Polyplan-Uhr paßt sich nicht nur das Gehäuse, sondern auch das Werk der Wölbung des Handgelenks an. Der vorhandene Raum wird konstruktiv ausgenutzt. Von einer rechteckigen Grundplatte biegen an den beiden Schmalseiten im stumpfen Winkel zwei schräg zulaufende Seitenteile ab. Das Mittelstück trägt alle sich bewegenden Elemente der Uhr mit Ausnahme der seitlich angeordneten Unruh. Auf dem zweiten Seitenflügel befinden sich die Werkteile für Aufzug und Zeigerstellung. Der Anker ist zwischen Hauptplatte und einer gebogenen Brücke gelagert. Seine Gabel setzt sich im stumpfen Winkel fort, um in gleicher Ebene mit der Unruh zusammenzuarbeiten. Diesen Gedanken, nicht nur das Gehäuse, sondern auch das Werk der Armform anzupassen, hat Movado modifiziert nochmals um 1932 mit der Armbanduhr *Curviplan* aufgegriffen.

Wie der Name Duoplan schon besagt, ist dieses Werk in zwei Etagen gebaut. Das Gangtrieb führt von der unteren Ebene bis unter eine gemeinsame Brücke für Gangrad und Anker. Die Unruh mit 9 mm Durchmesser reicht fast über die gesamte Breite des länglichen Werkes (Abmessungen: 10,5 × 23 mm). »Es ist erstaunlich, wie man in diesem Raum die Teile der sonst üblichen Herrenuhr von 11 Linien hineinkonstruiert hat, ohne eine bedrängte oder ungesunde Stelle zu schaffen«, heißt es in einem Bericht von 1933. Die Duoplan-Uhr hat außerdem ein neuartiges Aufzugssystem, die sehr flache Krone auf der Rückseite des Gehäuses ist zum Teil eingelassen. »Die Reparatur geht vor den Augen des Kunden vor sich, da einfach ein von der Firma geliefertes neues Werk eingesetzt wird.«

Die Zahl der Armbanduhr-Kaliber läßt sich kaum überblicken. Die Klassifikation der Schweizerischen Uhrwerke und Uhrenfurnituren von 1936 führt 3000 verschiedene Kaliber auf. Die Fertigstellung dieser Dokumentation hat vier Jahre gedauert und »zahllose Recherchen« erfordert. Der Werksucher von 1949 ff. (Offizieller Katalog der Ersatzteile der Schweizer Uhr) enthält in einem ersten Band die gängigsten Werke und Bestandteile der Ebauches S.A., im zweiten Band die der anderen Schweizer Uhrenfabriken von Alpina bis Zenith.

Die früher übliche Typenvielfalt läßt sich am Beispiel der Manufaktur Tissot belegen. Zwischen 1930 und 1960 wurden dort 72 Kaliber entwickelt, wobei deren mittlere Lebensdauer 7 Jahre betragen hat, die Extremwerte lagen zwischen <2 Jahre und >25 Jahre. Wer alte Armbanduhren sammelt, wird über Abwechslung nicht klagen können, wohl aber der Käufer neuer mechanischer Armbanduhren des Jahres 1996, hier ist die Vorherrschaft der Eta-Kaliber unverkennbar.

Die stoßgesicherte Armbanduhr

Die offen am Armband getragene Uhr ist besonderen Belastungen ausgesetzt, sie führt ein »gefährdetes Leben«, wie ein Schweizer Uhrenforscher formuliert. Deshalb muß diese Uhr besonders vor Stößen gesichert werden. »Es ist erwiesen, daß die weitaus meisten auf Stoß zurückzuführenden Beschädigungen die Uhr nur in ihrem empfindlichsten Mechanismus, der Unruh, treffen. Aufgrund ihrer Masse, der Feinheit ihrer Zapfen, die in Steinen liegen, die springen können, der Zartheit ihrer Regulierung, die selbst ein sanfter Stoß nicht stören darf, ist die Unruh unendlich

empfindlich«, heißt es in einem Bericht aus dem Jahre 1935.
Die steigende Nachfrage nach robusten Armbanduhren, den sogenannten Sportuhren, hat zweifellos die Suche nach einer brauchbaren Stoßsicherung gesteigert. Doch das Problem bestand nicht in erster Linie darin, die »unzerbrechliche Uhr« zu schaffen oder »stärkste Erschütterungen« abzufangen, wie Werbeslogans in den 20er Jahren verhießen, sondern besonders empfindliche Teile, vor allem die im Verhältnis zum Eigengewicht dünnen Zapfen der Unruhwelle, soweit zu schützen, daß sie hinsichtlich Belastbarkeit anderen Bauteilen der Armbanduhr entsprachen. Die Uhrmacher waren im übrigen von dieser Entwicklung anfangs keineswegs angetan, verloren sie doch eine relativ lukrative Einnahme, die Anfertigung von neuen Unruhwellen.
Die Stoßsicherung galt bis 1930 als eines der ungelösten Probleme der Armbanduhr. Auf verschiedenen Wegen wurde nach Abhilfe gesucht. Baute man besonders stabile Unruhzapfen ein, so hatte das Auswirkungen auf den Gang. »Trompetenförmig« gestaltete Zapfen waren zwar widerstandsfähiger, drohten jedoch bei Stoßwirkungen die Lochsteine zu zerstören. In anderen Fällen wurde das Werk insgesamt schwingend gelagert, durch flexible Gehäuseteile geschützt oder – wie beim *System Wyler* – die Unruh mit federnden Schenkeln ausgerüstet. Die Schwierigkeiten bestanden darin, daß nicht nur die von oben oder unten auf die Unruhwelle wirkenden axialen Stöße aufgefangen werden sollten, sondern auch die seitlichen, die radialen und selbst die diagonalen Stöße.
Verschiedene Verfahren wurden besonders bei billigeren Uhren recht lange praktiziert, obwohl sie nicht voll befriedigen konnten. Relativ einfach war es, die Uhr vor axialen Stößen dadurch zu schützen, daß ein federnd gelagerter Deckstein von der Spitze des Zapfens angehoben wurde. Eine andere Übergangslösung, bei der lange, flexible Zapfen

64 Größe der »Duoplan« im Vergleich zu einer normalen Armbanduhr. Die einzelnen Bauteile entsprechen in ihrer Größe einem Werk von Kaliber 11‴.

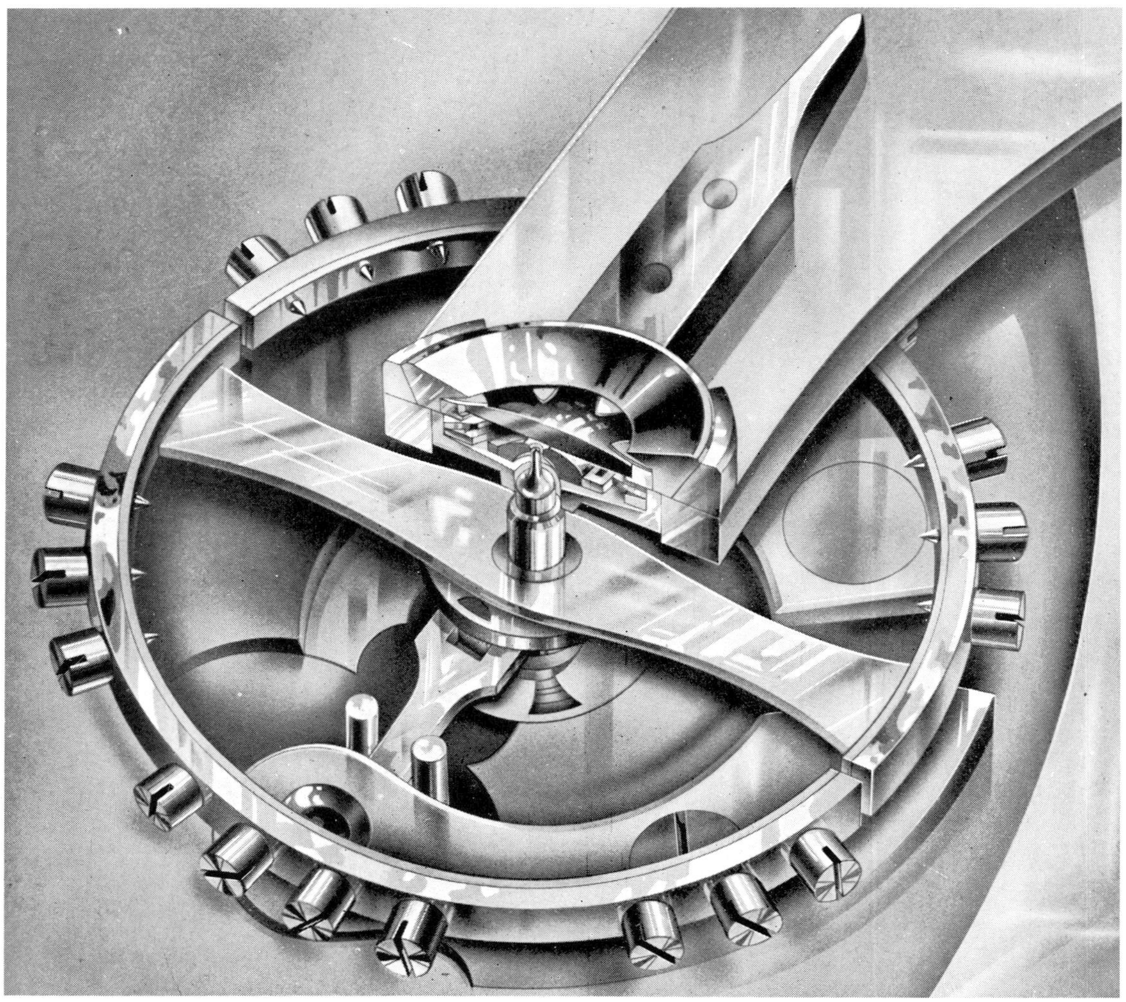

65 Bimetallische Schraubenunruh mit Schnittbild durch eine »Shock Resist« Stoßsicherung, die von den Herstellern im Jahre 1938 als »großer Fortschritt in der Uhrentechnik« bezeichnet wurde. »Shock Resist« garantierte einen Schutz gegen Stöße und sicherte eine bessere Ölhaltung als in normalen Unruhlagersystemen.

66 Das elastische Gehäuse, ein früher Versuch von 1915, die Armbanduhr gegen Stöße zu sichern. ▷

67 »Certina DS« (**D**oppelte **S**icherheit), um 1965. Zwischen Gehäuse und Werk ist ein weicher Gummiring eingepaßt, der Stöße abfangen soll. Auf dem Gehäusedeckel die Schildkröte als ein Symbol für eine besonders robuste Uhr. ▷▷

68 Hinweis auf die unkomplizierte Handhabung einer »Incabloc« Stoßsicherung zum Zweck der Reinigung oder des Nachölens in einer Anzeige der »Porte-Echappement Universal S.A.« aus dem Jahre 1938. Typisch die lyraförmige Klemmfeder. ▷

69 Stoßsicherungssystem »Kif Flector« und Reguliersystem zusammen als »Spirotor« von der Parechoc S.A. im Jahre 1966 angeboten. ▷▷

Verwendung fanden, funktionierte bei axial gerichteten Einwirkungen relativ gut. Ein Anschlag an der Unruhwelle trifft auf einen Stoßfänger und entlastet damit die empfindliche Spitze, die nur noch den leichten Druck der Haltefeder des Decksteins zu überwinden hat. Weniger überzeugend arbeitete dieses System bei seitlichen Stößen. Zwar prallte dabei der stabile Teil der Unruhwelle auf eine seitliche Begrenzung, doch der Zapfen, gehalten im fest eingebauten Lochstein, bog sich durch und federte anschließend wieder in die Normallage zurück.

Anspruchsvollere Systeme der Stoßsicherung entstanden kurz nach 1930 und haben sich, vom Konzept her gesehen, recht lange gehalten. Die senkrechten Stöße werden in ähnlicher Weise abgefangen wie beim eben beschriebenen Verfahren. Zur Abwendung radial wirkender Kräfte weicht jetzt jedoch der Lochstein ebenfalls aus. Dies wird beim *System Incabloc* ermöglicht durch eine Lagerung der Unruhsteine in einer konischen Führungsfläche, beim *System Super Shock Resist* durch die Einbettung des Lochsteins in eine Ringfeder.

Nach 1950, als entsprechende Patente abgelaufen waren, gab es eine große Zahl verschiedener Systeme, die jedoch nur in Details voneinander abwichen. Die entscheidende Pionierarbeit haben zwei Firmen geleistet. Die Fabrik Du Grenir (Erisman-Schinz) baute 1925 den *Shock Absorber*, der nur auf axiale Stöße ansprach, und führte die Entwicklung weiter über die Stoßsicherung *Shock Resist* zum System *Super Shock Resist*, das 1933 auf den Markt kam und noch zwanzig Jahre später häufig verwendet wurde.

Noch erfolgreicher auf diesem Gebiet war die Firma Porte-Echappement Universal mit ihrer Stoßsicherung *Incabloc*, die nach längeren Vorarbeiten ebenfalls 1933 Fertigungsreife erlangte. Dieses System wurde 1938 verbessert und ließ sich in alle Kaliber einbauen. Die Produktionsziffern sprechen für sich: 1937 – 1 Million, 1952 – 25 Millionen, 1981 – 700 Millionen.

Relativ spät, erst um 1955, fand die Stoßsicherung bei solchen Schweizer Manufakturen Anklang, die besonders hochwertige Armbanduhren gebaut haben. Es bestand die Befürchtung, diese spezielle Art der Unruhlagerung ließe sich nicht mit der extrem feinregulierten Uhr vereinbaren. Erneut aktuell wurde das Problem der Stoßsicherung in den 50er Jahren bei den automatischen Armbanduhren.

In drei Richtungen hat man damals die Schwierigkeiten angegangen: über federnde Rotorwellen, über federnde Gewichtsmassen oder durch die Verwendung bruchsicherer Bauelemente in der Rotorlagerung. »Die Entwicklung in dieser Richtung steht noch am Anfang und sie bietet dem Konstrukteur ein weites Betätigungsfeld«, schreibt H. Kühnhanss 1954 in der Fachzeitschrift »Die Uhr«.

Das funktionsfähige Auffanglager für die Unruhwelle erreicht also seinen Zweck durch die elastische Lagerung der Unruhsteine, die es erlaubt, dem Zapfendruck nachzugeben und andererseits durch Anschläge, welche die Energie axialer und radialer Stöße abfangen. Die möglichst exakte Rückführung in die Ausgangslage wird durch Federkraft bewirkt. Bedeutsam ist außerdem, Entfernung und relative Lage der Steine während des Stoßes konstant zu halten, damit die Ölhaltung nicht beeinträchtigt wird. Moderne Stoßsicherungen müssen vollkommen zentriert sein, rasch und mit großer Genauigkeit in die Ausgangslage zurückkehren und zudem auswechselbar sein. Auch für Stiftankeruhren wurden einfache und preisgünstige Stoßsicherungen entwickelt, so *Antichoc*, ein stoßgesichertes, selbstschmierendes Membranlager.

70 Symbolische Werbung für die strapazierfähige Armbanduhr des Jahres 1944 mit Stoßsicherung

71, 72 Armband-Chronometer von Junghans mit dem im folgenden beschriebenen Werkkaliber J 85

73 Werkgestell der Kleinuhr:
1 Räderwerkbrücke; 2 Federhausbrücke; 3 Ankerkloben; 4 Werkplatte; 5 Unruhkloben

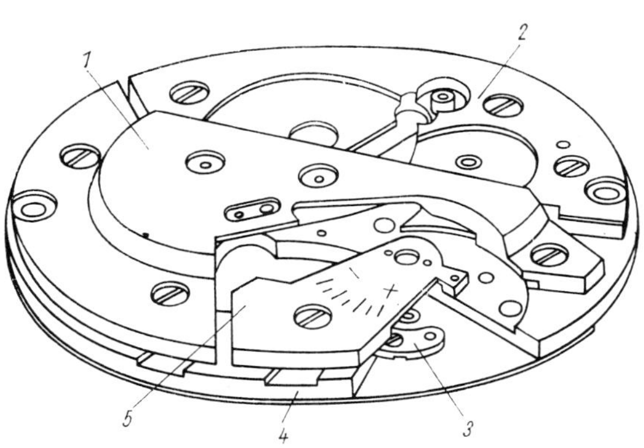

Aufbau und Funktion einer »klassischen« Armbanduhr der Entwicklungsperiode 1950/60 sind am Junghans Kaliber J 85 besonders gut zu veranschaulichen. Anhand dieses Werks kann der Höhepunkt und zugleich Abschluß der Entwicklung von Handaufzugswerken zwischen $8^3/_4'''$ und $13'''$ mit zentraler Sekunde verdeutlicht werden (Standardwerk).

Die Entwicklungsschritte zu diesem Standard werden nur soweit berücksichtigt, als sie zum Verständnis notwendig erscheinen. Ebenso wird auf ausgefallene Sonderwege nicht näher eingegangen. Vielmehr soll das Werk mit seinen Merkmalen und Eigenschaften stellvertretend für den näherungsweise endgültigen Stand der »einfachen« mechanischen Armbanduhr stehen.

Ähnlichkeiten mit der »klassischen« Taschenuhr der 20/30er Jahre sind vielfältig gegeben. Doch weicht das Werk in so vielen Einzelheiten und noch mehr in seinen Leistungen von diesen größeren Vorgängern ab, daß man nicht einfach auf eine Verkleinerung der Taschenuhr verweisen kann. Zudem zielen diese Armbanduhrwerke bereits stark auf die Ergänzung mit automatischem Aufzug hin, so daß sie schon aus dieser Sicht eine eigene Entwicklungslinie der mechanischen Uhrmacherei präsentieren.

Die Fertigung der über 100 Einzelteile mit Paßgenauigkeiten bis herunter zu $^1/_{100}$ mm und Toleranzen bis zu $^1/_{1000}$ mm soll hier nicht behandelt werden, wie ebenso die eigentlichen Reparaturfragen nur eine untergeordnete Rolle spielen sollen. Denn darüber sind ausführlichere Abhandlungen nötig und auch aus bestimmten Blickrichtungen geschrieben worden. Die Wartung dieser Uhren sollte sich auf Reinigen der zerlegten Uhren, Kontrolle von Abnutzungs- und Gleitstellen sowie Ersatz defekter Teile durch Originalaustauschteile oder möglichst ganze Austauscheinheiten, etwa einer kompletten Unruh, beschränken. Im übrigen legen die Abnutzungsstellen eigentlich die Lebensdauer des ganzen Werksystems fest, mindestens soweit man Wert darauf legt, daß typische und gute Gangergebnisse bei vertretbarem Aufwand erzielt werden. Weitergehende Reparaturarbeiten oder gar »Verbesserungen« an der Uhr, wie sie bei früheren Generationen von Fabrikuhren mitunter durchaus sinnvoll sein konnten, oder zum Teil auch sogar notwendig waren, führen bei den angesprochenen Armbanduhrwerken in der Regel eher zu Verschlechterungen.

Das Junghans Kaliber J 85 stellt die zeitgemäße Entwicklung eines runden Uhrwerks dar. Bei einem Durchmesser der Werkplatine von $11\,^1/_2'''$ oder 25,6 mm verfügt das Uhrwerk über die folgenden Qualitätsmerkmale:

Schweizer Ankerhemmung, Präzisionsreguliervorrichtung (Schwanenhals-Feinregulierung), Stoßsicherungssystem, 17 Funktionssteine, zentrale Sekunde im Kraftfluß, Kupplungsaufzug, Federhaus- und Räderwerksbrücken, Unruhkloben und kleiner Ankerkloben.

Das Uhrwerk wurde von Junghans in Schramberg in wasserdichten Stahl-, Doublé- oder Goldgehäusen als Chronometer mit amtlichem Gangprüfungszeugnis zu Anfang der 60er Jahre auf den Markt gebracht. Der damalige Ladenpreis betrug rund 160,– DM (Stahl- oder Doublégehäuse). Kostenfaktoren und die schrittweise Entwicklung elektrischer bzw. elektronischer Uhrentypen führten nach und nach zur Zurückdrängung der gut funktionierenden mechanischen Armbanduhr.

Die Platine

Das tragende Kernstück des ganzen Uhrwerks, die stabile Grundplatine wurde in ca. 200 Arbeitsgängen aus Messing hergestellt und zum Schutz vor Oxydation vergoldet.

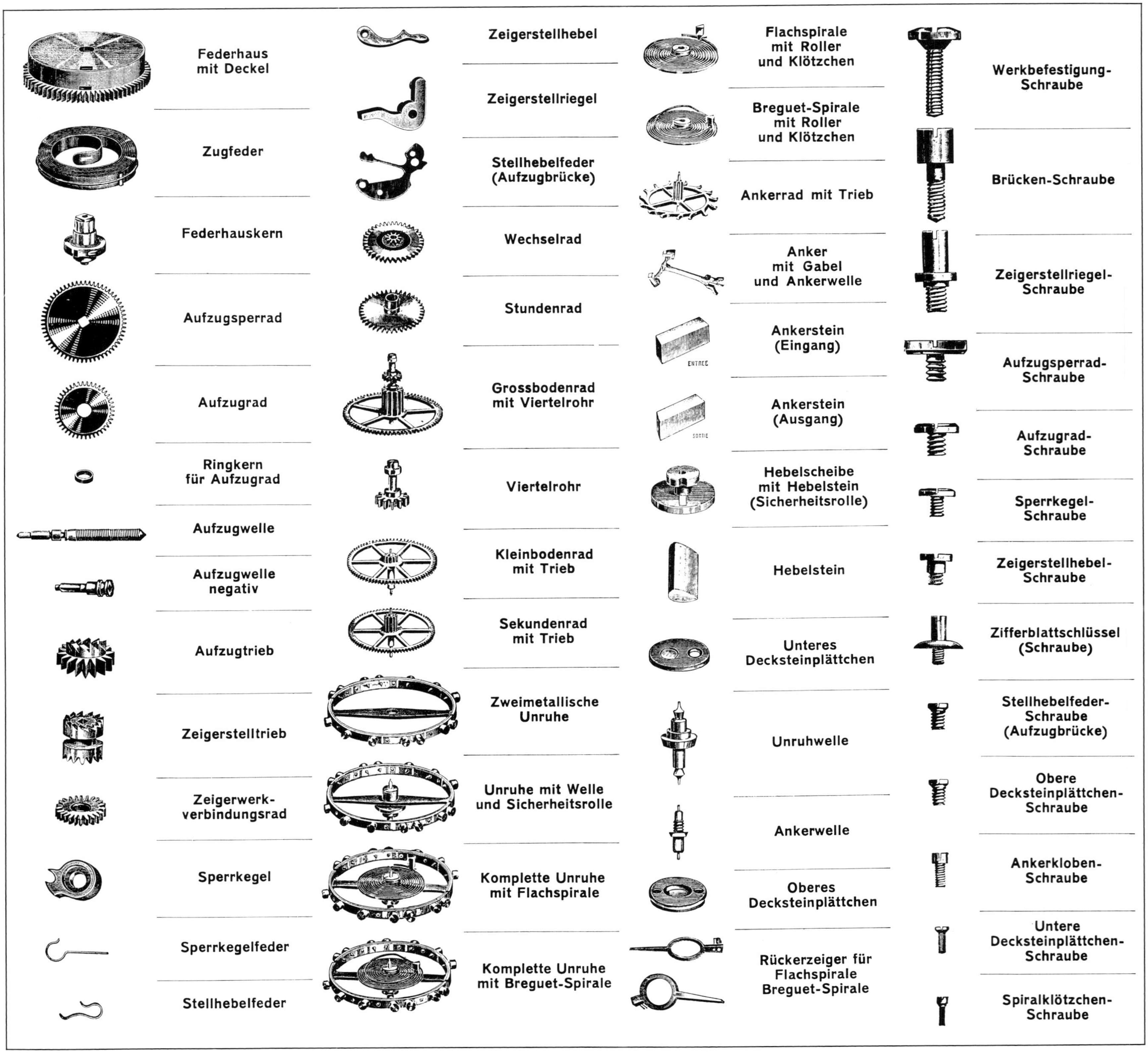

74 Bauteile der typischen mechanischen Armbanduhr mit Handaufzug, Stand des Jahres 1938

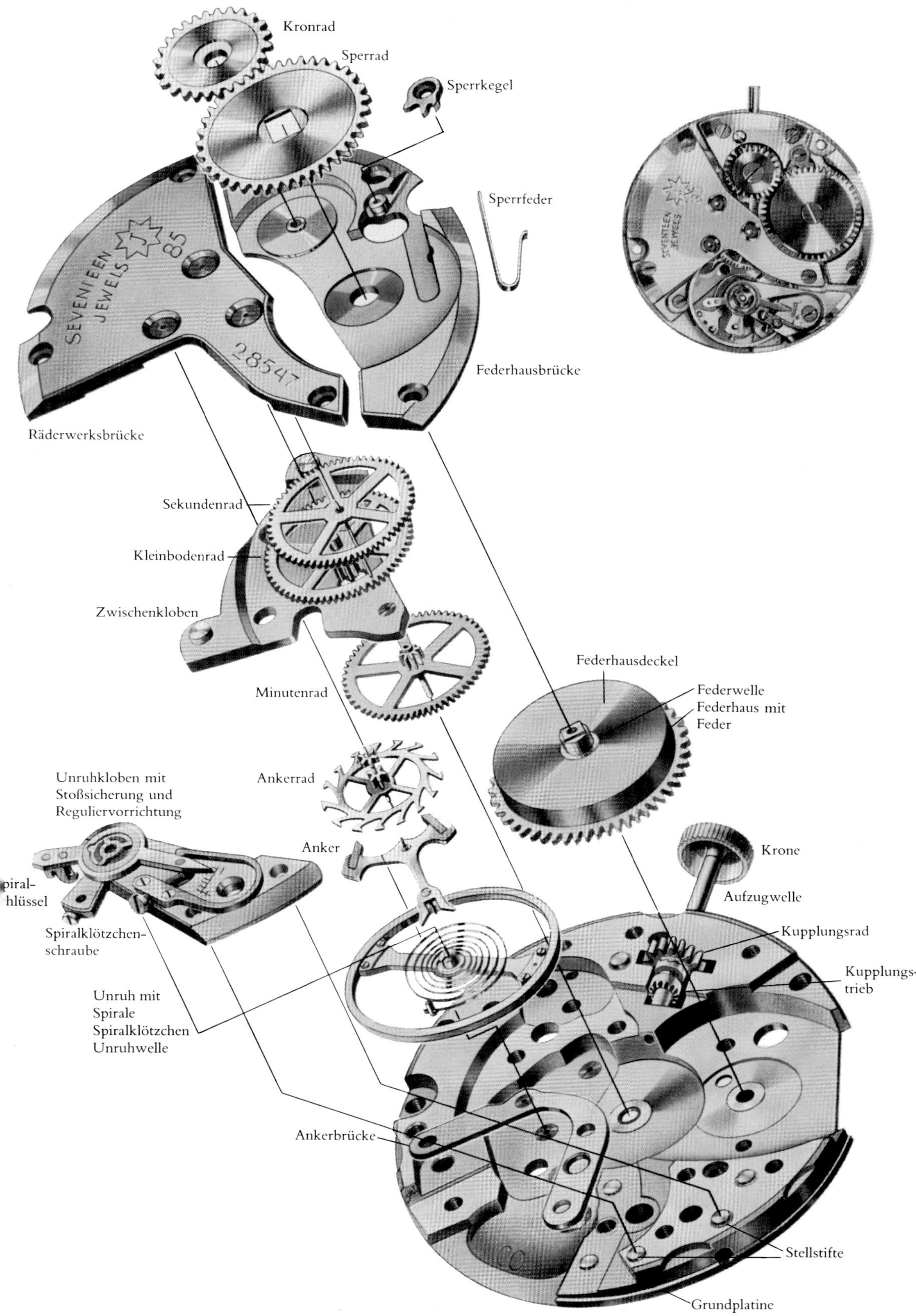

75 Bauteile des Junghans-Kalibers J 85

Auf dem Zerlegbild (Abb. 75) kann man deutlich eine Vielzahl von Einfräsungen, Einblicklöchern und Lagerstellen für das Räderwerk, den Zeigerstell- und Aufzugsmechanismus erkennen. Ferner fallen die Fixierungsmöglichkeiten in Form der Gewindebohrungen und »Stellstifte« für Brücken, Kloben, Zifferblatt- und Werkbefestigung auf. Allerdings wurden hier die früher in die Platine eingepreßten Stellstifte durch Erhebungen auf der Platine ersetzt, die beim Fräsen der Grundplatine stehengelassen wurden.

Der »Motor«

Der Motor der Uhr besteht aus einem Messing-Federhaus mit Außenverzahnung und Deckel sowie der Zugfeder, heutzutage aus sogenanntem unzerbrechlichen »Nivaflex Federstahl«. Im Zentrum des Federhauses befindet sich schließlich noch die Federwelle, auch Federkern genannt.
Mit Hilfe von Haken und Ösen ist die Feder außen am Federhaus und innen an der Federwelle befestigt. Das beschriebene System ist so dimensioniert, daß die Feder mit etwa 7 Umdrehungen voll aufgezogen ist, d. h. zwischen den beiden Befestigungspunkten gespannt ist. In aufgezogenem Zustand sollte das halbe Federhaus von den eng aneinanderliegenden Federwindungen ausgefüllt sein.
Die grundsätzlichen Eigenschaften einer Zugfeder bzw. des von ihr gelieferten Feder- und damit Antriebsmoments der Uhr lassen sich an der Federkennlinie ablesen.
Entsprechend der typischen Federkennlinie liefert die Zugfeder bei Vollaufzug ein überproportional großes, im mittleren Bereich ein relativ gleichmäßiges Antriebsmoment, das jedoch bei weitgehender Entspannung der Feder stark absinkt. Aus diesem Grund sollte möglichst nur der mittlere Spannungsbereich der Zugfeder zum Antrieb der Uhr genutzt werden, um einen gleichmäßigen Gang zu erreichen.
Bei besseren Uhren (Taschenuhren, Marinechronometern, Großuhren) versuchte man früher durch die Verwendung von Schnecke und Kette die Antriebskräfte konstant zu halten. Bei Armbanduhren kam dieser aufwendige und platzraubende Mechanismus verständlicherweise nicht zur Verwendung.
Desgleichen hat man bei Armbanduhren nur in Ausnahmefällen auf eine Kompensation der unterschiedlichen Zugfeder-Antriebsmo-

mente durch eine Malteserkreuzvorrichtung zurückgegriffen. Durch die Entwicklung neuer Federmaterialien konnte vielmehr die Laufdauer einer Armbanduhr auf ungefähr 46–48 Stunden erhöht werden. Da die Handaufzugsarmbanduhr in der Regel alle 24 Stunden einmal aufgezogen wird, kommt das starke Absinken des Antriebsmoments einer Zugfeder im weitgehend entspannten Zustand somit nicht mehr zur Geltung.

Die überproportional große Federkraft im Zustand des Vollaufzugs wird durch die Gestaltung des äußeren Federhakens und des Aufzugsgesperrs weitgehend ausgeschaltet.

Das ins Uhrwerk eingesetzte Federhaus wird durch die Federhausbrücke abgedeckt und gehalten. Auf den Vierkant der Federwelle wird das Sperrad (oder Federrad) geschraubt. In dessen Außenverzahnung greift das Kronrad, das wegen seiner Drehrichtung von einer Schraube mit Linksgewinde gehalten wird. Es wird beim Aufzug von dem rechtwinklig eingreifenden und von der Aufzugswelle geführten Kupplungsrad mitgenommen. Am Umfang des Federrads greift der Sperrkegel ein und verhindert das Rückschnellen der aufgewundenen Feder. Der Sperrkegel wird von der Sperrfeder in den Eingriff gedrückt, gleichzeitig erlaubt die Sperrfeder den Aufzug.

Durch die Ausbildung des Sperrkegels entspannt sich die Zugfeder nach Loslassen der Aufzugskrone selbständig geringfügig, bis die Zähne des Sperrkegels sperrend in die Verzahnung des Sperrades eingreifen können. Auf diese Weise wird die oben beschriebene Reduzierung des Antriebsmoments der voll aufgewundenen Feder erreicht.

Indem das Schwingsystem auf einen unterschiedlich starken Antrieb mit nur möglichst geringen Amplitudenschwankungen und damit Gangänderungen reagiert, wird eine weitere Kompensation – einem der Hauptprobleme bei der Konstruktion genau gehender handaufgezogener Kleinuhren – erreicht.

Der Aufzugsmechanismus

Beim Kupplungsaufzug wird bei gedrückter Krone (Normalstellung) die Antriebsfeder aufgezogen. Dazu nimmt beim Rechtsdrehen der Aufzugskrone der auf dem Aufzugswellenvierkant gleitende Kupplungstrieb über seine Schrägverzahnung das Kupplungsrad mit.

Über Kupplungs-, Kron- und Sperrad wird die Feder aufgezogen. Durch die Schrägverzahnung in Verbindung mit dem Kupplungshebel und der Kupplungshebelfeder läßt sich die Krone nach links unbegrenzt zurückdrehen, was dazu führt, daß man die Uhr durch eine permanente Links-Rechts-Drehung der Krone aufziehen kann.

Die Aufzugswelle besitzt in ihrem äußeren Drittel eine Einfräsung für den Eingriff des Winkelhebels. Nach Festschrauben der Winkelhebelschraube fixiert er die Aufzugswelle in der Uhr und bewirkt durch Mitnahme des Winkelhebels beim Herausziehen der Krone eine Eingriffsänderung des Kupplungstriebes. Es greift in dieser zweiten Stellung mit seiner geraden Stirnverzahnung in das Zeigerstellrad ein. Dadurch kann mit Hilfe des noch zu besprechenden Zeigerstellwerkes (s. Seite 56f.) die Uhr gestellt werden. Die Winkelhebelfeder fixiert diese Zeigerstellmöglichkeit. Lagerungen und Fixierungen der genannten Teile befinden sich vorzugsweise auf der vorderen Platinenseite, so daß Aufzugs- und Zeigerstellfunktionen auf der Zifferblattseite der Platine zu verfolgen sind.

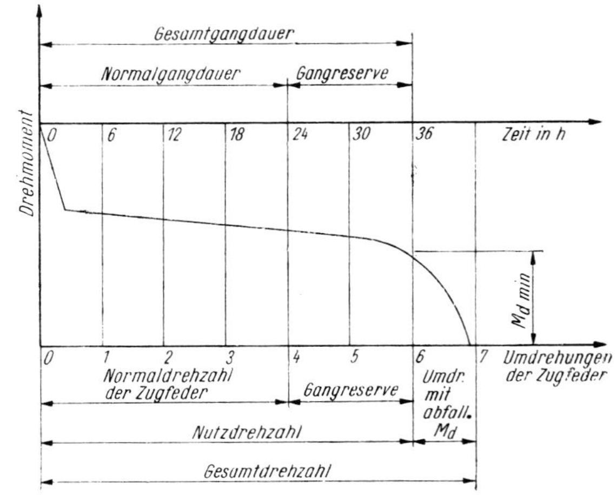

76 Verlauf des Drehmomentes der Zugfeder eines 1-Tag-Werkes im Federhaus

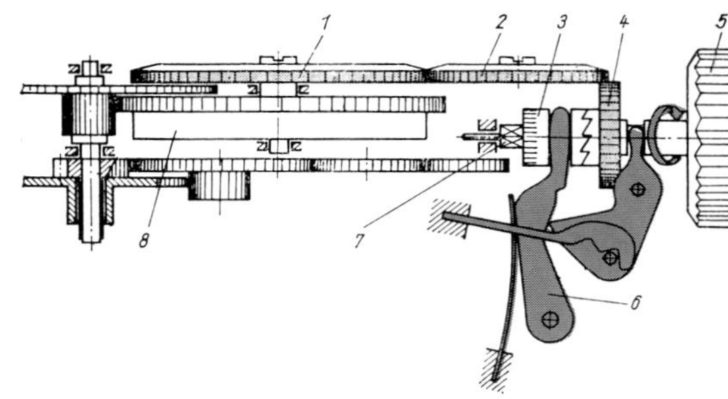

77 Der Kupplungsaufzug einer Armbanduhr in seiner Stellung beim Aufziehen:
1 Sperrad; 2 Kronrad; 3 Kupplungstrieb; 4 Kupplungsrad; 5 Aufzugskrone; 6 Kupplungshebel; 7 Vierkant und Zapfen am Ende der Aufzugswelle; 8 Federhaus

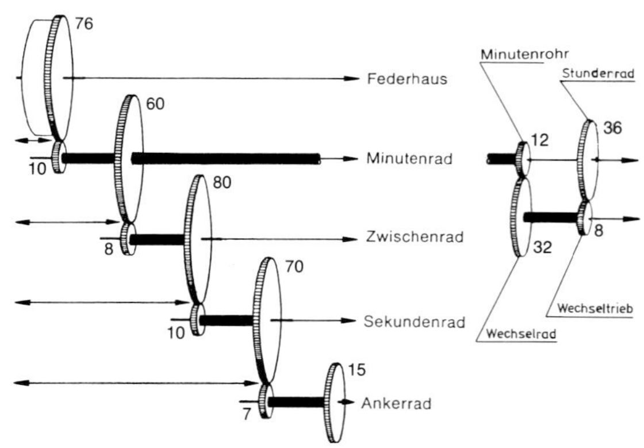

78 Aufbau von Lauf- und Zeigerwerk mit Angabe der Zahnzahlen der Räder und Triebe beim Kaliber J 85

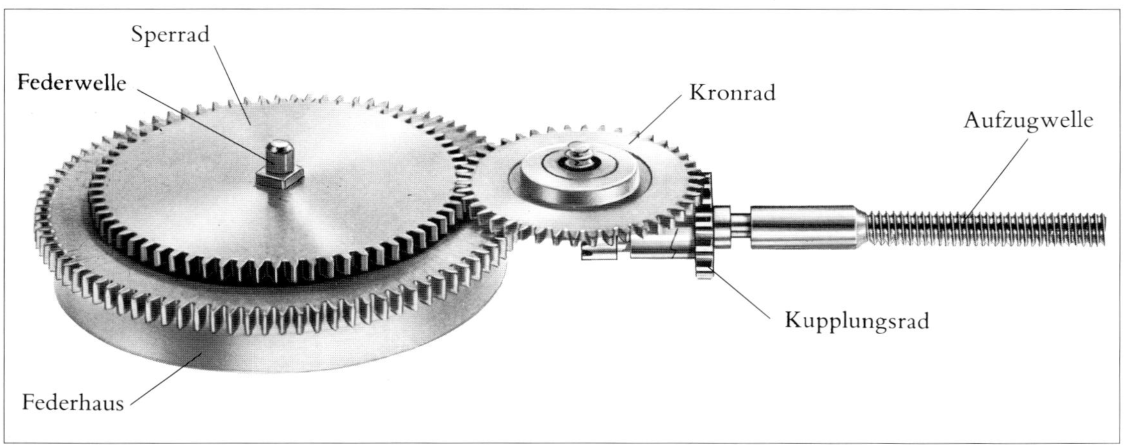

◁ **79** Räderwerk des Aufzugssystems einer handaufgezogenen Armbanduhr

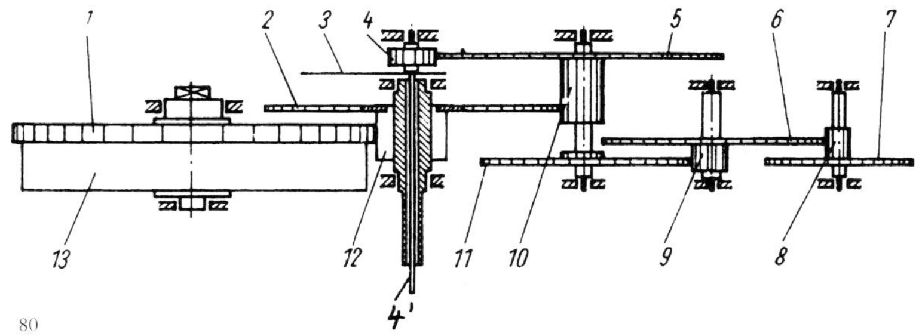

80

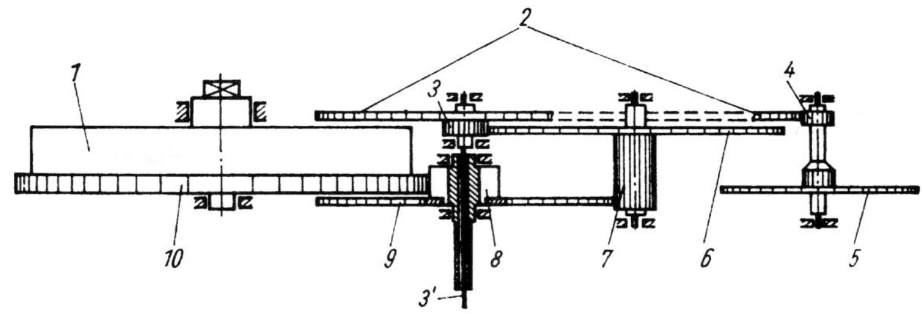

81

80 Räderwerk zum indirekten Antrieb eines zentralen Sekundenzeigers:
1 Federhaus; 2 Minutenrad; 3 Schleiffeder; 4 Sekundentrieb des außerhalb des Kraftflusses laufenden zentralen Sekundenzeigers; 4′ verlängerter vorderer Zapfen zur Befestigung des Sekundenzeigers; 5 Zwischenrad; 6 Sekundenrad; 7 Ankerrad; 8 Trieb des Ankerrades; 9 Sekundenradtrieb; 10 Kleinbodenradtrieb; 11 Kleinbodenrad; 12 durchbohrter Minutenradtrieb; 13 Trommel des Federhauses

81 Räderwerk zum direkten Antrieb eines zentralen Sekundenzeigers:
1 Trommel des Federhauses; 2 Sekundenrad; 3 Im Kraftfluß befindlicher Sekundenradtrieb; 3′ Verlängerter vorderer Zapfen zur Aufnahme des Sekundenzeigers; 4 Ankerradtrieb; 5 Ankerrad; 6 Kleinbodenrad; 7 Kleinbodenradtrieb; 8 Durchbohrter Minutenradtrieb; 9 Minutenrad; 10 Federhaus

82 Uhrwerk von Cyma mit indirekter Zentralsekunde (Antrieb außerhalb des Kraftflusses)

Das Räderwerk

Das Räderwerk sorgt für die Übersetzung der langsamen Federhausumdrehung in die schnelle Drehung des Ankerrads sowie für die Übertragung des notwendigen Federmoments auf Hemmung und Unruh. Normalerweise sind vier Getriebeübersetzungen nötig, da bei den gegebenen Abmessungen 60 bis 100 Zähne für die Zahnräder und 5 bis 10 Zähne bei den Zahntrieben möglich sind. Die Räder sind: Federhaus, Minutenrad, Kleinbodenrad (auch Zwischenrad genannt), Sekundenrad, Ankerrad.

Die Triebe und die Wellen mit ihren Lagerstellen, den Zapfen, sind aus gehärtetem und poliertem Stahl, die Zahnräder in der Regel aus Messing gefertigt. Die Zapfen sind zumeist in synthetischen Rubinen gelagert. Auf diese Weise steht jeweils eine weichere mit einer härteren Lagerstelle in Berührung. Bei sachgerechter Schmierung können so Reibung und Verschleiß niedrig gehalten werden.

In die Federhausverzahnung greift der Minutentrieb ein, der durchbohrt ist, damit der Zapfen für den zentralen Sekundenzeiger hindurchgeführt werden kann.

Das obere Lager der Federwelle ist eine Bohrung in der Federhausbrücke. Infolge der niedrigen Umdrehungsgeschwindigkeit und des relativ großen Lagerdurchmessers werden die Federhauslagerungen weniger beansprucht und sind daher meist nicht als Steinlager ausgeführt.

Auf den Minutentrieb ist das Minutenrad aufgenietet und dieses steht im Eingriff mit dem Kleinbodentrieb. Das dort aufgenietete Kleinbodenrad greift in den Trieb des Sekundenrades, dessen langer Zapfen durch die besprochene Bohrung im Minutentrieb und der zugehörigen Welle geführt wird. Dieser kleine Sekundentrieb ist auf dem Bild (Abb. 81) nicht sichtbar, da er durch das Sekundenrad verdeckt wird.

Das Ankerrad, mit Hilfe des Zwischenklobens gegen die Räderwerksbrücke gelagert, wird über seinen Trieb durch das Sekundenrad angetrieben.

Bei dieser Anordnung befindet sich der Antrieb des zentralen Sekundenzeigers im Kraftfluß. Man spricht auch von einer sogenannten »direkten Zentralsekunde«. Diese Antriebsweise hat sich seit ungefähr dreißig Jahren weitgehend durchgesetzt und über die Zwischenlösung der zentralen Sekunde mit Antrieb außerhalb des Kraftflusses den exzentrisch angeordneten Sekundenzeiger abgelöst. Bei dem exzentrischen Sekundenzeiger wurden die genannten Räder und Triebe einfach aneinandergesetzt und der obere Zapfen des Sekundenrades so verlängert, daß der Sekundenzeiger aufgesetzt werden konnte. Das Durchbohren der Minutenradwelle war nicht erforderlich.

Bei der zentralen Sekunde außerhalb des Kraftflusses wurde diese Grundkonzeption beibehalten. Die Kleinbodenradwelle trägt jedoch auf dem nach hinten verlängerten Zapfen ein fliegendes oder unter einer zusätzlichen Brücke (bzw. einem Kloben) gelagertes Zwischenrad zum Antrieb eines zweiten Sekundentriebes, dessen lange Welle durch die durchbohrte Minutenradwelle gesteckt wurde.

Zur Verminderung des Zahnspiels zwischen Rad und Trieb benötigt dieses System eine Schleiffeder.

Verschiedene Uhrenhersteller (z. B. Omega) verwendeten dieses umständlichere und nicht immer ganz zuverlässige System noch lange nachdem sich die »direkte Zentralsekunde« bereits durchgesetzt hatte.

Im Hinblick auf die Bauhöhe von Armbanduhrwerken leistete der direkte Zentralsekundenantrieb einen wesentlichen Beitrag zur

83 Damenuhr von Movado mit drei verschraubten Chatons (Fassungen), um 1920

84 Uhrwerk, welches ein dreischenkliges Decksteinplättchen besitzt. Die Decksteine haben keinerlei Funktion, sondern hatten nur den Zweck, eine höhere Anzahl von Steinen auf dem Zifferblatt ausweisen zu können.

85 Uhrwerk mit verschraubtem Minutenradchaton von IWC, Schaffhausen, 30er Jahre

Herstellung flacher Uhren mit zentralem Sekundenzeiger.
Über das Ankerrad wird das Schwingsystem der Armbanduhr angetrieben.
Die Lagerung des gesamten Räder- und Triebsatzes muß so exakt erfolgen, daß die korrekten Eingriffe unter allen Tragebedingungen nach dem Zerlegen und erneuten Zusammenbau der Uhr immer sichergestellt werden. Daraus erklärt sich auch, warum Platinen, Brücken und Kloben eine, die Funktion der Uhr gewährleistende Materialstärke benötigen. Sehr, zum Teil zu flache Uhrwerkskonstruktionen bereiten, wenn nicht schon bei der Herstellung, dann doch spätestens beim Tragen oder Reparieren häufig Schwierigkeiten.
Das Kaliber J 85 hat eine Bauhöhe von 5 mm; bekannt sind jedoch auch gutfunktionierende Werke mit 2 mm Höhe.
Die Lagersteine für die Zapfen sind in zylindrische Bohrungen der Platinen, Brücken oder Kloben eingepreßt. Im Bedarfsfall lassen sie sich leicht ersetzen. In früheren Armbanduhren des gehobenen Qualitätsstandards waren die Lagersysteme häufig in Chatons (Fassungen) eingesetzt und diese Chatons zum Teil sogar verschraubt.
Gelegentlich findet man in Armbanduhren, insbesondere bei den Ankerradzapfen noch zusätzliche Decksteine, die das axiale Spiel reduzieren sollen. Derartige Decksteine führen in der Regel nicht zu einer Verbesserung der Uhr. Um eine vermeintlich bessere Qualität einer Uhr in Form hoher Steinzahlen und durch deren Angabe auf dem Zifferblatt aufweisen zu können, versahen Hersteller ihre Werke bisweilen mit einer Vielzahl von Decksteinen, die zum Teil ohne jede Funktion und mit Hilfe von Decksteinplättchen lediglich auf die Platinen geschraubt waren.
Die gute nicht-automatische Armbanduhr verfügt normalerweise über 15 oder 17 Funktionssteine: je 2 Lager- und Decksteine für die Lagerung der Unruhzapfen, 2 Lagersteine für die Ankerwellenzapfen, 2 Palettensteine für den Anker, 1 Unruhhebelstein. Die weiteren Steine sind Lagersteine für die Laufwerksräder. Für Anker, Sekunden- und Kleinbodenrad werden 6 Steine benötigt, was zusammen eine 15steinige Uhr ausmacht. Werden die Zapfen der Minutenradwelle ebenfalls in Steinen gelagert, was bei modernen Uhren die Regel geworden ist, benötigt man 2 weitere Lochsteine und kommt zur 17steinigen Uhr, mit der sich auch höchste Ansprüche zufriedenstellen lassen.

Die Hemmung

Die Energie der aufgewundenen Feder bewirkt die Funktion der Hemmung und ersetzt die Reibungsenergie, die das Schwingsystem (Unruh und Spiralfeder) sowie das Räderwerk der Uhr verbrauchen. Daher hat das Räderwerk zwischen Federhaus und Schwingsystem die Aufgabe, die Antriebsenergie möglichst verlustfrei und konstant zu übertragen.
Bei der hochentwickelten mechanischen Armbanduhr der letzten Jahrzehnte nach 1950 findet als Hemmungssystem nur noch die Schweizer Ankerhemmung Anwendung. Sie besteht aus Ankerrad, Anker, Unruh mit Spirale und Plateau, Reguliervorrichtung einschließlich der zugehörigen Wellen, Zap-

86 Wirkungsweise der Schweizer Ankerhemmung, wegen der Form der Zähne auch Klobenzahn-Ankerhemmung genannt.

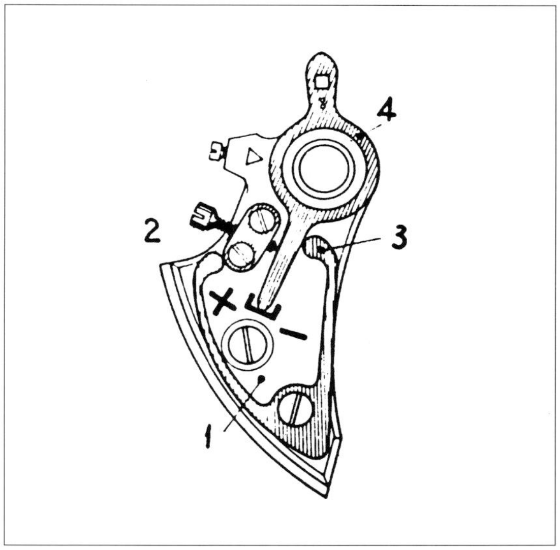

87 Feinreguliervorrichtung für den Rückerzeiger:
1 Unruhkloben
2 Schraube mit Feingewinde zur Bewegung des Rückerzeigers
3 Gegendruckfeder (»Schwanenhals«)
4 Rücker

fen, Lager und dem Stoßsicherungssystem. Der Anker greift mit seinen beiden Steinpaletten in das Ankerrad ein. Mit der Unruh ist der Anker über die Ankergabel verbunden, die mit ihren Gabelhörnern und dem Sicherheitsstift den Eingriff an Hebelstein und Sicherheitsrolle des Unruhplateaus bewirkt. Auf diese Weise wird der Impuls vom Antrieb der Uhr auf die Unruh übertragen und (gleichzeitig) die Hemmungsfunktion ausgelöst. Die Ankerbewegung wird durch zwei Begrenzungsstifte auf der Platine definiert. Häufig wurden aus ökonomischen Gründen diese Begrenzungsstifte auch durch Fräskanten an der Platine oder am Ankerkloben ersetzt. Die Begrenzungsstifte bieten jedoch den Vorteil einer leichteren Justierung im Bedarfsfall. Mit zunehmendem Fertigungsstandard entfiel jedoch die Notwendigkeit einer nachträglichen Justierung, die in den ersten Jahrzehnten der fabrikmäßig gefertigten Kleinuhr wegen der geringeren Präzision in der Herstellung eine wesentliche Bedeutung für die Qualität des Endprodukts hatte.

Das Unruhsystem (Schwingsystem)

Das Unruhsystem besteht aus folgenden Teilen:
– Unruhreif
– Unruhwelle mit den Zapfen
– Plateau mit Hebelstein und Sicherheitsrolle
– Spirale mit Spiralrolle und Spiralklötzchen
– Rücker mit Rückerstiften

Bei allen nicht ganz einfachen Armbanduhren ist die Unruh zwischen der Platine und dem separaten Unruhkloben gelagert, damit man das Schwingsystem zu Justierungs- oder Reparaturzwecken aus dem Uhrwerk entfernen kann, ohne die gesamte Uhr zu zerlegen.
Alle modernen Armbanduhren haben eine Spirale aus selbstkompensierendem *Nivaroxmaterial*, so daß die Unruh keiner eigenen Temperaturkompensation mehr bedarf, wie sie von früheren Präzisionsuhren mit Unruhschwingsystem her bekannt ist (s. Seite 36 ff.). Das äußere Ende der Spirale ist im Spiralklötzchen verstiftet, das wiederum mit der Spiralklötzchenschraube in einer Bohrung des Unruhklobens befestigt ist. Dies bedeutet, daß man das Schwingsystem durch das Lockern dieser Schraube vom Unruhkloben lösen kann.
Auf dem Unruhkloben ist über dem Unruhlager der Rücker befestigt. Der Rücker ist beweglich und ermöglicht dadurch ein genaues Justieren der Uhr. Im Falle des Kalibers J 85 wird der Rückerzeiger mit Hilfe einer »Schwanenhals-Reguliervorrichtung« durch die sichtbare Schraube mit Feingewinde bewegt, was ein sehr subtiles Verstellen des Rückerzeigers ermöglicht. Die Schwanenhals-Reguliervorrichtung stellt neben anderen eine Möglichkeit zur Feinregulierung der Uhr dar. Die meisten Armbanduhren verfügen dagegen über keine derartige Feinreguliervorrichtung, sondern ausschließlich über den Rückerzeiger.
Sehr feine Uhren z. B. von Audemars Piguet, Patek Philippe, Vacheron & Constantin oder auch Rolex besitzen z. T. eine völlig frei schwingende Spirale. Die Einstellung des

Rechts unten:
88 Bewegungsschema einer Ankerhemmung

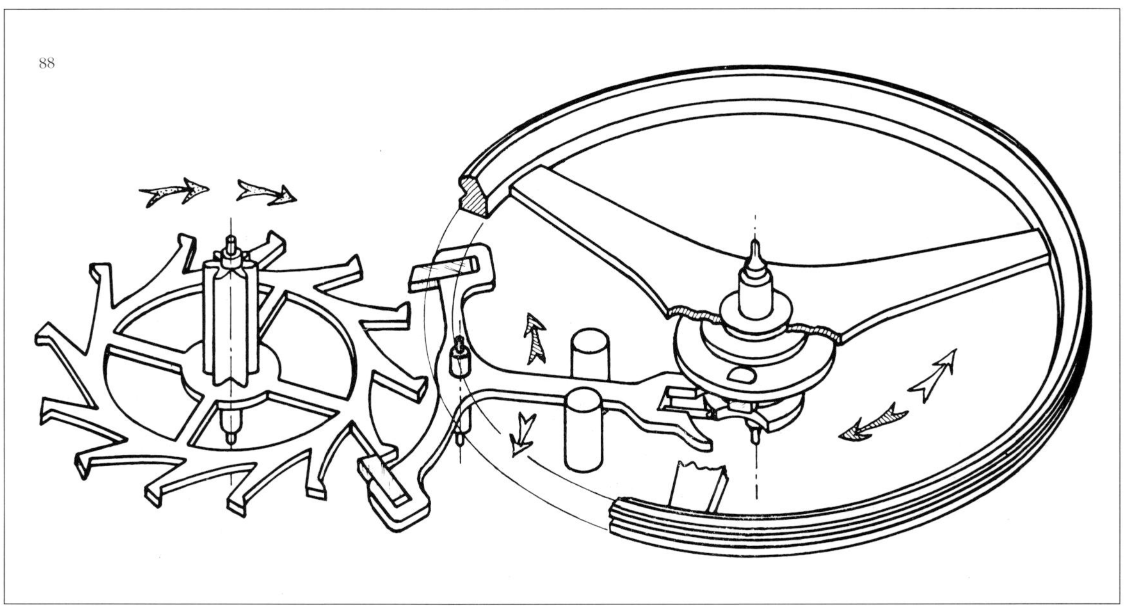

Ganges erfolgt wie bei Marinechronometern mit Hilfe von Masseschrauben am Unruhreif. Beim Werk J 85 (Abb. 75) geht die Spirale durch die beiden am äußeren Ende des Rückers befestigten Begrenzungen, den Spiralstift und den Spiralschlüssel. Durch den Spiralschlüssel kann bei Bewegung des Rückerzeigers die aktive Länge der Spirale bis zur Spiralrolle verändert werden. Das Verlängern der aktiven Spiralfederlänge bedingt, daß die Uhr nachgehen, das Verkürzen, daß die Uhr vorgehen wird.
Das Spiel der Spiralklinge zwischen den beiden Begrenzungen des Spiralschlüssels muß gleichmäßig sein. In Ruhestellung darf die Spirale an keinem der Rückerstifte anliegen. Noch viel weniger darf die Spirale zwischen den Rückerstiften eingeklemmt sein, was bei einer Betätigung des Rückers zu einer Beschädigung der Spirale führen würde. Eine saubere und exakte Führung der Spirale durch den Rückerschlüssel ist eine der wesentlichen Voraussetzungen für eine gute Regulierfähigkeit und damit einen guten Gang der Uhr, was wiederum die Grundlage für die Erfüllung von Chronometerprüfbedingungen darstellt.
Die Spiralführung im Spiralschlüssel und die Spiralbefestigung sind besonders kritische Stellen des Schwingsystems, und ihre sorgfältige Ausführung bestimmt die Leistungsfähigkeit der gesamten Uhr wesentlich mit.
Wie problematisch die Spiralführung ist, zeigt die Tatsache, daß für eine Gangänderung von einer Minute pro Tag die aktive Länge der Spirale im Rahmen nur eines Millimeters geändert werden darf bzw. muß. Dabei darf sich die Führung der Spirale im Rückerschlüssel auch nach einer Betätigung des Rückerzeigers nicht verändern.
Abgesehen von Schwächen im Bereich der Spiralführung können vor allem Fehler in der Wahl des Spiralansteckpunktes, Änderungen der Antriebskraft, Änderungen der Reibungskoeffizienten an den Unruhzapfen und der Schmiereigenschaften des Öls zu Gangabweichungen der Uhr führen.
Temperaturschwankungen führen aufgrund der beschriebenen Kompensationen bei guten Armbanduhren in der Regel nicht zu gravierenden Gangänderungen. Desgleichen können Schwankungen des Luftdrucks bei Unruhschwingern generell vernachlässigt werden.
Eine gute Armbanduhr sollte unabhängig von der Gebrauchslage stets einen konstanten Gang aufweisen. Je nach Träger ändert sich die Lage einer Armbanduhr am Tage mehrere tausendmal und wird durch die Bewegung des Armes mehr oder minder stark beschleunigt, was jeweils zu einer Änderung der Schwingungsweite und damit zu einem Isochronismusfehler, wenn auch nur im Millisekundenbereich, führen kann. Die Summierung aller Abweichungen kann letztlich doch ein störendes »Falschgehen« der Uhr hervorrufen.
Gute Uhren sind so konstruiert, daß sich Störeinflüsse, die sich auf den Gang einer Uhr negativ auswirken, gegenseitig kompensieren. Man spricht in diesem Zusammenhang von der Tragekompensation nach Grossmann und dem Caspari-Lehrsatz. Dabei gehen die Konstrukteure davon aus, daß die Uhr am linken Arm getragen wird.

Das Stoßsicherungssystem

Es wurde schon an vorangegangener Stelle erwähnt (s. Seite 45 f.), daß es vor allem nach dem Auslaufen der diesbezüglichen Patente von Erisman-Schinz und Porte-Echappement zu einer wahren Inflation verschiedenster Konstruktionen und Ausführungen von Stoßsicherungssystemen kam.
Ab den späten 50er Jahren konnte es sich, mit Ausnahme der Fabrikanten einfachster Armbanduhren, kein Hersteller mehr leisten, nicht stoßgesicherte Werke in seine Produkte einzubauen.
Das Vorhandensein einer Stoßsicherung wurde zumeist schon auf dem Zifferblatt angekündigt. Vor allem schmückten sich die Produzenten beim Vorhandensein einer renommierten Stoßsicherung wie *Incabloc* oder *Super Shock Resist* mit dem Namensaufdruck des verwendeten Systems auf dem Zifferblatt. Im Laufe der Jahre verschwand diese Modeerscheinung wieder, da das Vorhandensein einer Stoßsicherung eben selbstverständlich war.
Bei vielen verwendeten Stoßsicherungen muß deren Wirksamkeit nach eingehender technischer Betrachtung auf jeden Fall bezweifelt werden. Sie gewährleisten die in sie gesetzten Forderungen nach Schutz vor vertikalen und radialen Stößen und trotzdem einwandfreier Ölhaltung nicht in dem Maße, wie man es von guten Systemen gewohnt ist.

89 Uhrwerk von Universal, noch ohne Stoßsicherung

90 Uhrwerk von Zenith mit »Incabloc« Stoßsicherung

91 Verschiedene Stoßsicherungssysteme und ihre Wirkungsweise, Stand der Entwicklung 1953

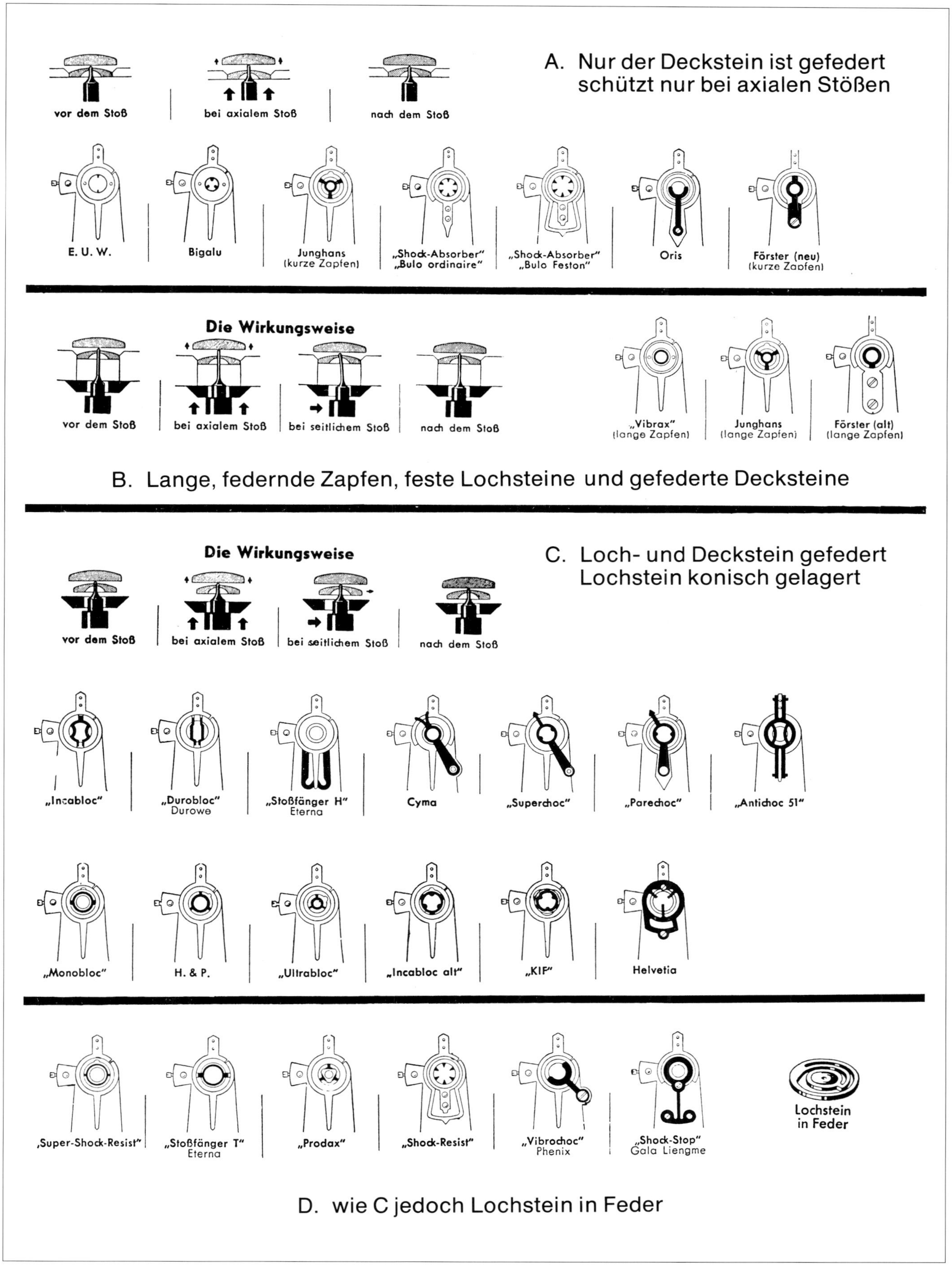

Welches Stoßsicherungssystem in einer Armbanduhr Verwendung findet, zeigt sich nach dem Öffnen des Rückdeckels und einem Blick auf den Unruhkloben. Beim Vorhandensein einer Stoßsicherung wird der Unruhdeckstein durch eine Feder gehalten. An ihrer Form erkennt man bei etwas Erfahrung oder nach einem Vergleich mit den Abbildungen in einem Werksucher das Fabrikat.
Reparaturen werden an Stoßsicherungen heutzutage kaum mehr ausgeführt. Vielmehr tauscht man im Falle eines Defektes mit wenigen Handgriffen das ganze System aus, was insgesamt eine bessere Gewähr für eine anschließende sichere Funktion bietet.

Die Unruh

Die Unruh soll ein möglichst geringes Gewicht haben, damit Reibung und Bruchgefahr bei Stößen niedrig gehalten werden können, andererseits aber ein hohes Trägheitsmoment, damit die Schwingungsweite durch die Bewegung der Uhr und äußere Störungen so wenig als möglich beeinflußt wird. Außerdem muß sie stabil, einfach herzustellen und so zu justieren sein, daß ihr Schwerpunkt im geometrischen Mittelpunkt liegt.
Heute findet man in den Uhren fast ausschließlich einfache monometallische Ringunruhen mit zwei oder drei Unruhschenkeln, während man in früheren Jahren bei besseren Uhren Schraubenunruhen verwendete. Die Schwingungsdauer des Systems ergibt sich aus dem Trägheitsmoment der Unruh und dem Richtmoment der Spirale.
Beide Faktoren zusammen erlaubten bis etwa 1950 nur die sogenannten Normalschwinger mit 18000 Halbschwingungen pro Stunde oder 5 Halbschwingungen in einer Sekunde (2,5 Hz). Jedoch waren auch nach 1950 gebaute Uhren, wie z. B. das Kaliber J 85, häufig Normalschwinger. Daneben kamen aber auch zunehmend »Schnellschwinger« in Gebrauch, deren Schlagzahl 19800, 21600, 28800 oder sogar 36000 Halbschwingungen pro Stunde betrug. Schnellschwinger sind unempfindlicher gegen äußere Störungen, bedingen jedoch bessere Elastizitätsgrößen des Spiralmaterials, höhere Antriebsenergien der Federn und besondere Schmierstoffe, die dieser Frequenz gewachsen sind. Uhrwerke mit 36000 Halbschwingungen pro Stunde haben sich jedoch nicht allgemein durchsetzen können, in neu entwickelten mechanischen Uhren der Zeit nach 1990 schwingt die Unruh häufig mit 28800 oder 21600.
Neben dem Unruhkörper bildet die Unruhwelle ein zentrales Element des Schwingsystems. An ihr sind Unruhkörper, Plateau und Spiralrolle befestigt. Ihre Zapfenform richtet sich im wesentlichen nach der Art des verwendeten Stoßsicherungssystems.

Die Spirale

Die Spirale wurde als besonders empfindliches Teil des Schwingsystems bereits beschrieben. Eigens muß in diesem Zusammenhang auf deren insgesamte Behandlung hingewiesen werden. Veränderungen und Manipulationen an Spiralen sollten ausschließlich dem entsprechend geschulten Fachmann vorbehalten bleiben.
Ist eine Spirale defekt, sollte nach Möglichkeit das gesamte Schwingsystem ausgetauscht werden, um durch ein neues, in der Fabrik justiertes und aufeinander abgestimmtes System die gute Funktion einer Uhr aufrechtzuerhalten. So ergibt sich die günstigste Lage des Unruhschwerpunktes erst aus dem Zusammenwirken von Unruh und Spirale, ferner sind statisches und dynamisches Auswuchten des ganzen Systems angezeigt.

Das Zeigerwerk

Das Zeigerwerk einer Armbanduhr mit zentralem Sekundenzeiger ist hinsichtlich der Konstruktion und Funktion einfach. Es besteht aus dem Minutenrohr, dem Wechselrad mit zugehörigem Trieb und dem Stundenrad. Als konstruktive Besonderheit kommt jedoch die durchbohrte Minutenradwelle hinzu. Durch sie kann der lange Zapfen der Sekundenradwelle hindurchgeführt werden. Am äußeren Ende dieses Zapfens wird der zentrale Sekundenzeiger aufgesetzt. Um einen genauen Gang und einen störungsfreien Betrieb der Uhr zu gewährleisten, muß sich der Stahlzapfen reibungsfrei in der Bohrung bewegen können. Das einmal in der Stunde umlaufende Minutenrad könnte den Minutenzeiger auf seiner Welle direkt tragen, wäre keine Zeigerstellmöglichkeit erforderlich.
Damit die Uhr jedoch stets gestellt werden kann, steckt auf dem Zapfen der Minutenradwelle das Minutenrohr. Der Antrieb vom Minutenrad auf das Minutenrohr (früher Viertelrohr genannt) erfolgt mit Hilfe einer

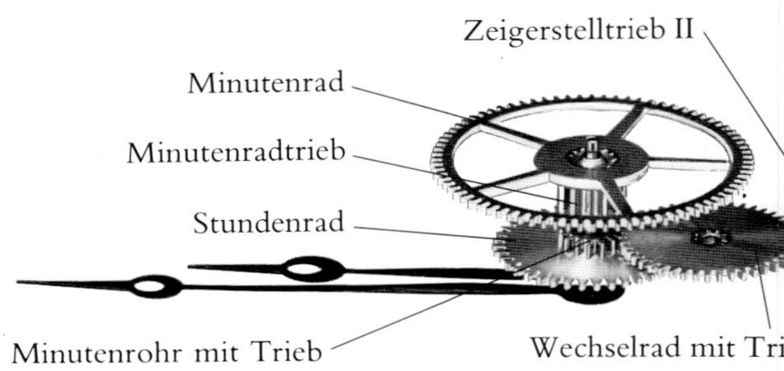

92 Räderwerk einer Armbanduhr zur Zeigerstellung

93 Armband-Chronograph von Breitling mit 12-Stunden-Anzeige; der Stundenanzeiger macht innerhalb von 24 Stunden zwei volle Umdrehungen.

94 Armband-Chronograph von Breitling mit 24-Stunden-Anzeige; der Stundenanzeiger macht innerhalb von 24 Stunden lediglich eine volle Umdrehung.

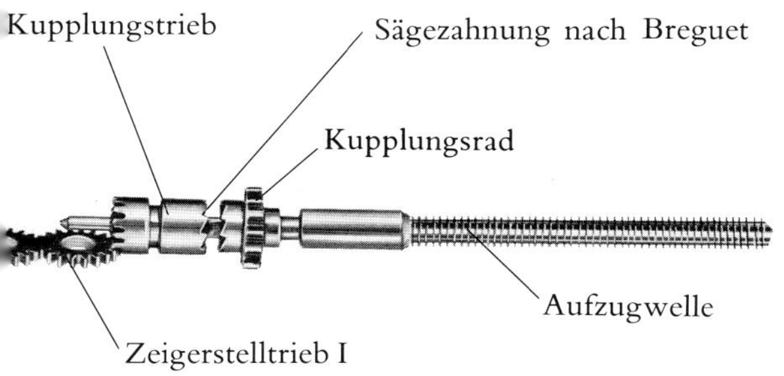

95 Blick unter das Zifferblatt einer Armbanduhr mit einer Vorrichtung zum allmählichen Datumswechsel ab 22 Uhr ▷

96 Ansicht eines Uhrwerkes unter dem Zifferblatt mit Datums- und Tagesanzeige ▷▷

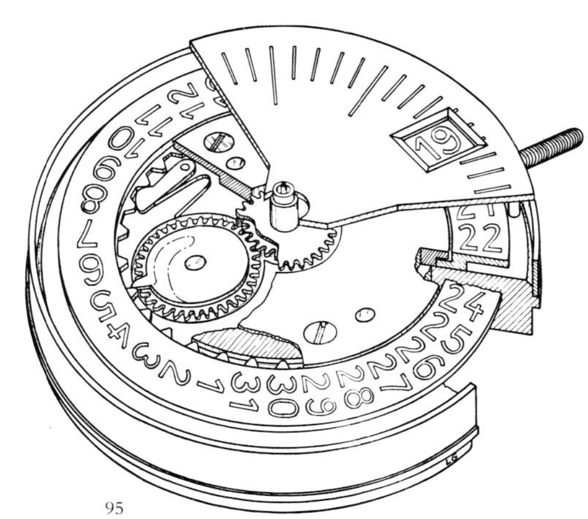

95

96

97 Aufzug- und Zeigerstellmechanismus

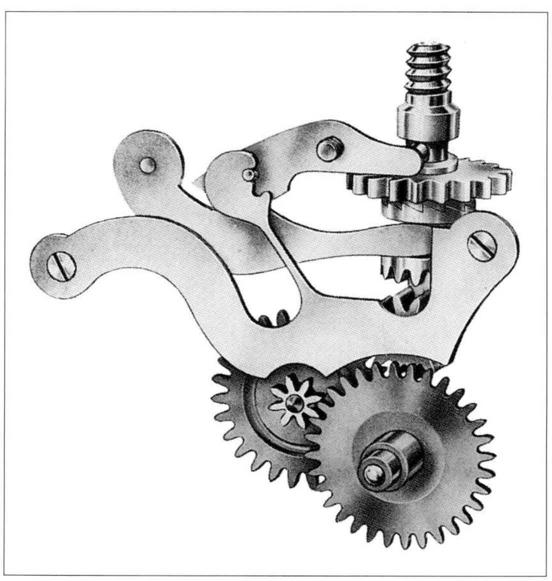

Friktions- (Rutsch- oder Reibe-)kupplung. Das Minutenrohr steht mit seinem Trieb im Eingriff mit dem Wechselrad. Dieses steckt mit seinem Trieb auf dem Wechselradstift, der in die Platinenvorderseite eingepreßt ist. Der Wechselradtrieb treibt das Stundenrad mit dessen Rohr, auf dem der Stundenzeiger befestigt ist, an. Die Übersetzung vom Minutenrohr zum Stundenrad beträgt in der Regel 12:1, d.h. wenn sich das Minutenrad zwölfmal gedreht hat, hat das Stundenrad eine Drehung vollzogen. Es gibt einige Sonderausführungen von Armbanduhren, bei denen diese Übersetzung 24:1 beträgt, d.h. das Stundenrad dreht sich in 24 Stunden einmal um seine Achse. Der Stundenzeiger zeigt in diesem Fall alle 24 Stunden eines Tages an.

Die Zeigerstellung erfolgt nach Herausziehen der Krone und der damit verbundenen Veränderung der Winkelhebelstellung über Kupplungstrieb, Zeigerstellräder und Wechselrad mit Trieb. Die Zeiger der Uhr lassen sich auf diese Weise in beiden Drehrichtungen verstellen, wobei jedoch beim Rückwärtsdrehen im allgemeinen die Uhr stehenbleibt, da das Uhrwerk gegen die Rutschkupplung arbeiten muß. Eine Justierung des Sekundenzeigers ist meistens nicht möglich, jedoch verfügen einige Uhrwerkskaliber (wie auch das J 85) über eine Unruh-Stopp-Vorrichtung, bei der sich nach dem Ziehen der Aufzugskrone eine kleine Feder an die Unruh legt und die Uhr anhält. Wird die Krone in dem Moment gezogen, in dem der Sekundenzeiger bei der »12« steht, kann der Minutenzeiger genau eingestellt und die Uhr exakt beim Ertönen eines Zeitsignals durch Hereindrücken der Krone gestartet werden. Auf diese Weise bekommt man eine sekundengenaue Uhrzeit.

Das Pfeilerwerk für Armbanduhren

Das Pfeilerwerk stellt eine konstruktiv einfachere Ausführung jedoch mit gleichen Funktionen wie das massive Uhrwerk dar. Alle prinzipiellen Funktionen und Einzelheiten wurden vorangehend beschrieben, so daß wir uns hier nur den abweichenden Vereinfachungen widmen müssen.

Die Grundplatine ist ein gestanztes Blechelement ausreichender Dicke (ca. 1 mm Messing- oder Eisenblech) mit möglichst wenigen Kanten- und Flächenbearbeitungspositionen. Sie trägt Bohrungen für die untere Lagerung des Antriebs und des Räderwerks, sowie des Hemmungs- und Schwingsystems, dazu Schraubenlöcher für die Aufzugsteile. Auf dieser Grundplatine sind drei oder mehr Pfeiler befestigt, die den Abstand zur zweiten Platine definieren, die mit den Pfeilern verschraubt wird. Daher rührt auch der Name dieses Uhrentyps.

Das Antriebssystem mit dem meist verwendeten Wippenaufzug ist eine einfachere Ausführung des zuvor behandelten Kupplungsaufzugs bei massiven Uhrwerken. Von Nachteil sind größerer Verschleiß und daraus resultierend eine verminderte Lebensdauer gegenüber der massiven Konstruktion.

In Aufzugsstellung wird der Aufzugtrieb vom Vierkant der Aufzugswelle mitgenommen und treibt über das Wippenmittelrad das Wippenaufzugsrad und das Sperrad an. Dieses Sperrad ist ein beweglicher Federhausdeckel, der an einem zentralen Rohr den inneren Mitnehmerhaken für die Antriebsfeder trägt. In das Sperrad greift außen direkt die Sperrfeder ein. Die Federhauswelle ist als Schraube ausgeführt. Man kann sie durch die

obere Platine hindurchschrauben. So ist die Demontage des Federhauses zum Zweck des Federersatzes durch einfaches Lösen dieser einen Verschraubung möglich. Das Federhaus mit Sperrad wird dann seitlich zwischen den Pfeilern aus dem Werk entnommen.
Bei herausgezogener Krone wird die Zeigerstellung über die zweite Position der Wippe vorgenommen: Der Winkelhebel wird vom Aufzugswelleneinschnitt zur Arretierung der Wippe benutzt, so daß der Eingriff zum Sperrad entkuppelt ist und die Zeigerstellung über das Wippenmittel- und Wippenzeigerstellrad durch das Wechselrad erfolgen kann. Das Wechselrad des Zeigerwerks bewegt Stunden- und Minutenrad, die wiederum über eine Reibekupplung mit dem Laufwerk (Minutenrad) verbunden sind.
Das Laufwerk, bestehend aus Federhausverzahnung, Minuten-, Kleinboden-, Sekunden- und Ankerrad (-trieb) ist unter einer Deckplatine gelagert, die fast über das ganze Werk reicht. Das Minutenrad, verbunden mit dem Zeigerwerk, ist zentral gelagert. Beim *Roskopf-System* ist diese Konstruktion noch weiter vereinfacht, indem ein zentrales Minutenrad und damit ein Rad des Laufwerks eingespart wird. Das Zeigerwerk wird dann vom Wechselrad mit Trieb abgeleitet, welches fest mit dem Federhausdeckel verbunden ist. Dieses Roskopf-System stellt bezüglich der Aufzugs- und Zeigerstelleinrichtung eine Lösung zwischen Kupplungs- und Wippenaufzug dar. Für die exzentrische Sekunde wird der vordere Zapfen des Sekundenrads verlängert, während für die Zentralsekunde ähnliche Anordnungen wie bei den massiven Werkkonstruktionen zu finden sind. Sowohl die zentrale Sekunde außerhalb des Kraftflusses wurde mit durchbohrter Minutenradwelle und eingestecktem Sekundenzapfen verwirklicht, wie auch die zentrale Sekunde im Kraftfluß (direkte Sekunde) durch Varianten der üblichen Anordnungen. Sie müssen entsprechend dem gewünschten geringeren Fertigungsaufwand möglichst einfach bleiben, also recht wenige Zusatzteile erfordern.

Das Hemmungs- und Schwingsystem beim Pfeilerwerk

Das Hemmungs- und Schwingsystem mit Schweizer Ankerhemmung – bei sehr einfachen Uhren mit Stiftankerhemmung – ist ähnlich wie bei den massiven Werken aufgebaut. Der Anker wird mit einem einfachen Ankerkloben gegen die Grundplatine gelagert. Auf der Platine sind Begrenzungsstifte für die Ankerbewegung vorgesehen. Das Unruhsystem ist in etwas vereinfachter Weise entsprechend den massiven Uhren aufgebaut. Der Werkaufbau ist nicht ganz so stabil wie der des massiven Werkes, bei richtiger Justierung und Handhabung, speziell bei Einbau in ein solides Gehäuse, können die Gangergebnisse einer Uhr mit Pfeilerwerk jedoch ähnlich gut sein wie die einer Uhr mit massivem Werk. In den letzten Jahrzehnten wurden deshalb auch eine Reihe von Konstruktionen hergestellt, bei denen eindeutige Unterscheidungen zwischen den beiden unterschiedlichen Bauweisen kaum möglich sind. Es sind sowohl Elemente des massiven Werkaufbaues wie Elemente des Pfeilerwerks kombiniert zur Anwendung gekommen.
Bei sehr einfachen Stiftankerwerken wird die Unruhlagerung nicht mit Loch- und Decksteinen vorgenommen, sondern es kommen Körnerlager aus Stahl, in seltenen Fällen auch aus synthetischem Rubin und Stahlspitzen an den Unruhwellen zur Anwendung. Derartige Uhrwerke werden – teils vollautomatisch montiert – in so extrem niedriger Preislage hergestellt, daß allein deshalb Reparaturen an ihnen unrentabel sind. Wenn wesentlich schlechtere Gangergebnisse mit Abweichungen von etwa einer Minute pro Tag typisch für solche Uhren sind, so liegt das hauptsächlich an den verwendeten Spiralen, die bei niedrigen Preisen nicht die guten Eigenschaften der besprochenen Nivarox-Spiralen haben. Als zuverlässige Zeitmesser können einfache Uhren dieser Bauart durchaus betrachtet werden, lediglich Lebensdauer und Reparaturmöglichkeiten sind reduziert.

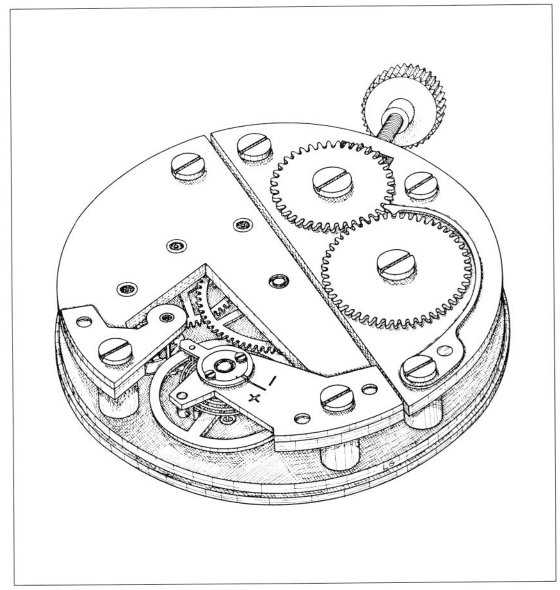

98 Schrägansicht eines Pfeilerwerkes mit Stiftankergang

99–101 Pfeilerwerke von Kienzle aus dem Jahre 1956:
Abb. 99: Kaliber 51 mit Stiftankergang
Abb. 100: Kaliber 54/7 mit Stiftankergang
Abb. 101: Kaliber 48/15 mit »Kienzle Ankergang« mit patentierten Profil-Hebesteinen

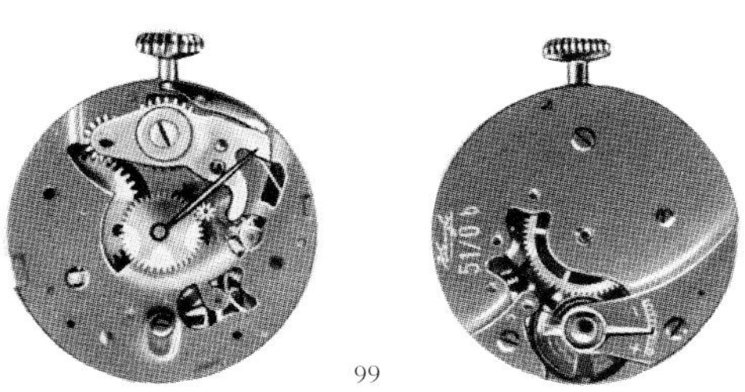

99

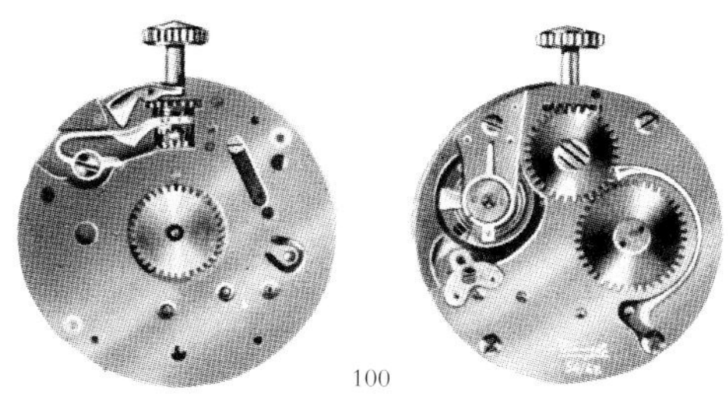

100

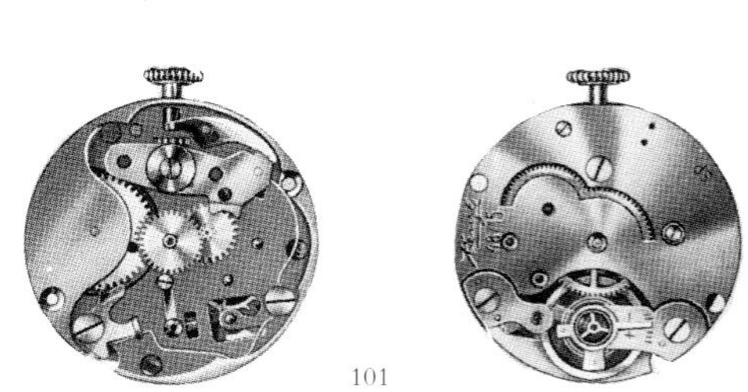

101

102 Seitlicher Blick auf eine Zylinderhemmung. In der Mitte der teilweise aufgeschnittene Hohlzylinder. Unverwechselbar die Form des Zylinderrades. ▷

103 Draufsicht auf eine Zylinderhemmung. Gut erkennbar die spezifisch geformten Zähne des Zylinderrades. ▷▷

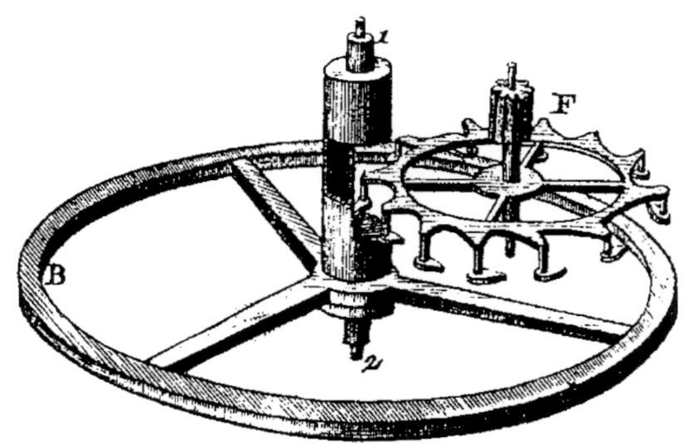

104, 105 Der Wippenaufzug, Position beim Aufziehen (Abb. 104) und Position beim Zeigerstellen (Abb. 105):

1 Wippenfeder
2 Wippenaufzugsrad
3 Wippe
4 Aufzugtrieb mit Vierkantloch
5 Aufzugskrone
6 Aufzugswelle
7 Wippenmittelrad
8 Sperrad
9 Sperrfeder
10 Winkelhebel
11 Wippenzeigerstellrad
12 Wechselrad mit Trieb
13 Stundenrad

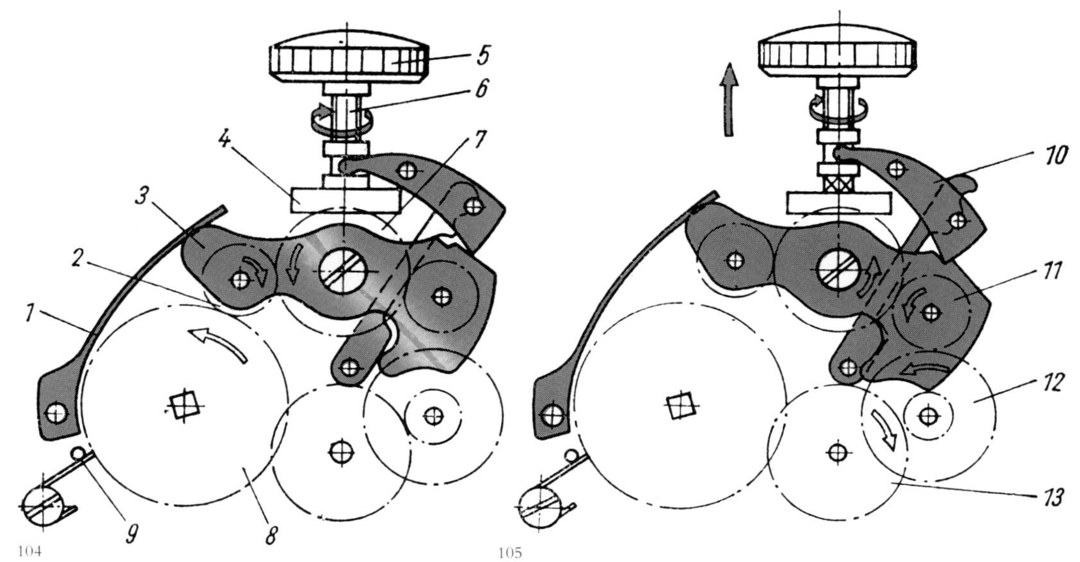

106 Stiftankerhemmungen sind robust und preisgünstig. Stahlstifte greifen in ein einfach geformtes Gangrad ein. ▽

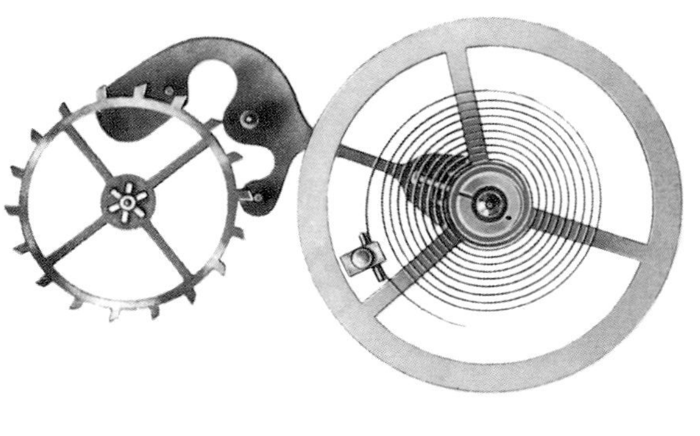

Die Armbanduhr mit Zylinderhemmung

Neben der Stein- und Stiftankerhemmung findet man als dritte Hemmungsart in Armbanduhren noch die Zylinderhemmung.

Diese Art der Kleinuhrenhemmung, zu Beginn des 18. Jahrhunderts erfunden, taucht zumeist in sehr frühen oder aber billigen späteren Armbanduhren auf. Vor allem in Deutschland wurde die Zylinderhemmung bis in die 40er Jahre eingebaut.

In seinem prinzipiellen Aufbau gleicht das Werk mit Zylinderhemmung dem mit Ankerhemmung. Beim genaueren Hinschauen erkennt man jedoch, daß sich der »Anker« bei der Zylinderuhr direkt in der Unruhwelle befindet. Die Unruhwelle besteht hier aus einem Stahlröhrchen, das mit entsprechenden Einfräsungen versehen ist. Die Lagerung der Unruhwelle erfolgt durch zwei Tampons mit Lagerzapfen, die wie bei der Ankeruhr häufig in Steinlagern laufen. Es gab Zylinderwerte mit 2, 4, 6 und 10 Funktionssteinen.

Ferner besitzt die Uhr mit Zylinderhemmung anstelle des Ankerrades ein Zylinderrad, das durch seine hochgesetzten Zähne auffällt.

Aus vielerlei Gründen bewegen sich die Gangleistungen einer Zylinderuhr weit unter denen einer Uhr mit Ankerhemmung, so daß bedingt durch den immer größer werdenden Käuferwunsch nach einer möglichst genau gehenden Armbanduhr die Zylinderhemmung aufgegeben wurde.

Taschenuhren mit Selbstaufzug

Die Automatikuhr fasziniert, vielleicht weil bei ihr etwas vom Wesen des »perpetuum mobile« mitschwingt, ein Uhrwerk, das scheinbar problemlos läuft und läuft. Dies müssen auch frühere Generationen gespürt haben, sonst hätte sich der Begriff »montre perpetuelle« für die Armbanduhr mit automatischem Aufzug nicht einbürgern können.

Abraham Louis Perrelet (1729–1826) hat als erster diese Idee realisiert. Nach 1770 baute er die erste Taschenuhr mit automatischem Aufzug und fand auch gleich eine Lösung, später *Rotorprinzip* genannt, die die Entwicklung der automatischen Armbanduhr entscheidend geprägt hat. Perrelet lagerte die schwingende Masse des Aufzugssystems zentral und begrenzte den Schwingkreis nicht. Ebenso wie bei späteren Armbanduhren wurden sogar beide Drehrichtungen dieser Rotor-Schwungmasse zum Aufzug der Triebfeder benutzt. Für die Gleichrichtung der Bewegungen sorgten zwei nebeneinander angeordnete Klinkenräder. Dieses Rotorprinzip scheint sich jedoch bei der Taschenuhr, bei der die Bewegungsimpulse meist aufwärts und abwärts gerichtet sind, weniger bewährt zu haben. Jedenfalls wurde Perrelets Gedanke von anderen Meistern, die Taschenuhren mit Selbstaufzug gebaut haben, nicht wieder aufgegriffen. Die Darstellung folgt hier der herrschenden Lehre, die Perrelet aus Le Locle die Erfindung des Rotors im Uhrenbau zuschreibt. In jüngster Zeit wird jedoch darauf hingewiesen, daß möglicherweise auch der Franzose Hubert Sarton (1748–1828) Ansprüche erheben könnte.

Auch Abraham Louis Breguet (1747–1823) beschäftigte sich mit diesem technischen Problem. Er hat mehrere Formen der von ihm *Perpetuelle* genannten Taschenuhr mit automatischem Aufzug entworfen, dabei jedoch am einmal gewählten Bauprinzip festgehalten. Im Gegensatz zu Perrelet entschied er sich für ein auf- und abschwingendes Gewicht an einem Hebelarm. Bei später von ihm gebauten Perpetuelles gelang es Breguet, den Raumbedarf des Aufzugssystems beträchtlich zu vermindern, so daß diese Uhren flacher waren. Im Vergleich zu anderen Uhrmachern hat er relativ viele Taschenuhren dieses Typs gebaut, 31 Stück allein zwischen 1787 und 1791, von denen allerdings einige erst nach 1800 komplettiert wurden.

Der Gedanke der automatischen Taschenuhr wirkte besonders intensiv im ausgehenden 18. Jahrhundert, wie die in Museen und Sammlungen vorhandenen Einzelstücke beweisen. Die Schwungmassen hatten verschiedene Formen, bei Breguet waren sie herzähnlich oder hammerförmig, als Material wurde, wegen des hohen spezifischen Gewichts, nicht selten Gold oder Platin gewählt.

Zur Produktion größerer Serien automatischer Taschenuhren kam es erst gegen Ende des 19. Jahrhunderts, als Beispiel sei auf die *Perpetuale* des August Ritter von Loehr verwiesen. Sein System wurde 1878 und 1880 in Großbritannien patentiert, die Produktion der Uhren begann 1884 in der Schweiz. Das wirksame Element war wiederum ein quer zur Uhr angebrachter einarmiger Hebel mit Schwungmasse, eine Art Wippe wie beim Schrittzähler (Pedometer). Die viereckige Form des Gehäuses der Loehrschen Uhr wurde gewählt, weil diese möglichst senkrecht in der Westentasche stecken sollte, damit das Aufzugssystem voll zur Wirkung kam.

Der automatische Aufzug blieb bei der Taschenuhr seltener Sonderfall, mehr technischer Gag oder raffinierte Zusatzeinrichtung als allgemein übliches Verfahren. Anders bei der Armbanduhr. Im Gegensatz zur Taschenuhr wurde diese häufig auch nachts nicht abgelegt, so daß das regelmäßige Aufziehen sich nur schwer gewohnheitsmäßig verfestigen konnte. Dies hat vermutlich den Wunsch verstärkt, eine Uhr zu besitzen, die sich von selbst aufzog.

107 Die »Perpetuale« von Loehr, um 1890. Deutlich erkennbar der Hebelarm mit Schwungmasse. Entsprechend der Trageweise der Taschenuhr reagiert dieses Aufzugssystem nur bei auf- und abwärts gerichteten Bewegungen.

108 Automatische Taschenuhr mit Rotor von Louis Perrelet, um 1770. Erst mehr als eineinhalb Jahrhunderte später wurde beim Bau der modernen automatischen Armbanduhr dieses Konzept in der Uhrentechnik wieder aufgegriffen.

109 John Harwood (1893 – 1965). Seine Erfindung – die Armbanduhr nach System Harwood – hat die Entwicklung der automatischen Armbanduhr wesentlich beeinflußt.

110 Die »Harwood«, leicht erkennbar an der fehlenden Aufzugskrone und an dem Punkt über der »6«. Die Stellung der Zeiger erfolgt bei den meisten Modellen durch Drehen der Lünette. Wenn ein roter Punkt erscheint, besteht Kraftschluß zwischen Geh- und Zeigerwerk.

Außerdem trägt man die Armbanduhr an einem Körperteil, der ständigen Lageänderungen unterworfen ist. Je nach Tätigkeit und Temperament bewegt der Mensch den linken Arm etwa 7000 bis 40000mal pro Tag. Bestand bei der Taschenuhr das Problem, daß die Bewegungsimpulse oft nicht ausreichten, die Feder zu spannen, muß umgekehrt bei der Armbanduhr nach Lösungen gesucht werden, allzu heftige Bewegungen mechanisch so zu dämpfen, daß sie der Uhr und speziell dem Aufzugssystem nicht schaden. Taschenuhren mit automatischem Aufzug waren Herrenuhren und oft recht voluminös. Die Spätphase der mechanischen Armbanduhr brachte auch die zierlichere Automatikuhr für die Dame.

Die Uhr nach System Harwood

Bereits 1922 berichten Fachzeitschriften von einer in England entwickelten Armbanduhr mit automatischem Aufzug, am 16. Oktober 1923 meldeten John Harwood (1893–1965) und Harry Cutts auch in der Schweiz ihre Erfindung zum Hauptpatent an, das ihnen am 1. September 1924 unter der Nummer 106583 erteilt wurde. Im Jahre 1926 trat Harwood mit der A. Schild AG in Verbindung. Außerdem fand er intensive Unterstützung bei dem Gründer der Uhrenfabrik Fortis, Walter Vogt. Schild stellte die ersten Ebauches dieser Automatikuhr *System Harwood* her und die Fortis AG präsentierte die Neuheit auf der Basler Uhrenmesse. Heute wird allgemein anerkannt, daß vom Konzept her das Patent von Harwood der später weltweit verbreiteten Armbanduhr mit automatischem Aufzug den Weg geebnet hat.

Als Soldat des Ersten Weltkriegs erlebte der gelernte Uhrmacher Harwood die Unzulänglichkeiten der damaligen Armbanduhren und sann auf Abhilfe. Wie mancher andere Erfinder kümmerte auch er sich nicht darum, was bisher schon auf diesem Gebiet entwickelt worden war, sondern suchte selbständig nach der ihm vorschwebenden Lösung. Zusätzliche Schwierigkeiten waren zu überwinden, ehe es ihm gelang, Schweizer Produzenten von seinen Ideen zu überzeugen.

»John Harwood begnügte sich nicht etwa wie die meisten Erfinder damit, nur einige Ideen oder approximative Skizzen anzubieten, sondern er stellte einen Prototyp seiner automatischen Armbanduhr zur Verfügung, welcher gut durchdacht und meisterhaft angefertigt war ... Nebst seinem Prototyp hat er auch die Zeichnungen aller Spezialteile für seine Vorrichtung mitgebracht und dadurch den Herstellerfirmen die Aufgabe beträchtlich erleichtert«, berichtet Peter Aebi 1966 in der »Neuen Uhrmacher-Zeitung«. Harwood wählte anfangs ein rundes Werk von $10\,^{1}/_{2}$ Linien als Basis, das wegen des Aufzugssystems in ein für Uhren vom Kaliber 13 bestimmtes Gehäuse eingesetzt wurde. Einige Monate später hatte er einen zweiten Prototyp geschaffen, ein Werk von $8\,^{3}/_{4}$ Linien in einem 11er Gehäuse.

Neu am Gegenstand seiner Erfindung war die besondere Art der Übertragung der Impulse der Schwungmasse auf das Aufzugsräderwerk und das geschlossene Gehäuse der Uhr. Harwood lagerte die bewegliche Aufzugsmasse sehr stabil in der Mitte des Werkes, sowohl auf der Brückenseite wie auf der Zifferblattseite. Bewegungszentrum ist die Achse des Minutenrades. Der bewegliche Teil der Aufzugsvorrichtung hat die Form eines Kreissegments und kann einen Winkelweg von etwa 130 Grad beschreiben. Zu heftige Bewegungen der Schwungmasse werden beidseitig durch Puffer aufgefangen, vergleichbar den bekannten Federpuffern der Eisenbahn. Der automatische Aufzug wirkt bei dieser Uhr nur in einer Richtung.

Eine Stahlplatte, die sich um die gleiche Achse wie die Schwungmasse dreht, ist mit dieser durch Federdruck verbunden. Eine Regulierschraube erlaubt es, die Stärke der Reibung zwischen beiden Elementen genau zu dosieren. Wenn die Uhr aufgezogen werden muß, wird die Friktionsplatte durch die Schwungmasse mitgenommen und überträgt über verschiedene Zwischenglieder die Kraft auf die Zugfeder. Je stärker die Feder aufgezogen ist, um so mehr verstärkt sich ihr Widerstand. Von einer bestimmten Grenze an wird aus der Verbindung zwischen Platte und Schwingkörper eine Rutschkupplung. Die Masse schwingt weiter, ohne die Kraft übertragen zu können, so daß die Zugfeder nicht überspannt werden kann.

Harwood wollte jedoch nicht nur die automatische Armbanduhr schaffen, sondern auch die Uhr im staubgeschützten Gehäuse. Um dieses Gehäuse möglichst dicht zu halten, ließ er die Aufzugskrone weg und verwendete zum Zeigerstellen eine nach beiden Richtungen drehbare Lünette mit kompliziertem Schaltmechanismus. Ein roter Punkt an der

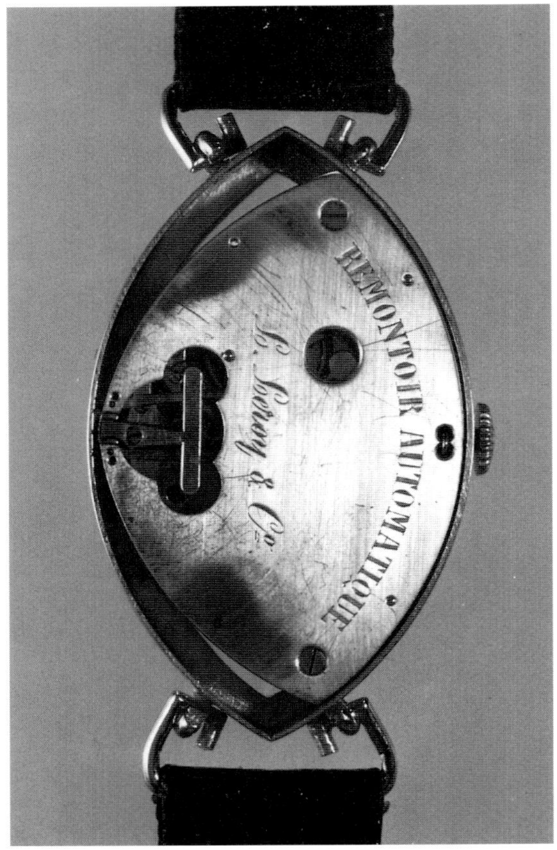

111, 112 Früheste bisher bekannte Konstruktion der automatischen Armbanduhr, »System Leroy«, 1922. Vorderansicht und Werk (vgl. auch Abb. 882, 883). Im Gegensatz zur »Harwood« wurden davon jedoch nur wenige Exemplare gefertigt.

Stelle, wo üblicherweise das Sekundenblatt angebracht ist, zeigt nach dem Zeigerstellen an, daß zwischen Gehwerk und Zeigerwerk wieder Kraftschluß besteht. Sein anvisiertes Konzept, das Uhrwerk von störenden Außeneinflüssen abzuschirmen, war zweifellos richtig, wie andere Entwicklungen der Zeit beweisen, doch die von Harwood praktizierte Lösung konnte sich nicht durchsetzen, da sie offenbar zu kompliziert war.

Bis heute gibt es abweichende Meinungen darüber, warum die automatische Armbanduhr von Harwood nicht zu einem Erfolg wurde. Zu hoher Preis, Managementfehler und vor allem die Auswirkungen der Weltwirtschaftskrise sagen die einen, produktionstechnische Schwierigkeiten und konzeptionelle Schwächen meinen die anderen. Probleme traten vor allem durch die vielen Schrauben auf, welche die Automatikteile zusammenhalten sollten. Nicht besonders gesicherte Schrauben an Werken mit gepufferten Schwungmassen lösen sich im Laufe der Zeit und fallen in das Werk. Außerdem konnte die *Harwood* mangels einer besonderen Aufzugsvorrichtung bei abgelaufener Feder nur durch kräftiges Schütteln in Gang gesetzt werden, und für eine Gangreserve von mehr als zwölf Stunden bedurfte es schon heftiger Bewegungen.

Harwood war nicht der erste, der eine Armbanduhr mit automatischem Aufzug konstruiert hat. Bereits 1922 gab es in Frankreich die Armbanduhr nach dem *System Leroy*. Uhren dieser Art waren dem Geschmack der Zeit entsprechend in spitz-ovale Gehäuse eingebaut, so daß die Schwungmassen nur relativ wenig Bewegungsfreiheit hatten. Vereinzelt wurde auch versucht, längliche Werke mit seitlich gelagerten Antriebselementen zu kombinieren. Ein weiterer Ansatz bestand darin, die Masse des Werkes selbst über Kugelführung oder Hebel für den Antrieb zu gebrauchen, dieses also in Längsrichtung verschiebbar-beweglich im Gehäuse anzubringen (*Rolls*, *Wig-Wag*). Der Bewegungsraum blieb auf wenige Millimeter begrenzt, und die Lage des Zifferblattes veränderte sich dabei.

Von Harwood stammt zusätzlich die Idee für eine Armbanduhr, die mittels eines Federbügels am Gehäuse aufgezogen werden sollte (*Autorist*). Weitere Überlegungen liefen darauf hinaus, die Beweglichkeit von äußeren Teilen der Uhr, etwa das Schließen eines Schutzdeckels, für den automatischen Aufzug zu verwerten, ein Gedanke, der in ähnlicher

113 Blick in das Innere der »Harwood«. Man sieht deutlich die beiden Puffer seitlich an der Schwungmasse. Das Zahnrad oben dient der Zeigerstellung durch die hier nicht sichtbare Lünette.

114 Die »Automatikuhr« mit seitlich begrenzter Schwungmasse war die gängige Lösung der 40er Jahre. Bei dem abgebildeten Werk aus dem Jahre 1944 dämpft eine Spiralfeder den Aufschlag.

Form bei manchen Etui-Uhren realisiert wurde. Bei einem anderen Konzept wird versucht, beim Tragen der Uhr am Arm einen beweglichen Deckel so gegen die Uhr zu drücken, daß über einen Stift das Aufzugsgetriebe in Bewegung gesetzt werden kann. Insgesamt gesehen also viele Ideen, doch kaum weiterführende Lösungen und nur geringe Produktionsziffern, so daß heute die ersten automatischen Armbanduhren – von der *Harwood* abgesehen – recht selten zu finden sind. Für den Uhrensammler ist vielleicht folgende Zusammenstellung früher Automatik-Armbanduhren von Interesse:

1930 Rolls
1931 Glycine
1931 Wig-Wag
1931 Autorist
1931 Rolex Perpetual

Im Rahmen dieser Übersicht gebührt der *Rolex Perpetual* eine Sonderstellung. Ihr Konzept leitete zur zweiten Phase der automatischen Armbanduhr über. Das bereits 1931 gewählte Rotorprinzip, für das sich über 150 Jahre früher schon Perrelet entschieden hatte, sollte zum entscheidenden Merkmal der perfektionierten Automatik-Armbanduhr späterer Jahrzehnte werden. Die verbesserte Uhr mit automatischem Aufzug hat auch bewirkt, daß trotz interessanter Ansätze die Armbanduhr mit einer Laufdauer von acht Tagen sich nicht durchsetzen konnte.

Auf dem Weg zur Perfektion

Der Engländer John Harwood und der Deutsche Hans Wilsdorf (1881–1960) stehen als Initiatoren am Anfang der Geschichte der Armbanduhr mit automatischem Aufzug. Rückblickend wird erkennbar, daß die 30er Jahre wesentlich von internen Vorarbeiten und einzelnen, eher kurzlebigen Projekten geprägt waren. Das folgende Jahrzehnt brachte den Beweis für die Funktionstüchtigkeit der Automatikuhr, während der Durchbruch am Uhrenmarkt nach 1950 erfolgte. Dieser Entwicklungsprozeß läßt sich nicht mehr eindeutig auf bestimmte Personen oder Firmen beziehen, sondern erscheint als gemeinsame Leistung der Schweizer Uhrenindustrie. Hunderte von Patentanträgen innerhalb einer relativ kurzen Zeitspanne von 15 Jahren kennzeichnen die fast leidenschaftliche Suche nach brauchbaren Lösungen.

Wie die Automatikuhr der Zukunft beschaffen sein sollte, darüber waren sich die Fachleute schon frühzeitig einig, doch die technischen und ökonomischen Verhältnisse erlaubten nur ein allmähliches Herantasten an diese Ziele. Konsens bestand darüber, daß diese Uhr weniger voluminös, vor allem flacher werden sollte, ein Problem, mit dem sich bei der Taschenuhr schon Breguet auseinandergesetzt hatte. Deutlich wird die Berechtigung dieser Forderung am Beispiel der *Harwood*, denn die Teile für den automatischen Aufzug beanspruchen fast doppelt soviel Raum wie das eigentliche Uhrwerk (Basiswerk), d. h. die Uhren hatten doppelte Werkhöhe und wegen des größeren Durchmessers der Schwungmasse etwa dreifaches Volumen.
Dieses Streben nach der flacheren Uhr hat jedoch in der Anfangszeit verhindert, daß das technisch erwünschte Rotorprinzip sich durchsetzen konnte, denn wohin mit bestimmten Werkteilen, die bei der Uhr mit begrenzter Schwungmasse noch Platz im Gehäuse fanden? Erst allmählich gelang es, den Automatikteil in das Gehäuse einzusenken. Jetzt war die automatische Armbanduhr nicht mehr doppelt so hoch, sondern nur noch ein gutes Drittel höher als die übliche Uhr. Wie weit diese Entwicklung zur immer flacheren (und zugleich immer kleineren) automatischen Armbanduhr getrieben wurde, dokumentiert eindrucksvoll eine Konstruktion von Jean Lassale (Genf 1978). Dieses Kaliber hat einen Durchmesser von 20 mm und eine Höhe von 2,08 mm.
Eine weitere Forderung bestand darin, die Konstruktion zu vereinfachen und die Reparatur zu erleichtern. Deshalb wurde der Automatikteil als geschlossene Einheit, als »Block« gestaltet, der rasch vom Basiswerk entfernt, getrennt bearbeitet und einfach wieder aufgesetzt werden konnte. In ähnliche Richtung weisen die Bemühungen der Konstrukteure, die Anzahl der für den Aufzug benötigten Einzelteile zu verringern. Die Reduzierung dieser Teile von 16 auf 7 meldet 1954 Mido für sein *System Powerwind*; nur drei Schrauben befestigen den einfach gebauten Automatikteil am Basiswerk, berichtet 1956 Girard-Perregaux von der *Gyromatic*.
Die Frage der Betriebssicherheit gewinnt bei der Automatikuhr psychologisch noch eine zusätzliche Dimension. Gerade weil die Vorstellung vermittelt wird, eine Perpetuelle, eine »ewig« gehende Uhr zu besitzen, werden

Störungen besonders gefürchtet. Man wollte modern sein, aber mit Absicherung durch die konventionelle Technik. Deshalb sollte die automatische Armbanduhr zusätzlich noch von Hand aufgezogen werden können, vom Konzept her ein Anachronismus, wie schon Harwood bewußt war.

Unterstützt wurde diese Forderung auch von den Konstrukteuren, zumal die Verbindung von Aufzug und Zeigerstellung bereits bei der Taschenuhr üblich war. Auch ökonomische Überlegungen spielen mit hinein, denn möglichst viel Teile herkömmlicher Kaliber sollten bei der Uhr mit automatischem Aufzug gleichfalls verwendbar sein. Häufig hat man Armbanduhren, die für Handaufzug konzipiert waren, lediglich mit einem Automatikzusatz versehen. Später wurden beide Verwendungsmöglichkeiten, Handaufzug und Automatik, bereits beim Entwurf neuer Kaliber berücksichtigt.

Es dauerte einige Jahre, bis das Mißtrauen gegenüber der Automatikuhr verschwunden war. So erklärt es sich auch, daß die Käufer schon früh Wert auf ein Werk mit Zentralsekunde legten – so konnte man mit einem Blick erkennen, ob die Uhr noch lief. In die gleiche Richtung weist auch die Entwicklung von Automatikuhren mit Ganganzeige in den Jahren 1950/55 ähnlich wie bei den Marinechronometern. Zodiac und Jaeger-LeCoultre führen 1948/49 diese Neuerung ein, Buren stellt 1954 das kleinste Automatikwerk mit Ganganzeige vor.

Der Einsatz dieser Zusatzeinrichtung, die ursprünglich lediglich das Mißtrauen gegenüber dem neuen Uhrentyp abbauen sollte, wurde im Rahmen der Renaissance der mechanischen Armbanduhr in den 1980er Jahren wieder aufgegriffen, aber diesmal als Mittel, durch technische Finessen das Prestige einer Uhr und damit auch ihre Träger aufzuwerten. Doch unabhängig davon, ob die Gangreserve angezeigt wird oder nicht, das Problem blieb bestehen. Um 1990 haben neu entwickelte Herren-Automatikuhren eine Gangreserve von etwa 50 Stunden, das Piguet-Kaliber 11.50, das seit 1988 gefertigt wird, bringt es dank zweier identischer, hintereinander geschalteter Federhäuser auf 100 Stunden Gangreserve.

Die oben genannten Befürchtungen hatten damals natürlich einen realen Hintergrund, denn in den Anfangsjahren gab es viele Schwachstellen: Bei Uhren mit begrenztem Schwingraum waren es die puffernden Federelemente, beim Rotor die zentralen Lager der Schwungmasse. Häufig haben auch die stählernen Triebe materialmäßig den Beanspruchungen nicht standgehalten oder die Lager der Aufzugsräder, um nur einige Beispiele zu nennen. Hinzu kam, daß die nichtautomatische Uhr im Laufe der Jahre immer zuverlässiger geworden war, die Automatikuhr hatte also aufzuholen.

Schließlich noch ein paar Worte zur Genauigkeit der automatischen Armbanduhr. Aus theoretischer Sicht besteht ihr Vorteil nicht zuletzt darin, daß die Feder immer gleichbleibend stark gespannt ist, so daß eine relativ gleichmäßige Federkraft wirken kann. Es bedurfte jedoch vieler Bemühungen, bis eine Automatik gefunden wurde, die sich widerstandsfähig zeigte gegenüber dem Verhalten eines temperamentvollen Trägers und die zugleich bei bewegungsarmen Personen einfühlig reagierte. Die vorgesehene Gangreserve konnte oft nicht erreicht werden, d. h. die Feder wurde nur halb aufgezogen. Schwerere Schwungmassen sollten Abhilfe schaffen. Anfangs wurden Messinghüllen mit Blei ausgegossen, später dann Schwungmassen aus Schwermetallen verwendet, deren spezifisches Gewicht höher liegen konnte als das von 18karätigem Gold, was gleichfalls verwendet wurde.

Frühe Automatikuhren hatten im Vergleich zum Aufzugssystem kleine Basiswerke, erst allmählich gelang die Anpassung von Werk und Aufzug. Diese Vergrößerung des Durchmessers des Uhrwerks erlaubte es wiederum, Federhaus und Unruh großzügiger zu dimensionieren. Zudem kam auch der allgemeine Fortschritt der Uhrentechnik den anspruchsvollen Basiswerken zugute. Um 1950 lag die Automatikuhr im Preis etwa 80 bis 100 Prozent über dem einer vergleichbaren Uhr mit Handaufzug.

In den Jahren kurz nach dem Zweiten Weltkrieg galten Systeme mit zentral gelagerten, aber seitlich begrenzten Schwungmassen als Standardlösung, gebräuchlich waren Schwingweiten zwischen 120 und 150 Grad. Der automatische Aufzug wirkte meist nur in einer Richtung. In einer Veröffentlichung des Uhrenmuseums Le Locle wurden für das Jahrzehnt zwischen 1938 und 1948 Automatikwerke dieser Art dokumentiert, die als repräsentativ für die Schweizer Industrie gelten können:

115 Schon 1931 nutzte Rolex das Rotorprinzip und verbesserte laufend dessen Funktionstüchtigkeit. Besondere Spezialität: die Automatikuhr im wasserdichten Gehäuse (»Oyster Perpetual«). Anzeige von 1941.

116 Eterna entwickelte vor 1948 den Rotor auf Kugellagern, ursprünglich nur gedacht für eine Damen-Automatik. Doch dieses Bauprinzip setzte sich allgemein durch.

117 Felsa Automatik-Kaliber von 1944. Die Schwungmasse dreht um 360 Grad (Rotor).

118 Werk der ersten automatischen Armbanduhr von Patek Philippe, 1953. Der Rotor besteht aus 18karätigem Gold.

Jahr	*Firma / Marke*	*Werkdurchmesser (Linien)*	*Gesamthöhe (mm)*
1938	A. Schild	11¼	5,20
1939	Eterna	12	5,30
1942	Eterna	9¾	4,50
1943	Cyma	10½	6,00
1943	Omega	13	4,55
1944	Tissot	12½	5,05
1944	A. Schild	11	5,50
1947	Certina	11½	5,45
1948	Zenith	13	4,90

Davon abweichende Sonderformen wurden entwickelt von Buren (1944) mit dezentral angeordneter Schwungmasse und von Pierce (1945). Hier erfolgt die Führung der beweglichen Masse durch zwei Säulen in Anlehnung an ein bei der Konstruktion von Stanzwerkzeugen verwendetes System.

Drei grundlegende Zusatzbauteile kennzeichnen die Armbanduhr mit automatischem Aufzug: Schwungmasse – Reduktionsgetriebe – Aufzugsbegrenzung. Von Sonderfällen abgesehen wurde bei der Armbanduhr die Schwungmasse zentral gelagert, Unterschiede bestehen darin, ob diese Masse einen Teilkreis oder einen Vollkreis (Rotor) beschreibt. Beide Verfahren können so ausgelegt sein, daß zwei Drehrichtungen für den Aufzug genutzt werden oder nur eine. Das Reduktionsgetriebe hat die Aufgabe, die rasche, aber relativ kraftlose Drehung des Schwungkörpers in eine langsame, mit verstärkter Kraft wirkende Drehung der Zugfeder umzuwandeln.

Um das Überspannen der Zugfeder zu verhindern, wurde die bereits von Harwood gewählte Lösung mit Gleitfeder weiter verfeinert, wozu besonders bessere Werkstoffe und Schmiermittel beigetragen haben. Das äußere Federende ist nicht an die Wand der Federtrommel angehakt, sondern durch eine eingesetzte Schleppfeder angepreßt. Es ist die Zugfeder, die bremst, während die Schleppfeder dazu dient, die Pressung zu verstärken. Eine ähnliche Wirkung läßt sich auch durch ein verdicktes äußeres Ende der Zugfeder erreichen oder durch ein Differentialgetriebe.

Nach 1950 setzte sich immer stärker der in zwei Drehrichtungen wirkende Rotor durch, dadurch konnte die Drehung der Schwungmasse im »Leerlauf« verhindert werden. An die Stelle von Gleitlagern verschiedener Art treten Kugellager mit 5–7 Kugeln, die durch einen Distanzkäfig in entsprechenden Abständen voneinander gehalten werden. Die *Eterna-Matic* lief 1948 als erste automatische Uhr mit Rotor auf Kugellager. Die Vorteile dieser Lösung sind unverkennbar: Die Schwungmasse ist unzerbrechlich gelagert, das Kugellager nutzt sich im Gegensatz zu einer Achse nicht ab, der Rotor reagiert feinfühlig auf Lageänderungen.

Die Verwendung des Rotors, der in beiden Drehrichtungen wirksam arbeitete, erforderte komplizierte Veränderungen beim Aufzugsräderwerk. Notwendig wurde ein sensibles und zugleich widerstandsfähiges mechanisches Gleichrichterorgan, das die Impulse in eine einzige Richtung umwandelt, denn die Zugfeder kann nur in einer Richtung aufgezogen werden. Hierfür boten sich verschiedene Lösungen an, etwa Wechslergetriebe, einseitig wirkende Kupplung oder Exzentergetriebe.

Die wesentlichen Abschnitte der Entwicklung zur funktionsgerechten automatischen Armbanduhr sollen an drei repräsentativen Werken nochmals zusammengefaßt dargestellt werden:

1931 *Rolex Perpetual*
Höhe 7,5 mm
Älteste automatische Armbanduhr mit Rotor.
Aufzug in einer Drehrichtung.
Relativ kleines Basiswerk.
Indirekte Zentralsekunde.
Dichtes Gehäuse.
Ein wegweisendes frühes Konzept.

1942 *Felsa*
Höhe 5,80 mm
Erstes Werk mit beidseitig wirkendem Rotor.
Uhrwerk und Schwungmasse einander größenmäßig angeglichen.
Einfache Trennung von Aufzug und Basiswerk.
Direkte Zentralsekunde.
Das einflußreichste Modell der Zeit nach 1940.

1953 *Patek Philippe*
Höhe 5,40 mm
Erste automatische Armbanduhr dieser Manufaktur.
Rotor aus 18karätigem Gold.
Selbstaufzug mit 12 Steinlagern ausgestattet.
Verschiedene Kugellager.
Hohe Speicherfähigkeit in kurzer Zeit.
Schraubenlose Unruh Gyromax.
Die hochkarätige Leistung der 50er Jahre.

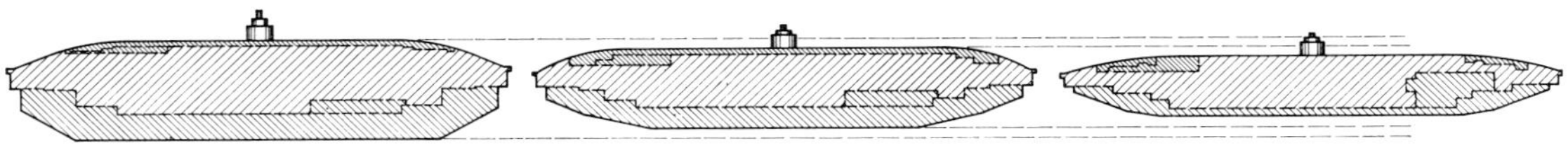

119 Auch die Automatikuhr wird immer flacher, hier dargestellt am Beispiel von Eterna. Rechts die »Eterna-Matic 3000« von 1963.

Eine aufschlußreiche Dokumentation der Schweizer Automatikwerke der Zeit vor und nach 1950 wurde von B. Humbert, Professor an der Uhrmacherschule Biel, in der »Schweizer Uhrmacher-Zeitung« veröffentlicht. Die Darstellung wird ab 1953 über mehrere Jahrgänge fortgesetzt. Funktionen des jeweiligen Werkes werden sehr ausführlich beschrieben und durch zahlreiche Zeichnungen erläutert. Der gleiche Verfasser hat diese Beiträge zusammengefaßt 1960 auch als Buch veröffentlicht. Die Darstellung umfaßt auf 250 Seiten über 100 Automatik-Kaliber mit 300 Abbildungen.
Auch in den folgenden Jahren entstanden viele neue Varianten der automatischen Armbanduhr. Als besonders interessante technische Neuerung wäre der *Mikro-Rotor* zu nennen, der Ende der 50er Jahre in Werke von Kaliber 12 und 12½ eingebaut wurde. Während der klassische Rotor einen großen Schwingkreis benötigt, was oberhalb des Basiswerkes eine zweite Funktionsebene erfordert, hat man den Mikro-Rotor in das eigentliche Uhrwerk integriert, vergleichbar etwa einer Unruh mit besonders großem Durchmesser. Selbstschaltende Datumswerke in wasser- und staubgeschützten Gehäusen mit Zentralsekunde und teilweise auch Anzeige der Gangreserve gehören bereits vor 1960 zur gebräuchlichen Ausstattung anspruchsvoller Automatikuhren. In den folgenden Jahren tritt der automatische Aufzug auch in Verbindung mit anderen Komplikationen auf, bei Armband-Chronographen und Weckeruhren oder bei Armbanduhren mit »ewigem« Kalender. Außerdem verstärkte sich die Tendenz zum flachen, ja ultraflachen Automatikwerk, so daß Gesamthöhen zwischen 2 und 3 Millimetern erreicht werden.
Schritt für Schritt wird die automatische Armbanduhr zum Gebrauchsgut für jedermann, steigende Qualität bei sinkenden Preisen. Hinzu kommt, daß auch weniger anspruchsvolle Werke (Roskopf-Werke) mit Aufzugsautomatik ausgestattet werden. In der technisch immer weiter verfeinerten Automatikuhr, verbunden mit Fortschritten, die in der Produktion erzielt werden konnten, sahen die Uhrenhersteller viele Jahre lang ihr wirksamstes Mittel in der Auseinandersetzung um Marktanteile gegenüber den elektronischen Zeitmessern. Auf die Frage nach der Zukunft der mechanischen Armbanduhr war noch Mitte der 70er Jahre die Antwort zu hören: die automatische Armbanduhr ist die Zukunft. Im Jahre 1974 war das Maximum erreicht, die Schweiz exportierte 11,65 Millionen Automatikuhren und -werke mit Ankerhemmung.

Die automatische Damenuhr

Die weite Verbreitung der Formwerke bei den Damen-Armbanduhren hat zu verschiedenen Versuchen angeregt, den automatischen Aufzug zu realisieren. Es gab 1930 die *Rolls* in Damengröße, 1931 die *Autorist*, und selbst die *Harwood* mit ihrem 28 mm Gehäusedurchmesser könnte, zumindest nach heutigen Vorstellungen, als Damenuhr gelten. Doch keines der frühen Patente führte zur zuverlässig arbeitenden Uhr mit automatischem Aufzug. Auch die automatische Damenuhr baut auf dem Rotor und dem runden Basiswerk auf.
Das entscheidende Problem, daß der Wirkungsgrad eines technischen Systems abnimmt, wenn die Dimensionen verkleinert werden, kannten nicht nur die Uhrentechniker seit langem. Die Aufzugswirkung einer Schwungmasse verändert sich nicht nur linear, sondern im Quadrat der Durchmesserverkleinerung. Dickere Schwingkörper, eine mögliche Lösung, hatten die fatale Nebenwirkung, daß die kleine Uhr noch massiger gewirkt hätte. Ertragbringender erschien der andere Weg, die nutzbare Leistung insgesamt zu erhöhen, so daß bei den Damenuhren früher als bei den Herrenuhren der beidseitig wirkende Rotor allgemein üblich wurde.
Auch der Rotor mit Kugellager war ursprünglich für die Damenuhr vorgesehen und wurde erst zwei Jahre später auf Herrenkaliber übertragen. Weitere positive Auswirkungen erzielte man durch die Minimierung von Übertragungsverlusten, etwa durch die Verwendung anderer Bauteile anstelle der unter Federdruck stehenden Schaltklinken, die relativ viel Energie geschluckt hatten.

120, 121 Uhrwerke mit automatischem Aufzug durch einen zentralen Rotor:
Abb. 120: Uhrwerk mit automatischem Aufzug durch eine Pendelschwungmasse. Der Rotor schwingt nicht frei über das ganze Werk, sondern wird durch 2 Federn abgebremst; Kaliber 812. Jaeger-LeCoultre, um 1955.
Abb. 121: Die Polarisierung der Rotorbewegungen erfolgt durch einen Exzenterwechsler; Kaliber 85. IWC, um 1950.

120

121

1943
Kal. 13″
Schwungmasse mit Federpuffern.
Aufzug in einer Richtung.
Kleiner Sekundenzeiger.
Höhe 4,55 mm.

1944
Kal. 12½″
Schwungmasse mit Federpuffern.
Aufzug in einer Richtung.
Höhe 5,05 mm.

1944
Kal. 12½″
Dezentriertes Drehen der Masse.
Ähnliche Konstruktion wie Schrittzähler-System.
Höhe 5,20 mm.

1945
Kal. 11″
Aufzugmasse verschiebt sich linear.
Eine Zahnstange spannt die Feder über das Aufzugsrad.
Höhe 5,00 mm.

1947
Kal. 11½″
Schwungmasse mit Federpuffern.
Aufzug in einer Richtung.
Höhe 5,45 mm.

1948
Kal. 9¼″
Rotor auf Kegelrollen- oder Kugellager.
Aufzug in beide Richtungen.
Höhe 5,35 mm.

1950
Kal. 12″
Schwungmasse mit Federpuffern.
Aufzug in einer Richtung.
Höhe 5,70 mm.

1952
Kal. 7¾″
Rotor auf Kegelrollen- oder Kugellager.
Erstes Kaliber vom Typ Etarotor.
Sekunde aus der Mitte.
Herstellung 3 Mio. Exemplare.
Höhe 5,30 mm.

1953
Kal. 12½″
Rotor mit zwei Aufzugsrichtungen.
System mit Umstelltrieb.
Sekunde aus der Mitte.
Höhe 6,05 mm.

1956
Kal. 12½″
Im Werk integrierter Mikro-Rotor.
2 Aufzugsrichtungen.
Höhe 4,30 mm.

1959
Kal. 11½″
Rotor mit zwei Aufzugsrichtungen.
Kugellagerung.
Höhe 5,40 mm.

1959
Kal. 13″
Lagerung des Rotors an der Außenseite des Werkes.
2 Aufzugsrichtungen.
Höhe 4,50 mm.

1959
Kal. 12½″
Rotor mit zwei Aufzugsrichtungen.
Aufzugsradsystem mit Planetentrieben.
Modulbauweise.
Höhe 4,50 mm.

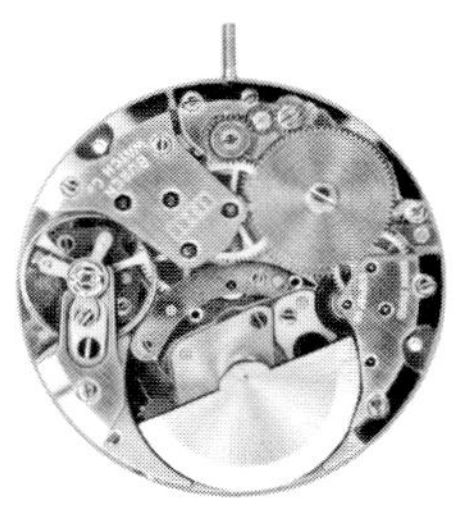

1962
Kal. 12½″
Im Werk integrierter Mikro-Rotor.
2 Aufzugsrichtungen.
Extraflach.
Höhe 3,20 mm.

1963
Kal. 6¾″
Rotor mit zwei Aufzugsrichtungen.
Aufzugsradsystem mit Planetentrieben.
Modulbauweise.
Höhe 4,25 mm.

1964
Kal. 6¾″
Rotor mit zwei Aufzugsrichtungen.
Kugellagerung.
Sperrkegelräder.
Höhe 4,60 mm.

1966
Kal. 11½″
Umstellbetrieb mit kleinen Rubinzylindern.
Höhe 5,20 mm.

1969
Kal. 13¾″
Chronograph-Modul
Werk mit integriertem Mikro-Rotor.
Höhe 7,70 mm.

1971
Kal. 11½″
Rotor mit einer Aufzugsrichtung.
Modulbauweise.
Höhe 5,20 mm.

1972
Kal. 7¾″
Rotor mit zwei Aufzugsrichtungen.
System mit Sperrkegelrädern.
Höhe 4,85 mm.

1976
Kal. 12″
Rotor mit einer Aufzugsrichtung.
Modulbauweise.
Höhe 6,50 mm.

1977
Kal. 11½″
Rotor mit zwei Aufzugsrichtungen.
Umstelltrieb.
Modulbauweise.
Höhe 5,40 mm.

122 Armbanduhrwerke mit automatischem Aufzug von 1943–1977, alle ausgestattet mit der »Incabloc« Stoßsicherung.

Einzelne für Damenuhren verwertbare Automatik-Kaliber der Zeit bis 1950 waren relativ groß und lagen im Bereich von $9^{1}/_{4}$ bis $9^{3}/_{4}$ Linien. Danach bildeten sich zwei Standardgrößen heraus, Werke vom Kaliber $7^{3}/_{4}$ und in den 60er Jahren zusätzlich solche vom Kaliber $6^{3}/_{4}$. Der verbreitetste Typ blieb die automatische Damenuhr von der Größe $7^{3}/_{4}$, nach 1960 mit einer Gesamthöhe zwischen 4,30 und 4,80 mm. Den Anspruch, die kleinste Automatikuhr zu bauen, konnten im Laufe der Jahre verschiedene Produzenten geltend machen. Im Jahre 1967 gebührt einem 6linigen Werk von A. Schild dieses Prädikat. Die Verbreitung der Damen-Automatik läßt sich mit folgenden Produktionsziffern für die *Eta-Werke*, alle mit Rotor, $7^{3}/_{4}'''$, belegen:

Markteinführung	*Kaliber*	*Produktion insgesamt*
1952	2365	3 Mill.
1966	2550	5 Mill.
1971	2678	13 Mill. (bis 1978)

Doch im Jahre 1978 war die Produktionsphase der auf Eta 2678 aufbauenden Werksfamilie noch lange nicht beendet. Sie wurde zum weitaus erfolgreichsten Automatik-Kaliber für Damenuhren. Wenn man im Jahre 1995 von etwa fünfzig äußerlich verschiedenen Damen-Automatik-Modellen ausgeht, die von verschiedenen Firmen angeboten werden, dürfte in zwanzig von ihnen das unverwüstliche Kaliber Eta 2678 ticken. Bei Uhrensammlern sind Damenuhren im allgemeinen weniger beliebt. Für den technisch versierten Uhrenfreund könnte jedoch die automatische Damen-Armbanduhr von den frühen Vorläufern bis zur Massenfertigung der Spätphase ein reizvolles Sammelobjekt sein.

Technik der Armbanduhren mit automatischem Aufzug

Bei der Besprechung der handaufgezogenen Armbanduhr wurde schon darauf hingewiesen, daß eine möglichst konstante Federspannung eine wesentliche Voraussetzung für den regelmäßigen Gang einer mechanischen (Armband-)Uhr ist.
Einen wichtigen Schritt auf dem Weg zur Erfüllung dieser Forderung stellt der automatische Aufzug dar, dessen verschiedene Entwicklungsstadien bereits erörtert wurden.
In der Zeit nach 1950 hat sich etwa bis 1980 ein Aufzugssystem durchgesetzt, bei dem sich ein Rotor in zwei Richtungen unbegrenzt drehen kann und dabei die Feder spannt.
Unterschiede ergeben sich bei den verschiedenen Fabrikaten aus der Größe und Position des Rotors (Zentralrotor, exzentrisch angeordneter Zentralrotor, Mikro-Rotor), der Lagerung des Rotors (Zapfen-, Kugellagerung) und aus der Art des Getriebes, das die beidseitigen Drehrichtungen des Rotors in eine Aufzugsrichtung umwandelt (Zahnradwechsler, Freilaufwechsler, Exzenterwechsler).
Der Aufzugsmechanismus setzt sich in der Regel aus den folgenden Teilen zusammen:

1. Antrieb (= Gewichtsmasse bzw. Rotor)
2. Wechselgetriebe
3. Reduktionsgetriebe
4. Automatikgesperr
5. Vorrichtung, die das Überspannen und damit Brechen der Zugfeder verhindert.

Auf die Bauteile der Aufzugsautomatik soll nachfolgend näher eingegangen, wesentliche technische Aspekte sollen dabei erläutert werden.

Der Antrieb

Beim automatischen Aufzug hat sich der frei drehende Rotor gegenüber den früher verwendeten Pendelschwungmassen durchgesetzt.
Der Rotor muß ein möglichst großes Gewicht haben, darf trotzdem nicht zu dick und platzraubend sein und muß sich frei drehen können, ohne am Werk oder Gehäuse zu streifen.
Da die Armbanduhr besonderen mechanischen Belastungen ausgesetzt ist, muß der Rotor so gelagert sein, daß seine freie und leichte Beweglichkeit unter allen Tragebedingungen gewährleistet ist und Rotor samt Lagerung gegenüber Stößen unempfindlich sind.
Um dem Rotor, einem meist halbkreisförmigen Segment, eine möglichst große Masse zu geben, wird der Rotorkranz häufig aus einer Schwermetallegierung, z. B. Wolfram, gefertigt.
Besonders feine Fabrikate verwenden für den Rotor auch 18 bzw. 22karätiges Gold, das ein hohes spezifisches Gewicht hat.
Die Lagerung des Rotors erfolgt entweder mit Hilfe von Zapfen oder Kugellagern.

123

124

125

123–125 Beispiele für Rotoranordnungen:
Abb. 123: Exzentrisch angeordneter Rotor
Abb. 124: Ins Werk integrierter Planetenrotor
Abb. 125: Kugelgelagerter Zentralrotor

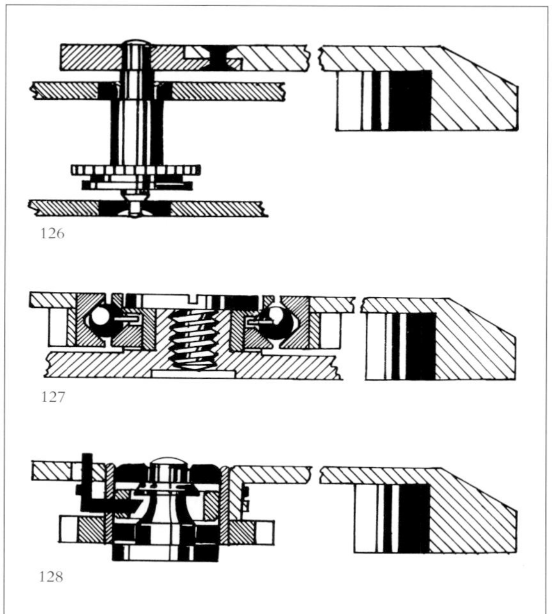

126–128 Varianten der Lagerung des Rotors:
Abb. 126: Rotorlagerung an einer Achse, deren beide Zapfen sich in Steinen drehen
Abb. 127: Kugellagerung eines Rotors
Abb. 128: Rotorlagerung auf feststehender Drehachse

Bei der Zapfenlagerung müssen wir unterscheiden zwischen

- Systemen, bei denen der Rotor an einer Welle befestigt ist, deren beide Zapfen sich in Lagerfuttern, z. B. Steinen drehen (Abb. 126). Diese Bauart hat jedoch den Nachteil, daß sie eine große Höhe beansprucht und somit der Verwirklichung flacher Armbanduhren entgegenläuft.
- Systemen, bei denen das Lagerfutter in den Rotor eingepreßt und die Drehachse starr ist (Abb. 128).

Die Kugellagerung des Rotors wurde von Eterna entwickelt und für diese Firma patentiert. Sie vereinigt Robustheit und Leichtgängigkeit in sich (Abb. 127).
Über ein Zahnrad, einen Trieb oder eine Exzenterscheibe wird die Drehbewegung des Rotors in das Aufzugsräderwerk eingeleitet.

Das Wechselgetriebe

Es hat die Aufgabe, die Rotorbewegungen nach rechts und links in eine für den Aufzug der Uhr notwendige Drehrichtung zu polarisieren. Wir müssen in diesem Zusammenhang drei Gruppen von Wechselgetrieben unterscheiden:

- Zahnradwechsler (Abb. 129). Bei diesem System wird ein Zahnradpaar so mit dem Rotortrieb in Eingriff gebracht, daß die Drehrichtung über ein Wechslerrad oder in Gegendrehrichtung über zwei Wechslerräder auf das erste Rad des Reduktionsgetriebes übertragen wird.
- Freilaufwechsler. Beim Freilaufwechsler werden die beiden Drehrichtungen über ein Klinken- und Rollensystem in die eine, aufzugsrelevante Drehbewegung umgeformt und diese auf das Reduktionsgetriebe übertragen.
- Exzenterwechsler (Abb. 130). Hier ist im Zentrum am Rotor eine Exzenterscheibe befestigt, die bei Drehung des Rotors in beiden Richtungen die Kraft über eine Kulisse und zwei am Uhrwerk befestigte Schalt- und Sperrklinkenhebel an ein schräg verzahntes Sperrad weitergibt. Dieser automatische Aufzug wurde u. a. von IWC Schaffhausen entwickelt und zum Patent angemeldet.

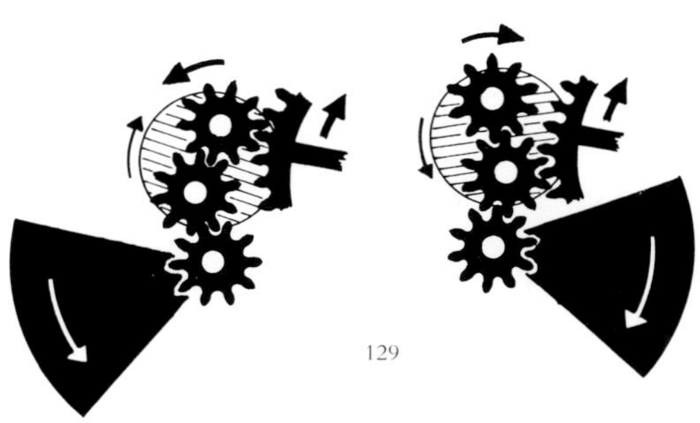

129 Funktionsschema eines Zahnradwechslers

130 Funktionsschema eines Exzenterwechslers (IWC)

Das Reduktionsgetriebe

Der Rotor wird durch die Armbewegung des Trägers in schnelle Drehungen versetzt, die aber nur wenig Kraft liefern. Würde man den Rotor über den Wechsler direkt mit dem Sperrad des Federhauses koppeln, käme es zu keinerlei Drehbewegungen des Rotors mehr, denn zum Aufwinden der Feder ist ein höheres Drehmoment erforderlich, als mit Hilfe des Rotors direkt erzeugt werden kann.
Aus diesem Grund schaltet man zwischen Wechsler und Sperrad ein Reduktionsgetriebe ein. Dieses Getriebe untersetzt die großen Rotorbewegungen in kleine, aber kräftige Drehbewegungen, die zum Spannen der Zugfeder ausreichen. Unter der Voraussetzung, daß alle Dimensionen richtig gewählt wurden, führt jede Bewegung des Rotors zu einer geringen Drehung des Sperrades und damit zum Federaufzug. Je nach Konstruktion des Aufzugs ergibt eine Volldrehung des Rotors $^1/_{30}$ bis $^1/_{200}$ Umdrehung des Sperrades.

Das Automatikgesperr

Wenn auch frühe Armbanduhren mit automatischem Aufzug kein manuelles Spannen der Zugfeder über die Aufzugskrone erlauben, so bestand doch immer der Wunsch, die Automatikuhr auch über die Krone aufziehen zu können. Dazu muß das Automatikgesperr beim manuellen Aufzug den Automatikmechanismus abkoppeln und damit eine Kraftübertragung auf den Rotor verhindern.
Im Laufe der Zeit wurde eine Vielzahl von

Systemen für die Trennung von Rotor und Federhaus entwickelt.

Die Zugfeder

Bei Uhren mit automatischem Aufzug muß verhindert werden, daß die Zugfeder überspannt und damit zerstört werden kann. Dies geschieht zumeist durch Gleitzäume, die am äußeren Ende der Zugfeder angebracht sind. Gleitzäume sind Rutschkupplungen aus Federstahl von ca. 1½facher Dicke der Zugfederklinge. Sie sind etwas länger als der Innenumfang des Federhauses und besitzen einen Haken, in den die Zugfeder eingehängt wird. Ist die Zugfeder durch den automatischen Aufzug voll gespannt, rutscht der Gleitzaum an der Innenwand des Federhauses und schützt so die Feder vor Überspannung, während bei nicht vollem Federaufzug der Gleitzaum wie eine Befestigung der Feder an der Federhauswand wirkt. Zwecks richtiger Funktion des Gleitzaumes werden innere Wandung des Federhauses und Außenseite des Gleitzaumes mit molybdändisulfidhaltigem Schmierstoff versehen.

Zur Erleichterung von Reparaturen an automatischen Armbanduhren ist der Aufzugsmechanismus bei modernen Konstruktionen zumeist als Modul ausgebildet, das sich mit wenigen Schrauben als Ganzes vom Grundwerk lösen läßt.

Waren die automatischen Armbanduhren in den ersten Jahren ihrer Existenz zum Teil nur sehr begrenzt alltagstauglich, so nahmen sie seit etwa 1960, in der Schweiz eher schon früher, aufgrund der vielen Verbesserungen einen immer größeren Anteil des Uhrenmarktes in Anspruch.

Es fällt auf bei Herren-Automatik-Kalibern, die nach 1975 entstanden sind, daß die Standardlösung der Jahre vorher, der in beiden Drehrichtungen aufziehende Rotor, relativ oft abgelöst wird vom Rotor, der nur in einer Richtung arbeitet. Der Leerlauf wird offenbar in Kauf genommen, wenn dadurch das Wechselgetriebe entfallen kann. Moderne Aufzugssysteme sind so leistungsstark geworden, daß selbst ein einseitig wirkender Rotor die gewünschte Federspannung und damit auch die Gangreserve erbringt.

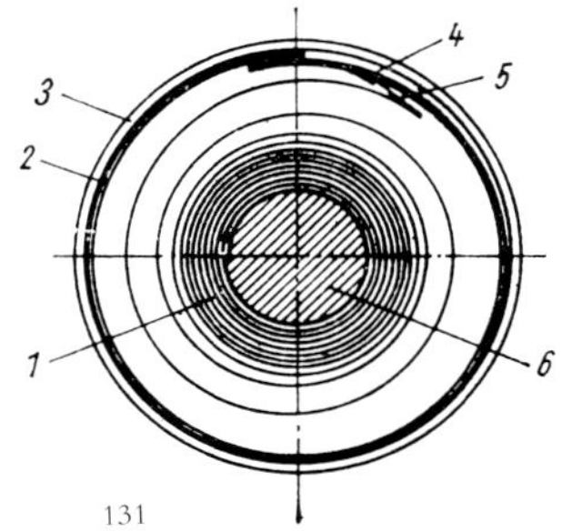

131

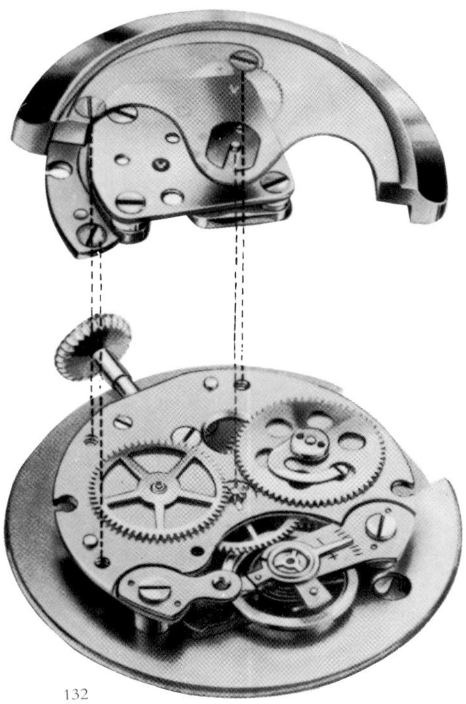

132

131 Gleitzaum (Rutschkupplung) zur Vermeidung des Überspannens und Abreißens der Zugfeder:
1 Zugfeder
2 Gleitzaum
3 Federhaustrommel
4 Haken mit Gleitzaum
5 Zugfederzaum
6 Federwelle

132 Kienzle-Ankergang, bei dem sich die Selbstaufzugsgruppe durch das Lösen dreier Schrauben von dem eigentlichen Gehwerk trennen läßt.

133 Automatikwerk für Herrenuhren Piguet 11.50, das seit 1988 produziert wird. Kugelgelagerter Rotor, der in einer Drehrichtung aufzieht. 31 Steine. Gangreserve 100 Stunden durch 2 gleiche Federhäuser, die hintereinander geschaltet werden. 21 600 A/h. Werkdurchmesser 25,60 mm (11½'''). Flache Bauweise, Höhe 3,25 mm.

134, 135 Die Trennung zwischen Handaufzug und automatischem Aufzug:
Abb. 134: Vorgang des Handaufzuges bei einem Automatikwerk: Aufzugswelle 2 und die Räder 3–6 drehen in der durch die Pfeile angegebenen Richtung. Das Rad 6 wird infolge seines Drehmomentes selbständig in Eingriff mit Rad 1 gebracht, das Rad 9 schwenkt aus dem Eingriff mit Rad 6.
Abb. 135: Vorgang des automatischen Aufzuges: Durch den Rotor werden die Räder 7–9 in Pfeilrichtung bewegt. Rad 9 gelangt in Eingriff mit Rad 1, das Rad 6 schwenkt dagegen aus seinem Eingriff mit Rad 1. ▽

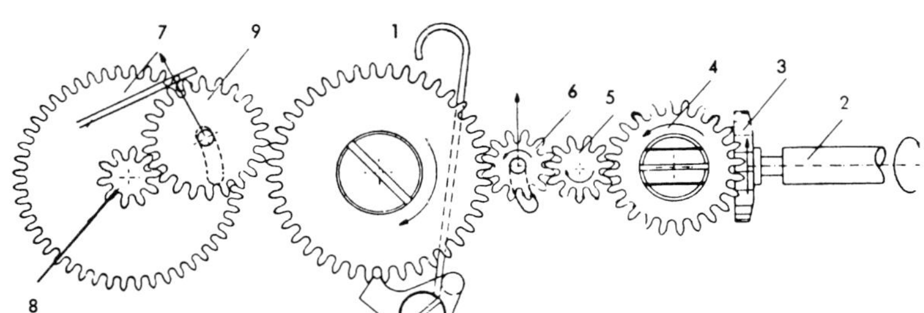

134

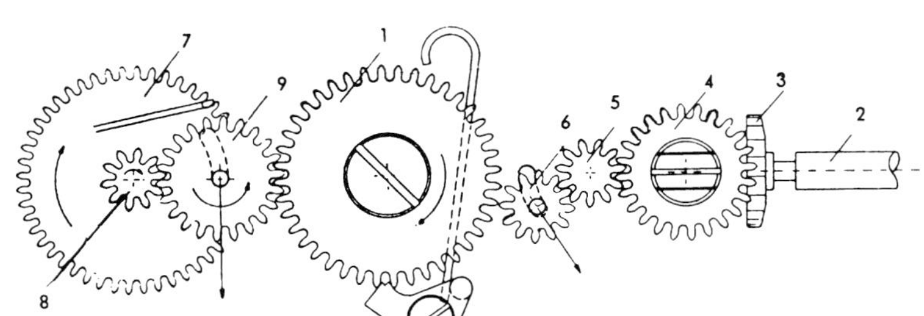

135

Sonderformen der Armbanduhr

Armbandwecker

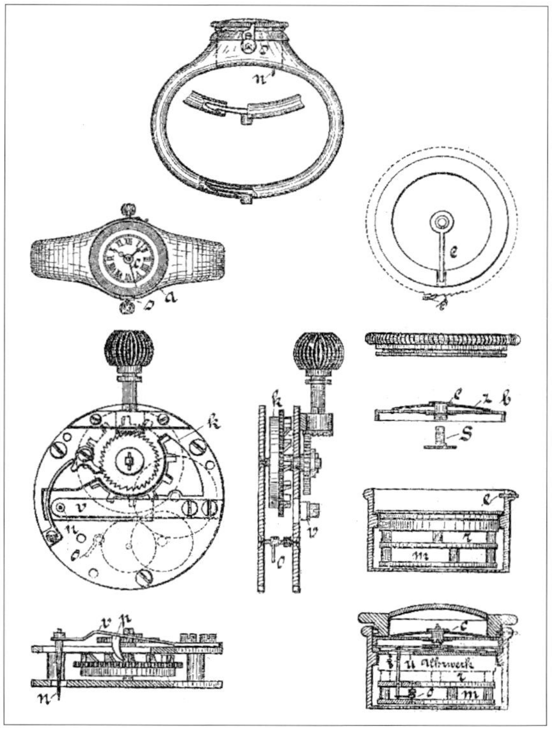

136 Weck- und Erinnerungsuhr-Armband von Carl Otto Major in Dresden, 1894. Wecken durch Berührung. Eine stumpfe Nadel oder ein Hämmerchen tritt zur Weckzeit aus dem Gehäuse.

137 Armbandwecker-Kaliber Vulcain 120 mit 2 Federhäusern für Geh- und Läutwerk, 1960. Der Aufzug erfolgt mittels einer Krone.

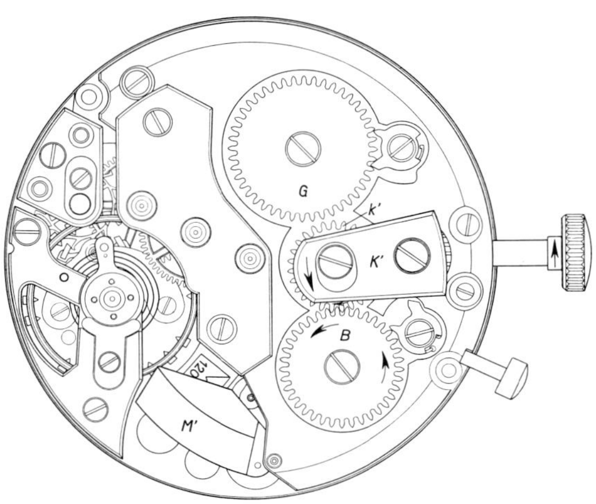

Die erste »Komplikation« der mechanischen Uhr war vermutlich eine Weckeinrichtung, noch ehe sich die Schlagwerke eingebürgert hatten. Die erste Armbanduhr mit Wecker auf der Basis eines 13''' Werkes wurde ebenfalls früh entwickelt, das Patent von Eterna datiert vom Jahre 1908. Wenig später folgte Zenith mit einer eigenen Wecker-Armbanduhr. Zwei Probleme galt es zu lösen, damit dieser Uhrentyp die vorgesehene Aufgabe erfüllen konnte: die Miniaturisierung der Weckeinrichtung und die Sicherung einer bestimmten Klangfülle. Aufgetretene Schwierigkeiten haben zu Versuchen angeregt, statt der hörbaren die fühlbare Wecker-Armbanduhr zu schaffen, bei der zur eingestellten Zeit das Handgelenk von kleinen Stäbchen oder Greifern berührt wurde. Diese Variante konnte sich jedoch nicht einbürgern.

Um 1947 entwickelte die Firma Vulcain unter dem englischen Namen *Cricket* (Grille) einen Armbandwecker, der durch seine Klangfülle überraschte. Die Uhr läutete etwa 25 Sekunden lang mit der Lautstärke eines kleinen Reiseweckers. Die Wirkung wurde durch einen Doppelboden erreicht. Die Glocke ist ähnlich wie beim Rückwandglockenwecker in das Gehäuse eingepaßt und dichtet das Werk ab. Ein zweiter Deckel umgreift die Glocke von außen, wobei vier längliche Öffnungen in dieser Außenwand die Schallwellen weiterleiten.

Um 1950 waren die bereits erwähnten technischen Probleme gelöst, das Weckwerk wurde in steigendem Maße Zusatzeinrichtung der Armbanduhr. Genannt gehört in diesem Zusammenhang die Armbanduhr *Memovox* von LeCoultre (1950), die am Arm getragen nur leise tönt, während die abgelegte Uhr wegen des frei vibrierenden Gehäusebodens eine zum Wecken ausreichende Lautstärke entwickelt. Eine weitere Verfeinerung brachte 1956 die Uhr *Duofon* von Pierce. Dieser Armbandwecker arbeitet wahlweise in zwei Lautstärken. Die eine, hell und kräftig, dient zum Wecken, die andere, ein Summton, mahnt diskret an bestimmte Termine. Ein Fensterchen im Zifferblatt zeigt an, ob auf Wecken oder Signal gestellt ist.

Manche Wecker-Armbanduhren haben zwei getrennte Federhäuser für Gehwerk und Weckwerk, bei anderen übernimmt eine Feder beide Aufgaben, etwa beim Kaliber *Venus* 12½ von Ebauches (1956). Die Gangreserve ohne Läutwerk beträgt 56 Stunden, nach 22 Sekunden Weckleistung verbleibt eine Reserve von 38 Stunden. Auch bei den Armbandweckern ist die Tendenz erkennbar, diese Uhren flacher, eleganter und zugleich bedienungs- und reparaturfreundlicher zu gestalten. Als Weiterentwicklungen wären aus technischer Sicht die *Memovox Automatic* (1957) von LeCoultre zu nennen oder der wasserdichte Armbandwecker *Alarm* von Paul Buhré (um 1955). Für die Dame schuf 1958 das Haus Vulcain ein Miniaturmodell, den Armbandwecker *Golden Voice*. Als herausragende spätere Entwicklung (1969) gilt die *Memomatic* von Omega mit Rotoraufzug und Datumsanzeige. Hier läßt sich die Weckzeit minutengenau einstellen. Die Firma Jaeger-LeCoultre, die diese Sonderform der Armbanduhr Jahrzehnte hindurch besonders gepflegt hat, brachte 1989 den *Grand Réveil* mit ewigem Kalender und automatischem Aufzug auf den Markt. Wie einer detaillierten Auflistung von B. Humbert im »Schweizer Uhren- und Schmuckjournal« (1956/63) zu entnehmen ist, gab es in diesem Zeitraum (mit einer Ausnahme) nur Weckeruhren mit Handaufzug, während bei einer repräsentativen Übersicht von 1992 eindeutig die Automatikwerke überwiegen.

Die Technik des Armbandweckers

Beim Armbandwecker wird die normale Armbanduhr durch ein Weckwerk ergänzt. Die Palette umfaßt Wecker mit Handaufzug

und einem Federhaus, über Wecker mit automatischem Aufzug für das Gehwerk, bis hin zum Wecker, bei dem die Automatik sowohl das Geh- als auch das Weckwerk aufzieht. Zusätzlich verfügen letztgenannte Wecker noch über eine Datumsanzeige.
Gemeinsames Charakteristikum aller Armbandwecker sind die folgenden Bauteile:

- Der Weckerantrieb in Form eines Federspeichers. Dabei kann es sich entweder um ein eigenes Federhaus handeln oder die Feder für den Antrieb des Uhrwerkes treibt auch das Weckwerk an.
- Das Räderwerk des Weckers. Es hat die Aufgabe, die langsamen Drehungen des Federrades mit hohem Drehmoment in eine hohe Drehzahl am Steigrad des Weckers umzuwandeln.
- Die Hemmung des Weckwerkes. Sie setzt sich aus einem Weckersteigrad und einem Weckeranker zusammen. Mit dem Weckeranker ist ein Hammer verbunden. Durch die Weckerhemmung wird die Drehung der Weckerwerksräder in eine Hin- und Herbewegung des Hammers umgeformt.
- Das Wecksignal. Es entsteht dadurch, daß der Hammer gegen einen Klangkörper (Glocke, Gehäuseboden, Gehäuserand) schlägt.
- Die Weckzeiteinstellvorrichtung. Sie ermöglicht es, das Wecksignal zum gewünschten Zeitpunkt ertönen zu lassen. Hierzu ist der Armbandwecker zumeist mit einem zentralen Weckerzeiger oder einer zentralen Weckzeiteinstellscheibe ausgestattet. Über eine Krone kann die Weckzeit eingestellt werden.
- Die Weckauslösevorrichtung. Sie koppelt das Weckwerk mit dem Uhrwerk. Ihre wesentlichen Bestandteile sind das Weckeinstellrad mit Steuernocken, der Auslösestift, die Weckauslösefeder und der Auslösehebel. Letzterer steht in Verbindung mit der Ankerwelle des Weckers und somit dem Hammer. Eine Nase an der Auslösefeder blockiert das Weckwerk, indem sie die Pendelbewegung des Hammers verhindert. Lediglich zum Zeitpunkt des Weckens wird diese Nase aus dem Schwingbereich des Hammers entfernt, so daß das Wecksignal ertönt.
- Die Abstellvorrichtung. Durch Hereindrücken bzw. Ziehen eines Knopfes oder einer Krone läßt sich der Weckvorgang unterbrechen, indem das Weckersteigrad, der Weckeranker bzw. der Hammer gestoppt werden. Bei manchen Fabrikaten wird dem Benützer durch ein Fenster im Zifferblatt signalisiert, ob der Wecker ein- oder ausgeschaltet ist.

Im übrigen unterscheiden sich die reinen Gehwerke der Armbandwecker kaum von denen einfacher Armbanduhren. Vielmehr werden nach Möglichkeit Räderwerke und weitere Elemente normaler Uhrenkaliber verwendet.
Bei den Quarzuhren werden häufiger noch als bei mechanischen Uhren – und zu beträchtlich niedrigeren Preisen – verschiedene Funktionen in einer Armbanduhr vereinigt. Die elektronische Uhr mit Kalendarium, Weckeinrichtung, Chronograph und kleinem Taschenrechner kann hierfür als Beispiel gelten.

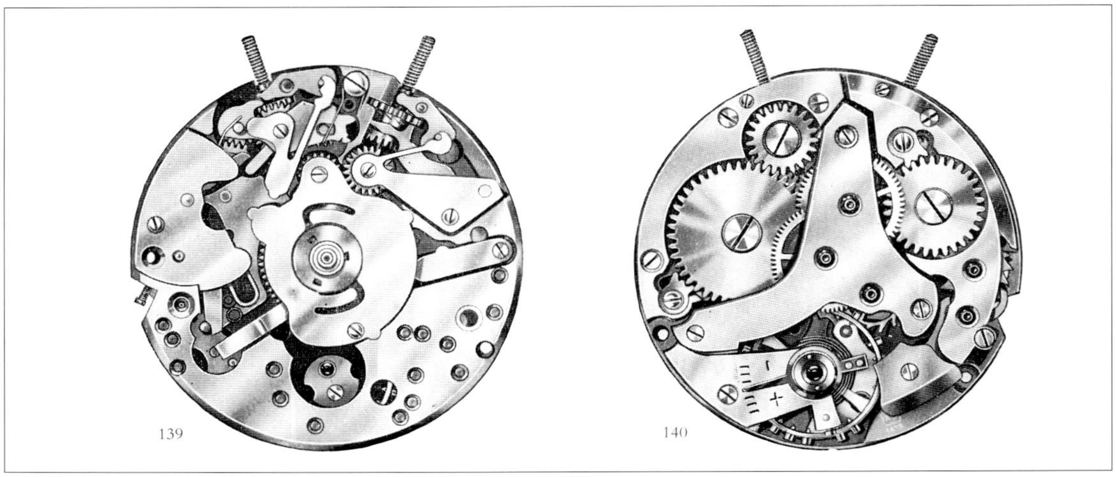
139 140

139, 140 Vorder- und Rückansicht eines Armbandwecker-Kalibers von AS (A. Schild)

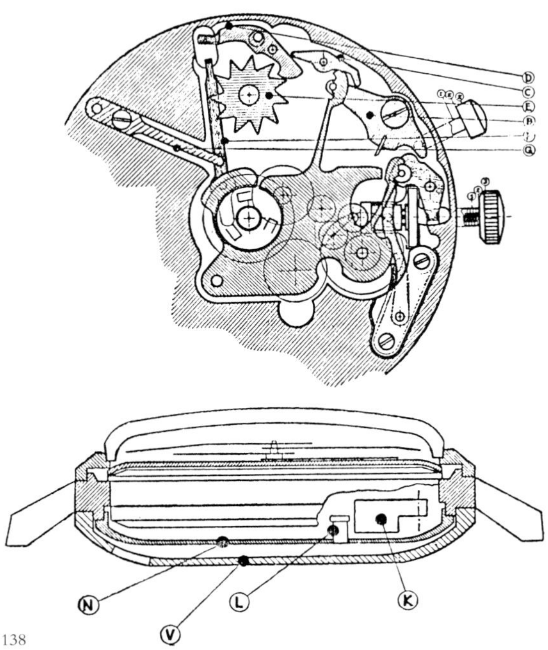

138

Links unten:
138 Schnitt durch das Gehäuse eines Vulcain »Cricket« Armbandweckers:
K Hammer; L Anschlag des Hammers; N Membran; V Der eigentliche Boden, mit Schall-Austrittslöchern versehen

141 Anzeige für einen Armbandwecker aus dem Jahre 1958

142 Die Rolex »Oyster« im Goldfischglas, präsentiert von Evelyn Layh, einer Filmschauspielerin aus den 20er Jahren.

Die Uhr im dichten Gehäuse

Abgesehen vielleicht vom automatischen Aufzug hat keine zusätzliche Eigenschaft der Armbanduhr die Gemüter stärker beschäftigt als die Uhr im dichten Gehäuse. »Wasserproben« aller Art interessierten das Publikum und wurden zu beliebten Instrumenten der Verkaufsförderung, die Armbanduhr im Goldfischglas, an der Außenseite eines Tiefsee-Tauchbootes, als vielfältig strapaziertes Zeitmeßgerät bei Expeditionen auf, über und unter der Erde. »Wassergeschützt«, »wasserdicht«, »100% wasserdicht« oder »extra wasserdicht« waren Bezeichnungen, unter denen sich jeder etwas anderes vorstellte, so daß schon bald offizielle Prüfverfahren und Normwerte gefordert wurden.
Dabei ging es jedoch den Initiatoren in erster Linie gar nicht um die wasserdichte Armbanduhr, sondern um das von Außeneinflüssen möglichst perfekt abgeschirmte Uhrwerk. John Harwood formuliert diese Überlegungen recht einprägsam: »Dann setzte ich meine Arbeit fort, legte das winzige Werk behutsam in sein Gehäuse zurück, und in Gedanken verfolgte ich seine Wanderungen. Ich sah es am Arm seines Besitzers, wie es seine Reise durch das Leben fortsetzte; ich fragte mich, wie es wohl aufgezogen wurde; in Gedanken sah ich, wie es stillstand oder wie sich die verschiedensten Stäubchen durch die Öffnung der Aufzugswelle einschlichen ...«
In einer Anzeige der Firma Rolex werden 1935 folgende Worte verwandt: wasserdicht, staubdicht, tropensicher, gasdicht, luftdicht, schneedicht, also hermetisch abgeschlossen und permanent gegen alle schädigenden Einflüsse gesichert. Mit anderen Worten: die Anfangspräzision der Armbanduhr sollte so lange wie möglich konstant gehalten werden.
Bereits aus der Zeit vor der letzten Jahrhundertwende sind Patente bekannt, die eine hermetisch abgeschlossene Taschenuhr versprachen. Doch erst bei den Armbanduhren bestand ein praktisches Bedürfnis dafür.
An drei Stellen mußte die Uhr abgedichtet sein: am Glas, am Gehäuse und an der Krone. Bei den Uhrgläsern bestand das Problem, einen sicheren Abschluß zu erreichen, ohne das Glas zu beschädigen, was wiederum bei den rechteckigen Gläsern der Formuhren schwieriger zu erreichen war als bei runden. Außerdem mußten spezielle Glassorten geschaffen werden, die solche Temperaturunterschiede aushalten konnten, wie sie etwa beim sommerlichen Badebetrieb auftreten.
Die zweite Schwierigkeit, der Verschluß des Gehäuses, wurde auf verschiedenen Wegen angegangen. Wenn beide Teile, Gehäuse und Boden, sehr präzise gefertigt waren, konnten sie direkt verschraubt werden, wie bei den Uhren der Firma Rolex. Andere Hersteller verwendeten Dichtungsmaterial verschiedener Art, Gummi, Kork, Leder oder später Kunststoff. Eine weitere Lösung bestand darin, Boden und Mittelteil des Gehäuses aus einem Stück zu fertigen, das Verfahren der Firma Wyler. Im Jahre 1940 gab es etwa fünfzig sogenannte wasserdichte Gehäuse, die häufig nur mit Spezialschlüsseln geöffnet werden konnten und deren Zusammenbau, trotz Reparaturanleitung, oft viel Fingerspitzengefühl erforderte.
Die hauptsächlichen Probleme lagen jedoch

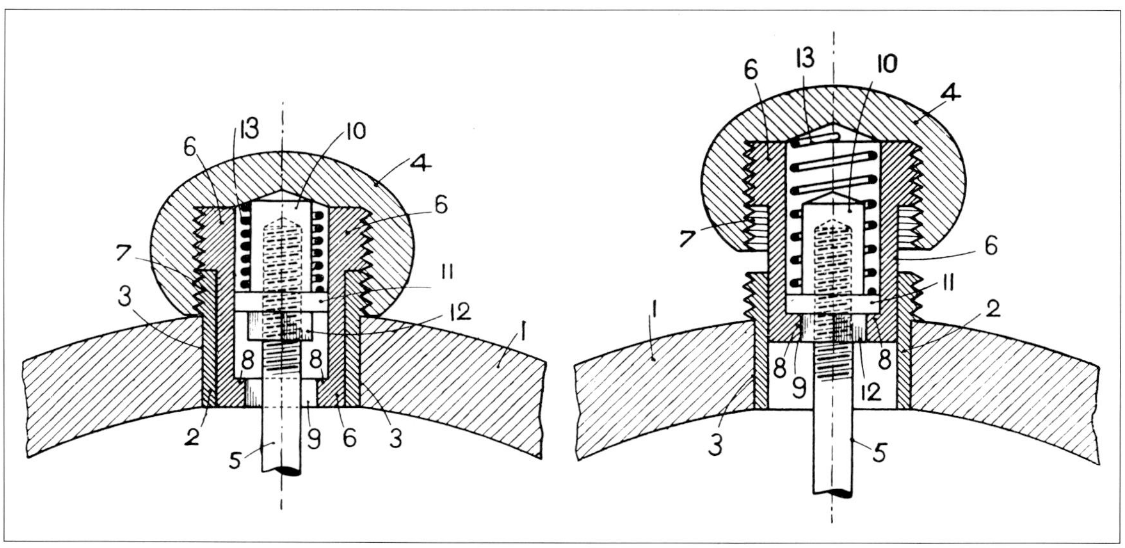

143 Abdichtung der Kronenpartie bei der Rolex »Oyster«. Das entscheidende Patent wurde 1926 erteilt. Abbildung aus dem Jahre 1935.
1 Gehäuse
2 Im Gehäuse befestigtes Rohr
3 Paßfläche
4 Krone
5 Aufzugswelle
6 Hülse
7 Gewinde der Krone
8 Hülsenansatz
9 Viereck der Hülse
10 Rohr
11 Rohransatz
12 Vierkant des Rohrs
13 Schraubenförmige Feder

145 Hans Wilsdorf (1881–1960). Als Chef des Hauses Rolex beeinflußte er Jahrzehnte hindurch die technische und ökonomische Entwicklung der Armbanduhr.

◁ **144** Die sportliche Leistung der Mercedes Gleitze, die 1927 mit einer Rolex »Oyster« den Ärmelkanal durchschwommen hatte, wird kommerziell verwertet.

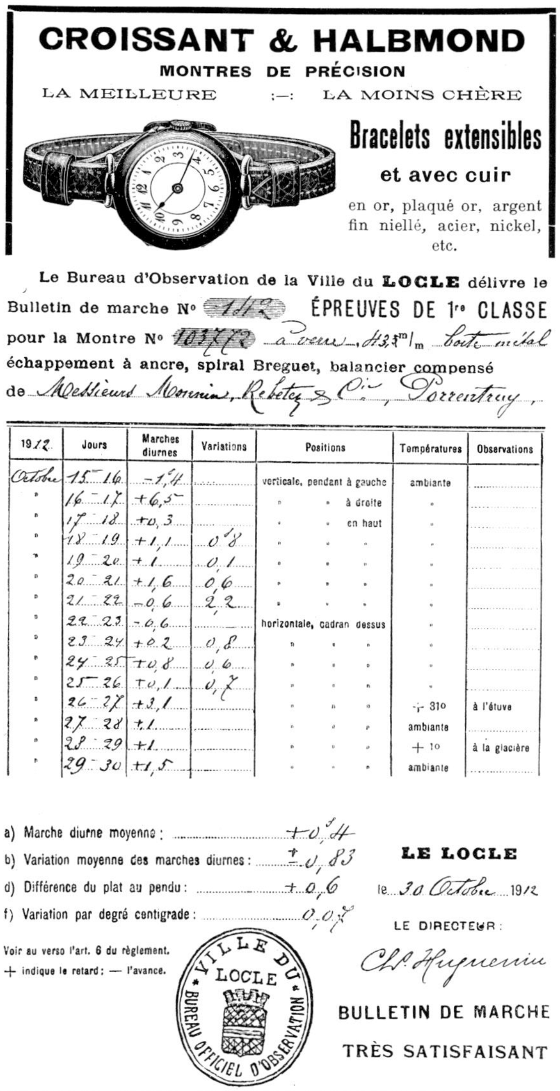

CROISSANT & HALBMOND

MONTRES DE PRÉCISION

LA MEILLEURE :—: LA MOINS CHÈRE

Bracelets extensibles

et avec cuir

en or, plaqué or, argent fin niellé, acier, nickel, etc.

Le Bureau d'Observation de la Ville du **LOCLE** délivre le Bulletin de marche N° 112 ÉPREUVES DE 1re CLASSE pour la Montre N° 103772 à verre, 43,5 m/m boîte métal échappement à ancre, spiral Breguet, balancier compensé de Messieurs Monnin, Rebetez & Cie, Porrentruy,

1912	Jours	Marches diurnes	Variations	Positions	Températures	Observations
Octobre	15–16	−1,4		verticale, pendant à gauche	ambiante	
»	16–17	+6,5		» » à droite	»	
»	17–18	+0,3		» » en haut	»	
»	18–19	+1,1	0,8	» » »	»	
»	19–20	+1	0,1	» » »	»	
»	20–21	+1,6	0,6	» » »	»	
»	21–22	−0,6	2,2	» » »	»	
»	22–23	−0,6	—	horizontale, cadran dessus	»	
»	23–24	+0,2	0,8	» » »	»	
»	24–25	+0,8	0,6	» » »	»	
»	25–26	+0,1	0,7	» » »	»	
»	26–27	+3,1		» » »	+ 31°	à l'étuve
»	27–28	+1		» » »	ambiante	
»	28–29	+1		» » »	+ 1°	à la glacière
»	29–30	+1,5		» » »	ambiante	

a) Marche diurne moyenne: +0,4

b) Variation moyenne des marches diurnes: ± 0,83

d) Différence du plat au pendu: +0,6

f) Variation par degré centigrade: 0,07

Voir au verso l'art. 6 du règlement.

+ indique le retard; — l'avance.

LE LOCLE

le 30 Octobre 1912

LE DIRECTEUR:

Chs Huguenin

BULLETIN DE MARCHE

TRÈS SATISFAISANT

146 Frühes Gangzeugnis, ausgestellt am 30. Oktober 1912 durch die Uhrenprüfstelle in Le Locle.

im Bereich der Aufzugskrone, denn die Aufzugs- und Zeigerstellvorrichtung wurde ständig bewegt und konnte deshalb nicht einfach versiegelt werden. »Die Aufzugskrone mit Aufzugswelle muß sich mit nicht zu großer Reibung drehen und außerdem in Längsrichtung verschoben werden können, ohne daß eine Dauerdichtung gefährdet ist; hierfür haben sich Stopfbuchsen-, Ring- oder Lippendichtungen bewährt«, schreibt Professor Glaser 1974. Der Firma Rolex ist es zuerst gelungen, industriell eine praktisch wasserdichte Armbanduhr zu bauen. Das entscheidende Patent, die Abdichtung der Kronenpartie, wurde 1926 erteilt.

Wiederum, wie so oft in der Geschichte der Uhr, erkannte man nicht die Bedeutung der Neuerung. Lediglich Hans Wilsdorf, Inhaber der Firma Rolex, setzte auf diese Idee. Es entstanden die *Oyster* (1926/27) und die *Oyster Perpetual* (1931). Auch bei zeitlichem Abstand muß dem Schweizer Redakteur zugestimmt werden, der 1935 formuliert hat: »Man darf demnach wohl sagen, daß die Rolex Watch Co. zunächst mit der Lösung des technischen Problems und dann durch die Schaffung einer Kundschaft für die wasserdichte Uhr der ganzen Schweizer Uhrenindustrie einen hervorragenden Dienst erwiesen hat.« Eine Sonderentwicklung begann mit der Taucheruhr, wobei wiederum Rolex mit dem *Submariner* (1953) wegweisend blieb.

Armband-Chronometer

Die Entwicklung der Armbanduhr läßt sich besonders deutlich an den Gangergebnissen erkennen. Anfangs nur ausgewählten Einzelwerken, später kleineren und schließlich größeren Serien wurde Chronometerqualität zuerkannt. Bis 15. November 1951 galt in der Schweiz folgende Definition dieses Begriffs: »Eine Präzisionsuhr muß in verschiedenen Stellungen und Temperaturen so reguliert sein, daß sie einen offiziellen Gangschein erhalten könnte.« Danach hat die Fédération Horlogère die Ansprüche heraufgesetzt: »Ein Chronometer ist eine in verschiedenen Lagen und Temperaturen feingestellte Präzisionsuhr, für die ein offizielles Gangzeugnis ausgestellt wurde.«

Zuständig für die Prüfung hochpräziser Uhren sind die Observatorien und offiziellen Gangkontrollstellen. Die Uhren werden dort einem standardisierten Meßverfahren unterworfen und erhalten, wenn die Leistungen den Anforderungen entsprochen haben, Gangscheine mit oder ohne Prädikat. Daraus kann die Genauigkeit des in einer bestimmten Lage und bei einer gegebenen Temperatur verwendeten Chronometers entnommen werden. Will man sich ein Bild vom Mittelwert der verschiedenen Einzelprüfungen machen, so dient hierfür die Klassifizierungszahl, die als »Gesamtnote« verschiedene Ergebnisse gewichtet und zueinander in Beziehung setzt.

Die Punktzahlen der jeweils besten beobachteten Armband-Chronometer in den Observatorien von Neuenburg und Genf zwischen 1946–1949 gehen aus untenstehender Übersicht hervor. Dabei ist zu beachten, daß die Klassifizierungszahl in Neuenburg mit wachsender Genauigkeit abnimmt (Optimum: 0), während sie in Genf zunimmt (Optimum: 1000).

Jahr	*Neuenburg (Neuchâtel)*	*Genf*
1946	6,6 (Longines)	797 (Omega)
1947	5,9 (Longines)	835 (Omega)
1948	7,3 (Zenith)	854 (Patek)
1949	7,2 (Omega)	859 (Rolex)

Die offiziellen Gangkontrollstellen prüfen kürzer und weniger streng als die Observatorien. Die dort hinterlegten Uhren sind für den Verkauf bestimmt, im Jahre 1960 waren es über 100000. Im Laufe der Jahrzehnte wurden die Bedingungen für das Prädikat Armband-Chronometer laufend verschärft. Für einen Gangschein ohne Auszeichnung lagen die Toleranzbereiche beim Kriterium »mittlerer täglicher Gang in den fünf Lagen« zwischen -10 und +30 Sekunden pro Tag (1920) bzw. zwischen -3 und +12 (1961), beim Kriterium »mittlere Abweichung des täglichen Ganges in den fünf Lagen« zwischen ±15 (1920) und ±3,2 (1961).

Wegen der flexiblen Fassung des Begriffs Chronometer haben sich bis 1951 Schweizer Fabrikanten von Präzisions-Armbanduhren oft damit begnügt, hervorragende Einzelstücke oder kleinere Serien von Observatorien und Gangprüfungsstellen testen zu lassen, die meisten Präzisionsuhren jedoch selbst zu prüfen. Die Firma Rolex hingegen strebte für ihre Erzeugnisse konsequent ein amtliches Gangzeugnis an. So erklärt es sich auch, daß

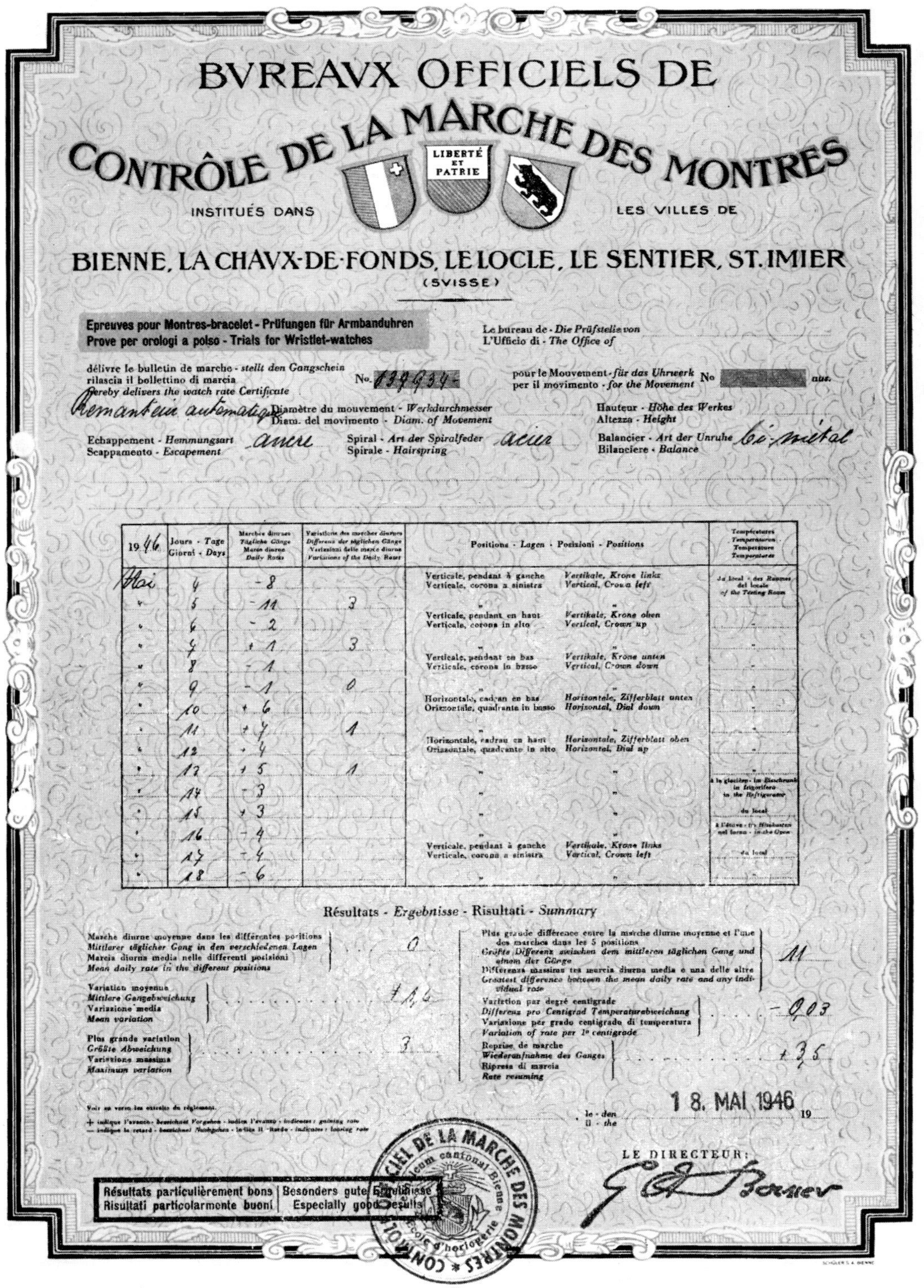

BVREAVX OFFICIELS DE
CONTRÔLE DE LA MARCHE DES MONTRES
INSTITUÉS DANS LES VILLES DE
LIBERTÉ ET PATRIE
BIENNE, LA CHAVX-DE-FONDS, LE LOCLE, LE SENTIER, ST. IMIER
(SVISSE)

Epreuves pour Montres-bracelet - Prüfungen für Armbanduhren
Prove per orologi a polso - Trials for Wristlet-watches

Le bureau de - *Die Prüfstelle von*
L'Ufficio di - *The Office of*

délivre le bulletin de marche - *stellt den Gangschein*
rilascia il bollettino di marcia
hereby delivers the watch rate Certificate No. 139934-
pour le Mouvement - *für das Uhrwerk*
per il movimento - *for the Movement* No [redacted] aus.

Remontoir automatique
Diamètre du mouvement - *Werkdurchmesser*
Diam. del movimento - *Diam. of Movement*
Hauteur - *Höhe des Werkes*
Altezza - *Height*

Echappement - *Hemmungsart*
Scappamento - *Escapement* ancre
Spiral - *Art der Spiralfeder*
Spirale - *Hairspring* acier
Balancier - *Art der Unruhe*
Bilanciere - *Balance* bi-métal

19 46	Jours - Tage / Giorni - Days	Marches diurnes / *Tägliche Gänge* / Marce diurne / *Daily Rates*	Variations des marches diurnes / *Differenz der täglichen Gänge* / Variazioni delle marce diurne / *Variations of the Daily Rates*	Positions - *Lagen* - Posizioni - *Positions*	Températures / *Temperaturen* / Temperature / *Temperatures*
Mai	4	-8		Verticale, pendant à gauche / Verticale, corona a sinistra / *Vertikale, Krone links* / *Vertical, Crown left*	du local - des Raumes / del locale / of the Testing Room
"	5	-11	3	"	"
"	6	-2		Verticale, pendant en haut / Verticale, corona in alto / *Vertikale, Krone oben* / *Vertical, Crown up*	"
"	7	+1	3	"	"
"	8	-1		Verticale, pendant en bas / Verticale, corona in basso / *Vertikale, Krone unten* / *Vertical, Crown down*	"
"	9	-1	0	"	"
"	10	+6		Horizontale, cadran en bas / Orizzontale, quadrante in basso / *Horizontale, Zifferblatt unten* / *Horizontal, Dial down*	"
"	11	+7	1	"	"
"	12	+4		Horizontale, cadran en haut / Orizzontale, quadrante in alto / *Horizontale, Zifferblatt oben* / *Horizontal, Dial up*	"
"	13	+5	1	"	"
"	14	+3		"	à la glacière - im Eisschrank / in frigorifero / in the Refrigerator
"	15	+3		"	du local
"	16	-4		"	à l'étuve - im Wärmekasten / nel forno - in the Oven
"	17	-4		Verticale, pendant à gauche / Verticale, corona a sinistra / *Vertikale, Krone links* / *Vertical, Crown left*	du local
"	18	-6		"	"

Résultats - *Ergebnisse* - Risultati - *Summary*

Marche diurne moyenne dans les différentes positions / *Mittlerer täglicher Gang in den verschiedenen Lagen* / Marcia diurna media nelle differenti posizioni / *Mean daily rate in the different positions* … 0

Variation moyenne / *Mittlere Gangabweichung* / Variazione media / *Mean variation* … 1,6

Plus grande variation / *Größte Abweichung* / Variazione massima / *Maximum variation* … 3

Plus grande différence entre la marche diurne moyenne et l'une des marches dans les 5 positions / *Größte Differenz zwischen dem mittleren täglichen Gang und einem der Gänge* / Differenza massima tra marcia diurna media e una delle altre / *Greatest difference between the mean daily rate and any individual rate* … 11

Variation par degré centigrade / *Differenz pro Centigrad Temperaturabweichung* / Variazione per grado centigrado di temperatura / *Variation of rate per 1° centigrade* … -0,03

Reprise de marche / *Wiederaufnahme des Ganges* / Ripresa di marcia / *Rate resuming* … +3,5

Voir au verso les extraits du règlement.
+ indique l'avance - bezeichnet Vorgehen - indica l'avanzo - indicates: gaining rate
— indique le retard - bezeichnet Nachgehen - indica il ritardo - indicates: losing rate

le - den / il - the 18. MAI 1946 19

LE DIRECTEUR:

Résultats particulièrement bons | Besonders gute Ergebnisse
Risultati particolarmente buoni | Especially good results

CONTRÔLE OFFICIEL DE LA MARCHE DES MONTRES * Technicum cantonal Bienne École d'horlogerie

147 Offizielles Gangzeugnis der Uhrenprüfstelle in Bienne (Biel) für eine automatische Armbanduhr mit Ankerhemmung, bimetallischer Unruh und Stahlspirale vom 18. Mai 1946, welches der geprüften Uhr »besonders gute Ergebnisse« bescheinigt.

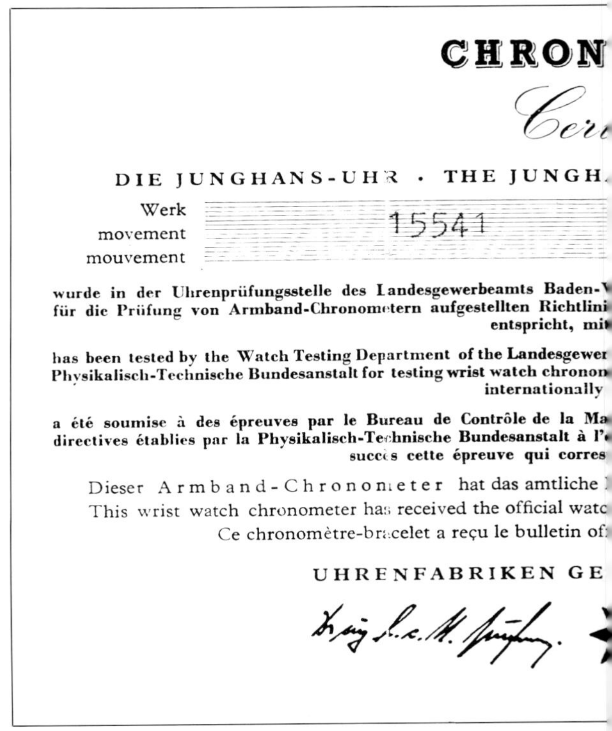

CHRON
Cer
DIE JUNGHANS-UHR · THE JUNGH
Werk
movement
mouvement 15541
wurde in der Uhrenprüfungsstelle des Landesgewerbeamts Baden-
für die Prüfung von Armband-Chronometern aufgestellten Richtlini
entspricht, mi
has been tested by the Watch Testing Department of the Landesgewer
Physikalisch-Technische Bundesanstalt for testing wrist watch chronom
internationally
a été soumise à des épreuves par le Bureau de Contrôle de la Ma
directives établies par la Physikalisch-Technische Bundesanstalt à l'
succès cette épreuve qui corres
Dieser Armband-Chronometer hat das amtliche
This wrist watch chronometer has received the official watc
Ce chronomètre-bracelet a reçu le bulletin of
UHRENFABRIKEN GE

148

Rechts oben:
148 Chronometer-Zertifikat aus den späten 50er Jahren, ausgestellt von der Firma Junghans für einen ihrer Armband-Chronometer nach offizieller Prüfung durch die Uhrenprüfstelle des Landesgewerbeamtes Baden-Württemberg in Stuttgart.

149

150

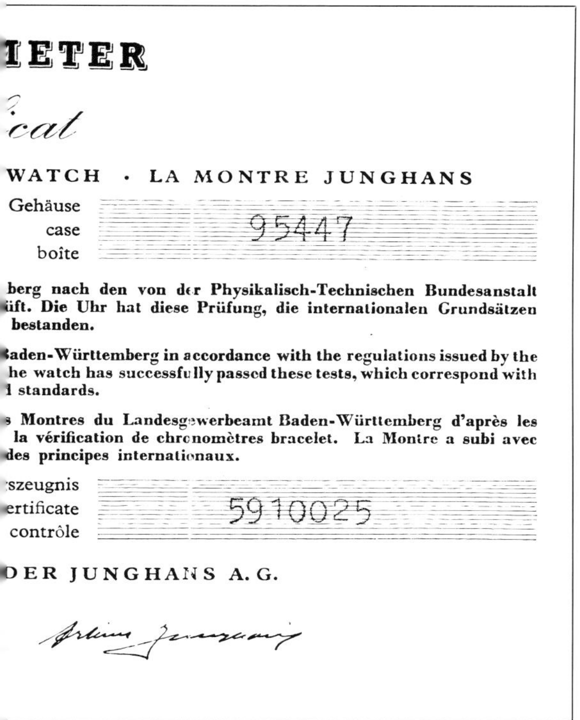
IETER

WATCH · LA MONTRE JUNGHANS

Gehäuse
case
boîte 95447

berg nach den von der Physikalisch-Technischen Bundesanstalt
üft. Die Uhr hat diese Prüfung, die internationalen Grundsätzen
bestanden.

Baden-Württemberg in accordance with the regulations issued by the
he watch has successfully passed these tests, which correspond with
l standards.

s Montres du Landesgewerbeamt Baden-Württemberg d'après les
la vérification de chronomètres bracelet. La Montre a subi avec
des principes internationaux.

szeugnis
ertificate 5910025
contrôle

DER JUNGHANS A.G.

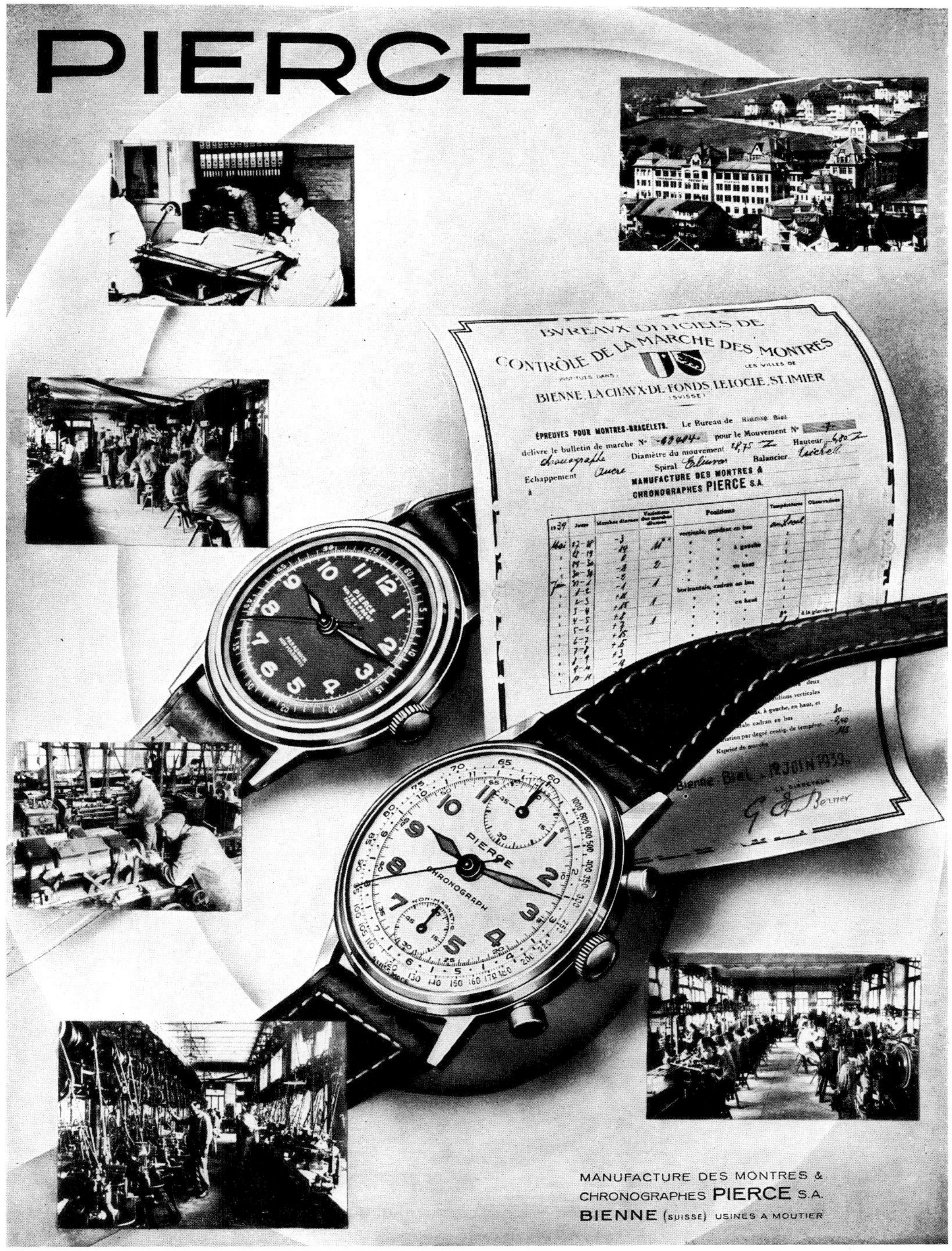

151

152

◁ **149–152** Zwei Armband-Chronometer aus deutscher Fertigung, jeweils Vorderseite und Werk:
Abb. 149, 150: Laco Chronometer, etwa aus dem Jahre 1955
Abb. 151, 152: Bifora »unima« Chromometer, um 1965

153 Anzeige der Uhrenmanufaktur Pierce aus dem Jahre 1943. Zu dieser Zeit pflegten viele Uhrenhersteller die Qualität ihrer Produkte durch die Abbildung eines Gangzeugnisses (hier für den Pierce Chronographen) zu unterstreichen. Dies bedeutete jedoch nicht, daß jedem Chronographen ein Prüfschein beigefügt wurde. Vielmehr sollte damit demonstriert werden, welche Ganggenauigkeiten die angebotenen Armbanduhren grundsätzlich erbringen können.

von 350000 Armbanduhren, die zwischen 1927 und 1954 einen Gangschein Schweizer Kontrollstellen erhalten haben, mehr als 70% auf diese Manufaktur entfallen. Der Weg der Armbanduhr zum Zeitmesser mit Chronometerqualität kann wiederum beispielhaft an der *Rolex*-Uhr aufgezeigt werden:

1910 Offizieller Gangschein einer Schweizer Kontrollstelle für eine Armbanduhr.
1914 Erstes A-Chronometer-Zeugnis für eine Armbanduhr vom Observatorium in Kew.
1936 Serie von 500 Armbanduhren erhält Gangzeugnis.
1949 140 kleine Chronometerwerke erhalten A-Zeugnis vom Observatorium Kew.

Im Jahre 1970 erhielten in der Schweiz 500000 mechanische Armbanduhren ein amtliches Gangzeugnis, dann folgte unter dem Einfluß der Quarzuhren ein drastischer Rückgang mit dem Tiefstpunkt von 200000 Uhren im Jahre 1976. Doch bereits 1989 wurde das frühere Maximum von 1970 überschritten, und im Jahre 1991 bestanden 650000 mechanische Armbanduhren den amtlichen Präzisionstest. Die zwischen 1957 und 1969 weit verbreiteten Omega-Chronometer blieben Episode im Vergleich zu den lange Zeiträume hindurch anhaltenden Bemühungen des Hauses Rolex, diesen Spezialmarkt zu beherrschen. Im Jahre 1991 entfielen über 90% aller Chronometer-Zertifikate auf Rolex-Uhren, erst im weiten Abstand folgten TAG Heuer (9900), Omega (8400) und Mido (4300).
Bei der Bewertung dessen, was als genaue Uhr bezeichnet wird, stimmen Fachleute und Laien oft nicht überein. Defossez hat dieses Problem mit folgenden Worten umrissen: »Der Uhrmacher bezeichnet eine Uhr als gut, wenn ihr Gang regelmäßig und trotz Lagenwechsel und Temperaturänderungen möglichst konstant bleibt... Der Laie begreift diese Überlegungen nicht; er glaubt, daß eine Uhr die richtige Zeit, wenn auch nur angenähert, angeben soll... Er schätzt keine Uhr, die sehr häufig gerichtet werden muß, selbst wenn der Vorgang (oder Nachgang) sehr regelmäßig ist. Es bestehen deshalb zwei Ansichten über die Genauigkeit einer Uhr: für den Uhrenträger ist sie vom täglichen Gang bestimmt; für den Uhrmacher ist es die Gangabweichung, oder wenn man so will, die Ungewißheit des Ganges, die sich zeigt.«

Armband-Chronographen

Für Taschen- und Armbanduhren, die zusätzlich die Aufgaben einer Stoppuhr erfüllen, hat sich die Bezeichnung Chronographen eingebürgert, was wörtlich übersetzt »Zeitschreiber« bedeutet. Dieser Begriff ist insofern irreführend, als beim Armband-Chronographen nichts schriftlich registriert wird, im Gegensatz zu den ursprünglichen Chronographen, die Meßwerte dauerhaft aufgezeichnet haben. Vermutlich waren die ersten Chronographen schreibende Kurzzeituhren.
Vom Zweck her gesehen muß eine gut funktionierende, genügend große Armbanduhr mit einer Zusatzeinrichtung versehen werden, die es erlaubt, den Eintritt eines Ereignisses oder die Dauer eines Vorgangs zeitlich exakt zu bestimmen. Die Anzeige sollte gut lesbar sein, weshalb der Chronographenzeiger (Stoppuhrzeiger) üblicherweise als zentraler Sekundenzeiger ausgebildet ist. Die seit dem Beginn des Meßvorganges abgelaufene Zeit wird vorübergehend gespeichert und kann auf einem gesonderten Minutenblatt, manchmal auch zusätzlich noch auf einem Stundenblatt, abgelesen werden.
Seit etwa 1800 kennt man Taschenuhren mit stoppbarem Sekundenzeiger, doch bewirkte die Auslösung des Stoppmechanismus, daß das ganze Werk angehalten und die Zeitindikation fehlerhaft wurde. Die Uhr mit unabhängig von der Funktion des Werkes anhaltbarem Sekundenzeiger geht auf den Österreicher und – nach seiner Uhrmacherlehre – Breguet-Mitarbeiter Joseph Thaddäus Winnerl (1799–1886) zurück. Er stellte seine Erfindung im Jahre 1831 der Öffentlichkeit vor und präsentierte später auch noch den Chronographen mit zwei übereinander angeordneten Sekundenzeigern, von denen einer den Start eines Ereignisses markierte, der andere dessen Ende. Nachteil der Winnerl'schen Konstruktion: Die Zeiger ließen sich nicht nullstellen.
Als eigentlicher Vater des »Chronographen« gilt indessen Adolphe Nicole, Mitinhaber der im Vallée de Joux beheimateten Firma Nicole & Capt, war er es doch, der im Jahre 1844 das auf der Welle des Sekundenrads befestigte Nullstellherz zum Patent anmeldete. Unter Mitwirkung des in seiner Firma beschäftigten Henri Féréol Piquet entstand schließlich die erste uneingeschränkt brauchbare Taschenuhr mit Chronograph, deren Lancierung 1862 er-

154 Armband-Chronograph von A. Ducommun-Müller, La Chaux-de Fonds, 1909. Wegen der Stellung des Zifferblattes war jedoch bei Trageweise der Uhr am Handgelenk ein Ablesen der Zeit schwierig.

155 Armbanduhr mit Chronograph von Samuel Jeanneret, St. Imier/Schweiz, 1910

156 Armband-Chronograph von Breitling mit Zähler für 30 Minuten, um 1915

157, 158 Zwei Armband-Chronographen von Doxa in einer um 1938 sehr beliebten Gehäuseform

161 Das Prestige der klassischen Stoppuhr im Taschenuhrgehäuse, damals bei sportlichen Wettbewerben unentbehrlich, soll auf den Armband-Chronographen übertragen werden. Anzeige aus dem Jahre 1943.

159, 160 Vorder- und Rückansicht eines Chronographenwerkes von Doxa, um 1938 ▽

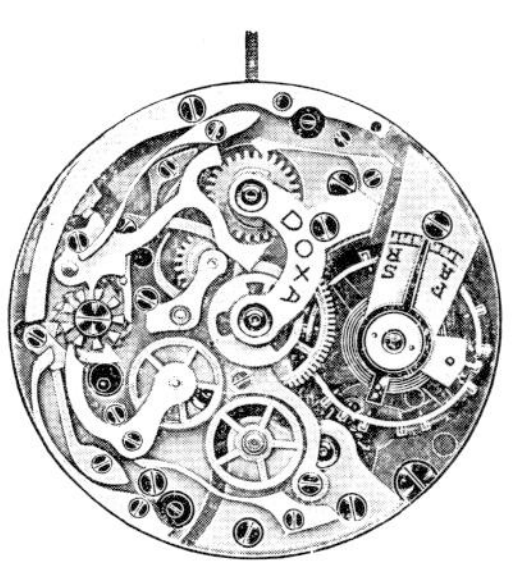

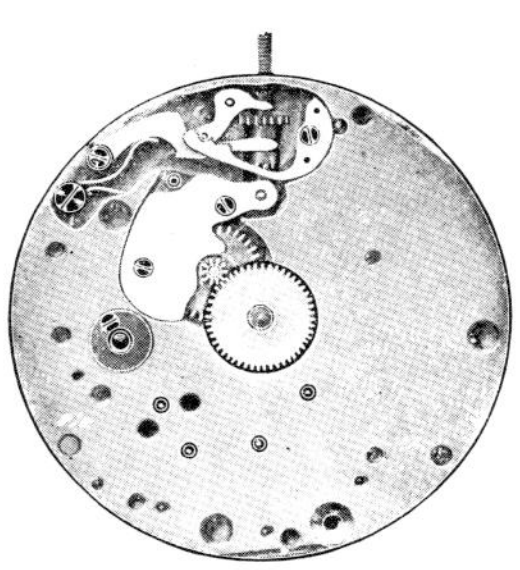

folgte. Die endgültige Form, wie sie heute bekannt ist und zumeist verwendet wird, nämlich diejenige mit dem werksseitig über den Brücken und Kloben angeordneten Zusatzmechanismus, stammt von Auguste Baud (1880).

Bei den reinen Stoppuhren als Kurzzeitmesser hat sich auch im Zeitalter der Armbanduhr die Form der Taschenuhr gehalten, die Taschenuhr-Chronographen hingegen wurden von den Armband-Chronographen verdrängt. Zwar stammen die technologischen Erkenntnisse und Bauformen von der Taschenuhr, doch auch die Armbanduhr als Chronograph hat schon ihre Geschichte. Erste Versuche reichen in die Zeit vor dem Ersten Weltkrieg zurück. Bereits 1910 wirbt die Firma Moeris mit einer am Lederband getragenen Stoppuhr. Im Jahre 1915 berichtet die »Revue Internationale d'Horologerie« von einem »Chronograph-Bracelet« des Hauses Breitling mit zentralem Chronographenzeiger und einem Zähler für 30 Minuten. Mido stellte 1937 den ersten »wasserdichten« Armband-Chronographen vor.

Ein entscheidender Entwicklungsabschnitt war 1969 erreicht, als die automatische Armbanduhr mit Chronograph entstand. Als Beispiel kann die *Chronomatic* gelten, die zwischen 1965 und 1969 gemeinsam von Breitling, Hamilton-Büren und Heuer-Leonidas in Zusammenarbeit mit der Maschinenfabrik Dubois & Dépraz entwickelt wurde. Dieser Chronograph mit automatischem Aufzug (Planetenrotor) zählt Minuten und Stunden und hat zusätzlich noch Datumsanzeige. Die Höhe des Werkes beträgt 7,70 mm. Ebenfalls 1969 kam von Zenith-Movado ein Chronographenwerk mit kugelgelagertem Zentralrotor (Kaliber 3019 PHC), Datumsanzeige und einer Bauhöhe von 6,50 mm auf den Markt. Im Jahre 1973 brachte dann die Ebauches S.A. mit dem Kaliber Valjoux 7750 ein automatisches Chronographenwerk mit zentralem Rotor auf den Markt. Doch auch hier machte die Mikro-Mechanik nicht halt. Schon wenige Jahre später gab es neben den Automatik-Chronographen der Kaliber $13'''$ und $13^{3}/_{4}'''$ bereits ein Werk von $11^{1}/_{2}'''$.

Zur Technik des Armband-Chronographen

Das Anwendungsspektrum von Chronographen läßt sich durch die Hinzufügung eines Schleppzeigers (Rattrapante) beträchtlich erweitern. Jetzt können Zwischenzeiten registriert oder zwei Vorgänge mit zeitgleichem Beginn aber unterschiedlicher Dauer gestoppt werden. Zu diesem Zweck ist über oder unter dem eigentlichen Chronographenzeiger ein zweiter Sekundenzeiger, der Schleppzeiger, angeordnet. Dieser kann nur zusammen mit dem Chronographen gestartet und auf Null gestellt werden. Allerdings läßt sich der Schleppzeiger beliebig oft mit Hilfe eines speziellen Drückers und eines zusätzlichen Mechanismus unabhängig vom Chronographen anhalten und nach dem Ablesen z. B. einer Zwischenzeit wieder mit diesem in Deckung bringen.

Armbanduhren mit Chronograph-Rattrapante kamen gegen 1920 auf den Markt. Wegen des hohen technischen Aufwandes und der damit verbundenen Kosten haben sie keine allzugroße Verbreitung erlangen können. 1988 erlebte der Chronograph-Rattrapante eine Renaissance, und zwar in Verbindung mit dem automatischen Aufzug. Seit 1992 gibt es am Markt eine Anzahl automatischer Schleppzeiger-Chronographen.

Armband-Chronographen sind vor allem Spezialuhren für Beruf und Sport, für Piloten, Taucher und Motorsportler, für Ärzte und Ingenieure. Entsprechend gestaltete Zifferblätter erlauben es, die Uhr zusätzlich als Tachometer (Geschwindigkeitsmesser), Telemeter (Entfernungsmesser) oder als Pulsometer (Pulsmesser) zu verwenden, um nur einige Beispiele zu nennen. Die gewünschten Werte lassen sich dann direkt ablesen. Manche speziellen Armband-Chronographen haben mehrere Skalen und zudem noch einen ringförmig angeordneten Rechner, so daß ein vielseitiges mechanisches Meß- und Rechengerät entsteht. Allerdings bedarf der Umgang damit einiger Trainingszeit.

Chronographen sind komplizierte mechanische Systeme. Da die Funktionen ohne Störung der laufenden Uhr üblicherweise mit zwei Drucktasten abrufbar sein sollen, wird eine Hebelmechanik notwendig, die selbst auf den zweiten Blick noch verwirrend wirkt. Bezüglich der Steuerung dieses Hebelmechanismus sind Chronographen ohne (Abb. 163) und mit (Abb. 164) Schaltrad zu unterscheiden.

Die Chronographen ohne Schaltrad wurden zu Beginn der 50er Jahre unter ökonomischen Gesichtspunkten aus den Chronographen mit Schaltrad entwickelt. Dazu kamen

162 Rückansicht eines Chronographenwerkes mit Schaltrad zur Steuerung der Start-, Stopp- und Rückstellfunktionen

165 Unterschiedliche Chronographen-Zifferblätter ▷

163, 164 Schematische Darstellungen eines Chronographenwerkes ohne Schaltrad (Abb. 163) und eines Chronographenwerkes mit Schaltrad (Abb. 164)

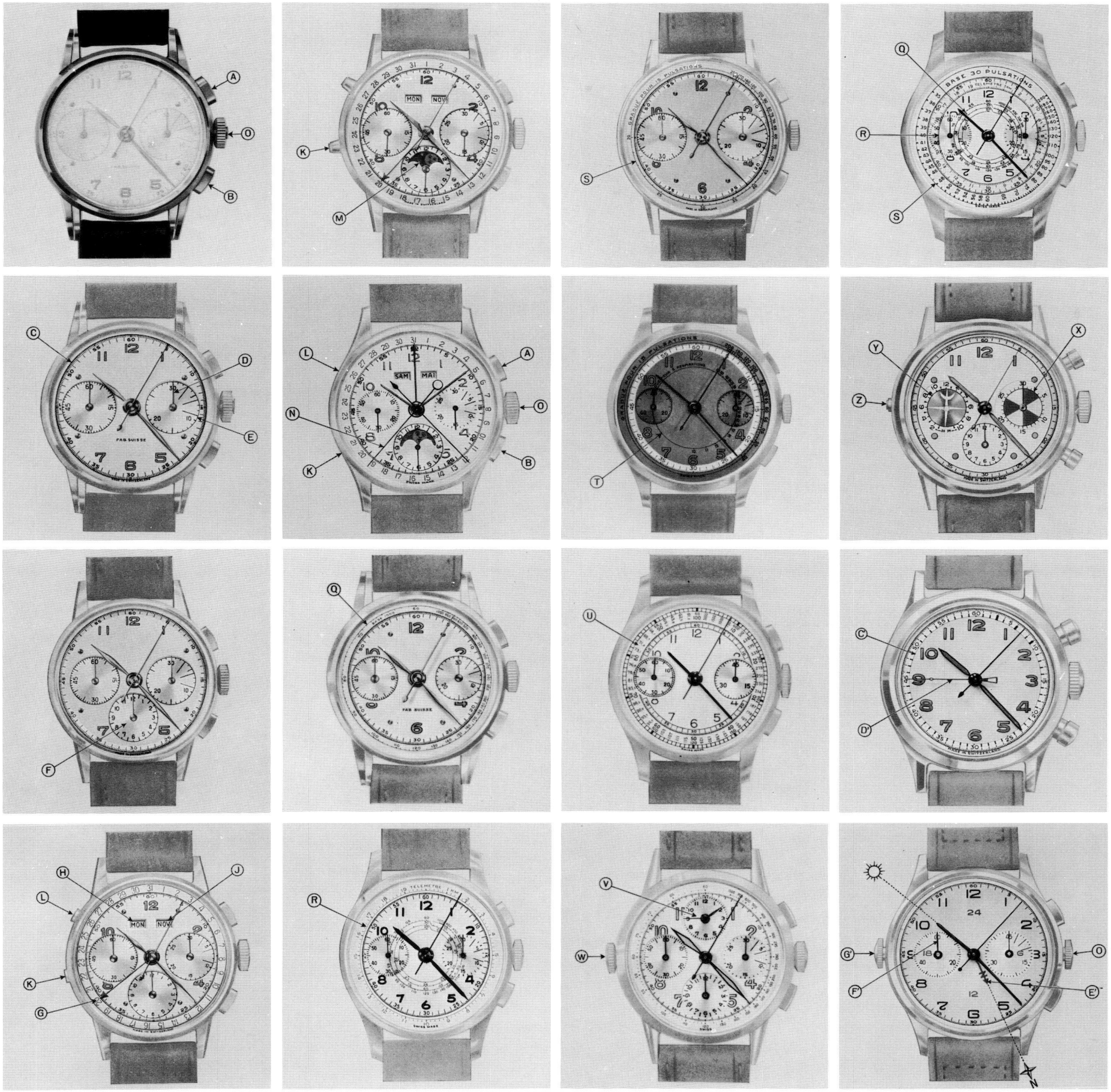

1 A = Einschalt-Drücker, B = Nullstell-Drükker, o = Anhalte-Drücker
2 Chronograph mit 30-Minuten-Zähler
3 Chronograph mit 12-Stunden-Zähler
4 Chronograph mit Kalenderwerk
5 Chronograph mit Kalendarium und Mondphasenanzeige
6 Chronograph mit Doppelzeiger
7 Tachymeter-Chronograph
8 Telemeter-Chronograph
9 Pulszähler-Chronograph
10 Atmungszähler-Chronograph
11 Produktionszähler-Chronograph
12 Memento-Chronograph
13 Mehrzweck-Chronograph
14 Gezeiten-Chronograph
15 Chronograph mit zentralem Zählzeiger
16 Chronograph mit Orientierungszeiger

später noch die sogenannten »Economy«-Chronographen, die hinsichtlich der Schaltung und Justierung stark vereinfacht sind. Allein für den Mechanismus, wie nämlich die Kraft vom Laufrad zu dem Chronographen übertragen wird, gibt es drei Hauptformen mit zahlreichen Varianten. Der folgende Versuch, Chronographen zu klassifizieren, beschränkt sich daher auf Merkmale, die auch für den Nicht-Fachmann erkennbar sind.

Man unterscheidet echte und unechte Chronographen. Erstere funktionieren als Uhr weiter, wenn sie als Stoppuhr genutzt werden, sie haben also ein permanentes Laufwerk und führen den Chronographenzeiger nach abgeschlossenem Meßvorgang sofort in Nullstellung zurück. Unechte Chronographen hingegen zeigen bei Benutzung als Stoppuhr nicht mehr die richtige Zeit an. Weder Stopp- noch Nullstellung des Chronographenzeigers sind möglich, ohne den Gang des Werkes zu beeinflussen. Damit aus einer Uhr ein echter Chronograph wird, müssen Uhrwerk und Chronographenmechanik im Bedarfsfall miteinander verbunden, aber ebenso auch wieder voneinander getrennt werden können. Nicht alle Uhren, die mit kompliziertem Zifferblatt, mit Drückern und zentralem Chronographenzeiger ausgestattet sind, dürfen somit als wirkliche Chronographen gelten.

Die Eignung eines Chronographen für bestimmte Meßaufgaben läßt sich äußerlich an der Anzahl der Drücker und Zeiger erkennen. Uhren mit einem Drücker können nur zur Messung eines Vorgangs ohne Unterbrechung verwendet werden. Ingangsetzen, Stoppen und Rücksprung auf die Nullstellung werden nacheinander in gleichbleibender Reihenfolge ausgelöst. Dagegen erlauben es Chronographen mit zwei Drückern, einen Vorgang mit beliebig vielen Unterbrechungen zu messen. Die einzelnen gestoppten Zeitabschnitte werden hierbei mechanisch addiert. Bereits 1945 waren die meisten Armband-Chronographen mit Doppeldrücker ausgestattet.

Die Funktionsweise der Drücker ist bei einzelnen Fabrikaten und Kalibern nicht einheitlich, wenn auch gewisse Gemeinsamkeiten bestehen, so daß jeder den Umgang mit seinem Chronographen erst lernen muß. Bei den weitaus meisten Modellen dreht sich der Chronographenzeiger einmal in der Minute und die Zifferblatteinteilung erlaubt das Ablesen der Fünftelsekunde. Der die abgelaufenen Minuten erfassende Zählerzeiger kann auf unterschiedliche Weise reagieren. Entweder springt er von einer Minute zur anderen oder er läuft beständig wie der Minutenzeiger einer Uhr. Am häufigsten findet man jedoch die »halbaugenblickliche« Schaltung, d. h., die Bewegung beginnt etwa fünf Sekunden vor Ablauf der vollen Minute.

Zur näheren Erläuterung des echten Chronographen können wir von einem Uhrwerk mit indirekter Zentralsekunde (außerhalb des Kraftflusses) ausgehen. Auf dem nach hinten verlängerten Sekundenradzapfen des eigentlichen Räderwerkes ist ein erstes Übersetzungsrad befestigt. Es steht in dauerndem Eingriff mit einem zweiten, vom Stellhebel getragenen Übersetzungsrad. Mit Hilfe dieses Stellhebels kann das zweite Übersetzungsrad zusätzlich mit dem feinverzahnten Zentrumsrad in Kopplung gebracht werden, indem man den Chronographen über den »Start-Drücker« auslöst. Das Zentrumsrad trägt schließlich auf dem vorderen Ende seiner Welle den Sekundenzeiger des Chronographen. Auf diesem Zentrumsrad befindet sich hinten ferner noch ein Schaltherz. Mit Hilfe des Nullstellhebels und dieses Schaltherzes kann über Knopfdruck der justierte zentrale Chronographenzeiger in die Ausgangs-(Null-)position zurückgedrückt werden.

Ein Minutenzähler addiert die Umläufe des zentralen Chronographenzeigers und zeigt sie mittels eines Minutenzählzeigers auf dem Zifferblatt (meist bei der »3«) an. Verschiedentlich verfügen Chronographen noch über einen Stundenzähler, der die Umläufe des Minutenzählzeigers addiert. Auf diese Weise werden Messungen von $^1/_5$ Sekunde bis zu 12 Stunden ermöglicht. Über Schaltherz und Nullstellhebel lassen sich auch diese Zählzeiger wieder in die Ausgangsposition »Null« zurückdrücken.

Abschließend ein paar Bemerkungen zur Genauigkeit des Armband-Chronographen. Die zu schaltenden Übersetzungsräder werden gegeneinander gepreßt und nützen sich ab. Durch Rädereingriffe und Unruhschwingungen können beim Schaltvorgang geringe Verzögerungen auftreten, zumal der Feinheit einer Verzahnung Grenzen gesetzt sind. Natürlich kann die Genauigkeit der Zeitanzeige nicht höher sein als bei der Basisuhr, deren Gang durch das Mitschleppen zusätzlicher Räder beeinflußt wird. Es gibt jedoch auch Chronographen mit Chronometerqua-

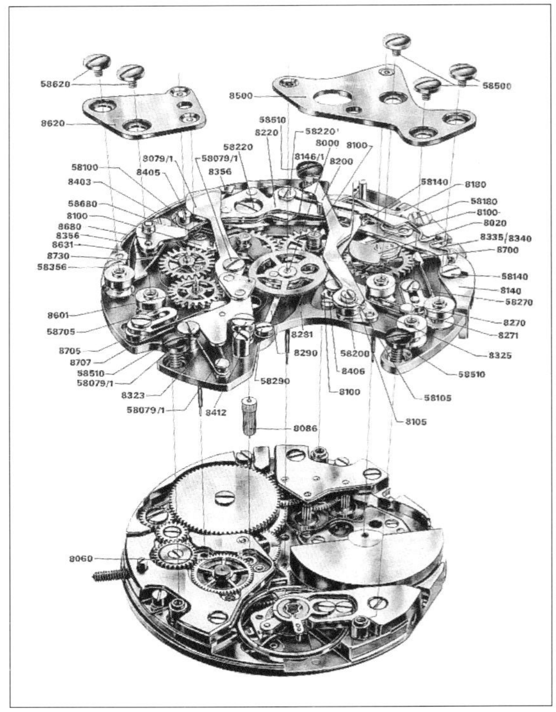

166 Explosionsbild vom Automatikwerk Kaliber 11 von Breitling; Chronographenteil abgenommen

167 Chronograph-Rattrapante von Patek Philippe, Kaliber 27-70/150, 1995

168 Armbanduhr mit Kalender, der allerdings von Hand eingestellt werden mußte, um 1930.

169 Die »Lange 1« mit dem patentierten Großbilddatum, Glashütte, 1995

lifikation, wiederum ein Beweis für das Perfektionsstreben in der letzten Entwicklungsphase der mechanischen Räderuhr.

Kalenderanzeige

Taschenuhren mit Kalendarium und Mondphase sind bereits aus der zweiten Hälfte des 17. Jahrhunderts bekannt, das gleiche gilt für die mechanisch geschalteten runden Scheiben als Datenträger und die kleinen Ausschnitte im Zifferblatt. Doch allgemein durchsetzen konnten sich Kalenderindikationen – und sei es auch nur in Form der Datumsanzeige – bei Taschenuhren nie.

Armband-Kalenderuhren sind vor 1950 noch relativ selten, das Datum wird vorwiegend durch Zeiger markiert. Später wird die Datumsanzeige im Ausschnitt auf dem Zifferblatt von Armbanduhren zur Massenerscheinung, besonders bei Herrenuhren. Eine vollständige Kollektion von Uhren mit Datum stellte erstmals Certina im Jahre 1957 vor. Es gab diese *Certidate* in drei Qualitätsstufen und in vier Ausführungen, Herren- und Damenmodell, wahlweise mit Handaufzug oder mit Automatik.

Bei Datums- und Wochtagsanzeige erfolgt die Schaltung jeweils nach 24 Stunden, d. h. nach zwei Umdrehungen des Stundenrades. Für die praktische Brauchbarkeit einer solchen Uhr sind zwei Forderungen wichtig: Wie lange braucht das System für das Weiterschalten (»Schnellschaltung«) und wie rasch kann man eine zeitlich nicht mehr stimmende Indikation à jour bringen (»Schnellkorrektur«).

Die Suche nach verbesserten Bauformen dokumentiert sich in einer Reihe von Patenten. Waren anfangs mehrere Stunden nötig, um die Anzeige(n) allmählich weiterzuschalten, denn der Gang der Uhr sollte durch Entzug von Energie möglichst wenig beeinflußt werden, findet man später häufig Vorrichtungen, die dem Uhrwerk im Laufe des Tages kontinuierlich Kraft entnehmen, diese in einer Feder speichern, um sie um Mitternacht konzentriert zur Weiterschaltung der Indikation(en) freizugeben.

Die schnelle Korrektur des Datums bzw. des Wochentags erfolgt häufig über die Aufzugskrone. Bei Konstruktionen dieser Art gibt es also nicht nur die hereingedrückte Krone für den Normalbetrieb und die herausgezogenen Krone zur Zeigerstellung, sondern zusätzlich eine mittlere Position, die direkt auf die Datumsanzeige wirkt. Komplizierter ist es allerdings, das sei hier im Vorgriff angemerkt, einen ewigen Kalender neu einzustellen.

Armbanduhren mit Vollkalender, also der Anzeige von Datum, Wochentag und Monat, sind nicht allgemein verbreitet, dies gilt ebenso für Uhren mit Monddaten. Sie erfordern in sämtlichen Monaten mit weniger als 31 Tagen eine manuelle Korrektur der Datums- und Monatsindikation. Bei manchen Armbanduhren mit einfachem Vollkalendarium wird jedoch die Monatsanzeige jeweils am 31. automatisch weitergeschaltet.

Bei Kalenderuhren mit Mondindikationen läßt sich an der Gestalt des im Ausschnitt sichtbaren Mondes der fortschreitende synodische Monat abschätzen, während die Mondaltersanzeige dazu dient, die Anzahl der Tage sichtbar zu machen, die seit dem letzten Neumond vergangen sind. Während Armbanduhren mit Datumsanzeige, auch zusätzlich noch mit Wochentag, allgemein gebräuchlich wurden, zählen mechanische Uhren mit Kalender und Mondanzeige auch heute noch zu den Besonderheiten. Im synodischen Monat beträgt eine Lunation, also das Zeitintervall, in dem der Mond seine von der Stellung Sonne – Mond – Erde abhängigen Phasen (Neumond – erstes Viertel – Vollmond – letztes Viertel – Neumond) durchläuft, exakt 29 Tage, 12 Stunden und 44 Minuten. Eine derartige Anzeige besteht zumeist aus einer am Rand mit 59 Zahnen versehenen Scheibe, auf deren Oberfläche sich gegenüberliegend zwei Vollmonde befinden. Angetrieben durch das Uhrwerk, bewegt sie sich innerhalb von zwei Lunationen einmal um ihre Achse. Die aktuelle Stellung ist durch einen Ausschnitt im Zifferblatt ablesbar.

Es überrascht, daß bei Armbanduhren mit vier Indikationen, also Datum, Name des Wochentags, Monatsname und Mondphase, das Angebot bereits 1953 recht breit war. Nach B. Humbert hatten folgende Firmen eigene Kaliber entwickelt: Cortébert – Jaeger-LeCoultre – Movado – Omega – Audemars Piguet – Record – Universal – Vacheron & Constantin. Die Liste ist zugleich ein Indikator dafür, welche Manufakturen damals besonders anspruchsvolle Armbanduhren gebaut haben. Der Name Patek Philippe erscheint hier nicht, wird uns aber beim ewigen Kalender begegnen. Hinzu kamen im übrigen 1953 noch fünf Kaliber der Ebauches S.A.

Der ewige Kalender

Dieses Schaltwerk berücksichtigt die unterschiedlichen Monatslängen in Normal- und Schaltjahren automatisch. Bei Armbanduhren mit mechanischem ewigem Kalendarium werden in der Regel Datum, Tag und Monat angezeigt. Verschiedene Modelle besitzen darüber hinaus eine Schaltjahresindikation. Die Ewigkeit dauert bei den bislang bekannten Modellen freilich nur bis zum 28. Februar 2100. Weil in diesem Jahr gemäß den Festlegungen Papst Gregor XIII. der 29. Februar entgegen dem üblichen Schaltjahreszyklus auszufallen hat, müssen auch ewige Kalender manuell auf den 1. März umgestellt werden. Am 15. Oktober 1582 trat eine von Papst Gregor XIII. nach langen Vorarbeiten verfügte Kalenderreform in Kraft. Sie beseitigte den winzigen Restfehler des 45 v. Chr. eingeführten Julianischen Kalenders. Nach diesem war das Jahr um 0,0078 Tage zu lang. Deshalb hatte Papst Gregor XIII. nach Möglichkeiten gesucht, diese überschüssige Zeit zu eliminieren. Seine Lösung des Problems bestand darin, daß innerhalb von 400 Jahren drei Schalttage auszufallen haben. Von den kommenden Säkularjahren sollten fortan nur diejenigen Schaltjahre sein, welche sich durch 400 teilen ließen. Demnach wird das Jahr 2000 ein Schaltjahr sein, während die Jahre 2100, 2200 und 2300 den Schalttag entbehren müssen.

Der mechanische ewige Kalender ist ein komplexes Zusatzwerk, bestehend aus etwa 100 Teilen, das zumeist auf einer eigenen Platine montiert und auf der Vorderseite eines normalen Uhrwerks befestigt ist. Die Informationen über die unterschiedlichen Monatslängen liefert der Monatsnocken, eine Programmscheibe, deren Rand unterschiedlich tiefe Ausfräsungen besitzt. Das kleinste ewige Kalendarium besitzt einen Durchmesser von nur 23 mm. Serien-Armbanduhren mit mechanischem ewigem Kalender sind seit 1941 erhältlich.

Noch 1958 heißt es in einem Bericht zur Basler Messe: »Die Armbanduhr mit ›ewigem‹ Kalender, welche das Datum vollständig korrekt und ohne manuelle Nachhilfe anzeigt, gleichgültig, ob die Monate 28, 29, 30 oder 31 Tage zählen, wird von Patek Philippe als Exklusivität präsentiert … Als wahre Sammler- und Liebhaberstücke können sie in der Schweiz zum Detailpreis von ungefähr sfr 3250,– erstanden werden.« Als Fortentwicklung präsentierte Patek 1958 den ewigen Kalender mit Zentralsekunde und 1967/68 auf einem Werk von 12‴ den ewigen Kalender mit automatischem Aufzug. Seit Mitte der 1980er Jahre gehört diese Komplikation zum Verkaufsprogramm einer Reihe von Uhrenherstellern, die bei Armbanduhren ganz besondere Ansprüche erfüllen wollen.

Weitere mechanische Finessen

Repetitionsschlagwerk

Diese sehr aufwendige Zusatzfunktion gestattet es, die aktuelle Zeit akustisch wiederzugeben. Je nach Ausführung des Schlagwerkes unterscheidet man zwischen Uhren mit Viertelstunden-, Achtelstunden- (7½ Minuten), 5-Minuten- oder Minutenrepetition. Unter allen ist die letztgenannte Form die komplizierteste, genaueste, aber auch teuerste. Sie vermag die aktuelle Zeit (Stunden, Viertelstunden und Minuten) durch Schlag auf zwei Tonfedern darzustellen. Zu diesem Zweck benötigt das Schlagwerk zunächst Kraft. Es erhält diese durch die Betätigung eines Schiebers oder Drückers im Gehäuserand. Dieser Vorgang löst auch den Schlagwerksmechanismus aus. Sofern Schieber oder Drücker nicht bis zum Anschlag geführt werden, schla-

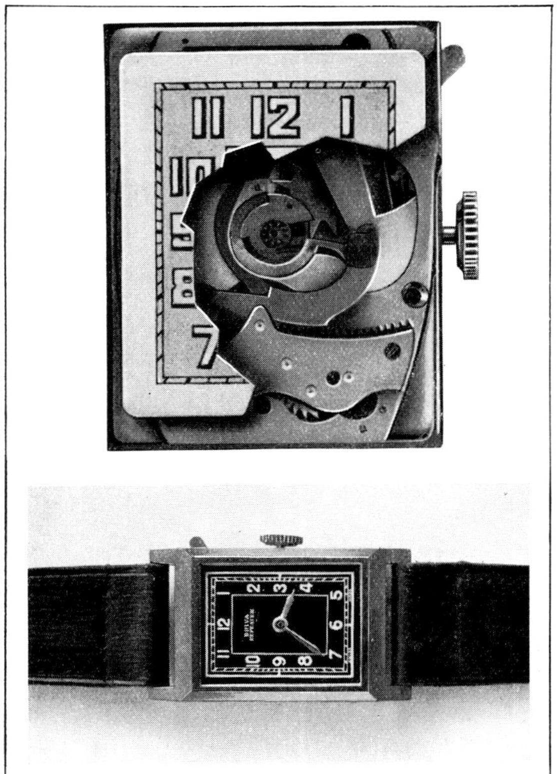
Driva-Repeater, grandeur nature

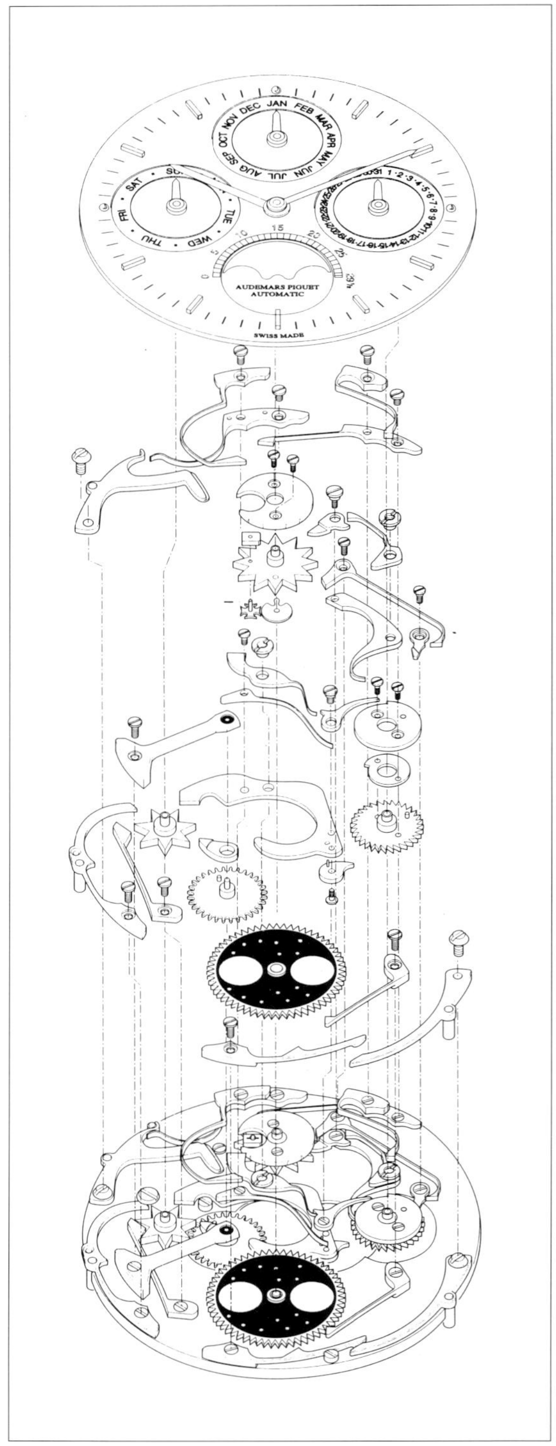

170 Aufbau einer Armbanduhr mit ewigem Kalender von Audemar Piguet

◁ **171** Im Zeitalter der Elektrifizierung fanden Armbanduhren mit Schlagwerk keinen großen Käuferkreis. »Driva Repeater« mit Viertel- und Stundenschlag, 1930.

172, 173 Herren-Armbanduhr mit automatischem Aufzug und ewigem Kalender von Patek Philippe, verkauft 1970.
Abb. 172: Unterzifferblattansicht: die Kalenderkadratur ist auf einer eigenen Platine montiert
Abb. 173: Gyromax-Unruh, kugelgelagerter Rotor aus 18 Kt. Gold, Aufzug in beiden Drehrichtungen

gen einfache Repetitionsuhren die aktuelle Zeit unvollständig. Bei feinen Konstruktionen verhindert dies die sogenannte »Alles-oder-nichts-Sicherung«. Sie repetieren, wie der Name schon sagt, alles oder nichts.
Taschenuhren mit Viertelstundenrepetition gibt es seit 1687. Solche mit Minutenrepetition sind seit etwa 1750 bekannt. Gegen 1890 findet sich in den Firmenarchiven von Audemars Piguet und Louis Brandt die erste »Armbanduhr« mit Minutenrepetition. Nach der Wende zum 20. Jahrhundert blieb das Interesse an diesem Uhrentyp bestehen. Eine große Verbreitung hat er wegen des hohen Preises allerdings nie gefunden. Das kleinste Uhrwerk mit Minutenrepetition wurde im Vallée de Joux hergestellt, sein Durchmesser liegt bei 13,53 mm. Das flachste Uhrwerk dieser Art liegt unter 3 mm. 1986 belebte Blancpain den Markt der Armbanduhren mit Minutenrepetition aufs Neue.

Tourbillon

Das Tourbillon wurde 1795 von Abraham Louis Breguet erfunden und 1801 patentiert. Diese sinnreiche Konstruktion dient zur Kompensation der Schwerpunktfehler im Schwingsystem (Unruh und Unruhspirale) mechanischer Uhren. Beim Tourbillon (Wirbelwind) sind das komplette Schwing- und Hemmungssystem in einem – möglichst leichten – Käfig angeordnet. Dieser dreht sich innerhalb einer bestimmten Zeitspanne (meistens eine Minute) einmal um seine Achse. Auf diese Weise können die Einflüsse der Erdanziehung in der senkrechten Lage einer Uhr ausgeglichen und die Gangleistungen gesteigert werden. In den waagrechten Lagen hat das Tourbillon dagegen keinen Einfluß auf die Ganggenauigkeit.
Armbanduhren mit Tourbillon wurden bereits in den 40er Jahren für Chronometerwettbewerbe hergestellt, z. B. von LIP, Omega und Patek Philippe. 1986 brachte Audemars Piguet das erste und bis heute weltweit flachste automatische Armband-Tourbillon heraus. Inzwischen sind Armband-Tourbillons fester Bestandteil der Kollektionen fast aller Luxusmarken.

Die Weltzeitindikation

Die Idee, die Erde in 24 Zeitzonen zu unterteilen, stammt von dem kanadischen Eisenbahningenieur Sandford Fleming. Die 360 Längengrade rings um die Erde werden in 24 Zeitzonen unterteilt. Ausgehend vom international festgelegten Null-Meridian in Greenwich verschiebt sich die Zeit jeweils nach 15 Längengraden um eine volle Stunde (360 : 24 = 15). Dieses Weltzeitsystem wurde 1883 zuerst von Kanada und den USA eingeführt. Deutschland schloß sich 1893 an. Uhren mit Weltzeitindikation zeigen zwei oder mehrere Zonenzeiten auf einem Zifferblatt an. Zu diesem Zweck sind entweder mehrere Uhrwerke in einem Gehäuse untergebracht oder ein Zusatzmechanismus ermöglicht die Darstellung mehrerer Zonenzeiten (System *heure universelle* bis hin zu 24).
Weltzeit-Armbanduhren, die es seit den 30er Jahren gibt, sind vor allem bei Langstreckenfliegern und Geschäftsleuten, die häufig über weite Entfernungen hinweg telefonieren müssen, sehr beliebt. Die Renaissance der mechanischen Armbanduhr hat hinsichtlich Funktion und Praktikabilität höchst unterschiedliche Systeme mit sich gebracht.

Die Äquationsanzeige

Die Äquation, zu deutsch Zeitgleichung, definiert sich als Differenz zwischen der mittleren und der wahren Sonnenzeit. Die wahre Sonnenzeit ergibt sich aus der Rotation der Erde um die Sonne. Weil diese Umlaufbahn eine elliptische Form besitzt und die Erdachse zudem eine Neigung aufweist, ändert sich die Länge des wahren Sonnentages kontinuierlich. Zwischen dem kürzesten und dem längsten Sonnentag liegt eine Differenz von 30 Minuten und 45 Sekunden.
Weil eine ständig wechselnde Tageslänge im normalen Leben erhebliche Probleme mit sich brächte, wurde hierfür die mittlere Sonnenzeit festgelegt. Die Länge des mittleren Sonnentages ergibt sich aus der durchschnittlichen Länge aller wahren Sonnentage und beträgt 86000 Sekunden. Sie wird von den gängigen Uhren angezeigt.
Die Erfindung von Äquationsuhren geht auf das späte 17. Jahrhundert zurück. Diese Modelle zeigen neben der wahren auch die mittlere Sonnenzeit an. Dazu besitzen sie entweder zwei Minutenzeiger oder zwei getrennte Zeigerpaare. Herzstück solcher Uhren ist eine nierenförmige Scheibe, welche sich einmal jährlich um ihre Achse dreht. Ihre Form ist der Zeitgleichung entsprechend berechnet. Von ihrem Umfang tastet ein spezieller Mechanismus die Zeitgleichung ab, um sie dann auf das Zifferblatt zu übertragen. Groß- und

Taschenuhren mit Äquationswerk wurden von vielen Uhrmachern hergestellt. Armbanduhren dieser Art sind sehr selten. Eine, die zudem ein ewiges Kalendarium besitzt, stammt von Breguet.

Komplikationen – das Salz in der Suppe der Mechanik

Die Uhrmacherkunst, repräsentiert durch ihre hervorragenden Meister, zeigte schon immer die Tendenz, möglichst viele, mit der Zeitmessung in Zusammenhang stehende Funktionen mechanisch darzustellen und – sofern möglich – in einer einzigen Uhr unterzubringen. In diese Entwicklungslinie läßt sich die erste Straßburger Münsteruhr aus dem Jahre 1352 einordnen, doch ebenso die astronomische Weltuhr des Hans Lang vom Jahre 1986.
Bei den tragbaren Uhren setzte Abraham Louis Breguet Maßstäbe. Seine Uhr mit möglichst vielen »Komplikationen« war ursprünglich für die französische Königin Marie Antoinette bestimmt gewesen, doch fertig wurde das Meisterwerk erst 1820, also nach der napoleonischen Zeit. Die Uhr enthielt einen ewigen Kalender, Minutenrepetition, automatischen Aufzug, Gangreserveanzeige, Stoßsicherung, springende Sekunde und noch einige Finessen mehr. Höchst komplizierte Uhren ähnlicher Art wurden später *Grande Complication* genannt und auf Ausstellungen vorgestellt und prämiiert. Die Taschenuhr als Grande Complication des ausgehenden 19. Jahrhunderts enthielt zusätzlich noch einen Chronographenmechanismus, nicht aber den von Breguet bereits vorgesehenen automatischen Aufzug.
Bei den Armbanduhren kamen in den 1980er Jahren neue Impulse auf, als das Interesse am tickenden Zeitmesser am Handgelenk wieder auflebte. Zwei Entwicklungsrichtungen sind erkennbar: Alles, was vorher mit Handaufzug realisiert worden war, sollte jetzt auch mit Automatik möglich sein, hinzu kamen Bestrebungen, eine Grande Complication auch als Armbanduhr zu schaffen, möglichst bereits in kleiner Serie. Uhren dieser Art sind kaum bezahlbar, aber die Uhrmacher und Uhrenkonstrukteure streben, unterstützt von Computer und höchst leistungsfähiger Werkzeugmaschine, nach technischer Perfektion, während ein kleiner, aber wirtschaftlich potenter Kundenkreis Wert legt auf Exklusivmodelle.
Es ist die Lust am Unnützen, die wesentlich die oft spielerisch anmutende Suche nach neuen, immer raffinierteren Lösungen beeinflußt. Seit der Erfindung des modernen Streichholzes ist die Repetitionsuhr ein Anachronismus, und wir brauchen auch keine Gangreserveanzeige mehr, um zu glauben, daß der kugelgelagerte Rotor die Uhr tatsächlich aufzieht. Sehr wahrscheinlich wird ein Chronograph-Rattrapante weitaus häufiger genutzt zur Demonstration vor Freunden als für Meßvorgänge im täglichen Leben. Schließlich, wer läßt sich noch den Lebensrhythmus vorgeben von der Stellung des Mondes? Mögen Quarzarmbanduhren brauchbar und nützlich sein, bei mechanischen Luxusuhren entscheiden andere Zielsetzungen.
Ein gewisses Maß an historischem Verständnis ist nötig, um einschätzen zu können, was im Laufe der Geschichte der Armbanduhr verdient, als Besonderheit gewürdigt zu werden, und was dann, wenige Jahrzehnte später, als Normalfall eingestuft werden muß. Die Armbanduhr von Harwood aus dem Jahre 1930 kennzeichnet die eine Richtung, die Herren-Automatik von 1970, selbst wenn noch eine Datumsanzeige hinzugekommen ist, die andere. Die Kopplung von Chronograph und automatischem Aufzug erregte 1969 zu recht Aufmerksamkeit, beim Chronographen von 1990 wird dieses Konzept erwartet. Entscheidend für die Einstufung ist also der jeweilige Stand der Technik, aber den sollte man kennen, um sachverständig urteilen zu können.

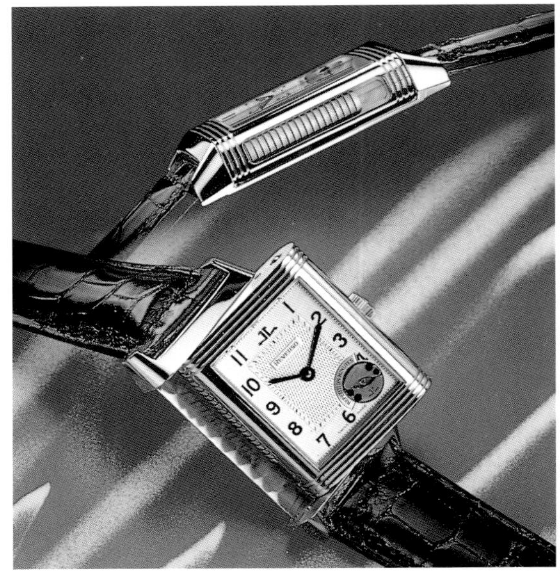

174 Rechteckiges Armband-Tourbillon Nr. 10 von Kiu Tai Yu, Hongkong, 1995

175 »Reverso« Minutenrepetition von Jaeger-LeCoultre, Kaliber 943, 1993

176 Unterzifferblattansicht mit der Minutenschlagwerk-Kadratur von Abbildung 175

Gehäuse, Zeiger, Zifferblatt

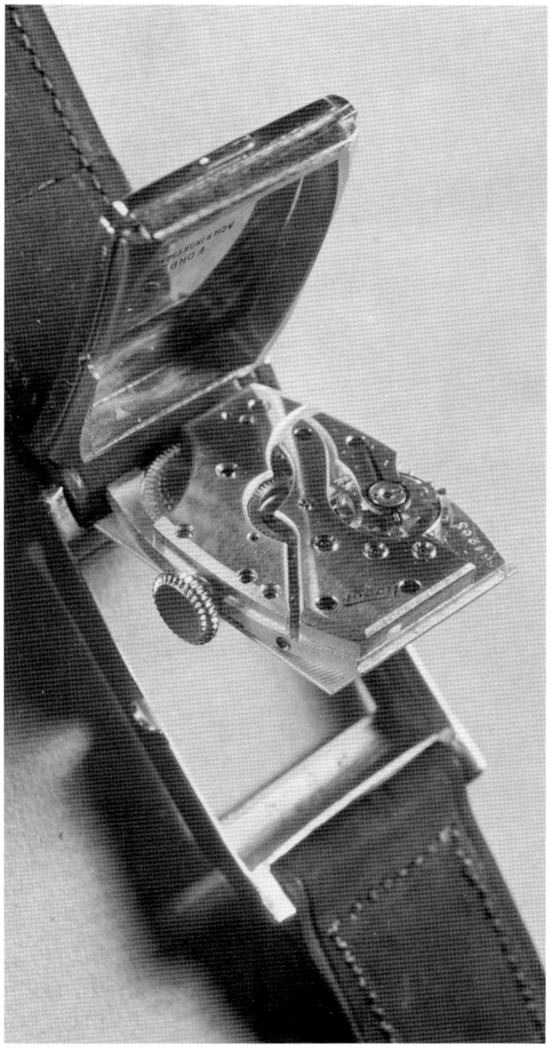

177 Scharniergehäuse von Tissot aus dem Jahre 1937

Während der Experte beim Betrachten des Werkes wesentliche Anhaltspunkte über Alter und Qualität einer Armbanduhr gewinnen kann, ist der werdende Sammler mehr auf das Äußere angewiesen. Gehäuse und Zifferblatt bieten ihm bessere Informationen für eine Beurteilung. Hinzu kommt, daß es bereits zu Beginn unseres Jahrhunderts üblich war, Markenuhren auf dem Zifferblatt zu signieren. Neben dem Hersteller werden oft auch technische Merkmale genannt wie Automatikwerk oder Chronometerqualität. Auffallend ist, daß renommierte Firmen selten die Anzahl der Steine auf dem Zifferblatt nennen (wohl aber auf der rückwärtigen Platine). Die verbreitete Vorstellung, die Anzahl der Steine könne als entscheidender Anhaltspunkt für die Qualität eines Uhrwerkes gelten, ist mit Vorbehalt aufzunehmen.

Werk und Gehäuse sollten zueinander passen, und bei vielen Armbanduhren trifft dies auch zu. Doch gar nicht so selten erlebt man Überraschungen: Mittelmäßige Werke in aufwendigen Gehäusen gibt es ebenso wie den allerdings selteneren Fall, daß ein unscheinbares Gehäuse ein gutes Werk enthält. In der Kalkulation der Uhrenfabriken schlagen übrigens die Gehäuse, die von spezialisierten Zulieferbetrieben gefertigt werden, gehörig zu Buch.

An dieser Stelle erscheint es notwendig, für den werdenden Uhrensammler eine Warnung einzuflechten. Die aufgedrückten, manchmal durch Scharnier verbundenen Gehäuseteile der älteren Armbanduhr lassen sich im Gegensatz zu den aufgeschraubten modernen Gehäuseböden leicht öffnen. Doch während bei der Taschenuhr nach dem Öffnen des Staubdeckels der Betrachter die interessante rückwärtige Platine zu Gesicht bekommt, zeigt die offene Armbanduhr lediglich die Zifferblattseite. So liegt es nahe, das eingelegte Werk herauszunehmen. Doch bitte denken Sie daran, die Aufzugswelle, an der die Krone befestigt ist, reagiert recht sensibel auf Hebelwirkung und manche Werke sind so eng ins Gehäuse eingepaßt, daß schon ein leichtes Verkanten beim Aus- oder Einbau zu Beschädigungen führen kann.

Während sich die Weiterentwicklung und Veränderung der Uhrwerke in erster Linie am technischen Fortschritt und an den Notwendigkeiten einer Rationalisierung bei der Herstellung orientierten, unterlagen die Formgebung und Produktion der Gehäuse primär modebezogenen Gesichtspunkten. Um konkurrenzfähig zu bleiben, mußten sich die Uhrenhersteller mehr oder minder stark dem Diktat der herrschenden Mode unterwerfen und versuchen, den Geschmack der Käufer genau zu treffen.

Bis etwa 1910 ähnelte die Armbanduhr in der Form der kleinen runden Taschenuhr. Danach begann eine Experimentierphase, die manchmal zu recht gewagten Gehäuse- und Zifferblattformen geführt hat. Ein Zeitgenosse beschreibt diese Tendenzen 1914 im »Allgemeinen Journal der Uhrmacherkunst« ironisch mit folgenden Worten: »Es ist kein Zweifel, wir stehen vor einer neuen Entwicklungsstufe der Taschenuhr. Das langweilige ewige Rund ihrer Form schreit ja geradezu nach einer Ablösung, es kann seine Beliebtheit nicht länger ertragen... ovale, viereckige, sechseckige und andere Grundformen in Werk und Gehäuse sollen auch zu ihrem Rechte kommen, und das hat... die Armbanduhr getan.« Entsprechend kurios waren auch die dazugehörigen Uhrgläser gestaltet. Kleinere Armbanduhren hatten in diesem Zeitraum arabische Zahlen auf dem Zifferblatt, größere manchmal schwer ablesbare römische Zahlen. Auffallend die Vorliebe für die rote »12«; der Höhepunkt dieser Sonderentwicklung lag um 1915.

Von der Mitte der 20er Jahre an setzten sich allmählich ruhigere Formen durch, die Dekoration ordnete sich der Funktion unter,

Von Armbanduhren und ihren Formen

Von Fritz Leuthold

Beim Aufkommen der Armbanduhren gab es nur wenige Muster, die sich an die bekanntesten geometrischen Figuren anlehnten. Die Gehäuse waren meist vollformig, d. h. Glasrand, Mittelteil und Boden waren gleich geformt. — Die Anstöße der Gehäuse werden unterschieden in Haken (*anses*) für Rips- oder Lederband und Böckchen (*plots*) für Zugband.

Bei der Benennung der Gehäuseformen gibt es verschiedene Grundbezeichnungen.

Gouge bedeutet immer eine Einbuchtung.

Guichet ist ein extra breiter Glasrand.

Biseau bedeutet facettierter Glasrand.

Cannelé rippenähnlich wie bei Geldstücken.

Nachstehende Bilder mit Formbezeichnung und Größenangabe stellen die bekanntesten der vollformigen Gehäuse dar. Es gibt natürlich noch viele andere Formen, die jedoch meistens nur geringfügige Unterschiede aufweisen.

$8^3/_4'''$ rund; lentille

$8^3/_4'''$ rund; guichet

$8^3/_4'''$ empire; lunette cannelée

$8^3/_4'''$ hexagone

$8^3/_4'''$ rosace

$8^3/_4'''$ oval

$8^3/_4'''$ Viereck, geschnittene Ecke; carré, coins coupés

$8^3/_4'''$ médaillon

$8^3/_4'''$ carré, biseau

$8^3/_4'''$ Viereck, runde Ecken; carré, coins ronds

$8^3/_4'''$ Segment

$8^3/_4'''$ carré cambré

$8^3/_4'''$ Sechseck; hexagone

$8^3/_4'''$ Achteck; octogone

$8^3/_4'''$ Tonnenform, tonneau

$8^3/_4'''$ Kreuz; croix

$8^3/_4'''$ Lyra

$8^3/_4'''$ gouge

Verschiedene Herren-Uhrgehäuseformen haben den Damen-Armbanduhren als Muster gedient.

$8^3/_4'''$ rund; lunette gouge

$8^3/_4'''$ rund; lunette pommes

$8^3/_4'''$ rund; lunette gouge perlée

Die schon erwähnten Anstöße (*cornes*) für Ripsbanduhren gibt es in vielen geschmackvollen Ausführungen.

Die Entwicklung der Mirage-Form

An den ersten Mustern erkennt jeder, daß diese nicht schön waren, da das Rund des Gehäuses zu stark hervortritt, was eben durch die Bemusterung des Glasrandes verhindert werden soll, zumal auch das Fassonglas unvorteilhaft wirkt.

Zum Rundglas zurückgekehrt, wird das Aussehen viel besser.

Graviert und evtl. mattiert oder gefärbt sieht die Uhr noch viel vorteilhafter aus, da die meisten Muster Entwürfe der einzelnen Fabrikanten sind und in vollformigen Gehäusen gar nicht gemacht werden können. Aus diesem Grunde ist es nicht möglich, die einzelnen Muster zu benennen, da das viel zu weit gehen würde. Es laufen daher alle Muster unter dem Namen „Mirage".

178, 179 Zwei Seiten eines Artikels aus »Die Uhrmacher-Woche«, 35. Jg., Leipzig 1928, Nr. 11, Seite 165 und 166

Mirage-Formen

Nachstehende Bilder zeigen drei Uhren mit gleichgroßen Werken. Die Gehäuse haben gleiches Aussehen und sind nur im Bau verschieden. Die Größenunterschiede fallen stark auf zugunsten der Mirage-Form, die bedeutend kleiner aussieht als das vollformige oder gar das Illusion-Gehäuse.

Illusion Mirage Vollform

Das Geschäft in länglichen Damen-Armbanduhren hat stark nachgelassen. Es folgen nachstehend einige Grundformen.

5$^{1}/_{4}$''' Rechteck, eingebuchtete Ecken; rectangulaire, coins gouges

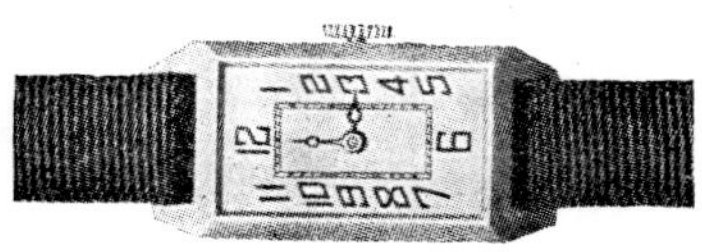

5$^{1}/_{4}$''' Rechteck mit Anstoß; rectangulaire, tank

5$^{1}/_{2}$'''
Tonnenform; tonneau

5$^{1}/_{2}$'''
Rechteck; rectangulaire

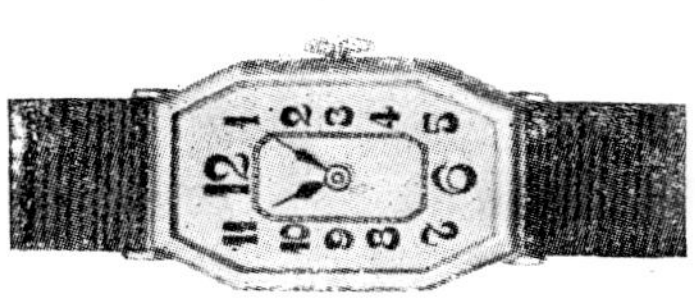

6$^{1}/_{2}$'''
Rechteck, geschnittene Ecken; rectangulaire, coins coupés

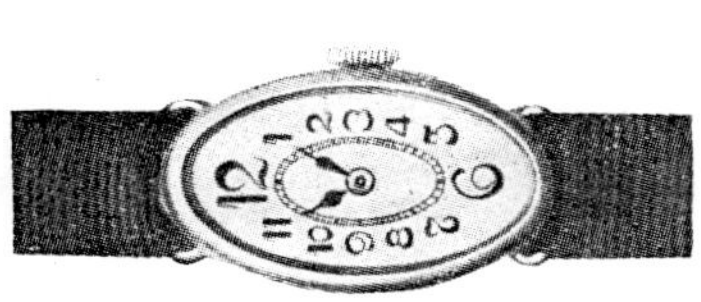

6$^{1}/_{2}$'''
oval

Herrenkalotten werden in letzter Zeit wieder gern gekauft, nachdem der Artikel ziemlich zwei Jahre still gelegen hatte. Die Formen sind einfacher geworden, allerdings werden die Gehäuse teilweise graviert und mattiert. Reliefzahlen werden auch oft verlangt. Der Bau der Gehäuse ist der gleiche wie bei den Damen-Armbanduhren. Das zweiteilige Gehäuse findet viel Verwendung zum Teil auch bei runden Uhren. Flache Ausführung spricht sehr an, und längliche Formen sind vielfach leicht gewölbt und der Armbiegung angepaßt.

10$^{1}/_{2}$''' Tonnenform mit Anstoß; tonneau tank

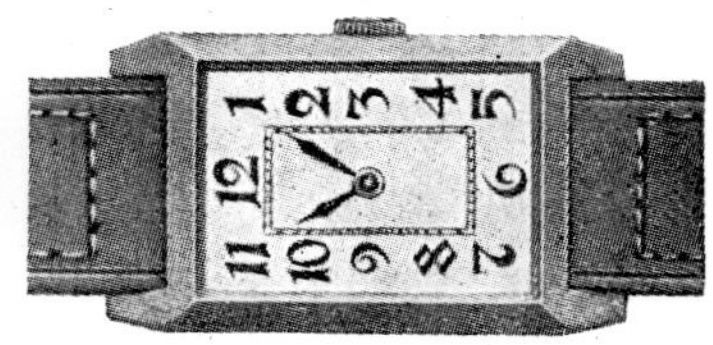

8$^{3}/_{4}$''' Rechteck mit Anstoß rectangulaire tank;

Um runde Gehäuse größerer Art extra flach zu gestalten, werden kleinere Werke eingesetzt und mit einem breiten Werkring umgeben. Es ist selbstverständlich, daß ein solches Werk bedeutend flacher ist als ein größeres, das der Gehäusegröße nach eigentlich dazu gehören würde.

Tonnenform; tonneau

rund, ziseliert, mit Anstößen

Viereck geschweift; Carré cambré

Viereck mit Anstößen; Carré tank

Damit sind die hauptsächlichsten Formen der heutigen Armbanduhren nebst ihren deutschen und französischen Bezeichnungen erwähnt. Wir entsprachen mit der Zusammenstellung einem besonderen Wunsche aus dem Leserkreise, da hin und wieder doch Zweifel über die Bedeutung der Katalogangaben bestehen. Wir hoffen, daß die Zusammenstellung den Verkehr zwischen Lieferanten und Einzelhandel erleichtert. Der Artikel mußte sich zwar auf die wichtigsten Formen beschränken, enthält diese aber doch in so genügender Zahl, daß auch die Namen der nicht aufgeführten Formen leicht erklärlich sind.

Hinsichtlich der Gehäuseformen und ihrer Bezeichnungen für Taschenuhren verweisen wir auf die Veröffentlichung in Nr. 15 der Uhrmacher-Woche vom Jahrgang 1922, die außerdem auch Erläuterungen technischer Art enthält, Bezeichnungen der Werkteile usw. In umfangreicherer Weise als es in einem Zeitungsartikel möglich ist, sind die fremdsprachlichen Bezeichnungen in Moritz Großmanns Taschenwörterbuch für Uhrmacher (Deutsch-Französisch-Englisch) enthalten, das bei der Benutzung ausländischer Kataloge wertvolle Dienste leistet.

◁◁ **180** »Reverso« Armbanduhr von Jaeger-LeCoultre, bei der man das Werk um 180 Grad drehen kann.

◁ **181** Armbanduhr mit einem pultförmigen Gehäuse, welches die Sicht auf das Zifferblatt erleichtern sollte. Omega, 1935.

sofern spezielle Damen-Schmuckuhren ausgeklammert bleiben. Die Herrenuhren tendierten zur Rechteckform mit teils rundem, teils rechteckigem Zifferblattausschnitt. Bei den Damen dominierte die runde Grundform in vielerlei Abwandlungen, daneben gab es die von den Formwerken – besonders vom Baguette-Werk – geprägten schmalen rechteckigen Armbanduhren. Römische Zahlen traten seitdem bei der Armbanduhr kaum noch auf. Um 1935 war es zeitweilig Mode, auf dem Zifferblatt Zahlen durch Striche zu ersetzen. Auch einige Sonderformen kamen damals auf den Markt, etwa die Uhr mit Digitalanzeige oder die Trennung von Hauptzifferblatt und Sekundenanzeige (*Duo-Dial*). Um 1940 erreichte die klassisch-einfache Rechteckuhr den Höhepunkt ihrer Entwicklung, nicht selten ausgestattet mit einem schwarzen Zifferblatt.

Neben diesen äußeren Aspekten waren jedoch auch im Laufe der Zeit zunehmend die Wünsche nach Gebrauchstüchtigkeit, insbesondere Staub- und Wasserdichtigkeit, nach Strapazierfähigkeit und zugleich auch modischem Aussehen in den Vordergrund getreten. Die Fabrikanten trugen dem durch runde Armbanduhren mit verschraubten Böden (ausgehend von der *Rolex Oyster*) oder auch verschraubte, rechteckige Armbanduhren, deren Werke oft nochmals gekapselt, gelegentlich mit einer Dichtmasse versiegelt waren, Rechnung.

Doch die kompliziertere Uhr dieser Zeit, die später dann zur Normalform werden sollte, verlangte im gleichen Zeitraum bereits die

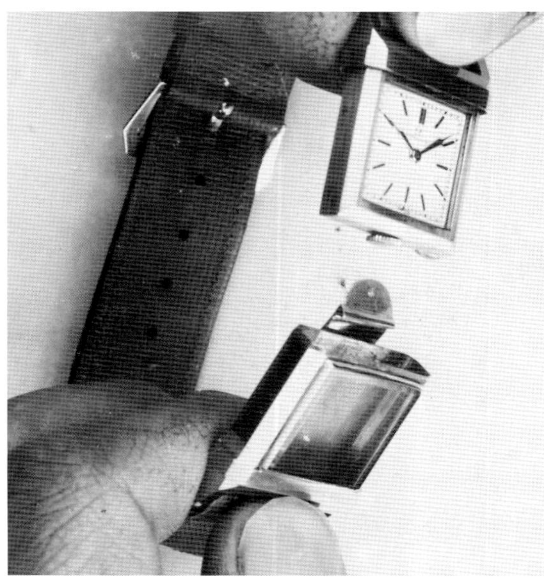

182, 183 Wasserdichte Herren-Armbanduhr von Omega aus dem Jahre 1936. Das Gehäuse ist zweiteilig und läßt sich ineinanderschieben.

184 Rolex »Oyster«-Gehäuse, 80er Jahre ▷

runde Form. Rechteckige Gehäuse ließen sich trotz vielfältiger Bemühungen schlecht abdichten, Formwerke hemmten die Entwicklung der Automatikuhr.
Von der Mitte der 50er Jahre an bestimmte bei den Herren wie in eingeschränktem Maße auch bei den Damen die schlichte runde Form den Armbanduhrenmarkt. Samuel Guye charakterisiert diese Entwicklung 1956 mit folgenden Worten: »Die Mode bevorzugt sehr schlichte Linien der Gehäuse, flache und sehr flache Uhren mit großer Zifferblattöffnung und nicht überladene Zifferblätter mit möglichst klaren Indexen und Zeigern.« Zahlen auf dem Zifferblatt wurden völlig oder teilweise durch Strichmarkierungen ersetzt. Die mechanische Armbanduhr der Spätphase hatte ihr Gesicht gefunden.
In diesen Jahren setzten verschiedene Firmen (z. B. IWC, Roamer, Wyler) auf Schalengehäuse, bei denen das Gehäuse nunmehr einteilig war und vorne mit einem Glas verschlossen wurde. Um das Uhrwerk nach dem Entfernen des Glases ausbauen zu können, wurde die Aufzugswelle geteilt. Den äußeren Teil konnte man mit einem kräftigen Ruck an der Krone aus dem Gehäuse ziehen. Danach war das Werk vorne herauszunehmen. Andere Firmen (z. B. Heuer) entwickelten Spezialgehäuse mit Federbolzen, die ebenfalls Wasserdichtigkeit garantieren sollten.
Um die verschiedenen Gehäuse öffnen zu können, benötigten Sammler und Interessenten am Innenleben von Armbanduhren neben diesbezüglichen Kenntnissen eine Vielzahl einschlägiger Werkzeuge (Schlüssel, Haltevorrichtungen). Vor allem darf man nach Öffnen und Wiederverschließen eines »wasserdichten« Gehäuses nicht davon ausgehen, daß eine Uhr wieder hundertprozentig wasserdicht ist. Dies ist nur bei sorgfältigster Behandlung unter Kenntnis der Firmenvorschriften garantiert. Zusätzlich sollten dabei stets neue Dichtungen etc. verwendet werden.
Eine Schwachstelle der frühen Armbanduhr war das für Bruch besonders anfällige Kristallglas. Deshalb setzten sich nach 1940 rasch Uhren mit Acrylglas (Plexiglas) allgemein durch, wobei die geringe Kratzfestigkeit in Kauf genommen wurde. Gegenwärtig ist jedoch wieder eine Vorliebe für »richtiges« Glas (Mineralglas) zu erkennen. Bei besonders hochwertigen (und teuren) Uhren erwartet man jedoch die Ausstattung mit dem extrem schlag- und bruchsicheren Saphirglas. Widerstandsfähige Glassorten erlauben es auch, die Unterseite der Armbanduhren zu verglasen, so daß nicht nur bei Skelettuhren, sondern auch bei Automatikwerken (Teil)-Funktionen der mechanischen Uhr von außen beobachtet werden können.
Als kostbarer Werkstoff für Armbanduhrgehäuse blieb Gold über die Jahrzehnte hinweg allgemein beliebt. Ähnliches gilt für die Golddoublé-Uhr. Silber hingegen, das oxydiert und unansehnlich wird, verlor von 1930

185 Wasserdichte Armbanduhr von Nivia aus dem Jahre 1941. Zum Schutz vor eindringendem Wasser wurde das Werk nochmals eigens eingekapselt.

an rasch an Bedeutung und war 1945 bereits recht selten geworden. Armbanduhren in brünierten Stahlgehäusen wurden nur in der Anfangszeit gebaut. Die Mode der Tulasilber-Uhr endete in den 20er Jahren. Um 1930 begann bei den Gebrauchsuhren die Zeit der verchromten Gehäuse, die allerdings, ebenso wie manche vergoldeten Gehäuse, einer stärkeren Beanspruchung nicht standhielten. An bestimmten Stellen schimmerte dann das Basismaterial durch oder die Verchromung löste sich vom Untergrund. Manchmal findet man sogar verchromte Silbergehäuse.

Gehäuse aus rostfreiem Edelstahl blieben Anfang der 30er Jahre auf anspruchsvollere Uhren beschränkt, weil dieses Material recht schwer zu bearbeiten und deshalb teuer war. Doch bereits um 1945 wurden in der Schweiz die Gehäuse für Armbanduhren mittlerer Qualität fast ausschließlich aus diesem robusten und ansehnlichen Werkstoff gefertigt. Um Abnutzungen vorzubeugen, stattete man später auch die Goldplaqué-Uhr mit Edelstahlboden aus.

Auch Werkstoffe mit besonderen technischen Eigenschaften oder ästhetischen Wirkungen wurden für Armbanduhrgehäuse verwendet. Das kratzfeste Gehäuse von Rado oder das Titangehäuse von IWC sind hier als Beispiele zu nennen.

Schließlich findet man in jüngster Zeit auch Kunststoffgehäuse, die sich besonders rationell und kostengünstig herstellen lassen.

Ähnlich wie die Gehäuse unterlagen auch die Zifferblätter als »Gesichter« der Uhr infolge von Modeströmungen (aber auch Rationalisierungen in der Herstellung) vielfältigen Veränderungen.

Waren es in den Anfangsjahren zumeist Emailzifferblätter, die das Gesicht der Armbanduhr prägten, wurden ab den 20er Jahren vermehrt auch Metallzifferblätter verwendet, die galvanisch oberflächenbehandelt oder lackiert wurden. Die Teilungen wurden aufgedruckt, aufgesetzt, graviert, geätzt oder geprägt.

An dieser Stelle ist noch ein kurzer Hinweis auf die Armbanduhr mit Leuchtzifferblatt und -zeiger notwendig. Ebenso wie die Uhren aus den beiden Weltkriegen waren auch manche sportlichen Armbanduhren damals recht großzügig mit Leuchtfarbe ausgestattet. In den 50er Jahren wurde jedoch mehr und mehr die Problematik radioaktiver Leuchtstoffe erkannt. Gesetzliche Regelungen in

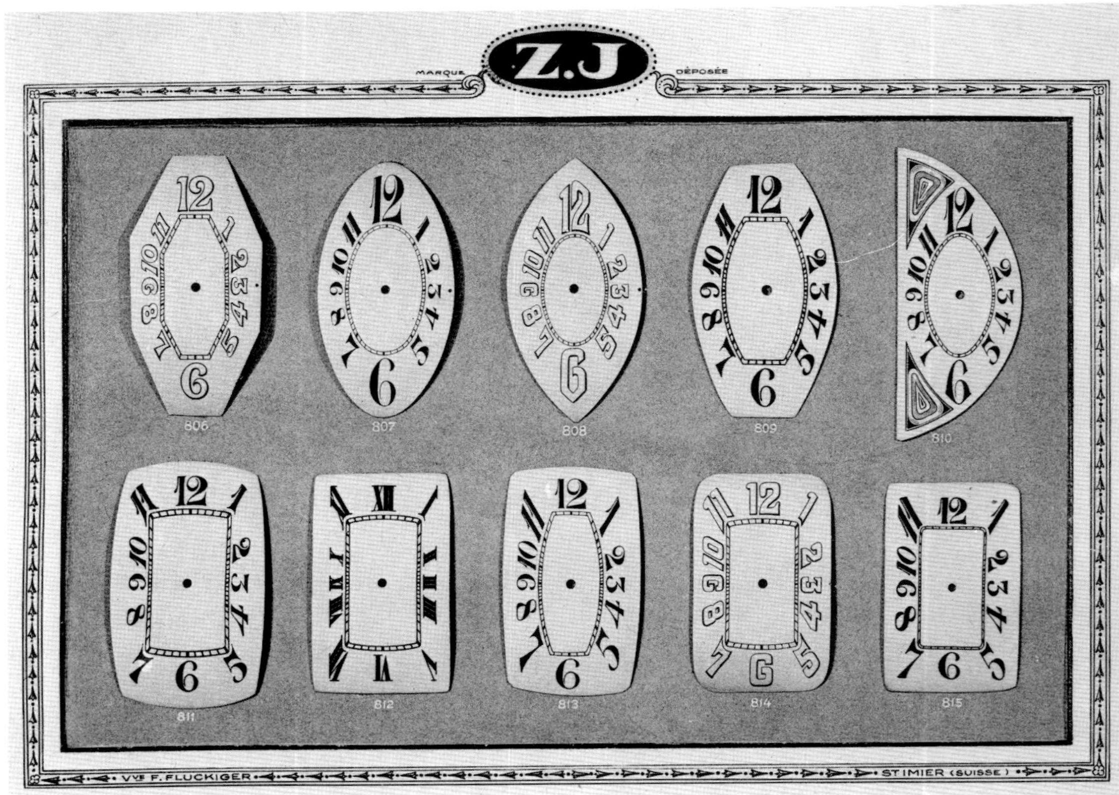

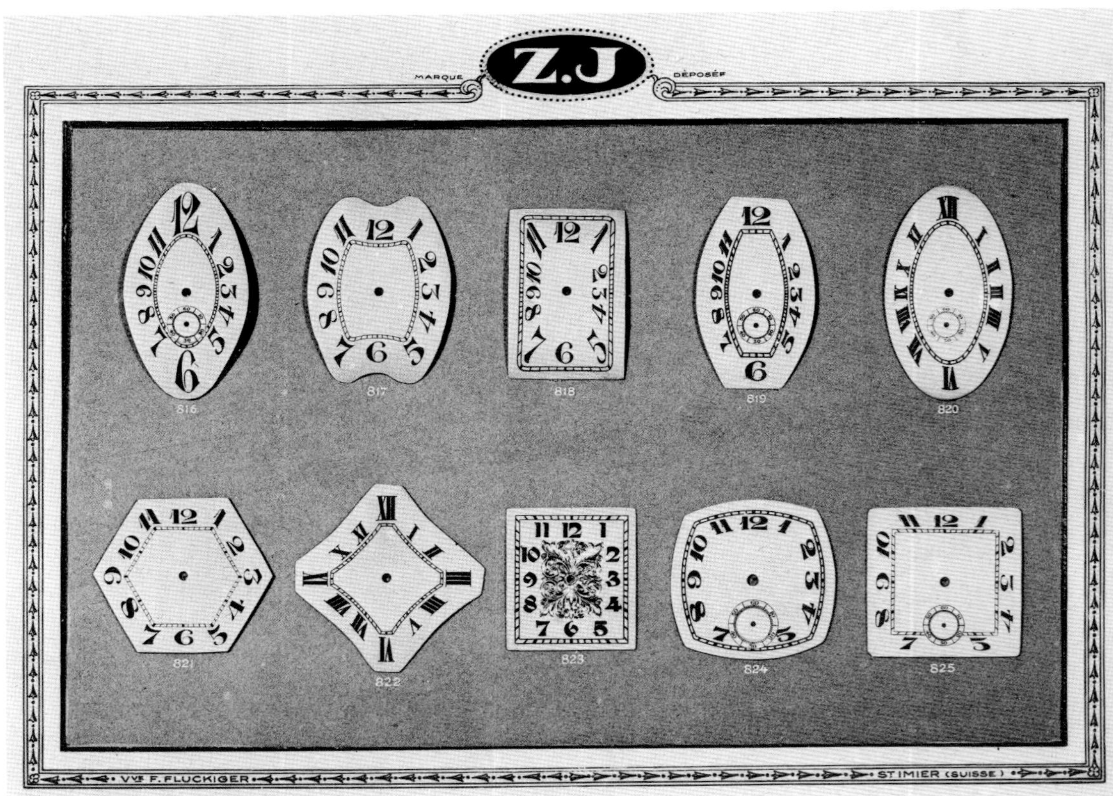

186, 187 Die »Sturm- und Drangzeit« der Armbanduhr, dargestellt am Beispiel des Zifferblattes. Angebote aus der Zeit um 1920.

188, 189 Zwei Armbanduhren mit zeittypischen Zeigern:
Abb. 188: Form »Modernes«, englisches Silbergehäuse und Schweizer Werk, um 1920
Abb. 189: Dauphinezeiger, Omega »Constellation« von 1954

188

189

Rechts oben:
190 Goldene Armspange mit Vorrichtung, eine Damen-Taschenuhr zu befestigen. Gold-Emailuhr mit Zylinderwerk, um 1840.

Verbindung mit erhöhter Sensibilisierung der Käufer haben bewirkt, daß die praktische, vordem weit verbreitete Armbanduhr mit Leuchtziffern, von Spezialuhren abgesehen, seit 1960 bedeutungslos wurde.
Billige Armbanduhren der jüngeren Zeit besitzen schließlich Zifferblätter aus Kunststoff. Die Hersteller hochwertiger Armbanduhren gaben ihren Produkten zum Teil »Gesichter« aus Edelmetallen oder Edelsteinen.
Armbanduhren um 1925 hatten meist Birnenzeiger, daneben gab es Kathedralzeiger, Breguet-Zeiger und als vierte Variante Zeiger der Form »Modernes«. Uhren mit Leuchtzifferblatt waren mit Skelettzeigern ausgestattet, die den Birnenzeigern ähnelten (weitere Beispiele hierzu s. Seite 482 f.). In den folgenden Jahren entstand eine große Zahl von Phantasiezeigern. Viele Modelle verschwanden rasch wieder, andere zeigten die Tendenz, »klassisch« zu werden. Um 1960 wurden die sogenannten Dauphinezeiger von den verschiedenen Formen der Stabzeiger abgelöst. Viele alte Armbanduhren haben nicht mehr ihre originalen Zeiger. In manchen Fällen bemerkt auch der aufmerksame Laie den Stilbruch, in anderen wird allerdings selbst der Fachmann unsicher.
Das Gesicht einer Uhr entscheidet oft über ihre Absatzchancen, das gilt für den allgemeinen Uhrenmarkt ebenso wie für den Sammlermarkt. Liebe auf den ersten Blick zu einer bestimmten Armbanduhr, jenseits aller technologischen und ökonomischen Rationalität, wird häufig vom äußeren Gesamteindruck ausgelöst: von Gehäuse, Zifferblatt und Zeigerform.

Uhrarmbänder und Armbandvarianten

Bei der Armbanduhr bilden Uhr und Armband eine Einheit. Uhrarmbänder sollten sicher und bequem, haltbar und modisch sein, Forderungen, die in der Praxis allerdings nicht immer zum Einklang gebracht werden konnten. Auch wenn das Band wesentlich zum Gesamteindruck beiträgt, gegenüber der Uhr spielt es eher eine sekundäre Rolle. Dies gilt allerdings nicht für besondere Formen der Schmuckuhr.
Hier ist es möglich, daß die Uhr gegenüber edlen Steinen oder Finessen der Goldschmiedekunst in den Hintergrund tritt, im Grenzfall sogar zum ornamentalen Element des Armbandes wird. Deutlich läßt sich das bei

190

manchen ausgefallenen Schmuckstücken im Art-Deco-Stil der Zeit um 1925 erkennen, als Uhren mit kleinen Zifferblättern in Gehäuse eingebaut wurden, die ihrerseits zusammen mit dem Armband zu einer gestalterischen Einheit verschmolzen. Eine genauere Beschreibung dieser und ähnlicher Schmuckuhren würde den Rahmen des Beitrags sprengen, da die Darstellung auf kunstgeschichtliche und materialkundliche Aspekte eingehen müßte. Es dürfte jedoch in unserem Jahrhundert kaum eine Variante des Armschmucks gegeben haben, die nicht auch in irgendeiner Art und Weise mit der Uhr kombiniert worden ist. Allerdings, und das macht eine Abgrenzung wieder schwierig, wurden in anspruchsvolle Armbänder oft kleine und kleinste Uhrwerke hoher Qualität eingebaut, wie die Durchsicht der Kataloge des Hauses Patek Philippe und anderer führender Uhrenmanufakturen belegt.
Die Vielfalt der Uhrarmbandformen entzieht sich einer strengen Systematik. Schon vor 1900 gab es metallene Bänder aus Gold, Silber, Tula, Doublé und Stahl, aus späterer Zeit wären vor allem noch Edelstahl- und verchromte Armbänder zu nennen. Schon früh kamen auch Lederbänder auf. Sie haben sich, ebenso wie die Metallbänder, bis heute ge-

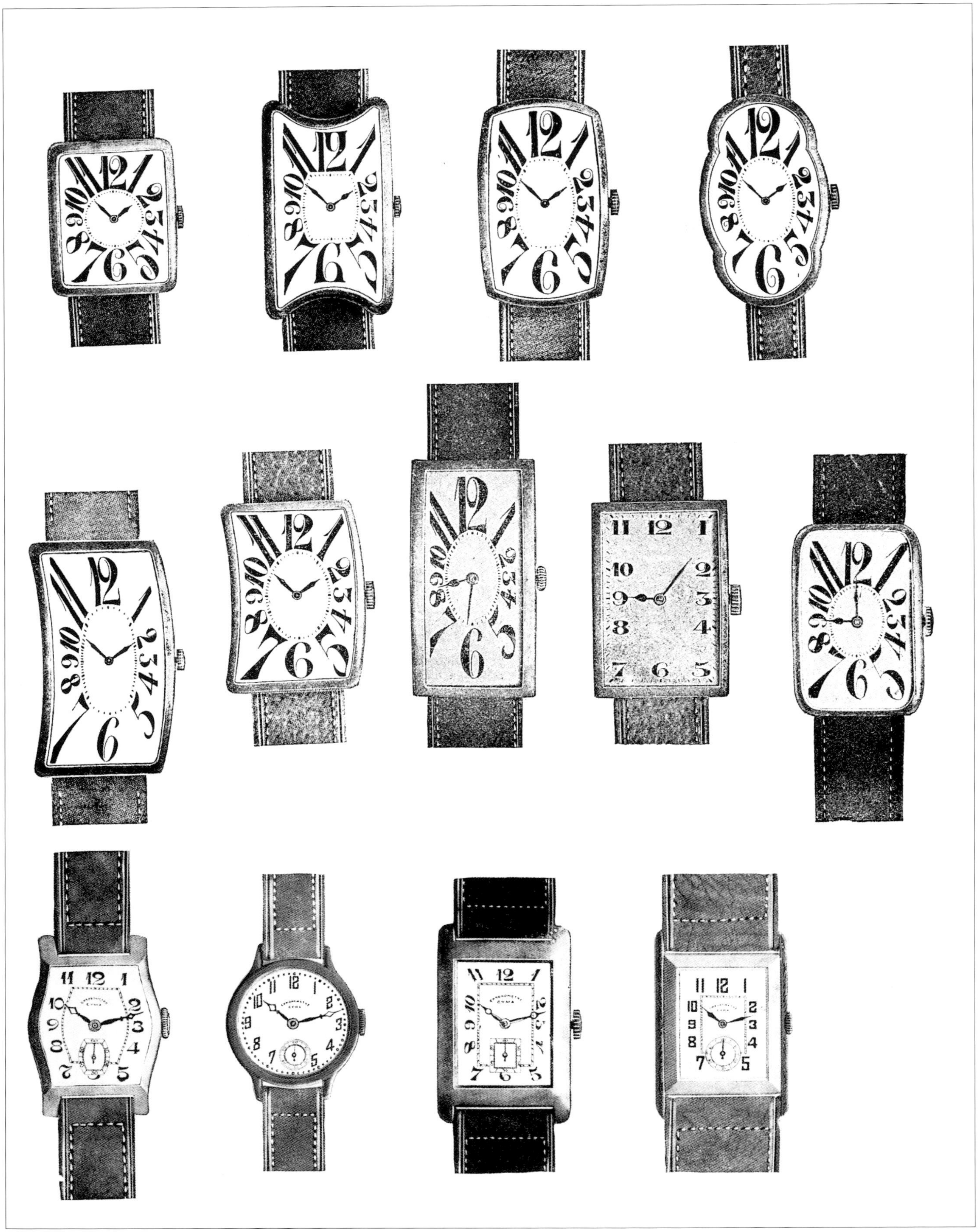

191 Schweizer Uhren (von oben nach unten): Astoria, Genf, 1917; Avia, La Chaux-de-Fonds, 1917; Cyma, La Chaux-de-Fonds, um 1925

192 Tavannes-Uhren, Schweiz, 1931 ▷

TAVANNES

halten, während Textilien und später Kunststoffe weniger Bedeutung gewannen.
Von der Trageweise her gesehen kann man unterscheiden zwischen dem festen Band, das geöffnet werden muß, wenn die Uhr abgelegt wird, und anderen Formen, die über den Handrücken gestreift werden. Zur letztgenannten Gruppe gehört die Uhr am massiven Armreif ebenso wie das flexible Gliederband. Als Sondergattung wäre noch die federnde offene Armspange zu nennen, die von der Seite her über das Handgelenk geschoben wird. Diese Variante gab es bereits vor 1900, vereinzelt aber auch noch 1925 und wieder, besonders für Herren, nach 1950.
Unterschiede lassen sich ferner zwischen Bändern für Damen- und Herren-Armbanduhren erkennen. Die kleineren und leichteren Damenuhren erlaubten im Regelfall schmalere Armbänder, die zudem stärker der Mode unterworfen waren, was allerdings nicht ausschließt, daß auch beim Herrenband von Modeströmungen gesprochen werden kann. Schließlich könnte noch differenziert werden zwischen der Normalform, die fest mit der Uhr verbunden ist, und anderen Konstruktionen, die das alternative Tragen einer Uhr am Arm wie als Taschenuhr erlaubt haben.

Die folgende Darstellung geht chronologisch vor, sie gliedert die Armbandformen vorwiegend nach der Zeit ihres Auftretens.
Der zu seiner Zeit bekannte Fachschriftsteller M. Loeske schreibt 1926 in einem Rückblick auf die Uhren der letzten fünfzig Jahre über die Uhrarmbänder: »Die ersten Armbanduhren waren in steifen, ovalen Bändern aus Doublé, Silber und Gold befestigt. Dann waren eine Zeitlang Bänder in Kettenform beliebt.« Dem Übelstande, daß die starren Armbänder gedrückt haben, »suchte man mit dem gegen 1890 aufgekommenen Bande mit scherenförmig angeordneten Gliedern, das also dehnbar war, abzuhelfen ...«.
Nach 1900 kam das erste Band auf, das vermutlich eigens für die speziellen Anforderungen der Armbanduhr entwickelt worden war, das schmale bis mittelbreite ausziehbare Gliederarmband (»Feder-Zieh-Armband«), anfangs mit wenigen, relativ langen, später mit mehreren kürzeren (starren) Einzelgliedern. Seit 1908 wurden Gliederbänder von deutschen und Schweizer Produzenten in der Werbung stark herausgestellt. Der nächste Entwicklungsschritt war vollzogen, als kurz vor 1920 das »dehnbare, flachspiralförmige« Armband auf den Markt kam, das anfangs direkt am Bügel der Uhr eingehakt und befestigt wurde.
Die folgenden Jahrzehnte dienten bei den metallenen Bändern vor allem der Perfektionierung bekannter Grundformen. Spezielle Arten des Gleitverschlusses wurden entwickelt, die es ermöglicht haben, das feste Band rasch dem Handgelenk anzupassen und sicher zu schließen. Bei den Scherenbändern verschwanden die störenden Lücken zwischen den Gliedern. Es gelang, dehnbare Armbänder ohne Löt- oder Nietverbindungen zu schaffen. Beim feingliedrigen Elastikband wurde vor allem darauf geachtet, daß Herausnahme oder Einfügen von Einzelgliedern beim Anpassen schnell und einfach durchgeführt werden konnten. Ermüdungsfreie Federwirkung sicherte auf längere Zeiträume den angestrebten »weichen Zug«, der das Band an den Arm schmiegt, ohne zu drücken.
Bei den ledernen Armbändern wurde in den Jahren vor 1914 als Material Schweinsleder bevorzugt, manchmal mit Steppmustern. Herrenuhren hatten schmalere Bänder als heute. Meist hat man ein Lederband durch beide Bügel hinter der Uhr durchgeführt, so daß sich zwischen Arm und Uhr eine gelegentlich sogar der Uhrenform angepaßte Lederzwischenlage befand. Doch auch die heutige Art, zwei kürzere Bänder beidseitig an der Uhr anzubringen, wurde damals schon praktiziert. Lange war es üblich, das Lederband durch Kleben und Nähen zu befestigen, in anderen Fällen wurde es vernietet oder angeknöpft. Am Verschluß des Lederbandes hat sich wenig verändert, als Sonderform sei noch auf den um 1920 beliebten Druckknopfverschluß hingewiesen. Die Uhrmacher haben sich nur zögernd bereitgefunden, das Lederband in ihr Sortiment aufzunehmen. Noch im Jahre 1928 heißt es in »Die Uhrmacher-Woche«: »... das Annähen der zweiteiligen Bänder an die Armbanduhr ist eine einfache Sache, trotzdem wird diese Arbeit häufig dem Sattler überlassen.«
Zwischen 1920 und 1940 trugen viele Damen ihre Uhren am Stoffband aus Rips, Moiré oder Brokat. Modefarben waren Schwarz und zeitweise auch Himmelblau. Das Kordelband, um 1930 aus Textilien, später aus Leder, fällt unter die kurzlebigen Armbandformen, das gleiche gilt für das nach 1950 aufgekom-

193 Kombination von Lederband und Haltevorrichtung aus Metall, 1913

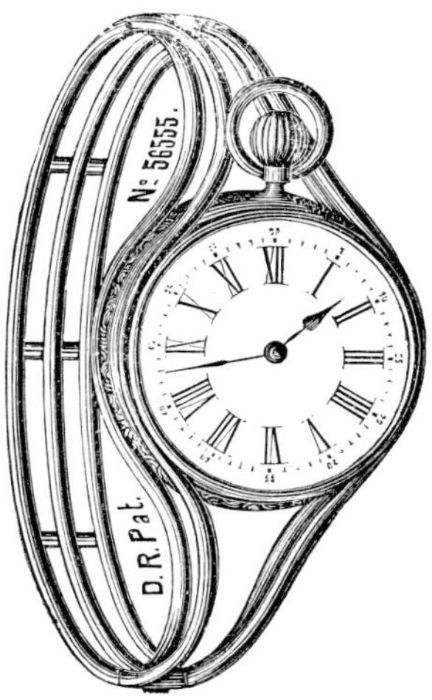

194 Die Uhr wird zwischen federnde Drahtbügel eingeklemmt – eine »Patentlösung« aus dem Jahre 1891.

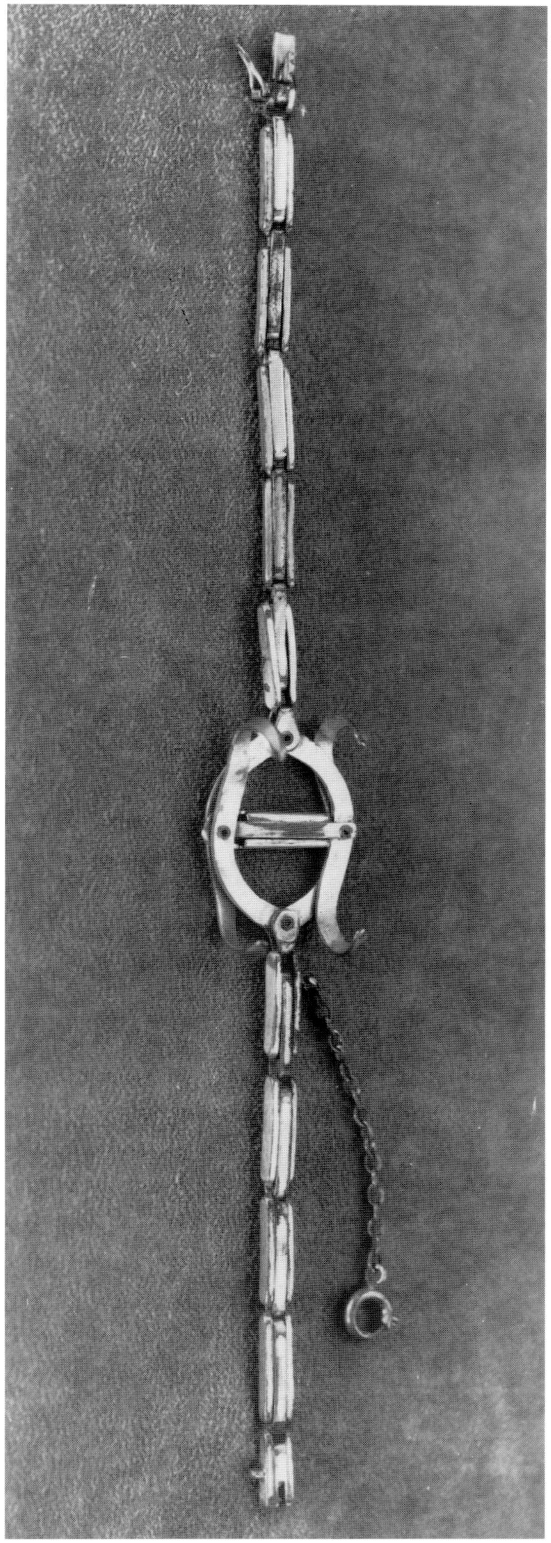

195 Frühe Form des elastischen Gliederarmbandes ESZEHA-Uhrklammer, Erfinder Karl Scheufele I. Es konnte jede kleine Taschenuhr in der Klammer befestigt und als Armbanduhr getragen werden. Die Uhrklammer wurde in Gold, Doublé und Silber um 1910 gefertigt. ▷

mene und zeitweise recht verbreitete Band aus Nylon- oder Perlongeflecht.

Viel Scharfsinn wurde aufgewandt, um Armbandformen zu finden, die es erlaubt haben, vorwiegend die Damen-Taschenuhr, aber auch Herrenuhren, ohne Umarbeitung am Arm tragen zu können. Am weitesten verbreitet bei beiden Geschlechtern im beruflichen Alltag war das breite Lederkapselband, die Zeit seiner Verwendung umfaßt ein halbes Jahrhundert, von 1880 bis 1930. Die »Deutsche Uhrmacher-Zeitung« spricht bereits 1896 von den »bekannten Lederarmbändern mit Uhrkapsel«. Selbst Herren-Taschenuhren mit 20 Linien Werkdurchmesser trug man damals in klotzigen Ledergehäusen am Arm. Das Uhrglas wurde gelegentlich noch durch ein aufgelegtes Drahtgitter besonders geschützt. Der Verkauf dieser Armbänder lag bei den Sattlern. Ein Uhrmacher der damaligen Zeit behauptet sogar, der eigentliche Anstoß, die Uhr am Handgelenk zu tragen, sei nicht von der Uhrenindustrie, sondern vom Ledergewerbe ausgegangen.

Andere Möglichkeiten einer Umwidmung der Taschenuhr bestanden darin, diese in eine Art federnden Drahtkäfig einzuspannen oder zwischen zwei Metallringe zu legen und festzuklemmen. Bei einem anderen Modell, bestehend aus einer Metallkapsel am Doubléband, wird darauf hingewiesen, daß jetzt jede Damenuhr, aus welchem Metall sie auch bestehen mag, das Aussehen einer goldenen Uhr erhält. Schließlich müssen auch noch die verschiedenen Systeme Erwähnung finden, bei denen die Uhr von vier krallenartig geformten Elementen festgehalten wird, die nach dem Einpassen arretiert werden.

Ein besonders ausgefeiltes Modell dieser Art preist 1913 eine Bijouteriefirma mit folgenden Worten an: »In beliebiger Größe und Höhe lassen sich bei diesem sinnvoll konstruierten Uhrhalter, welcher sich durch einen Druck auf den Hebel in zehn verschiedene Lagen verstellen läßt, absolut sicher und bequem die Uhren einfügen und ebenso bequem herausnehmen.« Den Herren Juwelieren und Uhrmachern wird in einer anderen Annonce empfohlen, ihre auf Lager befindlichen Taschenuhren, die wegen der Armbanduhrenmode nicht mehr gekauft werden, auf diese Weise umzurüsten.

Die Zeitschrift »Die Uhr« widmet dem Uhrarmband 1963 ein Sonderheft, weil, wie die

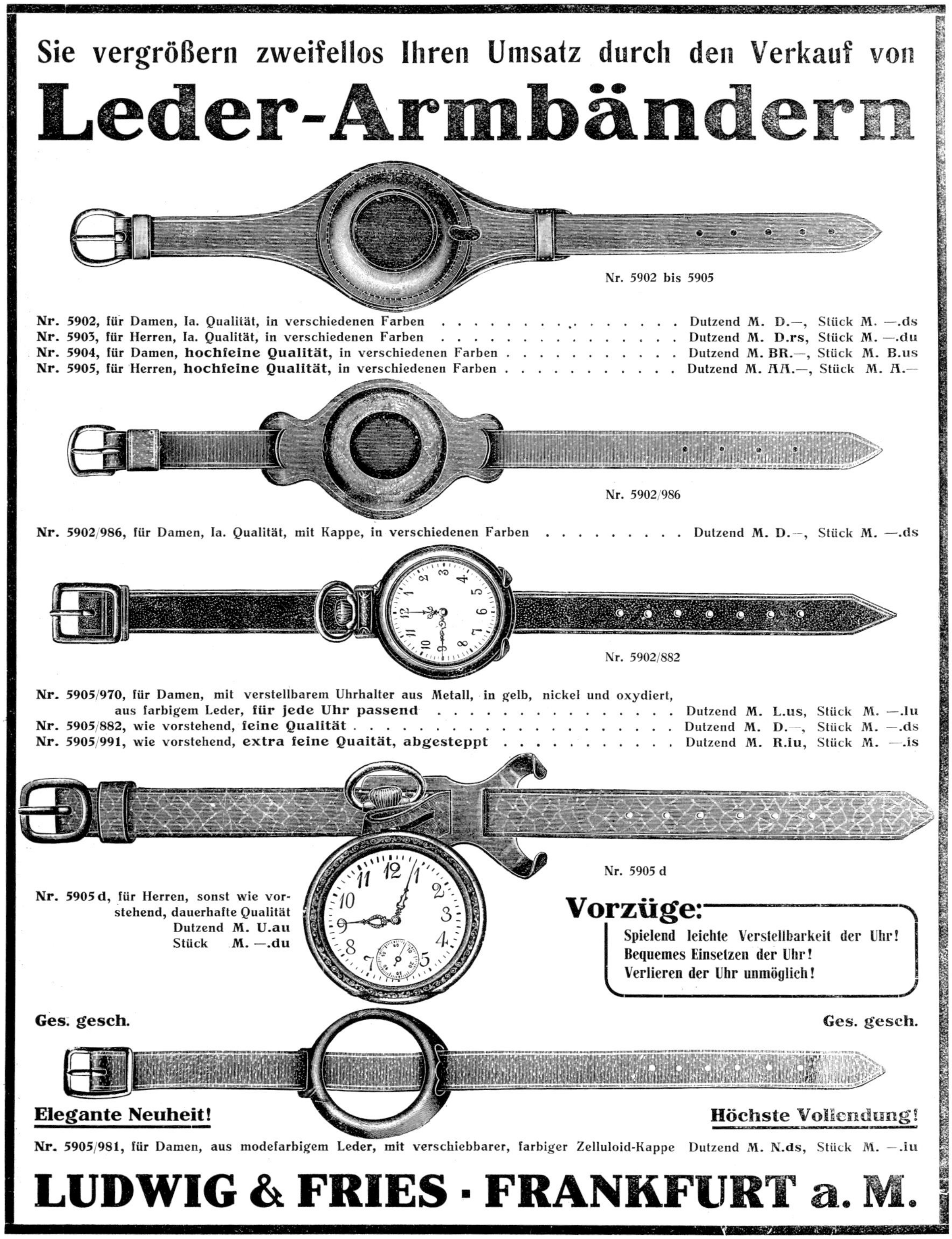

196 Das Leder-Kapselband; zwischen 1880 und 1930 im Berufsleben wohl die gebräuchlichste Art, eine Taschenuhr als Armbanduhr zu tragen. Anzeige von 1913.

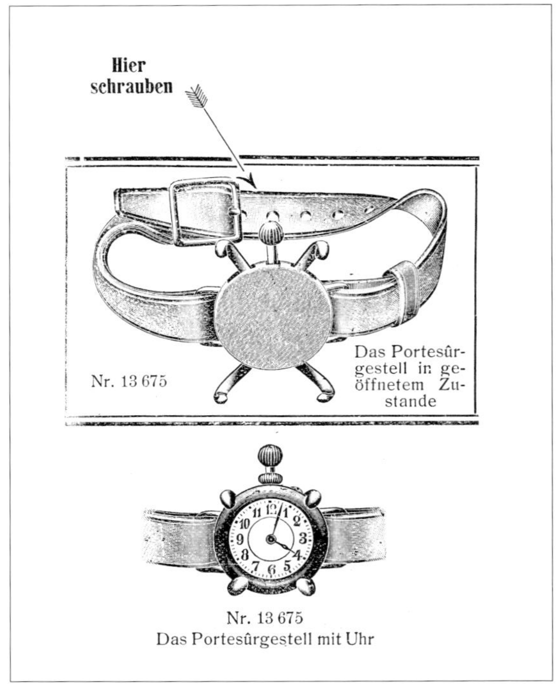

197 Das Portesûrgestell; ein weiteres der vielen Systeme, Taschenuhren zu Armbanduhren umzuwandeln. Es ist kein Zufall, daß die meisten hier abgebildeten Beispiele von 1913 stammen, denn in diesem Jahr war das Angebot verwirrend groß. Das läßt Rückschlüsse zu auf die Beliebtheit der Armbanduhr kurz vor Ausbruch des Ersten Weltkrieges.

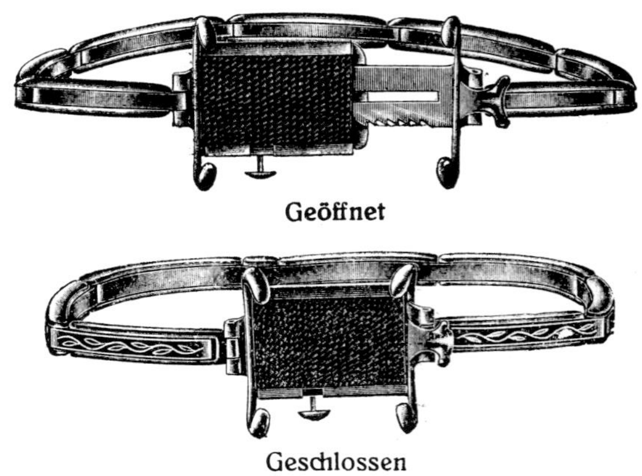

198 Halterung, die sich der Größe der Uhr anpassen läßt, kombiniert mit einem Gliederarmband, 1913.

199 Uhren- und Armbandformen des Jahres 1913. Bei den Damenuhren war das schmale elastische Gliederband aus Metall verbreitet, bei den Herrenuhren das schmale Lederband.

200 Spiralband zum Einhängen in die Bügel der Armbanduhr. »Fest und sicher haftend, ersetzt gleichzeitig das Schloß«, heißt es in der Anzeige der Firma Flume aus dem Jahre 1918.

Redaktion meint, das Band sowohl bei der neuzeitlichen Gestaltung der Armbanduhr als auch für den Fortschritt der praktischen Verwendung dieses Uhrentyps einen wesentlichen Faktor darstellt. In der Bundesrepublik haben sich damals knapp fünfzig Firmen mit der Herstellung dieses Artikels befaßt, der auch bei den Uhrmachergeschäften zu einem bedeutsamen Umsatzträger geworden war. Wenn gegenwärtig in Fachzeitschriften neue mechanische Armbanduhren getestet und vom Gesamteindruck her beurteilt werden, gilt die Aufmerksamkeit dem Armband ebenso wie der meist mit Firmensignum versehenen Schließe.

Die Gehäuse vieler früher Armbanduhren lassen erkennen, daß die Drahtbügel für die Bänder erst nachträglich befestigt wurden. Später hat man die entsprechenden Haltevorrichtungen (Bandanstöße) bereits beim Entwurf berücksichtigt, sie wurden produktionstechnisch zu einem festverbundenen Teil des Gehäuses. In dafür vorgesehene Löcher werden häufig Federstege eingesetzt, die das Armband tragen. Dieses Verfahren ist bei leichten Uhren geeignet, bei schwereren Uhren hingegen sind Federstege oft nicht sicher genug. Eine Herrenuhr im rechteckigen Silbergehäuse aus dem Jahre 1920 mit Handaufzug wiegt knapp 20 Gramm, eine goldene Eterna-Matic von 1960 bringt es auf 35 Gramm und ein Chronograph mit automatischem Aufzug von 1990 im Edelstahlgehäuse hat ein Gewicht von über 55 Gramm. Eine gängige Lösung besteht darin, die Verbindung zwischen Uhr und Band von der Seite aus durch Schrauben zu verstärken, was übrigens bereits 1907 bei einem Scharniergehäuse von der Firma Müller & Vaucher in Biel praktiziert wurde.

Die Entstehung der deutschen Fertigung

Wer die Geschichte der in Deutschland produzierten Armbanduhr verfolgt, stößt auf zwei Entwicklungslinien – die eine geht von den Uhrenfabrikanten aus, die andere vom Bijouteriegewerbe. Regional gesehen findet man Armbanduhrenfertigung in Schramberg und Schwenningen, in Ruhla und Glashütte, eine dritte Gruppe von Unternehmen konzentriert sich auf Pforzheim und Schwäbisch Gmünd.

Wenn die Glashütter Taschenuhr einmal außer Betracht bleibt, dann gilt bis 1930 uneingeschränkt die Aussage, daß die Stärke der deutschen Uhrenfabriken im Bereich der Großuhren lag. Das weltweit verkaufte Sortiment reichte von der Dielenuhr über den Federzug-Regulator bis zum Wecker. Die Taschenuhren traten in ihrer Bedeutung weit hinter die Großuhren zurück, als Etappe auf dem Weg zur Armbanduhr hingegen sind sie wichtig, so daß an dieser Stelle ein Hinweis auf in Deutschland gefertigte Taschenuhren notwendig erscheint.

Erfolge bei der Miniaturisierung von Wecker- und Einsteckwerken – für den Bezirk Schwenningen wäre hier an das sogenannte *Bee-Werk* zu erinnern – haben um die letzte Jahrhundertwende bei einigen Uhrenfabriken dazu geführt, auch billige Taschenuhren mit Stiftankergang und Körnerunruh in ihr Fertigungsprogramm aufzunehmen. Diese einfachen Uhren wurden vor dem Ersten Weltkrieg teils exportiert, teils im Inland über besondere Vertriebswege als Basar- und Jugenduhren abgesetzt.

Ähnlich verlief die Entwicklung bei der Firma Thiel in Ruhla. Anfangs wurden Spielzeuguhren produziert, vor 1890 Billigst-Taschenuhren mit 12 Stunden Laufdauer zum Endverkaufspreis von 3 Mark, später preiswerte und technisch anspruchslose Gebrauchstaschenuhren. Genannt werden muß jedoch die Firma Thiel vor allem deshalb, weil in Ruhla der säkulare Trend zur Armbanduhr im Vergleich zu anderen Uhrenfabriken schon früh erkannt und genutzt worden ist. Thiel baute schon vor dem Ersten Weltkrieg kleine Taschenuhrkaliber in spezielle Armbanduhrgehäuse ein. Ein Hinweis, daß ab 1913 auch die zum Junghans-Konzern gehörende Uhrenfabrik Thomas Haller (Schwenningen) billige Armbanduhren gefertigt hat, konnte noch nicht nachgeprüft werden.

Ein anderes Konzept, eine Art Doppelstrategie, vertrat die größte deutsche Uhrenfabrik, Junghans in Schramberg. Ähnlich wie andere Uhrenhersteller versuchte auch Junghans, von der Technologie des Amerikanerwerks ausgehend, zur Taschenuhr vorzustoßen. Doch ebenso wurde im ersten Jahrzehnt unseres Jahrhunderts intensiv an der Konstruktion anspruchsvollerer Taschenuhrwerke gearbeitet mit dem Ziel, auf dem Markt für Gebrauchsuhren mittlerer Qualität mit der Schweiz konkurrieren zu können. Im Jahre 1907 brachte Junghans eine siebensteinige Taschenuhr mit Ankerhemmung auf den Markt, drei Jahre später eine Uhr mit Brückenwerk, Kompensationsunruh und 15 Steinen.

Kleine Taschenuhrwerke aus eigener Produktion in Armbanduhrgehäusen verkaufte die Firma Junghans bereits 1927. Die erste Kollektion von (Herren-)Armbanduhren stellte dieses Haus im Jahre 1930 der Öffentlichkeit vor. Die runden $10^{1}/_{2}$linigen Ankerwerke hatten 15 Steine und Bimetallunruh und unterschieden sich somit von den damals in Deutschland noch vorwiegend hergestellten, bzw. remontierten Stiftanker- und Zylinderuhren.

Rückblickend wird erkennbar, daß die deutschen Uhrenfabriken sich nur zögernd auf die neue Uhrengattung eingestellt haben. Vielleicht waren sie noch beeindruckt von den Schwierigkeiten, die beim Bau von Taschenuhren aufgetreten waren, vermutlich hatten sie aber auch die Armbanduhr falsch eingeschätzt und allzulange als kurz-

201 Früheste bisher bekannte Anzeige einer deutschen Uhrenfabrik, in der die Armbanduhr besonders herausgestellt wird. Thiel in Ruhla, 1915.

lebige Modetorheit abgetan. Auch das Haus A. Lange in Glashütte nutzte nicht die Chance, Armbanduhrwerke zu entwickeln, die qualitativ mit den Taschenuhren dieser Manufaktur vergleichbar gewesen wären. Viele mit Lange signierte Armbanduhren aus den 1930er Jahren enthalten Rohwerke der Schweizer Uhrenfabrik Altus in Biel. Im Jahre 1925, als die Schweiz schon jährlich Millionen Armbanduhren exportierte, nennt eine deutsche Uhrenfabrik in einer Werbeschrift die Armbanduhr immer noch »zweckwidrig«, ja »eine Barbarei«.

Im Annoncenteil der Uhrmacherzeitschriften haben deutsche Uhrenfabriken erstmals 1914 (Thiel) Armbanduhren im Bild vorgestellt, es folgten Thomas Ernst Haller (1928), Junghans (1930) und Kienzle (1932). Die erste »reine« Armbanduhren-Anzeige brachte wiederum Thiel (1925), obwohl bereits 1913 vor allem die Schweizer Marken Eterna und Omega eine wahre Anzeigenkampagne für die Armbanduhr gestartet hatten.

Während bei den klassischen deutschen Uhrenfabriken die Armbanduhr ebenso wie vorher die Taschenuhr dazu diente, das Sortiment in Richtung Kleinuhren auszuweiten, entwickelte sich die Pforzheimer und Schwäbisch Gmünder Produktion aus der Schmuckwarenindustrie heraus. Betriebe, die bisher Taschenuhrgehäuse und Uhrketten aus Golddoublé und Edelmetall produziert hatten, stellten sich bereits vor dem Ersten Weltkrieg auf die neue Situation ein und belieferten Schweizer Fabriken mit Armbanduhrgehäusen und Armbändern.

Als die Schweiz dann um 1920 dazu überging, die Einfuhr von Gehäusen zu begrenzen, entschlossen sich Pforzheimer Unternehmer zu der zudem noch zollgünstigeren Lösung, fertige Schweizer Uhrwerke zu importieren und in eigene Gehäuse einzubauen.

Wenige Jahre später erfolgte dann der zweite Schritt, der Übergang vom Einbau fertiger Werke zur Remontage, dem fabrikmäßigen Zusammensetzen der Uhrwerke aus vorgefertigten Einzelteilen. Nach einer Schätzung Schweizer Firmen wurden 1927 etwa 700000 Rohwerke nach Pforzheim geliefert.

Ein dritter Entwicklungsabschnitt bahnte sich vor 1930 an, weil nur noch bestimmte Firmen ein wertmäßig begrenztes Kontingent Schweizer Rohwerke erhalten sollten. Dies zwang die deutschen Unternehmen zur Eigenentwicklung, wobei man sich in der Anfangszeit an Schweizer Vorbildern orientierte.

Auf die Probleme der ersten Jahre des Übergangs von der Schmuck- zur Uhrenfertigung weist ein zeitgenössischer Bericht (1933) hin: »Während die Fabrikation von Uhrgehäusen der Pforzheimer Bijouterie-Industrie nahe verwandt war, machte es sich sofort sehr ungünstig bemerkbar, daß die Facharbeiter fehlten, um die sogenannten Schablonen zu remontieren ... An der Schwierigkeit, Remonteure zu bekommen, scheiterte eine raschere Entwicklung der Uhrenindustrie. Da auch die Uhren-Rohwerke damals noch nicht die heutige technische Ausarbeitung aufwiesen, so war es nur wenigen Firmen vergönnt, eine gute Uhr herauszubringen ...«

Kurz vor dem Zweiten Weltkrieg hatte sich die Pforzheimer und Schwäbisch Gmünder Industrie zu einer Spezialindustrie für Armbanduhren entwickelt. In diesen beiden Orten wurden über 70% aller in Deutschland fertiggestellten Armbanduhren produziert. Während vor 1930 noch die Zylinderuhren überwogen hatten, gewann danach die Ankeruhr an Boden. Da die eigene Rohwerkfertigung den Bedarf nicht decken konnte, wurden weiterhin Schweizer Werke remontiert, aber auch solche von Schwarzwälder und Glashütter Betrieben.

Nur schwer lassen sich genaue Daten darüber finden, wer zuerst in Deutschland selbständig für den Verkauf bestimmte Armbanduhrwerke entwickelt hat. Die »Deutsche Uhrmacher-Zeitung« schreibt dazu 1930: »Die Glashütter Armbanduhr ›Tutima‹ ist die erste in Deutschland ganz hergestellte Armbanduhr, die von der Uhrenroh-Werke-Fabrik Glashütte (Urofa) nach den neuesten Fabrikationsverfahren gebaut wird.« *Tutima* war das Markenzeichen der Uhrenfabrik Glashütte AG (UFAG), die im Dezember 1926 gleichzeitig mit der Uhren Rohwerke Fabrik (Urofa) gegründet worden war. Die ersten Eigenentwicklungen waren zwei Damenwerke der Größe 8 3/4'''. Kaliber 51 mit Zylindergang wurde von 1928/29 bis 1932 gefertigt, Kaliber 52 mit Ankerhemmung in verschiedenen Varianten mit bis zu 16 Steinen von 1929 bis 1945.

Auch die Firma J. Bidlingmaier in Schwäbisch Gmünd begann schon früh (1928) mit der Herstellung von Rohwerken für den eigenen Bedarf und gehört deshalb ebenfalls hier genannt. Besondere Aufmerksamkeit bei deutschen Uhrmachern fand 1934 neben den runden 8¾- bzw. 10½ linigen Armbanduhrwerken von Junghans auch das erste Rohwerk der Pforzheimer Uhren Rohwerke GmbH (PUW), ein 15steiniges 8¾-Anker-Formwerk für Herren-Armbanduhren und Urofa Kaliber 58, ein Raumnutzwerk mit Sekunde der Größe 9×13‴.

Der Stand von 1934 wird hier in Anlehnung an eine Übersicht der »Deutschen Uhrmacher-Zeitung« dokumentiert. Danach hatten folgende Firmen Armbanduhrwerke für die eigene Erzeugung und/oder für die Remontage entwickelt (s. Statistik, Abb. 203).

Eine Übersicht der Kaliber (Form und Größe der Werke), die von deutschen Uhrenfabriken verwendet wurden, veröffentlichte 1939 die Zeitschrift »Die Uhrmacher-Woche« in Fortsetzungen. Der Werkführer nennt Größe, Hersteller, Fabrikzeichen und Kaliber-Nummer, enthält Abbildungen der einzelnen Werke (Front- und Rückseite) und in einzelnen Fällen noch weitere Angaben. Beson-

Hersteller	*Größe (Linien)*	*Form*	*Hemmung*	*Anzahl der Steine*
Gebrüder Thiel,	12	rund	Stiftanker	–
Ruhla	10	rund	Stiftanker	3
Gebrüder Junghans,	10½	rund	Anker	15
Schramberg	8¾	rund	Anker	15
	10½	rund	Zylinder	1 oder 6
	8¾	rund	Zylinder	6
Kienzle Uhrenfabriken,	13	rund	Stiftanker	–
Schwenningen	12	rund	Stiftanker	–
	10½	rund	Stiftanker	4
Müller-Schlenker, Schwenningen	12½	rund	Stiftanker	–
Schätzle & Tschudin, Pforzheim	9	rund	Zylinder	10
Uhren-Rohwerke-Fabrik,	10½	rund	Anker	7/15
Glashütte	8¾	rund	Anker	11/15/16
	5¼	ovalisiert	Anker	11/15/16
	8¾	rund	Zylinder	10
J. Bidlingmaier,	10½	rund	Anker	7/15
Schwäbisch Gmünd	8¾	rund	Anker	7/15
	8¾	tonneau	Anker	7/15
	5¼	ovalisiert	Anker	7/15
Kasper & Co., Pforzheim	8¾	rund	Zylinder	2/6
Herm. Friedr. Bauer, Pforzheim	8¾	rund	Anker	7/11/15
Uhren-Rohwerke-Fabrik Maurer & Reiling, Pforzheim	10½	rund	Zylinder	0 oder 10
Pforzheimer Uhren-Rohwerke GmbH, Pforzheim	8¾	tonneau	Anker	15
Durowe GmbH,	8¾	rund	Anker	7/15
Pforzheim	5¼	ovalisiert	Anker	7/15

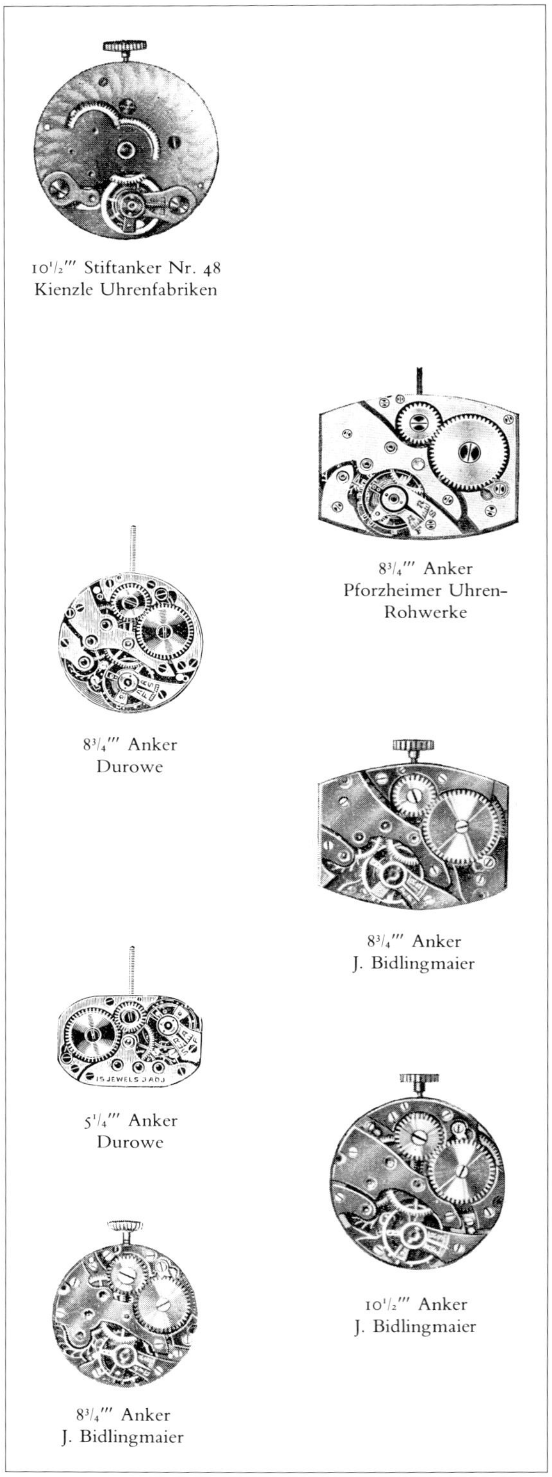

202 Armbanduhrwerke aus deutscher Produktion. Verschiedene Qualitätsstufen und Fabrikate. Stand des Jahres 1934.

◁ **203** Entwicklung von Armbanduhrwerken durch deutsche Firmen. Stand 1934.

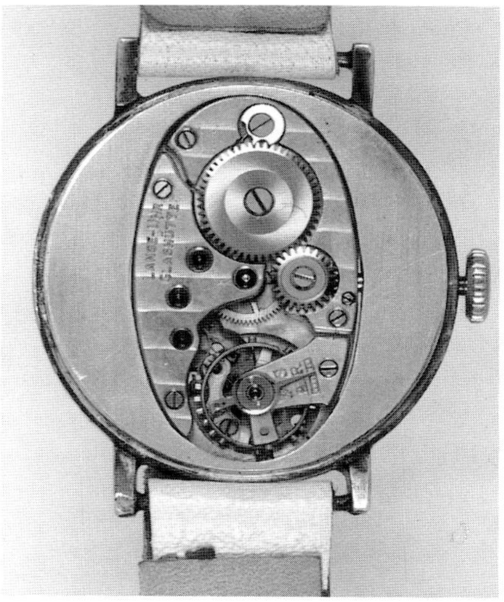

204

205

204, 205 Damen-Armbanduhren:
Abb. 204: Formwerk $6^1/_2'''$, signiert »Lange-Uhr Glashütte«, Ebauche von Altus, Schweiz, um 1935.
Abb. 205: $8^3/_4'''$, Signatur »Lange-Uhr Glashütte«, Ebauche von Altus, Schweiz, um 1935.

ders verbreitet waren danach runde Werke der Größen $8^3/_4$ und $10^1/_2$ Linien, außerdem für Damenuhren Formwerke mit $5^1/_4$ und für Herrenuhren solche mit $7^3/_4 \times 11$, bzw. $8^3/_4 \times 12$ Linien.

Über die Entwicklung während der Kriegsjahre liegen kaum Angaben vor. Wahrscheinlich diente nur ein geringer Teil der vorhandenen Fertigungskapazität weiterhin der Uhrenproduktion, vorwiegend für militärische Zwecke, ein anderer wurde für technologisch verwandte Kriegsgüter genutzt, für den Bau von Zündern und Steuerungen. Für das Militär entwickelte 1941 die Glashütter Uhrenindustrie einen Armband-Chronographen, der später auch in Serie hohe Anforderungen erfüllen mußte.

Die Zeit nach 1945

Nach dem Zweiten Weltkrieg hatte die Armbanduhren-Industrie der Bundesrepublik erneut Anschluß zu suchen an die Entwicklung der Schweiz. Es galt, einen Vorsprung von mehr als einem Jahrzehnt aufzuholen, sowohl technologisch wie kommerziell. Auch wenn bei den deutschen Betrieben manche produktionswirtschaftlichen Erfahrungen der Kriegsjahre eingebracht werden konnten, die Umstellung von diversen Kriegsgütern auf Armbanduhren, von planwirtschaftlicher Zuteilung auf marktwirtschaftlichen Wettbewerb, war nicht leicht. Zusätzliche Produzenten wandten sich der Armbanduhr zu, die Uhrenfabrik Mauthe in Schwenningen begann 1946, Kaiser in Villingen 1950 mit der Fertigung. Ziel der deutschen Uhrenfabriken blieb es, den inneren Markt mit preisgünstigen Armbanduhren zu versorgen, die Qualitätsstandards allmählich anzuheben und zusätzlich den Export auszubauen. Im Jahre 1961 wurden in Pforzheim und Schramberg, in Schwenningen und Schwäbisch Gmünd, 7,5 Millionen Armbanduhren produziert, von denen 2,8 Millionen (37%) auf den Export entfielen.
In den frühen 50er Jahren mehren sich die Nachrichten über Neukonstruktionen gängiger Kaliber, wobei tendenziell bei allen Qualitätsstufen die runden Werke gegenüber den Formwerken an Boden gewinnen. Viel be-

Typ		*Stiftankeruhr*	*Einfache Palettenankeruhr*	*Gute Qualitätsuhr*	*Chronometer*
Gestell		geprägt mit Pfeilern	halbmassiv	massiv	massiv
Aufzug		Wippe (bascule)	Wippe (bascule)	Stirnrad (à vue)	Stirnrad (à vue)
Unruhlagerung		Körner	Zapfen	Zapfen	Zapfen
Steinezahl		0	7	15	16
Gehäuse (nicht wasserdicht)		verchromt	verchromt	verchromt	verchromt
Sekunde		exzentrisch	exzentrisch	exzentrisch	exzentrisch
Ladenpreis	1938 etwa	DM 7,-	DM 18,-	DM 34,-	(DM 100,-/150,-)
	1955	DM 15,-	DM 30,-	DM 60,-	DM 120,-
Ohne Rationalisierung wäre Ladenpreis 1955		DM 22,-	DM 48,-	DM 72,-	(DM 200,-/300,-)
Ganggenauigkeit	1938	+ 4-2 Min.	+ 3-1 Min.	+ 90-30 Sek.	
	1955	+ 3-1 Min.	+ 90-30 Sek.	+ 30-5 Sek.	+ 25-5 Sek. (in 5 Lagen)
Besondere zusätzliche Verbesserungen 1955 gegenüber 1938			Stoßsicherung bruchsichere Zugfeder	Stoßsicherung bruchsichere Zugfeder	Stoßsicherung bruchsichere Zugfeder

206 Veränderungen in der Armbanduhren-Fertigung zwischen 1938 und 1955, dargestellt am Beispiel der Firma Junghans (zit. nach Zeppelin) ▷

207, 208 Ein Spitzenprodukt der deutschen Armbanduhren-Produktion nach dem Zweiten Weltkrieg: Das Chronometerwerk J 83 mit automatischem Aufzug von Junghans. Im Zeitraum zwischen 1958 und 1967 hergestellt.

achtet wurde 1950 das *Raumnutzwerk* für die Damenuhr der Pforzheimer Uhren Rohwerke (PUW), ein Formwerk von $5\,^1/_4$ Linien, bei dem für das Assortiment (Anker und Ankerrad) überdimensionierte Bauteile Verwendung fanden.

Wie vor 1939 wurden neben der anspruchsvolleren Uhr millionenfach preiswerte Armbanduhren mit Stiftankerhemmung gefertigt. Bei der Damenuhr mittlerer Qualität wird die Zylinderhemmung jetzt endgültig vom Steinanker verdrängt. In dieser Klasse dominieren 15steinige Pfeilerwerke, zunehmend ausgestattet mit Stoßsicherung und modernen Federn.

Der Schwerpunkt der Fertigung von Kienzle lag bei den billigen Armbanduhren, während Junghans eher die mittlere Preisklasse abdeckte. Mauthe kam erst nach 1945 mit Armbanduhren auf den Markt, es handelte sich um zwei selbstentwickelte Herrenkaliber mit Ankergang.

Die ersten Herrenuhren mit automatischem Aufzug kommen 1951/52 auf den Markt, von Bidlingmaier die *B-Automatik*, von Junghans die *Junghans-Automatic*, von Lacher die *Laco-Duromat*. Alle drei Modelle verwenden als Aufzugssystem den beidseitig wirkenden Rotor und bauen auf Grundwerken der Größe $10\,^1/_2$ Linien auf. Die Junghans-Uhr verfügt zusätzlich über eine Anzeige der Gangreserve. »Das übrige Feld der komplizierten Uhr ist verhältnismäßig leicht besetzt«, heißt es in einem Bericht aus dem Jahre 1953. Es gibt Armbanduhren mit einfacher Datumsanzeige (Parat, Förster), einfache Armband-Chronographen (Hanhart, Junghans) und seit 1951 den Armbandwecker *Minivox*, wiederum von Junghans; bald folgte Hanhart mit dem Wecker *Sans Souci*.

Wenige Jahre später hatte sich die Situation grundlegend gewandelt, wenn auch die Vielfalt des Schweizer Angebots und das technische Raffinement führender Schweizer Manufakturen nicht erreicht werden konnten. Nach 1955 war die automatische Herrenuhr fester Bestandteil des Verkaufsprogramms deutscher Hersteller. Verbilligte Ausführungen sollten neue Käuferschichten erschließen, so die *Volksautomatic-Serie* von Kienzle 1956. Die Armbanduhren werden flacher, technisch anspruchsvoller und zuverlässiger. Die direkte Mittelsekunde setzt sich durch, die Damen-Automatik, die automatische Herrenuhr mit Komplikationen und der Armband-Chronometer.

Als durch Untersuchungen belegt werden kann, »daß die deutschen Uhren durchaus in der Lage sind, höheren Anforderungen zu entsprechen«, paßt 1957 das Deutsche Hydrographische Institut Hamburg seine Gangprüfungen den verschärften Schweizer Bestimmungen an. Ein Jahr später bringt Junghans einen Armband-Chronometer mit automatischem Aufzug heraus, wohl die bedeutendste Leistung deutscher Konstrukteure auf dem Gebiet der mechanischen Armbanduhr. Im gleichen Zeitraum, 1957/58, berichten zwei Uhrenfabriken, Laco-Durowe und Uhren-

209 »Super-Chrono« von Hanhart, Gütenbach – »Das Chronographenwerk ist auf ca. 25% der Teile eines Chronographen herkömmlicher Bauart reduziert«.

210

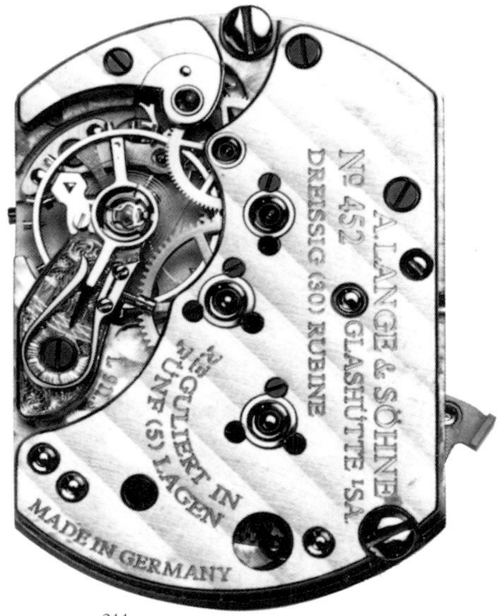

211

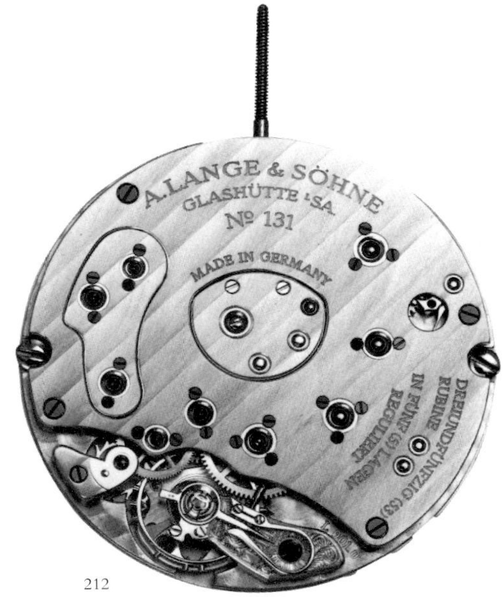

212

210 Automatisches Uhrwerk Glashütte Original, Kaliber 10-30, 1990er Jahre

211, 212 Neuentwicklungen von Lange & Söhne, Glashütte, die 1994 an die große Taschenuhrentradition des Hauses anknüpfen. Damen-Formuhr »Arkade«, Kaliber L 911.4 (Abb. 211) und Herrenkaliber L 901.0 (Abb. 212), ein Handaufzugswerk mit Doppelfederhaus.

213 Chronograph der Glashütter Uhrenbetriebe, 50er Jahre; Kaliber 64

Werk-Ersingen (Epperlein), von elektromechanischen Armbanduhren. Eine neue Technologie zeichnet sich ab.
Bei Junghans läßt sich die Übergangszeit mit folgenden Daten belegen:

1961 Elektrische Armbanduhr mit Transistor-Steuerung J 100
1969 Quarzarmbanduhr *Astro Quarz* J 666
1970 Letztes mechanisches Damenwerk J 672, $5\frac{1}{2} \times 6\frac{3}{4}'''$, Werkhöhe 2,8 mm in Produktion
1974 Letzte mechanische Herren-Automatik J 625 in Produktion
1976 Umstellung der gesamten Fertigung auf Quarzuhren

In der ehem. DDR hat man die Uhrenproduktion mit den beiden Hauptstandorten Ruhla und Glashütte mehrmals nach planwirtschaftlichen Prinzipien organisiert und reorganisiert. »1978 wurde das Kombinat Microelektronik Erfurt unter Einbezug der Ruhlaer, Glashütter und Weimarer Betriebe gebildet. Die Konzentration ging bis 1985 weiter ...« (zit. nach Herkner)
Eine Darstellung der Geschicke der mechanischen Armbanduhrenfertigung in der ehem. DDR würde den Rahmen dieses Beitrags sprengen, doch als Grobeinteilung läßt sich die Aussage vertreten: in Ruhla entstanden vorwiegend billige Armbanduhren mit Stiftankerwerk, in Glashütte Uhren besserer Qualität. Beachtung in der deutschen Fachpresse fand 1992/93 ein Automatikwerk aus Glashütte, das Kaliber GUB 10–30 mit 28800 Unruh-Halbschwingungen und einseitig wirkendem Rotor aus Schwermetall.
Von der wiedergegründeten Firma A. Lange & Söhne in Glashütte wurde 1994 eine Palette von mechanischen Luxus-Armbanduhren vorgestellt, die anknüpfen sollen an den hervorragenden Ruf dieses Hauses im Zeitalter der Taschenuhr.

Was ist nun aber eine deutsche Armbanduhr, könnte der Leser am Ende dieses Kapitels fragen. Die Antwort muß offenbleiben. Der Purist wird fordern, daß die Uhr in einer Fabrik mit eigener Entwicklung und tiefgegliederter Teile-Produktion entstanden ist, allenfalls bei Gehäuse und Zifferblatt sind Konzessionen erlaubt, aber Werk- und Gehäusenummer sollten wieder übereinstimmen. Ein anderer nennt jede unter deutscher Fabrik- oder Handelsmarke verkaufte Armbanduhr eine deutsche Uhr. Im übrigen sei an dieser Stelle darauf hingewiesen, daß auch bei vielen Schweizer Uhren nur der Kenner exakte Angaben machen kann, welche Teile der Uhr im eigenen Hause entstanden sind und welche man von anderen Firmen bezogen hat. So wurden etwa vor dem Ersten Weltkrieg die meisten Zylinderräder für Schweizer Uhren in Frankreich hergestellt, und viele Gehäuse kamen aus Pforzheim.
Die Entscheidung darüber, was als deutsche Armbanduhr gelten kann, liegt im Ermessen des Sammlers.

Während des gesamten 19. Jahrhunderts wurden immer wieder Versuche unternommen, die Elektrizität für Zwecke der Zeitmessung zu nutzen. Bei den öffentlichen Uhren haben sich elektromechanische Systeme zuerst durchgesetzt. Es gab Ende des 19. Jahrhunderts in großen Städten »Normaluhren«, die von der örtlichen Observatoriumsuhr gesteuert wurden, und es gab vor allem das Zeitsystem der Eisenbahn, das entscheidend dazu beigetragen hat, daß sich 1893 die durch Gesetz in Deutschland eingeführte mitteleuropäische Zeit so schnell durchsetzen konnte.
Länger dauerte es, bis bei Zimmeruhren praktisch brauchbare Konzepte entwickelt waren. Man findet eine Vielzahl von patentierten Vorschlägen und die großen deutschen Uhrenfabriken hatten um 1930 auch elektrische Zimmeruhren im Programm, doch ihre Verbreitung blieb eingeschränkt. Im Gegensatz zu den USA und Großbritannien konnten sich die deutschen Verbraucher mit dem neuen Artikel nicht so recht anfreunden. Veränderungen brachten in den 1950er Jahren die elektromechanischen Großuhren, die in beachtlichen Serien gefertigt wurden. Bei den Armbanduhren dauerte es ein Jahrzehnt länger. Es fehlten leistungsfähige Miniaturbatterien und ebenso Werkstoffe, die den Kontakt schnell aufeinanderfolgender Schaltvorgänge im Dauerbetrieb durchstehen konnten.
Im gleichen Zeitraum, als durch hochwertige Zugfedern und raffinierte Automatiksysteme das Antriebsproblem der mechanischen Armbanduhr gelöst schien, als die Spiralfedern soweit entwickelt waren, daß, wie Professor Straumann 1962 berichtete, »der Einfluß ihrer Eigenfehler auf den Gang rund 10mal kleiner ist als die übrigen gangstörenden Fehler«, als selbst bei kleinen Serien-Armbanduhren ohne Lagenreglage Abweichungen von etwa 30 Sekunden je Tag angestrebt werden konnten, hat man in Labors und Entwicklungsabteilungen verschiedener Länder intensiv an einer neuen Technologie gearbeitet. Deutlich zeichnen sich rückblickend drei Entwicklungsstufen ab: die elektromechanische Armbanduhr – die Stimmgabeluhr – die Quarzuhr.
Wieder, wie so oft schon in der Uhrengeschichte, überwog anfangs die Skepsis, wurde die Dynamik des Neuen unterschätzt. Professor Keil kommt 1957 zu folgendem Urteil: »Diese Berichte [über elektrische Armbanduhren, Anm. d. Verf.] haben sensationell gewirkt und die Uhrenwirtschaft ... beunruhigt, sie entsprechen aber mehr dem Wunsch nach Sensation um jeden Preis als Tatsachen, die auf der Grundlage eines technisch wie wirtschaftlich befriedigend gelösten Problems beruhen.«
Heute wissen wir, daß gut zwei Jahrzehnte intensiver Entwicklungsarbeit ausgereicht haben, die Vorrangstellung der mechanischen tragbaren Uhr samt ihrer 500jährigen Geschichte zu relativieren. Lautete anfangs die Frage, welche Chance hat die elektrische Armbanduhr gegenüber einer hochgetriebenen feinmechanischen Technologie, so kehrte sich bereits Mitte der 70er Jahre die Thematik um. Die mechanische Uhr geriet in die Defensive, die elektronische Quarzuhr begann die Märkte zu erobern. Wenige Daten sollen die ersten entscheidenden Etappen dieses technischen Umbruchs kennzeichnen:

1952 LIP (Frankreich) und Elgin (USA) unterrichten die Presse von fortgeschrittenen Entwicklungen auf dem Gebiet der elektromechanischen Armbanduhr.

1957 Hamilton (USA) beginnt die Serienherstellung einer elektrischen Armbanduhr.

1960 Bulova (USA/Schweiz) bringt die von Max Hetzel entwickelte Armbanduhr *Accutron* mit Stimmgabel in den Handel.
Elektromechanisches Kaliber 4750 L von Ebauches S. A. produktionsreif.

214 Armbanduhrwerk mit elektromechanischem Antrieb, Landeron-Kaliber 4750 aus dem Jahre 1960

215 Max Hetzel (geb. 1921). Er entwickelte die elektronische Stimmgabeluhr »Accutron«. Dadurch wurde die mechanische Armbanduhr mit einer neuartigen Technologie konfrontiert. Auch wenn die Stimmgabeluhr schon bald von der Quarzuhr abgelöst wurde, die technische Leistung von Max Hetzel bleibt unbestritten.

1962 Gründung des Schweizer Forschungszentrums Centre Électronique Horloger S. A. (CEH).

1967 Prototyp einer Quarzarmbanduhr erreicht beim Wettbewerb des Observatoriums Neuenburg neuen Präzisionsrekord.

1970 Zwei Millionen Bulova *Accutron* verkauft.
Auf der Basler Uhrenmesse stellen verschiedene Schweizer Firmen Quarzarmbanduhren vor.

Zwei Grundprobleme mußten gelöst sein, ehe elektrische Armbanduhren als Serienuhren produziert werden konnten.
Zum ersten galt es, dauerhafte und leistungsfähige Miniaturbatterien zu schaffen, denn eine Armbanduhr, deren Energieträger ständig ausgewechselt werden mußte, war kein verkaufsfähiges Produkt. So berichtet Max Hetzel davon, welche Schwierigkeiten beim Bau der Stimmgabeluhr dadurch auftraten, daß Batterien, die eigentlich die Uhr ein Jahr lang antreiben sollten, bereits nach zwei Monaten ausfielen. Selbst Experten hatten nicht daran gedacht, daß sehr niedriger Stromverbrauch einen inneren Kurzschluß auslösen konnte.
Das zweite Problem macht den Zusammenhang zwischen Uhrenbau und allgemeiner technischer Entwicklung noch deutlicher. Es ging um die Frage, welches Kontaktsystem geeignet war, bei jährlich etwa 100 Millionen Kontaktschlüssen, die bei einer elektrischen Armbanduhr auftraten, zuverlässig und energiesparend zu arbeiten. Die herkömmliche Elektrotechnik mußte kapitulieren, eine Lösung des Problems brachte erst die Halbleitertechnik mit dem Transistor.
Die konservative Lösung bestand in einem elektrischen Aufzugssystem, ähnlich, wie dies bei Großuhren schon lange bekannt war. Ein weitergehendes Konzept – ihm folgen im wesentlichen die Entwürfe von Hamilton, LIP, Epperlein und Ebauches – behält die mechanische Unruh mit Spirale als Regulierorgan bei. Ein elektromagnetisches Antriebssystem, bei dem die Unruh den beweglichen Magnetanker darstellt, sorgt für die notwendige Energiezufuhr und greift zudem steuernd ein, wenn sich die Schwingungsweiten verändern. Die Schwingungen der Unruh werden mechanisch auf ein Schrittschaltrad übertragen und auf herkömmliche Art an das Zeigerwerk weitergeleitet.
Bereits bei diesem System entfallen wesentliche Elemente der mechanischen Armbanduhr, doch wenigstens ihr »Herz« blieb erhalten, der mechanische Gangregler als Oszillator mit niedriger Frequenz.
Die Gangresultate schon der ersten Uhren mit kontaktgesteuerter Unruh waren überzeugend, obwohl die elektromechanischen Kontakte nach geraumer Zeit ausgetauscht werden mußten; wie bei den Großuhren traten jedoch bald Transistoren an ihre Stelle. Damit war ein schwieriges Problem gelöst. Doch die Produktionsperiode der elektromechanischen Werke dauerte nicht lange, bereits 1960 kam die von Max Hetzel entwickelte »Stimmgabeluhr« auf den Markt. Sie wurde von der Firma Bulova in Biel gefertigt. Vorangegangen waren in den USA Untersuchungen über die Verwendbarkeit von Stimmgabeln als Zeitnormale.

216 Kaliber 500 von Hamilton mit elektrisch angetriebener Unruh, 1970 ▷

217 Die Bulova »Accutron«, hier Modell »Spaceview«, technisch und auch vom Design her eine Neuerung, die Aufsehen erregt hat (s. auch Abb. 1662, 1663). Zeigerstellung von der Rückseite aus. Um 1970. ▷▷

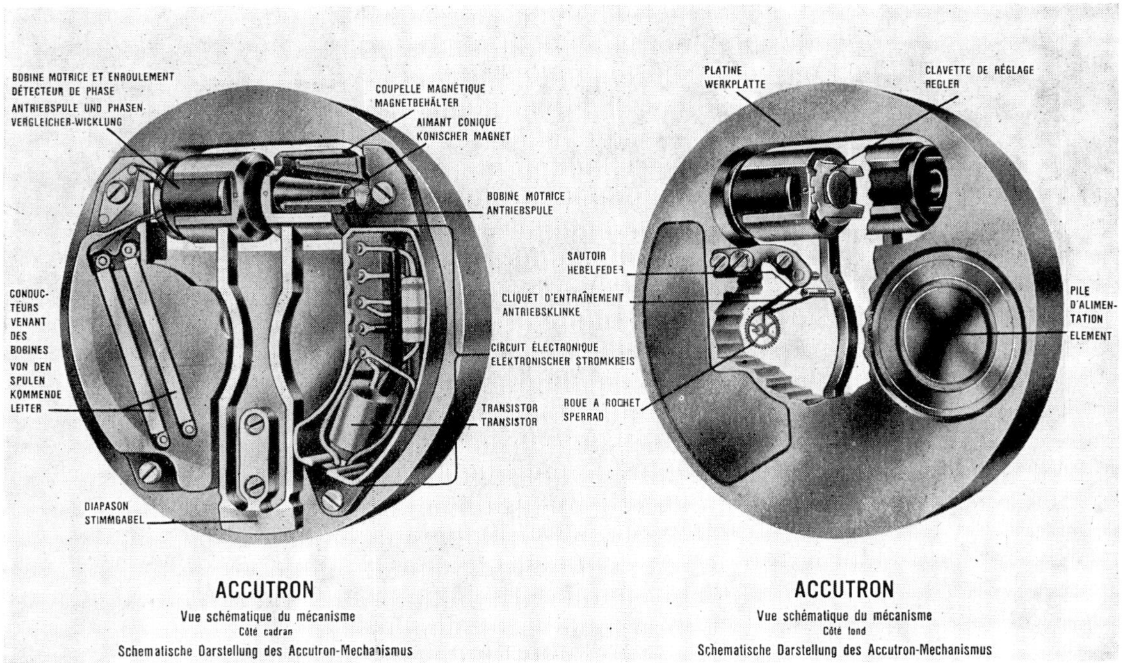

218 Das »Innere« der »Accutron« in schematischer Darstellung. Nur ein einzelnes Zahnrad erinnert bei dieser Zeichnung noch an die Technologie der mechanischen Armbanduhr.

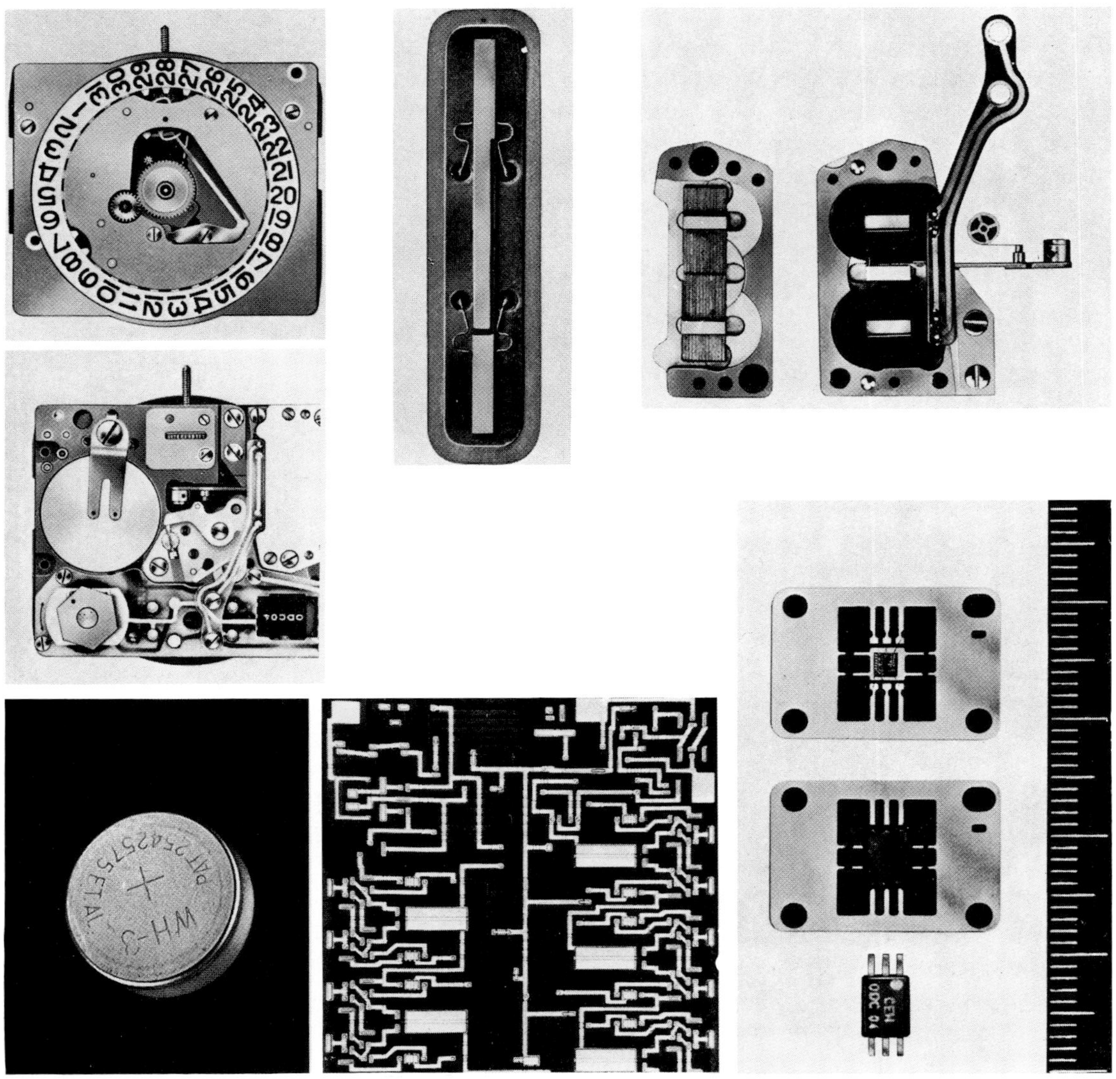

219 Bauteile der Schweizer Quarzuhr Kaliber Beta 21, technischer Stand von 1969. Die Frequenz des Schwingquarzes betrug bei der Beta 21 8192 Hz und wurde durch einen Frequenzteiler auf 256 Hz reduziert. Ein Mikrocomputer übertrug die Schwingungen mittels einer Schaltklinke auf das Räderwerk. Das erste Rad besitzt 256 Zähne und macht eine Umdrehung pro Sekunde.

Folgende Firmen zeigten auf der Basler Mustermesse 1970 ihre mit dem Kaliber Beta 21 bestückten Modelle:
Bulova, Credos, Ebel, Eberhard & Co., Elgin, Enicar, Favre-Leuba, IWC, Jaeger-LeCoultre, Juvenia, Longines, Omega, Patek Philippe, Piaget, Rado, Synchron, Universal, Zenith und Zodiac

220 Longines »Quarz Chron« aus dem Jahre 1970, Werk Beta 21

221 Universal »Uniquartz«, 1970, Werk Beta 21

Bei dieser *Accutron* (**Accu**racy and Elec**tron**ic) war man noch einen Schritt weiter gegangen als bei den elektromechanischen Werken. Das Unruhsystem wurde durch ein Stimmgabelsystem ersetzt. Der klassische Gangregler schwingt weit und langsam, das Ticken der Uhr verdeutlicht diesen Rhythmus. Die Stimmgabeluhr hingegen summt. Hervorgerufen wird das Summen durch die 360 Eigenschwingungen je Sekunde einer 25 mm langen, elektrisch erregten Stimmgabel und durch den damit verbundenen Übertragungsmechanismus für das Zeigerwerk.
»Das Projekt krankte an der Unstabilität der Stimmgabelamplitude und an der unzureichenden Funktionssicherheit des Schaltsystems«, schrieb rückblickend Max Hetzel 1968. Doch als es nach langen Versuchen gelungen war, die Schwingungsweite der Stimmgabel konstant zu halten, stand ein Zeitnormal zur Verfügung, das die Genauigkeit der bisherigen Systeme übertraf. Deshalb konnte Bulova dem Käufer der Accutron eine maximale Gangabweichung von ± 1 Minute je Monat garantieren.
Auf die Schwierigkeiten, die auftraten, als die schwingende Bewegung der Stimmgabel in eine gleichlaufende Drehbewegung für das Zeigerwerk umgesetzt werden mußte, ist bereits hingewiesen worden. Bei der Accutron erfolgt diese Umwandlung durch eine mit dem schwingenden Arm der Stimmgabel fest verbundene Antriebsklinke, die in ein Schaltrad von 2,4 mm Durchmesser mit 300 Zähnen eingreift. Dieses kleine Zahnrad aus Berylliumbronze läuft in $^5/_6$ Sekunden einmal um, während – im Vergleich dazu – das schnellste Rad der mechanischen Uhr, das Hemmungsrad, in 6 Sekunden eine Umdrehung macht. Abgesehen von der Übersetzungsmechanik hat die Stimmgabeluhr kaum noch Ähnlichkeit mit dem Werk einer mechanischen Armbanduhr. Später brachte das CEH in Neuchâtel eine ähnliche Uhr als ESA 9162 Swissonic heraus. Die Bezeichnung MOSABA stand für »**mo**ntre **sa**ns **ba**lancier« (Uhr ohne Unruh), die Frequenz der Stimmgabel lag bei 300 Hz.
Die Stimmgabel als Variante des Schwingnormals wäre sicher weiterentwickelt worden, wenn nicht Mikroelektronik und integrierte Schaltungstechnik noch bessere Möglichkeiten angekündigt hätten. Dabei war anfangs weniger die Uhrentechnik als die Elektroniksparte im Spiel. Dem Zeitgenossen jedenfalls bot sich damals die Chance, Uhrengeschichte im Zeitraffertempo zu erleben.
Im Jahre 1883 hatte Pierre Curie den piezoelektrischen Effekt (griech. »druck«elektrisch) entdeckt. Die erste Quarzuhr baute Marrison im Jahre 1928, ein riesiges Laborgerät. Doch sechs Jahre später, 1934, waren die Quarzuhren bereits so präzise, daß Giebe und Scheibe an der Physikalisch Technischen Reichsanstalt in Berlin damit Unregelmäßigkeiten der Erddrehung nachweisen konnten.
Es ist seitdem oft darüber diskutiert worden, ob die Auswirkungen der »Quarzrevolution« hätten im voraus abgeschätzt werden können. Kein Zweifel besteht daran, daß die meisten Uhrenfabrikanten die Quarztechnologie ernst genommen haben. Was nicht vorhergesehen wurde, und was vielleicht auch nicht vorhersehbar war, betraf den Zeitfaktor, das überraschend schnelle Auftreten extrem leistungsfähiger und zudem noch billiger Gebrauchsuhrwerke in Quarztechnologie am Markt. Die Schweizer haben auf die mechanischen Automatikuhren gesetzt und im Billigsektor auf ihre rationell gefertigten Stiftankerwerke, die Deutschen vertrauten auf die halbautomatische Produktion mechanischer Wecker. Doch Bauteile, die in Großlaboratorien der Elektronikfirmen für andere Zwecke, von der Rakete bis zum Computer, entwickelt worden waren, ließen sich, weitaus rascher als erwartet, auch in der Uhrentechnik verwerten.
Im Jahre 1967 wurden schweizerische und auch vier japanische Prototypen der Quarzarmbanduhr dem Observatorium Neuenburg als der offiziellen Schweizer Prüfstelle übergeben. Erreicht wurde dabei von mehreren Quarzwerken eine zwölfmal höhere Präzision als bei mechanischen Spitzenqualitäten. Die japanische Firma Seiko erhebt den Anspruch, im Jahre 1969 die erste Quarzarmbanduhr auf den Markt gebracht zu haben. Auf der Basler Messe 1970 stellten mehrere Schweizer Hersteller ihre noch recht wuchtig wirkenden Quarzmodelle vor, ausgestattet mit dem gemeinsam entwickelten Werk Kaliber Beta 21, das ausgelegt war für 8192 Hz.
Anfang der 1970er Jahre faszinierte die US-amerikanische Firma Hamilton die Welt mit der rot leuchtenden LED-Anzeige (**L**icht **e**mittierende **D**iode) der *Pulsar* Quarzarmbanduhr. Es war eine Uhr, die ohne Räderwerk funktionierte, insofern also der vollkommen elektronische Zeitmesser, der zu

Von links nach rechts:
222 Die erste Quarzarmbanduhr der Welt: »Quarz Astron« mit dem Werk 35 SQ von Seiko, 1969

223 Eine Eigenentwicklung von Girard-Perregaux von 1970. Quarzkaliber »Elcron« nutzt bereits die später üblich gewordene Standardfrequenz von 32 768 Hz.

224 Eine technisch interessante Variante, die sich aber auf dem Markt nicht behaupten konnte, die Neuentwicklung »μQuartz« (Mikroquarz) von Golay, 1972. Eine Verbindung von Quarztechnologie und Mechanik: eine Quarzuhr, die tickte.

dem noch beachtliche Gangergebnisse aufwies. Doch nach der ersten Begeisterung wurde ein Nachteil als besonders gravierend empfunden, die Pulsar verbrauchte zuviel Strom. Um die Batterie zu schonen, erschienen die Ziffern der Zeitanzeige nur auf Knopfdruck, Spötter sprachen deshalb von der »Second Hand Watch«. Die »stromfressende« LED-Anzeige wurde in der Quarzuhrentechnik Ende der 1970er Jahre von einem neuen System abgelöst, der LCD-Anzeige (**L**iquid **C**rystal **D**isplay). Jetzt konnten wegen des weitaus geringeren Stromverbrauchs auch größere Ziffern bei der digitalen Zeitanzeige realisiert werden.
Die Firma Seiko hat 1981 ihren Kunden das Bauprinzip der Quarzuhr mit etwa folgenden Worten erläutert. Wenn ein Quarzkristall in einem bestimmten Winkel geschnitten und in einer schwingungsfähigen Schaltanordnung an eine Stromquelle angeschlossen wird, produziert er konstante Schwingungen. »Gewöhnlich haben Quarze in den meisten Uhren eine Schwingungsfrequenz von 32768 Hz. Diese hohe Frequenz wird durch einen Frequenzteiler immer wieder halbiert, bis eine konstante Schwingung von nur einem Schwingungszyklus pro Sekunde erreicht ist.«
Das ist die Grundlage aller Quarzuhren. Danach können die Schwingungen in verschiedener Weise genützt werden. Bei der Quarz-Analoguhr werden sie durch einen Mikro-Schrittschaltmotor auf ein Zeigerwerk (Räderwerk) übertragen. In der Digital-Quarzuhr wandelt man die elektronischen Signale mittels eines Schaltkreises in die Zeichen einer Flüssigkristall-Anzeige um.
Es ist vielleicht ganz sinnvoll, angesichts der üblichen 32 768 Schwingungen je Sekunde der Quarzuhr an die mechanische Armbanduhr zu denken, bei der um 1950 noch 18 000 Halbschwingungen der Unruh je Stunde üblich waren, das entspricht 2,5 Hz, und die späteren »Schnellschwinger« erreichten Werte bis 36 000 Halbschwingungen je Stunde, also 5,0 Hz.
Eine Zeitlang sah es so aus, als ob mit der Quarzuhr sich auch die digitale Zeitanzeige würde allgemein durchsetzen können, doch die Analoguhr mit dem vertrauten Zeigerpaar auf dem Zifferblatt konnte sich behaupten. Im Jahre 1984 wurden weltweit schätzungsweise 148 Millionen Digitaluhren (und Uhrwerke) und 127 Millionen Analoguhren gefertigt, die Quarz-Digitaluhr lag also vorne, während 1994 den 643 Millionen Analoguhren nur noch 262 Millionen Digitaluhren gegenüberstanden, was den auch bei Armbanduhren deutlich erkennbaren Trend zur Analoguhr beweist.
Die Statistik des Verbandes der Schweizerischen Uhrenindustrie, auf die hier zurückgegriffen wurde, umfaßt alle Uhren und Uhr-

225 Die Seiko »Kinetic« von 1995 im Schaubild. Eine Quarzuhr, deren Antriebsenergie ein Rotor liefert. Gangreserve je nach Modell zwischen 3 und 6 Tagen. Es handelt sich um eine Weiterentwicklung des AGS (Automatic Generating System)-Systems aus den 80er Jahren.

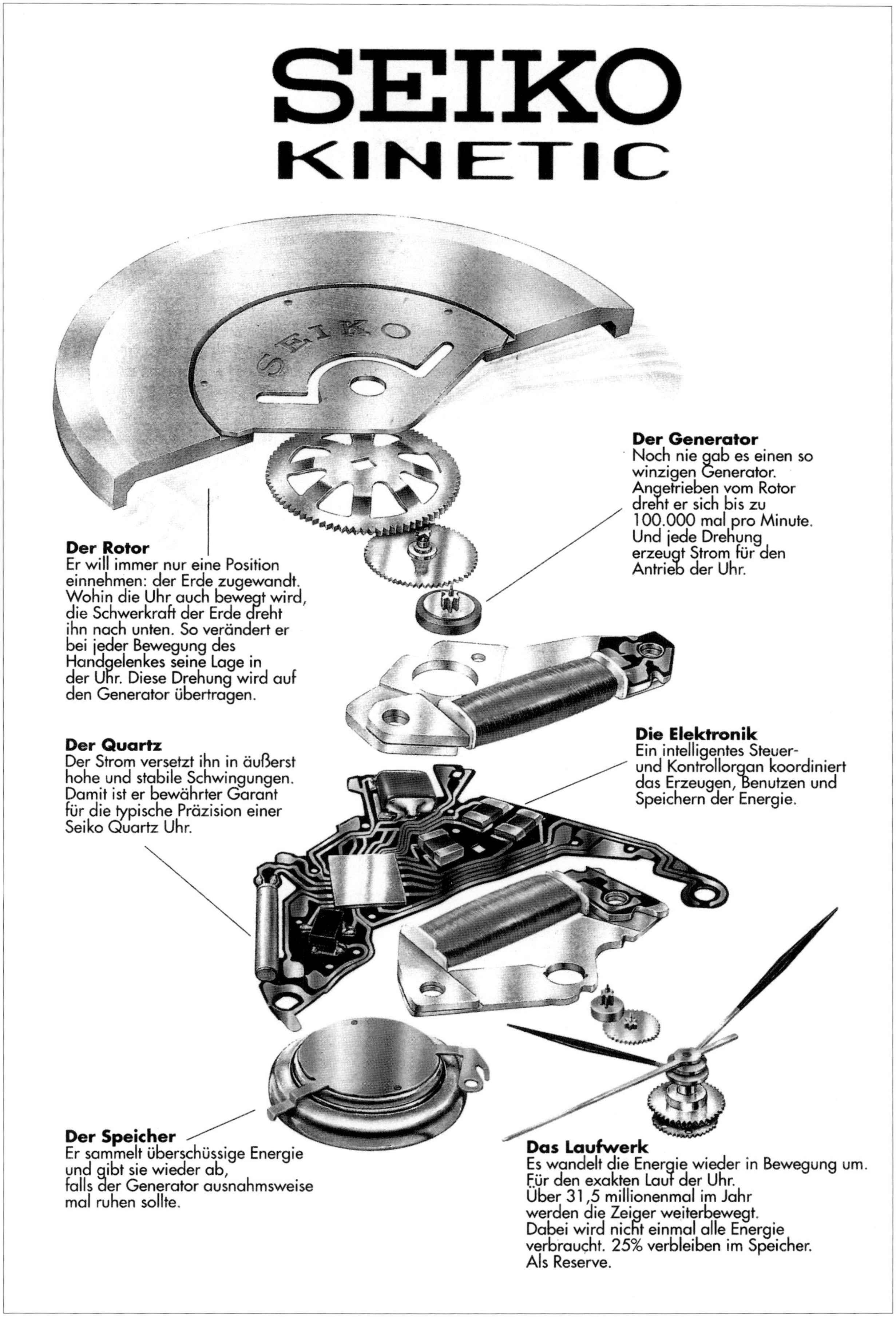

werke, also Großuhren und Kleinuhren, elektronische und mechanische. Danach stieg die Weltproduktion von 921 Millionen (1993) auf 1,1 Milliarden (1994). Experten sind jedoch außerordentlich zurückhaltend, wenn sie den Anteil der Armbanduhren daran abschätzen sollen. Doch zum Nachdenken eine andere Überlegung. Eine Produktion von 500 Millionen Armbanduhren pro Jahr würde bedeuten, daß durchschnittlich jeder Bewohner unserer Erde, Kleinkind wie Senior, in Entwicklungsländern wie in Industrieländern, etwa alle zehn Jahre eine neue Armbanduhr erwirbt.
Besonders bei Armbanduhren verlagerte sich der Schwerpunkt der Massenfertigung nach Ostasien, vor allem nach Japan und Hongkong, neuerdings ist auch China im Gespräch. In der Welt bekannt wurden die Armbanduhren der japanischen Firmen Citizen, Seiko und Casio. Ein Blick auf die Schweizer Exportstatistik, die entscheidend geprägt ist von der Armbanduhr, zeigt bei wertmäßiger Betrachtung, daß die Exporte mechanischer Uhren und Uhrwerke 1982/84 ihren Tiefststand erreicht hatten, danach begann eine stetige Aufwärtsentwicklung, der Exportwert mechanischer Uhren von 1978 wurde 1991 überschritten.
Quarzarmbanduhren wurden im Laufe der Jahre immer zuverlässiger, kleiner, präziser und trotzdem billiger. Während bei mechanischen Uhren die Ganggenauigkeit in Sekunden je Tag gemessen wird, ist selbst bei billigeren Quarzuhren die Messung in Sekunden je Monat sinnvoll. Die Uhrwerke kosten je nach Herkunftsland oft nur wenige DM. Als besondere Entwicklung brachte Seiko eine AGS-Uhr heraus (**A**utomatic **G**enerating **S**ystem), bei der ein konventioneller automatischer Aufzug über einen Dynamo einen Akku lädt, der seinerseits zum Betrieb einer Quarzuhr dient. Es gibt dieses Modell *Kinetic* in Herren- und Damengröße, doch ebenso als Taucheruhr.
Sinnvolle Zusatzfunktionen lassen sich in der Quarzuhr problemlos unterbringen, das gleiche gilt für elektronische Spielereien.
Als Produzent von Quarzuhren mit Vielfachfunktion hat sich Casio einen Namen gemacht. Es gibt inzwischen auch das extrem flache Uhrwerk bis herunter zu 1 mm Dicke. Iseco TTC bot bis 1994 Quarzuhren an mit Batterien, die zwanzig Jahre lang halten sollten (Markenname und Verfahrensrechte sind jetzt bei Junghans) und begegnete damit dem Vorwurf, der relativ häufige Batteriewechsel würde die Umwelt stark schädigen. Am besten gelöst ist das Batterie- wie das Ökologieproblem bei der Solar-Armbanduhr, die Son-

226 Vollständig elektronische Uhr, also ohne bewegliche mechanische Teile (»Solid-State«-Uhr). Anzeige durch Flüssigkristalle. Ständig digital angezeigt werden Stunden, Minuten, Sekunden und das Datum. Erste Armbanduhr dieser Art. Longines, 1972.

227, 228 Ein älteres »Swatch«-Modell (Abb. 227) und die offizielle Olympia-Uhr für die Spiele 1996 in Atlanta mit Chronograph (Abb. 228)

229 Schaubild der »Swatch«. Im Vergleich zu anderen Analog-Quarzuhren werden bedeutend weniger Bauteile gebraucht.

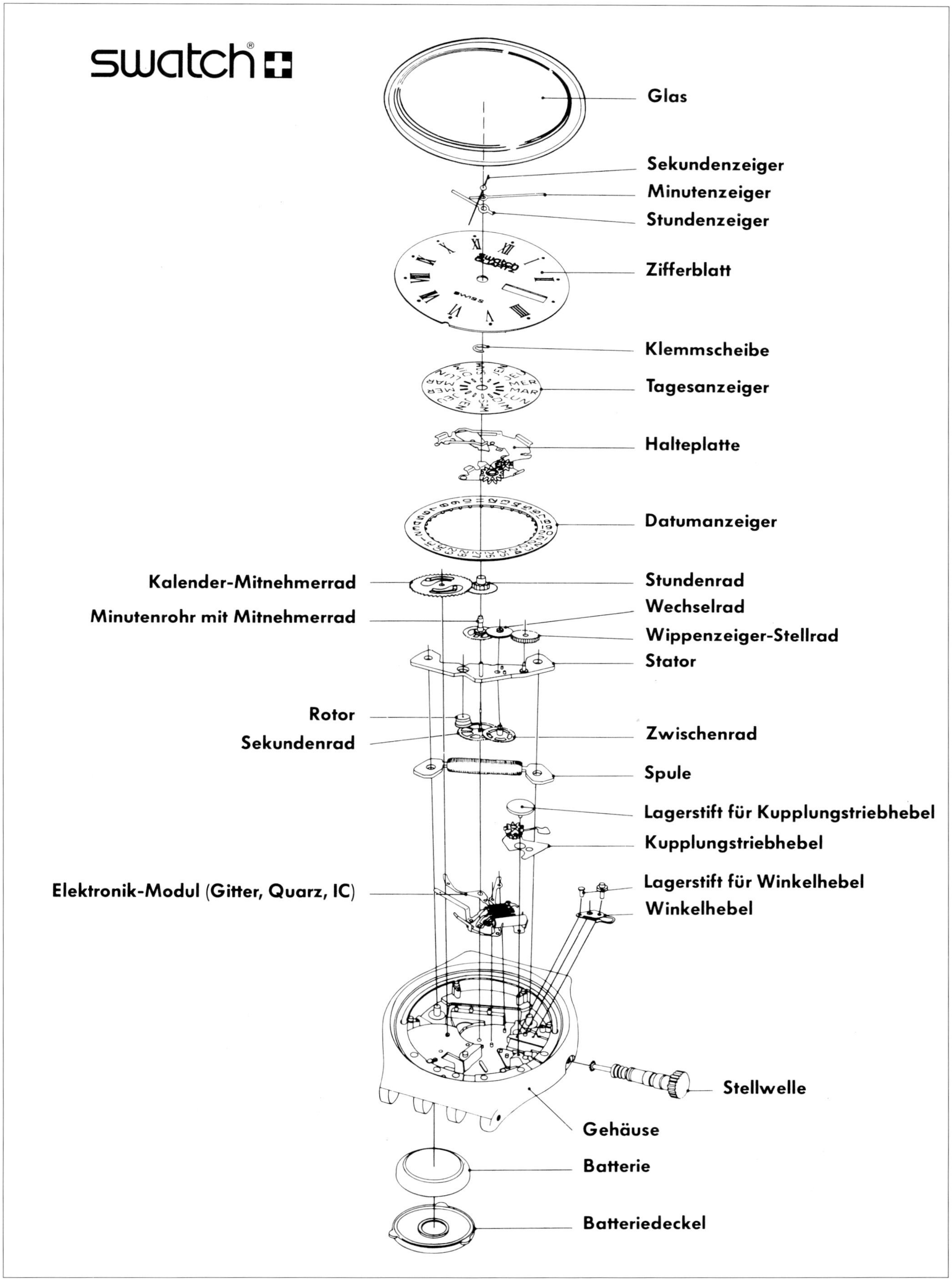

nenenergie speichert und in Antriebsenergie für das Uhrwerk umsetzt.
Man findet Quarzarmbanduhren mit astronomischen Indikationen, Rechnern, Höhenmessern, registrierenden DV-Geräten, Kalendern, Chronographen, Weckern oder Weltzeitrechnern, die Liste ließe sich verlängern, sie würde dann auch noch eine Uhr umfassen, die alle mit dem Tauchsport zusammenhängenden Daten abrufbar für einen PC speichert oder eine andere, die selbsttätig Horoskope erstellt. Was immer verkäuflich erschien, wurde produziert.
Die Quarzuhren hat man technisch immer weiter verfeinert, dennoch blieben sie finanziell erschwinglich. Höhere Preise ließen sich selbst bei aufsehenerregenden Neuerungen nur begrenzte Zeit durchhalten, das läßt sich gut erkennen am Preisgefüge der Funkarmbanduhren seit Beginn der 1990er Jahre. Denn selbst diese Funkarmbanduhr ist inzwischen Stand der Technik. Eine Quarzuhr am Handgelenk empfängt die Zeitsignale eines Langwellen-Rundfunksenders, der seinerseits mit einem extrem exakten Atomfrequenznormal in Verbindung steht. Das System funktioniert im Umkreis von etwa 1500 km um einen Sender, in diesem Fall DCF 77 mit Standort nahe Darmstadt. Befindet sich der Träger der Armbanduhr außerhalb dieses Bereiches, läuft seine Uhr als Quarzuhr weiter. Mit der Steuerung über die Cäsium-Atomfrequenz (1 Sekunde = 9 192 631 770 Schwingungen), automatischer Berücksichtigung von Schaltjahren, Sommerzeit und Korrektur durch Schaltsekunden, wird ein Optimum an aktueller Zeitangabe erreicht. Junghans stellt inzwischen eine funkgesteuerte Armbanduhr mit Solarantrieb her *(Mega Solar)* und seit 1994 die erste Funkarmbanduhr mit Chronograph und Weckfunktion *(Mega Chrono Alarm)*. Doch auch die Konkurrenz bleibt rege. Citizen offeriert eine Drei-Zonen-Funkarmbanduhr, die je nach Standort des Trägers mit Sendern in Deutschland, Großbritannien oder Japan arbeitet *(Space Master)*.
Die Folgen der »Quarzrevolution« haben die Schweizer Uhrenindustrie stark getroffen, zwischen 1970 und 1991 ging die Zahl der Beschäftigten von 90 000 auf 33 000 zurück, die Zahl der Betriebe sank im gleichen Zeitraum von 1620 auf 570. Zwei Gegenstrategien sollten helfen, den Schaden zu begrenzen. Die Schweizer Quarzuhrenproduktion hat inzwischen einen hohen Stand erreicht, doch bekannter noch wurde die Einfachuhr namens Swatch (**S**wiss **Watch**). Im Jahre 1981 begann die technische Vorbereitung, im Jahre 1983 setzte der Verkauf ein. Das Marketingkonzept erregte weltweit Aufsehen und Bewunderung. In elf Jahren, zwischen 1983 und 1994, wurden 170 Millionen Swatch-Uhren verkauft. Der große Erfolg legte es nahe, neben den zahlenmäßig weiterhin dominierenden Quarzwer-

230 »Mega Solar« von Junghans, Funkarmbanduhr mit Solarantrieb, Analoganzeige und Datum, 1993

231 Physikalisch-Technische Bundesanstalt in Braunschweig. Cäsium-Normaluhren liefern den Funkarmbanduhren die höchst genaue Zeit. Foto von 1993.

232 Der Beitrag von Citizen zu dem internationalen Wettstreit, extrem flache Quarzuhren zu bauen: die »Ultra Slim«, um 1980.

ken auch mechanische Uhren in das Programm aufzunehmen, so gibt es seit 1991 ein Automatikwerk, das eigens für Swatch-Modelle entworfen wurde (Eta 2840). Selbst am Sammlermarkt konnte sich die Swatch etablieren, doch die Interessenten sollten wegen der vielen Fälschungen gut aufpassen.
Entlastung für die Schweizer Uhrenindustrie brachte auch die »Renaissance« der mechanischen Armbanduhr. Während anfangs die Quarzuhr allgemein bewundert wurde und der technisch interessierte Verbraucher seine High-Tech-Uhr als Symbol unseres Zeitalters hoch einschätzte, haben inzwischen relativ kaufkräftige Verbraucherschichten, besonders Männer, wieder zur mechanischen Armbanduhr zurückgefunden. Das tickende Maschinchen am Handgelenk wurde zum Statussymbol und von Insidern als Zeichen eines besonderen Bewußtseins neu bewertet.
Mechanische Armbanduhren werden gegenwärtig in bisher unerreichter Qualität gefertigt, das gilt nicht nur für extrem teure Luxusuhren, die für den Tresor bestimmt sind, sondern das trifft ebenso für neu entwickelte Automatik-Kaliber zu, die auch in Gehäuse von Uhren der mittleren Preisklasse eingebaut werden. Es fasziniert, wie eine bedrohte Technologie in ihrer Endphase Höchstleistungen vollbringt.

233 Iseco-Taucheruhr »TTC-Professional« bis 200 m Tiefe wasserdicht mit extrem langlebiger Lithium-Jod-Batterie. Vor 1994. ▷

234 Die »lernfähige« CMD-40 von Casio. Infrarot-Fernbedienung von TV-Geräten und Video-Recordern vom Armband aus. Zusätzlich 16 freie Kanäle, die vom Nutzer belegt werden können. Vor 1995. ▷▷

Das Sammeln von Armbanduhren

Ein neues Sammelgebiet entsteht

Erst gut zehn Jahre ist es her, daß die Armbanduhren als Sammelgebiet in einem breiteren Umfang in Erscheinung getreten sind. Zwar gab es auch vor dem etwa 1983 einsetzenden »Armbanduhrenfieber« schon Sammler und Liebhaber mechanischer Uhren, die neben den als Sammelgebiet immer schon anerkannten Taschenuhren auch interessante Armbanduhren erwarben; doch handelte es sich um einen kleinen Kreis, der mehr belächelt als bewundert wurde. Schlimmer noch ist es jenen wenigen Zeitgenossen ergangen, die sich mit Verve ausschließlich auf das Sammeln alter Armbanduhren konzentrierten. Sie beschäftigten sich in den Augen »ernsthafter« Uhrensammler mit zweitrangigen Produkten der Zeitmessung, mit Gegenständen, die einstmals vielfach achtlos in die Ecke gelegt oder gar weggeworfen wurden, wenn sich die Technik oder die Mode wieder einmal wandelten oder wenn sie ihren Dienst nicht mehr ordnungsgemäß versahen und eine Reparatur zu kostspielig erschien. Deshalb besaßen die Armbanduhren als reine Gebrauchsartikel keinen besonderen Stellenwert in der Liste der menschlichen Kulturgüter.
Dies kommt auch dadurch zum Ausdruck, daß es über Armbanduhren – im Gegensatz zu den Taschen- und Großuhren – bis zu Beginn der 80er Jahre keine spezifischen kulturgeschichtlichen Publikationen gab. Es schien nicht der Mühe wert, eigene Bücher über die geschichtliche Entwicklung und die technische Vielfalt der Armbanduhren herauszugeben, weil sich ohnehin nur wenige dafür interessiert hätten. Nur in Reparatur-Leitfäden für Uhrmacher und in Fachjournalen für den einschlägigen Handel wurde regelmäßig über dieses Thema berichtet.
Der Grund ist u. a. auch darin zu sehen, daß sich die Armbanduhr unter dem landläufig verwendeten Antiquitätenbegriff gar nicht oder zumindest nur sehr schwer subsumieren läßt. Hinzu kommt, daß die Armbanduhren recht »normale« Gegenstände waren, die man mit allergrößter Selbstverständlichkeit benützte und über deren Entstehungsgeschichte deshalb kaum jemand nachdachte. Technische Innovationen und modischer Wandel wurden als Fakten hingenommen, ohne die Hintergründe genauer zu reflektieren.
Die Taschenuhr respektierte man dagegen als Erbstück, dem ohne Frage Alter, Tradition und damit zumindest ideelle Werte anhafteten. So konnte es kommen, daß über ein typisches Produkt des 20. Jahrhunderts und seine Entwicklungsgeschichte teilweise weniger Informationen vorhanden waren als über weitaus ältere Gegenstände.
Dies hat sich inzwischen geändert: Eine Vielzahl grundlegender Werke informiert über Geschichte und technische Entwicklung der Armbanduhr und ermöglicht den Erwerb eines breitgestreuten Wissens. Daneben gibt es spezielle Bücher über bestimmte Sonderformen dieser Uhrengattung sowie über die Geschichte renommierter Uhrenhersteller. Schließlich kann man seit wenigen Jahren auch auf ein breites Spektrum an Special-Interest-Magazinen zurückgreifen, die jedoch nur zu einem geringen Teil in deutscher Sprache abgefaßt sind. Viele davon sind geeignet, mit Hilfe ihres Textes und ihrer Abbildungen einen der wichtigsten Sammlergrundsätze zu verwirklichen: Informiert sein und Bescheid wissen ist alles. Die Anschaffung und Konsultation einschlägiger Bücher kann sich bereits bei einer einzigen Armbanduhr bezahlt machen.
Gerade das Sammelgebiet der Armbanduhren ist überaus vielschichtig und diffizil. Viele Hunderte unterschiedlicher Werkkaliber wurden im Laufe der Jahrzehnte allein in der Schweiz entwickelt und in Armbanduhren verschiedenster Marken verwendet. Lassen wir L. Defossez, einen guten Sachkenner zu Wort kommen. Er schätzte, daß es 1962 in der Schweiz 60 Manufakturen, 520 Etablisseure und 600 Termineure gegeben habe (Schweizer Uhren- und Schmuckjournal 1963, S. 234 ff.):
»a) *Die Manufakturen* stellen die ganze Uhr her, mit Ausnahme weniger Teile, die von Spezialisten geliefert werden (Hemmungen, Unruhn, Spiralen, Steine usw.); sie fabrizieren ihr eigenes Rohwerk, jede hat ihre eigenen Kaliber, die im eigenen technischen Büro konstruiert und in ihren Werkstätten hergestellt werden.
b) *Die Etablisseure* stellen ebenfalls Uhren her, kaufen aber die Rohwerke. Ihre Arbeit besteht im Einsetzen und zum Funktionieren bringen von Hemmung und Regulierorgan, im Setzen des Zifferblattes und der Zeiger, im Einschalen und endlich im Feinstellen der Uhr zur genauen Zeitangabe. Diese Werkstätten verkaufen die Uhren unter ihrer Firmenbezeichnung oder einer geschützten Marke. Weil sie keine Rohwerke herstellen, besitzen sie keine eigenen Kaliber.
c) *Die Termineure* haben die gleiche Aufgabe wie die Etablisseure, arbeiten aber nicht auf eigene Rechnung.«

Außerdem verweist Defossez auf die Bedeutung der Ebauches S. A. als Rohwerklieferant für 500 Schweizer Etablisseure.
Das erscheint schon verwirrend genug, doch in der Praxis ist die Sache noch komplizierter. Denn auch renommierte Manufakturen haben nicht immer nur eigene Kaliber eingebaut, legten aber gleichzeitig aus Prestigegründen großen Wert darauf, daß das nicht publik wurde. Wer all diesen Abweichungen nachspüren will, braucht Wissen und Beharrlichkeit wie ein guter Detektiv. Mitunter hilft das Blättern in sogenannten Werksuchern, die von großen Ersatzteillieferanten (Fournituristen), z. B. Flume, Essen, herausgegeben wurden. Daneben gibt es ein breites Spektrum an Komplikationen, z. B. Chronographen, Kalender- oder Repetitionsschlagwerke, Wek-

ker, Weltzeitanzeigen sowie Indikationen wie Datum, Tag, Gangreserve oder Gezeiten. Sie alle erfordern umfassende Kenntnisse, wenn man den Kauf eines Sammlerstückes nachher nicht bereuen möchte. Hinzu kommt die betrübliche Tatsache, daß der Armbanduhrenboom eine Vielzahl von Fälschungen und Mariagen (Kombinationen von Teilen unterschiedlicher, nicht durchgängig originaler Herkunft) hervorgebracht hat (s. Seite 120 ff., Absatz »Fälschungen«).
Ein heikles Thema, das aber Sammlerinnen und Sammler gleichfalls interessiert, ist die Frage nach einer Prestigeskala innerhalb der Armbanduhrenbranche. Während es etwa bei Automobilen durchaus üblich ist, auch Schwachstellen von Nobelmarken aufzuzeigen, ist die Uhrenpresse eher zurückhaltend. Zwei Probleme sollen jedoch in diesem Zusammenhang angesprochen werden.
In den letzten Jahren wurden bestimmte Uhrenmarken, die vom Markt verschwunden waren, wieder »reaktiviert« und in übergreifende Marketingkonzepte eingebunden, was etwa bedeutet, daß Marke X der gehobenen mittleren Preisklasse zugeordnet wird, Marke Y der oberen und Marke Z das Sortiment nach unten abgrenzt. Solche heute getroffenen Bewertungen entsprechen nicht immer Rang und Bedeutung, die ehedem selbständige Manufakturen in früheren Jahrzehnten hatten. Im Extremfall kann dies sogar dazu führen, die eigene Vergangenheit als belastend einzustufen, weil gegenwärtig der Top-Sektor angepeilt wird.
Außerdem ist der Hinweis nötig, daß höchst renommierte Häuser wie Patek Philippe keineswegs immer besonders aufgeschlossen gegenüber Innovationen waren, das läßt sich belegen an der Automatikuhr ebenso wie am Einbau von Stoßsicherungen. So war es vorwiegend das Verdienst von Omega, Longines, Eterna und Rolex, daß die Armbanduhr bereits vor 1914 Fuß fassen konnte. Von Vulcain kamen die ersten funktionstüchtigen Armbandwecker und Eterna steuerte das Kugellager beim Rotor bei. Die Liste ließe sich verlängern.

Hinweise zum Aufbau einer Sammlung

Die extrem breite Fächerung des Angebots an Sammlerarmbanduhren erfordert Reflexion und Entscheidung darüber, was man speziell sammeln möchte. Eine gezielte Sammlung kann sich z. B. auf Armbanduhren einer bestimmten Marke erstrecken, sie kann aber auch bestimmte Komplikationen zum Gegenstand haben, etwa automatische Aufzugssysteme, Chronographen, Chronometer, Wecker, Datums- und Kalenderuhren ... Des weiteren kann es durchaus interessant sein, sich ausschließlich mit Armbanduhren einer bestimmten Epoche zu beschäftigen, z. B. mit Modellen aus der Zeit bis 1930. Schließlich besitzt auch das Sammeln bestimmter Gehäuseformen, z. B. rechteckig, oder Gehäusearten, z. B. Dekorgehäuse, seinen besonderen Reiz. Jede Spezialisierung bringt mit Sicherheit den großen Vorteil mit sich, daß man sich relativ bald einen Wissens- und Erfahrungsvorsprung aneignen kann. Dadurch vermag man eher einmal ein sogenanntes »Schnäppchen« zu machen, als wenn man von allem jeweils nur ein wenig versteht.
Es ist kennzeichnend für beliebte und verbreitete Sammelgebiete, daß sich bei den Objekten relativ feste Preise herausbilden. Doch lassen sich auch Bereiche erkennen, die bisher von Sammlern und Markt eher stiefmütterlich behandelt werden. Das gilt für Damenuhren jeglicher Provenienz und auch für viele in Deutschland hergestellte Armbanduhren. Wer sich mit etwas Wagemut selbst ein neues Sammelgebiet erschließt, kann mit Preisvorteilen rechnen und wird auch auf Flohmärkten und Uhrenbörsen noch fündig.
Bleibt als weiterer Punkt die Frage nach der Wertentwicklung von Armbanduhren, die vor allem für jene Käufer von Interesse ist, welche dieses Sammelgebiet (auch/primär) unter dem Gesichtspunkt der Geldanlage pflegen. Wie bei allen anderen Antiquitäten auch, wie bei Automobilen oder Immobilien, regeln modische und ökonomische Entwicklungen, Zeitgeist-Strömungen, Einstellungen und Haltungen die Größe von Angebot und Nachfrage und damit das Preisniveau. Eine Garantie für eine kontinuierliche nach oben gerichtete Wertentwicklung kann und wird niemand geben. Deshalb ist dringend davon abzuraten, das Sammeln von Armbanduhren ausschließlich unter spekulativen Aspekten zu betreiben. Hier können sich rasch Frustrationen und Enttäuschungen einstellen. Beim Kauf von Armbanduhren sollte deshalb immer die Freude am Objekt im Vordergrund stehen.
Auf einen kurzen Nenner gebracht, sollten die folgenden fünf Punkte beim Aufbau einer Armbanduhrensammlung bedacht und ggf. berücksichtigt werden:

1. Ein möglichst umfassendes Wissen ist dem Aufbau einer Sammlung oder dem Erwerb von Sammlerstücken in jedem Fall dienlich. Es hilft, Fehlkäufe und Fehlinvestitionen zu vermeiden. Dieses Wissen sollte sich sowohl auf technische und historische als auch auf merkantile Bereiche erstrecken.
Speziell das fortlaufend betriebene Studium der Kataloge angesehener Auktionshäuser gibt einen guten Überblick über das Angebot und die preisliche Entwicklung von Armbanduhren. Die in den Katalogen angegebenen Schätzpreise bilden indessen nur einen groben Orientierungsrahmen; ob Uhren zu diesen Preisen tatsächlich verkauft worden sind, kann man erst am Ende einer Auktion feststellen. Deshalb stellen die von manchen Auktionshäusern publizierten Ergebnislisten eine wichtige Ergänzung zu den entsprechenden Katalogen dar. Viele Fachzeitschriften berichten ebenfalls über den Verlauf von Auktionen, versuchen Trends abzuleiten und heben besonders spektakuläre Ergebnisse heraus.

2. Die Spezialisierung auf Teilbereiche eines umfassenden Sammelgebiets, wie es die Armbanduhren nun einmal sind, bringt den Vorteil detaillierter Kenntnisse und Erfahrungen mit sich. Besondere Okkasionen werden so leichter erkannt; die Chancen, eine Rarität günstig erwerben zu können, sind größer, weil man um die wahren inneren Werte einer bestimmten Armbanduhr weiß. Hilfreich in diesem Zusammenhang ist das Wissen um die von den verschiedenen Fabrikanten verwendeten Werktypen. Ein bedeutender oder wohlbekannter Name auf dem Zifferblatt ist noch lange kein Indiz für ein eigenes Kaliber oder einen herausragenden Qualitätsstandard. Die von vielen Krisen geschüttelten Uhrenfabrikanten in Amerika, Deutschland, der Schweiz und Frankreich mußten, um überleben zu können, zeitweise so manchen Kompromiß eingehen. Auf jeden Fall aber wird man für eine Armbanduhr mit einem bekannten und begehrten Namen auf dem Zifferblatt einen wesentlich höheren Preis zahlen müssen als für ein ähnliches Modell eines unbekannteren Herstellers, auch wenn im Inneren das gleiche Kaliber tickt.
Ähnlich müssen auch die beachtlichen Preis-

unterschiede zwischen Uhren mit Edelmetall- und Uhren mit Stahlgehäuse eingestuft werden. Die große Preisdifferenz zwischen beiden Ausführungen – bei gleichem Hersteller und gleicher Werkqualität – spiegelt nur in geringem Maße die unterschiedlichen Rohstoff- und Produktionskosten wider. Sie lassen sich eher durch das Image und Prestige einer Gold- oder gar einer Platinuhr erklären.

3. Auf Dauer zahlt es sich in jedem Fall aus, auf einen guten Erhaltungszustand von Gehäuse, Zifferblatt und Werk zu achten. Der höhere Anschaffungspreis rechnet sich immer durch eine größere Wertkonstanz. Wertsteigernd kann sich das Vorhandensein einer Originalverpackung, des ursprünglichen Armbandes und der dazugehörigen Schließe auswirken. Kompromisse sollten allenfalls dann eingegangen werden, wenn es um den Erwerb eines besonders ausgefallenen und seltenen Stückes handelt, das in der Sammlung noch fehlt. Deshalb sollte jede Armbanduhr vor dem Kauf genau unter der mitgebrachten Lupe betrachtet werden. Es überrascht immer wieder, welche Details über den Erhaltungszustand sich dabei erschließen. Hilfreich kann ferner ein Schalenmesser zum Öffnen aufgesprengter Gehäuseböden sein. Bei verschraubten Böden ist man dagegen zumeist auf die Hilfe des Verkäufers oder aber eines Uhrmachers angewiesen.
Eine Schwachstelle der älteren Armbanduhr mit Handaufzug ist der Zeigerstell- und Aufzugsmechanismus. Selbst der Laie merkt in den Fingerspitzen, ob sich die Krone beim Zeigerstellen ohne Schwierigkeiten herausziehen läßt und wie groß der Spielraum ist, ehe sich die Zeiger bewegen. Fühlen (und hören) kann man schon bei wenigen Umdrehungen der Aufzugskrone, wie die Zahnräder beim Aufziehen ineinandergreifen.
Die meisten Uhrmacher gravieren, z. B. um ungerechtfertigten Mängelrügen vorzubeugen, nach Reparaturen ihr Zeichen in den Gehäuseboden, aus dem u. a. das Datum hervorgeht. Daher kann ein sorgfältiger Blick auf den Gehäuseboden zumeist Aufschluß geben über den Lebensweg einer Armbanduhr. Aber auch die Schraubenköpfe sind untrügerische Indizien für die Vergangenheit. Wird bei Reparaturen schlechtes Werkzeug verwendet oder schlampig gearbeitet, sind die Schraubenköpfe zumeist verkratzt und die Schlitze ausgefranst.
Sorgfältig sollten schließlich auch Zifferblatt und Zeiger in Augenschein genommen werden. Bei Email-Zifferblättern gilt es, auf Haarrisse oder abgesprungene Stellen zu achten. Strahlende Metall-Zifferblätter lassen nicht zwangsläufig auf einen perfekten Erhaltungszustand der gesamten Uhr schließen. Man kann solche Zifferblätter nämlich ohne weiteres auffrischen. Durch diesen Vorgang verlieren sie jedoch meistens ihre Originalität, auch wenn der Namenszug des Herstellers wieder angebracht wird. Deshalb ist es eine Glaubensfrage, ob man einem aufgefrischten Zifferblatt den Vorzug geben soll vor einem vielleicht verblaßten, aber absolut originalen. Ein Indiz für eine Auffrischung kann – muß aber nicht – das Fehlen des Schriftzuges SWISS oder SWISS MADE am unteren Rand des Zifferblattes sein. Die Verwendung desselben unterliegt nämlich rechtlichen Restriktionen. Gleiches gilt für die Verwendung von Markenzeichen.
Die Begutachtung der Zeiger einer Armbanduhr erfordert genauere Kenntnisse darüber, welche Zeigerformen traditionsgemäß für bestimmte Zifferblätter in Frage kamen. Hier können alte Kataloge weiterhelfen. Leicht feststellbar ist jedoch, ob z. B. Stunden-, Minuten- und Sekundenzeiger formal zusammenpassen. Ein kritischer Blick auf die Spitzen kann falsche Zeiger dann entlarven, wenn diese z. B. durch Abzwicken auf das richtige Maß gebracht wurden oder längenmäßig in keinem Verhältnis zur Minuterie und den Stundenindexen stehen.

4. Beim Kauf von alten Armbanduhren sollte man sich – insbesondere als Einsteiger – daher nach Möglichkeit einem seriösen Händler oder Auktionshaus anvertrauen. Dafür sprechen verschiedene Gründe:
– In der Regel erhält man bei guten Händlern eine Funktionsgarantie und nach deren Ablauf einen Reparaturservice. Dieser ist heute besonders wichtig, weil qualifizierte Uhrmacher, die speziell mit alten Armbanduhren richtig umgehen wollen und können, nicht leicht zu finden sind.
– Seriöse Händler sind zumeist bereit, ein Echtheitszertifikat auszustellen oder zumindest auf der Rechnung zu bescheinigen, daß sich die verkaufte Armbanduhr im Originalzustand befindet. Sollte sich nach dem Kauf erweisen, daß es sich um eine Mariage oder eine Fälschung handelt, wird die Uhr selbstverständlich gegen Erstattung des Kaufpreises zurückgenommen. Viele Händler sichern zu, die bei ihnen gekauften Armbanduhren mindestens zum Einstandspreis wieder in Zahlung zu nehmen, wenn man später ein höherwertiges Objekt erwerben möchte.
– Auch renommierte Auktionshäuser bieten derartige Serviceleistungen an. Trotzdem empfiehlt es sich, die kleingedruckten Versteigerungsbedingungen genau zu studieren. Dort finden sich Aussagen bezüglich der Zusicherung von Eigenschaften, des Rückgaberechts und der Mängelhaftung. Schwierig wird es immer, wenn man die Termine zur Vorbesichtigung nicht selber wahrnehmen kann. Hier ist eine sachkundige Vertrauensperson, die ein interessantes Objekt vor Ort eingehend begutachten kann, von großer Wichtigkeit. Die Angaben mancher Auktionshäuser im Hinblick auf den Erhaltungszustand von Werk und Gehäuse sind immer subjektiver Natur und müssen sich nicht zwangsläufig mit den persönlichen Vorstellungen und Ansprüchen decken. Gegen eine Gebühr, häufig zehn Prozent des Zuschlagpreises, sind manche Händler bereit, Uhren zu begutachten, eine wertmäßige Einschätzung abzugeben und in einem vorher festzulegenden preislichen Rahmen zu ersteigern.

5. Ernsthaftes Sammeln führt zu neuer und zugleich notwendiger Sachkompetenz. Aber dabei besteht unterschwellig immer die Gefahr, die im Berufsleben übliche Leistungshaltung auch auf Freizeit und Hobby zu übertragen. Spaß und Gefallen an einer Armbanduhr sollten beim Kauf immer Vorrang haben vor spekulativem Denken. Nur so bleibt die Freude erhalten, auch wenn sich, ganz gleich aus welchen Gründen, die Zeiten einmal wieder ändern. In diesem Zusammenhang ist ein Denkmodell der Ökonomen hilfreich. Sie unterscheiden den bezifferbaren Nutzen, der sich in Preisen niederschlägt, vom immateriellen Nutzen, der etwas salopp mit »Spaß an der Freud'« umschrieben werden kann. Wer diesen Aspekt entsprechend hoch einstuft, liegt immer auf der Gewinnerseite, selbst wenn der Marktpreis einer verkauften Uhr enttäuschen sollte.

Aufbewahrung, Pflege und Reparatur

Wichtig für den Erhalt einer Sammlung mechanischer Maschinen, um nichts anderes handelt es sich nämlich bei Armbanduhren, ist deren sorgfältige Aufbewahrung und regelmäßige Pflege. Hierzu gilt es folgendes zu beachten:

– Armbanduhren sollten in einer möglichst trockenen und staubfreien Umgebung aufbewahrt werden. Die Gehäuse sollten so voneinander getrennt sein, daß sie nicht aneinander reiben oder scheuern können. Dies verursacht Schleifspuren und Kratzer. Direkter Sonnen- oder greller Lichteinfall ist zu vermeiden, weil vor allem die Zifferblätter und Zeiger darunter sehr leiden können.

– Schon aus versicherungsrechtlichen Gründen sollten alle Uhren einer Sammlung sorgfältig archiviert werden. Dies bedeutet, daß man jede Armbanduhr fotografiert und ihre wichtigsten Daten (Hersteller, Jahr, Typ und Komplikationen, Werk-, Gehäuse- und Referenznummer, soweit bekannt und vorhanden, Gehäusematerial, Zustand, Kaufpreis und Verkäufer) schriftlich festhält.

– Wird eine Armbanduhr nach dem Tragen für längere Zeit weggelegt, sollten das Gehäuse, insbesondere der Boden, sowie ein eventuell vorhandenes Metallband mit einem weichen »Selvyt«-Tuch sorgfältig abgewischt werden. Die unweigerlich vorhandenen Schweiß-, Schmutz- und Fettspuren schaden auf Dauer jedem Gehäusematerial.

– Wasserdichte Gehäuse sollten nach längerem Liegen von einem entsprechend ausgestatteten Fachbetrieb auf ihre Dichtigkeit hin überprüft werden. Die verwendeten Dichtungsmaterialien (zumeist Gummi oder Kunststoffe) altern nämlich. So kann es passieren, daß vermeintlich wasserdichte Uhren den Sprung ins kühle Naß mit einem Wassereinbruch quittieren, der teure Reparaturen nach sich ziehen kann. Sollte ein derartiges Ereignis dennoch einmal eintreten, ist der unverzügliche Gang zum Uhrmacher angesagt. Wasser zeigt seine verheerende Wirkung auf Stahlteile innerhalb kürzester Zeit. Vom Rost befallene Oberflächen lassen sich nicht mehr vollkommen restaurieren. Es bleiben immer häßliche Rostnarben übrig. Nach der Benützung einer wasserdichten Uhr in Salzwasser ist ein Abspülen mit klarem Leitungswasser auf jeden Fall ratsam.

– Die in Uhren zur Schmierung der Lager und der Hemmung verwendeten Öle altern. Dies ist auch dann der Fall, wenn Uhren längere Zeit ruhen. Solches kann sich u. a. daran zeigen, daß eine Uhr nach dem Aufziehen nicht mehr läuft. In diesem Fall ist das Öl verharzt, also fest geworden. Denkbar ist aber auch, daß sich das Öl verflüchtigt. Zwar geht die Uhr dann weiterhin, die Lager sind jedoch ohne Schmierung, was eine übermäßige Abnützung mit sich bringt. Deshalb gilt für mechanische Uhren die grundsätzliche Devise: Je regelmäßiger sie von einem qualifizierten Uhrmacher gewartet und gepflegt werden, desto länger ist ihre Lebensdauer. Als Faustregel sind bei Uhren, die regelmäßig getragen werden, Wartungsintervalle von zwei bis drei Jahren angezeigt. Um dieses Verlangen zu untermauern, drängt sich der Vergleich mit einem Automobil förmlich auf: Für ein Auto, das durchschnittlich nur wenige Stunden am Tag bewegt wird, wird vom Hersteller nach einer bestimmten Kilometerleistung oder mindestens einmal pro Jahr ein Service mit Ölwechsel vorgeschrieben. Und fast jeder Besitzer hält sich, weil ihm sein fahrbarer Untersatz lieb und teuer ist, strikt an diese Weisungen. Im Gegensatz dazu leistet eine mechanische Uhr Schwerstarbeit. Sie versieht ihren Dienst 24 Stunden am Tag und das Jahr für Jahr.

Trotz regelmäßiger Pflege kann es dennoch vorkommen, daß eine Armbanduhr, aus welchen Gründen auch immer, ihren Dienst verweigert. Spätestens dann ist der Gang zum Uhrmacher unumgänglich. Um die Uhr nicht in einem schlimmeren Zustand zurückzubekommen, als man sie weggebracht hat, sollte man sich den Uhrmacher sorgfältig aussuchen. Dazu empfiehlt es sich, Freunde, Bekannte oder andere Sammler mit entsprechenden Erfahrungen zu konsultieren.

Welche Reparatur- und Service-Arbeiten an mechanischen Uhrwerken prinzipiell durchgeführt werden können, zeigt die nachfolgende Zusammenstellung. Dabei gilt es jedoch zu bedenken, daß alles, was über normale Reinigungsarbeiten hinausgeht, vielfach eine Frage der (noch) verfügbaren Ersatzteile ist. Freilich gibt es inzwischen wieder eine ganze Reihe hochqualifizierter Uhrmacher, die sich auf die Restaurierung alter Uhren spezialisiert haben. Viele davon können letztlich (fast) alle Teile wieder anfertigen und auch beinahe aussichtslose Fälle beheben. Nachdem solche Unternehmungen jedoch zum allergrößten Teil aus kostspieliger Handarbeit bestehen, muß man bereits vorher den Wert einer Uhr abschätzen und diesen in eine vernünftige Relation zu der Summe setzen, die man für eine Reparatur ausgeben kann und will. Bei einer derartigen Entscheidung wird häufig die subjektive Einstellung zu einem Zeitmesser höher zu bewerten sein als ausschließlich objektive Kriterien.

1. Die Reinigung eines verschmutzten oder verharzten mechanischen Uhrwerks sowie die anschließende Regulierung dürfte für einen halbwegs interessierten Uhrmacher keinerlei Schwierigkeit darstellen.

2. Problemlos sollten auch der Austausch einer abgerissenen Zugfeder, einer defekten Aufzugswelle samt Krone, einer gebrochenen Winkelhebelfeder, eines Sperrkegels samt zugehöriger Feder zu bewerkstelligen sein. Diese Teile sind zumindest für die gängigen Kaliber bei guten Fournituristen oder den Service-Abteilungen der Uhrenfirmen in aller Regel sofort erhältlich. Anders gestaltet sich die Angelegenheit hingegen bei sehr alten und/oder »exotischen« Kalibern. Bei diesen werden passende Ersatzteile nur noch in Ausnahmefällen zu finden sein. Deshalb müssen maßähnliche Teile angepaßt werden, was einem qualifizierten Service-Uhrmacher bei gutem Willen durchaus gelingen sollte.

3. Sorgenkinder besonderer Art sind bei alten Armbanduhren ohne Stoßsicherung die Unruhwellen. Deren dünne Zapfen brechen bei einem harten Stoß. Für gängige Kaliber gibt es die Unruhwellen wiederum als Ersatzteile zu kaufen. Die Anfertigung einer nicht direkt verfügbaren Unruhwelle erfordert von einem Uhrmacher indessen Erfahrung, Geschick sowie eine entsprechende Maschinen- und Werkzeugausstattung.

4. Bei anderen Teilen, z. B. von komplizierten Uhrwerken wie Chronographen, Weckern oder automatischen Aufzügen, läßt sich die Situation nicht generell einschätzen. Der gute Wille und die Beziehungen eines Uhrmachers zu seinem Fournituristen spielen in jedem Fall eine große Rolle.

5. Die Restaurierung (Auffrischung) von Zifferblättern wurde an anderer Stelle bereits diskutiert. Sie stellt in der Regel kein technisches Problem dar. Doch sollte ein derartiges Unternehmen vorher genau reflektiert werden. Es kann das Bild einer Uhr – das Ziffer-

blatt prägt wesentlich das Aussehen einer Armbanduhr – total verändern und läßt sich nicht mehr rückgängig machen. Deshalb sollte es als Ultima ratio nur dann in Erwägung gezogen werden, wenn ein Zifferblatt völlig unansehnlich ist und vorsichtige Reinigungsversuche fehlgeschlagen sind.

6. Zeiger lassen sich in aller Regel ersetzen, doch muß darauf geachtet werden, daß die neuen Zeiger stilistisch zum Zifferblatt und zum Gehäuse passen. Aber auch die Länge muß stimmen. Leuchtzeiger lassen sich durch das Auffüllen mit neuer Leuchtmasse relativ leicht restaurieren.

7. Kunststoffgläser verkratzen bei starker Beanspruchung einer Uhr sehr leicht. Sie sind in allen Größen liefer- und ersetzbar. Dies gilt auch für rechteckige, quadratische oder sonstwie geformte Gläser. Doch gab es gerade in der Anfangszeit der wasserdichten Uhren zum Teil abenteuerliche Gehäusekonstruktionen mit speziell darauf zugeschnittenen Plexigläsern. Inwieweit hier ein Ersatz möglich ist, läßt sich nicht generell feststellen. Die bis in die 40er Jahre hinein verwendeten Kristallgläser verkratzen zwar nicht, dafür brechen sie sehr leicht. Darauf spezialisierte Betriebe können diese – zu einem angemessenen Preis – auch dann stilgerecht ersetzen, wenn sie eine ausgefallene Form haben.

8. Schließlich können auch verkratzte Gehäuse von kundiger Hand wieder aufpoliert werden. Bei Gehäusen aus Edelmetall geht dies wesentlich leichter als bei solchen aus Stahl. Vergoldete, verchromte oder vernickelte Gehäuse können in einer galvanischen Anstalt eine neue Haut erhalten. Gerade bei diesen empfiehlt sich jedoch eine vorherige Politur, weil vorhandene Kratzer durch die galvanische Oberflächenveredelung nicht verschwinden. Qualifizierte Gehäusemacher, Gold- oder Silberschmiede können abgebrochene Bandanstöße oder defekte Scharniere auch heute noch reparieren – wenn sie wollen.

Sammlerinnen und Sammler von Armbanduhren werden also bei allen über den Rahmen des Üblichen hinausgehenden Reparatur- oder Restaurierungsarbeiten mit zwei Problemen konfrontiert: Man muß den kompetenten Fachmann aufspüren, und man muß ihn bisweilen auch noch motivieren, sich der Uhr mit Lust und Liebe anzunehmen. Manchmal helfen freundliche Worte mehr als lukrative Geldangebote. Doch auch Geduld ist notwendig, denn »gute Adressen« sind rar, andere Sammler haben ebenfalls Wünsche, »Warteschlangen« lassen sich deshalb oft nicht vermeiden. Dennoch: Zu früh aufgeben sollte man auf gar keinen Fall.

Fälschungen, Imitationen, Mariagen

Man nehme sich erstens ein beliebtes Prestige-Produkt und suche sich zweitens im Keller eines fernöstlichen Hochhauses oder in einem italienischen Hinterhof einen profitgierigen Fabrikanten, der bereitwillig Kopien davon anfertigt. Zum Rest, sprich zur Vermarktung der solcherart entstandenen Plagiate, gehört im Prinzip mehr Glück als Verstand.

Einer dankbaren Abnehmerschar kann sich der Produktpirat fast sicher sein. Unrühmliche Begleiterscheinung von Statusdenken, Möchtegern-Luxus und Massentourismus ist nämlich ein ausgeprägtes »Mehrscheinertum«. Der Hang, das Outfit, das Ambiente oder den Lebensstil mit Produkten zu garnieren, die man sich eigentlich nicht leisten kann (oder will), wächst in beinahe erschreckendem Maße. Er hat – soll man darüber lachen oder weinen? – sogar dazu geführt, daß von besonders begehrten Luxusgegenständen, also z. B. Taschen von Vuitton, Tücher von Hermès oder Uhren von Rolex, mittlerweile mehr Plagiate als Originale im Umlauf sind.

Das Spektrum dessen, was die Räuber geistigen Eigentums inzwischen verwerten, ist beinahe unübersehbar. Es reicht, um nur einen kleinen Ausschnitt zu zeigen, von Schreibgeräten über Kleidung, Getränke, Düfte, Auto- und Flugzeugteile bis hin zu Accessoires und Uhren.

Doch gerade bei letzteren besitzt selbst das Fälschertum schon Tradition. Bereits Abraham Louis Breguet (1747–1823), dessen vorzügliche Zeitmesser von Adel, Militär, Klerus und gutsituiertem Bürgertum gleichermaßen geschätzt wurden, mußte sich zu Lebzeiten durch eine Geheimsignatur gegen den allzu heftigen Mißbrauch seines Namens schützen. Vermutlich wurden Breguet-Uhren seinerzeit häufiger gefälscht als heute. Und auch das oft als Kavaliersdelikt abgetane Kopieren von Rolex-Chronometern hat Vergangenheit. Schon 1934 mußte sich die Marke erstmals gegen Nachahmer gerichtlich zur Wehr setzen. Fünfzig Jahre später, 1984, klagte das Unternehmen abermals erfolgreich. Diesmal gegen einen Kaffeeröster, der in seinen Filialen neben Mokka auch die der *Oyster* verblüffend ähnelnde *Royal* feilbot.

Indes: Solche Aktionen sind nicht mehr als der berühmte Tropfen auf den heißen Stein. Obwohl die namhaften Uhrenfirmen ganze Heerscharen von Detektiven um die Welt schicken, um nach Raubkopien zu suchen, obwohl Tausende solcher »Fakes« im Rahmen spektakulärer Aktionen vernichtet werden, gleicht der Kampf dem mit der sagenumwobenen Hydra: Jedem zerstörten Plagiat folgen zwei neue.

Eine Konsequenz ist allenfalls, daß in den Ländern, welche die Konvention über den Markenschutz achten, eine etwas härtere Gangart der Behörden zu beobachten ist. In Hongkong sind die offenen Bauchläden diskreten Hochhaus-Appartements gewichen. Dorthin werden die Suchenden von Schleppern mit argwöhnischem Kennerblick geführt. Zu sehen gibt es meistens Einzelstücke, die, damit das Lager unentdeckt bleibt, nur bei Interesse herbeigeholt werden. Auch in Genua oder auf New Yorks vornehmer Fifth Avenue werden die Tabletts schnell zugeklappt, wenn sich Polizisten nähern.

Aber auch sonst hat der Lauf der Dinge im Geschäft mit »abgekupferten« Edel-Zeitmessern zu einem deutlich erkennbaren Wandel geführt. Ins Reich der Vergangenheit gehört an italienischen Alpenpässen das betrügerische Feilbieten scheinbarer Schmuggelware, die außer großen Goldpunzen nichts Anziehendes besaß. Bitteres Lehrgeld haben dafür trotzdem genügend »Schnäppchenjäger« bezahlt. Heute sind Fakes mehr oder minder gute Kopien gängiger Modelle, bei denen es hauptsächlich auf den Wiedererkennungswert und/oder die Signatur ankommt. Qualität spielt weiterhin zumeist eine untergeordnete Rolle.

Die kriminelle Energie richtet sich dabei weniger gegen den Käufer, der in der Regel weiß, was er für sein Geld bekommt. Geschädigt werden Luxusmarken wie Audemars Piguet, Breitling, Cartier, Chanel, Gucci, Ebel, Patek Philippe, Rolex oder TAG Heuer. Und seitdem die Swatch in aller Munde ist, gilt auch ihr das Interesse der Produktpiraten. »Marktführer« bei den Plagiaten sind mit weitem Abstand immer noch Cartier und Rolex.

Bei Cartier werden vorwiegend die Modelle *Tank* und *Santos* gefälscht. *Tank*-Kopien gibt es sogar mit massiven Gold- oder Silbergehäusen und mechanischen Werken. Zum Schutz der Kunden führte Cartier vor einigen Jahren eine Geheimsignatur auf dem Zifferblatt ein: Der Namenszug »Cartier« erscheint in Mikroschrift als Strich einer der römischen Stundenziffern. Rechter Verlaß ist darauf jedoch nicht mehr, weil sie ebenfalls nachgeahmt wird. Rolex *Oyster*-Plagiate erkannte man einst relativ schnell an einem springenden Sekundenzeiger, der Indiz eines Quarzwerkes ist. Doch die Fälscher kennen die Gesetze des Marktes erstaunlich gut. Deshalb steigt die Zahl der Kopien mit Automatikwerken und dem typisch »schleichenden« Sekundenzeiger sprunghaft.

Wirklich gefährlich sind manche Plagiate des neuen Rolex *Daytona*-Chronographen, der als herausragendes Spekulationsobjekt gilt. In massiven Goldgehäusen ticken eigens umgebaute Valjoux-Kaliber. Und die Preise kommen den begehrten Originalen erstaunlich nah. Um sich vor finanziellen Verlusten zu schützen, sollte dem ohnehin fragwürdigen Kauf aus obskurer Quelle ein wirklich kritischer Blick durch die Lupe vorangehen.

In eine ähnliche Kategorie fällt die Produktpiraterie bei Swatch. Sie erstreckt sich im wesentlichen auf die sogenannten *Specials* und *Arts*, also Modelle, die nur in begrenzten Auflagen hergestellt und vertrieben wurden. Auch hier wird Echtheit vorgetäuscht und ein annähernd marktgerechter Preis verlangt.

Zertifikate, Rechnungen und Etuis schützen übrigens vor Fehlkäufen schon lange nicht mehr. Sie werden – wie die Produkte, welchen sie den Anschein von Echtheit verleihen sollen – ungeniert massenhaft gefälscht.

Von diesem Treiben sind die Sammler alter Armbanduhren nur in geringerem Maße betroffen. Auf sie hat es eine ganz andere Kategorie von Plagiatoren abgesehen, deren Handeln durchaus als betrügerisch bezeichnet werden kann. Ihre Absicht besteht darin, entweder gesuchte Sammleruhren direkt nachzubauen oder mechanische Armbanduhren so zu manipulieren, daß sie sich hernach zu einem weit höheren Preis verkaufen lassen, als er im Originalzustand erzielbar gewesen wäre.

Das Spektrum an Fälschungen ist mittlerweile so breit geworden, daß es gar nicht mehr lückenlos erfaßt und dargestellt werden kann. Schützen kann man sich im Grunde genommen nur durch Vorsicht, Skepsis und Zurückhaltung beim Kauf angeblicher Schnäppchen sowie den Gang zum seriösen Händler.

Besondere Aufmerksamkeit verdienen in diesem Zusammenhang letztlich alle gesuchten Modelle der bedeutenden Marken. Besonders betroffen vom Tun der Fälscher sind, um nur einige Namen und Modelle zu nennen,

1. die *Prince (Duo-Dial)* von Rolex. Nachdem das gleiche Kaliber von Aegler, Biel, auch für die Gruen Watch Co. hergestellt wurde, ist es relativ leicht, eine preiswerte Gruen in eine teure Rolex umzuwandeln. Dies gilt hauptsächlich für das gestreifte Goldmodell *Prince Brancard* oder die *Prince* mit einer springenden Stundenanzeige bei der »12«.
2. die frühen Automatik-Modelle von Rolex, in Sammlerkreisen »Bubble-Backs« genannt. Die Gehäuse erhalten verdeckte Bandanstöße und werden dadurch zu den gesuchten »hooded«-Modellen aufgewertet.
3. die *Oyster*-Chronographen von Rolex. Nachdem es in früheren Zeiten auch von der preiswerteren Untermarke *Tudor* entsprechende Chronographen gab, werden solche nun kurzerhand in die teuer bezahlten Rolex-Modelle umfrisiert. Dies geschieht hauptsächlich durch die Umarbeitung der Zifferblätter. Das Innere läßt sich hingegen vernachlässigen, da zum Öffnen eines fest verschlossenen *Oyster*-Gehäuses spezielles Werkzeug unumgänglich ist.
4. die *Cosmograph*-Modelle von Rolex mit Kalendarium und Mondphase. Durch die Hinzufügung entsprechender Schaltwerke sowie die Modifikation des Gehäuses werden aus normalen *Oyster*-Modellen der späten 40er und frühen 50er Jahre *Cosmographen*.
5. die *Tank* von Cartier. Hier werden goldene Gehäuse schlichtweg nachgegossen, Zifferblätter gedruckt und auf mechanische Uhrwerke gesetzt.
6. Cartier-Uhren, die identisch sind mit den entsprechenden Modellen von Jaeger-LeCoultre. Der bloße Austausch des Namens auf dem Zifferblatt kann sich extrem preissteigernd auswirken.
7. die Referenz 2441 von Patek Philippe, *Eiffelturm* genannt. Sie gehört zu den besonders gesuchten und teuren rechteckigen Modellen der Manufaktur. Auch hier wird das Gehäuse nachgegossen. Um die Uhr zum Leben zu erwecken, wird ein vergleichsweise billiges Modell mit dem erforderlichen Formkaliber 9‴90 ganz einfach ausgeschlachtet. Nachdem Patek Philippe über jede verkaufte Uhr genauestens Buch geführt hat und dies auch weiterhin tut, vermag die Anforderung eines Stammbuchauszuges den Schwindel relativ schnell aufzudecken.
8. verschiedene Modelle von Vacheron & Constantin. In ihnen tickten nach einem 1938 geschlossenen Kooperationsvertrag Werke von Jaeger-LeCoultre. Aber auch die Gehäuse waren weitgehend gleich. Die Unterschiede bestanden im Grad der Verfeinerung, welcher von Vacheron & Constantin zusätzlich geleistet wurde. Mutatis mutandis läßt sich vergleichsweise schnell aus einer Jaeger eine Vacheron machen. Wer sich nicht durch einen genauen Blick auf das Werk und in das Gehäuseinnere vorsieht, hat nach dem Kauf mit Sicherheit das Nachsehen.

Wesentlich leichter hat man es mit vielen unsensiblen Fälschungen alter Armbanduhren, die inzwischen gleichfalls auf dem Markt sind. Auch einem Sammler, der sich erst am Rande mit dem Thema Armbanduhren beschäftigt hat, sollte auffallen, daß es sich bei einer »Pateck Phillipe« signierten Uhr wohl kaum um ein Originalmodell handeln kann. Auch die Signatur »Patek-Philippe« mit einem Bindestrich wurde niemals verwendet. Das Vorhandensein einer solchen Signatur sollte auf jeden Fall Skepsis hervorrufen.

Besonders gut meinten es jene Zeitgenossen, die namenlose Modelle in solche mit der Aufschrift »Rolex Patek« umwandelten.

Schließlich ist auch das bloße Aufdrucken eines bedeutenden Namens auf das Zifferblatt einer billigen Uhr nur als plumper Versuch zu werten, Unkundigen und Unbedarften ihr Geld aus der Tasche zu ziehen.

Hingegen muß es sich nicht zwangsläufig um eine Fälschung handeln, wenn z. B. bei Armbanduhren von Audemars Piguet zwar auf dem Zifferblatt und dem Werk jeweils der Namenszug des Herstellers zu finden ist, dieser im Gehäuse dagegen fehlt. Dabei kann es sich durchaus um eine originale Armbanduhr handeln. Um die hohen Einfuhrzölle zu umgehen, lieferten viele der namhaften Schweizerischen Uhrenfirmen bis in die 50er Jahre (z. B. in die Vereinigten Staaten von Amerika)

nur die Werke samt Zifferblättern. Dort wurden die Gehäuse auf der Grundlage der Original-Entwürfe angefertigt sowie die Regulierung und die Einschalung vorgenommen. Im Zweifel kann auch hier eine Rückfrage beim Hersteller durchaus hilfreich sein.
Des weiteren verlangten noch während der ersten Jahrzehnte unseres Jahrhunderts bedeutende Juweliere – z. B. Tiffany, Gübelin, Golay Fils & Stahl oder Bailey, Banks & Biddle – von ihren Lieferanten, zu denen die bedeutendsten Uhrenmanufakturen der Schweiz zählten, daß deren Name weder auf dem Zifferblatt noch auf dem Werk erscheinen dürfe. Ins Auge stechen sollte beim Auffinden einer derartigen Armbanduhr sofort die hohe Qualität des Werkes und des Zifferblattes. Der Erwerb eines solchen Stückes zu einem interessanten Preis kann sich später durchaus als Glückskauf erweisen.
Weniger um Fälschungen als um sogenannte Mariagen dürfte es sich schließlich bei jenen Armbanduhren handeln, die aus einem alten Werk und einem neuen Gehäuse zusammengefügt sind. Zu solchen Mariagen kommt es vor allem dadurch, daß in schlechten Zeiten Edelmetallgehäuse eingeschmolzen wurden, um vom finanziellen Erlös Lebensmittel kaufen zu können. Die übriggebliebenen, teilweise sehr hochwertigen Werke wurden später mit neuen Gehäusen versehen. Sofern die Kunden klar über diesen Sachverhalt informiert werden, ist dagegen grundsätzlich nichts einzuwenden. Zu bedenken ist beim Kauf solcher Mariagen freilich, daß ihr Preis immer erheblich unter denen von Originalmodellen liegen wird und sie sich nur schwer weiterverkaufen lassen. Zu spekulativen Zwecken eignen sie sich deshalb nur sehr bedingt.

Sammeln – eine lohnende Investition?

Wie an anderer Stelle schon dargelegt wurde, ist der Sammlermarkt für alte Armbanduhren noch recht jung; dennoch verlief die Preisentwicklung bisweilen dramatisch. Bis 1990 schien es, als ob nichts den Boom des Investitionsgutes »Sammler-Armbanduhr« bremsen könnte. Von Auktion zu Auktion überschlugen sich die Preise für bestimmte Zeitmesser edler Provenienz, denn speziell diese stimulierten auch die Preise anderer Marken und Modelle.
Der Run auf noble alte Armbanduhren zog immer weitere Kreise. Doch es waren weniger die Sammler, welche die extrem hohen Preise verursacht haben, sondern andere Personengruppen: Es gab den kompromißlosen und zugleich kapitalkräftigen Liebhaber mikromechanischer Meisterwerke, es gab den Käufer, der ein auffälliges Statussymbol erwerben wollte, und natürlich auch den Spekulanten, der innerhalb kurzer Zeit ein Höchstmaß an Profit zu erwirtschaften hoffte. Die erforderlichen Finanzmittel lieferten – scheinbar risikolos – häufig die Banken.
Mittlerweile haben sich die Verhältnisse beträchtlich geändert. Durch neue wirtschaftliche Rahmenbedingungen ist bei vielen Spekulanten ein spürbarer »Lustverlust« eingetreten. Notverkäufe führten zu einem beträchtlichen Preisverfall. Die Marktentwicklung einiger repräsentativer Sammleruhren über ein gutes Jahrzehnt hinweg wird in nebenstehender Tabelle dargestellt, wobei die Ergebnisse von namhaften Auktionshäusern (Habsburg-Antiquorum, Christies, Dr. Crott, Ineichen und Sothebys) stammen. Ausgewählt wurden Uhren der Genfer Firma Patek Philippe, die weltweit unangefochten die Spitzenstellung innerhalb der Branche besetzt. Die Zahlen lassen es deutlich erkennen, das Maximum lag im Jahre 1989.
Gegenüber diesen Daten nehmen sich in absoluten Zahlen die Preisschübe anderer Marken und Modelle eher bescheiden aus.
Gut erhalten oder sogar positiv weiterentwickelt haben sich, um nur einige zu nennen, folgende Sammler-Armbanduhren: die *Reverso* von Jaeger-LeCoultre (Stahl: 1982 DM 1000,–, 1993 DM 4500,–), die *Mark IX* von IWC (1983 DM 150,–, 1994 DM 3500,–), die Longines-Chronographen mit Manufakturkaliber (Stahl: 1984 DM 250,–, 1994 DM 3000,–) oder die klassischen Breitling *Navitimer* (Stahl: 1984 DM 200,–, 1994 DM 2500,–).
Eines muß allerdings in diesem Zusammenhang betont werden. Wer in den frühen 1980er Jahren eine mechanische Armbanduhr kaufte, erwarb kein begehrtes Sammelobjekt, sondern eher einen »Ladenhüter«, der technisch inzwischen überholt war von der »faszinierenden« Quarztechnologie, jedenfalls nach Meinung des breiten Publikums und vieler Uhrmacher. Solche hohen relativen Preissteigerungen, wie sie die frühesten Sammler erwarten konnten, lassen sich bei einem ausgeprägten Markt später nicht mehr realisieren.

Ref. 96, Gelbgold, rund, Handaufzugskaliber 12''' 120:

1980	1981	1985	1987	1989	1990	1991	1992	1993	1994
1.300	1.500	2.500	3.600	10.000	7.500	6.000	5.500	5.100	4.600 sfr

Ref. 1415 HU, Gelbgold, Weltzeit, weißes Blatt:

1980	1985	1987	1989	1990	1992	1993
10.000	22.000	63.000	244.000	187.000	110.000	80.000 sfr

Ref. 2441 *Eiffelturm*, Gelbgold, rechteckig, Handaufzugskaliber 9''' 90:

1984	1986	1988	1989	1990	1993
8.500	13.000	25.000	47.000	42.000	35.000 DM

Ref. 2526, Gelbgold, Automatikkaliber 12''' 600, Emailblatt:

1980	1981	1985	1987	1989	1990	1991	1992	1993	1994
2.500	2.600	5.000	7.200	17.000	15.000	12.100	10.550	14.950	13.400 sfr

Modell 130, Gelbgold, 13''' Chronograph:

1981	1982	1984	1986	1988	1989	1990	1992	1993	1994
7.500	9.000	9.000	14.000	25.000	70.000	40.000	26.000	26.000	26.800 sfr

Ref. 1526, Gelbgold, ewiger Kalender, Kaliber 12''' 120 Handaufzug:

1982	1984	1987	1988	1989/1	1989/2	1990	1991	1993	1994
22.800	30.000	45.000	53.000	170.000	278.000	121.000	96.000	65.000	71.500 sfr

Auch mit Fälschungen hatten diese Pioniersammler kaum zu rechnen.
Als Resümee bedarf es der klaren Feststellung, daß der Erwerb von Sammleruhren weiterhin viel Fingerspitzengefühl, ein hohes Maß an Wissen und noch mehr Marktkenntnisse erfordert. Allein der Einsatz großer Geldsummen garantiert keine zukunftsträchtige Investition, geschweige denn profitable Geschäfte. Doch lassen sich gerade bei antizyklischem Konsumverhalten lohnende Käufe tätigen. Des einen Leid gereichte nämlich schon oft dem anderen zur Freud.
Es gibt Uhrenfirmen, die gewissermaßen jenseits eines Meinungsstreits angesiedelt sind, etwa Patek Philippe, aber auch Vacheron & Constantin oder Blancpain, und andere, die Uhrenfreunde polarisieren, dies gilt besonders für Rolex. Hier konnten selbst die Verfasser dieses Buches zu keinem Konsens kommen. Auch zwischen einzelnen Ländern, etwa Italien, den USA und Deutschland, gibt es im Hinblick auf Uhrenmarken deutlich unterschiedliche Präferenzen. Es läßt sich oft schwer rational begründen, warum gerade ein spezielles Modell einer bestimmten Marke die Gunst der Sammler und damit entsprechend hohen Preis erlangt. Sehr deutlich ließ sich dieses Phänomen in jüngster Zeit auf dem Sammlermarkt für Swatch Uhren erkennen.
Es gibt (wenige) Firmen, die haben kontinuierlich, wenn auch in geringeren Stückzahlen, mechanische Uhren gebaut, und es gibt andere, die wurden als Folge des wieder auflebenden Interesses an der Mechanik neu gegründet oder haben die zeitweilig unterbrochene eigene mechanische Fertigung später wieder aufgegriffen. Auf diese Weise entstanden recht verschiedenartige Uhren. Manche Modelle wurden vollständig aus noch vorhandenen Bauteilbeständen gefertigt, andere können als Mischformen bezeichnet werden, und schließlich wurden bisweilen sogar eigens neue Kaliber entwickelt. Wie verhält sich der Sammler originaler alter Armbanduhren gegenüber einer *Harwood* im (neo)klassischen Gehäuse mit andersartigem neuem Werk oder gegenüber einer *Reverso*, die in einer neuen, weitaus höheren Preisklasse angesiedelt ist?
Wer sich später einmal intensiv mit mechanischen Armbanduhren beschäftigt, die Mitte der 1990er Jahre gefertigt wurden, sollte zumindest Respekt bekommen vor dem Chronographenwerk Valjoux 7750, das immerhin schon 1973 entstanden ist und von -zig Marken gegenwärtig verwendet wird.
Kaum beantworten läßt sich die häufig gestellte Frage, welche Armbanduhren eigentlich sammelnswert sind. Im Prinzip sind es alle, die gefallen und deren Besitz wirkliche Freude bereitet. Allerdings erfreuen sich in Sammlerkreisen die sogenannten »Konfirmations-« oder »Firmungsuhren« unbekannter Hersteller in einfachen Doublé- oder dünnen Goldgehäusen nur geringer Resonanz. Andererseits werden Stiftankeruhren (z. B. Mickey-Mouse- oder sonstige Reklame-Uhren) ebenso gesammelt wie teure Luxusmodelle bedeutender Manufakturen. Die Kulturgeschichte der Armbanduhr ist breit gefächert. Unzählige Modelle und technische Besonderheiten in diversen Qualitätsstufen sind eindrucksvolle Beweise menschlicher Kreativität und Schaffenskraft. So gesehen sollte man den Aufbau einer Armbanduhrensammlung schrittweise und nicht ausschließlich unter spekulativen Gesichtspunkten betreiben. Die Enttäuschung über eine vermeintliche Fehlinvestition kann den Spaß an einer insgesamt interessanten und geliebten Sammlung nämlich relativ schnell verderben. Und das wäre doch schade.

Bildteil

Falls nicht anders angegeben, sind die abgebildeten Uhren mit einer Schweizer Ankerhemmung ausgestattet.

235 Zwei goldene kissenförmige Herren-Armbanduhren von Patek Philippe mit Chronograph-Rattrapante und 30-Minuten-Zähler. Links: Nr. 198089, begonnen 1927 und verkauft 1937; rechts: Nr. 198012, Modell für Linkshänder, begonnen 1925 und verkauft 1927.

SWISS
(8)
ADJTS.
PATEK, PHILIPPE
GENÈVE
JEWELS
(23)

◁ **236** Werk einer Herren-Armbanduhr in Stahl von Patek Philippe mit Chronograph; 13liniges Ankerwerk, Ebauche von Valjoux, 23 Steine, Breguet-Spirale; 60er Jahre

237 Zwei goldene Herren-Armbanduhren mit ewigem Kalender und Mondphasenanzeige von Patek Philippe. Links: Modell 1518 mit zusätzlichem Chronograph und 30-Minuten-Zähler, hergestellt von 1941–1954; rechts: Modell 2497 mit Zentralsekunde, hergestellt von 1952–1963.

238 Modell 1415 HU (Heures Universelles) mit Weltzeitindikation, Produktionsbeginn 1939. Handaufzugswerk Kaliber 12''' HU (12'''-120), 18 Steine, monometallische Unruh mit autokompensierender Breguet-Spirale, Drehlünette mit Städtenamen.

239 Modell 2523 HU mit Weltzeitindikation, Produktionsbeginn 1953. Handaufzugswerk Kaliber 12'''-400, 18 Steine, monometallische Unruh mit autokompensierender Breguet-Spirale, Zifferblatt mit einem in Cloisonné-Email ausgeführten Zentrum; über die Krone bei der »9« läßt sich der innenliegende Ring mit den Städtenamen verstellen.

240 Zwei goldene Herren-Armbanduhren von Patek Philippe mit unabhängig verstellbarem Stundenzeiger. Links: Modell 2597 H. S., hergestellt ab 1958; rechts: das gleiche Modell, jedoch mit zweitem, unabhängig verstellbarem Stundenzeiger, Patent 1959, Herstellungsbeginn 1962.

241 Drei asymmetrische Herren-Armbanduhren von Patek Philippe. Links: Modell 3412, hergestellt ab 1959; Mitte: Modell 3413, hergestellt ab 1959; rechts: Modell 3424, hergestellt ab 1960.

Zu Seite 131:
243 Armbanduhr Nr. 866 503 mit Tourbillon von André Bornand, hergestellt 1981

244 Kaliber 34 T mit 50-Sekunden-Tourbillon zur Armbanduhr Abbildung 243. Uhrwerk mit den Abmessungen 34,4×22,2 mm, das entspricht einer Werksfläche von 702 mm^2. 23 Steine, Guillaume-Unruh, freischwingende Breguet-Spirale mit innerer Endkurve, 21600 A/h. »Duofix« Steinfutter sowohl zur Lagerung der Unruh als auch des Käfigs. Gangdauer pro Aufzugsvorgang 57 Stunden.

244 ▽

243 ▷

◁ **242** 1-Minuten-Tourbillon Nr. 861115 von André Bornand, 18 Steine, Ankerhemmung, Guillaume-Unruh. Freischwingende Breguet-Spirale von André Zibach. Hergestellt 1949.

Zu Seite 132:
245 Höchstkomplizierte Herrenuhr Nr. 866757 von Patek Philippe mit Minutenrepetition, ewigem Kalender, Mondphasenanzeige, Chronograph mit 30-Minuten-Zähler. Gehäusemodell 3615, in den 80er Jahren fertiggestelltes Einzelstück.

246 Werk zu Abb. 245: Ankerwerk 13‴, 42 Steine, monometallische Schraubenunruh, autokompensierende Breguet-Spirale, Stoßsicherungssystem. Start, Stopp und Nullstellung des Chronographen erfolgen über den in die Krone integrierten Drücker.

247 Zu Abb. 245: Zifferblatt abgenommen, sichtbar die Kadratur des ewigen Kalenders

248 Zu Abb. 245: Ansicht der unter dem Kalendermodul liegenden Kadratur für das Minutenschlagwerk

245 △ 246 ▽ 247 △ 248 ▽

Audemars Piguet

249 Rechteckige Herren-Armbanduhr, Zifferblatt mit Stabmarkierungen, Mondphase und dezentrales Sekundenblatt, hergestellt Ende der 20er Jahre

250 Rechteckige Herrenuhr im Goldgehäuse, vollständiger (einfacher) Kalender und Mondphasenindikation, seit 1928 auf dem Markt

249

250

251 Goldene Herren-Armbanduhr in Rechteckform, Nr. 63473 aus dem Jahre 1953. Darunter das skelettierte und gravierte Uhrwerk, Kaliber TS (Rückseite).

252 Oben: Weißgoldene Herren-Armbanduhr mit automatischem Aufzug, Nr. 75543 aus dem Jahre 1961. – Unten links: Das dazugehörige Werk, rhodiniertes Ankerwerk $13'''$, Kaliber 2071, 29 Steine, monometallische Unruh, Breguet-Spirale und Feinregulierung. Rotor außen mit Goldsegment, wirkt in beiden Drehrichtungen. – Unten rechts: Innenseite des Gehäusebodens dieser Uhr. ▷

AUDEMARS PIGUET
GENÈVE
CERTIFIED
AUTOMATIC
SWISS
AUDEMARS PIGUET
AUTOMATIC
AUDEMARS PIGUET
SWISS

AUDEMARS PIGUET
GENEVE

◁ **253** Mitte: Goldene Herren-Armbanduhr mit aufgedrücktem Weltzeit-Zifferblatt, Nr. 46604 aus dem Jahre 1943. – Oben: Das entsprechende Werk dazu, rhodiniertes Ankerwerk 13‴, Kaliber VZAS, 18 Steine, monometallische Unruh, Breguet-Spirale. – Unten: Innenseite des Gehäusebodens dieser Uhr.

254 Goldene Herren-Armbanduhr mit ewigem Kalender, Nr. 66135 aus dem Jahre 1957. Vierjahres- und Mondphasenanzeige, Ankerwerk 13‴, Kaliber VZSSQP. ▽

255 Unterzifferblattansicht zu Abbildung 254 mit der Kadratur des ewigen Kalenders ▷

256 Goldene Herrenuhr mit ewigem Kalender, Nr. 73012 aus dem Jahre 1957. Vierjahres- und Mondphasenanzeige, Ankerwerk 13‴, Kaliber VZSSQP. ▽

257 Kadratur des ewigen Kalenders zu Abbildung 256 ▷

DOM DIC
SUN DEC

259 Goldene Herrenuhr mit Chronograph-Rattrapante, 30-Minuten-und 12-Stunden-Zähler, Nr. 46978 hergestellt 1943

260 Werk zu Abbildung 259: Rhodiniertes Ankerwerk 13''', Kaliber VZAH, ergänzt durch einen Schleppzeiger-Mechanismus, 20 Steine, monometallische Unruh, Breguet-Spirale

◁ **258** Links: Goldene Herren-Armbanduhr mit einfachem Kalendarium und Mondphasenanzeige, Nr. 54836 aus dem Jahre 1948. Ankerwerk, Kaliber RSQ. – Mitte: Quadratische Herrenuhr im Goldgehäuse mit einfachem Kalendarium und Mondphasenanzeige, Nr. 55892 aus dem Jahre 1949. Ankerwerk, Kaliber RSQ. – Rechts: Goldene Herren-Armbanduhr mit einfachem Kalender und Mondphasenanzeige, Nr. 36580 aus dem Jahre 1926. Ankerwerk, Kaliber GHSM.

261 Mitte: Weißgoldene Herren-Armbanduhr mit Minutenrepetition, Nr. 30674 aus dem Jahre 1924. Vollständig signiert »E. Gübelin, Luzern«; die Uhr wurde 1925 in einem kissenförmigen Platingehäuse ausgeliefert und ein Jahr später von Audemars Piguet mit dem abgebildeten Gehäuse versehen. – Oben: Unterzifferblattansicht mit Repetitionsschlagwerk. – Unten: Werk von hinten, rhodiniertes Ankerwerk 11''', Genfer Streifen, Kaliber SMV, 29 Steine, Bimetallunruh, Breguet-Spirale.

263 △ 264 ▽

262 Zwei goldene Armbanduhren mit rundem Handaufzugswerk Kaliber 9–78. Linke Uhr aus dem Jahre 1920, rechts von 1914.

263 Zwei goldene Herren-Armbanduhren mit auffallenden Bandanstößen, Handaufzugswerk Kaliber 453 (LeCoultre-Rohwerk), 17 Steine, monometallische Schraubenunruh mit autokompensierender Breguet-Spirale. Linke Uhr aus dem Jahre 1952, rechts von 1944.

264 Zwei rechteckige goldene Herren-Armbanduhren mit 11linigem Handaufzugswerk Kaliber 435 (LeCoultre-Rohwerk), 18 Steine, monometallische Unruh mit autokompensierender Flachspirale und stark gewölbtem Glas. Beide Uhren aus dem Jahre 1957. ▷

265 Goldener Armband-Chronograph mit Pulsmesser-Skala, Kaliber 434, 19steiniges Valjoux-Rohwerk mit Schaltrad, Kupplung und 30-Minuten-Zähler, monometallische Unruh mit autokompensierender Breguet-Spirale, 1945

266 Goldene Herren-Armbanduhr mit einfachem Vollkalendarium und Mondphasenindikation, $12^{1}/_{2}$liniges Ankerwerk 485 (Kaliber LeCoultre), 17 Steine, monometallische Unruh mit autokompensierender Breguet-Spirale, 1946 ▷

VACHERON & CONSTANTIN
GENEVE
MARDI
OCTO
SEVENTEEN
17 JEWELS
SWISS
ADJUSTED
TO TEMPERATURES
VACHERON &
CONSTANTIN
V 485
GENEVE
VACHERON
ET
CONSTANTIN

◁ **267** Kissenförmiger Armband-Chronograph mit 45-Minuten-Zähler und Tachymeter-Skala, Kaliber 295, 13''', bimetallische Schraubenunruh mit Breguet-Spirale, goldenes Gehäuse, 1939

269 Goldene Herren-Armbanduhr mit Handaufzugswerk $12^{1}/_{2}'''$, Kaliber 454 (Ebauche von LeCoultre), 17 Steine, Zentralsekunde, 1949

◁ **268** Rotgoldene Herren-Armbanduhr mit einfachem Vollkalendarium, 17steiniges Ankerwerk, $12^{1}/_{2}'''$ Kaliber 485 (Ebauche von LeCoultre), 17 Steine, monometallische Schraubenunruh mit autokompensierender Breguet-Spirale, 1942

270 Drei achteckige »Oyster«-Modelle von Rolex »Standard Tonneau« R 43, Handaufzugswerke, zweite Hälfte der 20er Jahre

271 Zwei achteckige »Oyster«-Modelle von Rolex »Standard Tonneau« R 43, Handaufzugswerke, zweite Hälfte der 20er Jahre

272 Drei goldene kissenförmige Rolex-»Oyster«-Modelle »Standard Cambrée« R 42, Handaufzugswerke, Ende der 20er/Anfang der 30er Jahre

273 Zwei Rolex »Prince«-Armband-Chronometer aus den 30er Jahren

274 Zwei »Oyster«-Modelle von Rolex, Handaufzugswerke, darunter ein stählerner Chronometer, 30er/40er Jahre

275 Rolex »Oyster Chronographe«, Modell 6024 von 1946, Ref. 4537. Mit diesem Zifferblatt nur in einer Serie von 144 Stück gefertigt.

276 Drei Herren-Armbanduhren mit Kalendarium, um 1950. Links: Modell 6036 »Chronographe-Calendrier« im Goldgehäuse. – Mitte: »Chronographe-Calendrier« im Edelstahlgehäuse. – Rechts: Modell 6062 »Cosmograph«, eine »Oyster Perpetual« mit Chronometerqualität und Mondanzeige.

277 Rolex-Modelle, um 1955, darunter zwei Damenuhren »Oyster Perpetual«

278 Drei goldene Armband-Chronographen mit 30-Minuten-Zähler und in die Krone integriertem Drücker. Links: 15liniges Ankerwerk, 17 Steine, bimetallische Unruh, Breguet-Spirale, um 1918. – Mitte: 16liniges Ankerwerk, 17 Steine, monometallische Unruh, autokompensierende Breguet-Spirale, um 1910. – Rechts: 15liniges Ankerwerk, 17 Steine, bimetallische Unruh, Breguet-Spirale, um 1918.

279 Unten links: »Uni-Compax«-Chronograph mit 45-Minuten-Zähler, 14liniges Ankerwerk, 17 Steine, bimetallische Unruh, Breguet-Spirale, 30er Jahre. – Oben links: »Compur«-Chronograph mit 30-Minuten-Zähler, 15liniges Ankerwerk, 17 Steine, bimetallische Unruh, Breguet-Spirale, frühes Multifunktions-Modell mit Tachymeter- und Telemeter-Skala, 30er Jahre. – Oben rechts: Goldener Armband-Chronograph mit 45-Minuten-Zähler, 15liniges Ankerwerk, 17 Steine, bimetallische Unruh, Breguet-Spirale, 30er Jahre. – Unten rechts: »Colonial«-Chronograph mit 45-Minuten-Zähler, Tachymeter- und Telemeter-Skala, 14liniges Ankerwerk, 17 Steine, monometallische Unruh, autokompensierende Breguet-Spirale, 30er Jahre.

280 Links: Rechteckige Automatik, 1925 patentiertes Werk, 12''', 15 Steine, bimetallische Unruh, Flachspirale. – Mitte: Armbanduhr mit tonneauförmigem 8-Tage-Werk, 17 Steine, bimetallische Unruh, Flachspirale, 20er Jahre. – Rechts oben: Rechteckige Automatik, 1925 patentiertes Werk, 12''', 15 Steine, bimetallische Unruh, Flachspirale. – Rechts unten: Wendemodell »Cabriolet«, Form-Ankerwerk, 15 Steine, monometallische Unruh, autokompensierende Flachspirale, 1929.

Von links nach rechts:
281 »Compax«-Chronograph mit 45-Minuten-Zähler, Telemeter- und Pulsmeß-Skala, 13liniges Ankerwerk, 17 Steine, monometallische Unruh, autokompensierende Breguet-Spirale, 1939. – Kissenförmiger »Uni-Compax«-Chronograph mit 45-Minuten-Zähler, 13liniges Ankerwerk, 17 Steine, bimetallische Unruh, Breguet-Spirale, 30er Jahre. – Kissenförmiger »Uni-Compax«-Chronograph mit 45-Minuten-Zähler, 10½liniges Ankerwerk, Kaliber 289, 17 Steine, monometallische Unruh, Breguet-Spirale, 1949. – »Compur«-Chronograph mit 30-Minuten- und 12-Stunden-Zähler, 14liniges Ankerwerk, 17 Steine, monometallische Unruh, Breguet-Spirale, Tachymeter-Skala, 30er Jahre. – Goldener »Compax«-Chronograph mit 30-Minuten- und 12-Stunden-Zähler, 14liniges Ankerwerk, 17 Steine, monometallische Unruh, Breguet-Spirale, Tachymeter-Skala, 1939.

282 Goldener »Compax«-Chronograph mit 30-Minuten- und 12-Stunden-Zähler, $14^{1}/_{2}$liniges Ankerwerk, Kaliber 287, 17 Steine, monometallische Unruh, Breguet-Spirale, Tachymeter- und Telemeter-Skala, 40er Jahre

283 Werk zu Abbildung 282

284 Links: Weißgoldene »Calendar« mit einfachem Vollkalendarium und Mondphasenindikation, 13liniges Uhrwerk, 17 Steine, monometallische Unruh, Breguet-Spirale, 40er Jahre. – Mitte: Stählerne »Calendar« mit einfachem Vollkalendarium, 13liniges Uhrwerk, 17 Steine, monometallische Unruh, Breguet-Spirale, 40er Jahre. – Rechts: Goldene »Calendar« mit einfachem Vollkalendarium und Mondphasenindikation, 13liniges Uhrwerk, 17 Steine, monometallische Unruh, Breguet-Spirale, 40er Jahre.

282 △

283 △

284 ▽

285 Drei große »Compax«-Chronographen mit 30-Minuten- und 12-Stunden-Zähler, $15^1/_2$liniges Ankerwerk, Kaliber 292, 17 Steine, monometallische Unruh, Breguet-Spirale, 40er Jahre. Links: Durchmesser 46 mm, Tachymeter-Skala; Mitte: Durchmesser 46 mm; rechts: Durchmesser 45 mm, Tachymeter-Skala.

Zu Seite 159:
286 Zwei rotgoldene Armbanduhren mit Cloisonné-Zifferblatt, 12liniges Ankerwerk, 17 Steine, monometallische Unruh, autokompensierende Flachspirale, 1950er Jahre. Links: Zifferblatt mit geographischen Darstellungen; rechts: mit astronomischen Symbolen.

287 Zwei rotgoldene Armbanduhren mit Cloisonné-Zifferblatt, 12liniges Ankerwerk, 17 Steine, monometallische Unruh, autokompensierende Flachspirale, 1950er Jahre. Links: Zifferblatt mit ägyptisch-archaischem Motiv von Charles Poluzzi; rechts: auf dem Zifferblatt Jeanne d'Arc zu Pferd vor schwarzem Hintergrund.

286 △

287 ▽

288 Obere Reihe: Drei quadratische Automatik-Armbanduhren, 12½liniges Ankerwerk, 17 Steine, monometallische Unruh, autokompensierende Flachspirale, Stoßsicherung, Aufzug durch Pendelschwungmasse, 40er Jahre. – Untere Reihe: Drei runde, rotgoldene Automatik-Armbanduhren, 12½liniges Ankerwerk, 17 Steine, monometallische Unruh, autokompensierende Flachspirale, Stoßsicherung, 50er Jahre; 1956 bei »Montres et Bijoux« in Genf vorgestellt. Links: Datumsanzeige durch Fenster in der Lünette, Aufzug durch Pendelschwungmasse; Mitte: Datumsanzeige »Monodatic« und exzentrische Sekunde; rechts: Datumsanzeige durch Fenster in der Lünette, Aufzug durch Pendelschwungmasse.

290 △

291 ▽

289 Herrenmodell »Santos«, Goldgehäuse, Handaufzugswerk, 1908 (vgl. auch Abb. 429)

290 Quadratisches Platin-Modell, Handaufzugswerk, um 1915

291 Herrenmodell »China-Tank«, Goldgehäuse, Handaufzugswerk, um 1925 ▷

◁ **292** Damen-Armbanduhr, Goldgehäuse mit Schildpattseiten, »versteckte« Krone, Handaufzugswerk, um 1930

294 Goldenes Modell für zwei Zonenzeiten, Zifferblatt seitlich gewölbt, zwei Handaufzugswerke, 40er Jahre

◁ **293** Goldenes »Tank«-Modell, gewölbtes Gehäuse, Handaufzugswerk, 1936; Armbanduhr von Juan Peron (argentinischer Staatspräsident)

295 Rechteckiges goldenes »Tank«-Modell, Gehäuse gewölbt, Handaufzugswerk, 1939 ▽

296 Weißgoldene »Tank-Duoplan«, zweistöckiges »Duoplan«-Handaufzugswerk (Ebauche von LeCoultre), um 1940 ▷

297 Armbanduhr im Gold- und Bakelitgehäuse, Handaufzugswerk, 1940 ▷

298 Breites, goldenes, lederbesetztes Armband mit herausschiebbarer Uhr, Handaufzugswerk, 1942

299 Goldenes Autofahrer-Modell, Gehäuse stark gewölbt, Handaufzugswerk, 1940. Armband mit Faltschließe; die Uhr wurde an der Vorderseite des linken Handgelenks getragen und ließ sich so am Steuer gut ablesen.

300 Goldenes, wassergeschütztes »Pasha«-Modell mit verschraubter Krone, Handaufzugswerk mit Zentralsekunde, 1943

301 Goldene Herren-Armbanduhr Nr. 46936, Zifferblatt signiert »Cartier« und »Audemars Piguet« (Hersteller), Kalendarium mit Mondphasenanzeige sowie Chronograph mit 30-Minuten-Zähler, 1943

302 Werk zu Abbildung 301: Rhodiniertes Ankerwerk 13‴, Kaliber VZA, 22 Steine, monometallische Unruh, Breguet-Spirale

◁ **303** Goldenes rechteckiges Herrenmodell, gewölbtes Gehäuse, Handaufzugswerk, 1947; Rückseite mit gravierter Widmung

305 Goldenes »Duoplan«-Modell für Damen, zweistöckiges Handaufzugswerk (Ebauche von LeCoultre) mit rückseitiger Krone, 1948

◁ **304** Goldenes »Duoplan«-Modell, zweistöckiges Handaufzugswerk mit rückseitiger Krone (Ebauche von LeCoultre), 1943

◁ **306** Rautenförmiges Herrenmodell, Goldgehäuse, Handaufzugswerk von Jaeger-LeCoultre, 1965; diese Armbanduhr gehörte dem Schauspieler Stewart Granger.

308 Rautenförmiges Herrenmodell, Goldgehäuse, Handaufzugswerk von Jaeger-LeCoultre, 1975

◁ **307** Rechteckiges weißgoldenes Modell für zwei Zonenzeiten, zwei Handaufzugswerke, 1972

309 Goldene »Tank« mit digitaler Stunden- und Minutenanzeige, 20er Jahre

310 Werk zu Abbildung 309: 18steiniges Handaufzugswerk der »European Watch and Clock Company«, bimetallische Unruh, Breguet-Spirale

311 Rechteckiges Herrenmodell von Patek Philippe für Cartier gefertigt, Platingehäuse, Handaufzugswerk, um 1930 ▽

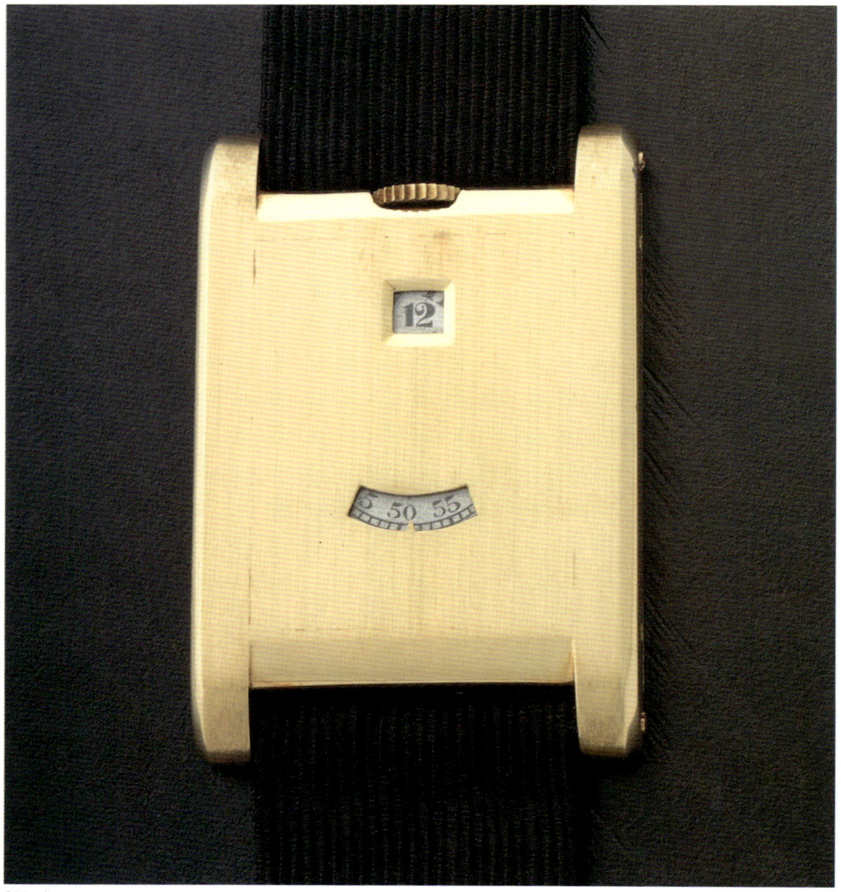

309 △ 310 ▽

312 Ur-»Reverso« von 1931, tonneauförmiges Handaufzugswerk, Kaliber Tavannes 064, Edelstahl ▷

313 »Reverso« von 1931 mit anderem Zifferblatt, Kaliber Tavannes 064, Edelstahl ▷▷

314 »Reverso« von 1938, Ankerwerk, Kaliber Jaeger-LeCoultre 11 USC, Edelstahl ▷

315 »Reverso« von 1938 mit einfachem Vollkalendarium und Mondphasenindikation, retrograde Datumsanzeige, Unikat, Kaliber Jaeger-LeCoultre 11 U ▷▷

316 Modell »Duoplan« mit zweistöckigem Uhrwerk, Kaliber 11 BF, Kronenaufzug von hinten; im Reparaturfall konnte das versiegelt gelieferte Werk innerhalb kürzester Zeit ausgetauscht werden. 20er Jahre.

317 Herren-Armbanduhr mit einfachem Vollkalendarium und Mondphasenindikation, Handaufzugswerk, Kaliber 486, 1946

318 Goldene Herren-Armbanduhr mit automatischem Aufzug durch Pendelschwungmasse, Gangreserveanzeige im Ausschnitt unter der »12«, Kaliber 481, 1948

319 »Futurematic«, goldene Herren-Armbanduhr mit automatischem Aufzug durch Pendelschwungmasse, Gangreserveanzeige, Kaliber 497, 1953; kein manueller Aufzug möglich, Zeigerstellung über Krone auf der Rückseite

320 △ 321 ▽

320 »Futurematic« mit anderem Zifferblatt-Design, 1953

321 Werk zu Abbildung 319 und 320: »Futurematic«-Kaliber 497, 14liniges Ankerwerk, monometallische Unruh mit autokompensierender Flachspirale, die Pendelschwungmasse wird bei Vollaufzug blockiert. ▷

◁ **322** Armband-Chronograph Typ »Jaeger«, Kaliber Universal 285 mit Schaltrad, Kupplung und 45-Minuten-Zähler, 1947

324 Armband-Chronograph mit Weltzeit-Drehlünette, Kaliber Valjoux 72 mit Schaltrad, Kupplung, 30-Minuten- und 12-Stunden-Zähler, 1965

◁ **323** Wasserdichte »Memovox« mit Datumsanzeige und Wecker, automatischer Aufzug, Kaliber 825, Edelstahlgehäuse, 1960

325 Damen-Schmuckuhr mit ovalem Zifferblatt, Goldgehäuse mit Schmuckgravuren und blauer Emaileinlage, 1926

326 Rechteckige Herrenuhr im verchromten Nickelgehäuse, Ankerformwerk $7\,^3/_4 \times 11'''$, 30er Jahre ▷

327 Quadratisches Handaufzugsmodell, späte 40er Jahre

328 Werk zu Abbildung 327: 15 steiniges Ankerwerk, monometallische Schraubenunruh, autokompensierende Flachspirale

329 Goldene Herrenuhr mit exzentrischer Sekunde, Ankerwerk $10\frac{1}{2}'''$, 17 Steine, 1934

330 Chronograph mit 30-Minuten-Zähler und Telemeter-Skala, 1936

331 Werk zu Abbildung 330: 17steiniges Kaliber Lemania CH 27, 12''', Glucydur-Unruh, autokompensierende Spirale, »Incabloc« Stoßsicherung, Unruhfrequenz 18000 A/h

332 Goldene Automatik mit Zentralsekunde, 40er Jahre

333 Werk zu Abbildung 332: 17steiniges Ankerwerk (Kaliber AS 1250) mit einseitig wirkendem Aufzug durch Pendelschwungmasse, monometallische Schraubenunruh, autokompensierende Flachspirale

334 Goldenes Handaufzugs-Modell, 17steiniges Handaufzugswerk (AS-Rohwerk), Glucydur-Unruh, autokompensierende Flachspirale, »Incabloc« Stoßsicherung, um 1950 ▽

335 Automatik mit innenliegendem Drehring zum Einstellen und Messen von Zeitintervallen (Betätigung über Krone), 21steiniges Ankerwerk, späte 50er Jahre ▷

336 Armband-Wecker, Stahl, 11½liniges AS-Kaliber 1475, 17 Steine, monometallische Schraubenunruh, autokompensierende Flachspirale, um 1955 ▷

337 Goldene Halbsavonnette mit Emailzifferblatt, Scharniergehäuse, Handaufzugswerk, etwa 1910

338 Silberne rechteckige Herren-Armbanduhr, 11liniges Ankerwerk, Kaliber LO, etwa 1920

339 Links: 18 Kt. goldene Herren-Armbanduhr, Kaliber T 17, gewölbtes Glas, 1935. – Rechts: rotgoldene Herren-Armbanduhr mit dem Chronometer-Kaliber Omega 30 T2 SC, späte 40er Jahre.

340 Armband-Chronograph von 1940, Kaliber 33,3 CHRO, Emailzifferblatt mit Tachymeter-Skala, Uhrwerk mit Schaltrad, Kupplung und 30-Minuten-Zähler, Edelstahlgehäuse

341 Herren-Armbanduhr mit automatischem Aufzug und exzentrischer Anordnung der Zeiger, 18 Kt. Goldgehäuse, Kaliber 332, 1950

342 Modell »Cosmic« mit einfachem Vollkalendarium und Mondphasenindikation, Kaliber 27 DL PC - 381, Edelstahlgehäuse, Zifferblatt mit aufgesetzten Stabmarkierungen, 1947 erstmals lanciert

343 Armbanduhr mit 7-Minuten-Tourbillon, etwa 1948, 18 Kt. Goldgehäuse; hergestellt wurden nur 10 Exemplare zu Wettbewerbszwecken; Ankerhemmung, bimetallische Schraubenunruh mit Breguet-Spirale.

344 Werk zu Abbildung 343

345 Goldener »Seamaster«-Armband-Chronograph, Lemania-Kaliber mit Schaltrad, Kupplung, 30-Minuten- und 12-Stunden-Zähler, 50er Jahre

346 »Constellation«, Armband-Chronometer mit automatischem Aufzug, Doublégehäuse, Kaliber 28.10 RA SC, Zifferblatt mit aufgesetzten Indexen und Zentralsekunde, 1954

347 »Constellation«, Armband-Chronometer mit automatischem Aufzug und Datumsanzeige, Kaliber 664 mit Rotoraufzug in beiden Drehrichtungen, wasserdichtes Edelstahlgehäuse mit Goldhaube, 1966

348 Armband-Chronograph mit automatischem Aufzug, Datumsanzeige und Chronometer-Zertifikat, »Speedmaster 125«, Kaliber Omega 1041 (Lemania 1341-Rohwerk) mit Kulisse, Kupplung, 30-Minuten- und 12-Stunden-Zähler, zusätzliche 24-Stunden-Indikation, Tachymeter-Skala, $13^1/_4'''$, 22 Steine, wasserdichtes Edelstahlgehäuse, 1973

349 Armband-Chronograph »Speedmaster Professional« mit Handaufzugswerk; 1965 von der NASA zur Ausrüstung der Astronauten ausgewählt und am 21. Juli 1969 Begleiter des Neil A. Armstrong bei seinen ersten Schritten auf dem Mond; Kaliber Omega 861 (Lemania 1872) mit Schaltkulisse, Kupplung, 30-Minuten- und 12-Stunden-Zähler, monometallische Unruh mit autokompensierender Flachspirale, Unruhfrequenz 21600 A/h.

350 Links: Silberne Herren-Armbanduhr mit Handaufzugswerk, Email-Zifferblatt, Scharniergehäuse, 1919. – Rechts: Kissenförmige Herren-Armbanduhr mit Handaufzugswerk, Email-Zifferblatt, Silbergehäuse, 1929.

Von links nach rechts:
351 Rechteckige Herren-Armbanduhr, Handaufzugswerk, späte 20er Jahre. – Runde Edelstahl-Herren-Armbanduhr aus den 30er Jahren, Handaufzugswerk. – Runde 9 Kt. goldene Herren-Armbanduhr, englisches Gehäuse, Handaufzugswerk, Zifferblatt mit aufgesetzten Stundenziffern, 30er Jahre. – Tonneauförmige Herren-Armbanduhr, Handaufzugswerk, Doublégehäuse, späte 20er Jahre.

352 Stundenwinkel-Armbanduhr für Langstreckenflüge, entwickelt nach 1927 in Zusammenarbeit mit Charles Lindbergh (»Lindbergh«-Uhr). Zweimal das gleiche Modell abgebildet, außerdem eine Entwurfsskizze für die Gestaltung des Zifferblattes. Die Uhr kam 1932 auf den Markt und gilt heute als »Klassiker« (vgl. auch Abb. 851–853). ▷

LONGINES
Black
Red

LONGINES

353 Zwei Herren-Armbanduhren im Gehäuse, das sich nach unten verjüngt, Handaufzugswerk, späte 40er Jahre. Links 14 Kt. Rotgold, rechts Stahl.

354 Drei Armband-Chronographen, Edelstahlgehäuse, Longines-Kaliber, 40er Jahre. Links und Mitte mit Pulsmeß-Skala, rechts mit Tachymeter- und Telemeter-Skala.

355 Zwei Armband-Chronographen mit einfachem Vollkalendarium, beide mit Valjoux-Kaliber 72 C mit Schaltrad, Kupplung, 30-Minuten- und 12-Stunden-Zähler, Edelstahlgehäuse, späte 40er Jahre

356 Drei runde Herren-Armbanduhren aus den 50er Jahren, alle mit Handaufzugswerk. Links 14 Kt. Gelbgold, Mitte Edelstahl, rechts 18 Kt. Gold. ▷

LONGINES
LONGINES
LONGINES

357 Longines-Modelle aus 7 Jahrzehnten. Nr. 1: »Siderograph« aus dem Jahre 1940, Navigations-Armbanduhr (Sternzeit-Eichung) zur unmittelbaren Bestimmung der Längengrade. – Nr. 2: Variante mit Klappdeckel (Savonnette) der sog. »Schützengraben«-Uhr, um 1915. – Nr. 3: Duo-Dial-Modell aus den 30er Jahren. – Nr. 4: Damen-Uhrwerk integriert in aufwendiges Weißgoldgehäuse mit Steinbesatz, 30er Jahre. – Nr. 5: Herrenuhr mit Chronograph, zentralem Minuten- und dezentralem 12-Stunden-Zähler, Kaliber 13 ZN, aus dem Jahre 1942. – Nr. 6: Modell »Conquest«, Herren-Armbanduhr mit automatischem Aufzug, Datumsanzeige und Zentralsekunde, Mitte der 50er Jahre. – Nr. 7: Modell »Sonnen-Ephemeriden« aus dem Jahre 1989. Die Fenster bei der »12« geben die Zeiten von Sonnenauf- und -untergang, die bei »3« und »9« das Datum an. Durch das Fenster bei der »6« wird die Nord- und Süddeklination der Sonne angezeigt. Der Drehring gestattet das Ablesen der Monate und der Kurve der Zeitgleichung.

358 Herren-Armbanduhren der 40er und 50er Jahre mit Kalenderindikation. Obere Reihe mit Handaufzug, unten mit Automatik.

359 Aus dem Programm von Movado der 40er und 50er Jahre. Herrenuhren mit Handaufzug und unterschiedlich geformten Gehäusen.

360 Drei Chronographen aus den 40er und 50er Jahren, davon zwei im Goldgehäuse

361 Von oben links nach unten rechts: Goldener, kissenförmiger Armband-Chronograph aus den späten 30er Jahren, Modul-Kaliber 90 M mit Schaltrad, Kupplung und 30-Minuten-Zähler; in die Krone integrierter Drücker. – Armband-Chronograph, Edelstahl, schwarzes Zifferblatt, Modul-Kaliber 90 M, Tachymeter-Skala, um 1940. – Modell »Tempograf« mit Chronograph und 12-Stunden-Drehlünette, Modul-Kaliber 90 M, Edelstahlgehäuse, 40er Jahre. – Rotgoldener Armband-Chronograph mit dem Modul-Kaliber 90 M, Pulsmeß-Skala, um 1950. – Kissenförmige, mit Schlangenleder bezogene Damen-Armbanduhr, Handaufzugswerk, etwa 1930.

Fortis

362–364 Armband-Chronograph mit Edelstahl-Stülpgehäuse, Uhrwerk Kaliber Valjoux 72, 13‴, 17 Steine, Glucydur-Unruh, autokompensierende Breguet-Spirale, »Incabloc« Stoßsicherung, Chronograph mit Schaltrad, Kupplung, 30-Minuten- und 12-Stunden-Zähler, 50er Jahre

◁ **365** Herren-Armbanduhr mit automatischem Aufzug, Model »Performance«, Ankerwerk, 25 Steine, 60er Jahre

367 Herren-Armbanduhr, Modell »Marinemaster« mit Handaufzugswerk, innenliegender Drehring zum Einstellen und Messen von Zeitintervallen (Betätigung über Krone), 17steiniges Ankerwerk, »Incabloc« Stoßsicherung, wasserdichtes Gehäuse, 60er Jahre

◁ **366** Herren-Armbanduhr, Modell »Stratoliner«, Automatikwerk, 41 Steine, Datums- und Wochentagsanzeige, 60er Jahre

368 Armband-Chronograph, Modell »Camaro«, mit 30-Minuten-Zähler, späte 60er Jahre; Handaufzugswerk, Valjoux-Kaliber, 17 Steine, Glucydur-Unruh, autokompensierende Flachspirale, »Incabloc« Stoßsicherung; Chronographensteuerung über Schaltrad und Kupplung; innenliegende Tachymeter-Skala

369 Armband-Chronograph mit 30-Minuten- und 12-Stunden-Zähler, 40er Jahre; Handaufzugswerk, Kaliber Valjoux 72, $13'''$, 17 Steine, monometallische Schraubenunruh, autokompensierende Breguet-Spirale; Chronographensteuerung über Schaltrad und Kupplung

370 Automatik-Chronograph, Modell »Autavia«, mit 30-Minuten- und 12-Stunden-Zähler, Datumsanzeige, um 1970; Modul-Kaliber 11 mit Mikrorotor, $13\,^{3}/_{4}$ Linien, 7,7 mm hoch, 17 Steine, Gluycydur-Unruh, autokompensierende Flachspirale, »Incabloc« Stoßsicherung; Chronographensteuerung über Schaltnocken und Schwingtrieb; Lünette mit Tachymeter-Skala

371 Armband-Chronograph mit 30-Minuten-Zähler, 40er Jahre; Handaufzugswerk, Kaliber Valjoux 22, 17 Steine, 14 Linien, Höhe 6,4 mm, monometallische Schraubenunruh, autokompensierende Breguet-Spirale; Chronographensteuerung über Schaltrad und Kupplung

368 △

369 ▽

370 △

371 ▽

372 Automatik-Chronograph, Modell »Carrera«, mit 30-Minuten- und 12-Stunden-Zähler, Datumsanzeige, um 1970; Modul-Kaliber 11 mit Mikrorotor, $13^{3}/_{4}$ Linien, 7,7 mm hoch, 17 Steine, Glucydur-Unruh, autokompensierende Flachspirale, »Incabloc« Stoßsicherung; Chronographensteuerung über Schaltnocken und Schwingtrieb; innenliegende Tachymeter-Skala

373 Quarz-Chronograph, Modell »Chronosplit«. Der »Chronosplit« von 1975 war der weltweit erste Quarz-Chronograph mit doppelter Digital-Anzeige (LED und LCD), Split-Seconds-Funktion und einer Stoppgenauigkeit auf 1/100 Sekunden.

374 Armband-Chronograph mit automatischem Aufzug, Modell »Monaco«, nach 1970; 14liniges Ankerwerk, Kaliber Heuer 14, 17 Steine, Modulwerk mit Kulissenschaltung und 30-Minuten-Zähler, Datumsanzeige, wasserdichtes quadratisches Edelstahlgehäuse

375 Armband-Chronograph mit automatischem Aufzug aus der aktuellen Linie S/el, 90er Jahre; $13^{1}/_{4}$liniges Ankerwerk, Kaliber Valjoux 7750 mit Kulissenschaltung, Schwingtrieb, 30-Minuten- und 12-Stunden-Zähler, wasserdicht bis 200 Meter.

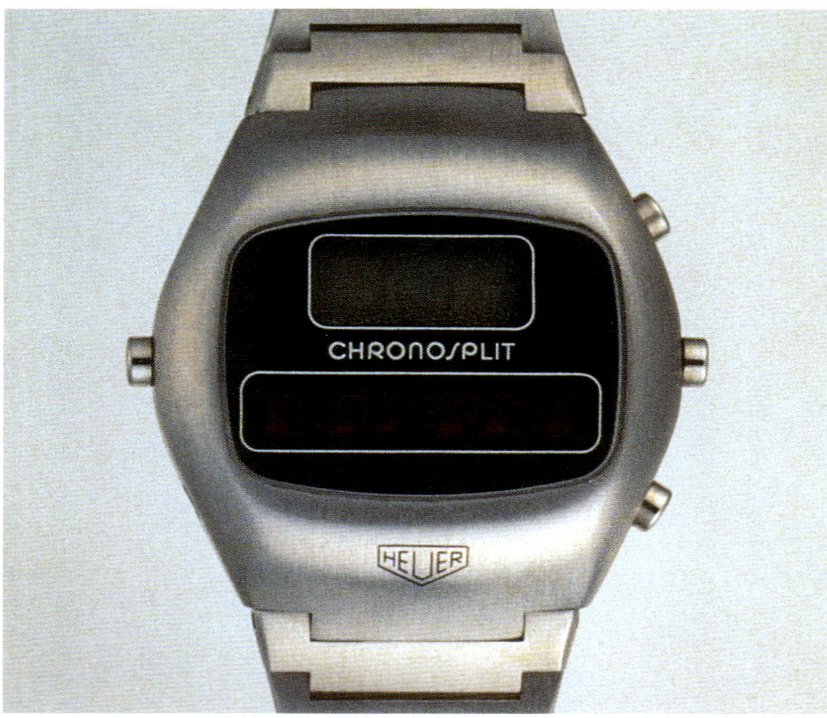

376 Uhren der Marke Slava:
Obere Reihe (von links nach rechts): Kaliber 2416, 21 Steine, automatischer Aufzug, Datumsanzeige, ab 1990, ab 1993, ab 1990. –
Mittlere Reihe: Kaliber 2427, 27 Steine, automatischer Aufzug, 2 Federhäuser, Wochentags- und Datumsanzeige, Datums-Schnellschaltung, 80er Jahre; Kaliber 2427, 80er Jahre; Kaliber 2416, 21 Steine, automatischer Aufzug, Datumsanzeige, ab 1990. –
Untere Reihe: Kaliber 2427, 27 Steine, automatischer Aufzug, 2 Federhäuser, Wochentags- und Datumsanzeige, Datums-Schnellschaltung, 80er Jahre; Kaliber 2427, 80er Jahre; Kaliber 2428, 24 Steine, Handaufzug, Wochentags- und Datumsanzeige, Datums-Schnellschaltung, seit 1993.

377 Verschiedene Marken:
Obere Reihe (von links nach rechts): Wostok, Kaliber 2409 mit Handaufzug, 17 Steine, Stoßsicherung, Datumsanzeige, seit 1993; Wostok, Kaliber 2414 mit Handaufzug, 17 Steine, Stoßsicherung, Datumsanzeige, seit 1993; Modell »Admiralskie«, Wostok, Kaliber 2414, seit 1993. – Mittlere Reihe: Slava, Kaliber 2427, 27 Steine, automatischer Aufzug, 2 Federhäuser, Wochentags- und Datumsanzeige, Datums-Schnellschaltung; Slava, Kaliber 2414, 21 Steine, Handaufzug, Datumsanzeige; Slava-Modell »Sekonda«, Kaliber 2428, 21 Steine, Handaufzug, Wochentags- und Datumsanzeige, Datums-Schnellkorrektur. – Untere Reihe: Raketa, Kaliber 2609, 19 Steine, Handaufzug, Stoßsicherung, sehr seltenes Modell mit Holzgehäuse; Raketa, Kaliber 2628, 21 Steine, Handaufzug, Stoßsicherung, Wochentags- und Datumsanzeige, Kunststoffgehäuse mit Edelstahlboden; Raketa, Kaliber 2609, 19 Steine, Handaufzug, Stoßsicherung, Modell im 14 Kt. Goldgehäuse, 70er Jahre.

378 Verschiedene Marken:
Obere Reihe (von links nach rechts): Armband-Chronograph Poljot, Modell »Sturmanskie« mit Fliegerabzeichen, Kaliber 3133 mit Kulissenschaltung und 30-Minuten-Zähler, Datumsanzeige, 23 Steine, Handaufzug, Stoßsicherung, Titangehäuse, seit 1994; Armband-Chronograph Poljot, Kaliber 3133, seit den 80er Jahren; Armbanduhr Poljot, Modell »Columbus«, Handaufzugs-Kaliber 2614 mit 17 Steinen, Datumsanzeige, Stoßsicherung, seit 1993. –
Mittlere Reihe: Armbanduhr mit Wecker, Poljot, Kaliber 2612 (ehemaliges AS-Kaliber 1475), 18 Steine, Stoßsicherung, seit Ende der 80er Jahre; Armbanduhr mit Wecker, Poljot, Modell »Imperator«, Kaliber 2612, hergestellt 1992 anläßlich des 125. Geburtstags von Zar Nikolaus II.; Armbanduhr Poljot, Kaliber 2614, Handaufzugswerk, 17 Steine, Stoßsicherung, Datumsanzeige, seit 1990. –
Untere Reihe: Lutsch, Kinder-Armbanduhr, Kaliber 1901, Handaufzug, 17 Steine, Stoßsicherung, seit den 80er Jahren; Sarja, Kinder-Armbanduhr, Kaliber 2009, Handaufzug, 21 Steine, Stoßsicherung, seit den 80er Jahren; Tschaika Armbanduhr, Handaufzug, 17 Steine, seit den 80er Jahren.

379 Uhren der Marke Raketa:
Obere Reihe (von links nach rechts): Mit Mondphasenindikation, Quarzwerk, Kaliber 2359, 80er Jahre; Kaliber 2609, 19 Steine, Handaufzug, Stoßsicherung, Zentralsekunde, um 1990; Kaliber 2601, 19 Steine, Handaufzug, Stoßsicherung, Blindenuhr, deren Glas sich per Knopfdruck (in die Krone integrierter Drücker) öffnen läßt. –
Mittlere Reihe: Kaliber 2623, 19 Steine, Handaufzug, Stoßsicherung, Modell mit innenliegendem Kalenderrechner, der sich über die Krone bei der »4« bedienen läßt, 80er Jahre; Kaliber 2609, 19 Steine, Handaufzug, Stoßsicherung, Zentralsekunde, Zifferblattaufschrift »Perestroika – Glasnost – CCCP«, 80er Jahre; Kaliber 2609, Zifferblattaufschrift »Perestroika – Glasnost – USSR«, hergestellt von 1986–1988. –
Untere Reihe: Kaliber 2623, Modell mit 24-Stundenanzeige und innenliegendem Drehring mit Namen von Weltstädten, der sich über die Krone bei der »4« bedienen läßt, Ende der 80er Jahre; Kaliber 2614, 21 Steine, Handaufzug, Stoßsicherung, Zentralsekunde, Datumsanzeige; Kaliber 2609, Zifferblatt mit Wappen von St. Petersburg, Aufschrift »Weltmeisterschaft im Fünfkampf« und stilisierte Darstellung von Sportarten, 80er Jahre.

380, 381 Frühe goldene Herren-Armbanduhr mit Minutenrepetition von L. Brandt & Frères, Biel, um 1890

382 Anonyme goldene Damen-Armbanduhr, Westschweiz, um 1900

383 Herren-Armbanduhr mit Minutenrepetition von Haas Neveux & Cie, tonnenförmiges Platingehäuse, Genf, 1920er Jahre

384 Werk zu Abbildung 383: 12liniges Ankerwerk, 29 Steine, bimetallische Unruh, Breguet-Spirale

385 Damen- und Herren-Armbanduhren aus dem Doxa-Jubiläumskatalog von 1939. Rechteckige Uhren waren damals weit verbreitet.

386 Taschenuhr und Armbanduhren der Handelsmarke »Andreas Huber – Urania« aus den 40er Jahren. Hergestellt wurden diese Uhren für das Uhren-Verkaufshaus Andreas Huber, München/Berlin/Düsseldorf von IWC Schaffhausen. »Urania« war die Zusatzbezeichnung für die besten Uhren, die unter der Handelsmarke »Huber« verkauft wurden.

WATCH C°
SCHAFFHAUSEN (SCHWEIZ)
PROBUS
I.W.C.
SCAFUSIA
EINGETRAGENE SCHUTZMARKE
MAILAND 1906
GRAND PRIX
UHREN
IN
FEINSTER AUSFÜHRUNG
ANDREAS HUBER
1005588

387, 388 »Portugieser« von IWC, Ref. 5441, Kaliber 9828, 1993. Werk mit Breguet-Spirale, 18000 A/h, Schwanenhals-Feinregulierung, »Incabloc« Stoßsicherung.

389 »El Primero« von Zenith, Herren-Armbanduhr mit automatischem Aufzug im Goldgehäuse, Chronograph, 30-Minuten- und 12-Stunden-Zähler, Kalender mit Mondphase. Das Basiswerk, Kaliber 3019 PHC (vgl. auch Abb. 1137), kam bereits 1969 auf den Markt. ▷

ZENITH
CHRONOGRAPH
AUTOMATIC
El Primero
MILES
SUN
JAN
19

390 Goldene Herren-Armbanduhr mit ziseliertem Skelettwerk von Kurt Schaffo, Le Locle, um 1990

Vorläufer und frühe Armbanduhren

391, 392 Am Stoffarmband getragenes goldenes Schmuckührchen. Ovales Formwerk, unten das kleine weiße Zifferblatt, darüber die eigenwillig geformte Unruh-Dekoration. Das Ablesen der Zeit war allerdings bei dieser Anordnung des Zifferblattes etwas mühsam. Wohl Paris, nach 1800. Uhren dieser Art trug die Dame damals auch am Ring oder als Schmuckanhänger.

393 Sehr frühes Beispiel für eine Uhr, die fest mit dem Armband verbunden ist. Signiert »Capt et Freundler«, 1813. Spindelwerk mit Kette und Schnecke, Metallzifferblatt und Breguet-Zeiger. Durchmesser 29,5 mm. Armband und Gehäuse Gold, emailliert und mit Rubinen besetzt. Feingliedriges Armband mit Schlangenmotiven (vgl. auch Abb. 38).

391 △

392 △

393 ▽

394 Damen-Armbanduhr in Goldemail mit perlenbesetzter Lünette, um 1815; weißes Emailzifferblatt und darunterliegende sichtbare vierschenklige Unruh; beides auf blauem Emailhintergrund; Formwerk mit Zylinderhemmung; Höhe des Gehäuses 33 mm, Breite 20 mm.

395 Frühes Silberarmband mit Nielloarbeiten aus der ägyptischen Mythologie und eingebauter Uhr mit sichtbarer Unruh, um 1820. »Moderne« Anordnung der Zifferblattachse von der »12« zur »6«: parallel zum Armband.

396 Eine zweite Variante (vgl. Abb. 394) der frühen Armbanduhr: die Uhr ist sichtbar in einem Gehäuse eingeschlossen. Das spitzovale Goldührchen kann auch als Anhänger getragen werden. Zylinderwerk, im oberen Teil das kleine Emailblatt, unten die diamantbesetzte Unruh. Kobaltblaues Goldemail-Übergehäuse als Mittelstück auf einem Milanaise-Goldarmband. Um 1830.

397 Goldemail-Armband mit eingelegtem goldenen Miniaturührchen, La Chaux-de-Fonds, um 1830; graviertes Silberzifferblatt, Breguet-Zeiger, Durchmesser des Ührchens 21 mm; zusätzliche Ketten mit Goldemail-Petschaft und -Schlüssel.

396 △

397 ▽

398, 399 Frühe Armbanduhr in Form eines Burgeinganges, um 1850, mit ovalem Zylinderwerk; das Zifferblatt wird durch das Visier eines Ritterhelmes verdeckt, durch Vorklappen desselben läßt es sich freilegen; links und rechts neben dem Zifferblatt befinden sich – verdeckt durch die aufklappbaren »Mauerteile« – zwei Bilderrahmen; Aufzug mittels eines an einer Kette befestigten Goldschlüssels.

400 Wuchtiges, reich verziertes Schmuckarmband mit eingebauter Uhr. Unsigniert, mit Doppel-Kommahemmung und Viertelstundenrepetition. Sehr selten, daß im Armband getragene Uhren der frühen Zeit zusätzlich eine »Komplikation« aufweisen. Wohl frühes 19. Jh.

401 Goldemail-Armband mit Innenraum für die daneben abgebildete Damen-Taschenuhr. Zylinderwerk und Schlüsselaufzug, Durchmesser 35 mm. Die Schmuckuhr kommt im geschlossenen Armband nicht mehr zu Geltung. Auf der Frontseite ein Emailbild: junges Mädchen hält im rechten Arm einen Hund, in der anderen Hand einen Spiegel, der wiederum den Kopf des Hundes reflektiert. Um 1840.

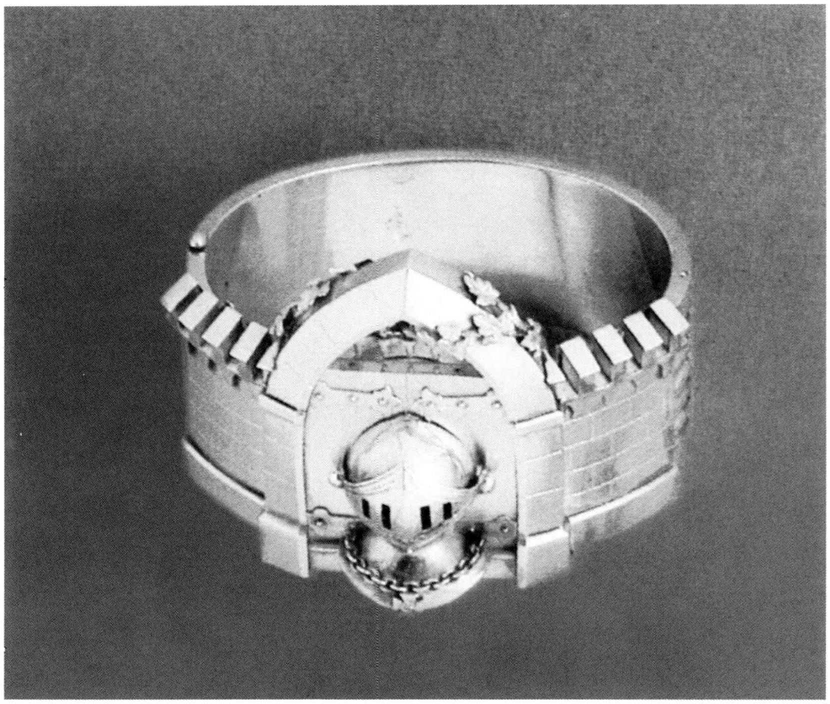

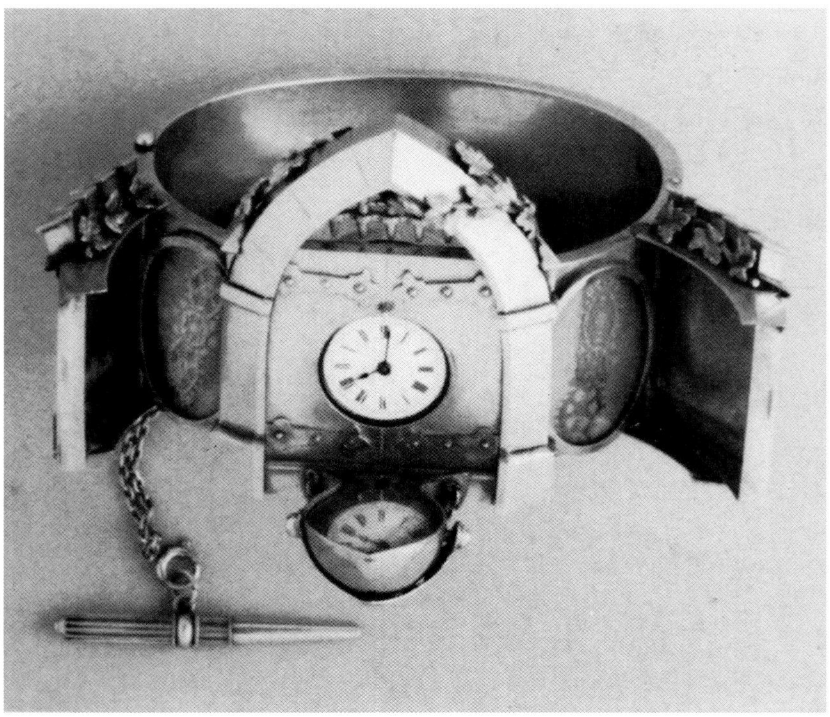

402–404 Massives Schmuckarmband mit Uhrkapsel. Eine kleine, schmale Damenuhr mit Zylinderwerk wird eingelegt und festgeklemmt. Auffallend ist bei dieser Uhr-Armband-Kombination, daß die Zifferblattachse (von der »6« zur »12«) wie bei den heutigen Armbanduhren in Richtung des Armbandes verläuft. Die Uhr soll nicht selbst als Schmuckstück wirken und wird deshalb hinter einem verzierten Deckel verborgen. Um 1850.

405 Email-Gliederarmband mit eingebauter Uhr. Metallzifferblatt mit Breguet-Zeigern. Aufzug von der Zifferblattseite. Auch hier verbirgt der Sprungdeckel die Uhr. Wohl Genfer Arbeit, um 1850.

406, 407 Goldenes Damenarmband in der Form eines Gürtels mit eingebautem Ührchen, signiert »Czapek & Cie à Genève«, um 1860; Gürtelschnalle mit Brillanten besetzt und mit schwarzem Email verziert; ein versteckt angebrachter Verschluß erlaubt das Öffnen eines runden Deckels und gibt den Blick auf das weiße Emailzifferblatt frei. Um das Ührchen mittels eines Schlüssels aufziehen zu können, kann das Vorderteil hochgeklappt werden (Abb. 407). Vergoldetes Messing-Brückenwerk mit Zylinderhemmung, 8 Steine.

402 △

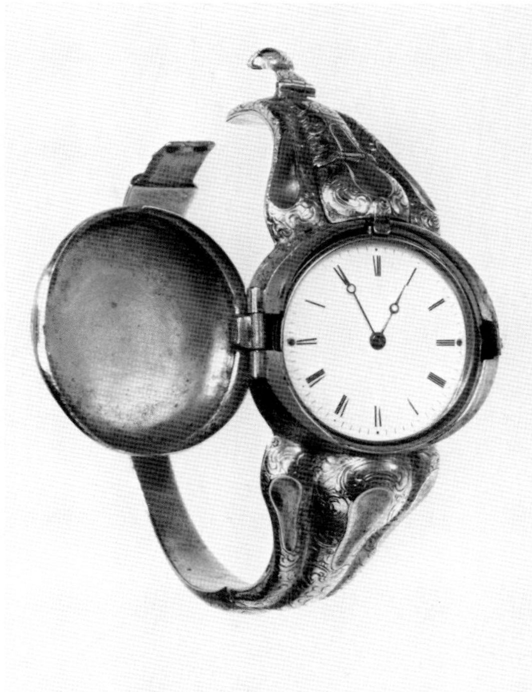

403 △

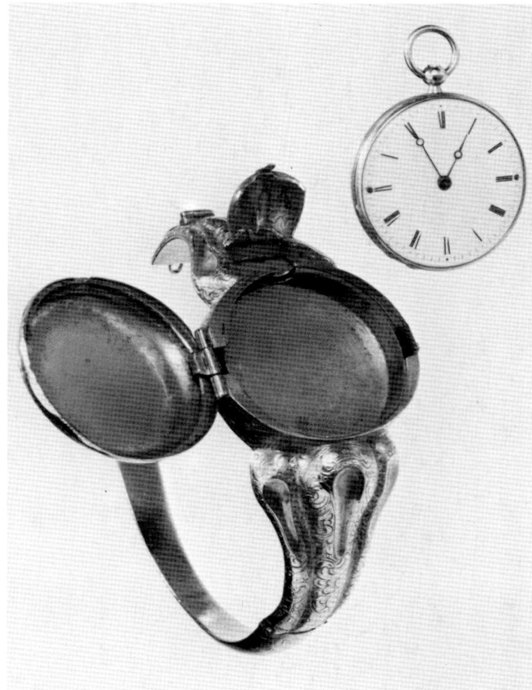

404 △

405 ▽

406 ▽

407 ▽

◁ **408, 409** Goldarmband mit eingebauter Uhr von Patek Philippe, 1868/73, 8 Steine, Zylinderhemmung, Schlüsselaufzug, Emailzifferblatt.

410 Silberne Damen-Schmuckuhr, Aufzug erfolgt durch Linksdrehung der gravierten Lünette; zur Zeigerstellung muß – wie auf dem Bild erkennbar – der Gehäuserand hochgeklappt werden; zum Schutz der Zeiger innen nochmals verglast; Emailblatt; Außenmaße des Gehäuses 29 mm, Tiefe 12 mm; rundes vergoldetes 11liniges Zylinderwerk; Werk seitlich von außen durch 4 Schrauben im Gehäuse festgehalten, um 1890. ▽

Zu Seite 219:
411–413 Goldene, mit Brillanten besetzte Schmuckarmbanduhr, um 1900; Werk von Le Roy & Fils, Paris, Gehäuse von Charles Victor de Vernon. Die aufwendig dekorierte Rückseite (Abb. 413) kommt beim Tragen am Handgelenk leider nicht zur Wirkung.

412 △

413 ▽

414, 415 Goldene Damen-Schmuckuhr auf Milanaiseband montiert, aufgesetzte Schmucksteine, dekoriertes Emailblatt, $11'''$ Ankerwerk mit 15 Steinen, ungewöhnlicher Aufzug durch Drehen der Lünette. Sie nimmt beim Drehen ein Stirnrad auf der Aufzugwelle mit. Schweiz, um 1900.

416, 417 Goldene mit Edelsteinen besetzte Schmuckarmbanduhr von Frédéric Boucheron, Paris, um 1900; das Uhrwerk mit der Nr. 308390 kommt wahrscheinlich von Vacheron & Constantin, Genf, das Gehäuse stammt vermutlich auch aus Genf. Der Armbanduhr, deren Band mit dem französischen Motto »L'union fait la force« versehen ist, wird nachgesagt, daß sie für Leopold II., König von Belgien (1865-1909), angefertigt wurde.

418 Damen-Armbanduhr in Form einer Kirsche, Genf, vor 1900. Das goldene Uhrgehäuse ist dunkelrot emailliert und die beiden Blätter sind mit Diamanten besetzt. Der Armreif in Gold stellt einen Ast dar. Seitlich ist an der Uhr ein kleiner Druckknopf angebracht; hiermit läßt sich die Kirsche öffnen, wodurch dann das kleine emaillierte Zifferblatt mit arabischen Zahlen sichtbar wird. Das 15steinige Werk dieser Uhr besitzt Ankerhemmung, und die Unruh wird sichtbar, wenn der Gehäuseboden geöffnet wird. Durch Drehen der Lünette wird das Werk aufgezogen. Durchmesser der Kirsche 22 mm, Höhe 17 mm.

419 Frühe Damen-Schmuckuhr auf der Basis eines Damen-Taschenuhrwerkes (»12« auf der Achse Krone–Werk); angesetztes silbernes Gliederband, Emailzifferblatt mit rotgoldenen Ziffern, deutsches Gehäuse mit 800er Silberstempel, 10steiniges Brükkenwerk mit Zylinderhemmung, einfache Ausführung. Schweiz, um 1900.

420 Sehr frühe Armbanduhr von Omega aus dem Jahre 1902; 15liniges Uhrwerk, versilbertes Metallgehäuse und Emailzifferblatt; hergestellt von Omega für den englischen Kunden »Edwin J. Vokes, Bath«. Die Aufzugskrone links ist in Höhe der »9« und nicht, wie üblich, in Höhe der »3« angebracht.

418 △

419 ▽

421, 422 Herren-Armbanduhr »Riverside Maximus« von Waltham Watch, um 1907; 19 Steine, davon 4 in verschraubten Chatons gefaßt, bimetallische Unruh, Breguet-Spirale, Feinreguliervorrichtung für den Rücker, Gehäuse Gold 14 Kt. (vgl. auch Abb. 467 und 845).

423 Herrenuhr als Halbsavonnette von Vacheron & Constantin, etwa 1905; Brückenwerk mit Ankerhemmung, Emailzifferblatt.

424 Silberne Herren-Armbanduhr, signiert »Dent 34 Cockspur St. London«, Emailzifferblatt, Ankerhemmung, etwa 1915.

425, 426 Goldene Damen-Armbanduhr, signiert »Charles Frodsham, London«, um 1910; $^3/_4$-Platinenwerk, 2 verschraubte Chatons, bimetallische Unruh mit Gold-Regulierschrauben, Breguet-Spirale, Emailzifferblatt, spätere Krone.

427, 428 Damen-Schmuckuhr in Gestalt eines Auges, kleines dunkelblaues Zifferblatt als Pupille, bunte Emaildekoration, Brillanten auf der Armbandspange. Ausgefallenes ovales Zylinderwerk mit wolfsverzahnten Aufzugsrädern. Fabrikat Delimorge, um 1910.

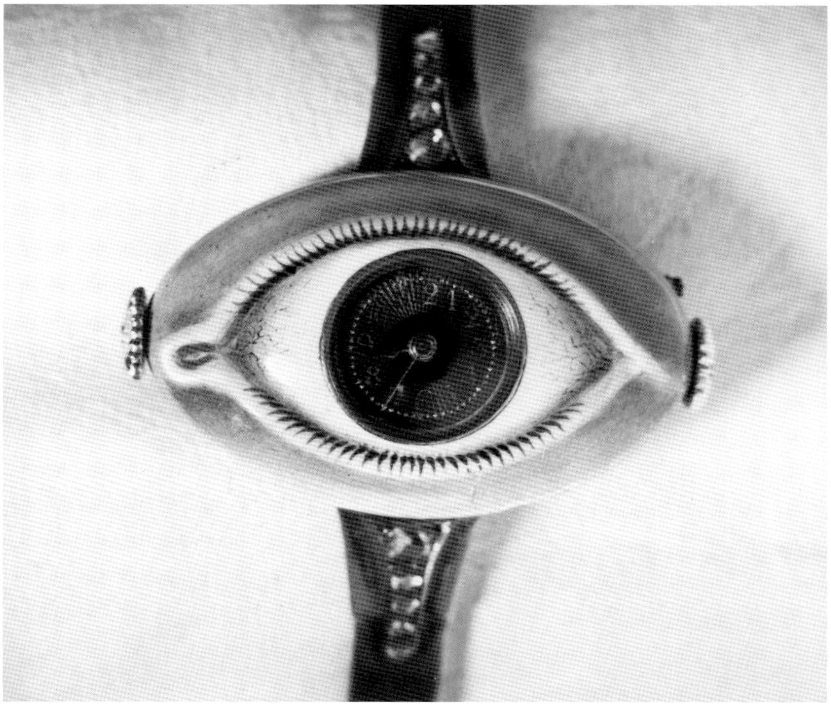

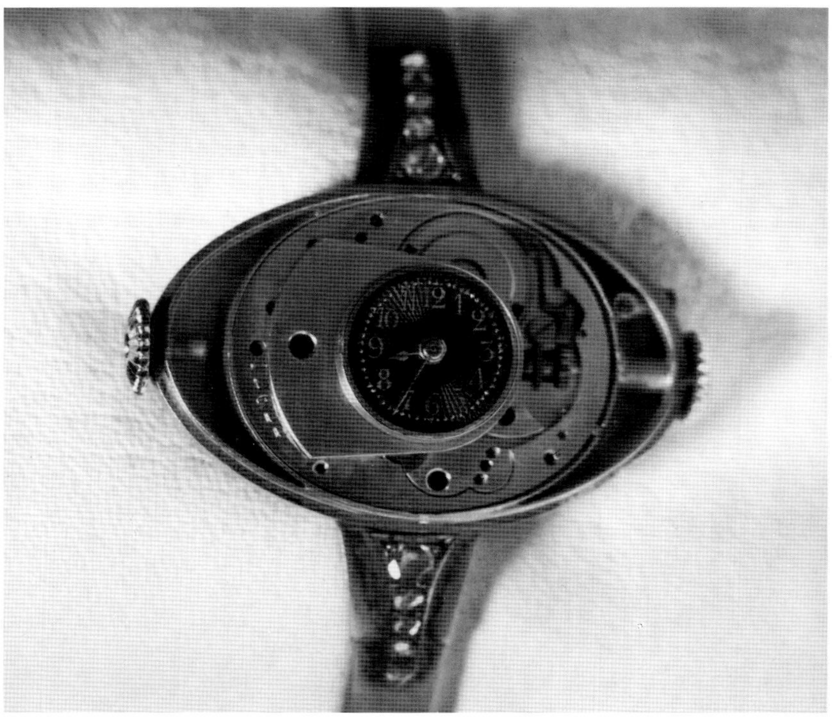

429 Armbanduhr im Platingehäuse von Cartier. Dieses Modell wurde im Jahre 1904 von Cartier für den brasilianischen Flugpionier Santos-Dumont kreiert und ist auch heute noch unter dem Namen »Santos« in der Uhrenkollektion von Cartier zu finden (s. Abb. 289).

430, 431 Goldene Damen-Armbanduhr »Chronomètre Movado«, um 1910, in achteckiger Ausführung. Der Aufzug des Werkes erfolgt über die im oberen Bügel integrierte Krone. Weißes Emailzifferblatt mit roter »12«, 15steiniges Ankerwerk mit 3 verschraubten Chatons, Genfer Streifen.

432–436 »Polyplan« Armbanduhr von Movado im Goldgehäuse, ab 1912. Diese Armbanduhr ist ein typisches Beispiel für die Experimentierfreude mancher Hersteller. Bei der »Polyplan« ist, um die längliche Uhr der Wölbung des Handgelenkes anpassen zu können, die Platine an den beiden äußeren Enden abgewinkelt. 15steiniges Ankerwerk, 3 verschraubte Chatons, bimetallische Unruh, Breguet-Spirale.

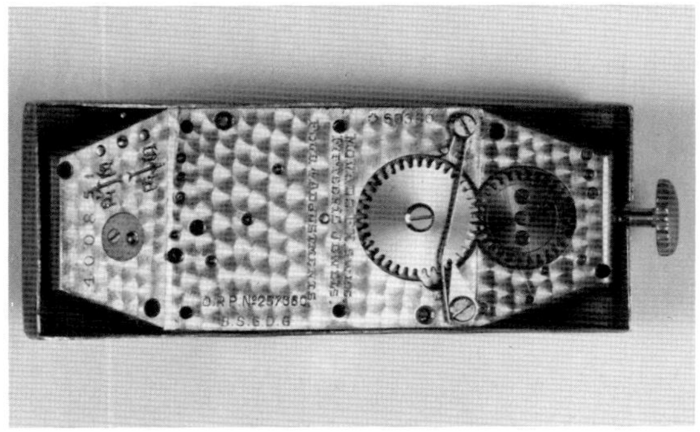

437 Runde Weißgold-Armbanduhr von Cartier, etwa aus dem Jahre 1912.

438 Damen-Armbanduhr von Patek Philippe & Co., Nr. 167197, verkauft am 6. November 1912. Gehäuse und Armband Gold 18 Kt., ziseliert, mit Diamantrosen und Rubinen besetzt, blaue Stahlzeiger; Werk 10‴ mit Ankerhemmung, 17 Steine, bimetallische Unruh.

439 Goldemail-Schmuckarmbanduhr von Vacheron & Constantin, Genf, hergestellt 1913; 9liniges Werk, Kaliber RA 9.

440, 441 Goldene achteckige Damen-Armbanduhr von Patek Philippe, um 1913; Ankerwerk, 3. Qualität, bimetallische Unruh, Flachspirale, Aufzugsräder mit Wolfsverzahnung.

442 Schmuckarmbanduhr von Vacheron & Constantin, Genf, aus dem Jahre 1914, verkauft 1921 in die USA; 8liniges Ankerwerk, Kaliber RA 8, Platingehäuse besetzt mit Diamantrosen, Perlen und Onyxkugeln.

440 △

441 △

442 ▽

443, 444 Achteckige Schmuckarmbanduhr von Vacheron & Constantin, hergestellt 1916; 7liniges Uhrwerk, Kaliber RA 8; Savonnette-Gehäuse aus Platin mit Brillanten besetzt, im Zentrum eine geschnittene Amethystplatte. Geschlossen nicht als Armbanduhr erkennbar.

445, 446 Runde Herren-Armbanduhr mit 8-Tage-Werk, signiert »Gintz Patent«, Schweiz, um 1915; Silbergehäuse, Durchmesser 36 mm; Emailzifferblatt mit sichtbarer Unruh; 14liniges Werk mit großem Federhaus, das dem Durchmesser des Uhrwerkes entspricht.

447 Goldene Damen-Armbanduhr von Movado mit Datumsangabe durch ein Fenster unterhalb der »6« unten in der Lünette. Um 1915.

448 »Hebdomas« Armbanduhr mit 8-Tage-Werk von Graizely & Co., etwa 1913. Rohwerk Schild & Co. Von vorn sichtbare Unruh. Der Federhausdurchmesser entspricht dem des Werkes. Die Uhr gab es in 12- und 14liniger Ausführung, Ankerhemmung.

449 Große 8-Tage-Armbanduhr, brüniertes Stahlgehäuse. 13‴ Ankerwerk, 7 Steine, Flachspirale, zentrales Federhaus. Gintz-Patent, Schweiz, um 1920.

448

449

450 Damen-Armbanduhr in einer um 1915 sehr beliebten Ausführung; Gehäuse und Zugband in Tulasilber (800), Emailzifferblatt mit roter »12«. Gehäusedurchmesser 28 mm. Werk $10\frac{1}{2}'''$ mit Ankerhemmung, 15 Steine, bimetallische Unruh, Schweiz.

451 Damen-Armbanduhr, um 1915; Gehäuse und Zugband in 800er Tulasilber; weißes Emailzifferblatt mit roter »12«; Durchmesser des Gehäuses 23,5 mm; Zylinderwerk $10\frac{1}{4}'''$, die Zeigerstellung erfolgt durch Drehen der Krone und gleichzeitigen Druck auf den Knopf unterhalb der Krone.

452, 453 Zugarmband mit einer beweglichen Klammer zur Befestigung einer Damen-Taschenuhr, um 1915. Diese Zugarmbänder gab es in verschiedenen Ausführungen (Stahl, Doublé, Silber, Gold) und sie dienten dazu, die bereits vorhandene Taschenuhr zur Armbanduhr umzufunktionieren.

454 Perlenarmband mit drei Platingehäusen: Mitte für 6liniges Uhrwerk, Kaliber RA 6; links Merkzifferblatt für den aktuellen Tag; rechts Merkzifferblatt für eine bestimmte Stunde; hergestellt 1916 von Vacheron & Constantin, Genf.

455, 456 Damen-Armbanduhr, um 1915, in Tulasilber. Typisch für diese Zeit ist, daß die Form des Zifferblattes nicht dem Zifferblattausschnitt im Gehäuse entspricht. Zylinderwerk.

457 Herren-Armbanduhr von Tavannes Watch, Emailzifferblatt mit Leuchtziffern, Ankerwerk mit kleiner Sekunde. Schweiz, um 1915.

454 △

455 ▽

456 ▽

457 ▽

458, 459 Damen-Armbanduhr »Chronomètre Movado« mit Zugband, um 1915. Goldfarbenes Metallzifferblatt mit roter »12«. Das Werk dieser Uhr entspricht in etwa dem von Abbildung 431. Sekundenanzeige bei Damen-Armbanduhren ist damals noch selten.

460 Spitzovale Armbanduhr »Chronomètre Movado«, um 1920; Ankerhemmung, Kaliber 530. Ebenso wie Abbildung 461 – im Hinblick auf die Gestaltung der Uhrengehäuse – ein Hinweis auf die »Sturm- und Drangzeit« der Armbanduhr.

461 Längliche, achteckige »Chronomètre Movado«, um 1920; Ankerhemmung, Kaliber 520.

462, 463 Herren-Armbanduhr von International Watch Co. (IWC), Schaffhausen, verkauft 1916; Gehäuse Gold 18 Kt.; 15steiniges Ankerwerk mit 3 verschraubten Chatons, bimetallischer Unruh, Breguet-Spirale.

464, 465 Große goldene Herren-Armbanduhr von Patek Philippe & Co., um 1920. Gehäuse leicht gewölbt.

466 Herren-Armbanduhr »Ingersoll wrist«, 1915, Stiftankerwerk (vgl. Abb. 847). Anordnung der Aufzugskrone wie bei der Taschenuhr.

467 Silberne Herren-Armbanduhr im Halbsavonnette-Gehäuse von Waltham Watch, um 1920. Gehäusedurchmesser 35 mm; das Werk entspricht dem von Abbildung 422.

464 △

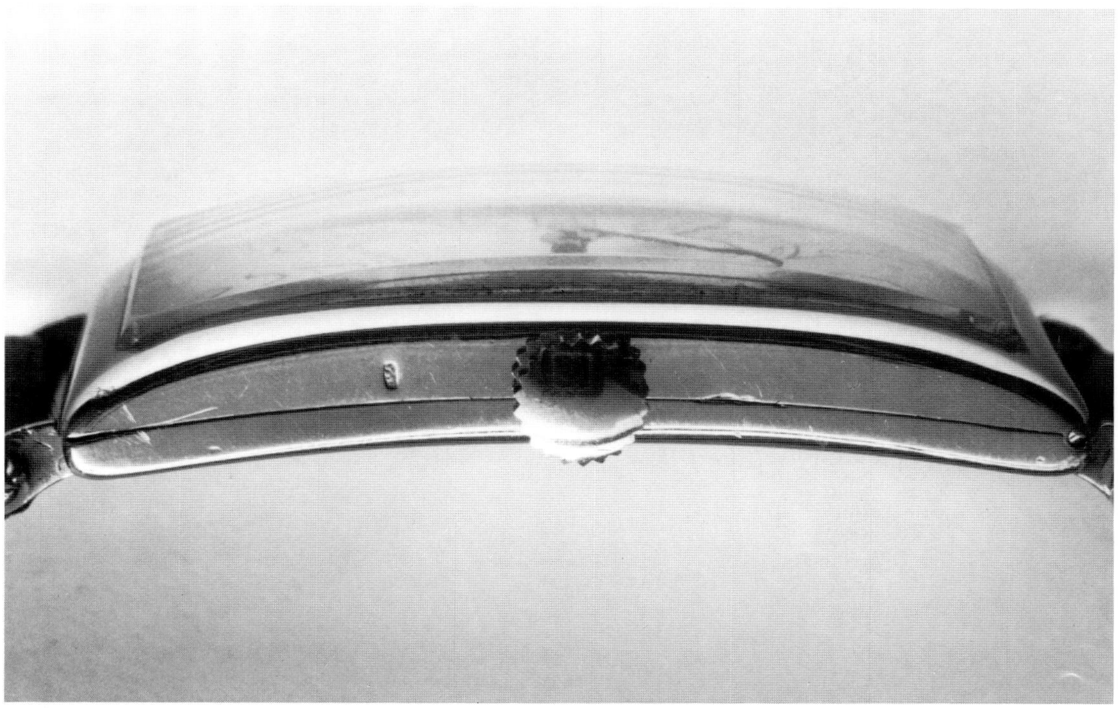

465 △

466 ▽

467 ▽

468 Silberne Damenuhr, achteckige Abdeckung. Emailblatt, rote »12«, gebläute Stahlzeiger, $10\frac{1}{2}'''$ Zylinderwerk, 6 Steine. Schweiz, 1918.

469 Damen-Armbanduhr mit Gliederzugarmband, Doublé, um 1915, mit Zylinderwerk. Tonnenförmiges Zifferblatt im runden Gehäuse.

470, 471 Goldene Herren-Armbanduhr von Henry Moser, um 1920. Weißes Emailzifferblatt mit exzentrischer Sekunde bei der »9«. Kleines Taschenuhrwerk, welches in ein Armbanduhrgehäuse eingebaut wurde. Breguet-Zeiger; Zeigerstellung mit Hilfe der Krone und des Drückers bei der »2«. Ankerwerk, 15 Steine, bimetallische Unruh, Flachspirale.

472, 473 Herren-Armbanduhr mit zentral angeordnetem Sekundenzeiger, Schweiz, um 1920; $10\frac{1}{2}$liniges Zylinderwerk mit $\frac{3}{4}$-Platine, Zeigerstelldrücker bei der »4«, Metallgehäuse.

474, 475 Anonyme Herren-Armbanduhr mit 8-Tage-Werk im 800er Silbergehäuse; 15steiniges Ankerwerk mit bimetallischer Unruh und Flachspirale; die Uhr dürfte um 1920 gefertigt sein. Weißes Emailzifferblatt, blaue Stahlzeiger.

476, 477 Schweizer Herren-Armbanduhr mit Roskopf-Werk, um 1920. Chromgehäuse mit 41 mm Durchmesser. Metallzifferblatt mit gelben Leuchtziffern, blaue Stahlzeiger ausgefüllt mit gelber Leuchtmasse. Die Zeigerstellung durch Krone und Drücker bei der »2«.

478–480 △

Von links nach rechts:
478 Goldene Herren-Armbanduhr von Zenith, um 1920; vergoldetes Ankerwerk, bimetallische Unruh, Breguet-Spirale, Feinreguliervorrichtung für den Rücker über eine Schneckenscheibe.

479 Goldene Herren-Armbanduhr von IWC aus dem Jahre 1914; 12liniges Ankerwerk Kaliber 64, bimetallische Unruh. Breguet-Spirale, 3 verschraubte Chatons; Emailzifferblatt; das Uhrwerk wird von oben in die Gehäuserückseite geschraubt; verkauft an Staufer, Son & Co., London, dementsprechend ist auch das Uhrwerk »S & Co.« signiert.

480 Silberne Herren-Armbanduhr mit schwarzem Emailzifferblatt von Rolex, um 1920; 13liniges Ankerwerk, 15 Steine, bimetallische Unruh, Flachspirale.

481 Werk zu Abbildung 478

482 Werk zu Abbildung 479

483 Werk zu Abbildung 480

481 ▽

482 ▽

483 ▽

484 Goldene Herren-Armbanduhr von Vacheron & Constantin aus dem Jahre 1923; Ankerwerk Kaliber RA 9-94. Rechteckiges Zifferblatt mit aufgesetzten Zahlen, Kathedralzeiger. ▷

485, 486 Schweizer Herren-Armbanduhr, um 1920, im silbernen Gehäuse, Durchmesser 35 mm, weißes Emailzifferblatt mit schwarzen Stundenziffern und der roten »12«. Blaue Stahlzeiger in Birnenform. Feines vernickeltes Ankerwerk mit 17 Steinen, 4 verschraubten Chatons, bimetallischer Unruh und Breguet-Spirale. Der Rückerzeiger läßt sich mit Hilfe einer Schwanenhals-Reguliervorrichtung verstellen.

487, 488 Unsignierte silberne Herren-Armbanduhr, Emailzifferblatt, 11 ½‴ Ankerwerk, 13 Steine, Schraubenunruh mit Flachspirale, etwa 1920.

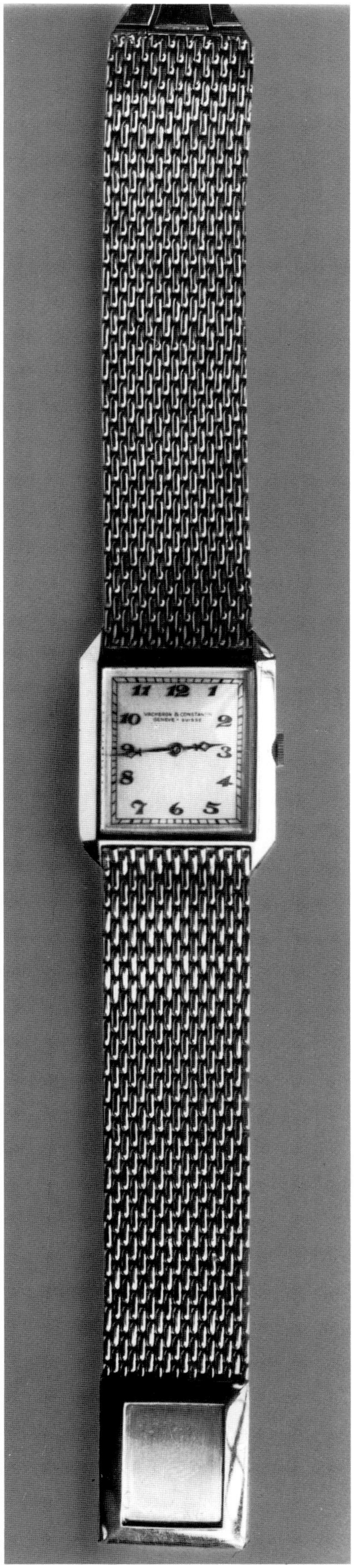

485 △

486 ▽

487 △

488 ▽

489, 490 Goldene Damenuhr von Rolex, um 1925; zwölfeckig, englisches Gehäuse, Silberzifferblatt mit Wellenschliff, gebläute Breguet-Zeiger. 9¾''' Ankerwerk, 15 Steine, Bimetallunruh.

491, 492 Silberne Damen-Sportuhr, schwarze Ziffern und gebläute Stahlzeiger, sehr frühe Zentralsekundenanzeige, Zeigerstelldrücker bei der »2«, 8¾''' Ankerwerk, 15 Steine, Breguet-Spirale, zentrale Sekunde außerhalb des Kraftflusses. Verkäufername auf dem Zifferblatt »Beyer Zürich«. Schweiz, um 1930.

493, 494 Kissenförmige Armbanduhr, Emailblatt mit Radiumziffern und -zeigern, kleine Sekunde, Zeigerstelldrücker. 10½''' feines Ankerwerk mit 3 sichtbaren verschraubten Chatons, Breguet-Spirale, Streifenschliff, Bezeichnung »1ère Classe Beyer Zürich« (Verkäufer). Schweiz, um 1925.

495 Kissenförmige Herren-Armbanduhr von Patek Philippe, Zifferblatt mit Leuchtmarkierungen, um 1920.

496 Herren-Armbanduhr von Omega, Emailzifferblatt, Ankerwerk, 15 Steine, bimetallische Schraubenunruh mit Breguet-Spirale, etwa 1920.

497 Herren-Armbanduhr mit springender digitaler Stundenanzeige im Fenster bei der »12«, von Audemars Piguet für E. Gübelin, Luzern, um 1925 angefertigt; 10liniges Ankerwerk Kaliber 10 GHSM (vgl. Abb. 500), 18 Steine; zweifarbiges Gelbgold-Weißgoldgehäuse, 31 × 28 mm.

498 Rechteckige Herren-Armbanduhr mit springender Stundenanzeige, vermutlich von C. H. Meylan, Genf, um 1930.

499, 500 Rechteckige Herren-Armbanduhr mit springender digitaler Stundenanzeige von Audemars Piguet, Nr. 37908; 10liniges Ankerwerk, Kaliber 10 GHSM, 18 Steine, bimetallische Unruh, Breguet-Spirale. Das Werk dieser Uhr wurde im Jahre 1929 an den amerikanischen Audemars-Piguet-Importeur »Metric Watch«, New York, geliefert, der nach den Originalplänen Audemars Piguets in den USA ein Gehäuse anfertigen ließ, um die hohen Importsteuern für fertige Uhren zu umgehen.

501, 502 Herren-Armbanduhr im tonnenförmigen, leicht gewölbten 14 Kt. Goldgehäuse, West End Watch Co., um 1920; Metallzifferblatt mit aufgedruckten römischen Ziffern, rote »XII«; kleine Sekunde, Stahlzeiger, Gehäusegröße 43 × 30 mm; rundes 15steiniges Werk, vergoldet, mit Kompensationsunruh, Größe 12 1/2‴.

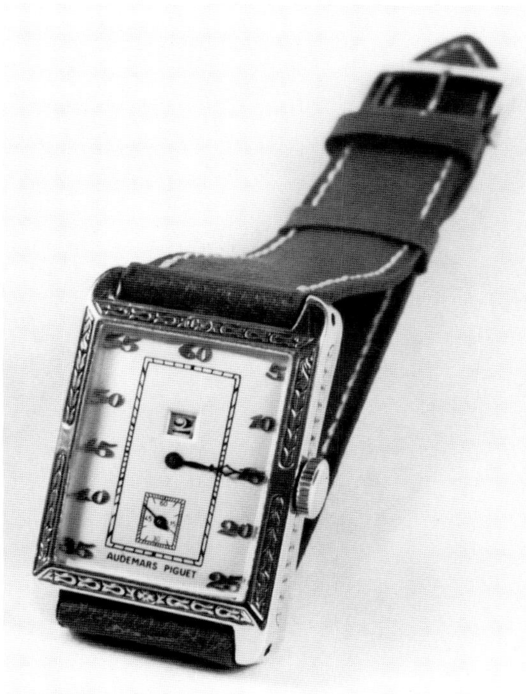

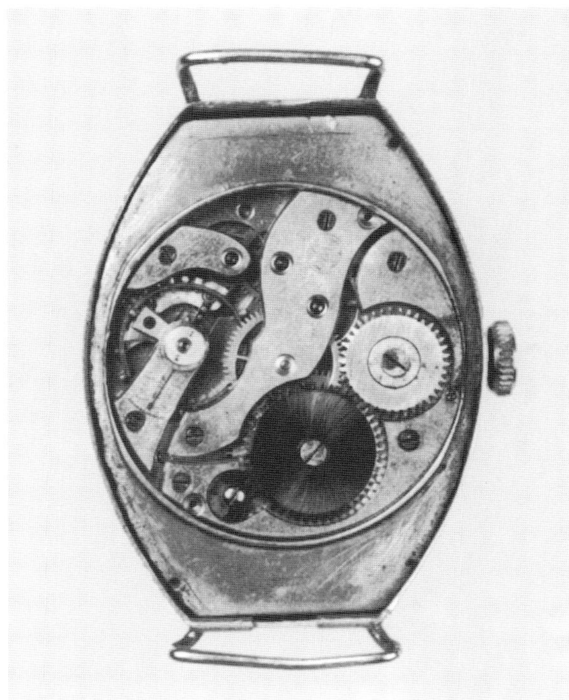

503 Armbanduhr, Zifferblatt signiert »Tiffany & Co«, am Werk »Longines Watch Co.«, Nr. 3900813, 18 Kt. Goldgehäuse. Silberzifferblatt mit arabischen Leuchtziffern und -zeigern. Versilbertes Ankerwerk mit Kompensationsunruh und Breguet-Spirale. Um 1925.

504, 505 Rechteckige Elgin, Modell 212, 14 Kt. Weißgold, mit beweglichen Bandanstößen und blau emailliertem Glasrand. 15steiniges amerikanisches Ankerwerk mit 3 verschraubten Chatons. Um 1930.

506, 507 Rechteckige Savonnette-Armbanduhr von Vacheron & Constantin aus dem Jahre 1928; Ankerwerk Kaliber 9-94; Gelbgoldgehäuse mit Weißgoldbesatz.

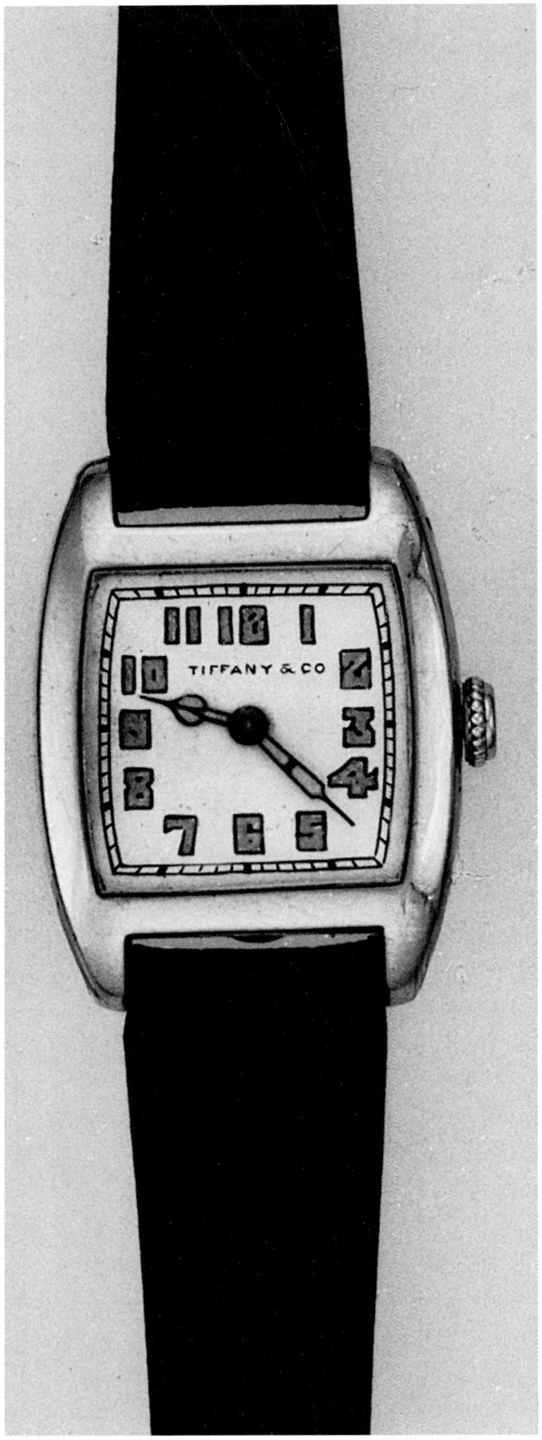

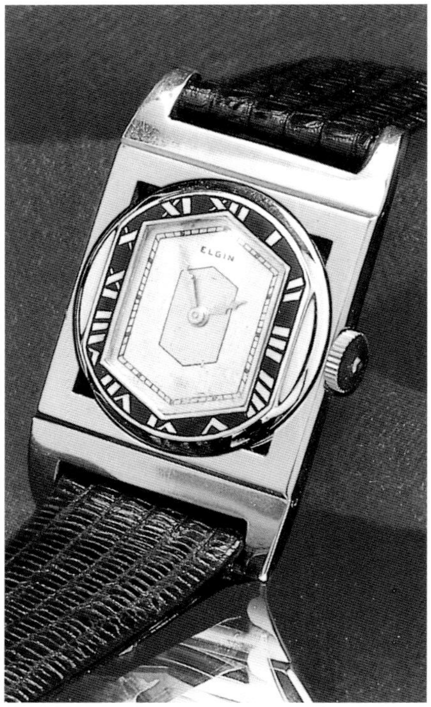

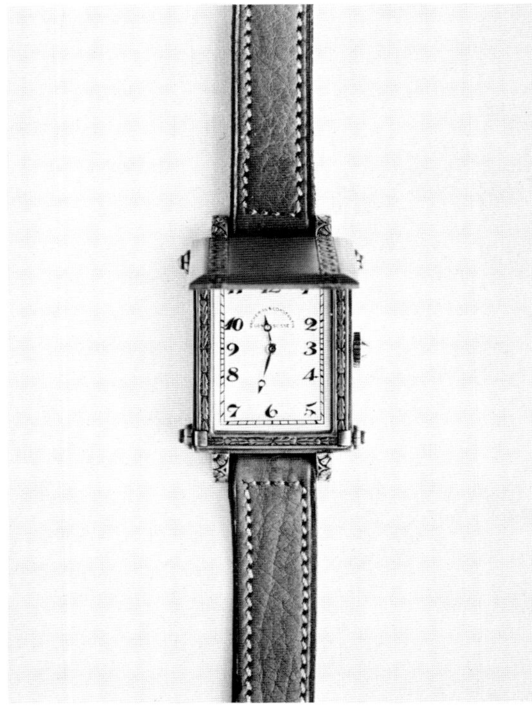

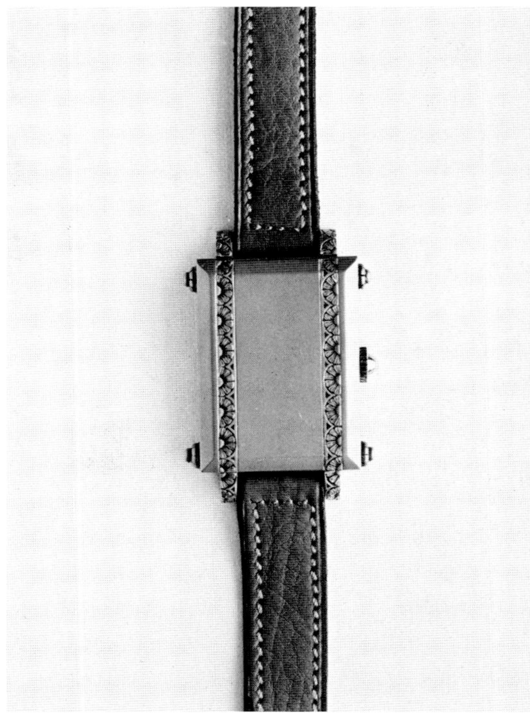

508, 509 Goldene tonneauförmige Armbanduhr von Patek Philippe & Co., 1918; 12liniges Ankerwerk mit 18 Steinen, bimetallische Unruh, Breguet-Spirale, wolfsverzahnte Aufzugsräder.

510 Goldene tonneauförmige Herren-Armbanduhr von Vacheron & Constantin aus dem Jahre 1929; Ankerwerk Kaliber RA 11M.

511 Rechteckige Herren-Armbanduhr mit digitaler Stunden- und Minutenanzeige von Vacheron & Constantin, 10liniges Ankerwerk; hergestellt 1929, verkauft in Genf am 20. Mai 1941.

512 Goldene Patek Philippe, Ref. 1507, 1940; tonneauförmiges Ankerwerk, Kaliber $9'''$-90, 18 Steine, monometallische Unruh mit autokompensierender Breguet-Spirale.

513 Quadratische Patek Philippe, Ref. 2547, 1954; 10liniges Ankerwerk, Kaliber $10'''$-200, 18 Steine, monometallische Unruh mit autokompensierender Breguet-Spirale, 19800 A/h.

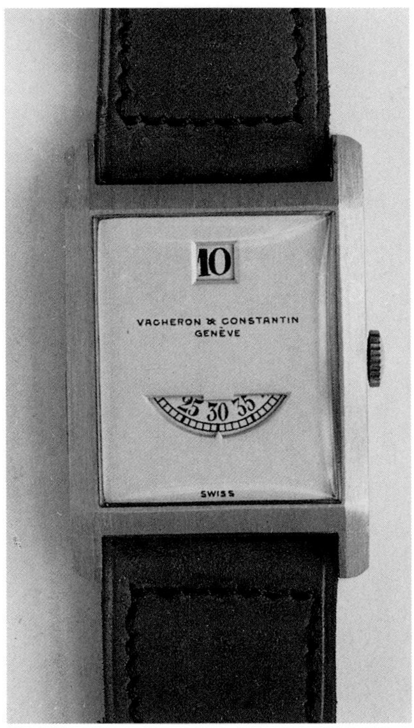

514–517 Herren-Armbanduhren mit 8-Tage-Werken aus der Zeit um 1930 in Stahlgehäusen, ca. 40 × 27 mm; alle Uhren sind mit dem abgebildeten Formwerk $10^1/_2 \times 12^3/_4$ Linien ausgestattet (Abb. 517); das Schweizer Ankerwerk hat 17 Steine und eine bimetallische Unruh; das Federhaus besitzt im Gegensatz zur »Hebdomas« (vgl. Abb. 448) eine normale Größe, allerdings ist der Rädersatz durch 2 Zwischenräder ergänzt. Die Armbanduhr mit 8 Tagen Laufdauer konnte sich jedoch später gegenüber den Werken mit automatischem Aufzug nicht behaupten.

518, 519 Herren-Armbanduhr im »Carré cambré«-Gehäuse, 9 Kt. Gold, Made in England, Nr. 98959; rundes Zifferblatt mit exzentrischer Sekunde, Leuchtziffern und -zeigern. Rundes Werk Nr. 6819462, Kaliber 10.68 Z, Unruh mit Schrauben, Flachspirale. Longines Francillon Ltd., um 1930.

520, 521 Viereckige Art-Deco-Herrenuhr im Silbergehäuse, Goldzahlen und -zeiger. Rundes Ankerwerk $10^1/_2'''$, 15 Steine, Flachspirale. Zifferblattaufschrift »Chronomètre P.G.M.«, Werkaufschrift »Starina«, etwa 1932.

514 △ 515 ▽ 516 △ 517 ▽

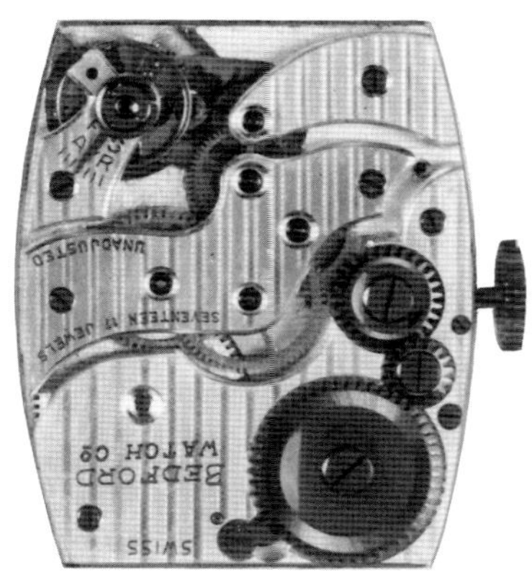

Herren-Armbanduhren
von den 1930er bis zu den 1970er Jahren

Armbanduhren mit digitaler Anzeige kamen in den Jahren nach 1930 in Mode. Bei diesen Uhren werden lediglich anstatt der Zeiger rotierende Scheiben verwendet, wobei die Scheibe für die Stundenanzeige nach Ablauf einer Stunde um jeweils eine Position weiterspringt (Abb. 522–529).

522, 523 »Direct-Time« von Mido, La Chaux-de-Fonds, 1932, mit sichtbarem Sekundenzeiger; Formwerk $7\,^3/_4 \times 11'''$, 15 Steine, bimetallische Unruh, Gehäuse Gold 18 Kt.

524, 525 Unsignierte Herren-Armbanduhr mit digitaler Anzeige der Stunden, Minuten und Sekunden, um 1930; 17steiniges Formwerk, $8\,^3/_4 \times 12'''$, Gehäuse in Golddoublé.

526–529 Zwei Armbanduhren mit digitalen Indikation von Stunden, Minuten und Sekunden von Eterna, um 1932; rundes Werk, Kaliber 716, 15 Steine, monometallische Unruh, autokompensierende Flachspirale; Gehäuse in Golddoublé.

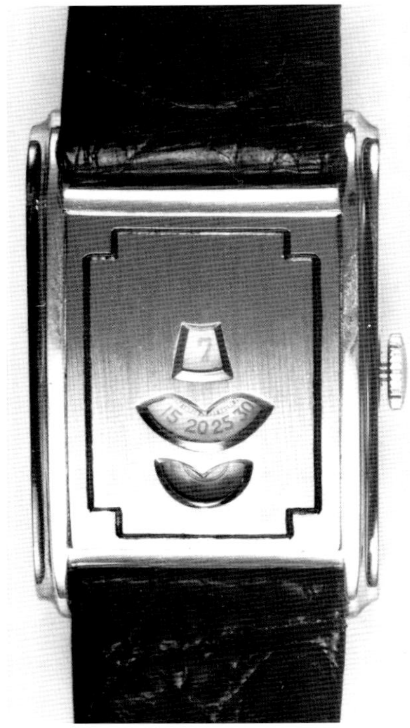

526 △

528 △

530, 531 Herren-Armbanduhr »Andreas Huber Urania«, um 1935; stählernes »Carré cambré«-Gehäuse. 32 × 32 mm; Uhrwerk von IWC, Kaliber 83, 12''', 15steinige Ausführung, bimetallische Unruh, Breguet-Spirale. Diese Uhr wurde von der Firma Andreas Huber München remontiert und verkauft.

532, 533 Herren-Armbanduhr im rechteckigen Phantasie-Stahlgehäuse mit verdeckten Bandanstößen von Glycine, um 1935; rundes Ankerwerk, $9^{3}/_{4}'''$, 18 Steine, monometallische Unruh, Flachspirale. ▷

534, 535 Armbanduhr »Valentino Chronomètre« von Movado, um 1935; Silbergehäuse mit Schlangenlederüberzug. Zifferblatt mit aufgelegten Zahlen, Kathedralzeiger. Ankerwerk $10^{1}/_{4}'''$, Kaliber 150 MN, 15 Steine, 4 Adjustierungen, 3 verschraubte Goldchatons.

536, 537 Herren-Armbanduhr von Ulysse Nardin, um 1935; Stahlgehäuse, 22 × 30 mm; Formwerk $7^{3}/_{4} \times 11'''$, Rohwerk Eta-Kaliber 735; 17 Steine, monometallische Beryllium-Unruh, autokompensierende Breguet-Spirale, keine Stoßsicherung; gegen magnetische Einflüsse ist das Werk durch eine Weicheisenkapsel geschützt.

538, 539 Herren-Armbanduhr von Eterna, um 1935; Stahlgehäuse 21 × 31 mm; Uhrwerk Kaliber 629, Messing, vernickelt, 15 Steine, Beryllium-Unruh, autokompensierende Flachspirale, keine Stoßsicherung.

540 Rechteckige Herren-Armbanduhr, exzentrische Sekunde, auf Zifferblatt signiert »Marvin«; Formwerk $8^{3}/_{4} \times 12'''$. Schweiz, 30er Jahre.

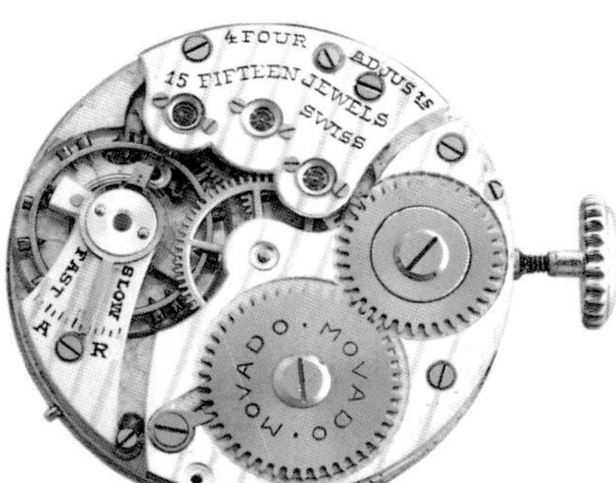

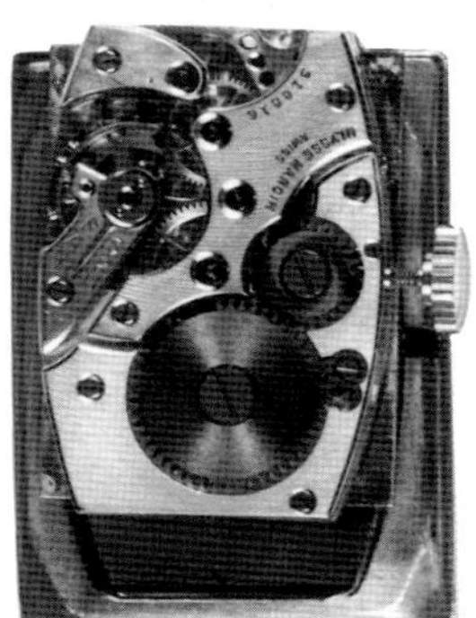

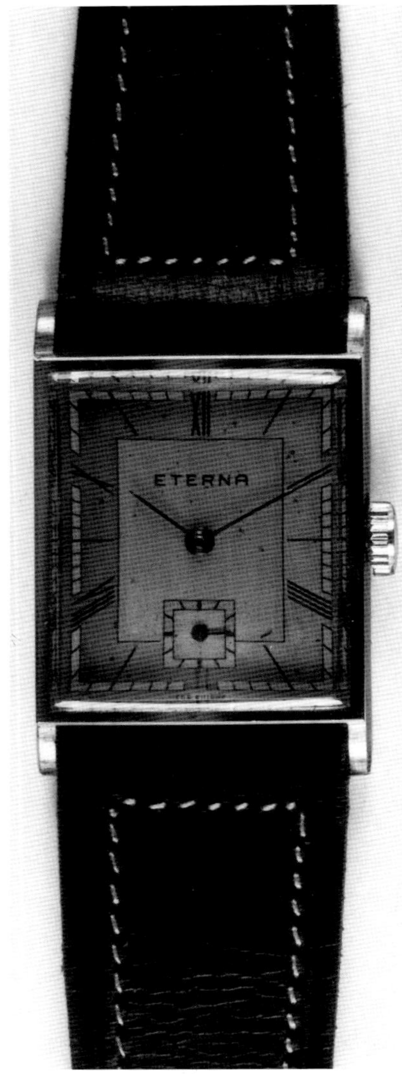

541, 542 Herren-Armbanduhr von Record Watch Co., um 1935; Stahlgehäuse 24 × 39 mm; Formwerk $8\,^3/_4 \times 12'''$, 15 Steine, 3 Chatons, Beryllium-Unruh, autokompensierende Flachspirale, keine Stoßsicherung, Genfer Streifen.

543, 544 Herren-Armbanduhr von Jaeger-LeCoultre, um 1935; Stahlgehäuse, 22 × 37 mm; Formwerk $7\,^3/_4 \times 11'''$, 15 Steine, Beryllium-Unruh, autokompensierende Flachspirale, keine Stoßsicherung, Genfer Streifen.

545–547 Goldene Herren-Schmuckuhr, rechteckiges Gehäuse mit versenkter Krone, Boden gewölbt, Seiten graviert. Formwerk $8\,^3/_4'''$, Ankerwerk, 17 Steine, aufgeschnittene Unruh, Breguet-Spirale, Werk fein ziseliert und graviert, ebenso Aufzugskrone und Gehäuse seitlich. Werkgravur »Gruen Watch Co., Precision Extra«, um 1935 (Switzerland).

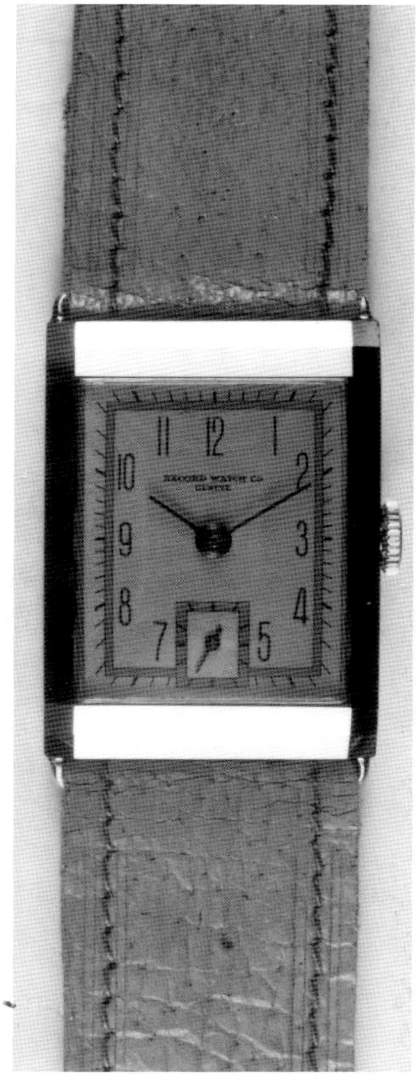

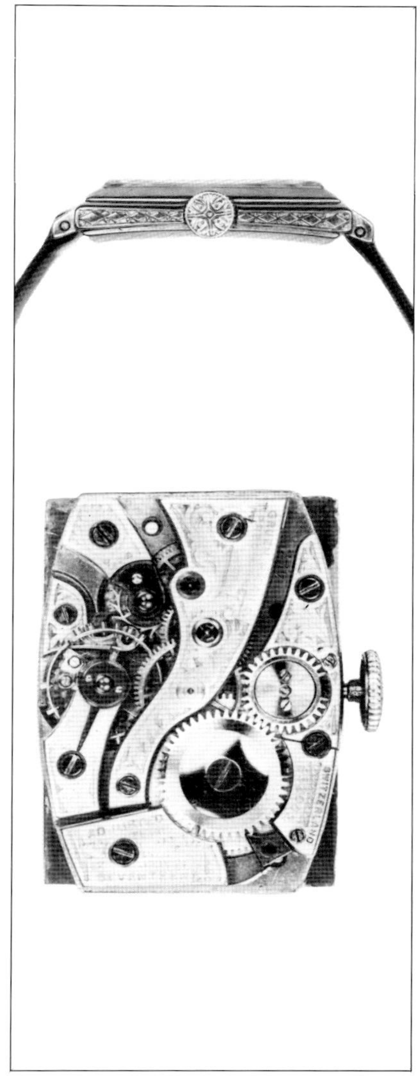

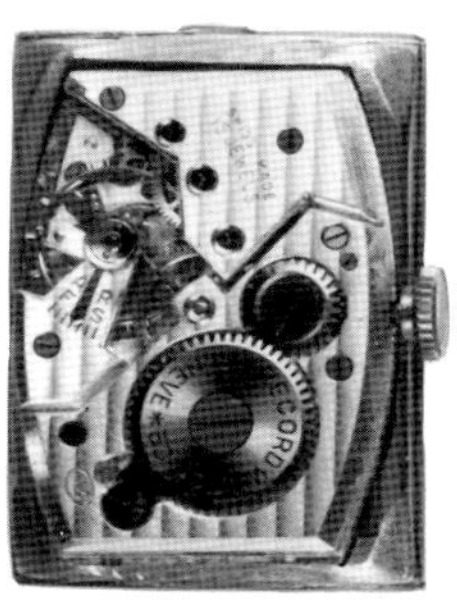

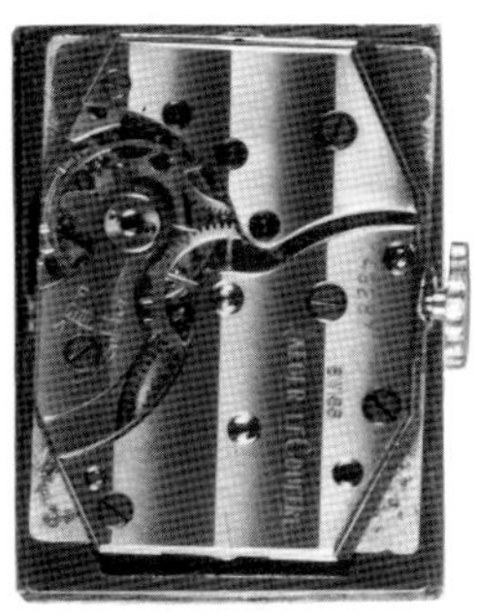

548, 549 Herren-Armbanduhr im gravierten, tonnenförmigen Scharniergehäuse. Zwei Zahlenringe, innen 1-12, außen 13-24. Dezentes Rautenmuster auf dem Metallzifferblatt. Exzentrische Sekunde, Ankerwerk, 7 Steine, Monometallunruh mit Schrauben. Nach 1925.

550, 551 Rechteckige Herren-Armbanduhr, signiert »Chronometro Extra Lorus«, 30er Jahre; tonneauförmiges Ankerwerk, 15 Steine, monometallische Unruh mit autokompensierender Flachspirale.

552, 553 Herren-Armbanduhr von Movado, um 1935, auf dem Zifferblatt mit Verkäufersignatur »Huber«, München; stark gewölbtes Stahlgehäuse 41 × 23 mm; integrierte Aufzugskrone; 15steiniges Formwerk, 9 × 13‴, 4 Chatons, davon 3 verschraubt, Genfer Streifen, bimetallische Unruh, Breguet-Spirale.

554 Herren-Armbanduhr in rechteckigem 18 Kt. Goldgehäuse, um 1930; $10\frac{3}{4}$liniges Schweizer Ankerwerk, signiert »Bosch Watch Co.«, 15 Steine, davon 2 in Chatons gefaßt, bimetallische Unruh, Breguet-Spirale, keine Stoßsicherung; der Aufzug erfolgt über die Krone bei der »6«.

555, 556 Armbanduhr von Borel, Fils & Co., um 1935, in einem 14 Kt. Goldgehäuse. Das Uhrwerk, ein rundes, $9\frac{1}{2}$liniges Schweizer Ankerwerk mit 17 Steinen, ist in einem Klappgehäuse untergebracht. Zieht man den Deckel bei der »6« nach oben, stellt sich das Uhrwerk mit Zifferblatt selbsttätig auf. In geöffnetem Zustand läßt sich diese Armbanduhr auch als Schreibtischuhr verwenden. Handaufzug und Zeigerstellung erfolgen durch eine Krone auf der Rückseite des Werkes.

557, 558 Herren-Armbanduhr von International Watch Co. (IWC), Schaffhausen, um 1937; Formwerk $8\frac{3}{4} \times 12'''$, 15 Steine, 4 Chatons, bimetallische Unruh, Breguet-Spirale, Genfer Streifen, Kaliber 87; Stahlgehäuse 39×22 mm.

559, 560 Rechteckige Herren-Armbanduhr von Longines, 18 Kt. Platingehäuse mit erhabenen, diamantenbesetzten Stundenziffern, 43×20 mm; $8\frac{3}{4} \times 11\frac{1}{2}$liniges Ankerwerk mit 17 Steinen; frühe, von Longines entwickelte Stoßsicherung, die an der U-förmigen Halterung des Unruh-Decksteines erkennbar ist; bimetallische Unruh, Breguet-Spirale. Um 1930.

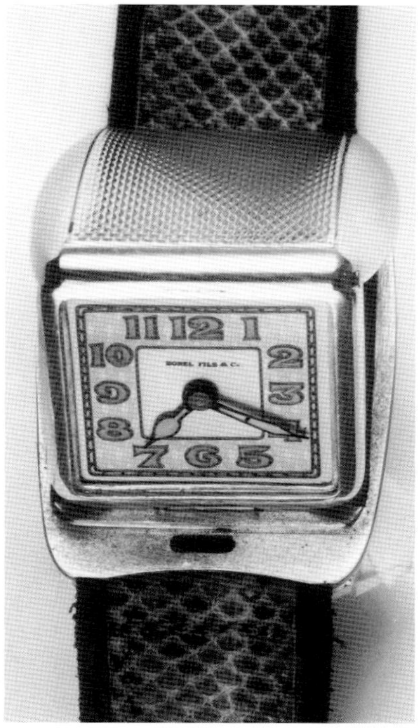

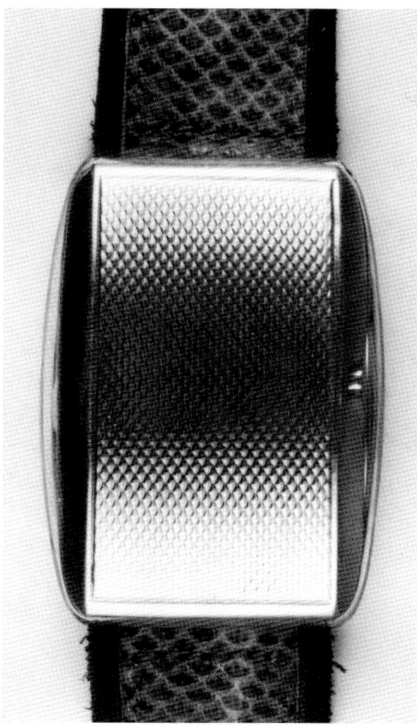

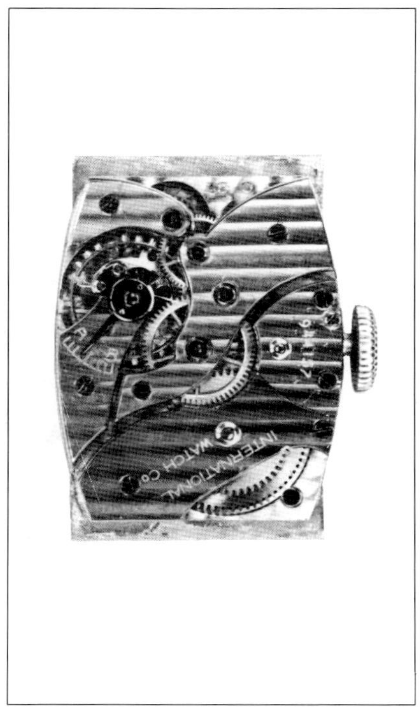

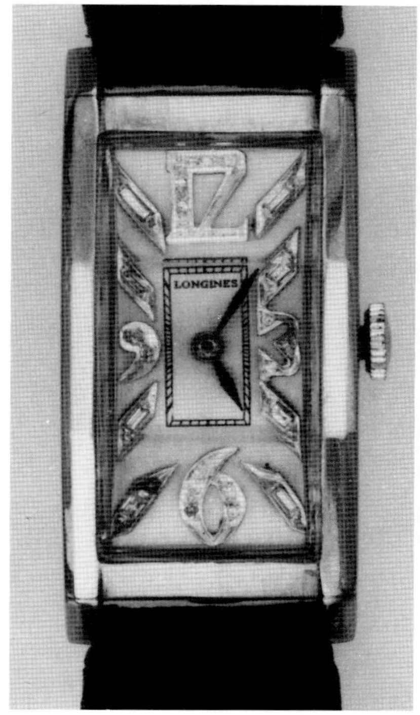

561 Goldene Rolex »Prince« für den »¼ Century Club« des Eaton-Konzerns, Mitte 30er Jahre. Formwerk, Kaliber 300, 15 Steine, monometallische Unruh, autokompensierende Breguet-Spirale.

562–564 Rolex »Prince«-Chronometer, um 1935; zweigeteiltes Zifferblatt; Gelbgold-Weißgoldgehäuse 18 Kt.; Formwerk in »Observatory«-Qualität, 15 Steine, monometallische Unruh, autokompensierende Breguet-Spirale.

Duo-Dial *In den Jahren um und nach 1930 kamen rechteckige Armbanduhren mit einem zweigeteilten Zifferblatt auf den Markt, bei dem der untere Teil – der eigens für die Sekundenindikation gestaltet war – ein exaktes Ablesen der Sekunden gestattete. In Amerika nannte man diese Uhren auch »Doctors-« oder »Nurses-Watches«, also Armbanduhren für Berufe, bei denen es z. B. zum Messen des Pulses auf ein leichtes Erfassen der Sekunden ankam. Generell muß man unterscheiden zwischen diesen Uhren mit Formwerk oder rundem Uhrwerk. Duo-Dial-Armbanduhren unterscheiden sich von Armbanduhren mit normaler Zeitindikation lediglich durch ein modifiziertes Zeigerwerk (vgl. Abb. 562–575, 786, 787).*

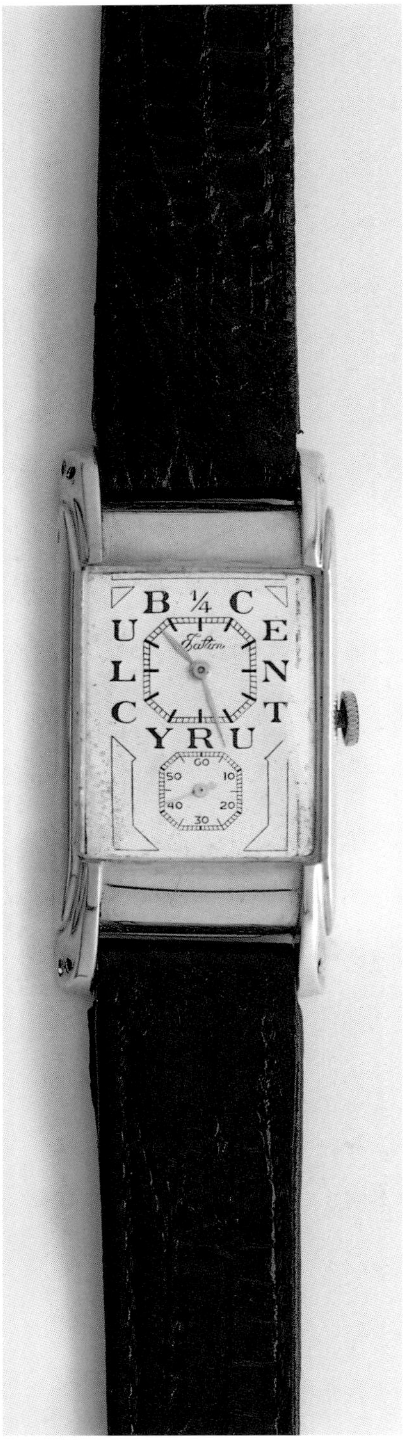

562

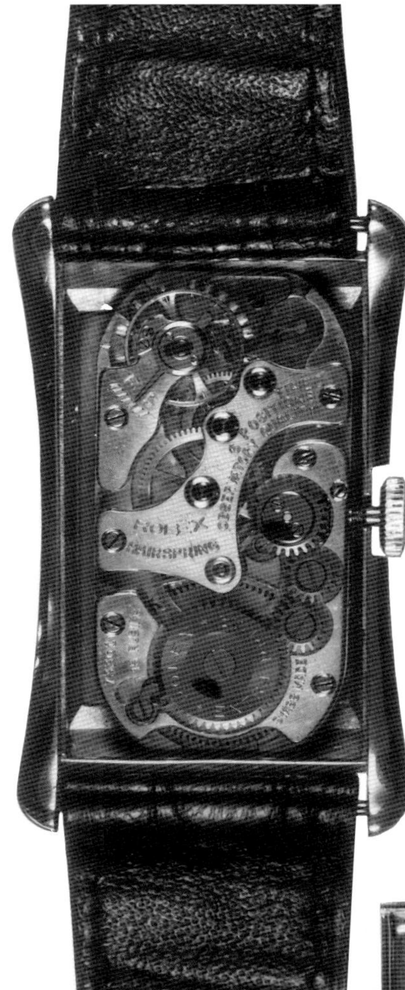

563

564

565 Rolex »Prince«, um 1935, in einem Gelbgold-Weißgoldgehäuse 18 Kt., 42 × 22 mm. Digitale Stundenanzeige durch ein Fenster bei »60« Minuten. Die Stundenziffer springt nach Ablauf einer vollen Stunde um eine Position weiter. Formwerk, vernickelt, 15 Steine, lateraler Anker (bei allen Rolex »Prince«), d. h. die Ankergabel befindet sich in rechtem Winkel zu den Paletten.

566 Duo-Dial-Armbanduhr, um 1930, remontiert von Türler, Zürich, in einem 18 Kt. Goldgehäuse; 15steiniges Formwerk, bimetallische Unruh, Breguet-Spirale.

567, 568 Rolex »Prince«, um 1930. Das Werk entspricht dem der Abbildung 563, hat aber 17 Steine.

569, 570 Duo-Dial-Armbanduhr »Tecno«, um 1933, von Alpina-Gruen in einem »Staybrite«-Edelstahlgehäuse. Formwerk, Kaliber 877 S, 15 Steine, lateraler Anker, monometallische Unruh, autokompensierende Breguet-Spirale.

571 Duo-Dial-Armbanduhr, unsigniert, um 1940, im Stahlgehäuse; 15steiniges Schweizer Ankerwerk, in drei Positionen justiert.

572 Rolex »Prince« mit Aufdruck des Verkäufers »Beyer« auf dem Zifferblatt, um 1945; 14 Kt. Goldgehäuse 46 × 19 mm; »Losagne«-Zeiger. Formwerk, vernickelt, 17 Steine, Glucydur-Unruh, Breguet-Spirale, Schwanenhals-Feinregulierung.

573, 574 Goldene rechteckige Duo-Dial-Herren-Armbanduhr von Longines, um 1935; 17steiniges Formwerk mit Genfer Streifen, bimetallische Unruh, Breguet-Spirale, Stoßsicherung, Schwanenhals-Feinregulierung.

575 Silberne Armbanduhr für Sanitäter aus der Zeit des Ersten Weltkrieges; rundes Ankerwerk mit kleiner Sekunde, das bedingt durch den Einbau im oberen Gehäuseteil zu einer Uhr mit zentral angeordnetem Sekundenzeiger unterhalb der »6« führte.

576, 577 Herren-Armbanduhr von Omega (Louis Brandt & Frère), um 1935; rundes Stahlgehäuse, Durchmesser 33 mm; $11\,^{3}/_{4}$liniges vergoldetes Werk mit 15 Steinen, davon 3 in verschraubten Chatons gefaßt, bimetallische Unruh, Breguet-Spirale, keine Stoßsicherung.

578, 579 Deutsche Herren-Armbanduhr, um 1935, vermutlich von Sickinger hergestellt; Metall-Chrom-Gehäuse; rundes Zylinderwerk, Kaliber 24 OE, vergoldet, 6 Steine.

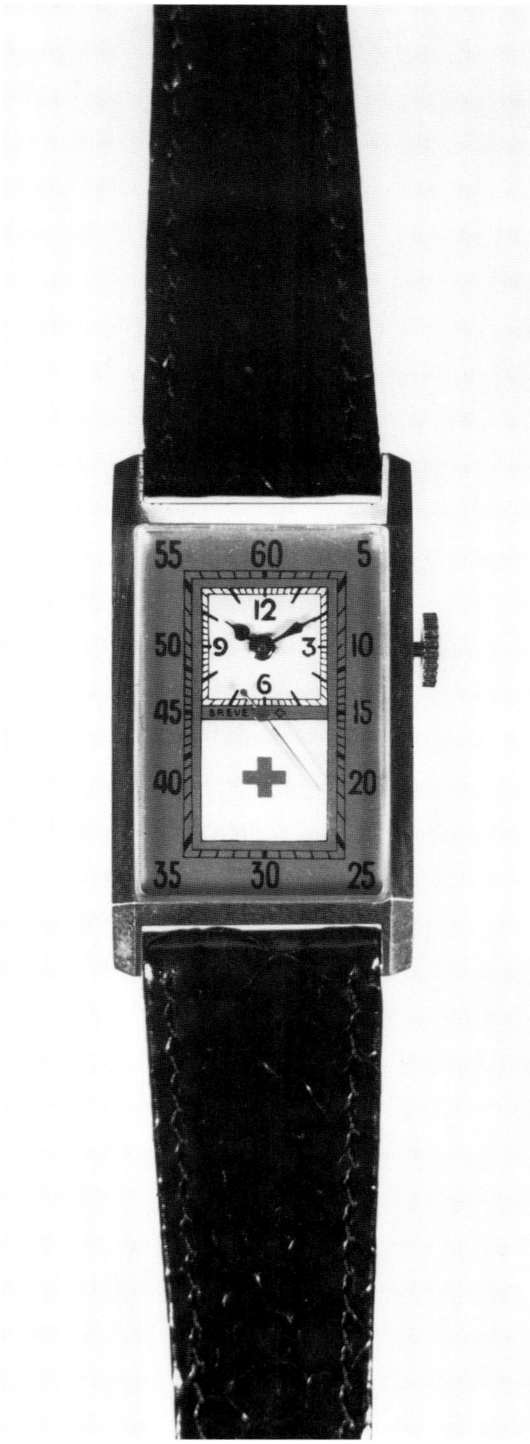

580, 581 Rechteckige Herrenuhr im 14 Kt. Goldgehäuse, signiert »A. Lange & Söhne Genf«, um 1940; kleine Sekunde. Schweizer Formwerk, $7\,^3/_4 \times 11'''$, signiert »Lange Uhr Glashütte/SA«, 16 Steine, Flachspirale.

582, 583 Herren-Armbanduhr, signiert »Andreas Huber Urania«, um 1940; Stahlgehäuse 39 × 22 mm; $8\,^3/_4 \times$ 12liniges Formwerk, signiert »International Watch Co«, Schaffhausen, Kaliber 87, 15 Steine, davon 4 in Chatons gefaßt, bimetallische Unruh, Breguet-Spirale.

584, 585 Herren-Armbanduhr im rechteckigen Stahlgehäuse von Paul Raff (Para), um 1940; die Uhr ist mit dem sog. »Raumnutzwerk« Kaliber 58 von Urofa (Uhren Rohwerke Fabrikation, Glashütte), $9 \times 12'''$, ausgestattet; 15 Steine, monometallische Schraubenunruh, Flachspirale, keine Stoßsicherung, Werk vergoldet.

586, 587 Herren-Armbanduhr von Rolex, um 1940; tonnenförmiges längliches Goldgehäuse, hergestellt für Sam Lyon Junior als Verkäufer; Formwerk $8 \times 12'''$, Kaliber 360, 15 Steine, monometallische Unruh, autokompensierende Spirale, keine Stoßsicherung.

588, 589 Herren-Armbanduhr im Stahlgehäuse, signiert »Meridiano«, um 1940; bei dieser Armbanduhr werden die Sekunden mittels einer Scheibe durch ein Fenster über der »6« angezeigt; Schweizer Ankerwerk, $8\frac{3}{4} \times 12'''$, 15 Steine, ohne Stoßsicherung, monometallische Schraubenunruh, Flachspirale.

590, 591 Elegante Herrenuhr von Roamer, um 1940; quadratisches Stahlgehäuse, gewölbtes Glas. Rundes Ankerwerk $10\frac{1}{2}'''$, 17 Steine, Flachspirale.

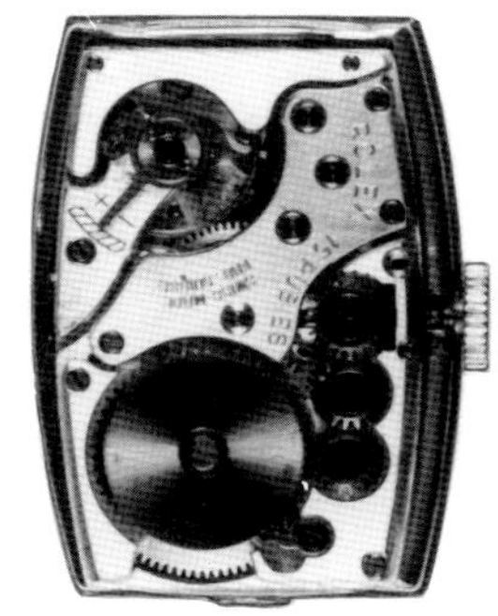

592 Herren-Armbanduhr von Patek Philippe, um 1940; rechteckiges gewölbtes Gehäuse, 18 Kt. Gold; 36 × 24 mm; Formwerk, Kaliber $9'''$- 90, 18 Steine, monometallische Unruh, autokompensierende Breguet-Spirale; Feinregulierung für den Rücker.

593, 594 Herren-Armbanduhr von LIP, Besançon, um 1945; Stahlgehäuse, Formwerk, $7^3/_4 \times 11'''$, das zum Schutz gegen magnetische Einflüsse mit einer Weicheisenkapsel versehen ist; 15 Steine, lateraler Anker, bei dem sich die Gabel im 90°-Winkel zu den Paletten befindet, monometallische Schraubenunruh, autokompensierende Breguet-Spirale.

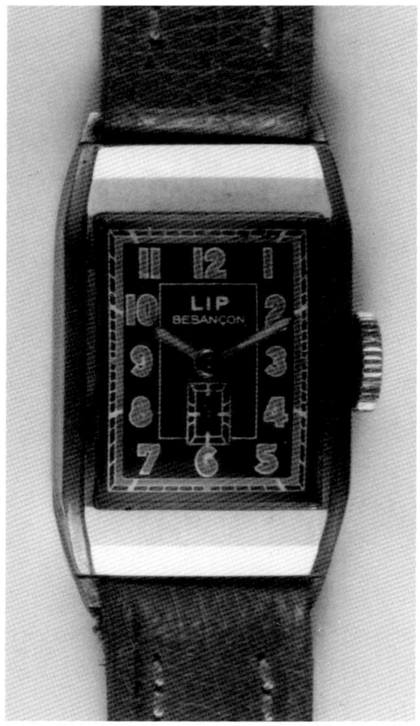

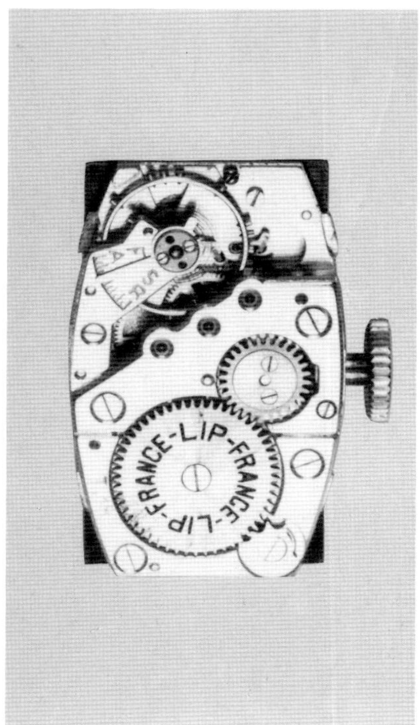

595, 596 Quadratische Golduhr, Cyma, um 1945. Zentralsekunde mit Antrieb außerhalb des Kraftflusses; Ankerwerk $11^1/_2'''$, 15 Steine, Flachspirale, Stoßsicherung.

597, 598 Deutsche Herren-Armbanduhr von Junghans, um 1940, im Metall-Chrom-Gehäuse; Stiftanker, Pfeilerwerk, Kaliber J 95, ohne Steine.

599 Tonnenförmige Sportuhr von ZentRa, um 1940; kleine Sekunde, Leuchtzifferblatt, Chrom-Nickel-Gehäuse mit Stahlboden. Rundes Ankerwerk $10\frac{1}{2}'''$, 15 Steine, Flachspirale.

600, 601 Unsignierte Herren-Armbanduhr im Chrom-Nickel-Gehäuse, um 1940; $7\frac{3}{4} \times 11'''$ Ankerwerk mit 15 Steinen, monometallische Schraubenunruh, Flachspirale, keine Stoßsicherung.

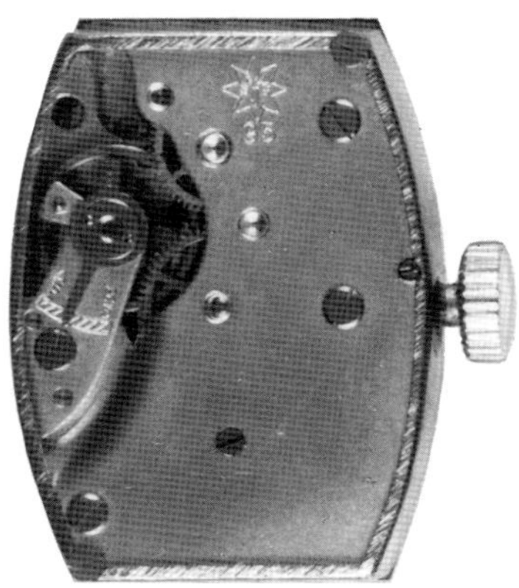

602 Silberne Herren-Armbanduhr mit Aufzugskrone bei der »12«, signiert »Tristan«; $8\,^3/_4$liniges vergoldetes Ankerwerk von Urofa, Glashütte, um 1945.

603–605 Tonnenförmige Herren-Armbanduhren von Thiel, Rhula, in Chrom-Nickel-Gehäusen, um 1940; Pfeilerwerk $7\,^3/_4 \times 11'''$, Stiftankerhemmung, Streifenschliff auf der rückwärtigen Platine.

604 △

605 ▽

606, 607 Armbanduhr im Chrom-Nickel-Gehäuse mit beweglichen Bandanstößen, um 1940; Formwerk mit Schweizer Ankerhemmung und 15 Steinen, $6\frac{3}{4} \times 11'''$, Eta-Kaliber 765, monometallische Schraubenunruh, Flachspirale.

608, 609 Armbanduhr von Stowa (Walter Storz), um 1940; im Stahlgehäuse, Durchmesser 35 mm; vergoldetes Formwerk, $8\frac{3}{4} \times 12'''$, von der Pforzheimer Uhren Rohwerke GmbH (PUW), Kaliber 500; 15 Steine, monometallische Schraubenunruh, autokompensierende Flachspirale.

610 Militäruhr für die Commonwealth Staaten, Cyma, 1944; mit schwarzem Zifferblatt, Leuchtzifferblatt, kleine Sekunde, verschraubtes Stahlgehäuse, Staubdeckel innen; 15steiniges Ankerwerk, $11\frac{1}{2}'''$, Schraubenunruh, Breguet-Spirale, Werk Nr. 381019.

611 Militäruhr von Moeris, 40er Jahre; schwarzes Zifferblatt, Zentralsekunde, Stahlgehäuse verschraubt mit geriffelter Lünette.

612, 613 Herren-Armbanduhr von Zenith im 18 Kt. Goldgehäuse, um 1940, vermutlich für den amerikanischen Markt hergestellt: Durchmesser 31 mm; 15steiniges Ankerwerk, 11½‴, bimetallische Unruh, Breguet-Spirale, ohne Stoßsicherung. Ziselierung auf der rückseitigen Werksoberfläche.

614, 615 Herren-Armbanduhr von Record Watch Co., Genf, um 1940; rundes Stahlgehäuse, 30 mm Durchmesser; 9¾liniges Ankerwerk, Kaliber 160, 15 Steine, davon 3 in Chatons gefaßt, keine Stoßsicherung, monometallische Schraubenunruh, autokompensierende Flachspirale, Genfer Streifen auf der Werksrückseite.

616, 617 Herren-Armbanduhr im Bakelitgehäuse, Lanco, späte 40er Jahre; 10½liniges Ankerwerk, Kaliber 1022, 15 Steine, monometallische Unruh mit autokompensierender Flachspirale.

618–620 Rechteckige Stahluhr von Melik-Mido, um 1945; mit ungewöhnlicher Zeitanzeige auf rotierenden Scheiben durch 2 Kugeln anstelle der Zeiger. $7^3/_4 \times 11'''$ Ankerwerk, 15 Steine, in drei Positionen feingestellt, Flachspirale.

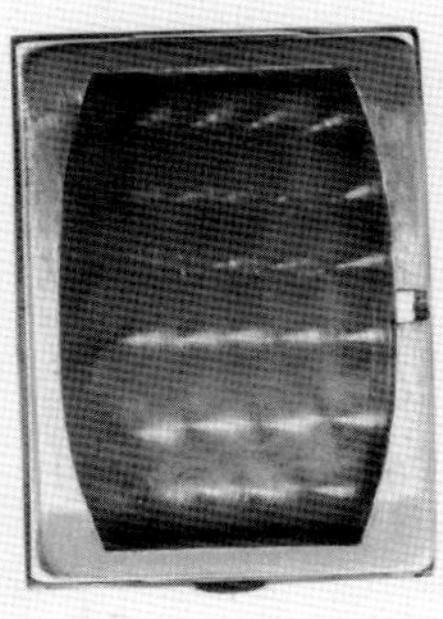

621, 622 Quadratische Herren-Armbanduhr von Silvana, um 1945; Stahlgehäuse 32 × 32 mm; 15 steiniges Formwerk mit Genfer Streifen, Kaliber 8000, monometallische Schraubenunruh mit autokompensierender Flachspirale, keine Stoßsicherung; für die damalige Zeit mit einer Gesamthöhe von 5 mm sehr flache Uhr.

623, 624 Herren-Armbanduhr, Cortébert, um 1940; quadratisches Stahlgehäuse mit markanten Bandansätzen, Verkäufersignatur »Beyer-Zürich«, silberfarbiges Zifferblatt, Zentralsekunde; rundes $8^3/_4'''$ Uhrwerk, Kaliber 6655, Zwischenrad für Zentralsekunde aufgesetzt, 16 Steine, Schraubenunruh, Flachspirale.

625, 626 Herren-Armbanduhr von Vacheron & Constantin, um 1945; rundes Goldgehäuse, Durchmesser 32 mm; 15steiniges Werk, bimetallische Unruh, Breguet-Spirale, Stoßsicherung.

627, 628 Herren-Armbanduhr im Stil einer Militäruhr, remontiert von Andreas Huber, München, um 1945; Stahlgehäuse, Durchmesser 34 mm; 9½liniges Werk, vermutlich von Tavannes Watch Co. hergestellt; 17 Steine, davon 5 in Chatons gefaßt, »Incabloc« Stoßsicherung, monometallische Schraubenunruh, autokompensierende Flachspirale.

629, 630 Herren-Armbanduhr von IWC, um 1945; Stahlgehäuse, Durchmesser 31 mm; 12liniges Werk, Kaliber 83, 15 Steine, davon 3 in Chatons gefaßt, keine Stoßsicherung, monometallische Schraubenunruh, autokompensierende Breguet-Spirale, Genfer Streifen.

631, 632 Herren-Armbanduhr, signiert »TA-CY« (Tavannes-Cyma Watch), um 1945; 10½liniges Ankerwerk, 15 Steine, davon 4 in Chatons gefaßt, monometallische Schraubenunruh, autokompensierende Flachspirale, keine Stoßsicherung.

633, 634 Herren-Armbanduhr im 14 Kt. Goldgehäuse von Omega, um 1945; Werk Kaliber 30 T2, 15 Steine, bimetallische Schraubenunruh, Breguet-Spirale, keine Stoßsicherung.

635 Goldene Patek Philippe, Ref. 1551, ab 1942 gefertigt; 10liniges Ankerwerk, Kaliber 10'''-110, 18 Steine, monometallische Unruh mit autokompensierender Breguet-Spirale, 18000 A/h.

636, 637 Goldene Herren-Armbanduhr von Patek Philippe, Nr. 99045; Damen-Taschenuhrwerk um 1896 (ehemals in Stahl-Taschenuhrgehäuse eingeschalt), 1950 von Patek Philippe in Goldarmbanduhrgehäuse eingebaut; Nickel-Brückenwerk mit Genfer Streifen, 18 Steine, bimetallische Schraubenunruh, Breguet-Spirale, Feinregulier-Vorrichtung, Wolfsverzahnung der Aufzugsräder.

Von links nach rechts:
638–641 Rechteckige Herren-Armbanduhren von Patek Philippe:
Abb. 638: Ref. 2456, um 1950, Kaliber 9'''-90 (vgl. Abb. 675)
Abb. 639: Modell mit 10linigem runden Ankerwerk, um 1950
Abb. 640, 641: Modelle mit Kaliber 9'''-90, 40er Jahre

638, 639 △

640, 641 ▽

642 Herren-Armbanduhr von Patek Philippe, um 1950; quadratisches Gehäuse, 18 Kt. Gold, rundes Werk, Kaliber 10‴ - 200, 18 Steine, monometallische Unruh, autokompensierende Breguet-Spirale, Schwanenhals-Feinregulierung.

643, 644 Quadratische Herren-Armbanduhr, Rolex »Precision«, um 1950; Gehäuse Gold 14 Kt.; 17steiniges Werk mit monometallischer »Super Balance«-Unruh, autokompensierende Breguet-Spirale, Stoßsicherung.

645 Elegante Golduhr 14 Kt., Gruen »Curvex«, um 1950; eigenwillige Gehäusegestaltung mit zweifacher Wölbung, schwarzes Zifferblatt, kleine Sekunde, Formwerk 9 × 10‴, Ankerhemmung, 17 Steine, Breguet-Spirale. Im Gehäuse graviert: »Cased and Timed in USA by the Gruen Watch Co.«

646 Platin-Diamant-Herren-Armbanduhr mit Weißgoldband, signiert »Audemars Piguet«. Rhodiniertes Platingehäuse, die seitlichen Lünetten mit Diamant-Baguetten verziert, Weißgoldkrone. Versilbertes Zifferblatt mit Index aus Diamant-Baguetten und gefaßten Diamanten. Weißgoldzeiger, 18steiniges Ankerwerk. Um 1950.

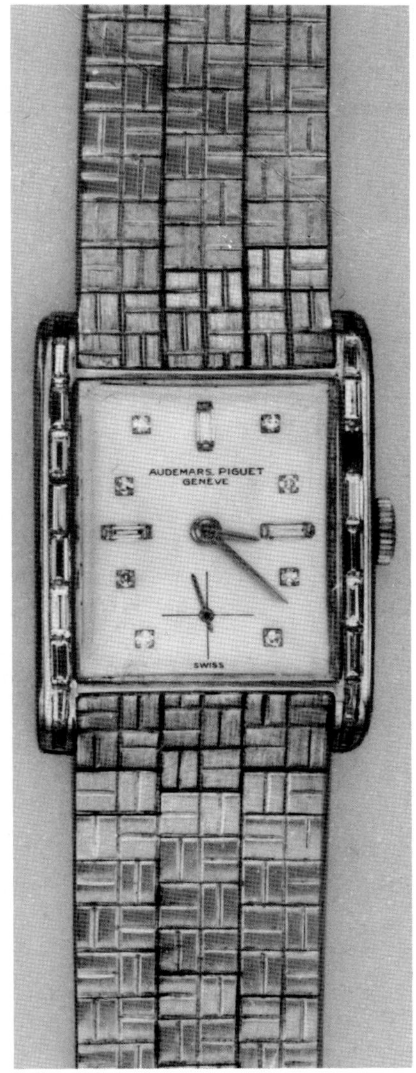

647, 648 Rechteckige goldene Herrenuhr, Reverso »Luxe«, um 1940; schwarzes Zifferblatt mit Goldbalken; Formwerk $7\frac{3}{4} \times 11'''$, 17 Steine, Nr. 225573, große Schraubenunruh, Flachspirale, auf Werk signiert »E. Gübelin«.

649, 650 Rechteckige Stahlarmbanduhr, Zifferblattaufschrift »Marconi Beyer«; schwarzes Zifferblatt mit Goldbalken, exzentrische Sekunde. Besonderes Formwerk mit 17 Steinen, Schraubenunruh, Flachspirale. Eigenartige Werkbrücke mit linearer Anordnung von Zwischenrad, Sekundenrad, Ankerrad. Schweiz, um 1940.

651, 652 Herren-Armbanduhr von Stowa (Walter Storz), um 1950; 15-steiniges Ankerwerk, keine Stoßsicherung, monometallische Schraubenunruh, Flachspirale.

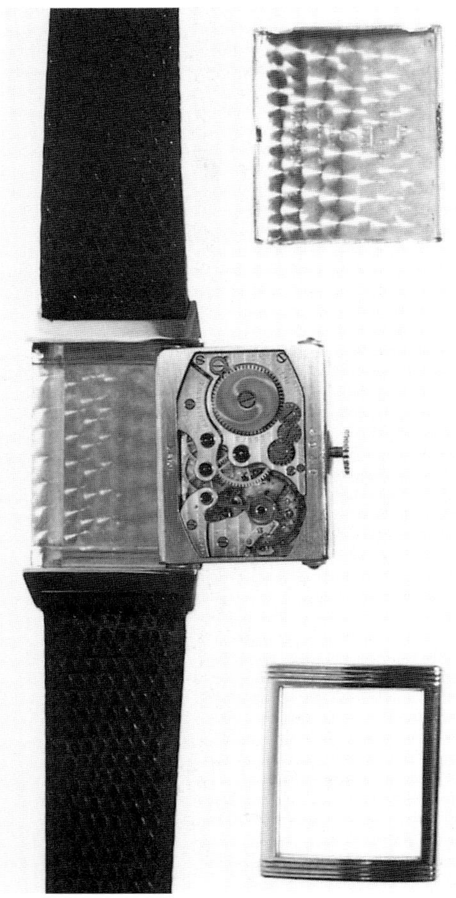

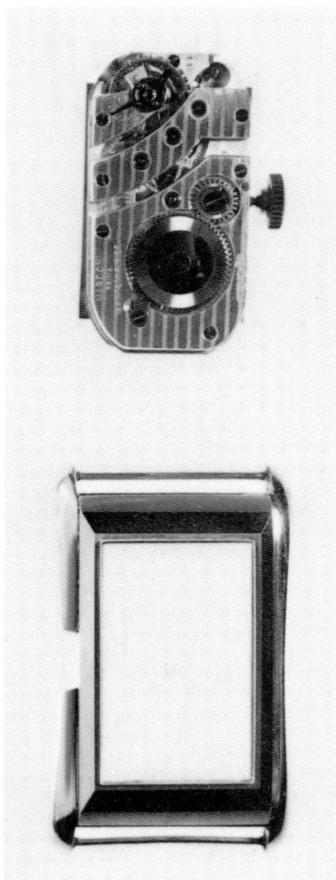

653, 654 Herren-Armbanduhr, Junghans »Meister«, um 1960; Doubléegehäuse, Durchmesser 34 mm; 17steiniges Ankerwerk, Kaliber 84/S 3, 11''', direkte Zentralsekunde, monometallische Ringunruh, autokompensierende Flachspirale. Schwanenhals-Feinregulierung.

655, 656 Herren-Armbanduhr im 18 Kt. Goldgehäuse von Universal, um 1950; indirekte Zentralsekunde; 12liniges Ankerwerk, Kaliber 263, 15 Steine, ohne Stoßsicherung, monometallische Schraubenunruh, autokompensierende Flachspirale.

657, 658 Herren-Armbanduhr, signiert »Glashütter Tradition Dr · Kurtz«, um 1950; Stahlgehäuse, Durchmesser 31 mm; Handaufzugswerk mit Ankerhemmung, $10\frac{3}{4}'''$, 17 Steine, »Super Shock Resist« Stoßsicherung, Beryllium-Unruh, Breguet-Spirale, indirekte Zentralsekunde. – Dr. Kurtz war ursprünglich Direktor bei der UFAG und Urofa, Glashütte, und versuchte, nach dem Zweiten Weltkrieg in Pforzheim eine Uhrenproduktion aufzubauen.

659, 660 Herren-Armbanduhr im wasserdichten Oystergehäuse, Stahl mit Goldhaube, signiert »Tudor«, Hersteller Rolex, um 1950; 17steiniges Ankerwerk, »Shock Resist« Stoßsicherung, indirekte Zentralsekunde, monometallische Schraubenunruh, autokompensierende Flachspirale.

661, 662 Herren-Armbanduhr von Eterna mit Verkäufersignatur »Beyer-Zürich«, um 1950; Ankerwerk $12'''$, Kaliber 520, 15 Steine, »Eterna« Stoßsicherung, monometallische Schraubenunruh, autokompensierende Flachspirale, indirekte Zentralsekunde.

663, 664 Herren-Armbanduhr, Cortébert »Sport«, um 1950, mit Verkäufersignatur »Beyer-Zürich«; Ankerwerk, Kaliber 677 S, $12'''$, 16 Steine, monometallische Schraubenunruh, autokompensierende Flachspirale, indirekte Zentralsekunde, »Incabloc« Stoßsicherung.

665, 666 Herren-Armbanduhr für den amerikanischen Markt von Wittnauer Watch, um 1950; Doublégehäuse, Durchmesser 32 mm; 17steiniges Ankerwerk, Kaliber 10 FL, keine Stoßsicherung, monometallische Schraubenunruh, Flachspirale.

667, 668 Herren-Armbanduhr »Lord Elgin«, USA, um 1950, Elgin-Kaliber 688, 21 Steine, verschraubtes Ankerradchaton, »Incabloc« Stoßsicherung, monometallische Schraubenunruh, autokompensierende Spirale.

669–671 Herren-Armbanduhren von Universal, um 1950, im 14 Kt. Goldgehäuse; Werk Universal Kaliber 262, 15 Steine, ohne Stoßsicherung, monometallische Schraubenunruh, autokompensierende Flachspirale.

669

671

670

672 △ 673 ▽ 674 △ 675 ▽

672, 673 Herren-Armbanduhr, Cortébert »Sport«, 1952; Stahlgehäuse, Durchmesser 33 mm; Ankerwerk, Kaliber 689, 15 Steine, »Incabloc« Stoßsicherung, »Spirofix« Reguliervorrichtung für die Spirale, direkte Zentralsekunde.

674, 675 Herren-Armbanduhr von Patek Philippe, Ref. 2456, 1952; Kaliber 9‴-90, Gyromax-Unruh, autokompensierende Breguet-Spirale, Schwanenhals-Feinregulierung, 18 Steine; Gelbgoldgehäuse, 23 × 39 mm.

Zu Seite 269:
676, 677 Edelstahl-Herren-Armbanduhr eines Schülers der Uhrmacherschule Genf, Nr. 79, aus den 1950er Jahren. Handaufzugs-Ebauche 12‴-400 von Patek Philippe, 18 Steine, monometallische Unruh mit autokompensierende Breguet-Spirale, 18000 A/h, Genfer Siegel. Auch das wasserdichte Stahlgehäuse stammt von Patek Philippe (Ref. 2509).

678, 679 Herren-Armbanduhr von Eterna, um 1953; Gehäusedurchmesser 35 mm; 13liniges Ankerwerk, Kaliber 1117, 17 Steine, davon 3 in Chatons gefaßt, »Eterna« Stoßsicherung, monometallische Schraubenunruh, autokompensierende Flachspirale, direkte Zentralsekunde.

680, 681 Herren-Armbanduhr von Piaget, um 1955; Gehäuse in 18 Kt. Gold, Durchmesser 34 mm; 10½liniges Ankerwerk, 17 Steine, »Incabloc« Stoßsicherung, monometallische Schraubenunruh, autokompensierende Flachspirale.

676

677

678, 679

680, 681

682, 683

684, 685

686

682, 683 Runde Doublé-Armbanduhr, signiert »Zenith Pilot«, um 1955; 12liniges Ankerwerk, Kaliber 120 mit Unruh-Stoppvorrichtung, 18 Steine, monometallische Schraubenunruh, autokompensierende Flachspirale, »Incabloc« Stoßsicherung.

684, 685 Herren-Armbanduhr von Wyler Watch, um 1955; Stahlgehäuse mit Bajonettverschluß des Bodens, Durchmesser 31 mm; Ankerwerk, Kaliber E 1081, 17 Steine, »Incaflex« Stoßsicherung (Federung des Unruhreifens durch lange elastische Unruhschenkel), direkte Zentralsekunde.

686 Herren-Armbanduhr im 18 Kt. Goldgehäuse von Piaget, um 1956; 10½liniges Ankerwerk, 17 Steine, »Incabloc« Stoßsicherung, direkte Zentralsekunde.

687, 688 Herren-Armbanduhr, Cyma »Triplex«, 1952; Stahlgehäuse, Durchmesser 33 mm; Ankerwerk $10\frac{1}{2}'''$, Kaliber 459, 17 Steine, »Cymaflex« Stoßsicherung, indirekte Zentralsekunde, monometallische Schraubenunruh, autokompensierende Flachspirale.

689, 690 Herren-Armbanduhr mit Datumsanzeige von Alpina, um 1958; Doublégehäuse, Durchmesser 34 mm; 17steiniges Werk, Kaliber 394 R CS, »Incabloc« Stoßsicherung, indirekte Zentralsekunde.

691, 692 Runde Herren-Armbanduhr, Kienzle, um 1950; schwarzes Zifferblatt mit Leuchtziffern. Verchromtes Gehäuse. Kienzle Stiftankerwerk $12'''$, Kaliber 051, ohne Steine, Wippenaufzug.

693, 694 Herren-Armbanduhr von Certina, Kurth Frères, um 1953; Doublégehäuse, Durchmesser 33 mm; Ankerwerk, Kaliber 324, $12'''$, 16 Steine, »Incabloc« Stoßsicherung, indirekte Zentralsekunde, monometallische Schraubenunruh, autokompensierende Flachspirale.

695, 696 Herren-Armbanduhr von IWC, 1959; Stahlgehäuse, Durchmesser 34 mm; 10liniges Ankerwerk, Kaliber 401, 19800 A/h, 17 Steine, »Incabloc« Stoßsicherung, indirekte Zentralsekunde, monometallische Schraubenunruh, autokompensierende Breguet-Spirale, Schwanenhals-Feinregulierung, Genfer Streifen.

697, 698 Herren-Armbanduhr von Vacheron & Constantin, um 1960; Goldgehäuse 18 Kt.; $9\frac{1}{2}$liniges Ankerwerk, Kaliber 1003 (entspricht auch Kaliber 2003 von Audemars Piguet), 17 Steine, ohne Stoßsicherung, monometallische Schraubenunruh, autokompensierende Flachspirale, Bauhöhe des Werkes 1,64 mm.

699, 700 Einfache Sportuhr, »Ancre«, um 1950; verchromtes Gehäuse, Radiumpunkte und Leuchtzeiger. Rundes Stiftankerwerk $8\frac{3}{4}'''$, ohne Steine. Zifferblattaufschrift.

701, 702 Runde Herrenuhr, Kienzle, um 1955; im Metallgehäuse mit Edelstahlboden, champagnerfarbenes Zifferblatt mit Radiumpunkten und Zeigern, Pfeilerwerk $10\frac{1}{2}'''$ mit Stiftankerhemmung, 4 Steine.

703 Quadratische Herrenuhr, Kienzle, um 1956; Leuchtzifferblatt, verchromtes Gehäuse mit Stahlboden. Rundes Pfeilerwerk $10\frac{1}{2}'''$, Stiftanker, 4 Steine.

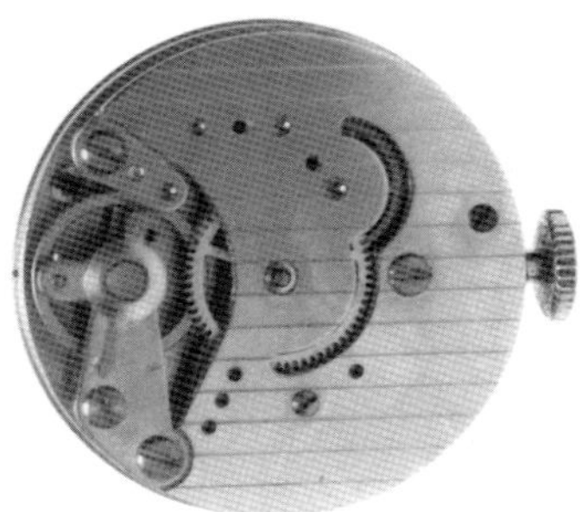

704, 705 Sportuhr, Junghans, um 1955; im Metallgehäuse mit Stahlboden, rundes Ankerwerk J 80, 10½''', 15 Steine, Flachspirale.

706, 707 Armbanduhr von Kienzle, um 1970; verchromtes Gehäuse, 8liniges Pfeilerwerk mit Ankerhemmung, Kaliber 059 b 25, 17 Steine, Stoßsicherung, direkte Zentralsekunde.

708 Herren-Armbanduhr »ruhla« aus der ehem. DDR, um 1970; Stiftankerwerk ohne Steine, Körnerlagerung der Unruhwelle, keine Stoßsicherung.

709, 710 Herren-Armbanduhr, signiert »Tourist«, um 1960; im Stahlgehäuse, Durchmesser 34 mm; »Wehrmachtswerk«, 13liniges AS-Kaliber 1130, 17 Steine, »Incabloc« Stoßsicherung, Schwanenhals-Feinregulierung, monometallische Schraubenunruh, autokompensierende Flachspirale. Die Uhr gab es auch als »Tourist Praesident«.

711, 712 Herren-Armbanduhr, signiert »Shanghai«, vermutlich um 1960; Uhrwerk mit Schweizer Ankerhemmung (wohl Nachbau eines Schweizer AS-Kalibers), 17 Steine, keine Stoßsicherung, indirekte Zentralsekunde.

713, 714 Modische Uhr, signiert »Old England«, nach 1970; tonnenförmiges Stahlgehäuse mit starrem Kettenband; rundes Stiftankerwerk mit 1 Stein, Größe $8\frac{1}{2}'''$, Stoßsicherung, Ebauches Bettlach Kaliber 8350-67.

715, 716 Herren-Armbanduhr von Jaeger-LeCoultre, um 1965; 18 Kt. Goldgehäuse und Goldband; 15steiniges Ankerwerk mit Genfer Streifen, monometallische Ringunruh, autokompensierende Flachspirale, »Kif Flector« Stoßsicherung, kombiniertes Steinfutter »Kif Duofix« zur Lagerung der Ankerradzapfen.

717, 718 Herren-Armbanduhr, signiert »L. U. C.« (Louis Ulysse Chopard), 50er Jahre; Edelstahlgehäuse, 12liniges Handaufzugswerk Kaliber FHF 27, 15 Steine, Glucydur-Unruh, Flachspirale, »Incabloc« Stoßsicherung.

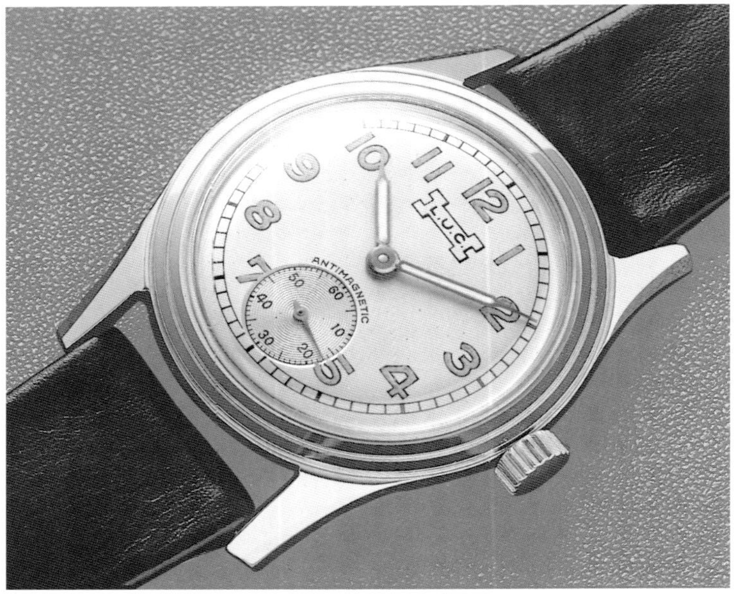

719, 720 Herren-Armbanduhr im Edelstahlgehäuse, Favre-Leuba, ab 1962 hergestellt; 11½liniges Ankerwerk, Kaliber 253, 21 Steine, zwei parallel geschaltete Federhäuser, monometallische Unruh mit autokompensierender Flachspirale.

721, 722 Goldene Herren-Armbanduhr von Corum, 60er Jahre; 11½liniges Ankerwerk, Kaliber Eta 2408, 17 Steine, Datumsanzeige mit Schnellkorrektur, monometallische Unruh mit autokompensierender Flachspirale.

723, 724 Herren-Armbanduhr im Doublégehäuse von Roamer, etwa 1960; 11½liniges Ankerwerk, Kaliber MST 401, 15 Steine, monometallische Unruh mit autokompensierender Flachspirale, »Incabloc« Stoßsicherung.

725 Herren-Armbanduhr von Zenith-Movado aus der »Museums-Kollektion«, ab 1959 hergestellt. Das damals herausragende Design wurde durch die Aufnahme der Uhr in die ständige Ausstellung des New Yorker Museum of Modern Art honoriert; die Uhr wurde und wird mit verschiedenen Werkkalibern hergestellt. ▽

726–728 Herren-Armbanduhr von Jean Lassale, ab 1978 gebaut; 18Kt. Goldgehäuse mit verglaster Rückseite zur Werkseinsicht; Ankerwerk Kaliber 1200, 9‴, 9 Steine und 14 Miniaturkugellager, 21600 A/h. Bei diesem Werk handelt es sich um das flachste mechanische Uhrwerk, das jemals gebaut wurde. Die Höhe des Werkes beträgt 1,20 mm. Das Werk besitzt nur eine Platine, die Räder sind fliegend in eigens entwickelten Kugellagern gelagert.

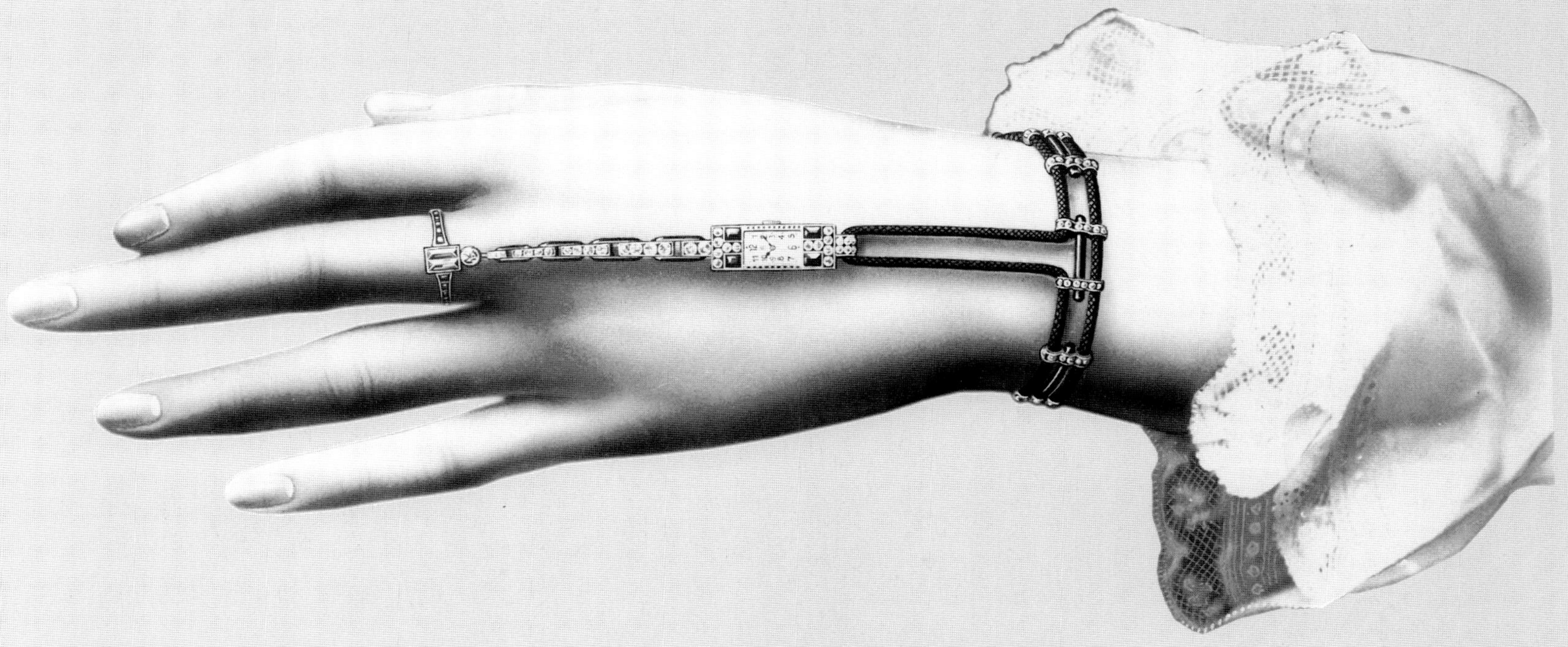

729 Baguetteförmige Damen-Armbanduhr, in Verbindung mit einem Ring zu tragen. Omega, um 1915.

730 Damen-Armbanduhr von Cartier, um 1920; Platingehäuse 1,3 cm breit, mit Diamanten besetzt; silberfarbenes Zifferblatt mit schwarzen römischen Stundenziffern, blaue Stahlzeiger. Das Baguette-Werk wird über die Krone bei der »12« aufgezogen.

731, 732 Rechteckige Armbanduhr, »Patria«, um 1920; im Goldgehäuse; Metallzifferblatt mit aufgedruckten Stundenziffern, schwarz für die Stunden 1 – 12 und rot für die Stunden 13 – 24. Schweizer Ankerwerk mit 15 Steinen.

733, 734 Goldene Damen-Armbanduhr von Plojoux, um 1920; Gehäuseabmessungen 19 × 23 mm. Goldfarbenes Metallzifferblatt mit blauen Ziffern, blaue Stahlzeiger. Ankerwerk mit 17 Steinen, $8\frac{1}{4}'''$, bimetallische Unruh, Breguet-Spirale, Genfer Streifen.

735 Navetteförmige Damenuhr an einem Armband von Cartier aus dem Jahre 1925. Uhrwerk vermutlich von LeCoultre (vgl. Abb. 737, 738). Unruh unterhalb des Zifferblattes sichtbar.

736 Miniatur Damen-Armbanduhr, signiert »Cartier«, um 1925; navetteförmiges Gehäuse in 18 Kt. Gold, seitlich verschraubter Boden, 11 × 17 mm; weiß versilbertes Zifferblatt mit schwarzen römischen Stundenziffern, unterhalb der »6« ist die Unruh sichtbar; spitzovales Werk von LeCoultre (vgl. Abb. 737, 738).

737, 738 Spezialkonstruktion eines ovalen Armbanduhrwerkes (1923) von LeCoultre, Kaliber 7 AJ, 15 × 9 mm, 4,3 mm hoch; das Werk wurde so in ein Gehäuse eingebaut, daß die Unruh durch einen Ausschnitt im Zifferblatt sichtbar war (vgl. auch Abb. 735, 736).

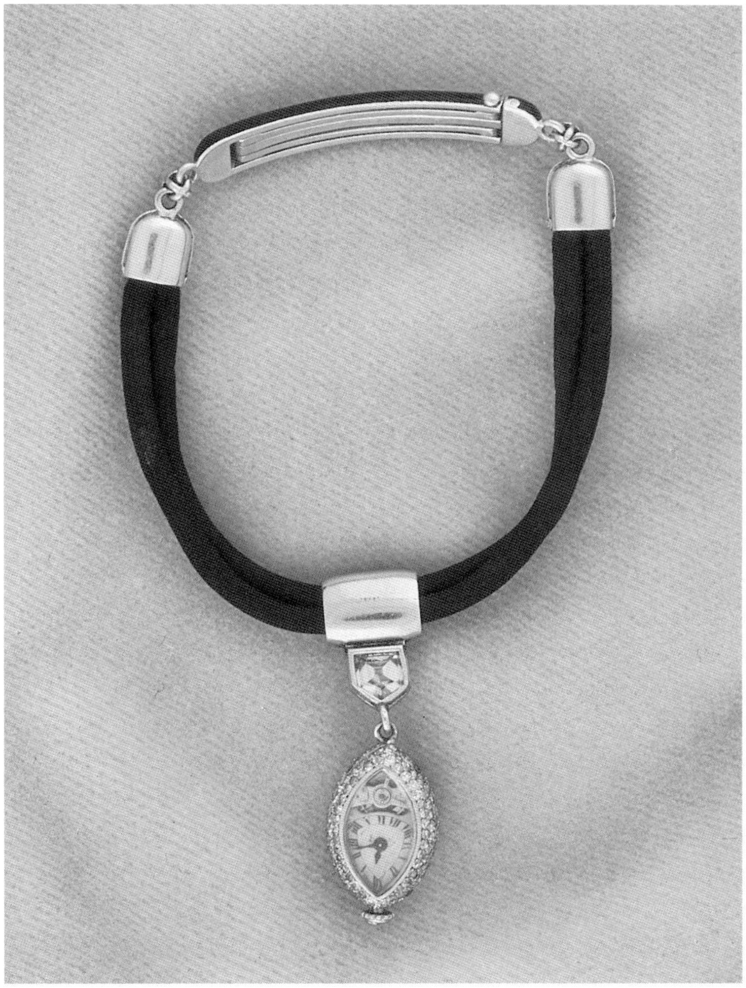

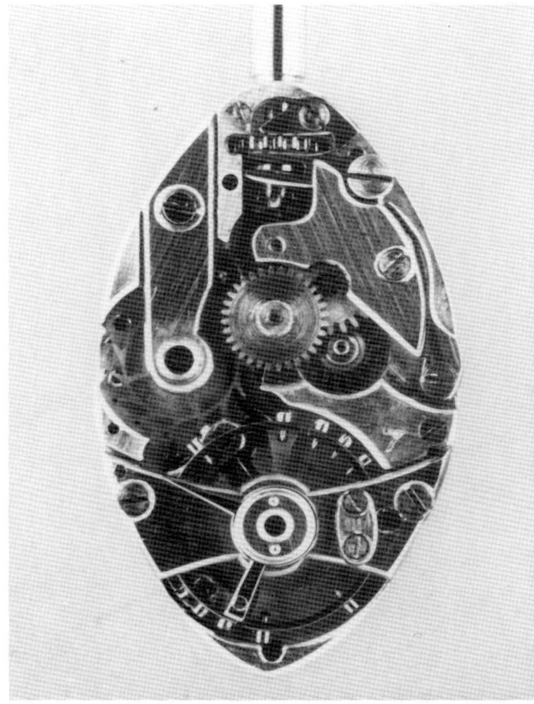

737 △

738 ▽

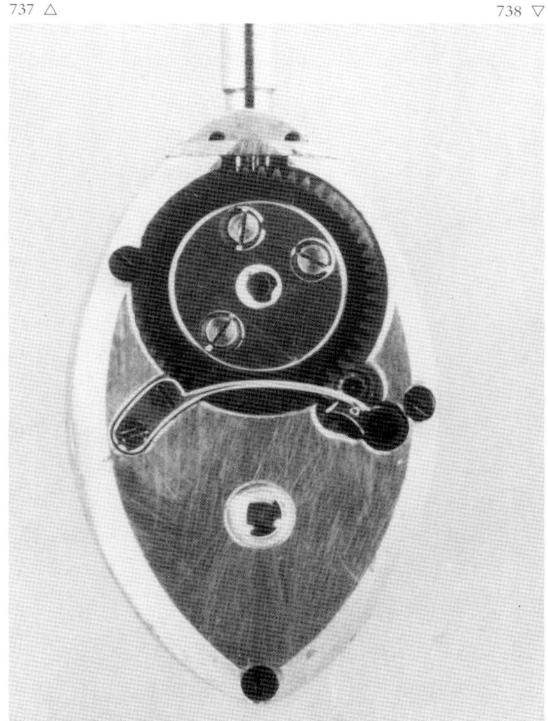

739 Damen-Armbanduhr, Deutschland, um 1925; im 14 Kt. Goldgehäuse mit ziseliertem Goldarmband. Goldfarbenes Zifferblatt mit goldfarbenen aufgesetzten Stundenziffern, goldfarbene Zeiger. Zylinder-Formwerk mit 8 Steinen.

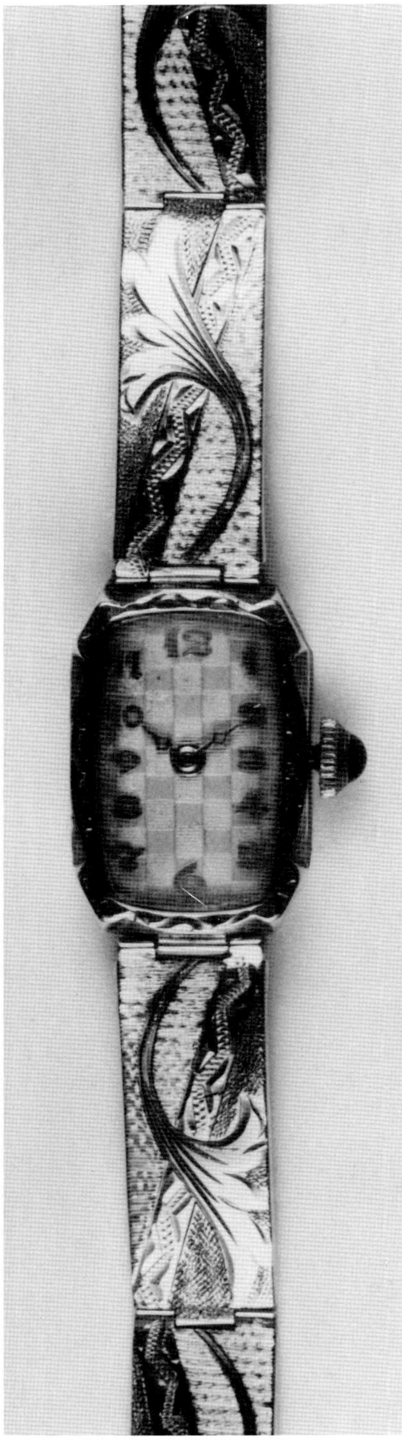

740 Damen-Armbanduhr von Cartier, 1923. Weißgold mit Perlen und Brillanten besetzt.

741 Runde Damen-Sportuhr im Plaqué-Gehäuse mit beweglichen Bügelansätzen, signiert »Central Watch Co, A. Quality«, um 1925; schwarze Ziffern auf Emailblatt, Breguet-Zeiger; exzentrische Sekunde.

742 Damen-Armbanduhr von Longines, rautenförmiges Gehäuse mit Gravuren und Schmucksteinen. Frühes 20. Jh.

743, 744 Weißgoldene Damen-Schmuckuhr, 18 Kt., Vierpaß mit 8 Saphiren und 16 Diamantrosen besetzt; schwarze Ziffern auf Silberblatt; rhodiniertes rundes Werk mit 17 Steinen, Größe $8^{3}/_{4}'''$, aufgeschnittene Schraubenunruh mit Stahlspirale, 3 Adjustments; auf Platine signiert »Eigeldinger«. Schweiz, um 1925.

745, 746 Schmuckuhr, signiert »Flor«; im 18 Kt. Gelbgoldgehäuse, gravierte und emaillierte Gehäuseober- und -seitenteile; Metallblatt mit schwarzen Ziffern und Zeigern; ovales $5^{1}/_{4}'''$ Ankerwerk mit 15 Steinen, aufgeschnittene Schraubenunruh, Stahlspirale. Schweiz, um 1925.

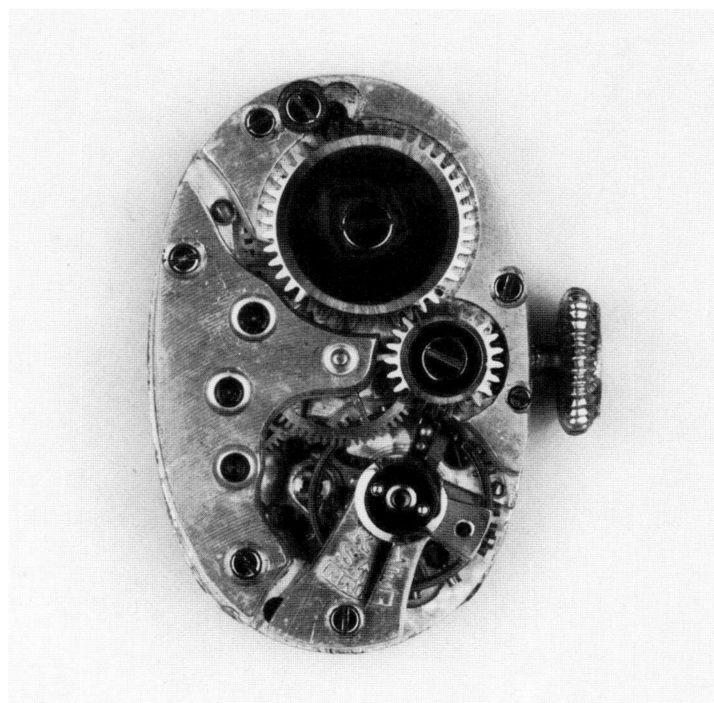

747 Damen-Armbanduhr in Tulasilberausführung (800), 26 x 29 mm, um 1925; vergoldetes Zylinderwerk, $10\frac{1}{2}'''$, 8 Steine; goldfarbenes Zifferblatt, blaue Stahlzeiger.

748 Rautenförmige Damen-Armbanduhr im Goldgehäuse mit seitlichen Emaillierungen auf der Vorderseite, um 1925. Silberfarbenes Metallzifferblatt mit schwarzen aufgedruckten Ziffern, blaue Breguet-Stahlzeiger. Rundes Werk mit Schweizer Ankergang.

749 Achteckige Damen-Armbanduhr, Vitalis Watch Co., Schweiz, um 1925; im Silbergehäuse, braun emailliert mit floralen Einlagen. Gebläute Stahlzeiger; 9liniges Zylinderwerk.

▷

750, 751 Damen-Armbanduhr von Eterna mit dem ersten serienmäßig produzierten Baguette-Werk, Kaliber 610, $2\frac{1}{4}$ Linien, vorgestellt 1930; 18 Steine, bimetallische Kompensationsunruh mit Flachspirale.

752, 753 Goldene Damen-Armbanduhr, um 1930, mit Brillanten und Rubinen besetzt; Baguette-Werk, welches durch Knopfdruck seitlich aus einer runden Hülse springt.

754, 755 Achteckige Damen-Armbanduhr, unsigniert, um 1930; vergoldetes Stiftankerwerk mit $^3/_4$-Platine, Metallgehäuse.

756, 757 Damen-Armbanduhr mit Stiftankerhemmung, signiert »Favoris Watch Co.«, um 1930; das Werk besitzt anstelle der Unruh einen Foliot; keine Steine, Doublégehäuse.

758, 759 Goldene Damenuhr, achteckig, mit Gliederband, Metallzifferblatt mit gebläuten Breguet-Zeigern. $8^{3}/_{4}'''$ Ankerwerk, 16 Steine. Schweiz, um 1930.

760 Goldene Damenuhr mit schmalem Zugband und Sicherheitskette, IWC, um 1930. Schwarze Ziffern, goldene Breguet-Zeiger. Rundes Ankerwerk $8^{3}/_{4}'''$, 15 Steine.

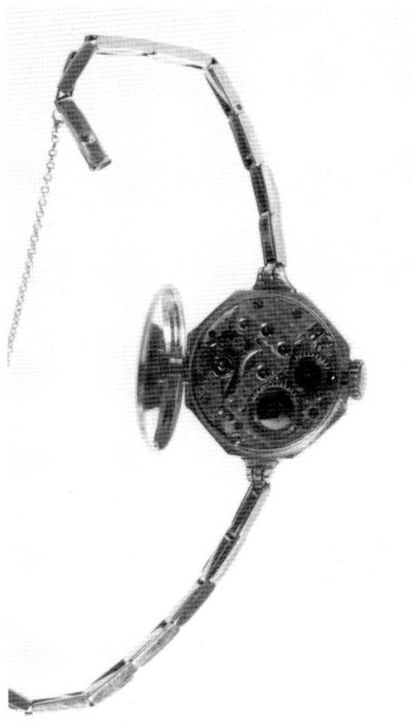

761–763 Zweiseitige Damenuhr mit Analog- und Digitalanzeige, Chromgehäuse, schwarze Ziffern und Zeiger, Baguette-Ankerwerk $4^{1}/_{4}'''$, 15 Steine, Digitalanzeigemechanismus mit einer Platine unter das »normale« Uhrwerk montiert. Zifferblattaufschrift »Mimorex«, Schweizer Fabrikat, um 1930.

764, 765 Ovale Art-Deco-Damenuhr, Tulasilbergehäuse mit Ripsband, schwarze Ziffern und Zeiger. Ovales Ankerwerk, 16 Steine, Flachspirale. Schweiz, um 1930.

766, 767 Dem Arm angepaßte Art-Deco-Golduhr mit Emailverzierung, achteckiges Zifferblatt. Baguette-Ankerwerk, 15 Steine, Flachspirale, 2 Lagen geprüft. Schweizer Fabrikat, Verkäufersignatur »Beyer Zürich«, 1935.

768, 769 Frühe Damen-Armbanduhr mit zentraler Sekundenanzeige von Gruen Watch, um 1935; im Stahlgehäuse; Formwerk »Gruen Gilde« mit 15 Steinen, Zentralsekunde mit Antrieb außerhalb des Kraftflusses, bimetallische Unruh, Breguet-Spirale, justiert in 4 Positionen.

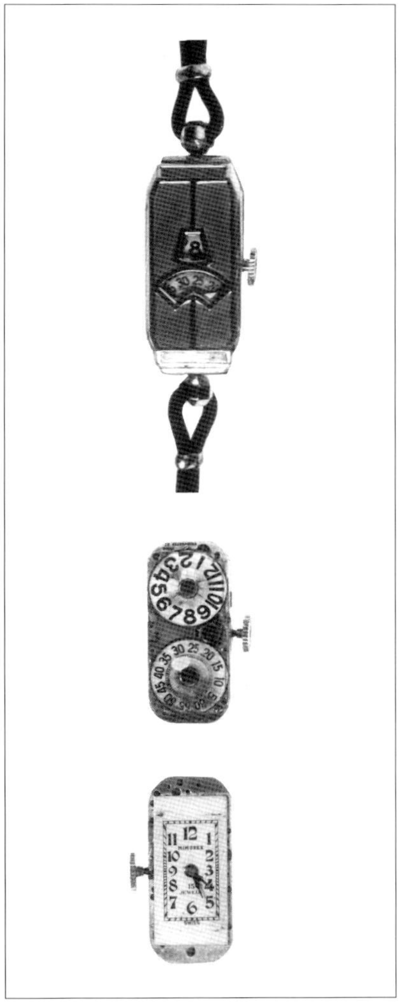

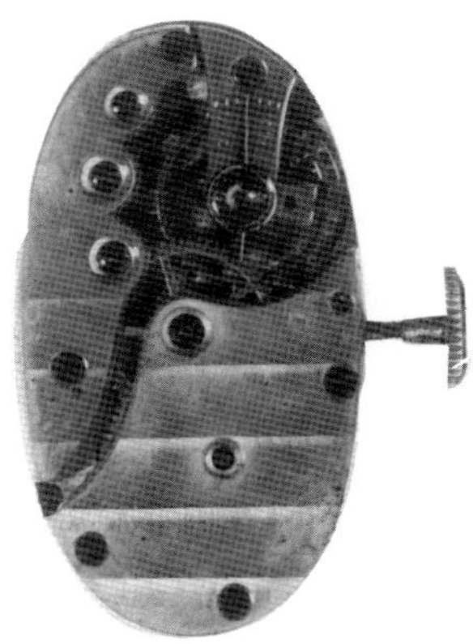

770, 771 Rundgewölbte Damenuhr von IWC, 1932; in Tulasilber mit Längsstreifen, weißes Blatt mit gebläuten Breguet-Zeigern. $8^{3}/_{4}'''$ feines Ankerwerk mit 16 Steinen, aufgeschnittener Unruh und Breguet-Spirale.

Von links nach rechts:
772–777 Runde Damenuhren in Silber- bzw. Tulasilbergehäusen, Ripsbänder mit Bügelansätzen (Übergang von Art Deco zum sachlichen Stil), Ankerwerke $8^{3}/_{4}'''$, 15 Steine, Flachspirale. Schweizer Fabrikate, 1930–1935.

778, 779 Rechteckige Doublé-Damenuhr mit Silberblatt und aufgelegten gelben Zahlen, elegante Linienführung, signiert »ZentRa«, um 1938; $5^{1}/_{4}'''$ Formankerwerk mit 15 Steinen, Flachspirale.

772–774 △

775–777 ▽

780, 781 Damen-Sportuhr, signiert »Ankra«, um 1940; im verchromten Gehäuse, tonnenförmig, $8\,^{3}/_{4}'''$ Ankerwerk, 15 Steine, Flachspirale.

782 Rechteckige Damen-Armbanduhr von Eterna, um 1940.

783 Rechteckige Damen-Armbanduhr, signiert »ZentRa«, um 1940; im wassergeschützten Gehäuse.

784, 785 Damen-Armbanduhr von Andreas Huber, um 1940; Stahlgehäuse 26 (über Anstöße) × 14 mm; Ankerwerk $5\,^{1}/_{2} \times 6\,^{1}/_{2}'''$, signiert »Mimo«, Kaliber 59, Schweizer Herkunft; 15 Steine, monometallische Unruh, Flachspirale.

786, 787 Damen-Armbanduhr mit Duo-Dial-Anordnung (Erklärung hierzu s. Seite 248) von Gruen, um 1935; Formwerk $5 \times 11\,^{1}/_{4}'''$, 7 Steine, monometallische Unruh mit autokompensierender Flachspirale.

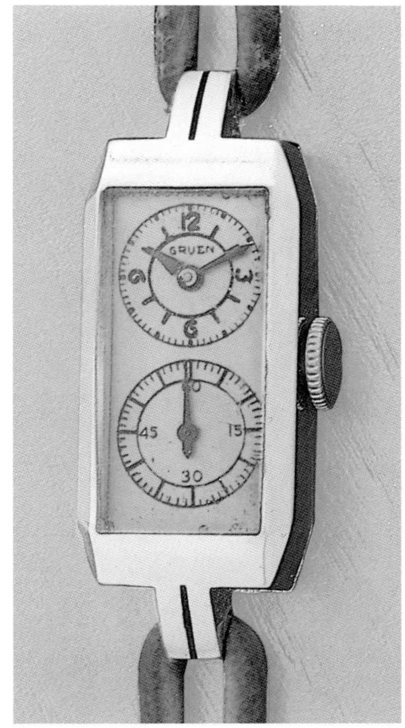

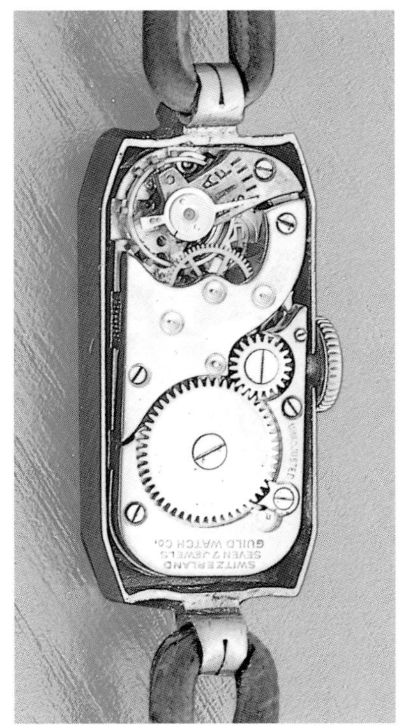

788–795, 798–802 Verschiedene Damen-Armbanduhren Schweizer Herkunft aus den 1930er bis zu den 1950er Jahren.

Abb. 788: Cartier
Abb. 789: Van Cleef & Arpels
Abb. 790: Ghezzi
Abb. 791: IWC
Abb. 792: Audemars Piguet
Abb. 793: Omega
Abb. 794: Jules Jürgensen
Abb. 795: Patek Philippe
Abb. 798, 799: Movado
Abb. 800: Rolex
Abb. 801: Gübelin
Abb. 802: Corum

796, 797 »Duoplan« Armbanduhrwerk von LeCoultre aus dem Jahre 1932, Kaliber 9 BF, 20× 8,5 mm, Höhe 3,73 mm; Aufzug und Zeigerstellung erfolgen von der Rückseite.

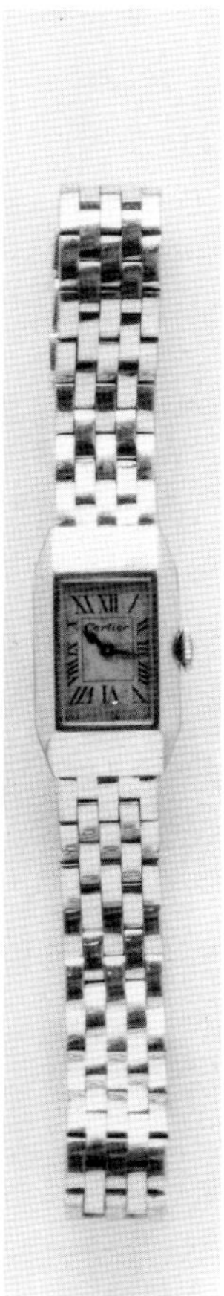
788

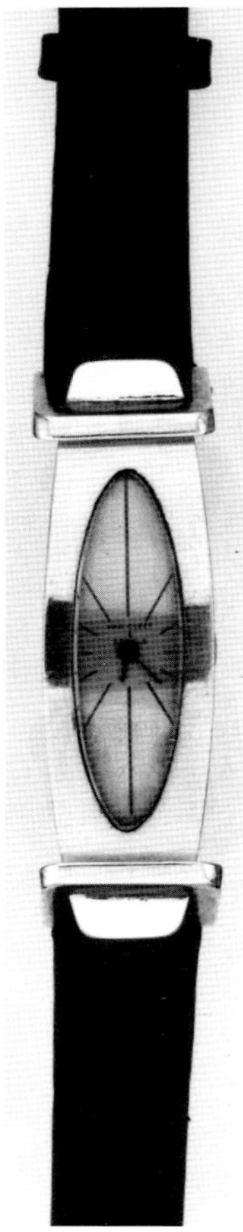
789

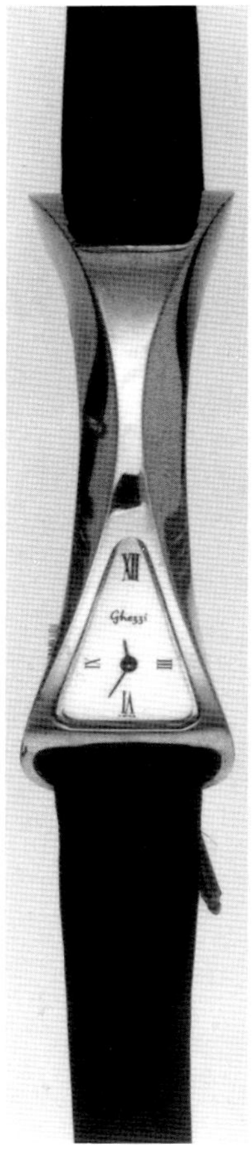
790

791

792

793

794

795

796 △

797 ▷

798

799

800

801

802

◁◁◁ **803** Extrem schmale Platin-Schmuckuhr, signiert »Cartier«, um 1935; mit Brillanten besetztes Schmuckband, $2^{1}/_{4}$liniges Baguette-Werk, rechteckiges Zifferblatt.

◁◁ **804** Armbanduhr für Damen, signiert »Breguet«, Nr. 2308, 70er Jahre; ovales Weißgoldgehäuse mit brillantenbesetzter Lünette; silbernes Zifferblatt mit einem Zentrum aus Lapislazuli.

◁ **805** Goldene Schmuckuhr mit Raupenband, quadratisches Zifferblatt, $2^{1}/_{4}$liniges Formwerk mit Ankerhemmung, 15 Steine. Schweiz, um 1940.

◁◁ **806** Damen-Armbanduhr im Rotgoldgehäuse von Patek Philippe & Co., um 1945.

◁ **807** Damenuhr im schlangenförmigen Armband, signiert »Anker«, um 1960; Doublégehäuse, 17steiniges Ankerwerk.

Wasserdichte Armbanduhren,
Militär-, Flieger- und Beobachtungsuhren

808 Eines der ersten vier Modelle einer Rolex »Oyster« Armbanduhr aus dem Jahre 1926; patentiertes Gehäuse mit verschraubtem Boden und verschraubter Aufzugskrone.

809 Damen-Sportuhr in goldenem Gehäuse 18 Kt., wassergeschützt, Gehäusekapsel wird nach Einlegen des Werkes durch den Glasrand verschraubt. Die mit dem Werk beim Einlegen verbundene Krone wird durch eine zweite Schraubkrone abgedichtet. Radiumziffern und -zeiger. Rundes Ankerwerk $8^3/_4'''$, 15 Steine, Flachspirale. Fabrikat Cyma, Zifferblattaufschrift des Verkäufers »Beyer Zürich«, um 1932. ▽

808

809

810, 811 Armbanduhr in wasserdichtem Gehäuse mit verschraubter Krone, signiert »Tropical Watch«, um 1935; das Werk kann nach Abschrauben der Lünette herausgenommen werden.

812, 813 Herren-Armbanduhr, »Huber Nautica«, um 1935; im wassergeschützten, patentierten Stahlgehäuse (Tonnenform), 28 × 28 mm; Ankerwerk mit Zentralsekunde (Antrieb außerhalb des Kraftflusses) 10 ½‴, Hersteller des Werkes Helvetia; 15 Steine, 3 Chatons, Helvetia Stoßsicherung, monometallische Unruh, autokompensierende Flachspirale.

814, 815 Herren-Armbanduhr im »Carré cambré«-Gehäuse von Helvetia, General Watch Co., um 1935; das Gehäuse ist aufgrund des fest aufgesprengten Rückdeckels wassergeschützt; Ankerwerk 10 ½‴, Kaliber 81-26, Genfer Streifen, 15 Steine. Diese Uhr ist bereits mit der für Helvetia patentierten Stoßsicherung ausgestattet, die an der dreischenkligen Federung der Unruh-Lagersteine erkennbar ist.

816, 817 Rolex »Oyster Impérial Chronomètre« im stählernen tonnenförmigen Gehäuse, auf dem Zifferblatt mit Verkäufersignatur »Beyer«, Zürich, 30er Jahre; das Uhrwerk entspricht dem der Rolex »Observatory« (vgl. Abb. 1311), ist jedoch mit einer indirekt angetriebenen Zentralsekunde ausgestattet (zentraler Sekundenzeiger fehlt).

814

815

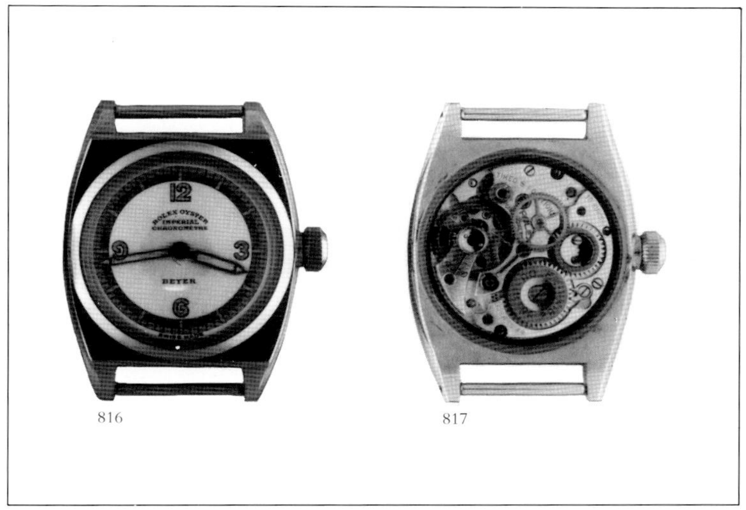

816

817

818, 819 Herren-Sportuhr, Edelstahl, wasserdicht mit verschraubtem Boden. Metallzifferblatt, gebläute Stahlzeiger, kleine Sekunde. Zifferblattaufschrift »West End Watch Co.« (Schweizer Fabrikat für den amerikanischen Markt), um 1940. ▷

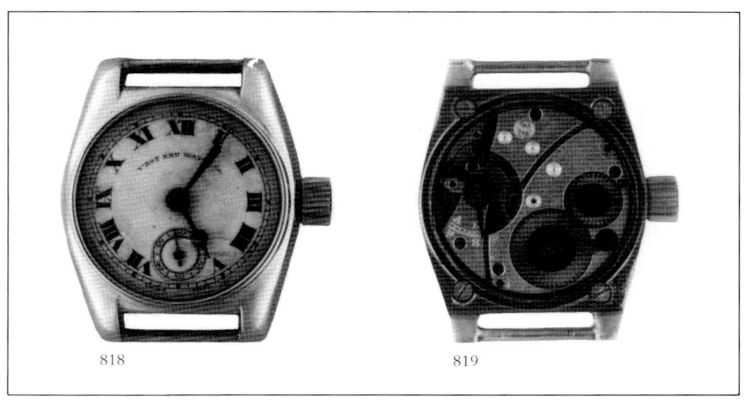

818

819

820, 821 Zeitgenössische Reklame (30er Jahre) der Schweizer Uhrenindustrie mit deutlichen Hinweisen auf die Gebrauchstüchtigkeit der dichten Gehäuse.

822, 823 Taucheruhr im druckdicht verschraubten Stahlgehäuse; flaches Glas, Schraubkrone; massiver Schraubdeckel vorn und hinten, im Innern zusätzlicher Schraubdeckel hinter dem Werk; Außendurchmesser 52 mm; auf Zifferblatt und Werk signiert »Longines«, um 1940. Vergoldetes rundes Werk mit 16 Steinen, Größe $13\,^{3}/_{4}'''$; aufgeschnittene Unruh mit Breguet-Spirale; Gehäusebezeichnung H↑SC 28.

824–826 Rolex »Oyster Zerograph«, 1938; $10\frac{1}{2}$liniges Ankerwerk, 17 Steine; Start, Stopp und Nullstellung des Sekundenzeigers über Drücker bei der »2«; Edelstahlgehäuse mit Drehlünette.

827–829 Herren-Armbanduhr aus dem Jahre 1944 in einem rechteckigen wasserdichten Stahlgehäuse ($22{,}5 \times 41$ mm) von BWC (Buttes Watch Comp.); die rechteckige wasserdichte Armbanduhr wurde von den Herstellern zu dieser Zeit stark propagiert; Formwerk Kaliber 148 (Rohwerk von FEF), $7\frac{3}{4} \times 11'''$, 15 Steine, Ankerhemmung, Genfer Streifen. Zum Schutz gegen eindringendes Wasser war das Werk zwischen dem Glas und einer Weicheisenkalotte eingekapselt.

830, 831 Herren-Sportuhr von Cyma »Sport«, um 1940; im verschraubten Edelstahlgehäuse, Uhrwerk in zusätzlicher Kapselung, zweifarbiges Zifferblatt mit Radiumziffern, kleine Sekunde. $7\frac{3}{4} \times 11'''$ Formwerk, Ankerhemmung, Stoßsicherung.

832 Tonnenförmige Herren-Armbanduhr von Rolex »Oyster Chronographe«, um 1940; 14 Kt. Goldgehäuse; $10\frac{1}{2}$liniges Handaufzugswerk, 17 Steine, »Super Balance« Unruh, autokompensierende Spirale mit Endkurve, Feinregulierung für den Rücker.

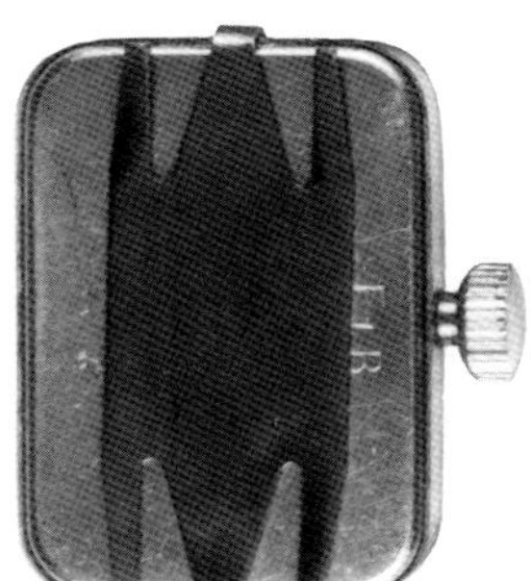

833 Damen-Sportuhr, Rolex »Oyster Chronomètre« im Stahlgehäuse mit Stahlband, wasserdicht, schwarze Ziffern. Rundes Ankerwerk mit exzentrischer Sekunde. Zifferblattaufschrift des Verkäufers »Beyer«, um 1940.

834, 835 Wasserdichte Sportuhr von Laco »Sport«, 1950; im Edelstahlgehäuse, Boden verschraubt. Metallzifferblatt mit Leuchtziffern und -zeigern, kleine Sekunde, Aufzugswelle mit Gelenk, wasserdichte Krone durch Gehäuserohransatz, 10½''' Durowe-Ankerwerk mit 16 Steinen, »antimagnetisch«, flache Spirale, »Incabloc« Stoßsicherung.

836 Rolex, die am 23. Januar 1960 – an der Außenhaut des U-Boots »Trieste« befestigt – bis auf 10916 Meter ins Meer hinabtauchte; Ankerwerk mit automatischem Aufzug.

837 Armbanduhr mit eingebautem Tiefenmesser »bathy 50« von Favre-Leuba, um 1966; Stahlgehäuse bis 50 Meter wasserdicht, Durchmesser 40 mm, verschraubte Aufzugskrone; Werk und prinzipieller Aufbau entsprechen der »bivouac« (Abb. 1587 bis 1590). Bei dieser Uhr ist die Membrandose allerdings mit dem durchbohrten Rückdeckel wasserdicht verschweißt; der Tiefenmesser reicht bis 50 Meter, Zifferblatt mit Dekompressions-Skala.

834 △

835 △

836 ▽

837 △

838 ▽

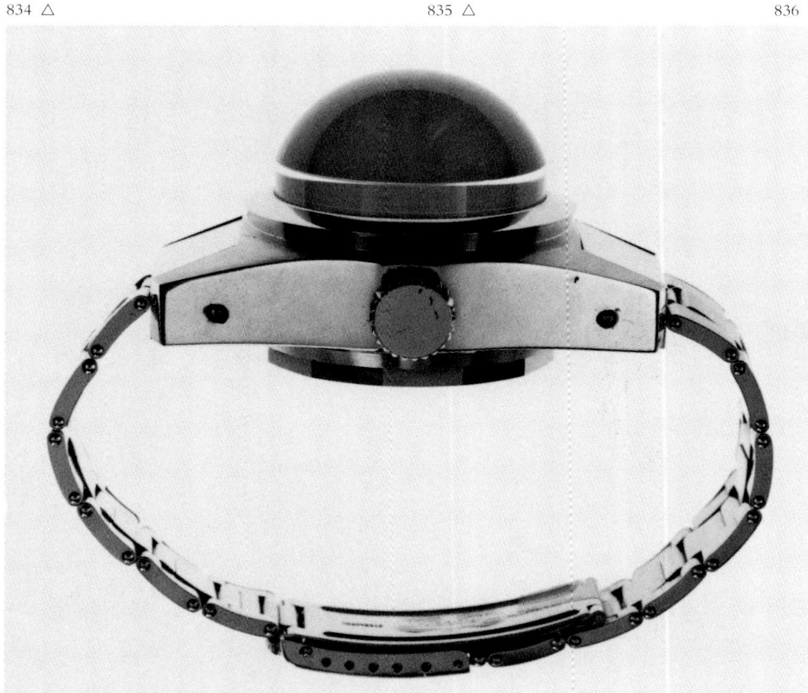

838 Armbanduhr mit Dekompressionsanzeige von Cornavin Watch, um 1965; wasserdichtes Stahlgehäuse, Durchmesser 42 mm; Automatikwerk, Felsa-Kaliber 810, 25 Steine, »Incabloc« Stoßsicherung, Aufzug in beiden Drehrichtungen des Rotors; die Sekunden- und Minutenanzeige erfolgen mittels Zeiger, die Stundenanzeige digital durch ein Fenster. ▷▷

839–841 Herren-Armbanduhr mit automatischem Aufzug, Rolex »Sea Dweller«, 1970; Stahlgehäuse bis 610 Meter absolut wasserdicht; bei diesem Modell handelt es sich um die erste Taucheruhr mit einem für Rolex patentierten Heliumventil, welches auf der Abbildung 841 im Gehäusering zu erkennen ist; Ankerwerk mit Rotoraufzug und Datumsangabe.

842 Herren-Armbanduhr »Ocean 2000« von IWC, 80er Jahre; mit Automatikwerk und Datumsanzeige, Kaliber 375; Titangehäuse und -armband; die Gehäusekonstruktion und das 3,5 mm dicke bombierte Saphirglas ermöglichen eine Tauchtiefe bis 2000 Meter.

843 Herren-Armbanduhr »Aquatimer« von IWC, um 1970; erste Taucheruhr von IWC, wasserdicht bis 200 Meter; 13liniges Automatikwerk, Kaliber 8541 B mit Datumsanzeige; der Drehring für die Tauchzeit läßt sich über die Krone bei der »4« betätigen; Edelstahlgehäuse mit rückwärtig eingraviertem U-Boot, Durchmesser 37 mm.

839 △

840 △

841 ▽

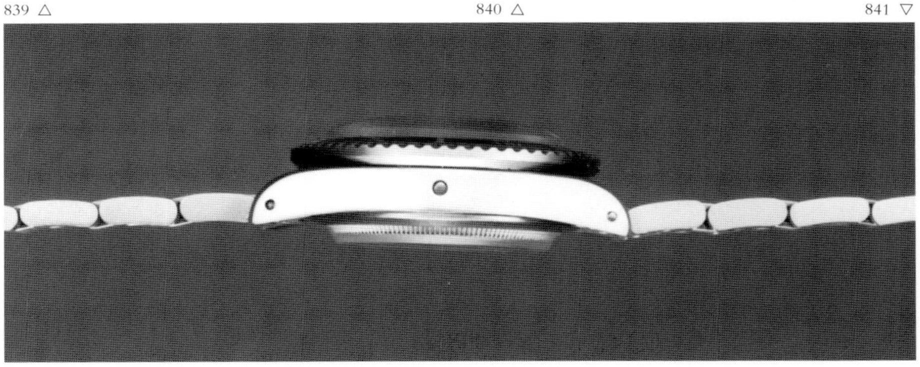

»Schützengraben«-Uhren des Ersten Weltkrieges

844 Frühe Militäruhr mit aufklappbarem Schutzgitter von Girard-Perregaux, um 1900. Dieser Typ wurde bis zum Ersten Weltkrieg an die deutsche Marine geliefert.

845 Militär-Armbanduhr mit Schutzgitter von Waltham Watch aus der Zeit des Ersten Weltkrieges; Ankerwerk (vgl. auch Abb. 422).

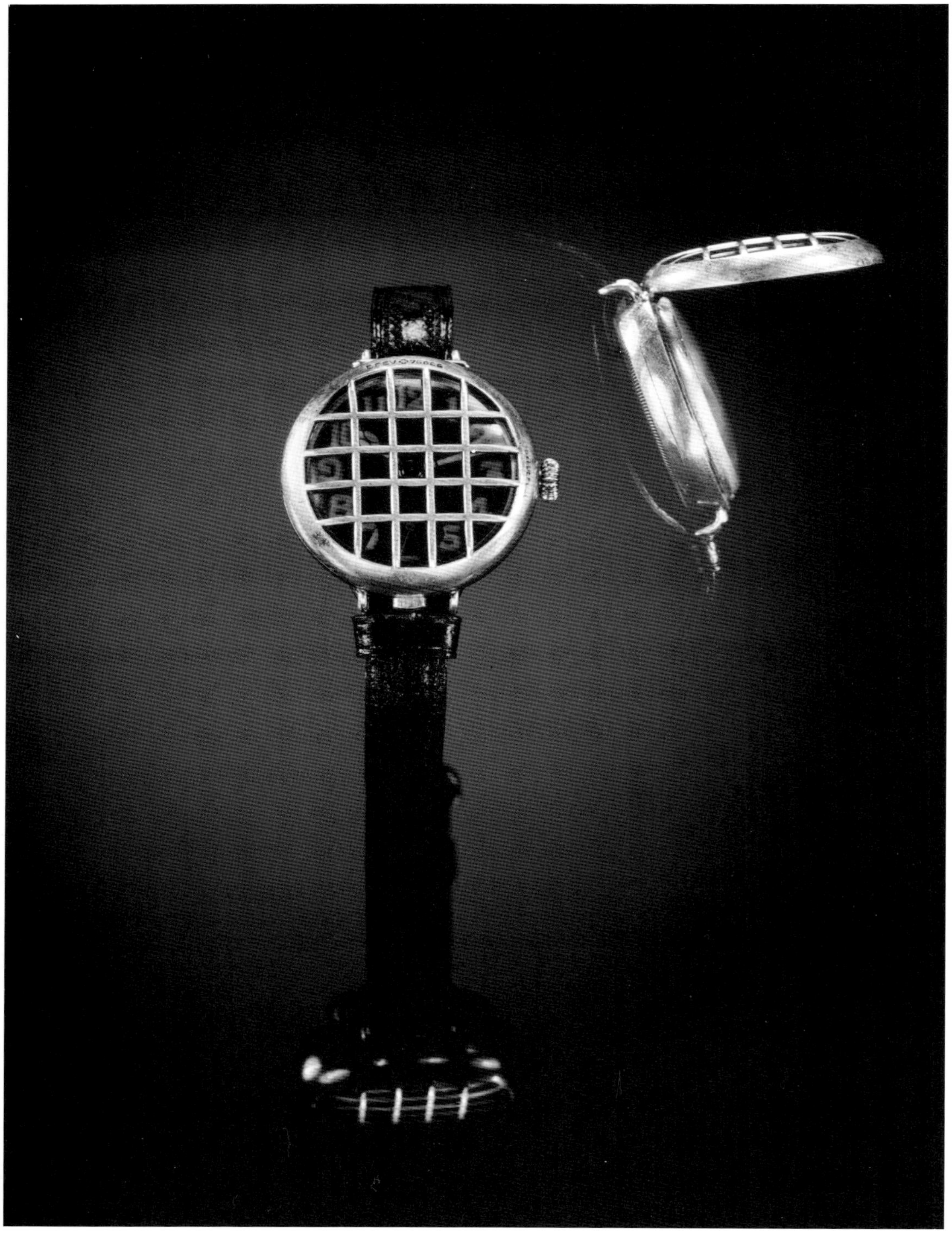

846–848 »Schützengraben«-Uhr von Robert H. Ingersoll für den Ersten Weltkrieg. In den Rückdeckel ist die Garantie-Urkunde für eine einjährige einwandfreie Funktion eingeklebt. Uhrwerk mit Stiftankerhemmung, ohne Steine.

849, 850 »Schützengraben«- oder »Soldaten«-Uhr von Movado, für den Ersten Weltkrieg 1914–1918 hergestellt. Zum Schutz des Glases und Zifferblattes ist die Vorderseite mit einem Gitter versehen. 13‴ Ankerwerk mit 17 Steinen, Kaliber 420, 4 verschraubte Chatons, bimetallischer Unruh und Breguet-Spirale, 5 Adjustments.

851 10liniges Uhrwerk Kaliber 10.68 Z Typ »Lindbergh«, wie es in der (verkleinerten) Stundenwinkel-Armbanduhr (Abb. 857) Verwendung findet. ▷

852, 853 Stundenwinkel-Armbanduhr Typ »Lindbergh« von Longines für die Langstrecken-Aviatik in Zusammenarbeit mit Charles Lindbergh nach 1927 entwickelt und 1932 auf den Markt gebracht; Stahlgehäuse, Durchmesser 47 mm; aufgrund der sinnvollen Zusammenstellung von Zifferblättern läßt sich der Greenwicher Sonnenzeitwinkel direkt ablesen; 17steiniges Ankerwerk, Durchmesser 37 mm; monometallische Schraubenunruh, autokompensierende Flachspirale, indirekte Zentralsekunde (vgl. auch Abb. 352). ▽

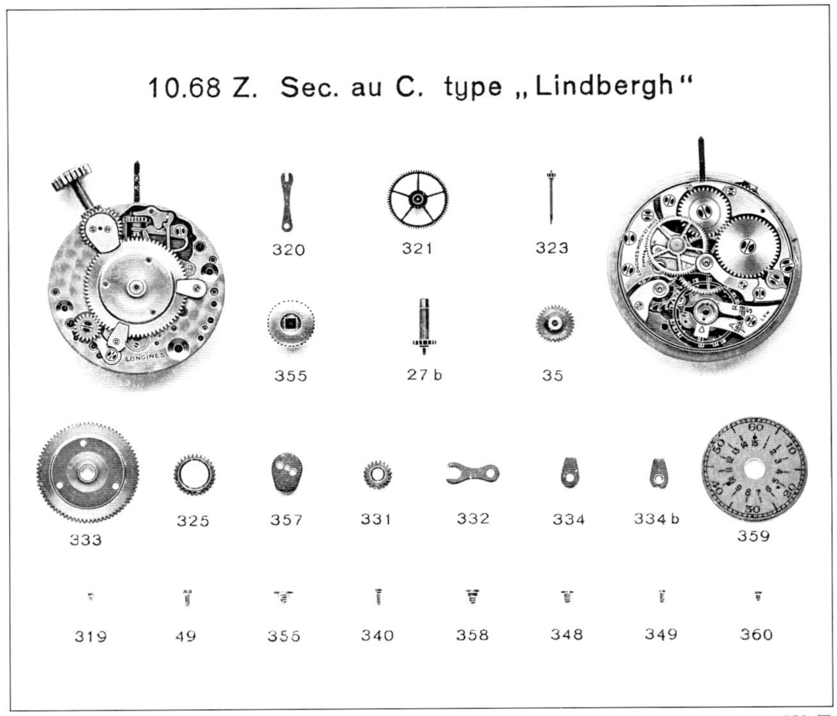

851 △

852 ▽

853 ▽

854, 855 Flieger-Armbanduhr, signiert »Lanco« (Langendorf Watch Co.), um 1940; vernickeltes Stahlgehäuse, Durchmesser 41 mm; gerändelte Drehlünette mit Leuchtdreieck zum Einstellen z. B. einer Abflugzeit; weit abstehende Aufzugskrone, damit die Uhr auch mit Handschuhen aufgezogen werden kann; 15liniges Ankerwerk mit 15 Steinen, Kaliber 2, monometallische Schraubenunruh, autokompensierende Flachspirale.

856 Damen-Armbanduhr im Stahlgehäuse, signiert auf dem Zifferblatt »Longines Weems«, in einer patentierten Ausführung für die USA, um 1950; die äußere Lünette läßt sich mit Hilfe der Krone bei der »2« arretieren; 10liniges Schweizer Ankerwerk von Longines, Kompensationsunruh, Breguet-Spirale.

857 Kleinere Ausgabe der Longines »Lindbergh« mit einem Gehäusedurchmesser von 35 mm; ansonsten verfügt diese Uhr über die gleichen Möglichkeiten wie die Stundenwinkel-Armbanduhr in Abbildung 852; 10liniges Ankerwerk Kaliber 10.68 Z (vgl. Abb. 851), 17 Steine, indirekte Zentralsekunde.

858–860 Flieger-Armbanduhr von Wempe, Hamburg, um 1940. Grau lackiertes Metallgehäuse, Durchmesser 55 mm; vergoldetes Ankerwerk Kaliber 31 von Thommen, Waldenburg, mit bimetallischer Unruh, Breguet-Spirale, Feinregulierung, indirekte Zentralsekunde.

858 △

859 △ 860 ▽

Alle B-Uhren (Abb. 861–873) besitzen als Gemeinsamkeit eine Unruh-Stoppvorrichtung, d. h. die Unruh wird bei gezogener Krone angehalten, damit man die Uhr zeitzeichengenau einstellen kann. Nach dem Drücken der Krone läuft die Uhr weiter. Die Uhren wurden über der Montur getragen und hatten einheitlich einen Durchmesser von 55 mm, gebaut während des Zweiten Weltkrieges.

861, 862 B-Uhrwerk Bauart A. Lange & Söhne, Kaliber 48.1. (die Werke wurden während des Zweiten Weltkrieges von verschiedenen deutschen Remonteuren z. B. Huber, München; Felsing, Berlin; Schieron, Stuttgart; Schätzle & Tschudin, Pforzheim oder Wempe, Hamburg, fertig- und feingestellt); 17 Steine, Nickelstahlunruh mit 20 mm Durchmesser, Breguet-Spirale mit innerer Endkurve, Lagersteine in Chatons gefaßt, Schwanenhals-Feinregulierung, indirekte Zentralsekunde, keine Stoßsicherung.

863, 864 B-Uhrwerk von International Watch Co. (IWC), eingebaut in ein zusätzliches antimagnetisches Innengehäuse, 18liniges Werk mit bimetallischer Unruh und Breguet-Spirale, Schwanenhals-Feinregulierung, keine Stoßsicherung, indirekte Zentralsekunde. IWC baute von dieser Beobachtungs-Armbanduhr insgesamt 1200 Stück.

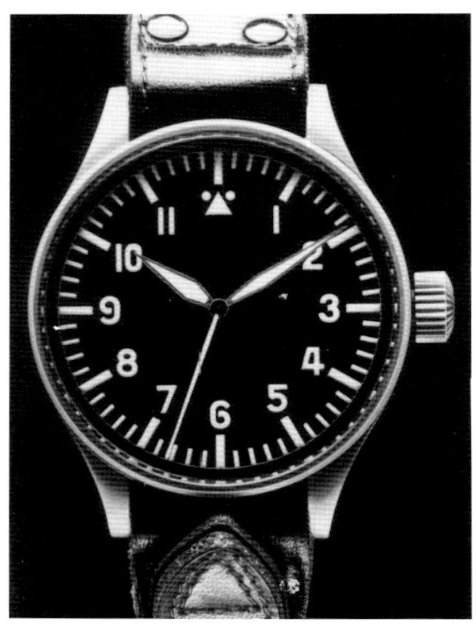

865, 866 B-Uhr von Stowa (Walter Storz); vernickeltes 18liniges Ankerwerk (Unitas-Kaliber) mit geschlitzter Guillaume-Unruh, Breguet-Spirale, Schwanenhals-Feinregulierung, indirekte Zentralsekunde, 20 Steine, ohne Stoßsicherung, Genfer Streifen.

867, 868 B-Uhrwerk von Laco-Durowe (Lacher & Co. – Deutsche Uhren Rohwerke); vergoldetes 22steiniges Ankerwerk 22''', mit großer (22 mm Durchmesser) geschlitzter Guillaume-Unruh, Breguet-Spirale, einfacher Rückerzeiger ohne Feinreguliervorrichtung, keine Stoßsicherung, indirekte Zentralsekunde (Antrieb außerhalb des Kraftflusses).

869 Patentierte Fliegeruhr »Siderograph« von Longines, 30er Jahre; Zifferblatt und Lünette mit Gradeinteilung zur Bestimmung des Stundenwinkels und der geographischen Länge, Handaufzugswerk.

870 Große Beobachtungs-Armbanduhr von Patek Philippe, 1936; Zifferblatt mit Leuchtmarkierungen und Gradeinteilung, 19liniges Ankerwerk, 21 Steine, Edelstahlgehäuse, Durchmesser 56 mm.

871 Große silberne unsignierte Beobachtungs-Armbanduhr, Zifferblatt mit Leuchtmarkierungen und Gradeinteilung; 8 Exemplare wurden 1938/39 in Glashütte für die Deutsche Luftwaffe hergestellt; Glashütter ¾-Platinen-Werk, 43 mm Durchmesser.

872, 873 Beobachtungs-Armbanduhren von Vacheron & Constantin aus dem Jahre 1936, Kaliber 20‴-11, verkauft nach Deutschland; Stahlgehäuse. Abbildung 873 besitzt einen über den Drücker bei der »4« zu betätigenden Chronographenzeiger.

874, 875 Militär-Armbanduhr von Smiths, England, 1968 für die englische Luftwaffe hergestellt; Stahlgehäuse, Durchmesser 35 mm; vergoldetes 11¾liniges Werk mit Schweizer Ankerhemmung, »Kif Flector« Stoßsicherung, 17 Steine, monometallische Ringunruh, autokompensierende Flachspirale, indirekte Zentralsekunde. Die Uhr verfügt über eine Unruh-Stoppvorrichtung, um die Uhrzeit sekundengenau einstellen zu können.

876, 877 IWC-Militäruhr im wasserdichten Stahlgehäuse. Rundes IWC-Werk 11½''', 15 Steine, aufgeschnittene Unruh und Breguet-Spirale. Um 1942.

878, 879 Militär-Armbanduhr von IWC »Mark XI«, 1951 (die Uhr wurde seit 1948 bis zur Gegenwart an Luftwaffeneinheiten geliefert); Stahlgehäuse mit zusätzlichem Weicheisen-Innengehäuse zum Schutz vor magnetischen Einflüssen, Durchmesser 36 mm; 12liniges Werk, Kaliber 89, 17 Steine, 4 Chatons, »Incabloc« Stoßsicherung, indirekte Zentralsekunde, monometallische Schraubenunruh, Breguet-Spirale, Unruh-Stoppvorrichtung zum exakten Einstellen der Uhrzeit.

880, 881 Militäruhr von Hamilton, um 1940; Leuchtzifferblatt, Zentralsekunde, wasserdicht verschraubtes Stahlgehäuse; 11½''' Ankerwerk, 17 Steine, bewegliches Spiralklötzchen (Piton mobile), Stoßsicherung.

Armbanduhren mit automatischem Aufzug von 1922 bis zur Gegenwart

882, 883 Armbanduhr mit automatischem Aufzug von Léon Leroy, Paris, aus dem Jahre 1922 (s. auch Abb. 111, 112). Das Werk ist in ein damals modernes spitz-ovales Gehäuse eingebaut. Leroy war vermutlich der erste Hersteller automatischer Armbanduhren, allerdings wurden von diesen Uhren nur wenige Stücke angefertigt. Aufgrund der Gehäuseform hatte die Schwungmasse nur sehr wenig Bewegungsfreiheit, d. h. es erscheint unwahrscheinlich, daß die Uhr bei normaler Armbewegung ordnungsgemäß aufgezogen werden konnte. Da die Uhr darüber hinaus für einen täglichen Gebrauch zu empfindlich war, wurde von Leroy eine Serienfertigung nicht beabsichtigt.

884 Im Jahre 1922 von John Harwood von Hand angefertigter Prototyp einer Armbanduhr mit automatischem Aufzug. Als Schwungmasse verwendete Harwood ein flaches, an einem Messingansatz befestigtes Bleigewicht. Mit einem entsprechenden Räderwerk versehen, baute er es an ein 13liniges rundes Uhrwerk von Blancpain, Villeret (Schweiz), an. Das Gehäuse mußte Harwood mit einer speziellen Ausfräsung versehen, in der sich die Schwungmasse bewegen konnte. Da Harwood die Ansicht vertrat, daß die Aufzugs- und Stellkrone Ursache vieler Störungen und Verschmutzungen an Armbanduhren sei, hatte er die Krone entfernt und das entstandene Loch im Gehäuse verschlossen. Dieser erste Prototyp verfügte aus diesem Grund über keine Zeigerstellvorrichtung. Eine solche wurde von Harwood erst später konstruiert. Auf der Grundlage dieses Prototyps entwickelte Harwood seinen automatischen Aufzug, der samt Uhrwerk in einem Gehäuse normaler Größe untergebracht werden konnte. Das

Problem bestand darin, welches Material für die Schwungmasse verwendet werden sollte: Blei war zwar schwer, jedoch aufgrund seiner Materialeigenschaften ungeeignet; Messing besaß gute Materialeigenschaften, jedoch ein zu geringes spezifisches Gewicht. Erst die Idee, die Schwungmasse im Zentrum des Werkes zu befestigen und dadurch zu vergrößern, ermöglichte es, sie aus Messing anzufertigen.

885, 886 Erste, 1929 bis 1931 serienmäßig gefertigte automatische Armbanduhr Typ »Harwood«. Die Uhr gab es in Gold-, Silber- und Doublégehäusen. Die Zeigerstellung erfolgt über eine drehbare Lünette. Ein roter Punkt über der »6« zeigt nach dem Stellen der Zeiger an, daß der Kraftfluß zwischen Uhrwerk und Zeigern wieder hergestellt ist. 15steiniges Ankerwerk, $10\frac{1}{2}'''$, bimetallische Unruh, Höhe ca. 6,5 mm. Bewegungsspielraum dieser seitlich begrenzten Schwungmasse 130 Grad, Aufzug nur in einer Drehrichtung. Die Rohwerke wurden von A. Schild in Grenchen gefertigt, die Fertigstellung erfolgte bei Fortis und Blancpain (für den französischen Markt). ▽

887 △ 888 ▽

887, 888 Armbanduhr »Rolls« mit automatischem Aufzug. Der Name für die Uhr ergibt sich aus der Tatsache, daß sich das Uhrwerk, auf Kugeln gelagert, im Gehäuse in Längsrichtung hin- und herbewegen kann und dadurch die Uhr aufzieht. Die Kugeln befinden sich in 2 seitlich angeordneten Laufschienen. Dieses automatische Aufzugssystem wurde von Léon Hatot, Paris, erfunden und im Jahre 1930 patentiert. Die fabrikmäßige Ausführung der $3\frac{3}{4}$-, $5\frac{1}{2}$- und $8\frac{3}{4}$linigen Werke übernahm die Uhrenmanufaktur Blancpain. Die »Rolls« in einer Ausführung für Herren; 17steiniges Ankerwerk, bimetallische Unruh, Genfer Streifen. ▷

889–893 Die »Rolls« als Damen-Armbanduhr, 1931. Gehäuse in Golddoublé. Hergestellt von Blancpain. Um die Uhr stellen zu können, wird das Gehäuseoberteil hochgeklappt. Rechts neben der »2« befindet sich die Zeigerstellkrone in waagrechter Anordnung (Abb. 890). Die Aussparungen darüber und darunter werden für die Bewegung des Werkes benötigt, damit die Krone nicht anstößt. Zur Zeigerstellung drückt man die Krone in Richtung des Zifferblattes, sie greift in das Zeigerleitrad ein und ermöglicht eine Korrektur der Uhrzeit. Blick in das $5^{1}/_{2}$linige Werk mit 17 Steinen, bimetallischer Unruh und Flachspirale (Abb. 891). Auf der Höhe der Aussparung im Führungsrahmen ist ein Hebelarm sichtbar, der den Rahmen mit dem Uhrwerk verbindet. Bei jeder Verschiebung des Uhrwerkes wird das sichtbare Zahnrad weitergeschaltet. Der Sperrkegel links oben im Eck verhindert den Rücklauf. Blattfedern an den Schmalseiten des Uhrwerkes schützen dieses gegen zu heftige Armbewegungen. In den schmalen Schlitzen zwischen Rahmen und Uhrwerk sind schließlich die Kugeln sichtbar (Abb. 891). Das Uhrwerk der »Rolls« in abgedecktem Zustand (Abb. 892). Die Kappe hat lediglich die Aufgabe, dem Werk mehr Schwungmasse zu verleihen (Abb. 893). Der Schlitz in der Abdeckung ermöglicht eine Verstellung des Rückerzeigers.

Zu Seite 313:
894–897 Armbanduhr mit automatischem Aufzug von Glycine. Dieses Kaliber 20 wurde von Eugène Meylan auf der Basis eines $8^{3}/_{4}$linigen Uhrwerkes entwickelt und 1931 patentiert. Die Uhr, die dem von Harwood entwickelten Prinzip einer im Zentrum des Werkes angeordneten segmentförmigen Schwungmasse folgt, sollte die Armbanduhren mit dem »Rüttelaufzug« (z. B. »Rolls«, Abb. 887, 889) ablösen. Das Neue an diesem Uhrwerk bestand darin, daß sich der automatische Aufzug und das eigentliche Uhrwerk mit wenigen Handgriffen völlig voneinander trennen ließen, ohne daß das Uhrwerk in seiner Funktion beeinträchtigt wurde. Mit dieser Trennung war größere Reparaturfreundlichkeit beabsichtigt. Bei der Glycine ist der automatische Aufzugsmechanismus (Schwungmasse, Lagerung, Reduktionsgetriebe) an einem Stahlring befestigt. In diesen wird das Uhrwerk von vorn eingesetzt und damit die Verbindung zum automatischen Aufzug selbsttätig hergestellt. Die Schwungmasse ist in ihrer Bewegung durch Prellfedern begrenzt. Der Aufzug geschieht nur in einer Drehrichtung. Die Zeigerstellung erfolgt bei der Glycine über die Krone, der Aufzug dagegen nur über die Schwungmasse.

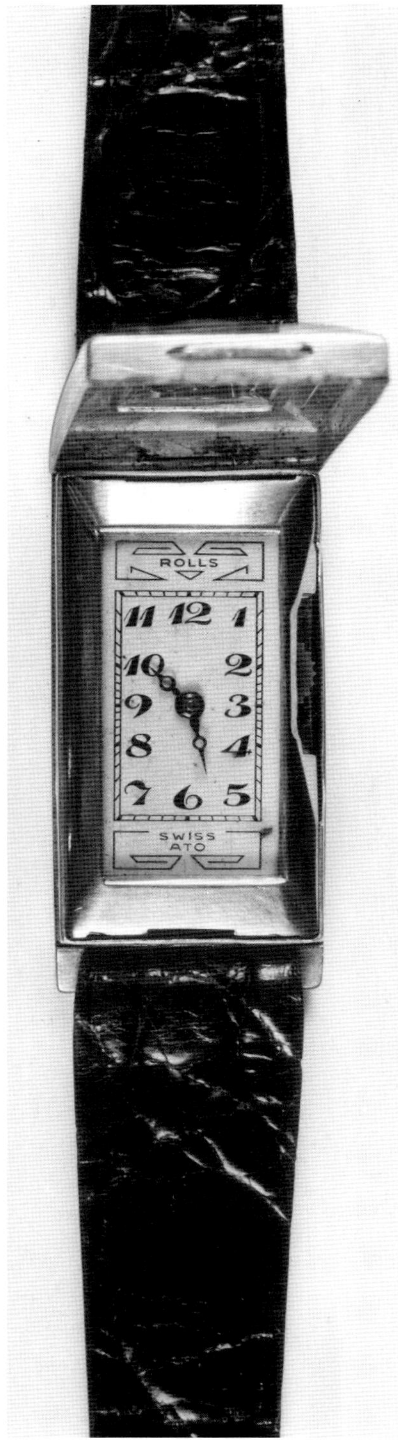

◁ 890

891

892

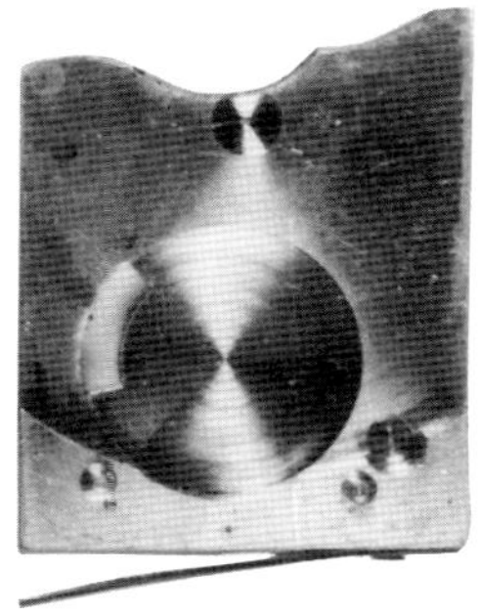

893

GLYCINE
AUTOMATIC

GLYCINE AUTOMATIC E.M.S.A
PAT.APPL.FOR ✚ 77588.77678.81251
D.R.P. ANM. 114686.114720

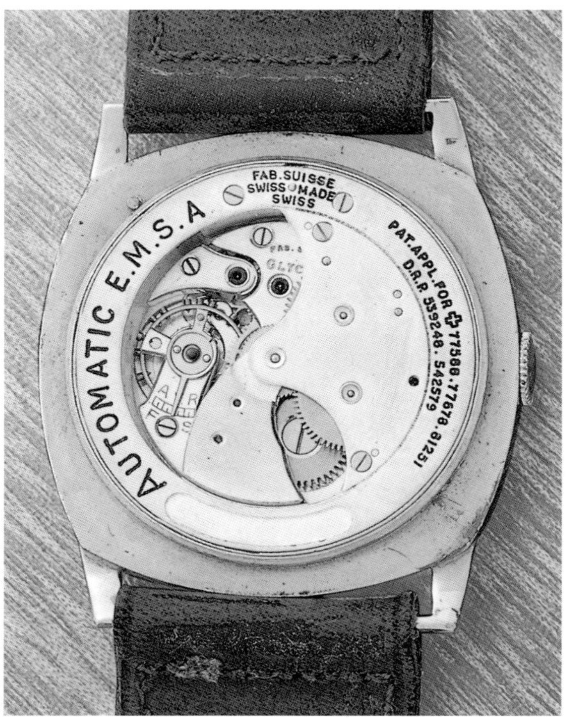
FAB.SUISSE
SWISS MADE
SWISS
AUTOMATIC E.M.S.A
PAT.APPL.FOR ✚ 77588.77678.81251
D.R.P. 539248.542579

GLYCINE
AUTOMATIC
E.M.S.A.
E.M.S.A.
PATENT
GLYCINE AUTOMATIC E.M.S.A.
PATENT

898–902 Im Jahre 1931 wurde für die Uhrenfabrik »La Champagne« Louis Müller & Co. eine Uhr mit »Rüttelaufzug« patentiert, die unter dem Namen »Wig-Wag«, signiert »Aster«, auf den Markt kam. Wie schon bei der »Rolls« (Abb. 887–893) befindet sich das Uhrwerk in einer Rüttelkammer (Abb. 900, 901). Der automatische Aufzug erfolgt durch ein Hin- und Herbewegen des Uhrwerkes in Längsrichtung. Über einen Gelenkhebelmechanismus mit Parallelogrammführung wird die Energie auf das Federhaus übertragen. Die Gelenkhebel sind elastisch ausgeführt und wirken so zugleich als Prell- und Stoßfänger. Nach dem Hochklappen einer über den Glasrand gestülpten Lünette wird rechts bei der »3« die Krone zum Zeigerstellen sichtbar (Abb. 899).

898

899

900

901

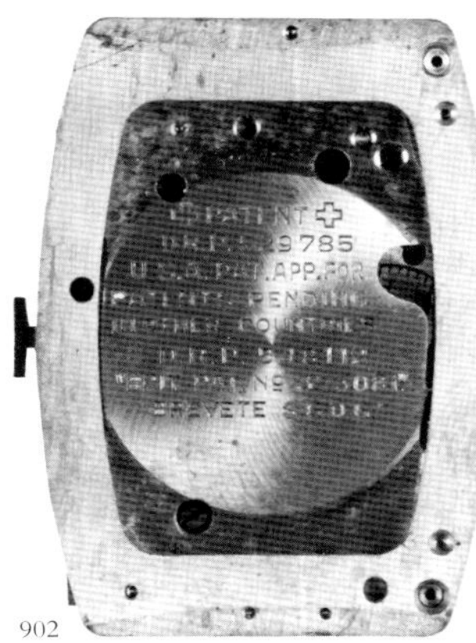
902

903–906 Armbanduhr mit automatischem Aufzug, »Autorist« aus dem Jahre 1931/32. Die Idee zu diesem Aufzugssystem stammte von John Harwood, ausgeführt wurde die Erfindung von der A. Schild S. A. unter der Kaliber-Nr. 796. Der automatische Aufzug erfolgt durch die beim Öffnen und Schließen der Hand auftretende Veränderung des Umfanges am Handgelenk. Um die daraus gewonnene Energie auf das Federhaus übertragen zu können, wurden die unteren Bandanstöße und der sie verbindende Steg beweglich ausgeführt. Über einen Hebelmechanismus wird diese Bewegungsenergie zum Spannen der Zugfeder verwendet. Das Uhrwerk ist ein $6^{3}/_{4}$liniges Formwerk mit 15 Steinen. Damit dieses Aufzugssystem überhaupt funktionieren kann, darf das Armband kaum Elastizität besitzen, auch darf die Uhr nicht locker am Handgelenk befestigt sein.

907, 908 Damen-Ausführung der »Autorist« (Abb. 903), signiert »Universe self windig«, Anfang 30er Jahre; Gehäuse 925 Silber, 17 × 33,5 mm (über Anstöße). Diese »Universe self winding« gab es im Silbergehäuse auch für Herren.

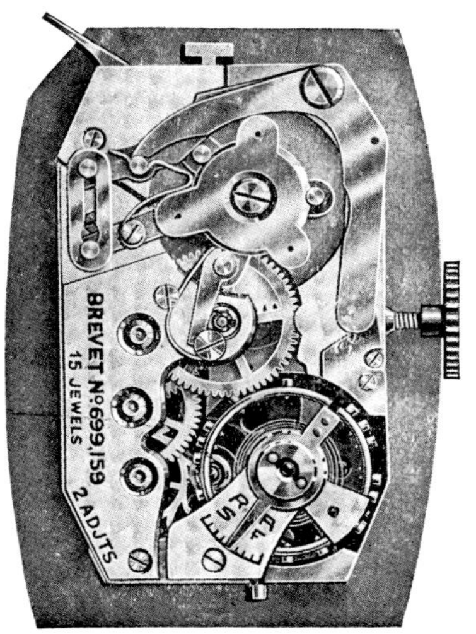

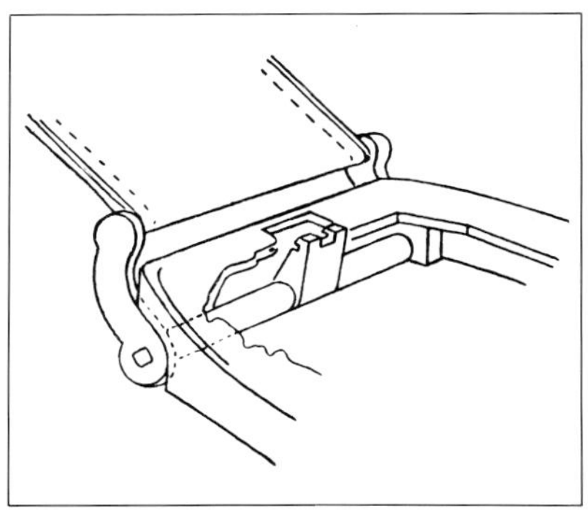

909–911 Armbanduhr mit automatischem Aufzug, die ebenfalls nach dem Rüttelprinzip arbeitet. Das System wurde 1933 für die Bulova Watch patentiert. Im Gegensatz zur »Wig-Wag« (Abb. 898) bewegt sich bei diesem System jedoch nicht das Werk im Gehäuse, sondern das gesamte Gehäuseoberteil mitsamt dem Uhrwerk auf dem Unterteil. Die Kraftübertragung erfolgt mittels außen in Parallelogrammführung angeordneter Hebel.

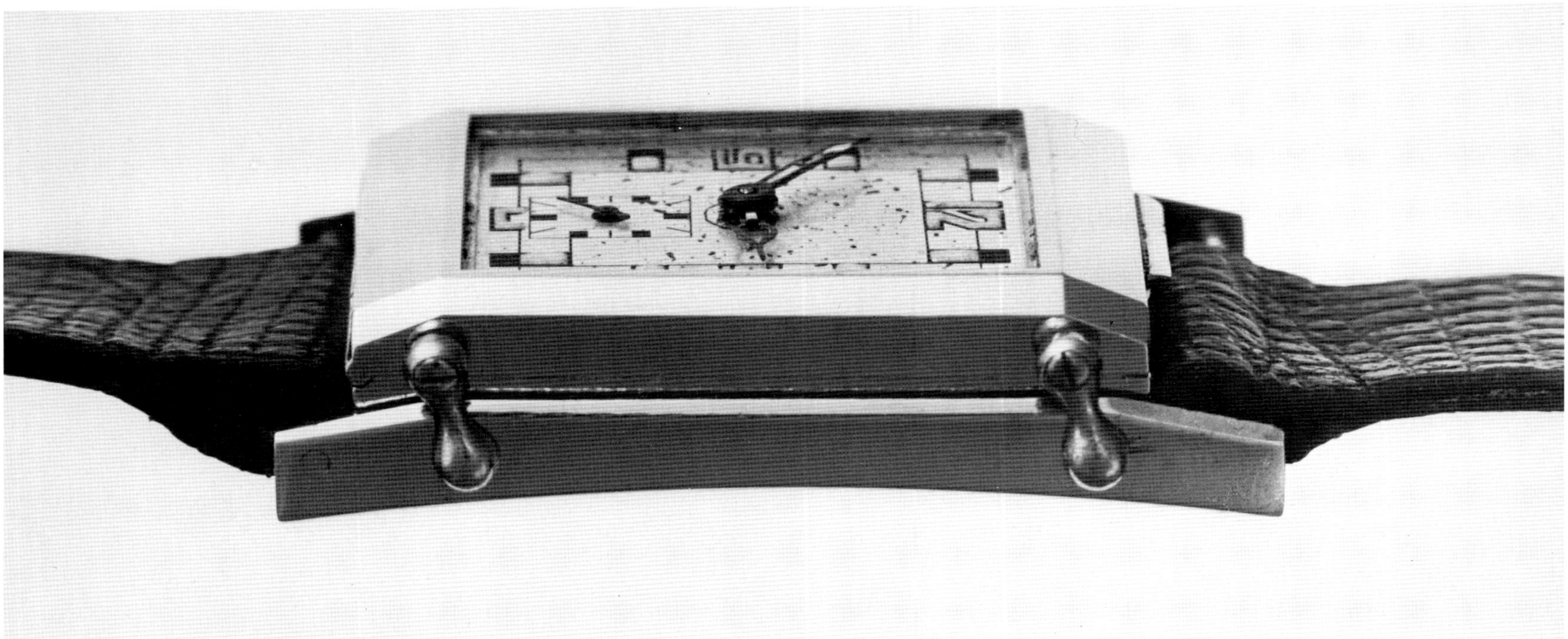

912, 913 Rolex »Oyster Perpetual« aus dem Jahre 1931. Bei dieser Uhr handelt es sich um die erste automatische Armbanduhr, die nach dem Prinzip des sich unbegrenzt drehenden Rotors arbeitet, und die zudem noch wasserdicht war. Der Aufzug erfolgt bei diesem Kaliber NA 620 (s. auch Abb. 914) jedoch nur in einer Drehrichtung des Rotors. Die Vorrichtung zum automatischen Aufzug ist als Baueinheit gestaltet und auf ein 9¾liniges Werk aufgeschraubt. Dadurch ergibt sich für diese Armbanduhr allerdings der Nachteil einer relativ großen Bauhöhe von 7,52 mm, was diese Rolex zu einer der dicksten Armbanduhren machte. Das eigentliche Uhrwerk ist mit einer »Super Balance«-Unruh ausgestattet und läuft in 18 Steinen. Infolge des aufgeschraubten Aufzugsmechanismus ist auch bei entferntem Rückdeckel vom Uhrwerk selbst nichts zu sehen.

914 Kaliber Rolex NA 620 (vgl. Abb. 912, 913)

915–917 Armbanduhr mit automatischem Aufzug, »Perpetual«, um 1935, von der »Perpetual Self Winding Watch Co. New York«, hergestellt von der Frey & Co. Ltd. in Biel. Bei der »Perpetual« erfolgt der automatische Aufzug nach einem Pendelprinzip. Die Schwungmasse ist oben an einem Formwerk befestigt und bewegt sich in Querrichtung hin und her. Über eine Schaltklinke wird die Energie auf das Sperrad übertragen. Das Ankerwerk hat 15 Steine und eine bimetallische Unruh. Die Krone, die nur zum Stellen der Uhr vorhanden ist, befindet sich auf der linken Seite des Gehäuses.

912 △

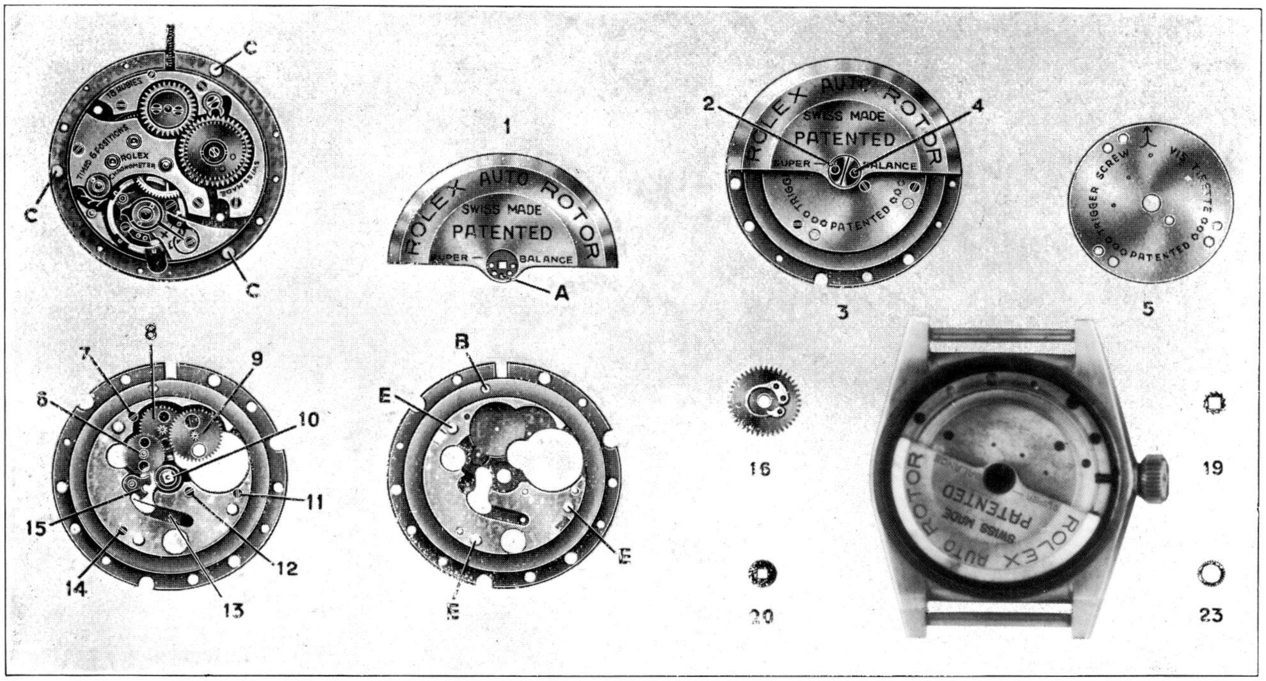

914 △

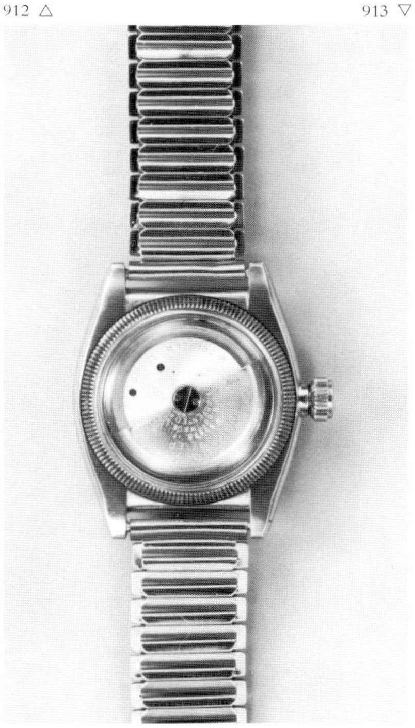

913 ▽

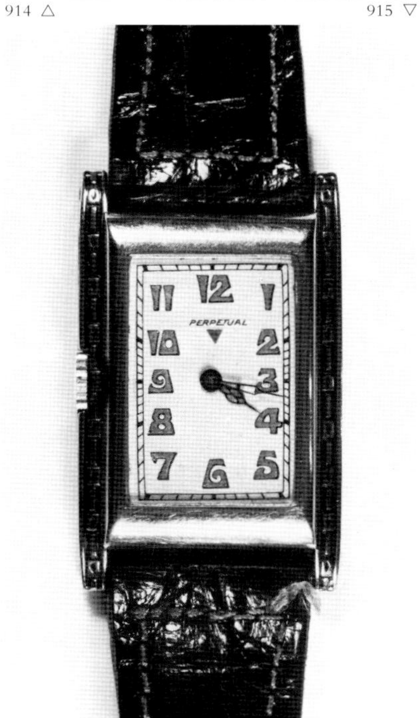

915 ▽

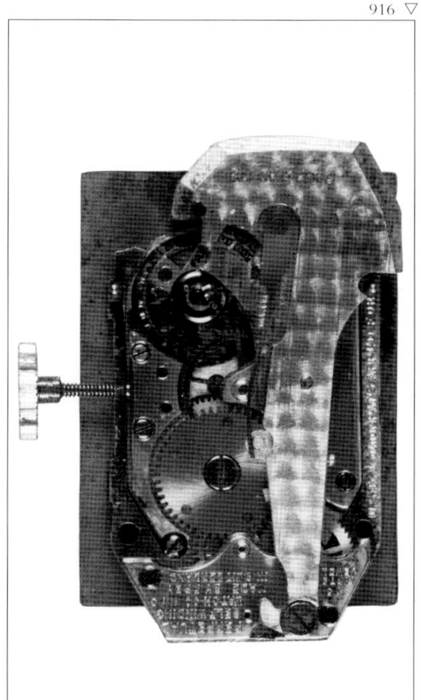

916 ▽

917 ▽

918–920 Armbanduhr mit automatischem Aufzug, 1931 patentiert für die Uhrenfabrik Wyler S. A. Ähnlich wie bei der »Autorist« (Abb. 903, 907) werden bei der Wyler Automatik die Veränderungen des Handgelenkumfanges zum Spannen der Zugfeder ausgenützt. Bei dieser Automatikuhr ist jedoch das Gehäuse mit einem festen und einem beweglichen Boden ausgestattet. Durch einen am beweglichen Boden befestigten Dorn, der in eine neben dem Sperrad angebrachte Bohrung hineinreicht, wird die Energie an das Uhrwerk weitergegeben. Ein Hebelmechanismus mit Schalt- und Sperrklinke überträgt die Bewegungen des Bodens auf das Federhaus. Das $8^3/_4 \times 11$linige Ankerwerk hat 17 Steine, 5 Chatons und eine bimetallische Unruh mit Flachspirale. Die Zeigerstellung erfolgt durch eine Krone im Boden. Die Uhr gab es auch unter dem Namen »Mimomatik«.

921, 922 Herren-Armbanduhr mit automatischem Aufzug, signiert »Rodana Automatique«, hergestellt von Joba Watch, 1941; Stahlgehäuse, Durchmesser 30 mm; $11^1/_4$liniges Werk AS (A. Schild) Kaliber 1049, 1938 entwickelt, 17 Steine, »Incabloc« Stoßsicherung, Aufzug durch asymmetrische Pendelschwungmasse; die Energie einer Drehrichtung wird durch eine Schaltklinke auf ein zentral angeordnetes Rad des Reduktionsgetriebes übertragen.

923, 924 Herren-Armbanduhr mit automatischem Aufzug von Eterna, um 1940; Stahlgehäuse, Durchmesser 31 mm; 17steiniges Werk, Kaliber 834, 12''', »Eterna« Stoßsicherung; der automatische Aufzug erfolgt in einer Drehrichtung der asymmetrischen Schwungmasse, Begrenzung der Schwungmassenbewegung durch Schraubenfedern (Hammerautomat).

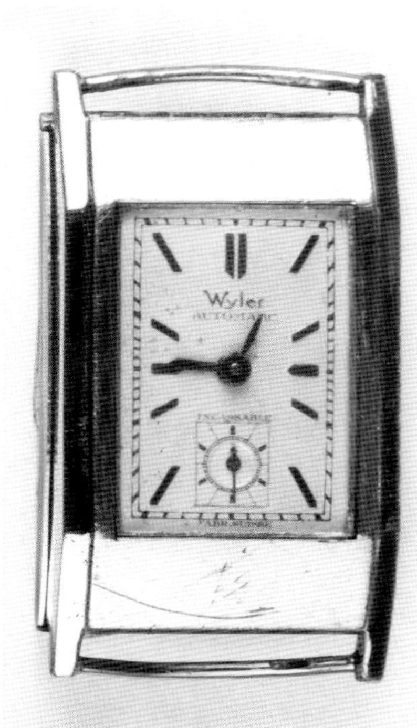

925, 926 Herren-Armbanduhr mit automatischem Aufzug von Pierce, nach 1941; wassergeschütztes Stahlgehäuse, Durchmesser 30 mm; Boden und Dichtung sind durch 4 Schrauben mit der Kalotte verbunden; 17steiniges Ankerwerk mit monometallischer Schraubenunruh, autokompensierende Flachspirale und »Incabloc« Stoßsicherung; der Aufzug erfolgt mit Hilfe einer kreisförmigen Gewichtsmasse, die sich – durch 2 Metallstäbe geführt – im Gehäuse hin- und herbewegen kann; mittels einer Zahnstange werden die Bewegungen von unten nach oben auf ein schrägverzahntes Rad übertragen.

927, 928 Herren-Armbanduhr mit automatischem Aufzug, signiert auf dem Zifferblatt »Comint«, um 1943; Stahlgehäuse, Durchmesser 34 mm; $11\frac{3}{4}$liniges Ankerwerk mit 15 Steinen, Felsa-Kaliber 279, »Incabloc« Stoßsicherung, monometallische Schraubenunruh, Flachspirale; automatischer Aufzug durch eine asymmetrische, aber zentral gelagerte Pendelschwungmasse, Anschlag an 2 Schraubenfedern.

929 »Volksautomatic« von Kienzle, um 1955; vergoldetes Gehäuse, wasserdicht, Stahlboden, Leuchtzifferblatt mit aufgelegten Keilen, Zentralgehäuse. Einfaches Automatikwerk, Kienzle-Kaliber 57/15, Kienzle Ankergang, Stoßsicherung, 19 Steine. Das Uhrwerk unterliegt erfahrungsgemäß einem erheblichen Verschleiß.

930, 931 Rechteckige Platinarmbanduhr mit automatischem Aufzug, signiert »Breguet Paris«, Nr. 2926, aus dem Jahre 1933; die Uhr wurde seinerzeit für 8500 frs an Sir Percival David verkauft; guillochiertes silbernes Zifferblatt mit römischen Stundenziffern, unterhalb der »12« eine viertelkreisförmige Skala zur Anzeige der Gangreserve bis 30 Stunden, über der »6« ein inneres Hilfszifferblatt zur Sekundenanzeige und ein äußerer Ring zur Angabe des Datums durch einen Zeiger; vergoldetes 9liniges Ankerwerk mit aufgesetztem oszillierenden Aufzugsmechanismus, bimetallische Unruh, Breguet-Spirale.

932, 933 Herren-Armbanduhr mit automatischem Aufzug und Anzeige der Gangreserve, »Futurematic« von Jaeger-LeCoultre, 1953 (vgl. auch Abb. 319–321); 14liniges Ankerwerk, Kaliber 497, bei dem die Möglicheit des Handaufzuges ganz weggelassen wurde; bei Vollaufzug der Zugfeder wird die Pendelschwungmasse blockiert, »Kif Protechoc« Stoßsicherung; die Zeigerstellung erfolgt über eine Krone auf der Rückseite der Uhr, beim Stellen wird die Unruh mittels einer Feder angehalten; Anzeige der Gangreserve bis 40 Stunden über einen Zeiger bei der »9«.

934, 935 Herren-Armbanduhr mit automatischem Aufzug und Gangreserveanzeige, »RotoGraph« von Paul Buhré, um 1956; 17steiniges Ankerwerk, AS-Kaliber 1382, 11½''', »Incabloc« Stoßsicherung. Aufzug mittels Rotor in beiden Richtungen; Anzeige der Gangreserve bis 36 Stunden über einen Zeiger unterhalb der »12«.

936 Herren-Armbanduhr mit automatischem Aufzug und Anzeige der Gangreserve bis 36 Stunden von Zodiac »Autographic«, um 1956; $11^{1}/_{2}$liniges Kaliber, Aufzug in beiden Richtungen des Rotors; Zeiger für die Gangreserveanzeige oberhalb der »6«.

937 Herren-Armbanduhr mit automatischem Aufzug und Anzeige der Gangreserve von Oris, um 1958; Stahlgehäuse, Durchmesser 35 mm; 12liniges Stiftankerwerk, vermutlich Kaliber 605, 17 Steine, »Kif Trior« Stoßsicherung, automatischer Aufzug mit Hilfe eines Rotors; Gangreserveanzeige bis 35 Stunden durch Zeiger unterhalb der »12«.

938, 939 Herren-Armbanduhr mit automatischem Aufzug und Gangreserveanzeige von Junghans, um 1953; 22steiniges Ankerwerk, $10^{1}/_{2}'''$, Kaliber Junghans 80/12; der automatische Aufzug erfolgt in beiden Richtungen des Rotors; Gangreserveanzeige bis 36 Stunden durch ein Fenster über der »6«.

940, 941 Herren-Armbanduhr mit automatischem Aufzug von Omega, ab 1948; Stahlgehäuse, Durchmesser 35 mm; Ankerwerk Kaliber 351, 17 Steine, »Incabloc« Stoßsicherung, indirekte Zentralsekunde; der automatische Aufzug erfolgt in einer Richtung der begrenzten Pendelschwungmasse; Anzeige der Gangreserve bis 36 Stunden im Zentrum des Zifferblattes.

942, 943 Herren-Armbanduhr mit automatischem Aufzug und Anzeige der Gangreserve von Jaeger-LeCoultre, 1948 eingeführt; Stahlgehäuse, Durchmesser 33 mm; 13liniges Ankerwerk, Kaliber 481, »Superchoc« Stoßsicherung; der automatische Aufzug erfolgt mittels einer begrenzten Pendelschwungmasse in einer Richtung; digitale Anzeige der Gangreserve bis 40 Stunden durch ein Fenster unterhalb der »12«.

944, 945 Armbanduhrwerk von Jaeger-LeCoultre (für die European Watch and Clock Co. – Cartier hergestellt und dementsprechend signiert). Aufzug durch seitlich begrenzte Schwungmasse. Anzeige der Gangreserve mit Hilfe einer Scheibe durch einen Zifferblattausschnitt, 1947; Kaliber 476-12 AD, Durchmesser 29,56 mm, Höhe 6,15 mm.

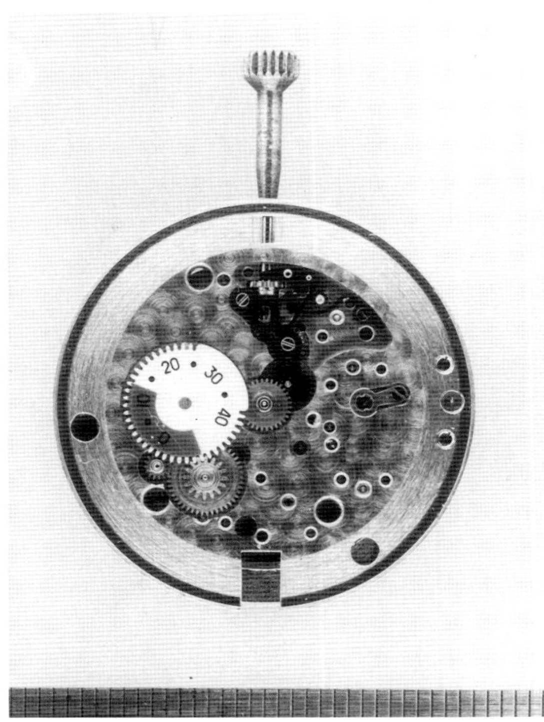

946, 947 Herren-Armbanduhr mit automatischem Aufzug durch Pendelschwungmasse, Alpina, etwa 1950; 11 ½liniges Ankerwerk, Kaliber 582, 17 Steine, monometallische Unruh mit autokompensierender Flachspirale.

948, 949 Herren-Armbanduhr mit automatischem Aufzug im 18 Kt. Goldgehäuse von Longines, um 1950; 13liniges Werk, Kaliber 22 AS (ab 1945 gebaut), 17 Steine, Aufzug in beiden Drehrichtungen des Rotors, Bauhöhe des Werkes 6,5 mm.

950, 951 Herren-Armbanduhr mit automatischem Aufzug, signiert »Mido Multifort Luxe Super-Automatic«, um 1950; Stahlgehäuse, Durchmesser 31 mm; 10 ½liniges Werk, Kaliber 917, 17 Steine, monometallische Schraubenunruh, autokompensierende Spirale, automatischer Aufzug in einer Drehrichtung der asymmetrischen, seitlich begrenzten Schwungmasse. Energieübertragung mittels einer Schaltklinke.

952 Quadratische wassergeschützte Herren-Armbanduhr mit automatischem Aufzug von Cyma, um 1953; 11 ½liniges Werk, Kaliber R 420 (vgl. Abb. 954).

953, 954 Herren-Armbanduhr mit automatischem Aufzug von Cyma, 1952; Stahlgehäuse mit verschraubtem Boden, Durchmesser 34 mm; 11 ½liniges Werk, Kaliber R 420, 1943 entwickelt; 17 Steine, davon 4 in Chatons gefaßt, »Cymaflex« Stoßsicherung, indirekte Zentralsekunde, automatischer Aufzug über asymmetrische Pendelschwungmasse, durch Federpuffer begrenzt.

955, 956 Herren-Armbanduhr mit automatischem Aufzug, Longines »Conquest«, ab 1952 hergestellt; 11 ½liniges Werk, Kaliber 19, 19 Steine, monometallische Schraubenunruh, autokompensierende Flachspirale, »Trishock« Stoßsicherung, indirekte Zentralsekunde, Rotoraufzug in beiden Drehrichtungen.

957, 958 Herren-Armbanduhr mit automatischem Aufzug, Omega »Seamaster«, um 1955; Stahlgehäuse, Durchmesser 34 mm; 20steiniges Ankerwerk, Kaliber 470, Feinreguliervorrichtung für die Rückerbetätigung; der Rotor zieht die Feder in beiden Richtungen auf.

955

956

957

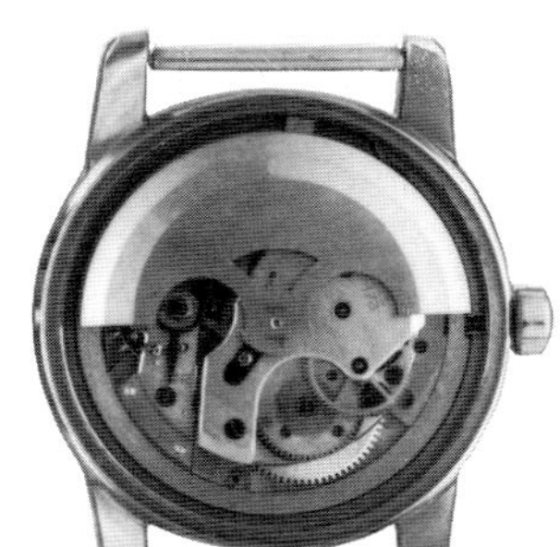
958

959, 960 Herren-Armbanduhr mit automatischem Aufzug von Universal, um 1953; Doublégehäuse, Durchmesser 35 mm; 12½liniges Werk, Kaliber 138 SS, 17 Steine, »Incabloc« Stoßsicherung, monometallische Schraubenunruh, autokompensierende Flachspirale; der automatische Aufzug wird mit Hilfe einer asymmetrischen, in der Bewegung begrenzten Pendelschwungmasse in einer Drehrichtung vorgenommen, Kraftübertragung durch Schaltklinkenmechanismus.

961, 962 Herren-Armbanduhr mit automatischem Aufzug durch Pendelschwungmasse, signiert »Doxa«, um 1952; Gehäuse 14 Kt. Gold, Durchmesser 34 mm; 11liniges AS-Kaliber 1250, 1944 entwickelt; »Incabloc« Stoßsicherung, monometallische Schraubenunruh, autokompensierende Flachspirale.

963, 964 Herren-Armbanduhr mit automatischem Aufzug, signiert »Tudor Oyster-Prince« von Rolex, um 1953; Oyster-Stahlgehäuse, Durchmesser 34 mm; 17steiniges Werk, Kaliber 390, 12½''', monometallische Schraubenunruh, autokompensierende Flachspirale, »Kif« Stoßsicherung; Aufzug mittels Rotor.

959 △ 961 ▽ 960 △ 962 ▽

965, 966 Herren-Armbanduhr mit automatischem Aufzug von Ebel, um 1953; Stahlgehäuse, Durchmesser 33 mm; 12½liniges Werk, AS Kaliber 1298, »Incabloc« Stoßsicherung, automatischer Aufzug mittels asymmetrischer, durch Schraubenfedern begrenzter Pendelschwungmasse in einer Drehrichtung, Kraftübertragung durch ein Schaltklinkensystem.

967, 968 Herren-Armbanduhr mit automatischem Aufzug und Datumsanzeige von Movado, um 1953; Stahlgehäuse mit verschraubtem Boden, Durchmesser 33 mm; 17steiniges Ankerwerk, Kaliber 224 A, 12‴, »Incabloc« Stoßsicherung, monometallische Schraubenunruh, autokompensierende Breguet-Spirale; die asymmetrische Pendelschwungmasse zieht das Werk über Schaltklinken in einer Drehrichtung auf. Möglichkeit der Datumskorrektur über einen Drücker bei der »9« im Gehäuserand.

969, 970 Herren-Armbanduhr mit automatischem Aufzug von Cortébert, ab 1955 gebaut; Stahlgehäuse, 34 mm Durchmesser; Ankerwerk, »Cortérotor«-Kaliber 700, 11½liniges Werk, 21 Steine, monometallische Schraubenunruh, autokompensierende Flachspirale, »Incabloc« Stoßsicherung, direkte Zentralsekunde; der Rotor zieht die Feder bis zu einer Gangreserve von 45 Stunden in beiden Drehrichtungen auf.

971 Herren-Armbanduhr mit automatischem Aufzug von LeCoultre, um 1955; Goldgehäuse, brillantenbesetztes Zifferblatt, »Mysterieuse«-Zeitanzeige durch 2 rotierende Scheiben, die zur Stunden- und Minutenanzeige jeweils mit einem Brillanten besetzt sind; 12$^1/_2$liniges Werk, Kaliber P 812, 17 Steine, monometallische Schraubenunruh, autokompensierende Flachspirale, »Kif« Stoßsicherung; Aufzug durch Pendelschwungmasse in einer Drehrichtung des Rotors.

972, 973 Herren-Armbanduhr mit automatischem Aufzug von IWC, um 1957; Stahlgehäuse, Durchmesser 36,5 mm; 13liniges Werk, Kaliber 852, 21 Steine, 19800 A/h, monometallische Unruh, autokompensierende Breguet-Spirale, Kraftübertragung des Rotors mittels Exzenterwechsler und Schaltklinkensystem in beiden Drehrichtungen, indirekte Zentralsekunde.

974, 975 Goldene Herren-Armbanduhr mit Rotoraufzug von Omega, um 1960; 12liniges Ankerwerk, Kaliber 491, 19 Steine, monometallische Schraubenunruh, autokompensierende Flachspirale, Schwanenhals-Feinregulierung für den Rücker, »Incabloc« Stoßsicherung. Auf dem Zifferblatt oben kleines Stundenblatt, unten Sekundenblatt, der große Zeiger aus der Mitte dient der Minutenanzeige.

976, 977 Damen-Automatikuhr von Ernest Borel, um 1955; verschraubtes Edelstahlgehäuse, champagnerfarbenes Metallblatt mit aufgesetzten Ziffern; vergoldete Stabzeiger, innen mit Leuchtfarbe; Fixoflex Gliederband; Werk mit 17 Steinen, 9¾''', Rotor (»Bidynator«) arbeitet in 2 Drehrichtungen; »Incabloc« Stoßsicherung; monometallische Schraubenunruh; Zentralsekunde.

978, 979 Damen-Armbanduhr mit automatischem Aufzug, signiert »Wittnauer«, USA, 50er Jahre; 8¾liniges Ankerwerk, Kaliber 98 RB (AS 1393/1535), 17 Steine, monometallische Unruh mit autokompensierender Flachspirale, Rotoraufzug in beiden Drehrichtungen, Edelstahlgehäuse.

980, 981 Damen-Armbanduhr mit automatischem Aufzug, Eterna-Matic »Golden-Heart«, 1958; Kaliber Eterna 1419, 6¾''', Höhe 5 mm; Glucydur-Schraubenunruh, autokompensierende Flachspirale, Rotoraufzug in beiden Drehrichtungen, der Rotor besteht aus 18 Kt. Gold; Edelstahlgehäuse.

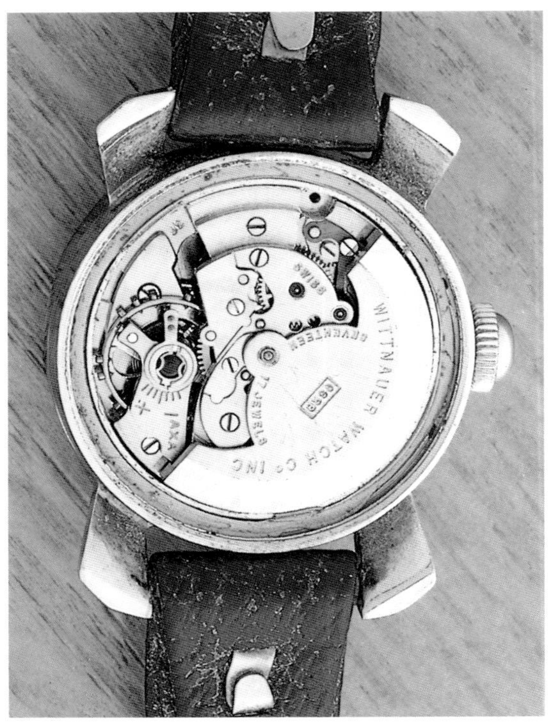

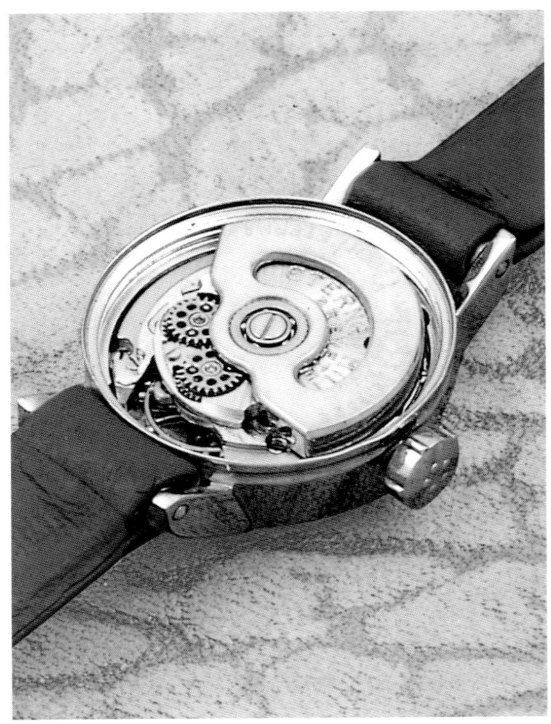

982, 983 Herren-Armbanduhr mit automatischem Aufzug von Universal »Polerouter«, um 1960; Stahlgehäuse, Durchmesser 34 mm; Automatikwerk Kaliber 218-9, welches im Aufbau dem Kaliber 215 entspricht, jedoch eine Feinreguliervorrichtung für den Rückerzeiger besitzt. Ins Uhrwerk integrierter Mikrorotor (Planetenrotor). ▷

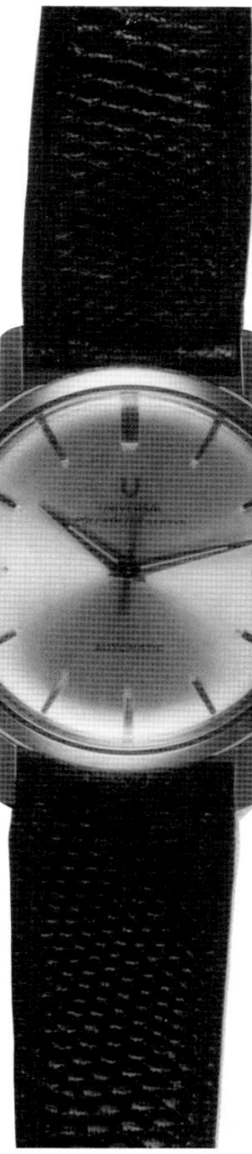

984, 985 Herren-Armbanduhr mit automatischem Aufzug, Dugena »Super«, um 1960; Doublégehäuse, Durchmesser 34 mm; die Uhr ist mit dem 1958 parallel zum Universal Kaliber 215 vorgestellten Buren-Kaliber 1000 A »Super Slender« ausgestattet; 33steiniges Ankerwerk, $12\frac{1}{2}'''$, monometallische Schraubenunruh, autokompensierende Flachspirale, »Incabloc« Stoßsicherung, indirekte Zentralsekunde, Bauhöhe des Werkes 4,2 mm; der automatische Aufzug erfolgt mit Hilfe eines Planetenrotors in beiden Drehrichtungen. ▷

986 Armbanduhrwerk mit automatischem Aufzug durch Planetenrotor von Patek Philippe, patentiert am 30. September 1977; $12'''$, 27 Steine, freischwingende Flachspirale (autokompensierend), Gyromax-Unruh mit 21600 A/h; kugelgelagerter Mikrorotor aus 22 Kt. Gold; der Aufzug erfolgt nur in einer Drehrichtung; Bauhöhe des Werkes 2,4 mm.

987, 988 Herren-Armbanduhr mit automatischem Aufzug, Movado »Kingmatic«, um 1960; wasserdichtes Stahlgehäuse; $11\,^3/_4$liniges Werk, Kaliber 531, 28 Steine; »Incabloc« Stoßsicherung, 21600 A/h; die Gewichtsmasse des Rotors wird durch den S-förmig ausgebildeten Träger abgefedert.

989 Quadratische Herren-Armbanduhr mit automatischem Aufzug und Zentralsekunde von Eterna, um 1960. Rotor auf Kugeln gelagert, in beiden Drehrichtungen wirkend.

990, 991 Herren-Armbanduhr mit automatischem Aufzug, Eterna »Centenaire 61«, 1961; Goldgehäuse 18 Kt., Durchmesser 34 mm; Werk Kaliber 1438 U, 21 Steine, Beryllium-Unruh, Flachspirale.

987

988

992, 993 Herren-Armbanduhr mit automatischem Aufzug, Revue »Rotor King« (Thommen), um 1962; 11½liniges Ankerwerk, Kaliber 87, 21 Steine, »Incabloc« Stoßsicherung, ausgefallene Feinreguliervorrichtung durch Schneckenscheibe; der Rotor zieht die Feder in beiden Drehrichtungen auf (Exzenterwechsler).

994, 995 Herren-Armbanduhr mit automatischem Aufzug von Ulysse Nardin, um 1965; Stahlgehäuse, Durchmesser 35 mm; 25steiniges Ankerwerk (AS-Rohwerk), monometallische Ringunruh, autokompensierende Flachspirale, »Incabloc« Stoßsicherung; kugelgelagerter Rotor, der die Zugfeder in beiden Drehrichtungen spannt; springende Datumsanzeige um Mitternacht.

996, 997 Herren-Armbanduhr mit automatischem Aufzug und springender Datumsanzeige von Baume & Mercier, 1965; Gehäuse 18 Kt. Gold, Durchmesser 34 mm; 11½liniges Werk, AS-Kaliber 1700-1, 25 Steine, monometallische Ringunruh, autokompensierende Flachspirale, »Incabloc« Stoßsicherung; der Aufzug erfolgt in beiden Drehrichtungen des Rotors.

998, 999 Herren-Armbanduhr mit automatischem Aufzug, »Cyclotron« von Blancpain-Rayville, um 1965; Stahlgehäuse, Durchmesser 34 mm; 53steiniges Ankerwerk, Kaliber Rollmatic R300, monometallische Schraubenunruh, autokompensierende Flachspirale, »Incabloc« Stoßsicherung. Der außen auf Rubinkugeln laufend Rotor zieht die Feder in beiden Drehrichtungen auf.

1000, 1001 Herren-Armbanduhr mit automatischem Aufzug, »spezimatic« der GUB (Glashütte Uhrenbetriebe), ehem. DDR, um 1965; Doublégehäuse, Durchmesser 37 mm; 12½liniges Werk mit Ankerhemmung, 25 Steine, Kaliber 74, Stoßsicherung; der Aufzug erfolgt in beiden Drehrichtungen des Rotors.

1002, 1003 Herren-Armbanduhr mit automatischem Aufzug, Longines »Flagship«, um 1965; Stahlgehäuse, Durchmesser 34 mm; 12liniges Werk, 17 Steine, Kaliber 340, monometallische Ringunruh, autokompensierende Flachspirale, Feinregulierung des Rükkers durch Exzenterschraube, »Kif Flector« Stoßsicherung. Der Rotor ist mit Hilfe eines Kugellagers exzentrisch im Werk gelagert und zieht die Feder in beiden Drehrichtungen über einen innenverzahnten Kranz auf.

1004 Herren-Armbanduhr »Ambassador« von Bulova, um 1968; Schalengehäuse 18 Kt. Gold, Durchmesser 35 mm; 30steiniges Ankerwerk mit Planetenrotor, 12½''', monometallische Ringunruh, autokompensierende Flachspirale, Feinregulierung; der Aufzug erfolgt in beiden Drehrichtungen des Rotors.

1005, 1006 Herren-Armbanduhr von Poljot »de luxe«, UdSSR, um 1965; 10½liniges Ankerwerk, 29 Steine, Kaliber 2415, Stoßsicherung, direkte Zentralsekunde; der automatische Aufzug erfolgt in beiden Drehrichtungen des Rotors; der Aufbau des Werkes entspricht dem von Tissot-Kalibern, z. B. 783.

1005

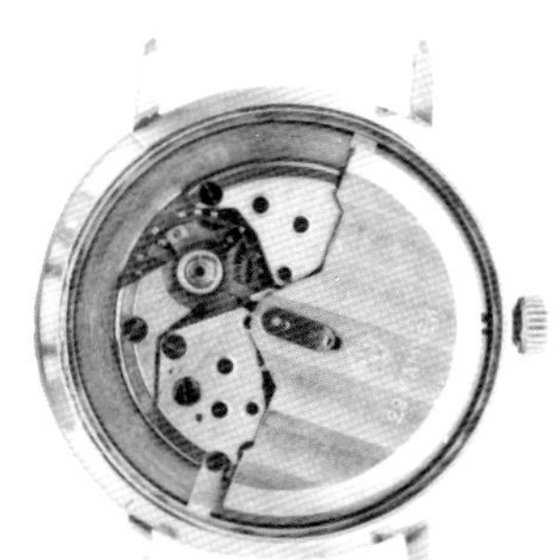

1006

1007, 1008 Herren-Armbanduhr mit automatischem Aufzug von Audemars Piguet, 1977; Gehäusedurchmesser 34 mm; Gehäuse, Zifferblatt, Zeiger und Armband aus 18 Kt. Weißgold; $12\frac{1}{2}$liniges Ankerwerk, Kaliber 2121, 36 Steine, autokompensierende freischwingende Flachspirale, Gyromax-Unruh, 19800 A/h; der Rotor mit seiner äußeren Schwungmasse aus 21 Kt. Gold zieht die Feder in beiden Drehrichtungen auf; die Datumsanzeige schaltet augenblicklich; die Bauhöhe des Werkes beträgt einschließlich der Datumsscheibe 3,05 mm.

1009, 1010 Certina Automatikuhr »Town and Country«, um 1970; quadratisches Edelstahlgehäuse, rückseitig verschraubt; Metallzifferblatt mit zweifarbigen, aufgesetzten Strichmarkierungen und Stabzeigern, Zentralsekunde, Datumsangabe bei der »3« mit springendem Datumswechsel; 27 Steine, Certina-Kaliber 25-651, $11\frac{1}{2}'''$, »Incabloc« Stoßsicherung, monometallische Unruh, zentraler Rotor, geteilte Aufzugswelle.

1011, 1012 Herren-Armbanduhr mit automatischem Aufzug von Longines, ab 1977 gebaut; Ankerwerk, Kaliber 990, $11\frac{1}{2}'''$, 25 Steine, 2 in Serie geschaltete Federhäuser, kugelgelagerter Rotor, Bauhöhe 2,95 mm.

1009 △

1010 △

1011 ▽

1012 ▽

1013–1015 Herren-Armbanduhr mit automatischem Aufzug von Jean Lassale, Genf, ab 1978 gebaut; Gehäuse und Band in Edelstahl; Kaliber 2000, 9‴, 9 Steine, 18 Miniatur-Kugellager, 21000 A/h; die Gangreserve beträgt 50 Stunden. Bauhöhe des Werkes einschließlich Rotor 2,08 mm. Seit 1993 in modifizierter Form wieder gefertigt als Kaliber 2010 von Lemania.

1014 △

1015 ▽

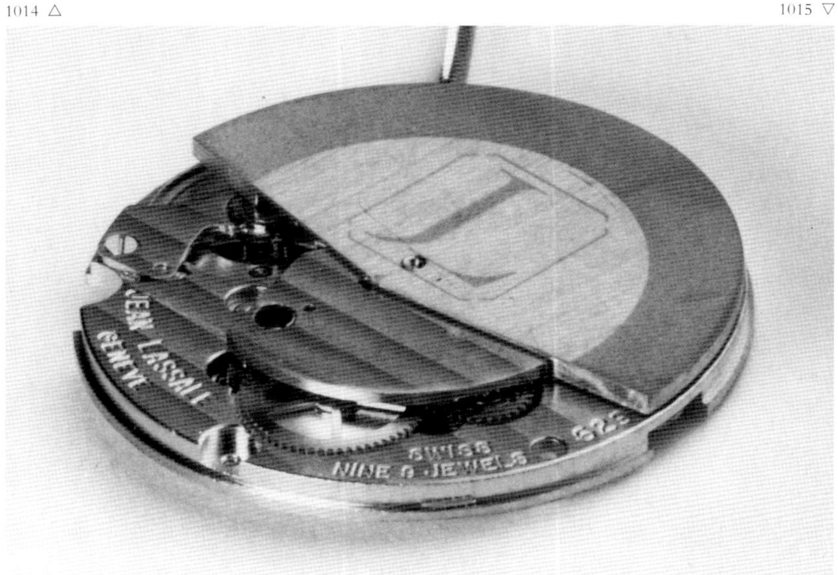

Armbanduhren mit Chronograph und Chronograph-Rattrapante (Schleppzeiger)

1016, 1020 Herren-Armbanduhr mit Chronograph und 30-Minuten-Zähler, um 1920, von Longines für J. W. Benson, London, hergestellt; 13liniges Ankerwerk, Kaliber 13.33, 18 Steine, bimetallische Unruh, Breguet-Spirale.

1017, 1021 Herren-Armbanduhr mit Chronograph und 30-Minuten-Zähler, um 1920; 15steiniges Ankerwerk, signiert »Rose Watch Co.«, bimetallische Unruh, Breguet-Spirale; die Steuerung der Start-, Stopp- und Nullstellfunktion des Chronographen erfolgt über einen in die Krone bei der »12« integrierten Drücker.

1018, 1022 Große silberne Herren-Armbanduhr mit Chronograph und 60-Minuten-Zähler, um 1920; der Zeiger für den 60-Minuten-Zähler bewegt sich entgegen dem Uhrzeigersinn; die Krone bei der »6« ist lediglich Attrappe, die Steuerung der Start-, Stopp- und Rückstellfunktion des Chronographen läßt sich über den in die Krone bei der »12« integrierten Drücker vornehmen; Ankerwerk, bimetallische Unruh, Breguet-Spirale.

1019 Herren-Armbanduhr mit Chronograph, 30-Minuten-Zähler und Tachymeter-Skala auf dem Zifferblatt, um 1920.

1020 △

1016 1018

1017 1019

1021 △ 1022 ▽

1023 Silberne Herren-Armbanduhr mit Chronograph und 30-Minuten-Zähler, Schweiz, um 1924, ohne Signatur; 16liniges Ankerwerk, 17 Steine, bimetallische Unruh, Breguet-Spirale; weißes Emailzifferblatt mit Leuchtziffern; die Betätigung des Chronographen erfolgt über den Drücker unterhalb der »6«. Hergestellt wurden derartige Armband-Chronographen z. B. von der Martel Watch Co.

1024 Herren-Armbanduhr mit Chronograph und 30-Minuten-Zähler, Modell »Tortue« von Cartier, entwickelt 1912; die abgebildete Uhr stammt aus dem Jahre 1927. Chronographenbetätigung über die Krone.

1025 Goldene Herren-Armbanduhr mit Chronograph und 30-Minuten-Zähler, signiert »Th. Picard Fils«, um 1930; weißes Emailzifferblatt mit Hectometer- und Tachymeter-Skala; die Chronographenbetätigung erfolgt über den Drücker neben der »2«.

1026 Werkabbildung eines anderen Armband-Chronographen von Th. Picard Fils mit Valjoux-Kaliber, bei dem die Chronographenbetätigung über einen in die Aufzugskrone integrierten Drücker erfolgt; 17steiniges Ankerwerk, Steuerung des Chronographenmechanismus über ein Schaltrad, bimetallische Unruh, Breguet-Spirale.

1027, 1028 Früher Chronograph von Longines, um 1930; Metallgehäuse mit Zeigerstelldrücker für die Uhrzeit; Chronographenbetätigung durch Drükken der Aufzugskrone; 30-Minuten-Zähler, Tachymeter-Skala, $13'''$ Ankerwerk mit aufgeschnittener Unruh und Breguet-Spirale.

1029 Herren-Armbanduhr mit Chronograph und 30-Minuten-Zähler im 18 Kt. Goldgehäuse, Durchmesser 40 mm. Schweiz, um 1930. Emailzifferblatt mit Tachymeter-Skala, Breguet-Zeiger; 16liniges vergoldetes Ankerwerk mit 17 Steinen, monometallische Unruh, autokompensierende Breguet-Spirale.

1030–1032 Armband-Chronograph »Invicta Chrono Sport«, um 1930, hergestellt von Invicta. Von diesem, auf einem Formwerk aufgebauten Chronographen wurden vermutlich nur 50 Exemplare produziert. Die Kadratur wurde auf ein normales Formwerk ohne weitere Veränderungen am Werk aufgeschraubt und befindet sich aus diesem Grund auf der Werksvorderseite, durch das Zifferblatt verdeckt. Die Betätigung des Chronographen erfolgt über den (oberhalb der Krone angeordneten) Schalter.

1033–1036 Herren-Armbanduhr mit Chronograph von Omega, Louis Brandt & Frère, 1932; im dreiteiligen Nickelgehäuse, Werk Kaliber 28.9 T.1; zentraler Chronographenzeiger und 30-Minuten-Zähler bei der »3«. Diese Uhr wurde von der Mannschaft des Generals Italo Balbo 1933 bei ihrem Fernflug von Rom nach New York getragen.

1037, 1038 Herren-Armbanduhr mit Chronograph und 30-Minuten-Zähler von Omega »Tissot«, um 1933; Stahlgehäuse, Durchmesser 35 mm; 17steiniges Chronographenwerk (Lemania-Kaliber) mit Schaltrad, monometallische Schraubenunruh, autokompensierende Flachspirale, keine Stoßsicherung; die Betätigung des Chronographen erfolgt über den Drücker bei der »2« (Chronographenzeiger fehlt).

1033

1034

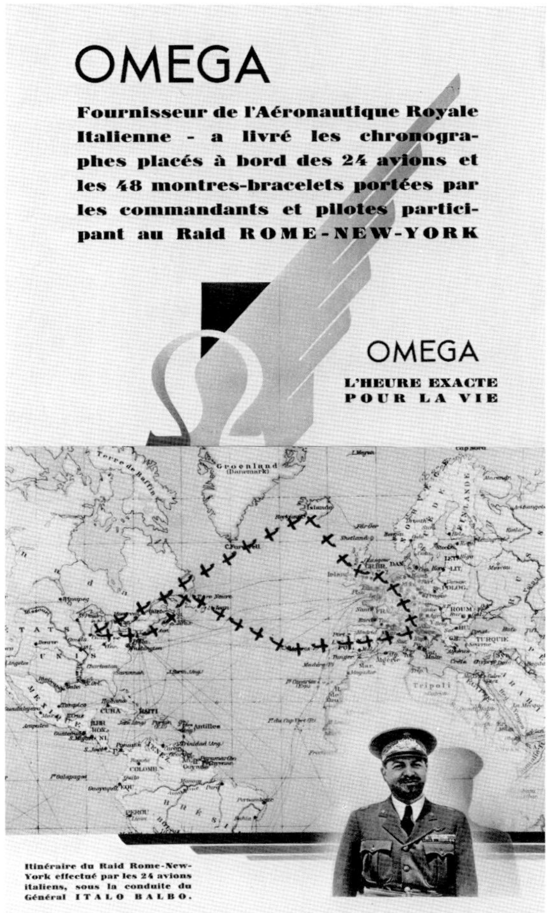

1035

1036

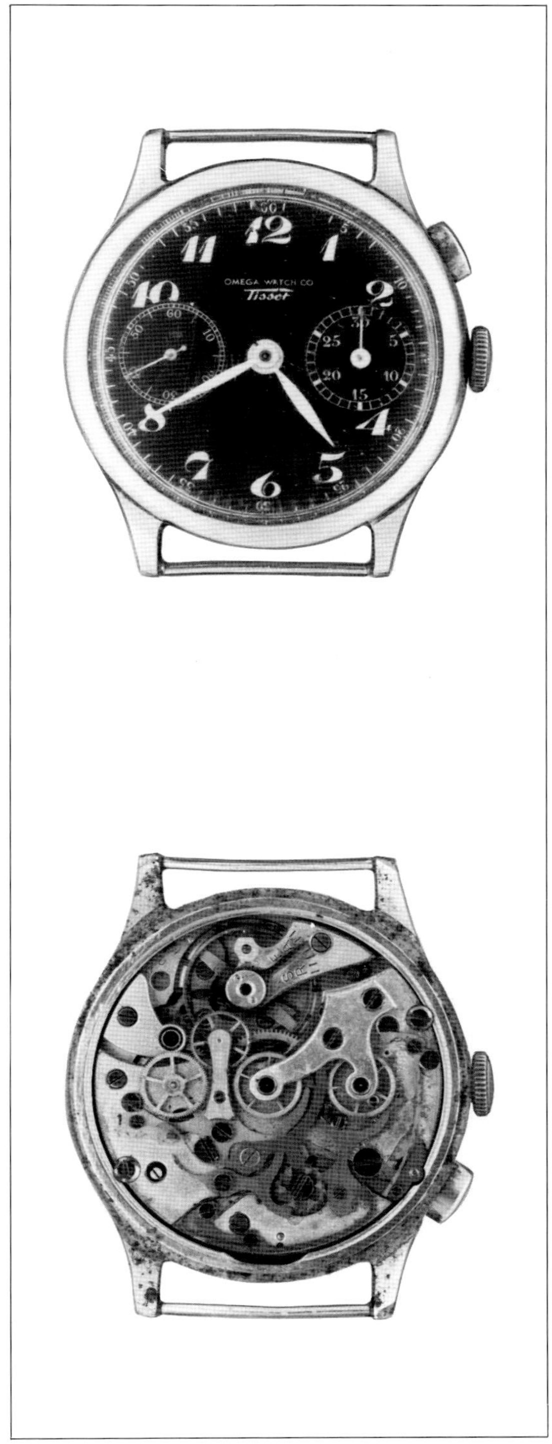

1039, 1040 Armband-Chronograph für Damen, Geneva Sport Watch, 40er Jahre; 10½liniges Ankerwerk, Kaliber GSW 237, 17 Steine, monometallische Unruh mit autokompensierender Breguet-Spirale, Werk mit Schaltrad, Kupplung und 30-Minuten-Zähler; goldenes Gehäuse, Durchmesser 25,5 mm.

1041, 1042 Herren-Armbanduhr von Heuer, um 1945; mit Chronograph, 30-Minuten- und 12-Stunden-Zähler, Tachymeter- und Telemeter-Skalen auf dem Zifferblatt; 14liniges Valjoux-Kaliber 71, monometallische Schraubenunruh, autokompensierende Breguet-Spirale.

1043 Herren-Armbanduhr mit Chronograph und 30-Minuten-Zähler, signiert auf dem Zifferblatt »Huber« (München), um 1935; Chronographenwerk mit Schaltrad von Hahn, Le Landeron, Kaliber 13; monometallische Schraubenunruh, autokompensierende Breguet-Spirale, keine Stoßsicherung; Steuerung der Start-, Stopp- und Rückstellfunktionen über einen Drücker bei der »2«.

1044

1045

Zu Seite 340 unten rechts:
1044, 1045 Herren-Armbanduhr mit Chronograph (ohne Zähler) von Fortis, um 1940; 10½liniges Werk von Venus, Kaliber 103; 15 Steine, monometallische Schraubenunruh, Flachspirale; über den in die Aufzugskrone integrierten Drücker läßt sich der zentrale Chronographenzeiger starten, anhalten und rückstellen.

1046, 1047 Herren-Armbanduhr mit Chronograph und 30-Minuten-Zähler von der Minerva Sport S. A., um 1938; Zifferblatt mit Tachymeter- und Telemeter-Skala; Gehäuse mit beweglichen Bandanstößen; Chronographenwerk mit Schaltrad von Minerva, 17 Steine, monometallische Schraubenunruh, autokompensierende Flachspirale, keine Stoßsicherung; Betätigung über einen Drücker bei der »2«.

1048 Herren-Armbanduhr mit Chronograph, signiert »Tutima«, Glashütte, hergestellt von der UFAG (Uhrenfabrik AG), um 1940; 15liniges Chronographenwerk mit 30-Minuten-Zähler, Möglichkeit von Additionsstoppungen, 21 Steine, »Shock Resist« Stoßsicherung, monometallische Schraubenunruh, autokompensierende Breguet-Spirale; das Kaliber 59 stellte ein Spitzenprodukt der Glashütter Armbanduhren-Produktion dar.

1049–1051 Herren-Armbanduhren mit Chronograph und 60-Minuten-Zähler von Pierce, um 1942; Pierce hatte um 1940 ein eigenes Chronographen-Kaliber mit Schaltrad entwickelt; das 17steinige Werk, das es mit einem oder zwei Drückern gab, war von Pierce zum Patent angemeldet worden; hinsichtlich seiner Kadratur hebt es sich stark von den übrigen Chronographen-Kalibern ab.

1052, 1053 Herren-Armbanduhr mit Chronograph und 30-Minuten-Zähler von Silvana, um 1940; 13liniges Chronographenwerk mit der Kadratur zwischen Zifferblatt und der Vorderplatine, Kaliber Venus 140; das Zifferblatt für die Zeitanzeige befindet sich bei der »12«, der 30-Minuten-Zähler bei der »6«; Steuerung des Chronographenmechanismus über Schaltrad.

1054, 1055 Damen-Armbanduhr mit Chronograph und 30-Minuten-Zähler, signiert auf dem Zifferblatt »Huber« (München), um 1945; Zifferblatt mit Tachymeter-Skala; 17steiniges Ankerwerk mit Schaltrad, $10\frac{1}{2}'''$, Valjoux-Kaliber, Steuerung des Chronographenmechanismus über einen in die Krone integrierten Drücker (3 Funktionen: Start, Stopp, Nullstellung), »Shock Resist« Stoßsicherung.

1056–1058 Damen-Armbanduhr mit Chronograph und 30-Minuten-Zähler von Eterna, um 1945; patentiertes wasserdichtes Schalengehäuse; die Schale wird in der Kalotte mit 4, in den Bandanstößen befindlichen Wurmschrauben befestigt; zweiteilige Aufzugswelle; 10½liniges Werk mit Schaltrad, Kaliber Eterna 702.

1059, 1060 Herren-Armbanduhr mit Chronograph, signiert auf dem Zifferblatt »Edo Super«, um 1945; 15steiniges Chronographenwerk mit Schaltrad, Venus-Kaliber, monometallische Schraubenunruh, Flachspirale; Start, Stopp und Rückstellung des zentralen Chronographenzeigers erfolgen über den Drücker bei der »2«; Zifferblatt mit Tachymeter- und Telemeter-Skala, kleine Sekunde bei der »6«.

1061 Herren-Armbanduhr mit Chronograph und 30-Minuten-Zähler von Rolex, um 1945; Zifferblatt mit Tachymeter- und Telemeter-Skala; 19steiniges Ankerwerk, Kaliber Valjoux 23.

1062, 1063 Armband-Chronograph mit 60-Minuten-Zähler, Pierce, um 1945; Zifferblatt mit Tachymeter- und Telemeter-Skala; Chronographenwerk mit Schaltrad, monometallische Schraubenunruh, Flachspirale; Chronographenbetätigung durch Drücker bei der »4«.

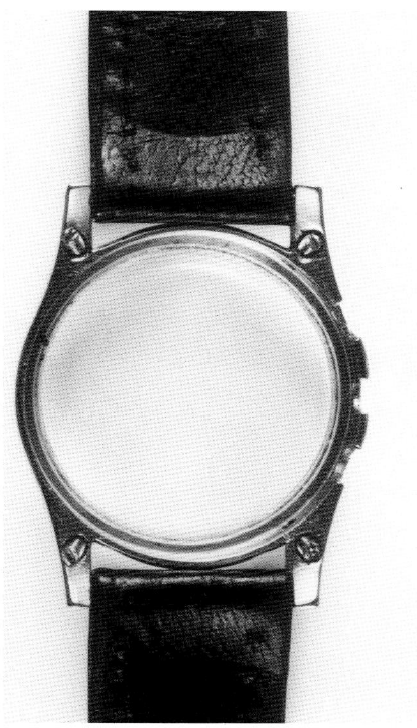

1062

1063

1064, 1065 Tonneauförmige Armbanduhr mit Chronograph, 45-Minuten-Zähler, Tachymeter- und Telemeter-Skala, um 1945, ohne Signatur; 17steiniges Formwerk mit Schaltrad von Excelsior Park, Kaliber 42, 27,1 × 29,4 mm. Genfer Streifen, keine Stoßsicherung, monometallische Schraubenunruh, autokompensierende Breguet-Spirale; Stahlgehäuse 29 × 31 mm.

1066, 1067 Herren-Armbanduhr mit Chronograph, zentral angeordnetem 60-Minuten- und 12-Stunden-Zähler bei der »3« von Longines, um 1945; Longines-Kaliber 13 ZN mit polierten und anglierten Chronographenhebeln, monometallische Schraubenunruh, autokompensierende Breguet-Spirale, Stoßsicherung.

1068, 1069 Herren-Armbanduhr mit Chronograph, 30-Minuten- und 12-Stunden-Zähler, »Seamaster« von Omega, ab 1946 gebaut; Chronographen-Kaliber 321 mit Schaltrad (Lemania-Rohwerk), 17 Steine, monometallische Schraubenunruh, autokompensierende Breguet-Spirale.

1070 Herren-Armbanduhr mit Chronograph, 30-Minuten-, 12-Stunden-Zähler und »Memento«-Zifferblatt, »Aero-Compax« von Universal, um 1950; 14 Kt. Goldgehäuse, Durchmesser 36 mm; 17steiniges Ankerwerk mit Schaltrad, monometallische Schraubenunruh, autokompensierende Spirale; die Armbanduhr besitzt bei der »12« ein Hilfszifferblatt. Mit der Krone bei der »9« kann man einen Termin einstellen.

1071, 1072 Herren-Armbanduhr mit Chronograph (0-60 Sekunden) von Le Phare, um 1950; Zifferblatt mit Telemeter- und Tachymeter-Skala; Chronographenwerk mit Schaltrad, Venus-Kaliber, monometallische Schraubenunruh, autokompensierende Flachspirale, keine Stoßsicherung; Stahlgehäuse, Durchmesser 33 mm.

1073, 1074 Herren-Armbanduhr mit Chronograph und 30-Minuten-Zähler von Silvana S. A., im Doublégehäuse, um 1950; Zifferblatt mit Tachymeter- und Telemeter-Skala; 17steiniges Chronographenwerk $12\frac{1}{2}'''$ mit Schaltrad, Kaliber Venus 170 (Venus-170-Kaliber sind an der Anordnung des 30-Minuten-Zählers bei der »12« und der kleinen Sekunde bei der »6« zu erkennen).

1075, 1076 Herren-Armbanduhr mit Chronograph und 45-Minuten-Zähler im Goldgehäuse, Rückdeckel an einem Scharnier befestigt; auf dem Zifferblatt Verkäufersignatur »Beyer Zürich«, um 1950; Uhrwerk mit Schaltrad von Angélus, Stolz Frères, Kaliber 215, 17''', 17 Steine, keine Stoßsicherung, monometallische Schraubenunruh, autokompensierende Breguet-Spirale.

◁ **1077, 1078** Herren-Armbanduhr mit Chronograph, 60-Minuten- und 12-Stunden-Zähler von Movado, um 1950; 17steiniges Werk mit Schaltrad, eigene Movado Konstruktion, 12''', Kaliber M 95, monometallische Schraubenunruh, autokompensierende Breguet-Spirale; Stahlgehäuse, Durchmesser 34 mm; das Werk ist vor magnetischen Einflüssen durch eine Weicheisenkapsel geschützt.

1079, 1080 Herren-Armbanduhr mit Chronograph und zentral angeordnetem 60-Minuten-Zähler, Mido »Multi-Centerchrono«, um 1950; 17steiniges Ankerwerk mit Schaltrad, 13''', Kaliber 1300, monometallische Schraubenunruh, autokompensierende Breguet-Spirale, »Incabloc« Stoßsicherung; Zifferblatt mit Tachymeter- und Telemeter-Skala; Stahlgehäuse. ▽

1079

1080

1081 ▽

1082 ▽

1081, 1082 Armband-Chronograph im Edelstahlgehäuse, Eterna, etwa 1950; 10½liniges Ankerwerk, Kaliber Valjoux 69, 17 Steine, monometallische Unruh mit autokompensierender Flachspirale, Werk mit Schaltrad, Kupplung und 30-Minuten-Zähler.

1083 Herren-Armbanduhr mit Chronograph, 30-Minuten- und 12-Stunden-Zähler von LeCoultre, um 1955; 18 Kt. Goldgehäuse, Durchmesser 36 mm; 13liniges Chronographenwerk, autokompensierende Spirale, »Incabloc« Stoßsicherung.

1084, 1085 Herren-Armbanduhr mit Chronograph und 30-Minuten-Zähler von Junghans, um 1955; Zifferblatt mit Tachymeter- und Telemeter-Skala; Chronographenwerk mit Schaltrad, 14''', Junghans-Kaliber J 88, 19 Steine, monometallische Schraubenunruh, autokompensierende Breguet-Spirale, Junghans Stoßsicherung.

1086, 1087 Armband-Chronograph mit 45-Minuten-Zähler von Universal, im Goldgehäuse, um 1955; Tachymeter-Skala; Universal-Kaliber 289 mit Schaltrad, $10\frac{1}{2}'''$, 17 Steine monometallische Schraubenunruh, autokompensierende Breguet-Spirale, keine Stoßsicherung.

1088, 1089 Chronograph ohne Drükker von Nicolet Watch, Tramelan, 1963; Kaliber Landeron 251, $13\frac{3}{4}$linig, 17 Steine, Glucydur-Unruh, autokompensierende Breguet-Spirale; Chronographenwerk mit Kupplung und Schaltkulisse, alle Chronographenfunktionen lassen sich durch Drehen der Krone steuern; Doublégehäuse.

1090, 1091 Herren-Armbanduhr mit Chronograph und 30-Minuten-Zähler von Doxa, um 1950; Zifferblatt mit Telemeter-Skala; 14liniges Valjoux-Kaliber 22, 17 Steine, Schaltrad, monometallische Schraubenunruh, autokompensierende Spirale, Genfer Streifen.

1092, 1093 Armband-Chronograph von Hanhart, Gütenbach, 50er Jahre; Kaliber 41, 15½''', 17 Steine, Glucydur-Unruh, autokompensierende Breguet-Spirale, »Incabloc« Stoßsicherung, Chronograph mit Schaltrad, Kupplung und 30-Minuten-Zähler, retour-en-vol-Einrichtung (Rückstellung des Chronographenzeigers ohne vorheriges Nullstellen), vernickeltes Messinggehäuse, verschraubter Edelstahlboden, Durchmesser 42 mm.

1094, 1095 Herren-Armbanduhr mit Chronograph und 30-Minuten-Zähler, »Cadette« von G. Léon Breitling S. A., um 1952; 17steiniges Chronographenwerk ohne Schaltrad von Venus, Kaliber 188; monometallische Schraubenunruh, Flachspirale; Zifferblatt mit Tachymeter-Skala.

1098, 1099 Herren-Armbanduhr mit Chronograph und 45-Minuten-Zähler von Jaeger, um 1955; Rohwerk mit Schaltrad von Universal Genève, 14‴, 17 Steine, »Incabloc« Stoßsicherung, monometallische Unruh, autokompensierende Breguet-Spirale, Jaeger-Kaliber 749 D; Stahlgehäuse, Durchmesser 35 mm. ▷

1096, 1097 Herren-Armbanduhr mit Chronograph, »digitalem« 15-Minuten-Zähler (Fenster bei der »3«) und 12-Stunden-Zählzeiger bei der »6« von Breitling, um 1955; Chronographenwerk mit Schaltrad, 17 Steine, monometallische Schraubenunruh, autokompensierende Breguet-Spirale; Stahlgehäuse mit Drehlünette, Venus-Kaliber 178, 14‴. ▷

1096 △

1097 ▽

1098 △

1099 ▽

1100, 1102 Herren-Armbanduhr mit Chronograph, 30-Minuten- und 12-Stunden-Zähler von Excelsior Park, um 1960; Kaliber 40, Durchmesser des Werkes 31,6 mm, monometallische Schraubenunruh, autokompensierende Breguet-Spirale, »Incabloc« Stoßsicherung.

1101, 1103 Armbanduhr mit Chronograph, Puls- und Atmungszähler von Angélus, um 1960; die 30-Minuten-Zählvorrichtung wurde bei dieser Uhr weggelassen, obwohl sie vom Valjoux-Kaliber her vorgesehen ist; zur besseren Ablesbarkeit ist das Glas im Sektor zwischen der »12« und der »3« als Lupe geschliffen; 17steiniges Ankerwerk, monometallische Schraubenunruh, autokompensierende Flachspirale; Stahlgehäuse.

1100 1101

1102 △ 1103 ▽

1104 Omega »Speedmaster Professional«-Chronograph am Arm eines NASA-Astronauten mit Apollo-Bordanzug (Puppe, ausgestellt im Omega-Museum, Biel).

1105 Omega »Speedmaster Professional« in der Version der offiziellen Armbanduhr der Astronauten des Gemini-Programmes der NASA, u. a. beim ersten 21minütigen Weltraum-»Spaziergang« 1965 auf der Außenhaut des Raumanzuges getragen (vgl. Abb. 349).

1106 Herren-Armbanduhr mit Chronograph, 30-Minuten- und 12-Stunden-Zähler, »Cosmograph Daytona« von Rolex, um 1960; 12½liniges Ankerwerk, Kaliber Valjoux 72, 19 Steine, monometallische Unruh, autokompensierende Spirale.

1108, 1109 Armband-Chronograph mit einfachem Vollkalendarium von Ulysse Nardin, späte 50er Jahre; 13liniges Ankerwerk, Kaliber Valjoux 72 C, 17 Steine, monometallische Unruh mit autokompensierender Flachspirale, Werk mit Schaltrad, Kupplung, 30-Minuten- und 12-Stunden-Zähler, Edelstahlgehäuse.

1107 Herren-Armbanduhr mit Chronograph, 30-Minuten- und 12-Stunden-Zähler, »Oyster Chronograph« von Rolex, um 1960; 18 Kt. Oyster-Goldgehäuse, Durchmesser 36 mm; Zifferblatt mit Tachymeter- und Telemeter-Skala; 12½liniges Ankerwerk, Kaliber Valjoux 72, 19 Steine, Glucydur-Unruh (die Chronographen wurden von Heuer für Rolex remontiert). ▷

1110, 1111 Herren-Armbanduhr mit Chronograph und 30-Minuten-Zähler mit Stiftankerwerk von Cimier, um 1960; Chronographen- und Zählzeiger lassen sich nicht über Drücker auf Null stellen, sondern nur starten und stoppen.

1112, 1113 Jugend-Armbanduhr mit Datumsanzeige, Chronograph und 15-Minuten-Zähler, »Jacky Ickx Easy-Rider« von Heuer-Leonidas, um 1975; Chronographenwerk mit Stiftankerhemmung von Ebauches Bettlach, Kaliber 8420, 17 Steine.

1114, 1115 Anonymer Armband-Chronograph mit 30-Minuten-Zähler sowie Datumsanzeige durch 2 Scheiben, Schnellkorrektur über Drücker bei der »8«; $12^{1}/_{2}$liniges Ankerwerk, Kaliber Venus 211, 17 Steine, monometallische Unruh mit autokompensierender Flachspirale, »Incabloc« Stoßsicherung. Erstes Modell dieser Art um 1955.

1116, 1117 Herren-Armbanduhr mit Chronograph, 30-Minuten- und 12-Stunden-Zähler, »Carrera« von Heuer, ab 1963 hergestellt; Stahlgehäuse, Durchmesser 36 mm; 13‴ Ankerwerk mit Schaltrad, Valjoux-Kaliber 72, 17 Steine, Beryllium-Unruh, Flachspirale, »Incabloc« Stoßsicherung. Der Heuer »Carrera«-Chronograph fiel seinerzeit durch sein sachliches Zifferblatt auf, bei dem das Ablesen der gestoppten Zeiten nicht durch zusätzliche Teilungen des Zifferblattes beeinträchtigt wurde.

1118, 1119 Goldene Herren-Armbanduhr mit Chronograph und 30-Minuten-Zähler von Patek Philippe, 1964; 13liniges Ankerwerk mit Schaltrad, modifiziertes Kaliber Valjoux 23, 23 Steine, monometallische Schraubenunruh, autokompensierende Breguet-Spirale, Feinregulierung für den Rücker, keine Stoßsicherung.

1120, 1121 Herren-Armbanduhr mit Chronograph, 30-Minuten- und 12-Stunden-Zähler von Zenith, um 1965; 18 Kt. Goldgehäuse, Durchmesser 36 mm; Ankerwerk, Kaliber 146 H, 14‴, 17 Steine, monometallische Schraubenunruh, autokompensierende Breguet-Spirale, »Incabloc« Stoßsicherung; Steuerung des Chronographenmechanismus über Schaltrad.

1122 Herren-Armbanduhr mit Chronograph, 45-Minuten-Zähler und Datumsanzeige, »Carrera« von Heuer, um 1965; Stahlgehäuse, Durchmesser 36 mm; 17steiniges Chronographenwerk ohne Schaltrad, Kaliber Landeron 189. Anstatt eines permanent mitlaufenden Sekundenzeigers besitzt diese Uhr eine Datumsanzeige bei der »9« (erster Chronograph mit Datumsanzeige durch ein Fenster).

1124, 1125 Herren-Armbanduhr mit Chronograph, 30-Minuten- und 12-Stunden-Zähler, 12- und 24-Stunden-Anzeige, »Autavia GMT« von Heuer, um 1967; Stahlgehäuse, Durchmesser 36 mm; 13liniges Chronographen-Kaliber mit Schaltrad, Valjoux 72, 17 Steine, monometallische Ringunruh, Flachspirale, »Incabloc« Stoßsicherung; die Uhr besitzt 2 Stundenzeiger, die sich ein- bzw. zweimal innerhalb von 24 Stunden drehen.

◁ **1123** Herren-Armbanduhr mit zentralem Chronographenzeiger und 5-Minuten-Zähler, »Regate« von Aquastar, um 1965; Stahlgehäuse, Durchmesser 39 mm; Ankerwerk, Lemania-Kaliber; durch die 5 Fenster unterhalb der »12« ist sichtbar, wieviele Minuten noch bis zum Start einer Regatta verbleiben; mit Hilfe des Drückers bei der »2« lassen sich der zentrale Chronographenzeiger und der 5-Minuten-Zähler in die Ausgangsposition bringen.

Gegenüberliegende Seite links:
1126 Herren-Armbanduhr mit Chronograph, 15-Minuten-Zähler und Datumsanzeige, »Skipper« von Heuer, um 1960; Ausführung für den Segelsport, vor allem gedacht für den Start von Regatten.

1127, 1128 Armband-Chronograph mit einem Drücker, ohne Zähler und drehbarer Lünette. Seiko, Japan, 60er Jahre. Chronographenwerk mit Schaltrad.

1126

1129, 1130 Herren-Armbanduhr mit Chronograph, 30-Minuten- und 12-Stunden-Zähler sowie 24-Stunden-Zeitanzeige, »Cosmonaute« von Breitling, um 1969; Stahlgehäuse, Durchmesser 40 mm; 17steiniges Ankerwerk, Kaliber Valjoux 7736 (ohne Schaltrad), 14‴, monometallische Ringunruh, Flachspirale, »Incabloc« Stoßsicherung.

1131, 1132 Herren-Armbanduhr mit 60-Minuten-Zähler, »Super Ocean« von Breitling, um 1970; Stahlgehäuse, Durchmesser 38 mm; 17steiniges Ankerwerk, 14‴, modifiziertes Kaliber Valjoux 7731, das lediglich über einen zentralen 60-Minuten-Chronographen verfügt, der über die Drücker gestartet, gestoppt und auf Null rückgestellt werden kann; durch das Fenster über der »6« wird angezeigt, daß der Chronograph einwandfrei funktioniert; das Gehäuse ist bis 200 Meter wasserdicht.

1127

1128

1133–1135 Herren-Armbanduhr mit automatischem Aufzug, Chronograph mit 30-Minuten- und 12-Stunden-Zähler und Datumsanzeige von Breitling, ab 1969 gebaut; Stahlgehäuse, Durchmesser 48 mm; $13\frac{3}{4}$liniges Werk, das in 2 Ebenen aufgebaut ist. Auf das Grundwerk mit automatischem Aufzug durch einen Planetenrotor ist der Chronographenmechanismus aufgeschraubt. Dieses Kaliber 12 hat 17 Steine, eine monometallische Ringunruh, autokompensierende Flachspirale, »Incabloc« Stoßsicherung und eine Feinregulierung für den Rücker durch Exzenterschraube. Die Unruh schwingt mit 19800 A/h; die Höhe des Werkes beträgt 7,7 mm. Dieses Chronographen-Kaliber war am 3. März 1969 anläßlich einer internationalen Pressekonferenz von Breitling, Hamilton-Büren und Heuer gemeinsam vorgestellt worden.

1133

1134

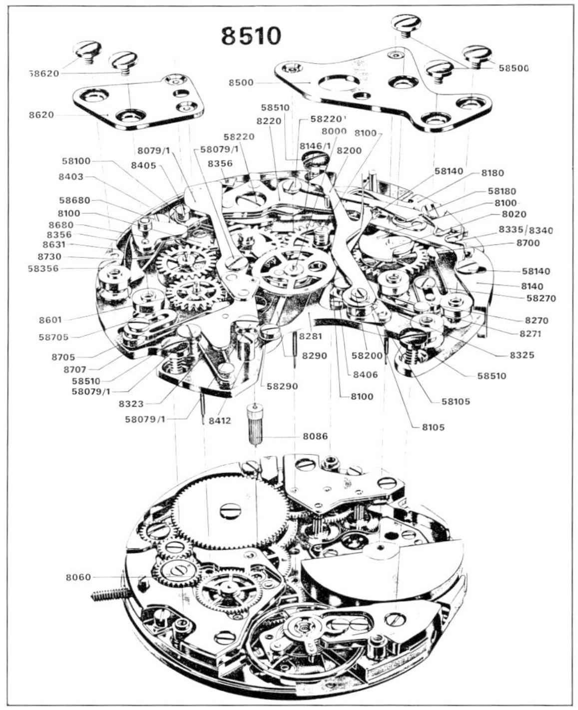

1135

◁ **1136, 1137** Herren-Armbanduhren mit automatischem Aufzug, Chronograph mit 30-Minuten- und 12-Stunden-Zähler und Datumsanzeige, »El Primero« von Zenith, ab 1969 gebaut; Stahlgehäuse, Durchmesser 37 mm; 13liniges Ankerwerk, Kaliber 3019 PHC, 31 Steine, »Incabloc« Stoßsicherung, Feinregulierung des Rückers über Exzenterschraube, die Unruhfrequenz beträgt 36000 A/h; dieses Kaliber war das erste Chronographen-Kaliber mit automatischem Aufzug durch zentralen Rotor; er ist kugelgelagert und zieht die Feder in beiden Drehrichtungen auf, Bauhöhe des Werkes 6,5 mm.

1138, 1139 Herren-Armbanduhr mit automatischem Aufzug, Chronograph mit 30-Minuten- und 12-Stunden-Zähler und Datumsanzeige, signiert »Jaquet-Girard«; das Werk entspricht der Abbildung 1134, besitzt jedoch einen zusätzlichen 24-Stunden-Zeiger und 2, mit den Kronen bei der »2« und »4« verstellbare Drehlünetten, um die Zeit an verschiedenen Orten der Erde ablesen zu können.

1140, 1141 Herren-Armbanduhr im wasserdichten Stahlgehäuse, Omega »Speedmaster 125«, um 1975; mit automatischem Aufzug, Chronograph mit zentral angeordnetem 60-Minuten- und 12-Stunden-Zähler bei der »6«, Datumsfenster bei der »3« und 24-Stunden-Anzeige bei der »9«; $13^3/_4$liniges Ankerwerk Kaliber 1041, kugelgelagerter Zentralrotor mit Aufzug in beiden Drehrichtungen, monometallische Ringunruh, autokompensierende Flachspirale, »Incabloc« Stoßsicherung, Feinregulierung des Rückers über Exzenterschraube; die Uhr wurde mit offiziellem Chronometerzeugnis ausgeliefert.

1142, 1143 Armbanduhr mit Chronograph, 30-Minuten- und 5-Stunden-Zähler, signiert »Transglobe«, um 1975; 17steiniges Ankerwerk, Kaliber Baumgartner 597, $13^1/_2'''$, monometallische Unruh, autokompensierende Flachspirale, »Incabloc« Stoßsicherung. Rückstellung des Chronographenzeigers bei der »8«, Rückstellung des Minuten- und Stundenzählers bei der »4«.

1144, 1145 Rechteckige Herren-Armbanduhr mit automatischem Aufzug, digitaler Stunden- und Minutenanzeige, Chronograph mit 60-Minuten-Zähler und Datumsfenster, signiert »Precimax«, um 1975; 11½liniges Automatik-Kaliber D. D. K. 1369 von Kelek, La Chaux-de-Fonds, 1974 auf den Markt gekommen; 17 Steine, monometallische Ringunruh, autokompensierende Flachspirale, »Incabloc« Stoßsicherung, Höhe des Uhrwerkes 7,6 mm; damals das kleinste Chronographenwerk mit automatischem Aufzug, das auf dem Markt erhältlich war; die Kadratur wurde in Le Lieu von Dubois-Dépraz entwickelt.

1146 Armband-Chronograph mit automatischem Aufzug von Seiko, um 1970; 12liniges Ankerwerk, Kaliber 6138 B, 21 Steine, monometallische Unruh mit autokompensierender Flachspirale; Werk mit Schaltrad, Kupplung, 30-Minuten- und 12-Stunden-Zähler, Rotoraufzug in beiden Drehrichtungen, kein permanent mitlaufender Sekundenzeiger; Wochentags- und Datumsanzeige; Edelstahlgehäuse mit Drehlünette für Rechenschieber.

1147 Automatik-Chronograph von Citizen, um 1980; Kaliber Citizen 8100, 12‴, 23 Steine, 28800 A/h, autokompensierende Flachspirale, Kulissenschaltung.

1148, 1149 Herren-Armbanduhr mit automatischem Aufzug, Chronograph mit 30-Minuten- und 12-Stunden-Zähler, Mondphasen- und Datumsanzeige, signiert »Aero«, 80er Jahre; Doubléгehäuse, Durchmesser 40 mm; 13 ¼liniges Ankerwerk, Kaliber Valjoux 7750 (1973 entwickelt), 17 Steine, »Incabloc« Stoßsicherung. Der kugelgelagerte Rotor zieht die Feder in einer Drehrichtung auf. Ursprünglich wurde das Werk mit Datums- und Tagesanzeige verkauft, bei der abgebildeten Uhr wurde die Tagesscheibe durch eine Mondscheibe mit 59 Zähnen ersetzt. Datum und Mondphasen lassen sich mit Hilfe der halb gezogenen Krone schnell schalten, Unruh-Stoppvorrichtung.

1150, 1151 Herren-Armbanduhr mit Chronograph, 30-Minuten-Zähler und Schleppzeiger, signiert »Index-Mobile«, patentiert für Georges Dubey und René Schaldenbrand im Jahre 1948; Doublégehäuse, Durchmesser 37 mm; vereinfachte Schleppzeigerkonstruktion, bei der die beiden Chronographenzeiger durch eine Spiralfeder (vorn sichtbar) miteinander verbunden sind. Durch Betätigung des Drückers in der Aufzugskrone kann – solange der Finger auf dem Drücker bleibt – der Schleppzeiger angehalten werden. Wird der Drücker losgelassen, springt der Schleppzeiger wieder auf die Höhe des eigentlichen Chronographenzeigers. 17steiniges Landeron-Kaliber.

1152, 1153 Herren-Armbanduhr mit Chronograph, 30-Minuten-Zähler und Mono-Rattrapante (Erklärung dieses Fachbegriffes im Textteil S. 94 ff.) von Recta, um 1945; Stahlgehäuse, 36 mm Durchmesser; Chronographenwerk mit Schaltrad, 14liniges Valjoux-Kaliber, 17 Steine, monometallische Schraubenunruh, autokompensierende Breguet-Spirale, keine Stoßsicherung. Der Schleppzeiger-Mechanismus läßt sich durch die Betätigung des oberen Drückers steuern.

1154 Herren-Armbanduhr mit Chronograph, 30-Minuten-Zähler und Schleppzeiger, signiert »Dubey & Schaldenbrand, Index-Mobile«, um 1948 (vgl. auch Abb. 1150, 1151).

1155 Herren-Armbanduhr mit Chronograph, signiert »Lowenthal«, um 1945; 30-Minuten-Zähler und Mono-Rattrapante (vgl. Abb. 1152, 1153).

1156, 1157 Armbanduhr mit Chronograph-Rattrapante (Erklärung dieses Fachbegriffes im Textteil S. 94 ff.), 30-Minuten- und 12-Stunden-Zähler, signiert »Audemars Piguet Genève«, Werk Nr. 46978, aus dem Jahre 1943; 13liniges Ankerwerk, Valjoux-Ebauche, 20 Steine, 8 Adjustments, Breguet-Spirale, Goldgehäuse 18 Kt. Die Betätigung des Schleppzeigers erfolgt durch Druck auf die Krone.

1158, 1159 Herren-Armbanduhr mit Chronograph-Rattrapante, 30-Minuten- und 12-Stunden-Zähler, signiert »Certina EA«, um 1950; 14liniges Ankerwerk, Venus-Kaliber 185, 20 Steine, ohne Stoßsicherung, monometallische Schraubenunruh, autokompensierende Breguet-Spirale; Stahlgehäuse, Durchmesser 37 mm; Betätigung des Schleppzeigers über einen in die Aufzugskrone integrierten Drücker.

1160, 1161 Herren-Armbanduhr mit Chronograph, 30-Minuten-Zähler und Schleppzeiger, signiert »Butex«, Buttes Watch, um 1950; 18 Kt. Goldgehäuse; 13 ½liniges Ankerwerk, 23 Steine, monometallische Schraubenunruh, autokompensierende Breguet-Spirale, keine Stoßsicherung; der Schleppzeiger-Mechanismus ist auf das Chronographen-Kaliber 39 von Landeron aufgebaut und über den Drücker bei der »10« schaltbar.

1162, 1163 Herren-Armbanduhr mit Chronograph, 30-Minuten-Zähler und Schleppzeiger von G. Capt, um 1955; 18 Kt. Goldgehäuse; Valjoux-Kaliber, monometallische Schraubenunruh, autokompensierende Breguet-Spirale, keine Stoßsicherung; Steuerung des Chronographen über den Drücker in der Krone und des Schleppzeigers über den Drücker bei der »2«.

1164, 1165 Herren-Armbanduhr mit Chronograph-Rattrapante und 45-Minuten-Zähler, signiert »Breitling Duograph«, um 1950; 14liniges Ankerwerk, Venus-Kaliber 190, 20 Steine, ohne Stoßsicherung; monometallische Schraubenunruh, autokompensierende Breguet-Spirale, Schwanenhals-Feinregulierung; Stahlgehäuse, Durchmesser 36 mm; bei diesem Chronographen fungiert die Aufzugskrone gleichzeitig als Drücker für den Schleppzeiger (patentierte Konstruktion).

1166, 1167 Herren-Armbanduhr mit Chronograph, 30-Minuten-Zähler und Schleppzeiger von Patek Philippe, verkauft 1938; 18 Kt. Goldgehäuse; 13liniges Ankerwerk, 25 Steine, monometallische Schraubenunruh, autokompensierende Breguet-Spirale, keine Stoßsicherung; dem Werk liegt ein Valjoux-Rohwerk zugrunde, die Steuerung des Schleppzeigers erfolgt über den Drücker in der Aufzugskrone.

1168 Herren-Armbanduhr mit automatischem Aufzug und Chronograph-Rattrapante, Chronoswiss, um 1995; 13 ¼liniges Ankerwerk, Kaliber Valjoux 7550 (von Chronoswiss mit patentiertem Schleppzeiger-Mechanismus unter dem Zifferblatt versehen); Chronograph mit Schaltkulisse, 30-Minuten- und 12-Stunden-Zähler; monometallische Unruh mit autokompensierender Flachspirale.

1169 Herren-Armbanduhr mit Handaufzugswerk und Chronograph-Rattrapante, Ulysse Nardin, um 1995; 14‴ Ankerwerk, 40er Jahre, Kaliber Venus 179, Schaltrad, Kupplung und 45-Minuten-Zähler.

1170 Herren-Armbanduhr mit automatischem Aufzug und Chronograph-Rattrapante, Franck Muller, Genf, um 1995; 13 ¼liniges Ankerwerk mit Rotoraufzug in einer Drehrichtung, Kaliber Valjoux 7550 (von Muller modifiziert); Kulissenschaltung.

1171 »Navitimer« Chronograph-Rattrapante mit automatischem Aufzug und Datumsanzeige von Breitling, um 1995; 11 ½liniges Ankerwerk, Kaliber von Frédéric Piguet 11.86, 38 Steine, monometallische Unruh mit autokompensierender Flachspirale, 21600 A/h, 30-Minuten- und 12-Stunden-Zähler; Rotoraufzug; Rotgoldgehäuse.

1172 »Technicum« von Paul Picot, um 1995; Chronograph-Rattrapante mit automatischem Aufzug, Datums-, Wochentags- und Gangreserveanzeige; 13 ¼liniges Ankerwerk mit Rotoraufzug in einer Drehrichtung, Kaliber Valjoux 7550 (von Jacquet Baume exklusiv für Paul Picot modifiziert); Kulissenschaltung, 30-Minuten-Zähler, zentrale Stunden- und Minutenanzeige; Steuerung des Schleppzeigers über den Drücker bei der »8«; monometallische Ringunruh mit autokompensierender Flachspirale, »Incabloc« Stoßsicherung, Sekundenstopp

1172 △

1173 ▽

1174 Armband-Chronograph von Girard-Perregaux, um 1940; Doublégehäuse mit Kronen-Drücker zum Nullstellen des Sekundenzeigers und des Minutenzählers; versilbertes Werk mit 17 Steinen, Schraubenunruh mit Flachspirale.

Zu Seite 362 unten rechts:
1173 Chronograph-Rattrapante mit automatischem Aufzug sowie zentraler Stunden- und Minutenanzeige, Girard-Perregaux, um 1995; 13¼liniges Ankerwerk mit Rotoraufzug in einer Drehrichtung, Kaliber Valjoux 7550 (für Girard-Perregaux modifiziert, Verlagerung des 30-Minuten-Zählers zur »3«); Kulissenschaltung, 30-Minuten- und 12-Stunden-Zähler;

1175, 1176 Armband-Chronograph von Longines, späte 40er Jahre; wasserdichtes Stahlgehäuse mit Drücker bei der »2« für permanente Nullstellung (kein Anhalten möglich); versilbertes Zifferblatt mit vergoldeten Zeigern und Minutenzähler aus der Mitte; Werk Kaliber 12. 68 Z, 12‴, 17 Steine, Schraubenunruh mit Breguet-Spirale und »Shock Resist« Stoßsicherung.

Steuerung des Schleppzeigers über den Drücker bei der »8«, monometallische Ringunruh mit autokompensierender Flachspirale »Incabloc« Stoßsicherung, Sekundenstopp.

1177, 1178 Armbanduhr mit unabhängigem zentralen Sekundenzeiger, signiert auf dem Zifferblatt »Stop«, um 1945; bei dieser Uhr handelt es sich um einen einfachen Chronographen, bei dem der Start-, Stopp- und Rückstellmechanismus auf ein »Helvetia«-Werk aufgesetzt wurde. Start und Stopp des zentralen Sekundenzeigers erfolgen über den Drücker bei der »8«, die Rückstellung über den Drücker bei der »2«.

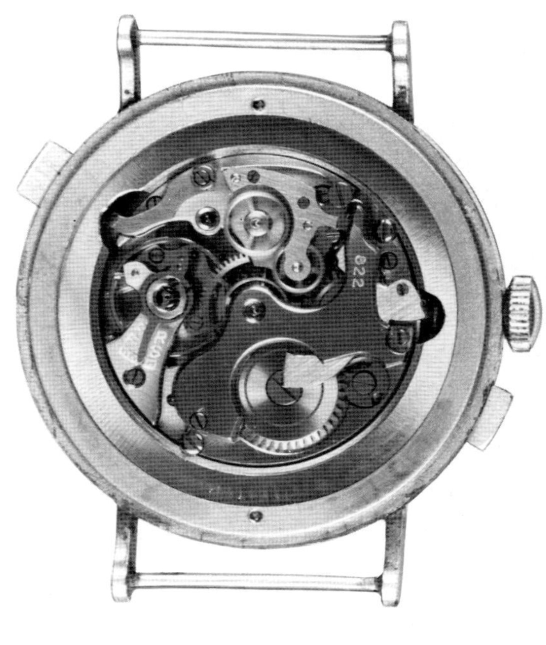

1179, 1180 Herren-Armbanduhr mit unabhängigem zentralen Sekundenzeiger, signiert auf dem Zifferblatt »Zent-Ra«, um 1953; Stahlgehäuse, 35 mm Durchmesser; 12liniges Eta-Kaliber 1168, 17 Steine, davon 4 in Chatons gefaßt, monometallische Schraubenunruh, autokompensierende Flachspirale; der zentrale Sekundenanzeiger läuft permanent mit; zur Zeitmessung kann er mit Hilfe des Drückers bei der »2« auf Null gestellt und durch manuelles Halten desselben dort gestoppt werden; mittels des unteren Drückers läßt sich der Sekundenzeiger, solange man den Drücker betätigt, anhalten.

1181 Herren-Armbanduhr mit 60-Minuten-Zähler, z. B. für Parkzeitmessungen, signiert »Daniel Perret Minu-Stop«, um 1968; 17steiniges Ankerwerk, die Scheibe im oberen Zifferblattausschnitt dreht sich ständig mit, kann jedoch durch den Drücker bei der »2« auf Null gestellt werden.

1183, 1184 Große Armband-Stoppuhr »cronografo a ritorno« (Chronograph mit Nullstellung) für die Luftfahrt. Zentraler 30-Sekunden-Stoppzeiger und 15-Minuten-Zähler bei der Krone. Der bei der »5« sichtbare Pfeil läßt sich mit Hilfe der gerändelten Lünette einstellen. Ankerwerk; Steuerung des Stopp- und Zählwerkes über Schaltrad. Bei Betätigung der Stopp-Funktion wird der Unruhreif angehalten, Stahlgehäuse.

1181 △ 1182 ▽

◁◁ **1182** Herren-Armbanduhr mit unabhängigem Sekundenzeiger, signiert »Chrono Stop«, Schweiz, um 1960; der zentrale Sekundenzeiger läuft ständig mit, er kann mit Hilfe des oberen Drückers nullgestellt und des unteren Drückers angehalten werden.

Armbanduhren mit Kalendarium

1185–1187 Herren-Armbanduhr von Henry Moser, Le Locle, um 1915/20. Henry Moser war u. a. Lieferant von Carl Fabergé in St. Petersburg. Wochentagsindikation (Fenster) und Datumsanzeige durch einen zentralen Zeiger, der auf die außenstehenden roten Datumszahlen deutet. Schweizer Ankergang, 15 Steine, bimetallische Unruh, Breguet-Spirale; Gehäuse Silber (vgl. auch Abb. 40).

1188 Rechteckige goldene Herren-Armbanduhr mit komplettem Kalendarium und Mondphasenindikation von Vacheron & Constantin, Ende der 20er Jahre (die Uhr entspricht hinsichtlich des Werkes und der Funktionen der Abbildung 1193 von Audemars Piguet).

1189 Tonneauförmige Herren-Armbanduhr mit komplettem, nicht-ewigem Kalendarium und Mondphasenindikation von Patek Philippe, um 1923; 11liniges Ankerwerk, bimetallische Unruh, Breguet-Spirale.

1190 Herren-Armbanduhr mit Datumsanzeige, um 1920; Ankerwerk, 15 Steine, bimetallische Unruh, Breguet-Spirale, Gehäuse Silber 925, Durchmesser 34 mm.

1191, 1192 Rechteckige Herren-Armbanduhr mit einfachem Vollkalendarium und Mondphasenindikation, signiert »E. Gübelin Luzerne«, hergestellt von Audemars Piguet, 1924; Brücken-Ankerwerk mit 18 Steinen, bimetallische Schraubenunruh und Breguet-Spirale, Bodengravur (übersetzt): »Dies ist unsere erste Kalender-Armbanduhr und vermutlich die erste, welche überhaupt existiert.«

1193 Goldene Herren-Armbanduhr mit Kalendarium und Mondphasenindikation von Audemars Piguet, hergestellt 1926, verkauft 1931; 9¾liniges Werk mit 18 Steinen, Genfer Streifen, bimetallische Unruh, Breguet-Spirale; die Monatsanzeige schaltet nur nach dem 31. automatisch weiter, in Monaten mit 30 oder weniger Tagen muß die Fortschaltung des Monatsnamens manuell über einen Drücker im Gehäuserand vorgenommen werden. ▽

1194 △

1195 ▽

1194, 1195 Kalenderuhr für den englischen Markt im 9 Kt. Goldgehäuse; Metallzifferblatt mit 4 Hilfszifferblättern, oben Datum, links Wochentag, rechts Monat, unten Sekunden. Oben links und seitlich rechts am Gehäuse verschiebbare Stifte zum Einstellen der Kalenderindikationen; gebläuter Stundenzeiger (Kathedralform) wahrscheinlich original, um 1925. Auf Platine signiert »Everest Watch Co«, 15 Steine, 2 Adjustments. Unruh mit Schrauben und flacher Spirale; Werkgröße 12½'''.

1196 Rechteckige Gelbgold-Weißgold-Herren-Armbanduhr mit Datumsanzeige von Vacheron & Constantin, hergestellt 1929, verkauft am 27.8.1937 nach England; Uhrwerk Kaliber 9''' PC.

1197 Tonneauförmige Herren-Armbanduhr mit Tages-, Datums- und Mondphasenanzeige von Vacheron & Constantin, hergestellt 1929, verkauft am 16.7.1937 in Genf; Uhrwerk Kaliber 10/11''', Gehäuse in 18 Kt. Gelbgold.

1198 Armbanduhr mit manuell schaltbarem Kalender, signiert auf dem Zifferblatt »Vibra«, Schweiz, um 1930; Chrom-Nickel-Gehäuse mit Bandanstößen, in denen sich die Trommeln zum Einstellen des Wochentags (oben) und Datums (unten) befinden; über die seitlich angebrachten Rändelschrauben lassen sich die Anzeigen verstellen; Schweizer Roskopf-Werk mit Stiftankerhemmung.

1199 △

1200 ▽

1199, 1200 Herren-Armbanduhr im rechteckigen Platingehäuse von Patek Philippe & Co., Nr. 860182, verkauft 1938; Silberzifferblatt mit Anzeige des Wochentags, Datums, Monats und der Mondphasen durch Ausschnitte. Ansicht unterhalb des Zifferblattes mit der Kalendermechanik und der emaillierten Scheibe für die Mondphasenindikation, $7^3/_4 \times 11$liniges tonnenförmiges Werk, 18 Steine, Breguet-Spirale und bimetallische Unruh. ▷

1201, 1202 Herren-Armbanduhr im Stahlgehäuse, 22 × 40 mm (über Anstöße), signiert »Hallwatch«, um 1940; frühe Armbanduhr mit Datumsanzeige durch ein Fenster bei der »3«; Ankerwerk 8¾ × 12‴ von Mimo, bei dem der unter der Bezeichnung »Mimo-Meter-Patent« bezeichnete Datumsschaltmechanismus auf der vorderen Platine befestigt ist; 15 Steine, Stoßsicherung; gefertigt für die »United Jewelers Inc.«.

1203, 1204 Herren-Armbanduhr von Girard-Perregaux, um 1944; Stahlgehäuse; die Uhr besitzt eine Datumsanzeige mit Hilfe von 2 Scheiben durch 2 Fenster zwischen der »10« und der »2«; Ankerwerk 8¾ × 12‴, Kaliber 97 (Rohwerk von Helvetia, Kaliber 75-24), 17 Steine, Helvetia Stoßsicherung.

1205, 1206 Herren-Armbanduhr mit Datumsanzeige, signiert »Civitas« (Moeris Watch), um 1945; Stahlgehäuse, Durchmesser 32 mm; 15steiniges Ankerwerk, keine Stoßsicherung, die Datumsanzeige erfolgt mit Hilfe eines zentralen Datumszeigers; silberfarbenes Zifferblatt, orangefarbene Felder für die geraden Monatstage und den 31., silberfarbene Felder für die ungeraden Monatstage.

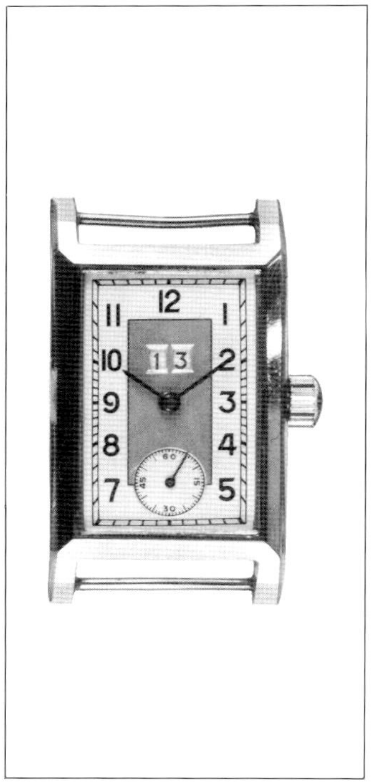

1207, 1208 Herren-Armbanduhr mit Kalendarium im wassergeschützten 14 Kt. Goldgehäuse von Movado, um 1945; 15steiniges Ankerwerk, $10'''$, monometallische Schraubenunruh, autokompensierende Breguet-Spirale; automatisch schaltende Datums- und Wochentagsangabe; Monatsanzeige durch Drücker bei der »4« manuell schaltbar.

1209 Herren-Armbanduhr mit komplettem Kalendarium (Datum, Tag, Monat) und kleiner Sekunde von Omega, um 1947; Korrekturmöglichkeit der Anzeigen über Drücker im Gehäuserand.

1210, 1211 Herren-Armbanduhr mit Kalendarium, rundes Doublégehäuse, Datums-, Wochentags- und Monatsanzeige, Zentralsekunde. Die Indikationen können mit 2 Drückern korrigiert werden. Rundes Ankerwerk, 13''' (Valjoux-Ebauche, Kaliber 90), 15 Steine, Zentralsekunde nicht im Kraftfluß. Flachspirale. »Arsa« von A. Reymond S. A., 1948. Deckelgravur »Jubile 1898–1948 (43952)«.

1212 Runde goldene Herren-Armbanduhr mit vollständigem Kalendarium und Mondphasenanzeige von Vacheron & Constantin, um 1950; 12½liniges Ankerwerk, Kaliber 495 (Ebauche von LeCoultre), monometallische Schraubenunruh, autokompensierende Flachspirale.

1213 Rechteckige goldene Herren-Armbanduhr mit vollständigem Kalendarium und Mondphasenanzeige von Vacheron & Constantin, um 1950; 12½liniges Ankerwerk, Kaliber 495 (Ebauche von LeCoultre), monometallische Schraubenunruh, autokompensierende Flachspirale.

1214, 1215 Herren-Armbanduhr mit Chronograph, 30-Minuten-Zähler und Kalendarium, signiert »Butex«, Buttes Watch, um 1950; vernickeltes Gehäuse, Durchmesser 36 mm; Chronographenwerk ohne Schaltrad, Landeron-Kaliber, 17 Steine, monometallische Schraubenunruh, Flachspirale, keine Stoßsicherung; alle Indikationen außer der Monatsanzeige schalten automatisch (Datumsanzeige bei der »6«), Korrekturmöglichkeit durch Verdrehen der Lünette, indem man eine dort angebrachte Strichmarkierung auf die Höhe der »6«, »11« oder »1« bringt und die jeweilige Indikation durch Hin- und Herbewegen der Lünette weiterschaltet.

1216, 1217 Herren-Armbanduhr, signiert »Cal-O-Date«, um 1950; vernickeltes rundes Gehäuse, Durchmesser 33 mm; 13liniges Roskopf-Werk mit Stiftankerhemmung, signiert »Chesterfield Watch Co.«, Schweizer Herkunft, 7 Funktionssteine, indirekte Zentralsekunde, Genfer Streifen; die Datumsanzeige erfolgt durch ein Fenster unterhalb der »12«. ▽

△ **1218** Herren-Armbanduhr mit Kalendarium und Mondphasenanzeige von Omega, um 1950; alle Indikationen außer der Monatsangabe schalten automatisch, Korrektur über Drücker im Gehäuserand.

◁ **1219** Goldene Herren-Armbanduhr mit Kalendarium und Mondphasenindikation von Audemars Piguet, um 1950; Gehäusedurchmesser 37 mm; 9¾liniges Ankerwerk, 18 Steine, Glucydur-Unruh, autokompensierende Spirale, Genfer Streifen; alle Indikationen schalten automatisch, die Monatsanzeige jedoch jeweils nur am 31., manuelle Korrekturmöglichkeit über Drücker im Gehäuserand.

1220, 1221 Doublé-Armbanduhr mit Kalendarium und Mondphasenindikation, signiert »LeCoultre«, um 1950; 7¾ × 11liniges Formwerk, Kaliber 486/AW, 17 Steine, keine Stoßsicherung, monometallische Schraubenunruh, autokompensierende Flachspirale, Genfer Streifen; alle Indikationen schalten automatisch, Monat nur am 31., Korrekturmöglichkeit über Drücker.

1222, 1223 Herren-Armbanduhr mit automatischem Aufzug und Kalendarium, anonym, um 1950; 12¼liniges Werk, Kaliber AS 1315, 17 Steine, Aufzug mittels begrenzter Pendelschwungmasse in einer Richtung durch ein Kraftübertragungsrad; automatisch schaltende Datums- und Tagesanzeige, manuell einstellbare Monatsindikation.

1224 Doublé-Herren-Armbanduhr mit Datums- und Tagesanzeige (wandernde Sonne unterhalb der »12«) von Cornavin Watch, um 1952; 10liniges rotvergoldetes Ankerwerk, 17 Steine, monometallische Schraubenunruh, autokompensierende Flachspirale, »Incabloc« Stoßsicherung; Gehäusedurchmesser 33 mm.

1225–1228 Drei Herren-Armbanduhren mit Datumsanzeige aus deutscher Produktion, signiert »Stowa Parat«, »Arctos Parat« und »Anker«, alle aus Pforzheim, um 1950–1955; alle Uhren besitzen ein $8\,^3/_4 \times 12$liniges Formwerk von Parat, Kaliber 42, Ankerhemmung, die Zahl der Steine liegt zwischen 15 und 21; die Datumsangabe erfolgt mittels eines zentral angeordneten Zeigers.

1229 Herren-Armbanduhr mit Kalendarium von Helvetia, um 1953; Doublégehäuse, Durchmesser 35 mm; 13liniges Valjoux-Kaliber 90, 17 Steine, »Incabloc« Stoßsicherung, indirekte Zentralsekunde; automatisch schaltende Datums- und Wochentagsangabe, manuell über Drücker schaltbare Monatsanzeige, alle Indikationen lassen sich über versenkte Drücker korrigieren.

1230 Herren-Armbanduhr mit Kalendarium von Orfina, um 1953; Doublégehäuse, Durchmesser 36 mm; Eta-Kaliber 1164, $12'''$, keine Stoßsicherung; die Kalenderangaben entsprechen denen der Helvetia-Armbanduhr (Abb. 1229).

1231 Kleine Herren-Armbanduhr mit Datumsanzeige durch 2 Scheiben unterhalb der »12«, signiert »Cornavin Datocor«, um 1955; 11½liniges Ankerwerk, Kaliber Venus 221, monometallische Schraubenunruh, autokompensierende Flachspirale, »Incabloc« Stoßsicherung, direkte Zentralsekunde.

1232, 1233 Kleine Damen-Armbanduhr mit einfachem Vollkalendarium und Mondphasenindikation, signiert »Valruz«, 50er Jahre; 10½liniges Ankerwerk, Kaliber Valjoux 89, 17 Steine, monometallische Unruh mit autokompensierender Flachspirale; Zentralsekunde neben dem Kraftfluß; die Monatsanzeige wird nicht vom Uhrwerk geschaltet; Doublégehäuse, Edelstahlboden.

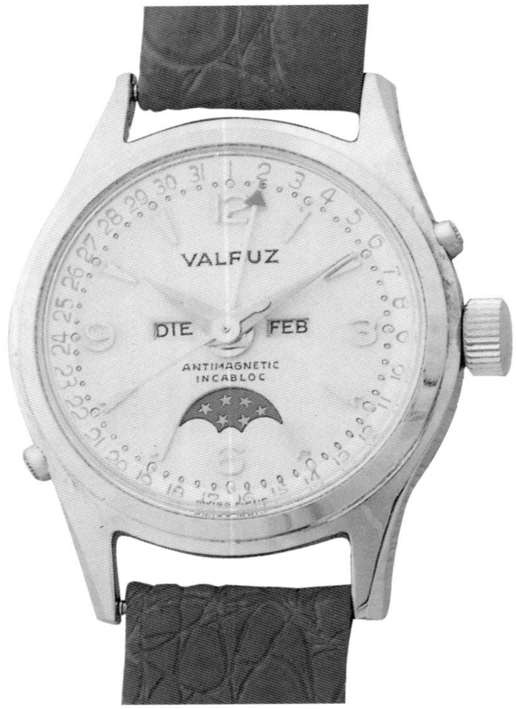

1234 Herren-Armbanduhr mit Kalendarium von Sauter Frères, signiert »Pierpont«, um 1955; Doublégehäuse, Durchmesser 35 mm; 11 ½liniges Ankerwerk, FHF-Kaliber 205, 15 Steine, »Incabloc« Stoßsicherung; patentierte Datums-, Wochentags- und Monatsangabe, bei der mit Hilfe der Krone bei der »10« für einen ganzen Monat im voraus eine Tages- und Datumszuordnung vorgenommen werden kann, dazu wird der äußere Ring

mit den Datumsangaben entsprechend auf den ersten Tag des Monats eingestellt. Der zentrale Zeiger springt jeden Tag um eine Position weiter. Die Monatsangabe muß jeweils manuell weitergeschaltet werden.

1235 Herren-Armbanduhr mit astronomischen Angaben (Kalendarium und Mondphasen) von Lemania, um 1960; 18 Kt. Goldgehäuse, Durchmesser 35 mm; 17steiniges Ankerwerk, »Incabloc« Stoßsicherung; Datum, Wochentage und Mondphasen werden automatisch geschaltet, Monate müssen manuell geschaltet werden.

1236, 1237 Armbanduhr von Francis Nicolet, Schüler der Uhrmacherschule La Chaux-de-Fonds, 1959 als Abschlußarbeit gefertigt; Uhrwerk mit einfachem Vollkalendarium, Mondphasenindikation und Rotoraufzug in beiden Drehrichtungen; 11 ½liniges Ankerwerk, Kaliber Felsa 693, Chronometerzeugnis, Edelstahlgehäuse.

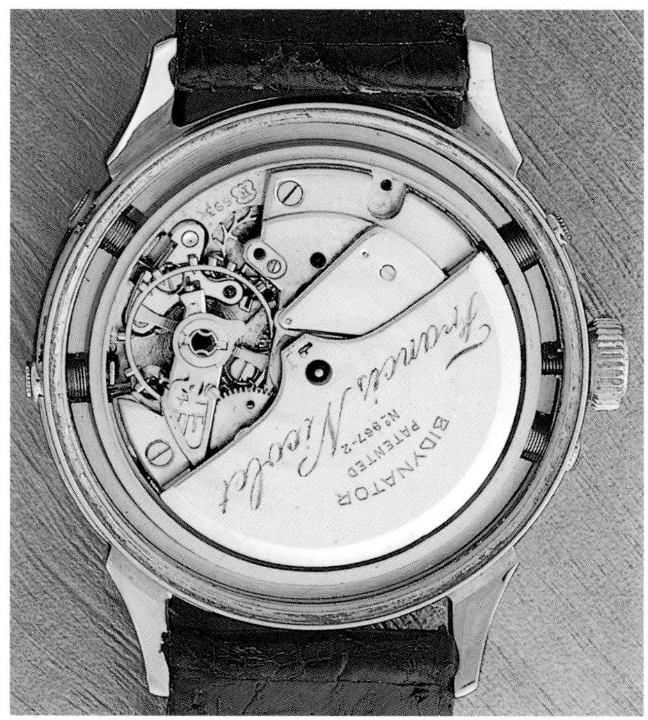

1238, 1239 Herren-Armbanduhr mit automatischem Aufzug und Datumsanzeige, »Speed Date« von Pronto Watch, L. Maître & Fils, 1964; wasserdichtes »Compressor« Doublégehäuse, Durchmesser 35 mm; 11½liniges Automatikwerk. Eta-Kaliber 2472, 25 Steine, »Incabloc« Stoßsicherung, um Mitternacht springende Datumsanzeige; mit Hilfe der Krone bei der »2« läßt sich der äußere Ring des Zifferblattes so einstellen, daß man auf einen Blick das Kalendarium eines ganzen Monats ablesen kann. Zur Erleichterung der Einstellung sind in den Rückdeckel die Wochentage des 1. Januar 1964 bis 1973 eingraviert.

1240 Herren-Armbanduhr mit automatischem Aufzug, Wochentags- und Datumsanzeige von Wittnauer, 1971; Stahlgehäuse, Durchmesser 40 mm; 17steiniges japanisches Automatikwerk mit kugelgelagertem Rotor; die Uhr besitzt eine Vorrichtung, mit Hilfe derer man jedem Datum von 1971 bis 2015 den entsprechenden Wochentag zuordnen kann. Zu diesem Zweck bringt man mit Hilfe der Krone bei der »4« im unteren Kreisausschnitt die gesuchte Jahreszahl und den gewünschten Monat in Übereinstimmung. Im oberen Fenster lassen sich anschließend Wochentage und Datum ablesen, z. B. fallen der 4., 11., 18. und 25. Januar 2009 auf einen Sonntag. Von Tressa gab es 1972 eine ähnliche Uhr mit automatischem AS-Kaliber.

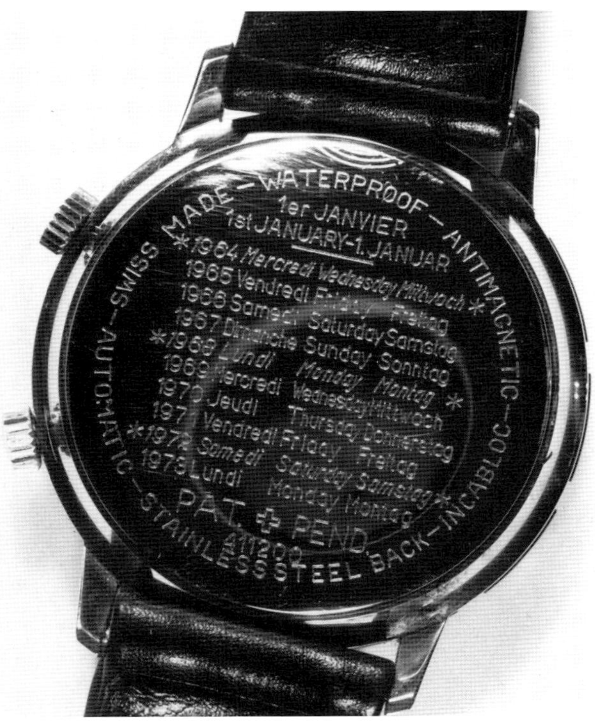

1241–1243 Rechteckige Herren-Armbanduhr mit Formwerk; vollständiges Kalendarium (selbsttätige Fortschaltung der Monatsanzeige am 31.) von Jaeger-LeCoultre, 80er Jahre.

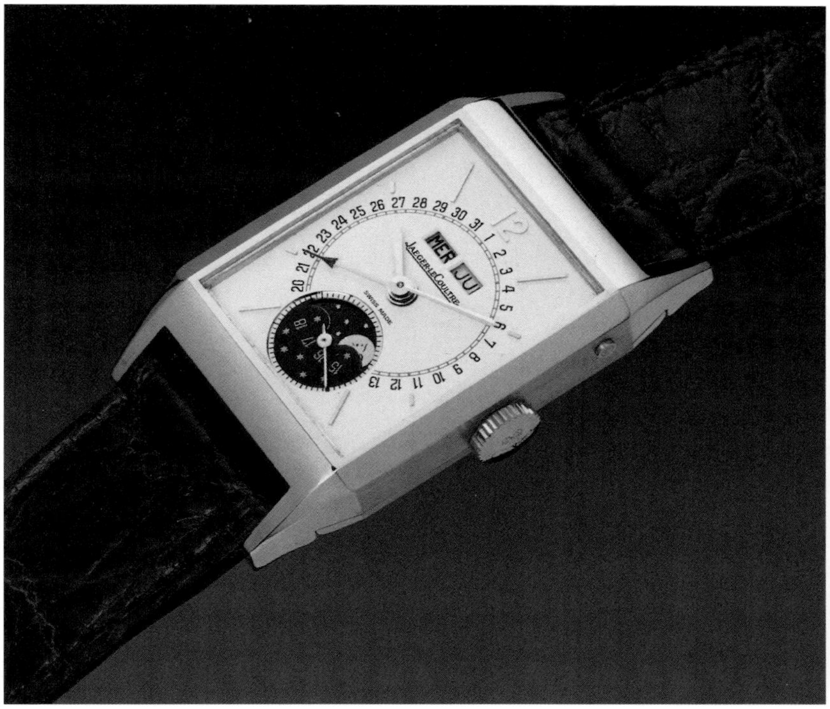

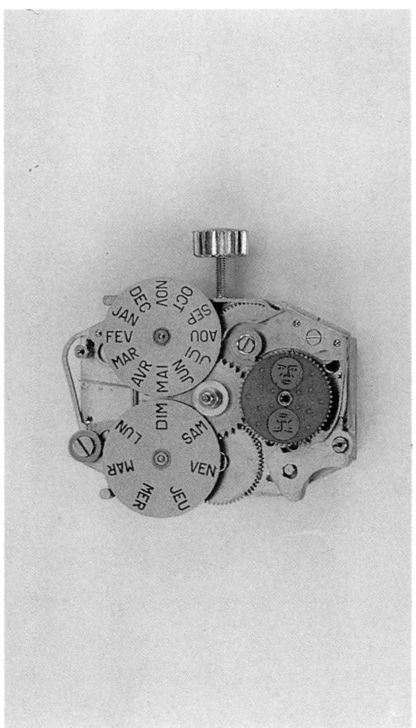

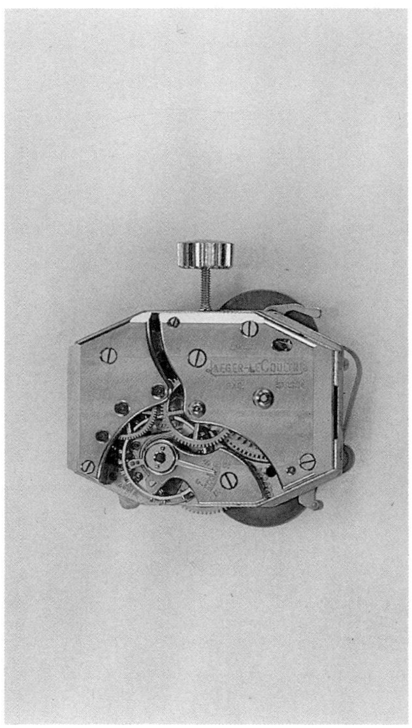

1244–1246 Herren-Armbanduhr mit Kalendarium und Mondphasenanzeige von Jaeger-LeCoultre, im Jahre 1945 kreiert, 1982 aus Restbeständen remontiert; 18 Kt. Goldgehäuse, Handaufzugswerk, alle Indikationen schalten automatisch, die Monatsanzeige jedoch nur am 31., manuelle Korrektur über Drücker möglich.

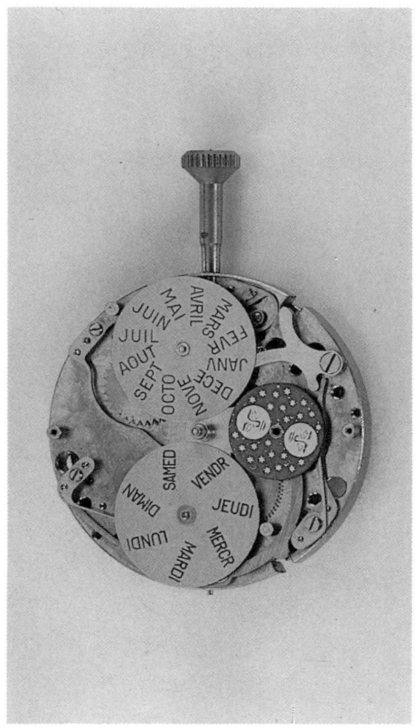

1247, 1248 Herren-Armbanduhr mit Chronograph, 45-Minuten-Zähler und Kalendarium (Wochentag und Datum), »Chronodato« von Angélus, Stolz Frères, in dieser Ausführung etwa ab 1945 gebaut; Stahlgehäuse, Durchmesser 36 mm; 14liniges Werk, Kaliber Angélus 217, 17 Steine, monometallische Schraubenunruh, autokompensierende Breguet-Spirale, keine Stoßsicherung; Steuerung des Chronographenmechanismus über Schaltrad, beide Kalenderfunktionen automatisch schaltend, Korrekturmöglichkeit über Drücker.

1249, 1250 Herren-Armbanduhr mit Chronograph, 30-Minuten- und 12-Stunden-Zähler, komplettem Kalendarium (ohne selbsttätige Fortschaltung des Monatsnamens) und Mondphasenindikation, »Tri-Compax« von Universal, um 1950; 15liniges Ankerwerk Kaliber 287, 17 Steine, monometallische Schraubenunruh, autokompensierende Breguet-Spirale; Chronograph mit Schaltrad.

1251, 1252 Herren-Armbanduhr mit Chronograph, 30-Minuten- und 12-Stunden-Zähler, Datums- und Mondphasenanzeige von Mulco, um 1955; 13liniges Chronographenwerk, Venus-Kaliber 186, 17 Steine, monometallische Schraubenunruh, autokompensierende Breguet-Spirale, keine Stoßsicherung; automatische Datums- und Mondphasenfortschaltung, über Drücker korrigierbar.

1253, 1254 Goldener Armband-Chronograph von Venus, 50er Jahre; 13liniges Ankerwerk, Kaliber Valjoux 88, 17 Steine, monometallische Unruh mit autokompensierender Breguet-Spirale, Chronograph mit Schaltrad, Kupplung, 30-Minuten- und 12-Stunden-Zähler; Zifferblatt mit aufgesetzten goldenen Stundenziffern.

1255–1257 Armbanduhr von Patek Philippe & Co., Nr. 97975, mit ewigem Kalender, Mondphasenanzeige und 18 Kt. Goldgehäuse; weißes Emailzifferblatt; Datumszeiger im Zentrum gelagert; Produktionsbeginn 14. September 1898 (Damen-Taschenuhr); im Jahre 1925 zur Armbanduhr umgebaut; verkauft am 13. Oktober 1927.
Abb. 1256: Unterzifferblattansicht: Kalendermechanik und emaillierte Scheibe für Mondphasenanzeige
Abb. 1257: 12liniges Ankerwerk mit Ankerhemmung, 20 Steine, Breguet-Spirale und Kompensationsunruh

1256 △

1257 ▽

1258–1260 Goldene Herren-Armbanduhr von Audemars-Piguet, Nr. 73012, mit ewigem Kalendarium, Vierjahres- und Mondphasenanzeige, 1957.
Abb. 1259: Unterzifferblattansicht mit der Kadratur des ewigen Kalendariums
Abb. 1260: Rhodiniertes Ankerwerk, 13‴, Kaliber VZSSQP, 18 Steine, monometallische Unruh, Breguet-Spirale, Feinregulierung für den Rücker

1259 △

1260 ▽

1261, 1262 Goldene Herren-Armbanduhr von Audemars Piguet, Nr. 66135, mit ewigem Kalendarium, Vierjahres- und Mondphasenanzeige, 1957; 13liniges Ankerwerk, Kaliber VZSSQP. Unterzifferblattansicht (Abb. 1262) mit der Kadratur des ewigen Kalendariums.

1263–1265 Herren-Armbanduhr mit automatischem Aufzug und ewigem Kalender, signiert »Breguet«, 1976; die Uhr wurde hinsichtlich der Indikationen nach den Vorlagen von Abraham Louis Breguet gestaltet; 35steiniges Schweizer Ankerwerk mit exzentrisch angeordnetem Rotor (entspricht dem Piguet-Kaliber P 70), der die Feder in einer Drehrichtung spannt.

1266–1268 Armbanduhr von Patek Philippe & Co., Nr. 963 261, mit ewigem Kalender, Mondphasenanzeige im 18 Kt. Goldgehäuse, Silberzifferblatt, 1950.
Abb. 1267: Unterzifferblattansicht: Kalendermechanik, montiert auf einer separaten Platine
Abb. 1268: 12liniges Werk Kaliber 12-120, Ankerhemmung, 18 Steine, Breguet-Spirale, Feinregulierung und Kompensationsunruh

1267 △

1268 ▽

1269 △

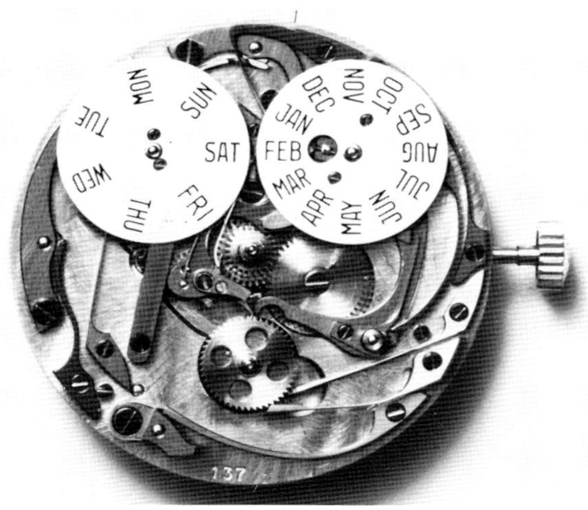

1270 △

1271 ▽

◁ **1269–1271** Armbanduhr Nr. 1119137 mit ewigem Kalender und Schaltjahresanzeige im 18 Kt. Goldgehäuse von Patek Philippe, Silberzifferblatt, verkauft am 22. Mai 1970.
Abb. 1270: Unterzifferblattansicht: Kalendermechanik, montiert auf einer separaten Platine
Abb. 1271: Automatikwerk (Kaliber 27-460 Q), Durchmesser 27 mm; Ankerhemmung, 37 Steine, freischwingende autokompensierende Breguet-Spirale, Gyromax-Unruh (19800 A/h) und Stoßsicherung; Rotor aus 18 Kt. Gold, kugelgelagert; Aufzug in beiden Drehrichtungen

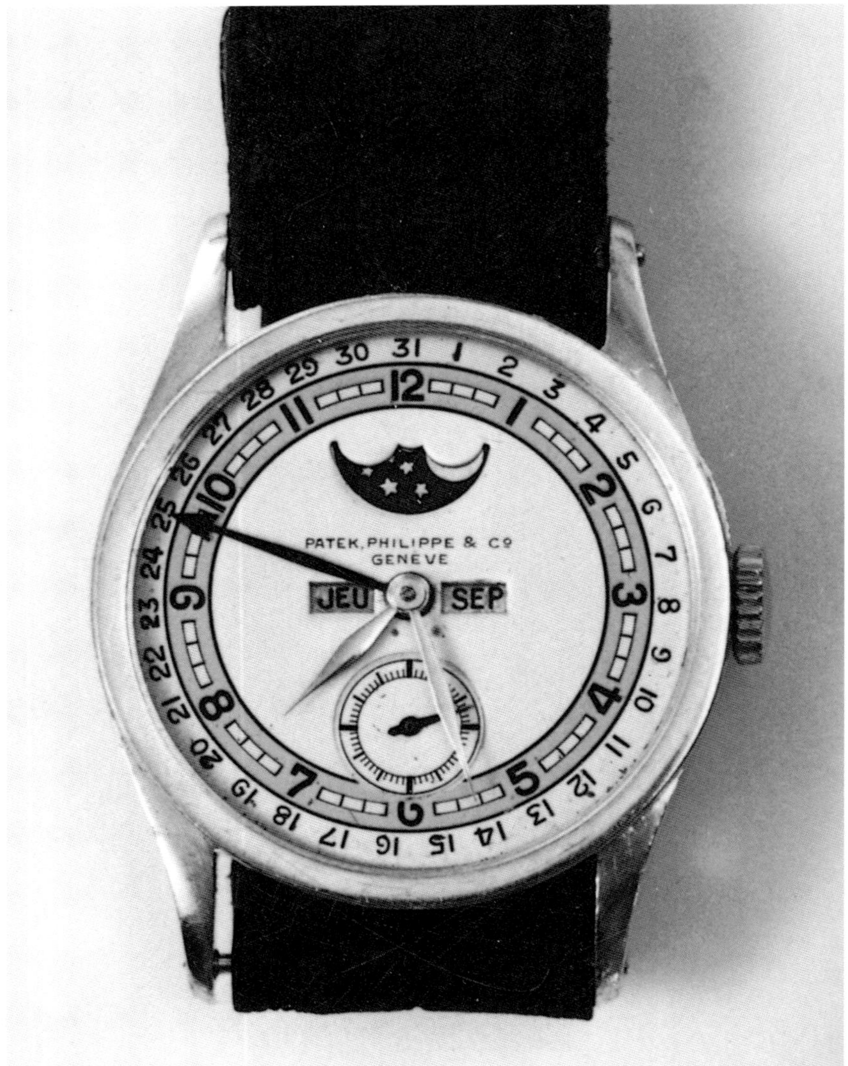

△ **1272** Platin-Herren-Armbanduhr mit ewigem Kalendarium und Mondphasenindikation von Patek Philippe, um 1930; 11liniges Ankerwerk, Kaliber von Victorin Piguet, 18 Steine, bimetallische Schraubenunruh mit Breguet-Spirale.

1273–1275 Armbanduhr von Patek Philippe & Co., Nr. 869406, mit ewigem Kalender, Mondphasenanzeige, Chronograph und 30-Minuten-Zähler im 18 Kt. Goldgehäuse, Silberzifferblatt, 1981.
Abb. 1274: Unterzifferblattansicht: Kalendermechanik, montiert auf einer separaten Platine
Abb. 1275: 13liniges Werk mit Ankerhemmung, 23 Steine, Breguet-Spirale (autokompensierend), Feinregulierung und monometallische Unruh

1274 △ 1275 ▽

1276–1278 Armbanduhr Nr. 1491199 mit ewigem Kalender, Anzeige des Schaltjahreszyklus, Mondphasenanzeige, Zentralsekundenzeiger und 18 Kt. Goldgehäuse von Patek Philippe, 1981.
Abb. 1277: Automatikwerk (Kaliber 1-350), Durchmesser 28 mm, Höhe 3,5 mm; Ankerhemmung, 25 Steine, freischwingende autokompensierende Breguet-Spirale; Gyromax-Unruh (21600 A/h) und Stoßsicherung; kugelgelagerter Rotor aus 18 Kt. Gold; Aufzug nur in einer Drehrichtung
Abb. 1278: Unterzifferblattansicht: Kalendermechanik, montiert auf einer separaten Platine; rechts in der Mitte die Ziffernscheibe für die Anzeige des Schaltjahreszyklus

1277 △

1278 ▽

1279, 1280 Herren-Armbanduhr mit automatischem Aufzug und ewigem Kalender von Audemars Piguet, 80er Jahre; 12½liniges Ankerwerk, Kaliber 2121/1, 36 Steine, autokompensierende Flachspirale, monometallische Ringunruh, »Kif Elastor« Stoßsicherung, der Rotor mit einer äußeren Masse aus 21 Kt. Gold zieht die Feder in beiden Drehrichtungen auf.

1281 Herren-Armbanduhr mit automatischem Aufzug, ewigem Kalender und Mondphasenanzeige von Gérald Genta, 80er Jahre; 12¼liniges Ankerwerk, 34 Steine, Höhe mit Kadratur 4,5 mm.

1282, 1283 Herren-Armbanduhr mit ewigem Kalender, Schaltjahresanzeige und Mondphasenindikation von Vacheron & Constantin, 80er Jahre; 12½liniges Ankerwerk mit automatischem Aufzug (Ebauche von LeCoultre), Höhe einschließlich Kadratur 4,05 mm (entspricht weitgehend dem Werk von Audemars Piguet Abb. 1280).

1284–1286 Herren-Armbanduhr mit automatischem Aufzug, ewigem Kalender, Mondphasen-, Schaltjahres- und zusätzlicher 24-Stunden-Anzeige von Patek Philippe, 1985 vorgestellt; Werk Kaliber 240, Höhe mit Kadratur 3,75 mm; 27 Steine, freischwingende Flachspirale, Gyromax-Unruh, in einer Drehrichtung aufziehender Micro-Rotor aus 22 Kt. Gold.

1279 △ 1280 ▽

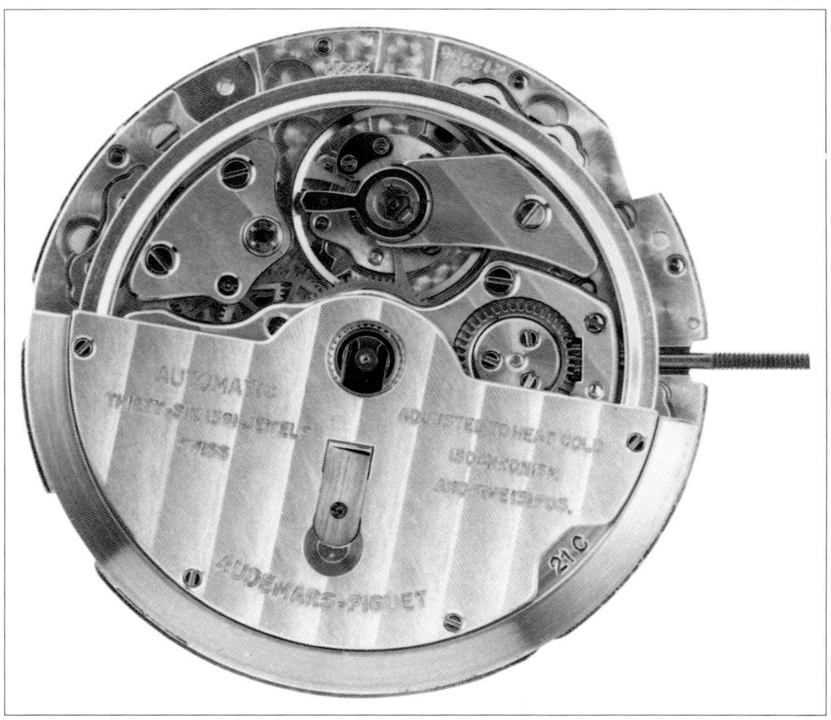

1281 △

1282 △ 1283 ▽

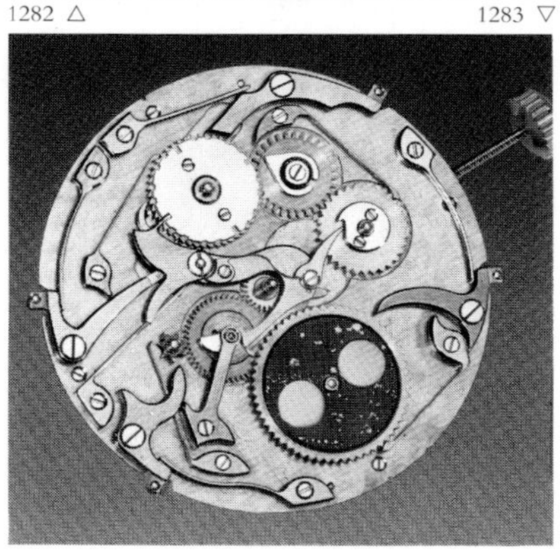

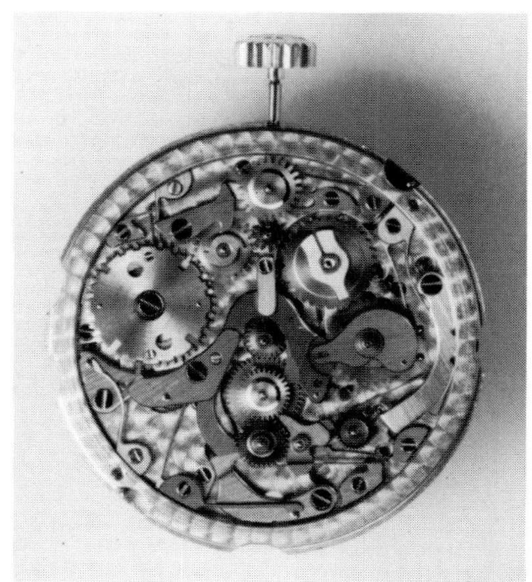

1287, 1288 Herren-Armbanduhr mit automatischem Aufzug und ewigem Kalender, Modellreihe »Louis Brandt« von Omega, ab 1985 hergestellt; 24steiniges Ankerwerk, graviert, Kaliber Piguet 65/11, Durchmesser 25 mm, Höhe einschließlich Kadratur 4,65 mm; Rotor aus 18 Kt. Gold, in beiden Drehrichtungen aufziehend.

1289–1291 Herren-Armbanduhr in wasserdichtem Stahlgehäuse mit Glasboden von Kelek, La Chaux-de-Fonds, ab 1985 hergestellt; automatischer Aufzug, ewiger Kalender mit Schaltjahresanzeige, Mondphasenindikation; Ankerwerk mit 21 Steinen, Kaliber Eta 2892/2 (Abb. 1290), Durchmesser 25,76 mm; kugelgelagerter Zentralrotor, in beiden Drehrichtungen aufziehend.

1292–1297 Herren-Armbanduhren mit automatischem Aufzug, Chronograph mit 30-Minuten- und 12-Stunden-Zähler sowie ewigem Kalender mit Jahresanzeige und Mondphasenindikation, »Da Vinci« von IWC, verkauft ab 1985; 30steiniges Ankerwerk, Kaliber Valjoux 7750 (vgl. Abb. 1149), Durchmesser 30 mm, Höhe samt Kadratur 8,5 mm.

1289 △

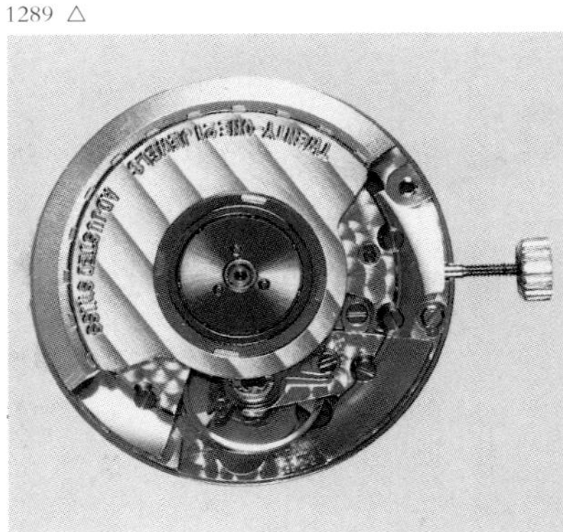

1290 △ 1291 ▽

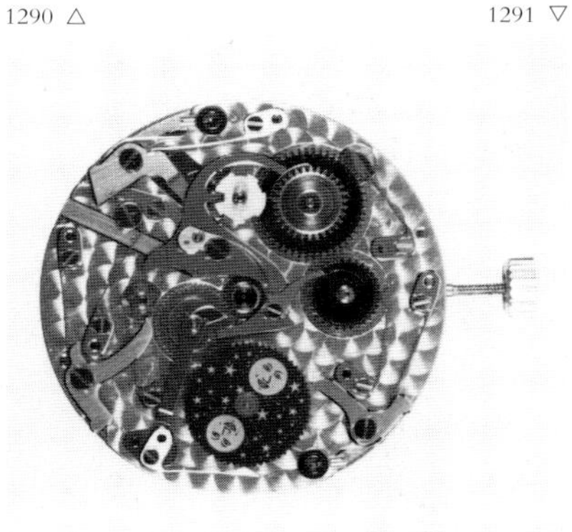

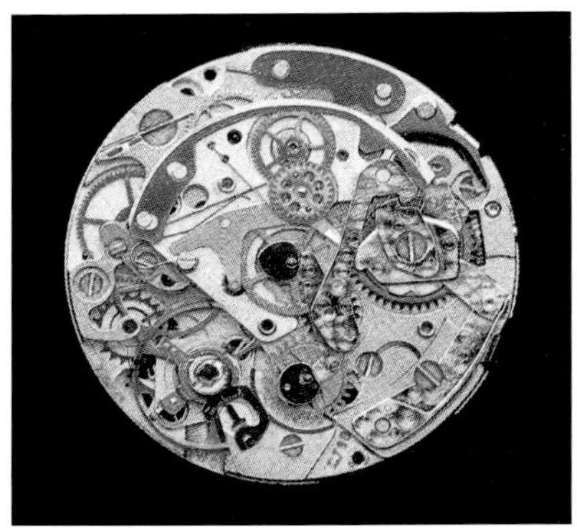

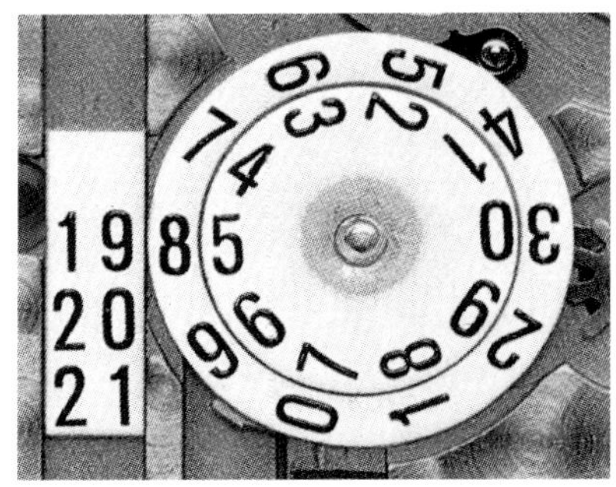

1298 Herren-Armbanduhr mit automatischem Aufzug, ewigem Kalender mit Jahres- und Mondphasenanzeige, »Ingenieur« von IWC, ab 1985 produziert; 12½liniges Ankerwerk mit 22 Steinen, IWC-Kaliber 375-7, entspricht dem Eta-Kaliber 2892/2 (vgl. Abb. 1290), die Höhe beträgt einschließlich Kadratur 5 mm.

1299 Zeichnung der Kadratur zu Abbildung 1298

1300 Herren-Armbanduhr mit automatischem Aufzug, Chronograph mit 30-Minuten- und 12-Stunden-Zähler, ewigem Kalender mit Schaltjahres- und Mondphasenindikation von Ebel, 1984 auf den Markt gebracht; 17steiniges Chronographenwerk Kaliber Zenith 3019 PHC, Durchmesser 31 mm, Höhe mit Kadratur 8,1 mm; Schnellschwinger mit 36000 A/h.

1300 △ 1301 ▽

1301 Goldene rechteckige Armbanduhr mit ewigem Kalendarium und Mondphasenindikation von Audemars Piguet, Mitte 90er Jahre; 9liniges Ankerwerk, Kaliber 2003, 17 Steine, samt Kalendarium 3,2 mm hoch; es handelt sich um das derzeit kleinste ewige Kalendarium.

1302, 1303 Herren-Armbanduhr mit automatischem Aufzug, ewigem Kalender mit retrograder Datumsanzeige und Mondphasenindikation von Chopard, 1983 erstmals der Öffentlichkeit vorgestellt; Ankerwerk, Piguet-Kaliber, Durchmesser 30 mm, Höhe samt Kadratur 4 mm; 35 Steine, Rotor in massivem Gold ausgeführt, Glucydur-Unruh, autokompensierende Flachspirale (Kadratur in Zusammenarbeit mit Svend Andersen, Genf, entwickelt und hergestellt).

1302 △

1303 △ 1304 ▽

1305, 1306 Herren-Armbanduhr mit automatischem Aufzug, ewigem Kalender und Anzeige der Mondphasen von Blancpain, 1984 vorgestellt; 23steiniges Ankerwerk, Piguet-Kaliber 6511, Durchmesser 27,4 mm, Höhe mit Kadratur 4,6 mm; Glucydur-Unruh, autokompensierende Flachspirale, »Incabloc« Stoßsicherung.

◁ **1304** Herren-Armbanduhr mit automatischem Aufzug, ewigem Kalender und Schaltjahresanzeige von Chopard, ab 1984 gebaut.

1307 Herren-Armbanduhr mit Chronograph, 60-Minuten- und 12-Stunden-Zähler, ewigem Kalender, Mondphasen- und Schaltjahresanzeige, Kelek, 90er Jahre.

1308, 1309 Herren-Armbanduhr mit automatischem Aufzug, ewigem Kalender und Mondphasenanzeige, signiert »Urban Jürgensen Copenhagen«, Westschweiz, 90er Jahre; Unterzifferblattansicht (Abb. 1309).

Armband-Chronometer und Armbanduhren mit Tourbillon

1310, 1311 Rolex »Observatory«-Armband-Chronometer im tonnenförmigen Oyster-Stahlgehäuse, 30 × 30 mm; $10\frac{1}{2}$liniges vernickeltes Ankerwerk mit »Super Balance«-Unruh, 18 Steine, 5 Chatons, autokompensierende Breguet-Spirale; in 6 Positionen feingestellt. 30er Jahre.

1312, 1313 Rechteckiger Armband-Chronometer mit Handaufzugswerk, signiert »Solvil, Paul Ditisheim«, 30er Jahre; $8\frac{3}{4}$liniges Ankerwerk, 17 Steine, bimetallische Schraubenunruh mit Breguet-Spirale; verchromtes Scharniergehäuse.

1314 Rolex »Oyster Perpetual«-Chronometer in einem tonnenförmigen 14 Kt. Goldgehäuse, Durchmesser 33 mm; 18steiniges Werk, automatischer Aufzug durch Zentralrotor, $9\frac{3}{4}'''$, monometallische Unruh, autokompensierende Spirale. 50er Jahre.

1315, 1316 Goldener Herren-Armbanduhr-Chronometer von Omega, um 1945; 17steiniges Ankerwerk Kaliber 3052 RG, aufgeschnittene Unruh, Breguet-Spirale, keine Stoßsicherung, Feinregulierung für den Rücker.

1317, 1318 Armband-Chronometer von Omega, um 1945; 15steiniges Ankerwerk Kaliber 3052, aufgeschnittener Unruhreif, Breguet-Spirale, keine Stoßsicherung.

1319, 1320 Herren-Armbanduhr-Chronometer von Omega, 1946; Ankerwerk Kaliber 30 T2 (Durchmesser 30 mm), geschlitzte Schraubenunruh, Breguet-Spirale; das Werk ist neben der üblichen kleinen Sekunde mit einem zusätzlichen springenden zentral angeordneten Sekundenzeiger ausgestattet; Stahlgehäuse, Durchmesser 35 mm.

1321, 1322 Herren-Armbanduhr in einem Chronometer-Prüfgehäuse für das Observatorium von Ulysse Nardin; 17steiniges Ankerwerk von Peseux, Kaliber 260, bimetallische Unruh, Breguet-Spirale, keine Stoßsicherung, durch den Ausschnitt im Zifferblatt ist der Deckstein des Unruhwellenlagers sichtbar. Mitte 50er Jahre.

1323, 1324 Armband-Chronometer mit automatischem Aufzug von Zenith, um 1950; Kaliber 133.8, 13''', 20 Steine, monometallische Schraubenunruh, autokompensierende Flachspirale, »Incabloc« Stoßsicherung; der Aufzug erfolgt in einer Drehrichtung der Pendelschwungmasse.

1325 △

1326 △

1325, 1326 Goldene Herren-Armbanduhr »Chronomètre Royal« von Vacheron & Constantin, um 1955; 18steiniges Ankerwerk Kaliber P 1007/83 (LeCoultre-Ebauche), monometallische Schraubenunruh, autokompensierende Breguet-Spirale, Schwanenhals-Feinregulierung, Unruh-Stoppvorrichtung beim Ziehen der Krone, »Parechoc« Stoßsicherung. ▷▷

1327, 1328 Armband-Chronometer von Junghans, um 1955; Stahlgehäuse, Durchmesser 34 mm; Ankerwerk Kaliber J 82/1, 12½''', 17 Steine, indirekte Zentralsekunde, monometallische Schraubenunruh, autokompensierende Flachspirale, Feinregulierung für den Rückerzeiger, Junghans Stoßsicherung, Unruh-Stoppvorrichtung zum genauen Einstellen der Uhr.

1329, 1330 Armband-Chronometer von Laco, um 1955; Gehäuse 14 Kt. Gold, Durchmesser 34 mm; Ankerwerk, Kaliber Durowe 630, 12''', 21 Steine, monometallische Schraubenunruh, autokompensierende Flachspirale, »Duro-Swing« Stoßsicherung, Schwanenhals-Feinreguliervorrichtung, Unruh-Stoppvorrichtung.

1331, 1332 Armband-Chronometer von Junghans, um 1956; Doublégehäuse, Durchmesser 35 mm; Ankerwerk Kaliber J 85, 11''', 17 Steine, direkte Zentralsekunde, monometallische Ringunruh mit Regulierschrauben auf den beiden Unruhschenkeln, autokompensierende Flachspirale, Schwanenhals-Feinregulierung, Junghans Stoßsicherung, Unruh-Stoppvorrichtung.

1333, 1334 Goldene Herren-Armbanduhr mit automatischem Aufzug und springender Datumsanzeige, »Chronomètre Royal« von Vacheron & Constantin, um 1960; 13liniges Ankerwerk Kaliber 2072, LeCoultre-Ebauche, Gesamthöhe 6,3 mm; in beiden Drehrichtungen aufziehender Rotor mit äußerem 18 Kt. Goldsegment, indirekte Zentralsekunde, 29 Steine, monometallische Schraubenunruh, autokompensierende Breguet-Spirale, Schwanenhals-Feinregulierung.

1335, 1336 Goldener Armband-Chronometer von Zenith, um 1960; 13liniges Werk, Kaliber 135, 19 Steine, »Incabloc« Stoßsicherung, monometallische Schraubenunruh, deren Durchmesser fast dem halben Werkdurchmesser entspricht, autokompensierende Breguet-Spirale, Feinregulierung über Schneckenscheibe, Genfer Streifen.

1337 Armband-Chronometer mit automatischem Aufzug, »Oyster Perpetual« von Rolex, um 1960; Ankerwerk, automatischer Aufzug durch Rotor in beiden Drehrichtungen.

1338, 1339 Armband-Chronometer von Junghans, um 1961; Stahlgehäuse, Durchmesser 34 mm; Ankerwerk mit automatischem Aufzug durch Rotor in 2 Drehrichtungen, Kaliber J 83, 12½''', 28 Steine, monometallische Ringunruh mit Regulierschrauben auf den beiden Unruhschenkeln, autokompensierende Flachspirale, Feinreguliervorrichtung für den Rücker, Unruh-Stoppvorrichtung.

1340, 1341 Armband-Chronometer von Junghans, um 1963; Doublégehäuse, Durchmesser 35 mm; Ankerwerk Kaliber J 85/10, 11''', 17 Steine, direkte Zentralsekunde, monometallische Ringunruh, autokompensierende Flachspirale, Schwanenhals-Feinregulierung, Junghans Stoßsicherung, Unruh-Stoppvorrichtung.

1342, 1343 Stählerner »Constellation«-Armband-Chronometer mit automatischem Aufzug von Omega, etwa 1960; Ankerwerk Kaliber 561, 24 Steine, Glucydur-Unruh, autokompensierende Flachspirale, Schwanenhals-Feinregulierung, »Incabloc« Stoßsicherung, beidseitig wirkender Rotoraufzug, Datumsanzeige, Zifferblatt mit aufgesetzten Indexen.

1344, 1345 Armband-Chronometer mit automatischem Aufzug, Omega »Constellation«, 1965 (Werk wurde ab 1959 gebaut); Stahlgehäuse mit Goldhaube, Durchmesser 34 mm; Ankerwerk Kaliber 551, $12\frac{1}{2}'''$; 24 Steine, »Incabloc« Stoßsicherung, monometallische Ringunruh, autokompensierende Flachspirale; automatischer Aufzug in beiden Drehrichtungen des Rotors.

1346, 1347 Herren-Armbanduhr »Wostok precision class«, UdSSR, um 1965; Doubléegehäuse, Durchmesser 35 mm; 13liniges Werk, welches im prinzipiellen Aufbau dem Zenith-Kaliber 135 entspricht (vgl. Abb. 1336), 22 Steine, monometallische Schraubenunruh, Breguet-Spirale, Stoßsicherung.

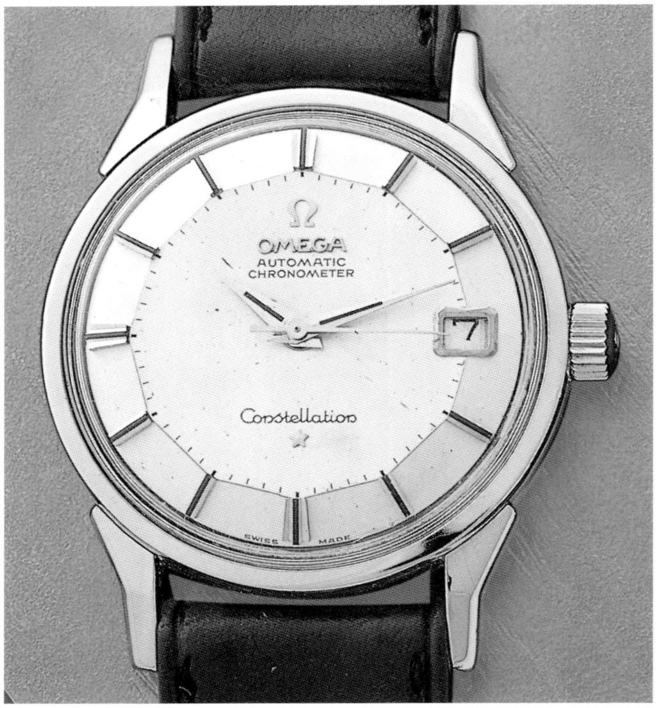

1348, 1349 Goldener Armband-Chronometer mit automatischem Aufzug, Zodiac, um 1955; 11½liniges Ankerwerk, Kaliber AS 1361 N, 17 Steine, monometallische Unruh mit autokompensierender Flachspirale, Rotoraufzug in beiden Drehrichtungen.

1350, 1351 Armband-Chronometer mit automatischem Aufzug, Eterna, »Centenaire«, um 1965; Stahlgehäuse, Durchmesser 34 mm; 21steiniges Ankerwerk, kugelgelagerter Rotor, der die Zugfeder in beiden Drehrichtungen spannt, Stoßsicherung, Beryllium-Unruh, Flachspirale, Schwanenhals-Feinregulierung.

1352, 1353 Goldener Armband-Chronometer mit automatischem Aufzug, Rado, um 1965; 11½liniges Ankerwerk, Kaliber AS 1700/01, 30 Steine, monometallische Schraubenunruh mit autokompensierender Flachspirale, Rotoraufzug in beiden Drehrichtungen, Datumsanzeige; der kleine Anker im Zifferblatt dreht sich; insgesamt gab es 911 Armband-Chronometer von Rado.

1354 Herren-Armbanduhr »Chronomètre Royal« von Vacheron & Constantin, um 1965; Ankerwerk mit Zentralsekunde, die durch Ziehen der Aufzugskrone zum sekundengenauen Stellen der Uhr angehalten werden kann; Goldgehäuse 18 Kt., Durchmesser 37 mm.

1352

1353

1354 ▽

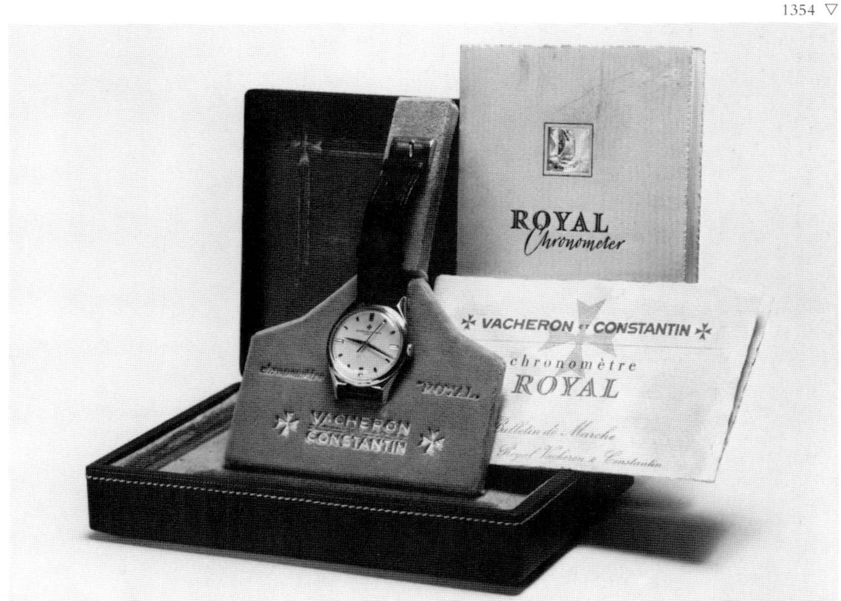

1355, 1356 Armband-Chronometer »unima« von Bifora, um 1965; Doublégehäuse, Durchmesser 34 mm; Ankerwerk, Kaliber 120, $12^{1}/_{2}'''$, 18 Steine, monometallische Schraubenunruh, autokompensierende Flachspirale, »Incabloc« Stoßsicherung, indirekte Zentralsekunde, Unruh-Stoppvorrichtung, Schwanenhals-Feinregulierung.

1357 Herren-Armband-Chronometer »Gyromatic« von Girard-Perregaux, um 1968; Stahlgehäuse und Stahlband; 39steiniges Ankerwerk mit automatischem Aufzug mittels Rotor in beiden Drehrichtungen, monometallische Ringunruh, autokompensierende Flachspirale, 36000 A/h, »Incabloc« Stoßsicherung, patentierte Feinreguliervorrichtung für den Rücker.

1358, 1359 Japanischer Armband-Chronometer von Seiko, »KS HI-BEAT«, vermutlich um 1970; Ankerwerk, Kaliber 4502 A, 25 Steine, monometallische Ringunruh, Flachspirale, Feinreguliervorrichtung, Schnellschwinger, Stoßsicherung, Datumsanzeige.

1360 Armband-Chronometer mit automatischem Aufzug, »Oyster Perpetual Date Submariner« von Rolex, 1970; Stahlgehäuse, wasserdicht bis 200 Meter; Ankerwerk, $12^{1}/_{2}'''$, 26 Steine, Rotoraufzug in beiden Drehrichtungen, »Kif Flector« Stoßsicherung.

1358

1359

1361 Uhrwerk mit automatischem Aufzug von Rolex, Kaliber 1570, 25 Steine, $12\frac{1}{2}'''$, monometallische Schraubenunruh, autokompensierende Breguet-Spirale, »Kif Flector« Stoßsicherung; 19800 A/h, der Aufzug erfolgt in beiden Drehrichtungen des Rotors; dieses Kaliber gab es unter der Nummer 1575 mit Datumsanzeige und unter 1575 GMT mit 2 Stundenzeigern für 12- und 24-Stunden-Indikation. 60er Jahre.

1362, 1363 Armband-Chronometer von Ulysse Nardin, um 1975; automatischer Aufzug, 25steiniges Ankerwerk (Eta-Rohwerk), Kaliber NB 11 QU, Schnellschwinger (36000 A/h), monometallische Unruh, autokompensierende Flachspirale, »Incabloc« Stoßsicherung, kugelgelagerter Rotor, der die Zugfeder in beiden Drehrichtungen spannt; Stahlgehäuse, 36 mm Durchmesser.

1364–1367 Herren-Armbanduhr im 18 Kt. Goldgehäuse (Durchmesser 35 mm) mit 7-Minuten-Tourbillon, signiert »Omega«, um 1948; hergestellt von Jean-Pierre Matthey-Claudet, Evilard bei Biel, und Omega Watch nach den Konstruktionsplänen von Marcel Vuilleumier, dem Direktor der Uhrmacherschule in Vallée de Joux; reguliert wurden die Uhren (es wurden insgesamt nur 10 Stück angefertigt) von Gottlob Itt, der dieselben Anfang der 50er Jahre dem Observatorium von Kew-Teddington zur Bewertung vorlegte. Das Gehäuse hat eine verglaste Rückseite (Abb. 1366), durch die man einen Einblick in das Werk erhält. Unter der durchbrochenen Unruhbrücke ist das Drehgestell sichtbar (Abb. 1365). Im Drehgestell befinden sich die bimetallische Unruh, die Breguet-Spirale, der Anker, Anker- und Sekundenrad. Der Rücker ist auf einem Schenkel des Käfigs zu erkennen (Abb. 1365).

1364 △

1365 ▽

1366 △

1367 ▽

1368, 1369 Rechteckige Herren-Armbanduhr mit 1-Minuten-Ankertourbillon, aufgebaut auf einem $7\,^{3}/_{4} \times 11$linigen »normalen« Formwerk von LIP (vgl. Abb. 594), um 1948. Die Mechanik des Drehgestells ist auf der Zifferblattseite sichtbar. Das Drehgestell hat einen Durchmesser von 11,5 mm und dient als Sekundenzeiger. Vermutlich handelt es sich hier um ein Experimentalstück, das nur in einmaliger Auflage hergestellt wurde.

1370 △

1371 △ 1372 ▽

◁ **1370–1372** Patek Philippe Armbanduhr, Nr. 861490, im 18 Kt. Goldgehäuse; Gehäuse, Zifferblatt und Zeiger stammen aus dem Jahre 1980; Armbanduhrwerk Kaliber 34 T (34,4 × 22,2 mm) von Patek Philippe mit Tourbillon (eine Umdrehung in 50 Sekunden), 23 Steine, »Duofix« Stoßsicherung für Unruh und Käfig; freischwingende Breguet-Spirale mit innerer Endkurve, Guillaume-Unruh mit 21600 A/h; dieses Uhrwerk wurde 1956/57 hergestellt, die Gangreserve beträgt 57 Stunden. Tourbillon von A. Bornand in ausgebautem Zustand (Abb. 1372).

1373, 1374 Herren-Armbanduhr (Unikat) mit 1-Minuten-Tourbillon, 1985 von Andreas Weber aus Glashütten bei Bayreuth entworfen und fertiggestellt. ▽

1375–1378 Flache Herren-Armbanduhr mit automatischem Aufzug und 1-Minuten-Tourbillon von Audemars Piguet, 1986 erstmals präsentiert; 18 Kt. Goldgehäuse, dessen Boden gleichzeitig die Hauptplatine darstellt, Gesamthöhe 4,8 mm; 32steiniges Werk, Durchmesser des Drehgestells 7,2 mm, Höhe 2,5 mm; Ankerhemmung, keine Stoßsicherung; der Aufzug erfolgt über eine Pendelschwungmasse aus einer Platin-Iridium-Legierung, keine Möglichkeit zum Handaufzug; die auf der Gehäuserückseite angebrachte Krone dient lediglich zur Zeigerstellung; Goldzifferblatt, in der reliefartigen Gestaltung an die ägyptische Mythologie erinnernd; links oben (Abb. 1375) ist das Drehgestell sichtbar, bei der »6« ist eine Öffnung vorhanden, durch die man die Pendelschwungmasse betrachten kann.

1379, 1380 Goldene Armbanduhr mit 1-Minuten-Tourbillon sowie rückseitiger Gangreserve- und Datumsanzeige von Daniel Roth, Le Sentier, Anfang 90er Jahre; das Tourbillon-Drehgestell trägt auf der Vorderseite 3 unterschiedlich lange Zeiger, welche auf dem darüberliegenden Sektor die Sekunden indizieren; Ankerhemmung. Die abgebildete Uhr Nr. 2 wurde für Asprey in London hergestellt.

1375

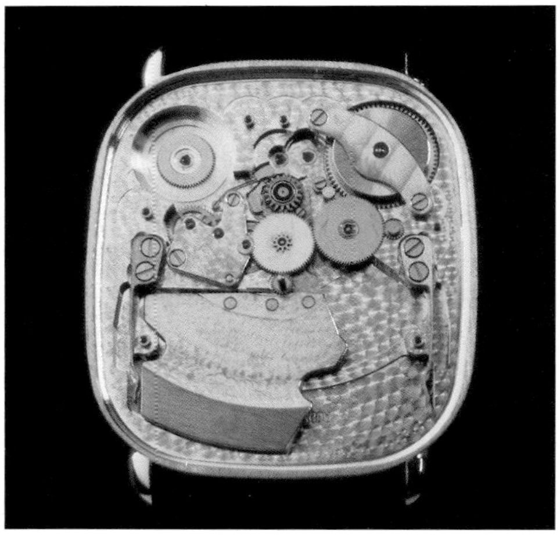

1376 △

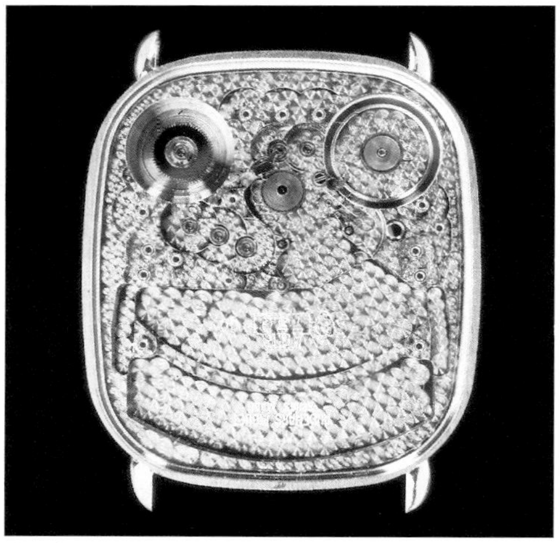

1377 △ 1378 ▽

1381 Armbanduhr mit Tourbillon, Gangreserve- und Datumsanzeige sowie 8-Tage-Werk von Blancpain, 90er Jahre; 11½liniges Ankerwerk, Frédéric-Piguet-Kaliber, 19 Steine, Unruhfrequenz 21600 A/h; der Tourbillon-Käfig ist in Titan ausgeführt.

1382 Tonneauförmige »Richeville«-Armbanduhr mit Minuten-Tourbillon von Girard-Perregaux, 90er Jahre; Girard-Perregaux-Handaufzugswerk Kaliber 9940, 12½‴, 20 Steine, Unruhfrequenz 21600 A/h, Gangreserve 75 Stunden.

1383 Platin-Armbanduhr mit 1-Minuten-Tourbillon von Ulysse Nardin, 90er Jahre; Handaufzugs-Ebauche von Frédéric Piguet, exklusiv umgebaut für Ulysse Nardin; Käfig mit Sekundenzeiger, dezentrale Stunden- und Minutenanzeige.

1384 △

1385 ▽

◁ **1384** Goldene Armbanduhr mit Minuten-Tourbillon und Gangreserveanzeige, dezentrale Stunden- und Minutenanzeige von Breguet, Ende 80er Jahre; 13½-liniges Ankerwerk, Lemania-Basiskaliber, 21 Steine, Gangreserve 50 Stunden, monometallische Unruh mit autokompensierender Breguet-Spirale.

1385 Armband-Tourbillon »Pour le mérite« von A. Lange & Söhne, Glashütte, limitiert auf 150 Exemplare in Gold und 50 in Platin, 90er Jahre; Kaliber L 902.0, 29 Rubine und 2 Diamanten, Dreiviertelplatine, Antrieb über Kette und Schnecke, Stufen-Planetengetriebe für gleichmäßigen Antrieb während des Handaufzugs, Drehgestell beidseitig in geschraubten Goldchatons mit Diamantdecksteinen gelagert, Gangreserveanzeige für 36 Stunden, Unruhfrequenz 18000 A/h.

△ **1386** »Reverso à Tourbillon« von Jaeger-LeCoultre, 1993, limitiert auf weltweit 500 Exemplare; Form-Ankerwerk (Handaufzug) Kaliber 828 mit Minuten-Tourbillon und rückwärtiger Gangreserveanzeige, 23,4 × 28,9 mm, Höhe 4,97 mm; 27 Steine, monometallische Schraubenunruh mit autokompensierender Breguet-Spirale, Unruhfrequenz 21600 A/h, Gangreserve 45 Stunden.

Armbanduhren mit Repetitionsschlagwerk und anderen »Komplikationen«

1387 Vermutlich erste Armbanduhr mit Minutenrepetition, signiert »L. Brandt & Frère«, 1892 von Audemars Piguet gefertigt; Brückenwerk, bimetallische Schraubenunruh mit Breguet-Spirale, Auslösung des Schlagwerkes über den Schieber bei der »3«; Goldgehäuse.

1388, 1389 Armbanduhr mit Minutenrepetition von Audemars Piguet, Nr. 12824, gebaut 1909, verkauft im Jahre 1925 an die Metric Watch, New York, den damaligen US-Importeur von AP; 11½liniges Ankerwerk, Kaliber SMV, 29 Steine, bimetallische Unruh, Flachspirale, tonneauförmiges Platingehäuse, Durchmesser 30 mm.

1390 Herren-Armbanduhr mit Minutenrepetition von Patek Philippe, Nr. 138147, tonneauförmiges Platin-Goldgehäuse, 12liniges Ankerwerk, 1. Qualität, 22 Steine; begonnen 18. 5. 1908, am 24. 4. 1909 in Savonnette-Damen-Taschenuhrgehäuse eingebaut, am 15. 9. 1925 in eine Armbanduhr umgewandelt und am 12. 10. 1926 für 2730 sfr an Tiffany verkauft. ▽

▷

1391 Repetition-Armbanduhr von Le Roy & Fils, Paris, um 1910; Gehäuse Gold mit goldenem Gliederband; Auslösung der Repetition über Schieber im Gehäuserand bei der »9«.

1391 △ 1392 ▽

1392 Damen-Armbanduhr mit Minutenrepetition von Audemars Piguet, 1920; 8liniges Ankerwerk, Durchmesser 18,05 mm. ▷

1393–1395 Armbanduhr mit Minutenrepetition, signiert »Le Roy et Fils, Paris«, Hallmark, 1912; Auslösung des Schlagwerkes erfolgt durch einen Schieber bei der »6«, vermutlich Umbau einer Damen-Taschenuhr, LeCoultre-Ebauche, Durchmesser 32 mm.

1396 Herren-Armbanduhr mit Minutenrepetition von Patek Philippe, Nr. 174191, aus dem Jahre 1915. Um die hohen Kosten eines derart kleinen Uhrwerkes mit Minutenrepetition zu verdeutlichen, muß darauf hingewiesen werden, daß im Jahre 1930 ein 11liniges Ebauche mit Minutenrepetition bei Piguet 750 sfr kostete, ein 17liniges Ebauche schlug dagegen nur mit 350 sfr zu Buche. Für die Repassage mußten beim 11linigen Werk weitere 400 sfr und beim 17linigen Werk 264 sfr veranschlagt werden. Das Echappement 1. Qualität wurde für das 11linige Werk mit 180 sfr und beim 17linigen Werk mit 136 sfr in Ansatz gebracht.

1397, 1398 Damen-Armbanduhr mit 5-Minuten-Repetition von Patek Philippe, Nr. 174603, 1915; 10liniges Ankerwerk mit 29 Steinen, bimetallische Unruh; Platingehäuse, Durchmesser 27 mm, mit geflochtenem Platinband.

1399, 1400 Armbanduhr mit Minutenrepetition von J. Moser, Le Locle, um 1915; Roségoldgehäuse, Emailzifferblatt mit vertiefter Sekunde; gebläute Birnenform-Zeiger; vergoldetes $13'''$ Schweizer Brückenwerk mit Kompensationsunruh, ausgedrehtes Ankerrad und Gleichgewichtsanker, 26 Steine.

1401, 1402 Damen-Armbanduhr mit Minutenrepetition, signiert »Golay, Fils & Stahl, Genève«, um 1920; $8\frac{3}{4}$liniges Ankerwerk mit 32 Steinen, bimetallische Unruh, Breguet-Spirale; Gehäuse 18 Kt. Gold, Durchmesser 26 mm.

1403–1405 Damen-Armbanduhr mit Minutenrepetition von Henry Capt, Genf, 20er Jahre; Kordelband; $8\frac{1}{2}$liniges Ankerwerk, Breguet-Spirale, bimetallische Unruh.

1406 Damen-Armbanduhr mit Minutenrepetition und zentral angeordnetem Sekundenzeiger von Audemars Piguet, um 1920; 10liniges Ankerwerk, Werkdurchmesser 23 mm.

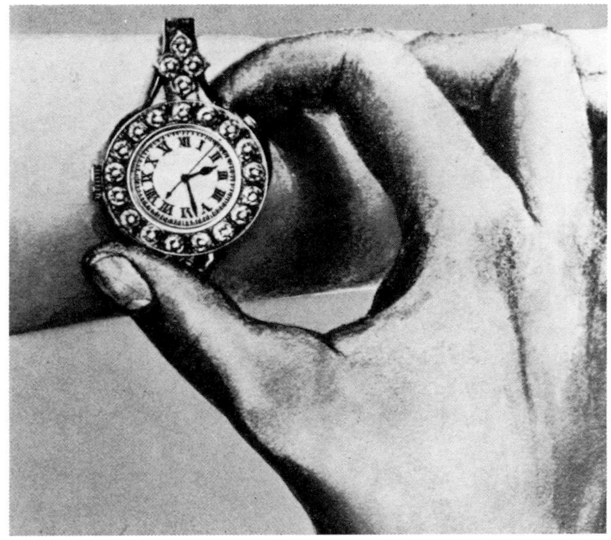

1407, 1408 Herren-Armbanduhr mit Minutenrepetition von Cartier, Nr. 22302, aus dem Jahre 1925; tonnenförmiges 18 Kt. Goldgehäuse, 39 × 32 mm; 11liniges rhodiniertes Ankerwerk von »European Watch and Clock Inc.«, Frankreich (LeCoultre-Ebauche); 28 Steine, bimetallische Unruh, Breguet-Spirale; Auslösung der Repetition mit Hilfe des Schiebers bei der »9«.

1409 △

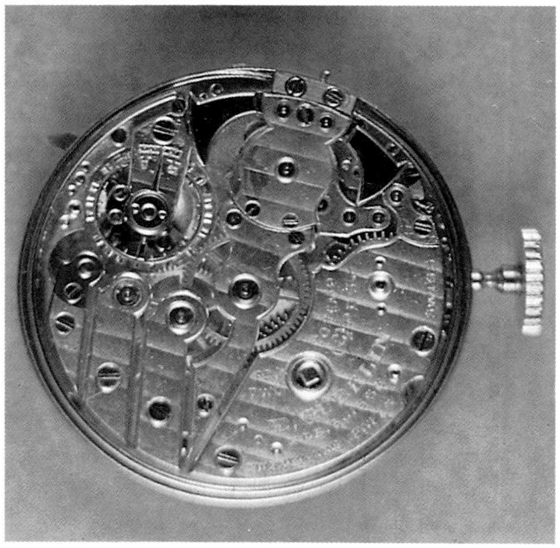

1410 △

1411 ▽

1409–1411 Rechteckige Armbanduhr mit Minutenrepetition, signiert auf Zifferblatt und Werk «Gübelin«, um 1925; 9¾liniges Ankerwerk (LeCoultre-Ebauche), Höhe des Werkes 3 mm; 29 Steine, bimetallische Unruh, Breguet-Spirale; quadratisches Platingehäuse.

1412 Herren-Armbanduhr mit Minutenrepetition von Patek Philippe, Nr. 198212; tonneauförmiges Platingehäuse, 11liniges Ankerwerk, 1. Qualität, 28 Steine; begonnen am 7. 7. 1928, verkauft am 2. 3. 1929 für 7700 sfr. ▽

1413, 1414 Kleine rechteckige Armbanduhr mit Minutenrepetition von Audemars Piguet, um 1930; 8¾liniges Ankerwerk, 29 Steine, bimetallische Unruh und Breguet-Spirale, Platingehäuse, 26 × 26 mm.

1415–1417 Rechteckige Herren-Armbanduhr mit Viertelstundenrepetition, signiert »Driva Repeater«, um 1930; Stahlgehäuse, Formwerk, 1 Hammer auf 1 Tonfeder.

1418, 1419 Goldene, kissenförmige Herren-Armbanduhr mit Minutenrepetition von Vacheron & Constantin, gefertigt 1940, verkauft 1946; 31steiniges Ankerwerk (LeCoultre-Ebauche), bimetallische Unruh und Breguet-Spirale, Aufzugsräder mit Wolfsverzahnung, Gehäuse dreiteilig in Weißgold ausgeführt, Maße 32 × 32 mm.

1420, 1421 Goldene Herren-Armbanduhr mit Minutenrepetition von Patek Philippe, 1952; 29steiniges Ankerwerk, bimetallische Unruh, Breguet-Spirale, Aufzugsräder mit Wolfsverzahnung, Gehäusedurchmesser 34 mm.

1422 △

1423 △

1424 ▽

▷

1422–1424 Armbanduhr von Patek Philippe, Nr. 861491, mit Minuten-Repetitionsschlagwerk im 18 Kt. Goldgehäuse, 1959; vergoldetes Zifferblatt; Betätigung des Schlagwerkes durch den Schieber am Gehäuserand links. Unterzifferblattansicht (Abb. 1423): Kadratur des Minuten-Repetitionsschlagwerkes. Abb. 1424: 12liniges Werk mit Ankerhemmung, 18 Steine (11 Lagersteine im Schlagwerk), Breguet-Spirale, Schwanenhals-Feinregulierung und Kompensationsunruh.

1425, 1426 Große Herren-Armbanduhr mit Minutenrepetition von Audemars Piguet, 50er Jahre; 14½liniges, 30steiniges Ankerwerk, Gehäuse in 18 Kt. Gelbgold, Durchmesser 38 mm.

1427–1429 Herren-Armbanduhr mit Minutenrepetition von Vacheron & Constantin, Genf, Werk aus dem Jahre 1920, terminiert 1950 (eines von 6 im Jahre 1950 fertiggestellten Exemplaren); 29steiniges Ankerwerk, 11‴, Nr. 501903, Flachspirale, bimetallische Unruh, Genfer Streifen, Blick auf Kadratur unter dem Zifferblatt in Großaufnahme (Abb. 1429).

1427 △ 1428 ▽

1429

1430–1432 Herren-Armbanduhr mit automatischem Aufzug und Viertelrepetition, signiert auf Zifferblatt und Gehäuse »Angelus Tinkler«, 1957/58. Stahlgehäuse, Durchmesser 37 mm; 11½liniges Ankerwerk mit 17 Steinen, AS-Kaliber 1580, »Incabloc« Stoßsicherung, monometallische Schraubenunruh, Aufzug in beiden Drehrichtungen des Rotors; Viertelstundenrepetition auf 1 Tonfeder, Auslösung durch Betätigung des Drückers bei der »9«. – In den Jahren 1957/58 wurden 100 Uhren durch Angélus hergestellt. Zur Serienfertigung verlangte die Ebauche-Fabrik A. Schild eine Mindestabnahme von 10000 Stück. Da diese Stückzahl der Firma Angélus zu hoch erschien, blieb es bei der Probeserie.

1433–1435 Armbanduhr mit Minutenrepetition, signiert auf Zifferblatt »Gübelin«; unsigniertes 10½liniges Ankerwerk mit Genfer Stempel; Werk wurde wohl um 1900-1910 angefertigt, worauf die Konstruktion schließen läßt (LeCoultre-Ebauche), nachträglich (1968) angefertigtes Gelbgoldgehäuse mit Milanaise-Goldband.

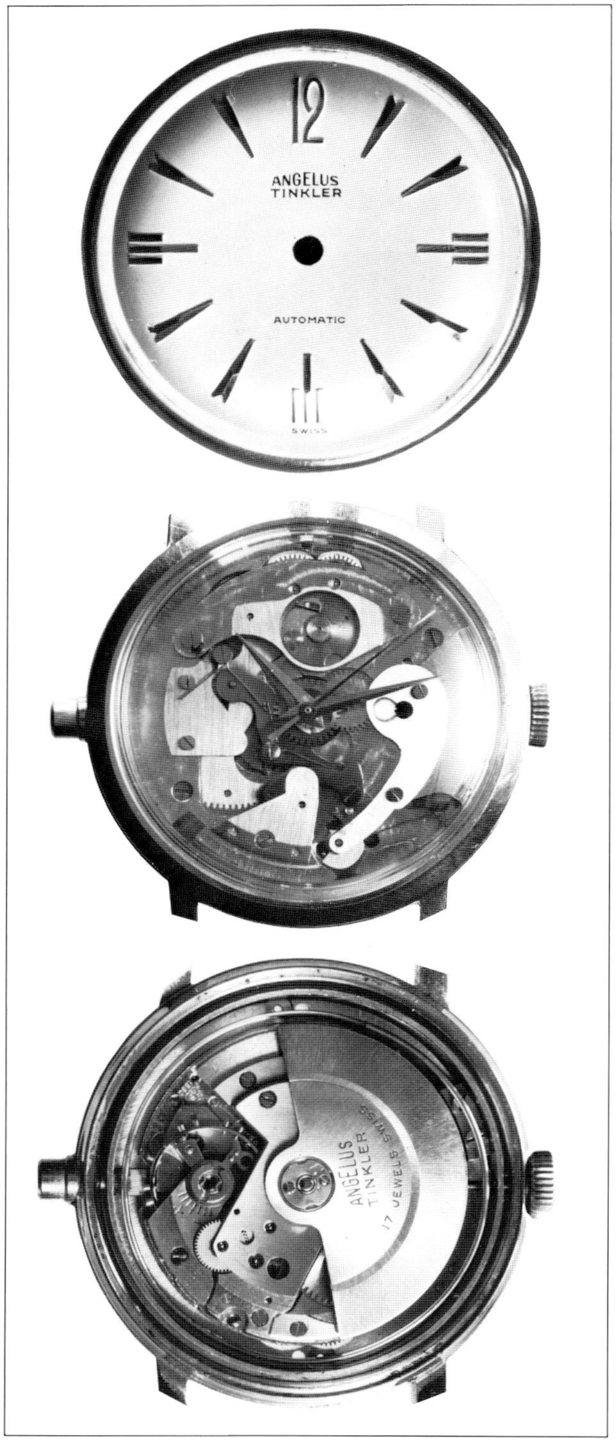

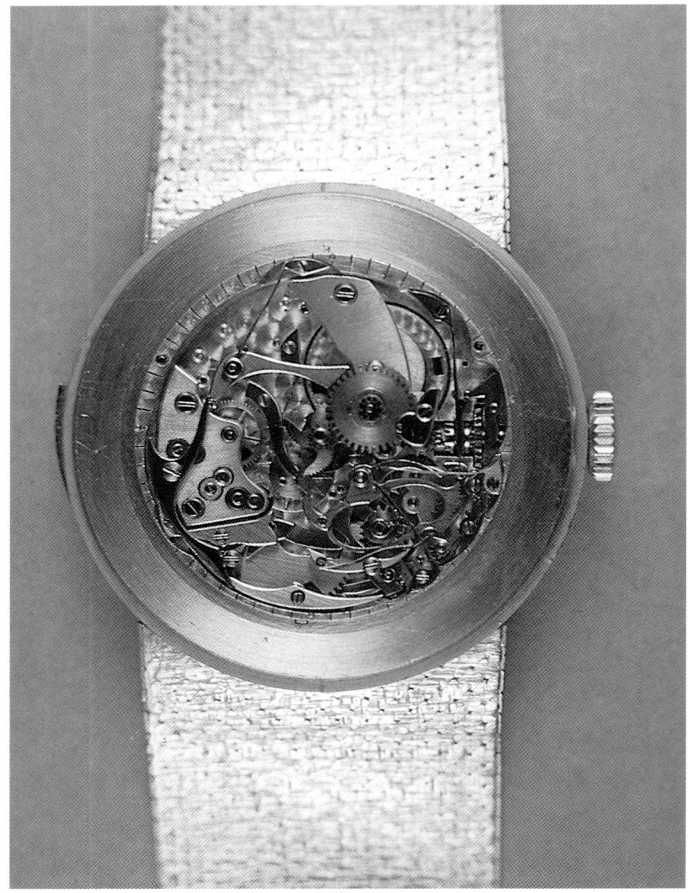

1434 △

1435 ▽

◁ **1436, 1437** Herren-Armbanduhr mit Minutenrepetition, signiert »Piaget«, Nr. 12862, 1955; 12liniges Ankerwerk, 30 Steine, bimetallische Unruh, Breguet-Spirale. Das Werk stammt aus der Zeit um 1910. Laut Angaben der Firma wurde nur eine einzige solche Uhr hergestellt.

1438–1440 Herren-Armbanduhr mit 5-Minuten-Repetition, »Felser's« von Le Phare-Sultana S. A., um 1975; tonnenförmiges Doublégehäuse, Durchmesser 40 mm; der Repetitionsmechanismus wurde als Modul (Durchmesser 36 mm), entwickelt von Dubois-Dépraz, auf ein Eta-Kaliber 2801 aufgebaut, die Unruh des 17steinigen Werkes macht 36000 A/h; die Repetitionsauslösung erfolgt über den Drücker bei der »8«.

1438 △

1439

1440

1441–1443 Herren-Armbanduhr mit Minutenrepetition von Blancpain, 1985 entwickelt und 1986 vorgestellt; 9liniges Ankerwerk von F. Piguet, Höhe 3,2 mm; traditionelle Konstruktion des Werkes und der Schlagwerkskadratur, monometallische Schraubenunruh, autokompensierende Flachspirale, kleine Sekunde bei der »6«; Gehäuse mit verdeckt angebrachtem Schieber bei der »9« zur Auslösung des Schlagwerkes.

1444, 1445 Goldene Armbanduhr mit Minutenrepetition von Corum, 90er Jahre; Modell mit rückseitig sichtbarer Schlagwerkskadratur; 12liniges Ankerwerk, Kaliber von Renaud & Papi sowie Christophe Claret gefertigt, 32 Steine, Gangreserve 36 Stunden; monometallische Unruh mit autokompensierender Breguet-Spirale, Unruhfrequenz 18000 A/h.

1446, 1447 Jaeger-LeCoultre »Reverso« mit Minutenrepetition, 1994, limitiert auf weltweit 500 Exemplare; Form-Ankerwerk 23,4 x 28,8 mm, Handaufzug, Kaliber 943 mit vorne sichtbarem Fliehkraftregler für das Schlagwerk, 306 Teile für das Uhrwerk (inkl. 38 Steine), Gangreserve 32 Stunden, Unruhfrequenz 21600 A/h; 18 Kt. Rotgoldgehäuse.

1448 Armbanduhr mit Minutenrepetition und erotischem Automat, Blancpain, 90er Jahre; 10½liniges Ankerwerk, Frédéric-Piguet-Kaliber, Unruhfrequenz 21600 A/h; wird das Schlagwerk ausgelöst, bewegen sich die Figuren auf der Rückseite.

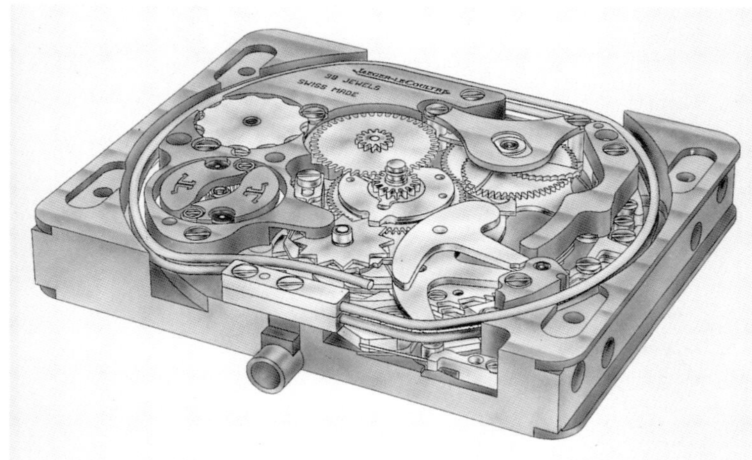

1447 △

1448 ▽

1449 Rechteckige Armbanduhr mit Minutenrepetition und springender Stundenanzeige von Audemars Piguet, 1992 vorgestellt; Ankerwerk, Kaliber 2865, Durchmesser 22,3 mm, 32 Steine, monometallische Schraubenunruh mit autokompensierender Flachspirale.

1450, 1451 Herren-Armbanduhr mit Minutenrepetition und Jaquemarts, Ankerwerk klassischer Konstruktion, Fertigung von Ulysse Nardin in den 90er Jahren.

1452 Armbanduhr mit Minutenrepetition, kleiner Sekunde und optischer Indikation des Schlagwerkablaufs von Franck Muller, 90er Jahre; 12liniges Ankerwerk, Höhe 5,5 mm, 32 Steine, Unruhfrequenz 18000 A/h, Gangreserve 48 Stunden.

1453 Armbanduhr mit Minutenrepetition und retrograder Datumsanzeige, Tagesanzeige und kleiner Sekunde von Vacheron & Constantin, um 1925.

1454–1456 Tonneauförmige Platin-Armbanduhr mit Minutenrepetition, Chronograph, ewigem Kalendarium und Mondphasenindikation, um 1930 von James Schulz, New York, verkauft; 11liniges Ankerwerk, Victorin-Piguet-Kaliber, 40 Steine, bimetallische Schraubenunruh mit Breguet-Spirale, Unruhfrequenz 18000 A/h; frühe hochkomplizierte Armbanduhr.

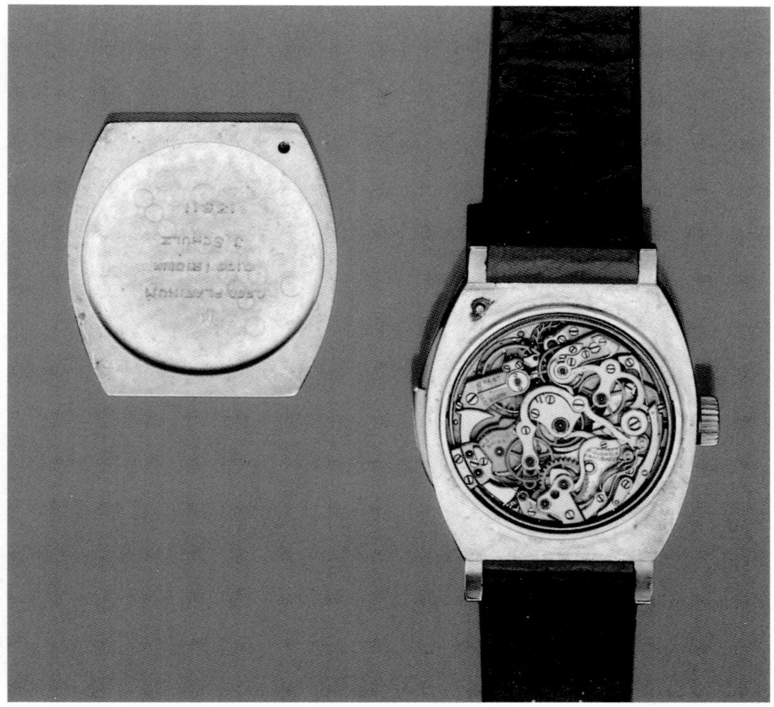

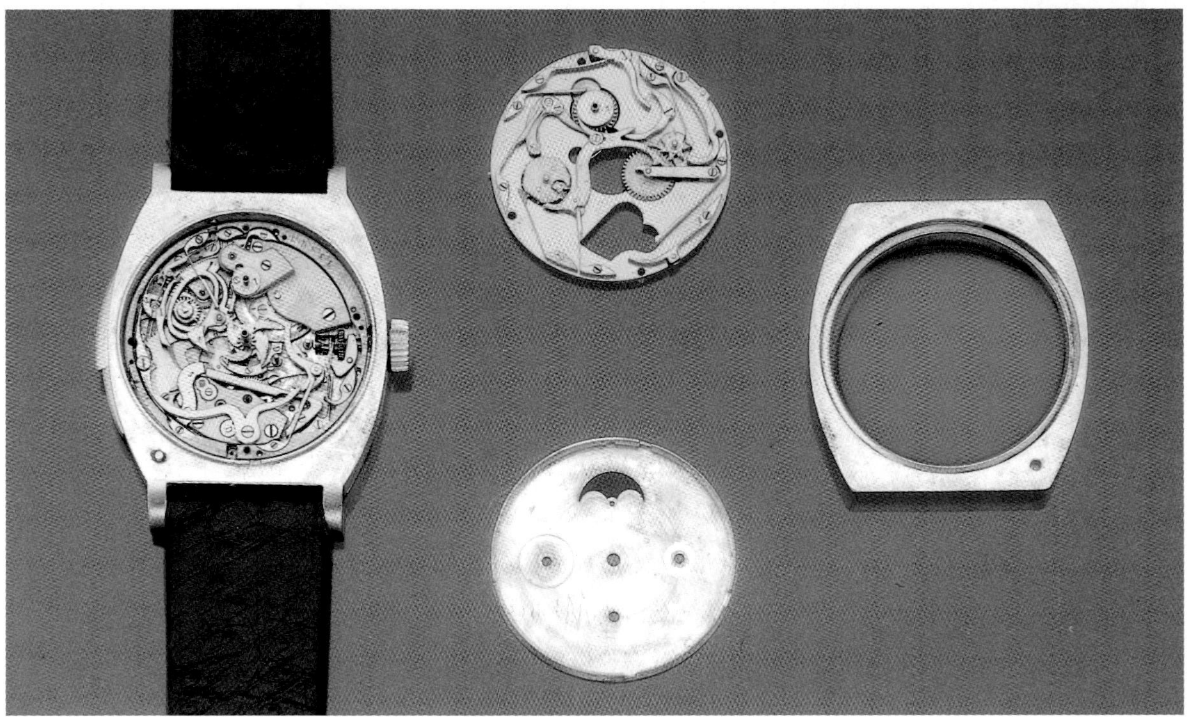

1457–1460 Herren-Armbanduhr mit Minutenrepetition und ewigem Kalender von Patek Philippe & Co., 1939; satiniertes Platingehäuse mit 18 Kt. Weißgoldarmband, silbernes Zifferblatt mit aufgesetzten Stundenziffern aus Platin, Fenster für Tagesangabe bei der »9«, Monatsanzeige bei der »3« und Mondphasenindikation bei der «6«; 11liniges Ankerwerk mit 18 Steinen für Uhrwerk und 11 Steinen für Schlagwerk, bimetallische Unruh, Flachspirale; Schieber für Schlagwerksauslösung im Gehäuserand bei der »9«.

1461 Herren-Armbanduhr mit Minutenrepetition und ewigem Kalender, Breguet, 1985; Werk Nr. 4630; monometallische Schraubenunruh, autokompensierende Breguet-Spirale.

1462–1465 Armbanduhr »Lunea« mit Minutenrepetition, Datums- und Mondalteranzeige von Gübelin, Luzern, 1985/86; Ebauche (Durchmesser 30 mm) von LeCoultre, terminiert bei Gübelin; 29 Steine, monometallische Schraubenunruh, autokompensierende Flachspirale (19800 A/h); Datumsanzeige und Indikation des Mondalters wurden speziell für die »Lunea« konstruiert und angefertigt. Eine Korrektur der Mondaltersanzeige ist erst nach 120 Jahren um eine Schaltung erforderlich; in der Mitte des Zifferblattes ist eine Goldplatte mit der Originaltopographie des Mondes nach einem Relief der NASA eingelassen (Durchmesser 16,5 mm); Gelbgoldgehäuse mit Brillanten besetzt.

1466 Armbanduhr mit Minutenrepetition und ewigem Kalender mit Schaltjahresanzeige von Gérald Genta, Genf, 80er Jahre.

1467 Tonneauförmige Armbanduhr mit Minutenrepetition, ewigem Kalendarium und Mondphasenindikation, retrograde Datumsanzeige, Patek Philippe, Mitte 90er Jahre; Ankerwerk mit Genfer Siegel, Kaliber R 27 PS QR, Ebauche von Patek Philippe.

1468 »Triple Complication« von Audemars Piguet, 1992 vorgestellt; Kaliber 2880 QP, automatischer Aufzug, Chronograph mit 30-Minuten-Zähler, ewiges Kalendarium mit Kalenderwochen-, Schaltjahres- und Mondphasenindikation, Minutenrepetition; das Uhrwerk (Durchmesser 31 mm, Höhe 7,8 mm) besteht aus rund 650 Einzelteilen inkl. 49 Steinen.

1469 »Il Destriero Scafusia« von IWC, 1993 lancierte Herren-Armbanduhr mit Tourbillon, Chronograph-Rattrapante, ewigem Kalendarium mit Jahres- und Mondphasenindikation sowie Minutenrepetition; 15liniges Ankerwerk, Handaufzug, IWC-Kaliber 1868 (Basiskaliber Valjoux 7750), 76 Steine.

1470 »1735« von Blancpain, Armbanduhr mit automatischem Aufzug, Minutenrepetition, Chronograph-Rattrapante, Tourbillon, ewigem Kalendarium mit Schaltjahres- und Mondphasenindikation, Mitte 90er Jahre; 13½liniges Ankerwerk, Kaliber 1735, bestehend aus 740 Einzelteilen, Unruhfrequenz 21600 A/h; limitierte Auflage in Höhe von 30 Exemplaren. ▷

1471 »Grande Sonnerie« von Audemars Piguet, Mitte 90er Jahre; Stunden- und Viertelstunden-Selbstschlag (um- bzw. abschaltbar) sowie Viertelrepetition; Handaufzugswerk mit einem Durchmesser von 28,6 mm und einer Höhe von 5,2 mm, 2 Federhäuser, Aufzug über Krone, es verfügt über 51 Steine und besteht aus insgesamt 412 Teilen; das »Große« Schlagwerk besitzt eine Gangautonomie von etwa 8–10 Stunden, das »Kleine« muß nach 32 Stunden wieder aufgezogen werden; die Gangreserve des Uhrwerkes liegt bei 48 Stunden; Unruhfrequenz 18000 A/h. ▷▷

1472, 1473 Herren-Armbanduhr mit Grande und Petite Sonnerie sowie Minutenrepetition von Philippe Dufour, Vallée de Joux, 90er Jahre; der Stunden- und Viertelstunden-Selbstschlag sind um- bzw. abschaltbar; Ankerwerk mit Durchmesser 32 mm und Höhe 7 mm, 35 Steine, insgesamt 393 Teile, monometallische Unruh mit autokompensierender Breguet-Spirale, Unruhfrequenz 21600 A/h, 2 Federhäuser, Aufzug über 1 Krone, Gangreserve 26 Stunden für Schlagwerk und 38 Stunden für Gehwerk.

1473 △

1474 ▽

1474 Herren-Armbanduhr von Franck Muller, Genf, 90er Jahre; mit Grande und Petite Sonnerie, Minutenrepetition, ewigem Kalendarium mit Schaltjahres- und Mondphasenindikation, retrograde Monatsindikation mit Äquationsanzeige, 24-Stunden-Indikation, Thermometer, Platingehäuse. ▷

1475 Herren-Armbanduhr mit automatischem Aufzug, ewigem Kalendarium, Schaltjahres- und Gangreserveanzeige sowie Äquationsindikation von Breguet; bislang einzige Armbanduhr mit der Kombination von ewigem Kalendarium und Äquationsanzeige, dadurch stimmen Datum und Zeitgleichung immer überein; 1992 patentierte Konstruktion.

1476 Goldene Herren-Armbanduhr mit automatischem Aufzug und Astrolabium von Ulysse Nardin, 1985; 11½liniges Ankerwerk Kaliber Eta 2892 (vgl. Abb. 1290), kugelgelagerter Zentralrotor, Aufzug in beiden Drehrichtungen.

1477 Herren-Armbanduhr mit automatischem Aufzug, »Planetarium Copernicus« von Ulysse Nardin, 1989. Das Uhrwerk ermöglicht in Verbindung mit einem komplexen Steuermechanismus das Ablesen der exakten astronomischen Position der um die Sonne laufenden Planeten, daneben selbstverständlich auch der Uhrzeit, der Tage, Monate, Sternzeichen und Mondphasen.

1478 »Tellurium Johannes Kepler« von Ulysse Nardin mit automatischem Aufzug, Anfang 90er Jahre; 11½liniges Ankerwerk, Kaliber Eta 2892/2 (von Ulysse Nardin modifiziert), 21 Steine, Rotoraufzug in beiden Drehrichtungen, Unruhfrequenz 28800 A/h; Anzeige von Stunden (12 und 24), Minuten, Mondphasen, Tierkreiszeichen, Sonnen- und Mondfinsternissen sowie einer zweiten Zonenzeit, ewiges Kalendarium.

1477 △

1478 ▽

Skelett-Armbanduhren

1479 Die rohe Platine mit eingepreßten Steinen vor dem Skelettieren

1480 Anreißen der Radien des Skelettwerkes

1481, 1482 Von Hand werden bei Audemars Piguet (hier Automatik-Kaliber 2120) die Werke ausgesägt.

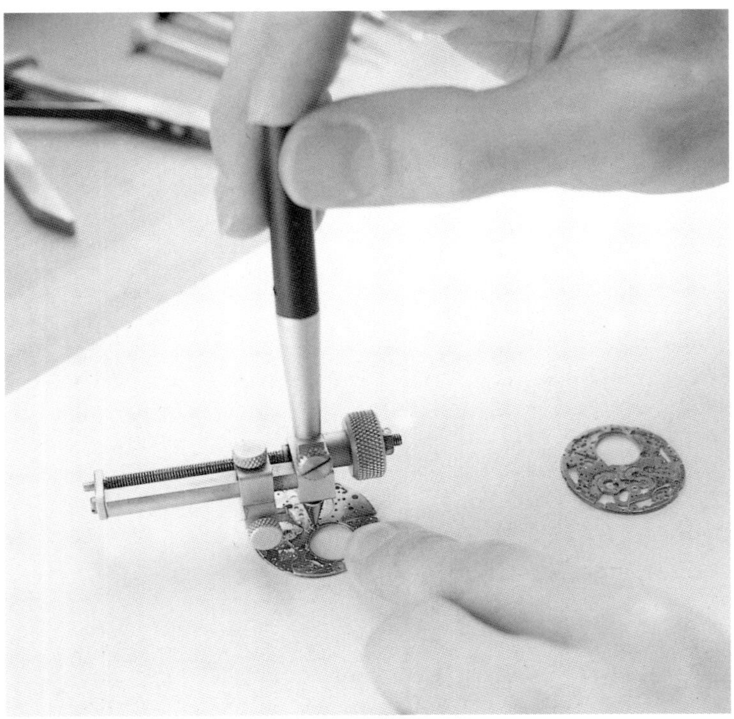

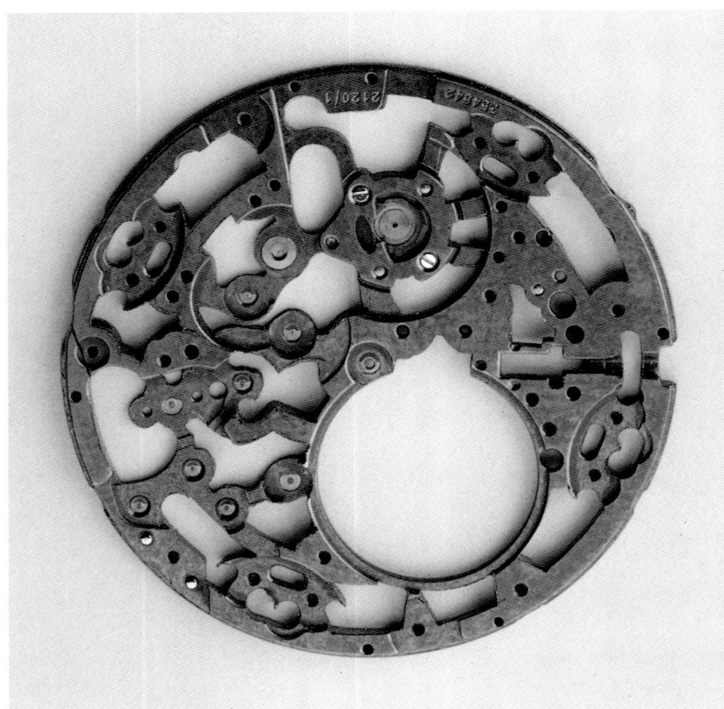

1483 Die Politur und die Kantenbrechung erfolgen ebenfalls ausschließlich von Hand. Die Werkzeuge werden vielfach vom Vater an den Sohn oder die Tochter vererbt.

1484 Beim ideal skelettierten Uhrwerk sind die Platine sowie die Brücken und Kloben möglichst deckungsgleich skelettiert. So kann man optimal hindurchschauen. Die Kanten sind im Winkel von 45 Grad gebrochen.

1485, 1486 Skelettierte Herren-Armbanduhr von Audemars Piguet; 9liniges Ankerwerk, Kaliber 2003, 1,64 mm hoch; monometallische Schraubenunruh mit autokompensierender Flachspirale, Goldgehäuse, 90er Jahre.

1487 Corum »Romulus« mit skelettiertem Handaufzugswerk, Goldgehäuse, 90er Jahre.

1488 »Janus-Magic Moon« von Sarcar, Genf, 1993; Herren-Armbanduhr mit zwei Gesichtern: ein Handaufzugs-Skelettwerk und ein elektronisches Quarzwerk.

◁ **1489** Skelettiertes Tourbillon von Breguet, 90er Jahre; Handaufzug.

1490, 1491 »Opus« von Chronoswiss, maschinenskelettierter Armband-Chronograph mit Datumszeiger und einseitig wirkendem automatischen Aufzug durch Kugellager-Rotor, Ankerwerk, Kaliber Valjoux 7750, 90er Jahre. ▽

1492, 1493 Herren-Armbanduhr »Golden Bridge« von Corum, um 1981; rechteckiges Goldgehäuse mit Stabwerk, bei dem alle Räder und Triebe senkrecht übereinander angeordnet sind, »Incabloc« Stoßsicherung.

1494, 1495 Handskelettierte Armbanduhr mit ewigem Kalendarium und automatischem Aufzug, Audemars Piguet, 90er Jahre; Ankerwerk, Kaliber 2120 QP, 38 Steine, Durchmesser 28 mm, Höhe inkl. Kalendarium 3,95 mm; Platingehäuse.

1492 △

1493 ▽

1494 △

1495 ▽

Armbanduhren mit Wecker

1496–1500 Weltweit erste Armbanduhr mit Wecker, Eterna, patentiert 1908 und lanciert 1914; 13liniges, von einer Glocke überdecktes Ankerwerk, Eterna-Kaliber, bimetallische Kompensationsunruh mit Flachspirale, Gehäuse mit Schutzgitter.

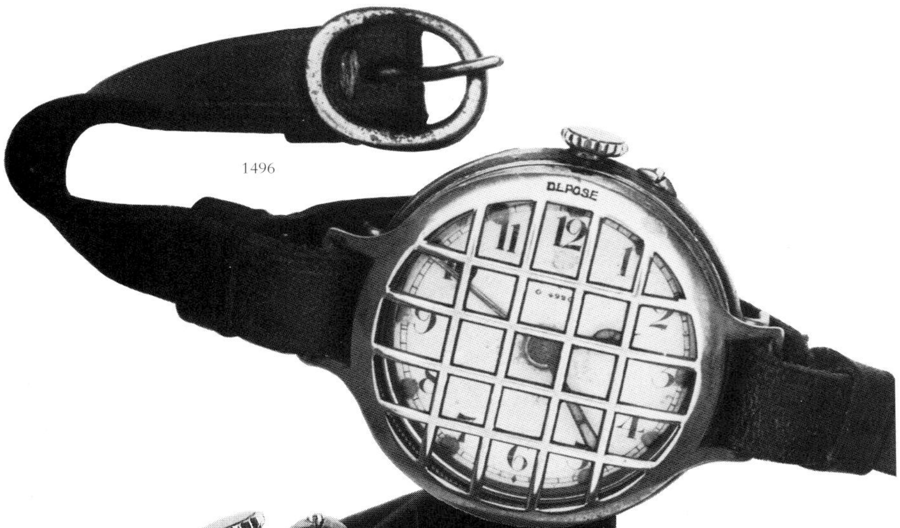

1496

1497

1498

1499

1500

1501, 1502 Früher Armbandwecker von Zenith, vermutlich um 1920; im 800er Silbergehäuse, weißes Emailzifferblatt mit Hilfskreisen für Sekundenanzeige und Weckzeiteinstellung, blaue Birnen-Stahlzeiger, 2 Federhäuser für das Geh- und das Weckwerk, bimetallische Unruh und Breguet-Spirale. Die beiden Zugfedern werden mit einer Krone aufgezogen, indem das Kronrad bei Linksdrehung in das untere und bei Rechtsdrehung in das obere Sperrad eingreift. Mit Hilfe des oberen Schiebers kann die Zeigerstellung, mit dem unteren Schieber die Weckzeiteinstellung erfolgen, indem man die Schieber in Richtung der Krone bewegt und die Zeiger über diese einstellt. Beim Wecksignal schlägt der Hammer auf eine Tonfeder, die um das Werk herumliegt.

1503 Armbandwecker, signiert »Cavalry Alarm, Anglo Swiss Watch Co«; Schweiz, um 1925.

1504, 1505 Herren-Armbanduhren mit Wecker, Vulcain »Cricket«, ab dem Jahre 1947 gefertigt; die »Grillen« gab es mit zentraler und exzentrischer Sekunde, mit und ohne Datumsanzeige; 12liniges Ankerwerk, Basiskaliber 120, Bauhöhe 5,6 mm, 17 Steine; der Weckerhammer schlägt wie bei der »Golden Voice« (vgl. Abb. 1509) an eine eigene Membrane, über die noch ein durchbrochener Rückdeckel gepreßt wird.

1506, 1507 Herren-Armbanduhr mit Wecker, Junghans »Minivox«, um 1952 (patentiert 1949); Stahlgehäuse, Durchmesser 34 mm; $12\,^1/_2$liniges Ankerwerk mit indirekter Zentralsekunde, Kaliber 89, 1 Federhaus für Geh- und Weckwerk (eine Getriebevorrichtung verhindert, daß sich die Zugfeder beim Wecken vollkommen entspannen kann), Junghans Stoßsicherung; die Krone bei der »2« dient zum Einstellen der Weckzeit, der Drücker bei der »4« zum An- und Abstellen des Weckers.

1508, 1509 Erste Damen-Armbanduhr mit Wecker, Vulcain »Golden Voice«, ab 1958; $8\,^3/_4'''$ Weckwerk mit 17 Steinen, 2 Federhäuser. »Exactomatic«-Lagerung der Unruhwellenzapfen (der Deckstein hat nicht wie üblich eine zur Unruhwelle rechtwinklig stehende Auflagefläche, sondern eine leicht geneigte; die Zapfenenden der Unruhwelle sind vollkommen flach; bei horizontaler Lagerung der Uhr liegt der Unruhzapfen gleichzeitig am Deckstein und der Wandung des Lochsteins an, was einen Isochronismusfehler verhindern soll); goldene Weckermembrane, daher der Name »Golden Voice«.

1510, 1511 Armbanduhr mit Wecker von Wittnauer/Longines, 50er Jahre; Handaufzugs-Modulwerk, Basiswerk Kaliber 10 WA, 17 Steine, Nickelunruh, autokompensierende Flachspirale, keine Stoßsicherung; aufgesetzter Wecker-Mechanismus; die Weckerfeder wird durch Linksdrehen der Lünette gespannt; auf diese Weise wird auch die Weckzeit eingestellt; Gehäuseoberteil verchromtes Metall, Edelstahlboden; für den amerikanischen Markt gefertigt.

1512, 1513 Herren-Armbanduhr mit Wecker von Camy Watch, um 1958; AS-Weckwerk mit 21 Steinen, $11\frac{1}{2}'''$, 2 Federhäuser, monometallische Schraubenunruh, Flachspirale, »Incabloc« Stoßsicherung, direkte Zentralsekunde.

1514, 1515 Herren-Armbanduhr mit Wekker, signiert »Berna«, um 1960; Stahlgehäuse, Durchmesser 34 mm; Ankerwerk, Kaliber Venus 230, $11\frac{1}{2}'''$; 17 Steine, »Incabloc« Stoßsicherung, direkte Zentralsekunde, monometallische Schraubenunruh, Flachspirale; in dem Fenster rechts neben der »9« wird angezeigt, ob der Wecker ein- oder ausgeschaltet ist (grüner bzw. roter Punkt).

1516, 1517 Herren-Armbanduhr mit Wecker, Pierce »Duofon«, um 1960; Doublégehäuse, 35 mm Durchmesser; 13liniges Weckwerk, 21 Steine, »Incabloc« Stoßsicherung; die Besonderheit dieses Weckers liegt darin, daß man die Lautstärke des Wecktones entweder laut oder leise einstellen kann.

1518 Herren-Armbanduhr mit Wekker, signiert »Leonidas«, um 1960 (vgl. Abb. 1514, 1515).

1519 Armbanduhr mit Wecker, signiert »Lanco«, um 1960; Doublégehäuse, 33 mm; 12½‴, »Lanco-Fon«-Kaliber 1241, 17 Steine, 2 Federhäuser, direkte Zentralsekunde, Zeigerstellung und Aufzug erfolgen über eine Krone; im kleinen Fenster unter der »12« zeigen ein roter bzw. weißer Punkt an, ob Weck- oder Gehwerk aufgezogen sind.

1520, 1521 Herren-Armbanduhr mit automatischem Aufzug und Wecker, Jaeger-LeCoultre »Memovox«, um 1960; Stahlgehäuse, Durchmesser 36 mm; 14‴ Ankerwerk, Kaliber 825, 17 Steine, automatischer Aufzug für das Gehwerk mit Hilfe einer begrenzten Pendelschwungmasse in einer Richtung, »Kif Flector« Stoßsicherung, Datumsanzeige. Die »Memovox« war der erste Armbandwecker, der über automatischen Aufzug, Weckwerk und Datumsanzeige verfügte.

1522, 1523 Herren-Armbanduhr mit Wecker und Datumsanzeige von Omega, signiert »Memomatic«, 1969; automatischer Aufzug für nur 1 Feder, die sowohl das Geh- als auch das Weckwerk antreibt; eine Vorrichtung verhindert, daß die Zugfeder beim Wecken völlig entspannt wird; im Gegensatz zu allen anderen Armbanduhren mit Weckvorrichtung läßt sich bei dieser Uhr die Weckzeit durch das Vorhandensein einer Stunden- und Minutenkennmarke minutengenau einstellen; 19steiniges Ankerwerk, Kaliber SL 980, 13½‴, 21600 A/h; Stahlgehäuse, 40 mm Durchmesser.

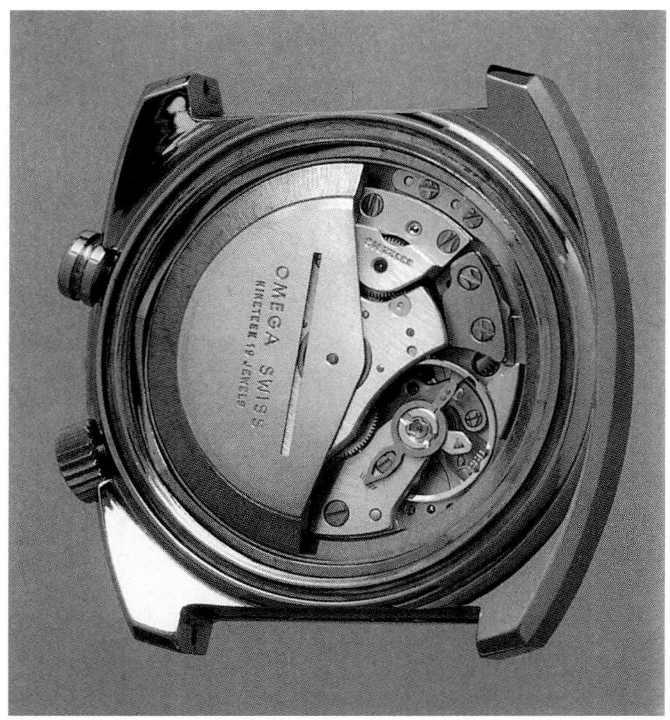

1524, 1525 Herren-Armbanduhr mit Wecker, »Poljot«, UdSSR, um 1966; 11½liniges Weckwerk, Poljot-Kaliber 2612 entspricht Kaliber AS 1475, 18 Steine, »Kirowskie-Poljot« Stoßsicherung.

1526, 1527 Herren-Armbanduhr mit automatischem Aufzug, Datumsanzeige und Wecker von Certina, Kurth Frères, um 1975; Stahlgehäuse, Durchmesser 39 mm; 25steiniges Ankerwerk, 13¾‴, Certina-Kaliber 681 entspricht Kaliber AS 5008, »Incabloc« Stoßsicherung, Unruh-Stoppvorrichtung beim Stellen der Uhr. Das Werk besitzt 2 getrennte Federhäuser für Geh- und Weckwerk, bei Rechtsdrehung zieht der Rotor die Feder für das Geh- und bei Linksdrehung die Feder für das Weckwerk auf.

1528, 1529 Parkzeit-Armbanduhr mit Wecker, Framont, 60er Jahre; 12½liniges Wecker-Kaliber Venus 230 mit Zentralsekunde und Datumsanzeige, 1954 zum Patent angemeldet; es lassen sich Parkzeiten bis zu 2 Stunden einstellen, der Ablauf der Parkzeit wird akustisch signalisiert; Doublégehäuse mit Edelstahlboden.

1530 »Cricket Nautical« von Revue-Thommen, 90er Jahre; bis 200 Meter wasserdichte Armbanduhr mit Wecker, Handaufzugswerk; dreifacher Gehäuseboden mit akustischer Membrane; innerer, über eine gesicherte Krone zu betätigender Drehring zum Einstellen der Tauchzeit.

1531 Armbanduhr mit Wecker von Breguet, 90er Jahre; 13½''' Kaliber Lemania SL 980 (vgl. Abb. 1523) mit automatischem Aufzug für Geh- und Weckwerk sowie Datumsanzeige; die Weckzeit (Weckdauer 8 bis 10 Sekunden) läßt sich hierbei minutengenau einstellen; 19 Steine, 21600 A/h; Goldgehäuse.

1532 »Grand Réveil« von Jaeger-LeCoultre, Armband-Wecker mit automatischem Aufzug sowie ewigem Kalendarium mit Jahres- und Mondphasenindikation, 90er Jahre; 13liniges Ankerwerk, Kaliber LeCoultre 919, Höhe 8,3 mm; 34 Steine, Gangreserve 44 Stunden, Kugellager-Rotor, monometallische Unruh mit autokompensierender Flachspirale, 28800 A/h.

Weltzeit- und Zonenzeit-Armbanduhren

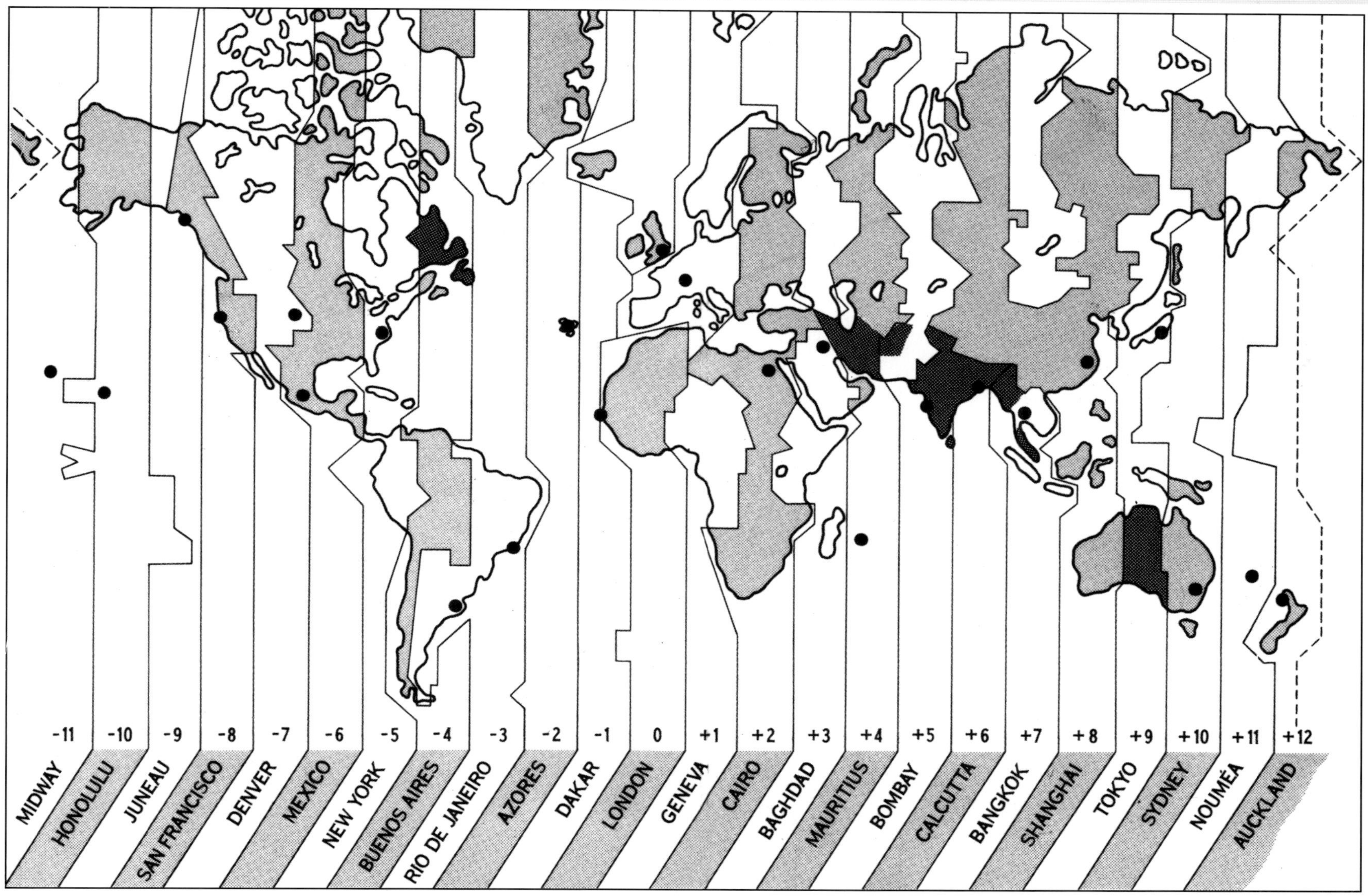

1533 Die 24 Zeitzonen der Erde.
Zonen des Weltzeitsystems, zur besseren Orientierung zweifarbig gegeneinander abgesetzt.
Bereiche mit Abweichungen vom Weltzeitsystem: Afghanistan, Myanmar, Guyana, Indien, Iran, Nepal, Neufundland, Nord- und Süd-Australien, Malaysia, Singapur, Sri Lanka, Surinam.

1534 Rechteckige Herren-Armbanduhr mit Weltzeitindikation, Modell 515 HU (Heures Universelles) von Patek Philippe, 1937; Handaufzugswerk Kaliber 10''' HU.

1537 Herren-Armbanduhr mit Weltzeitindikation von LeCoultre, um 1950.

1538 Herren-Armbanduhr mit Weltzeitindikation von Patek Philippe, ab 1955 produziert; 18 Kt. Goldgehäuse; Kaliber 12-400; diese Uhr ermöglicht es, die exakte Zeit in verschiedenen Städten der Welt gleichzeitig abzulesen.

1535

▷

1536

1535, 1536 Herren-Armbanduhr mit automatischem Aufzug und Zeitanzeige für 24 Städte der Erde von Tissot, um 1952; Gehäuse in 18 Kt. Gold, Durchmesser 37 mm; $12\frac{1}{2}$-liniges Automatikwerk, Kaliber 28.5 N 21, ab 1944 gebaut; 17 Steine, »Incabloc« Stoßsicherung, Aufzug in einer Drehrichtung mittels einer durch Schraubenfedern begrenzten Pendelschwungmasse; der Stundenzeiger dreht sich einmal innerhalb von 12 Stunden, die Zeit läßt sich an der äußeren Lünette ablesen. Die innere Scheibe mit den Namen von 24 Städten dreht sich innerhalb von 24 Stunden einmal, auf der 24-Stunden-Skala läßt sich ablesen, wie spät es dort jeweils ist. Die Markierung zwischen den Namen »Auckland« und »Midway« gibt die Datumsgrenze an. Mit Hilfe des Drückers bei der »2« lassen sich die Zeiger unabhängig von der Städtescheibe verstellen.

1539 Herren-Armbanduhr mit zusätzlichem und unabhängig verstellbarem Stundenzeiger von Patek Philippe, ab 1962 gebaut; 18 Kt. Goldgehäuse; 12liniges Ankerwerk, Kaliber 12-400, 18 Steine, autokompensierende Breguet-Spirale, monometallische Schraubenunruh, Schwanenhals-Feinregulierung; mit Hilfe der Drücker im Gehäuserand läßt sich der blaue Stundenzeiger in Stundenschritten unabhängig verstellen, wodurch eine Verwendung als Zwei-Zonen-Uhr möglich wird. ▷

1540 Einfache Herren-Armbanduhr mit Weltzeitindikation, signiert »Paul Garnier«, 80er Jahre; rotierende 24-Stunden-Scheibe, die Städtenamen lassen sich nicht verstellen, wenn man in eine andere Zeitzone gelangt; Handaufzugswerk.

1541 Herren-Armbanduhr mit farbiger Weltkarte vom Nordpol aus projiziert, Längengrade, Stundenmarken, signiert »Alvarex, Orbit © by Juillerat Bros«. Verchromtes Gehäuse mit Stahlboden, Ankerwerk 11½''', 15 Steine, »Incabloc« Stoßsicherung, dreischenklige glatte Unruh, Flachspirale, von oben verschließbarer Spiralschlüssel. Schweiz, um 1960.

1542 Herren-Armbanduhr mit automatischem Aufzug, Datums-, 12- und 24-Stunden-Anzeige, »Unitime« von Breitling, um 1965; 11½liniges Ankerwerk, Felsa-Kaliber 711, 17 Steine, direkte Zentralsekunde, Aufzug in beiden Richtungen des Rotors.

1544, 1545 Herren-Armbanduhr mit Indikation von 2 Zonenzeiten und Datum, Le Phare-Sultana, um 1960, hergestellt für moslemische Länder des Mittleren Ostens u. a. zur korrekten Erfüllung der Gebetspflicht; 12liniges Ankerwerk, FHF (Fabrique d'Horlogerie Fontainemelon)-Kaliber 27, 21 Steine, monometallische Unruh mit autokompensierender Flachspirale, »Incabloc« Stoßsicherung; der Mechanismus für die doppelte Zeitanzeige (System Louis Cottier) befindet sich unter dem Zifferblatt mit aufgesetzten Indexen; über die gezogene Krone lassen sich beide Zeigerpaare synchron bewegen; bei gedrücktem Knopf (bei der »2«) wird das linke Zeigerpaar abgekoppelt, Doublégehäuse mit Edelstahlboden.

1542 △ 1543 ▽

1543 Herren-Armbanduhr mit automatischem Aufzug, Datums- sowie 12- und 24-Stunden-Anzeige im wasserdichten Stahlgehäuse, »Sherpa-Jet« von Enicar, um 1965; die innerhalb des Gehäuses befindliche 24-Stunden-Lünette läßt sich mit Hilfe der oberen Krone drehen, um eine zweite Zeitzone einzustellen.

1546, 1547 Herren-Armbanduhr mit Zeitanzeige zweier Zeitzonen, »Long Distance« von Ardath, 60er Jahre; vernickeltes Gehäuse, Durchmesser 38 mm; die Uhr verfügt über 2 getrennte Damen-Uhrwerke: Eta-Kaliber 2551, $7\frac{3}{4}'''$, 17 Steine, »Incabloc« Stoßsicherung, 21600 A/h, direkte Zentralsekunde und Datumsanzeige; FEF (Fabrique d' Ebauches de Fleurier) -Kaliber 430 mit Handaufzug, $5 \times 7'''$, 17 Steine, »Incabloc« Stoßsicherung, 18000 A/h. Das linke Automatikwerk zeigt die Zeit im Heimatort und das rechte Uhrwerk die Zeit am jeweiligen Aufenthaltsort an (ein anderes Modell von Ardath hatte die Uhrwerke übereinander in einem rechteckigen Gehäuse angeordnet).

1548 Armband-Chronograph mit Weltzeit-Drehlünette, Jaeger-LeCoultre, um 1965; Kaliber Valjoux 72 mit Schaltrad, Kupplung, 30-Minuten- und 12-Stunden-Zähler; Zifferblatt mit Tachymeter-Skala; das Modell besitzt keinen 24-Stunden-Zeiger; Edelstahlgehäuse.

1549 GMT (Greenwich Mean Time) -Modell »Early Bird« von Ollech & Wajs, Zürich, 60er Jahre; Handaufzugskaliber mit 24-Stunden-Zeigerwerk, verchromtes Gehäuse mit 24-Stunden-Drehlünette, die sich auf eine andere Zonenzeit einstellen läßt.

1550 Herren-Armbanduhr mit automatischem Aufzug, »Edox Geoscope« aus dem Jahre 1970. Bei dieser Weltzeituhr dreht sich die innere Weltkarte einmal in 24 Stunden, so daß auf der 24-Stunden-Skala die Uhrzeit an den verschiedenen Orten abgelesen werden kann. Die Aufzugs-, Zeigerstell- und Weltzeiteinstellkronen befinden sich auf der linken Seite der Uhr.

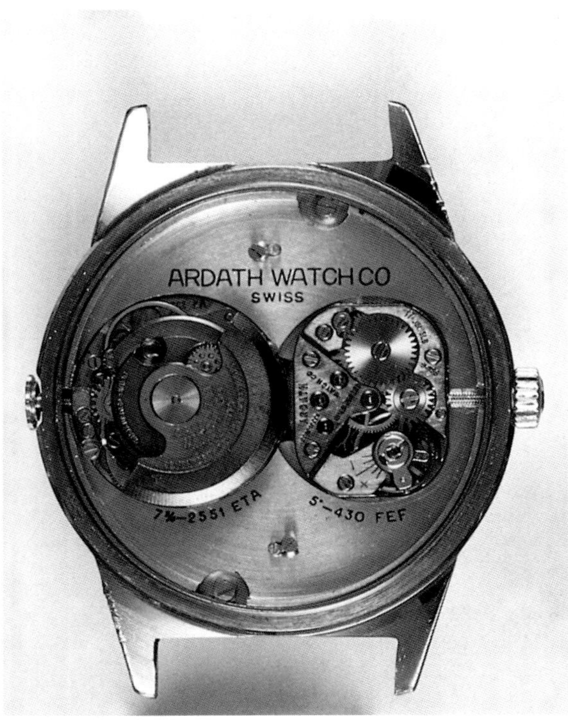

1551, 1552 Olma »Duo Time«, Herren-Armbanduhr mit 2 Handaufzugswerken vom Kaliber AS 1978-2, $5^1/_2 \times 6^3/_4'''$, 17 Steine, monometallische Unruh mit autokompensierender Flachspirale, »Incabloc« Stoßsicherung, Doublégehäuse mit Edelstahlboden. 70er Jahre.

1553, 1554 Damen-Armbanduhr für 2 Zeitzonen, Doublégehäuse, Zentralsekunde und Datum. Auf Zifferblatt signiert »Sicura automatic«. Zwei selbständige Automatikwerke, nebeneinander angeordnet; 17 Steine, Rotor kugelgelagert, $7^3/_4'''$; Eta-Werk 2671, das neben Eta 2670 bis dato am häufigsten verwendete Automatikwerk für Damenuhren. Um 1970.

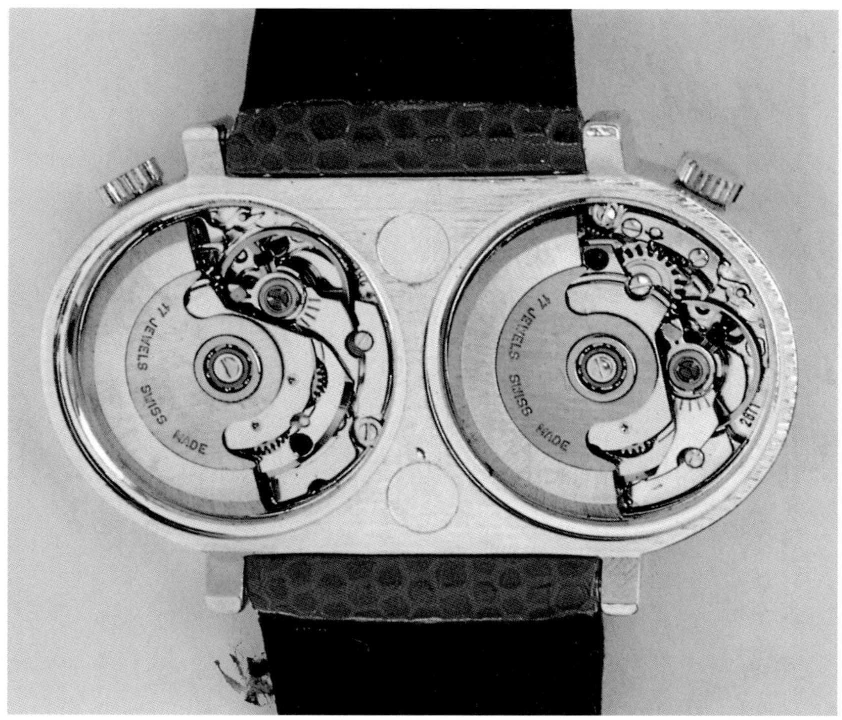

1555 Goldene rechteckige Armbanduhr von Chopard, 80er Jahre; mit 2 Uhrwerken und 2 Zeigerpaaren, die sich über die beiden Kronen stellen lassen; erhältlich mit elektronischen oder mechanischen Kalibern.

1556 Oris »Complication«, 1993; mit automatischem Aufzug, einfachem Vollkalender, Mondphase, unabhängig verstellbarer 24-Stunden-Zeiger bei der »6«; $10^{1}/_{2}'''$ Ankerwerk, Kaliber Oris 571 (Basis Eta 2688), 17 Steine, monometallische Unruh mit Flachspirale, 21600 A/h, »Incabloc« Stoßsicherung, Gangreserve 45 Stunden.

1557 Modell »GMT« von TAG Heuer, 90er Jahre; wasserdicht bis 200 Meter; Modell mit 12- und 24-Stunden-Zeiger, Datumsanzeige und 24-Stunden-Drehlünette, Quarzwerk.

1558 »Tora« von Chronoswiss, 90er Jahre; mit zentralem Sekunden- und Minutenzeiger sowie 2 getrennten Stunden-Zifferblättern, das rechte für die jeweilige Ortszeit, das linke für eine weitere Zonenzeit. Kaliber C 123 (Basis Enicar) mit einseitig wirkendem Rotor, $11^{3}/_{4}'''$, 29 Steine, monometallische Unruh mit autokompensierender Flachspirale, 21600 A/h, Feinregulierung für den Rücker, »Incabloc« Stoßsicherung.

1559 »Panama« ehemals »Havanna« mit Anzeige von 2 Zonenzeiten von Rainer Brand, 90er Jahre; $11^{1}/_{2}$liniges Ankerwerk, Kaliber Eta 2892-2 (modifiziert), 21 Steine, 28800 A/h, Datumsanzeige, Chronometer.

1560 Breitling »Duograph« mit automatischem Aufzug, zusätzlichem 24-Stunden-Zeiger, Tag-/Nacht-Indikation bei der »9« und doppelter Datumsanzeige (digital durch Fenster für Hauptzeit und Zeigerdatum bei der »6« für die zweite Zonenzeit); Glasrand mit 360 Grad-Einteilung. 90er Jahre.

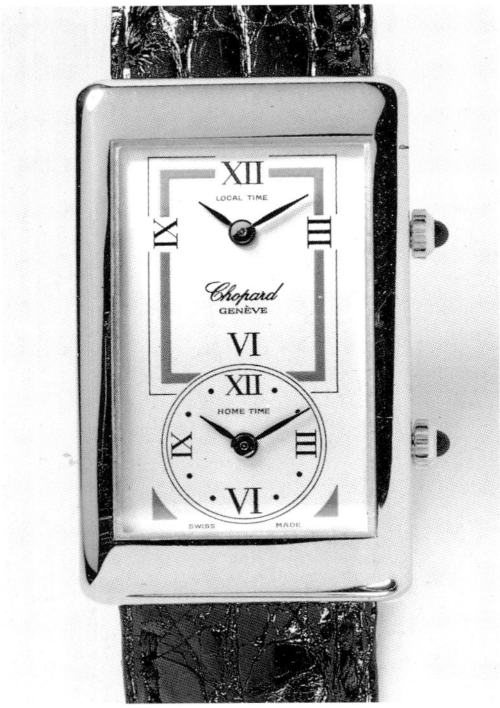

1561 Ulysse Nardin »GMT ±« mit automatischem Aufzug, springender digitaler 24-Stunden- und Datumsanzeige; 11½liniges Ankerwerk, Kaliber Eta 2892-2 (von Ulysse Nardin modifiziert), 21 Steine, Rotoraufzug in beiden Drehrichtungen, Unruhfrequenz 28800 A/h; über die Drücker bei der »2« und »8« läßt sich der Stundenzeiger in Stundenschritten zurück- bzw. vorstellen. Mitte 90er Jahre. ▽

1562 △ 1563 ▽ 1564 ▽

1562 »Reverso Duoface« von Jaeger-LeCoultre, Modell mit Handaufzugswerk, Mitte 90er Jahre; Indikation von 2 Zonenzeiten auf der Vorder- oder Rückseite; der Stundenzeiger für die zweite Zonenzeit läßt sich mit Hilfe des Drückers bei der »2« bzw. »10« unabhängig von den übrigen Zeigern verstellen, zusätzliche 24-Stunden-Indikation für die zweite Zonenzeit; patentiertes Kaliber 854.

1563 Jaeger-LeCoultre »Géographique«, Anfang 90er Jahre; mit automatischem Aufzug, Weltzeit-, Gangreserve- und Datumsanzeige, außerdem Indikation einer zweiten Zonenzeit inkl. eigenem 24-Stunden-Zifferblatt; 11½''' Ankerwerk, Kaliber 929 (Basis 889.1), 36 Steine, monometallische Unruh mit autokompensierender Flachspirale, 28800 A/h, Rotoraufzug in beiden Drehrichtungen, der Zusatzmechanismus befindet sich unter dem Zifferblatt. ▷

1564 Audemars Piguet »Royal Oak Dual Time«, 90er Jahre; mit automatischem Aufzug, Gangreserve- und Datumsanzeige sowie Indikation einer zweiten Zonenzeit; 11½''' Ankerwerk, Kaliber 2845, 33 Steine; der Stundenzeiger des zweiten Zeigerpaars bei der »6« läßt sich über die Krone unabhängig in Stundenschritten verstellen; bis 50 m wasserdichtes Gehäuse. ▷▷

◁ **1565** »Mundus« von Svend Andersen, Genf; weltweit flachste Herren-Armbanduhr mit Handaufzugswerk und Weltzeitindikation, 1994 lanciert; 9liniges Ankerwerk, Kaliber Frédéric Piguet 21, 18 Steine, Höhe (einschl. Weltzeit-Mechanismus) 1,85 mm; limitierte Edition von 24 Exemplaren in Platin; Verstellen des innenliegenden Drehrings mit Städtenamen über die Krone bei der »9«.

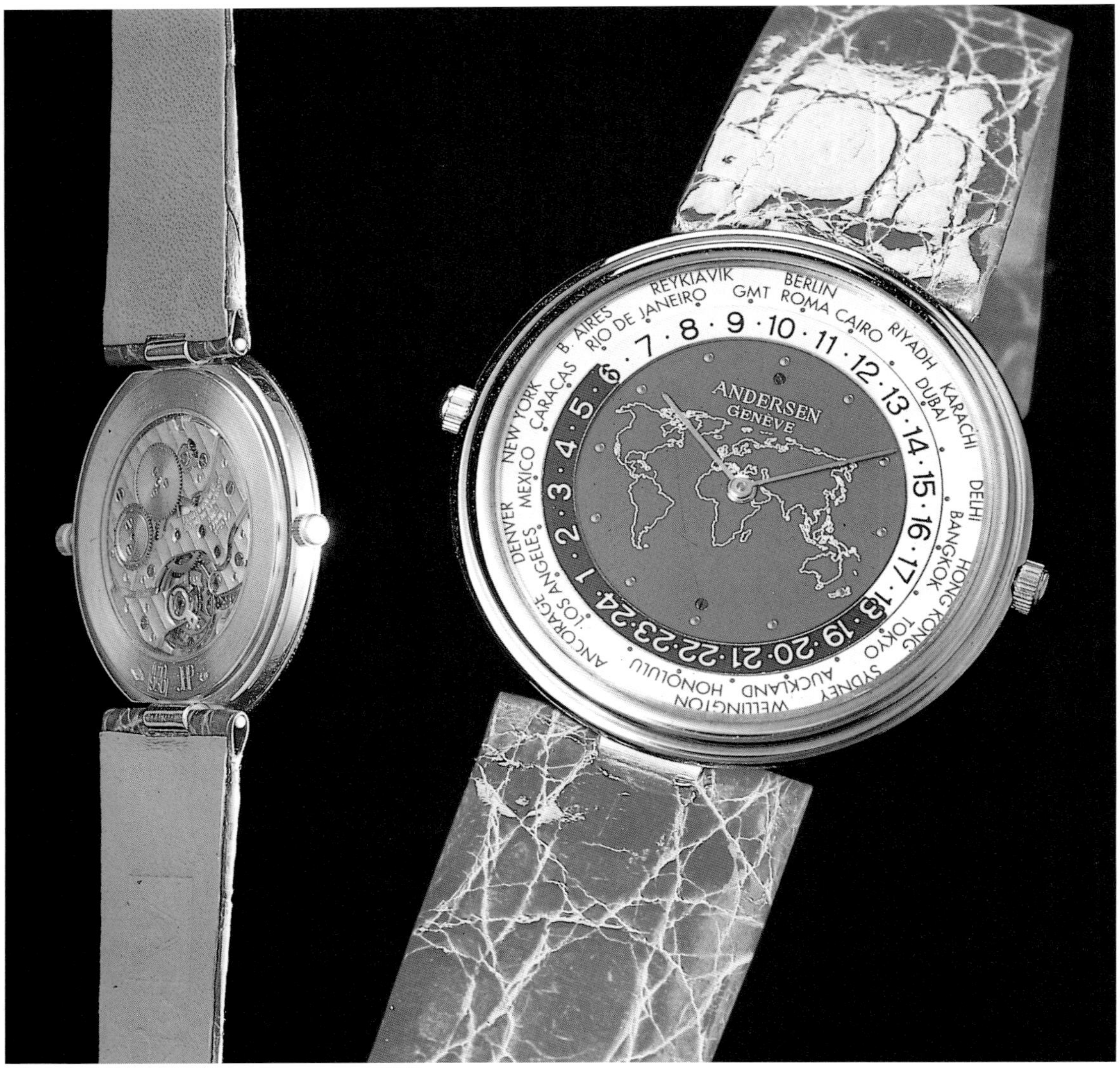

△ **1567** »Marine« von Breguet, 90er Jahre; mit automatischem Aufzug, Weltzeitindikation und Datumsanzeige, 11½liniges Ankerwerk, Kaliber Lemania 8810 (modifiziert), 25 Steine, 2 Federhäuser, Gangreserve 42 Stunden, monometallische Unruh mit autokompensierender Flachspirale, 28800 A/h; das Verstellen des innenliegenden Weltzeitrings erfolgt über den Schieber bei der »10«.

◁ **1566** Armband-Chronograph mit Weltzeitindikation von Svend Andersen, Genf, 90er Jahre; 12liniger Chronograph mit Schaltkulisse, Kupplung, 30-Minuten- und 12-Stunden-Zähler, Kaliber Lemania 1874, 18 Steine, monometallische Unruh mit autokompensierender Flachspirale, 21600 A/h; Goldgehäuse mit Drehlünette, in die Städtenamen eingraviert sind.

Varia

1568 Armband-Uhrgehäuse mit eingebautem Abhörmikrofon, getarnt als Chronograph mit 30-Minuten-Zähler; im Gehäuse befindet sich kein Uhrwerk, um 1940.

1569 Blinden-Armbanduhr mit Handaufzug, Signatur »Stowa« (Walter Storz), um 1960; Nickelgehäuse, Durchmesser 33 mm; der Glasrand öffnet sich nach Betätigung des in die Aufzugskrone integrierten Drückers; $10^{1}/_{4}$liniges Ankerwerk, 15 Steine, Stoßsicherung.

1570 Blinden-Armbanduhr mit automatischem Aufzug, signiert »Lignal«, Hersteller Prorubis, um 1970; vernickeltes Gehäuse mit hochklappbarem Glasrand, Durchmesser 34 mm; Ankerwerk, Kaliber Eta 2784, 25 Steine, »Incabloc« Stoßsicherung, monometallische Ringunruh, Flachspirale, 21600 A/h; der automatische Aufzug erfolgt über einen unbegrenzt drehenden Rotor in beiden Richtungen.

1571 Freimaurer-Armbanduhr, signiert auf dem Zifferblatt »Waltham«, Schweizer Fabrikat; Doublégehäuse in der Form eines gleichseitigen Dreiecks mit ringförmigem oberen Bandanstoß, in dem sich ein Logensymbol befindet; Zifferblatt mit polychromen Freimaurer-Symbolen und der Aufschrift »LOVE YOUR FELLOW MAN LEND HIM A HELPING HAND«; 17steiniges Ankerwerk, der manuelle Aufzug erfolgt über die Krone im rechten unteren Eck des Gehäuses.

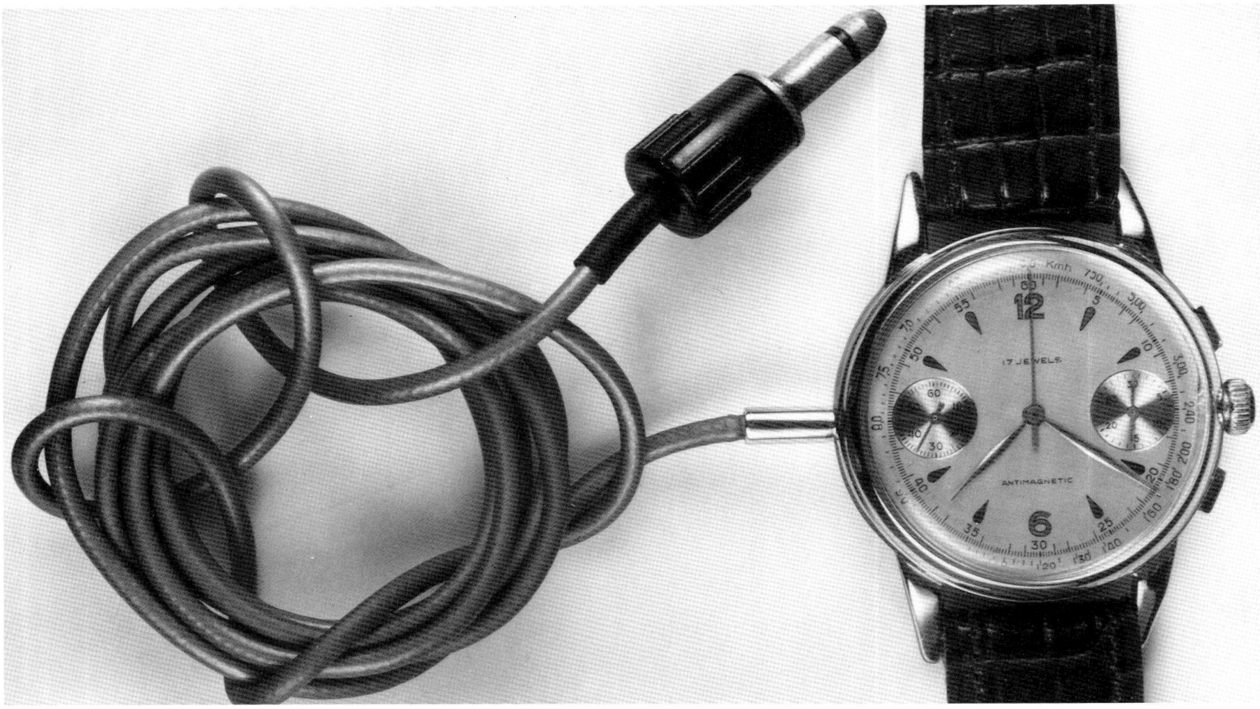

1568 △

1569

1570

1572 Freimaurer-Armbanduhr im quadratischen Doublégehäuse mit einem Zifferblattausschnitt als gleichseitiges Dreieck, ohne Signatur, Schweiz, vermutlich 1960; 17steiniges Ankerwerk, Cyma-Kaliber 120. ▷

1573 Herren-Armbanduhr mit automatischem Aufzug und Datumsanzeige, signiert »Spaceman« von Choisi S. A., um 1970; Fiberglasgehäuse mit integriertem Kunststoff-Armband, Durchmesser 42 mm; 11 ½liniges Automatikwerk, AS-Kaliber 1913, 25 Steine, »Incabloc« Stoßsicherung, monometallische Ringunruh, autokompensierende Flachspirale, springende Datumsanzeige; der Blick auf das Zifferblatt muß infolge der Abdeckung des Glases von schräg vorn erfolgen.

1575, 1576 Doublé-Armbanduhr »Photo-Watch« von Bulova, um 1955, vorwiegend für den amerikanischen Markt gefertigt; durch Betätigung eines kleinen Drückers am Gehäuserand unterhalb der »6« springt das Gehäuseoberteil mit Uhrteil nach oben und ermöglicht den Blick auf das darunterliegende Bild; 17steiniges Ankerwerk.

1577, 1578 Herren-Armbanduhr von Universal, signiert »Railrouter Chronomètre«, um 1950; 17steiniges Ankerwerk, »Incabloc« Stoßsicherung, Unruh-Stoppvorrichtung (durch Ziehen der Krone wird die Uhr zum genauen Einstellen des Sekundenzeigers angehalten). Diese Uhr mit Gangzeugnis war besonders gegen magnetische Einflüsse geschützt. Zentralsekunde neben dem Kraftfluß.

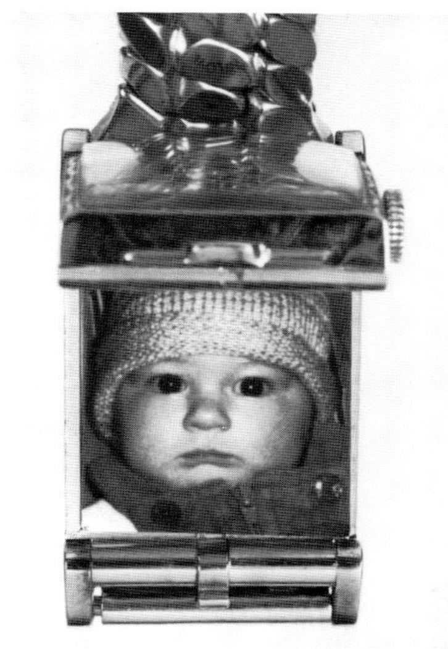

◁ **1574** Armbanduhr für Autofahrer von Bifora, um 1970; Kunststoffgehäuse und -band, Gehäusedurchmesser 37 mm; die Uhr wird so am Handgelenk befestigt, daß sie auch abzulesen ist, wenn das Steuerrad gehalten wird; 9¾liniges Ankerwerk, Kaliber 91/1, 17 Steine, Stoßsicherung.

1579, 1580 Herren-Armbanduhr »Amagnetic« von Patek Philippe & Co., 1961; Gehäuse 18 Kt. Gold mit speziellem Schutz des Uhrwerkes gegen magnetische Einflüsse; Magnetfelder bis zu 800 Gauß führen nicht zu Gangabweichungen, der Stillstand der Uhr erfolgt in Kraftfeldern ab 1500 Gauß (Kraftlinien parallel zur Werkfläche); Werk Kaliber 27 AM, 18 Steine, »Gyromax«-Unruh mit freischwingender autokompensierender Spirale, 19800 A/h, »Kif Flector« Stoßsicherung.

1581 Herren-Armbanduhr mit beleuchtbarem Zifferblatt, »Tourist Everlight«, um 1958; $11\,^1/_2$liniges Ankerwerk, HF-Kaliber 72, 17 Steine, »Incabloc« Stoßsicherung; verschraubtes Stahlgehäuse, Durchmesser 35 mm; auf dem inneren Rückdeckel ist ein Akku befestigt, der sich mit Hilfe einer 1,5 V Monozelle nachladen läßt. Nach Druck auf den Knopf bei der »2« beleuchtet ein Glühlämpchen bei der »12« das Zifferblatt.

1583 Herren-Armbanduhr mit beleuchtbarem Zifferblatt, signiert »Dogma prima Rayolux« von Aubry Frères, um 1960; Stahlgehäuse, Durchmesser 37 mm; 15-steiniges Ankerwerk; mit eingebautem Akku und Glühbirnchen, womit durch Druck auf den Knopf bei der »2« das Zifferblatt beleuchtet werden kann.

1584 Herren-Armbanduhr »Solunar« von Heuer, um 1955; Stahlgehäuse, Durchmesser 36 mm; Ankerwerk, welches neben der mittleren Sonnen- oder Normalzeit mit Hilfe eines Achsenkreuzes auf einer Drehscheibe über der »6« und einer Stundenskala auf dem Zifferblatt die täglichen »Solunar-Perioden« für einen Hafen oder einen beliebigen Ort bestimmter geographischer Lage anzeigt. Die 4 farbigen Sektoren ermöglichen ferner das Ablesen der Gezeiten Ebbe und Flut an demselben Ort. Die gelben Felder indizieren dabei die Ebbe und die blauen die Flut. Der Drücker bei der »4« ermöglicht ein genaues Einstellen der Drehscheibe auf die in Seehäfen ausgehängten Gezeiten. Durch die selbständige Weiterschaltung der Scheibe kann die Änderung der Gezeiten an diesem Ort anschließend stets von der Uhr abgelesen werden.

◁ **1582** Herren-Armbanduhr mit beleuchtbarem Zifferblatt, »Flash« von Ernest Borel, ab 1958 gebaut; patentierte Konstruktion mit Akku im wasserdichten Gehäuse. Ein Glühbirnchen beleuchtet das Zifferblatt.

1585 Herren-Armbanduhr mit automatischem Aufzug, Tages- und Datumsanzeige sowie Ablesemöglichkeit für Ebbe und Flut, »Solunar« von Heuer, um 1975; die Uhr schaltet die Indikation im Gegensatz zur »Solunar« (Abb. 1584) nicht selbständig weiter, sondern muß in 14tägigem Abstand manuell eingestellt werden.

1586 Herren-Armbanduhr mit automatischem Aufzug, Datums-, Mondphasen- und Ebbe-Flut-Anzeige, anonym, Schweiz, vermutlich nach 1975; Doublégehäuse, Durchmesser 37 mm; 17steiniges Automatikwerk von AS.

1587–1590 Herren-Armbanduhr mit eingebautem Höhenmesser, »bivouac« von Favre-Leuba, ab 1963 gebaut; Stahlgehäuse, Durchmesser 40 mm; Ankerwerk, Kaliber Peseux 320, $10\frac{1}{2}'''$, 17 Steine, »Incabloc« Stoßsicherung. Auf das Werk ist der Barometer-Mechanismus aufgebaut, die Membrandose wird in das Gehäuse eingeschraubt, die Welle für den Barometerzeiger geht durch die durchbohrte Minutenradwelle; das Zifferblatt besitzt eine äußere Skalierung zum Ablesen des Luftdruckes in mm Quecksilbersäule, die Drehlünette hat eine Höhenskala, die von 0–3000 m reicht und bei jeweils 25 m einrastet; am Ausgangspunkt einer Bergtour wird die Lünette auf die dort bekannte Höhe eingestellt, die zurückgelegten Höhenmeter lassen sich dann auf der Lünette ablesen.

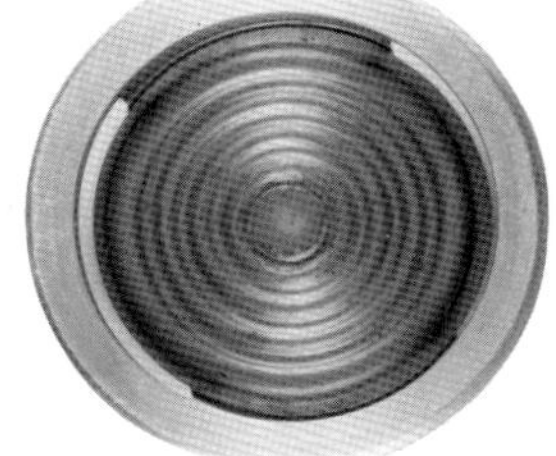

1591, 1592 Corum »Admiral's Cup Marées« mit patentierter Gezeitenindikation und Datumsanzeige, 90er Jahre; 11½liniges Ankerwerk, Kaliber Eta 2892-2 (von Corum modifiziert), 21 Steine, Rotoraufzug in beiden Drehrichtungen, Unruhfrequenz 28800 A/h; Funktionen: Gezeitenstand und -bewegung, Gezeitenkoeffizienten und -wechsel, Ebbe- und Flutzeiten, Wasserstand, Mondphasenindikation; Sondermodell mit Rotor in Emailmalerei (Rückseite).

1593 Herren-Armbanduhr mit 24-Stunden-Anzeige und Rechenscheibe, »Computer« von Ollech & Wajs, um 1968; Stahlgehäuse, Durchmesser 39 mm; 11½liniges Ankerwerk, 17 Steine, »Incabloc« Stoßsicherung; mit Hilfe der oberen Krone läßt sich der äußere Ring des Zifferblattes verdrehen und so als Rechenschieber verwenden.

1594, 1595 Herren-Armbanduhr mit Rechenscheibe und Windrose, »Easy-Math« von Dugena, ab 1965 verkauft; Stahlgehäuse, Durchmesser 37 mm; hergestellt wurde die Uhr von Fortis, Grenchen; Schweizer Ankerwerk, FHF-Standard, Kaliber 96, 11½‴, 17 Steine, monometallische Ringunruh, Flachspirale, »Incabloc« Stoßsicherung. Mit Hilfe der oberen Krone lassen sich der Rechenschieber und die Windrose drehen; bei sonnigem Wetter läßt sich die Uhr als Kompaß benützen, indem

man den Stundenzeiger in Richtung der Sonne hält, Süden liegt dann in Richtung der Winkelhalbierenden zwischen Stundenzeiger und der »12«, auf diese Marke stellt man den »Süd«-Strahl der Windrose ein und kann alle 4 Himmelsrichtungen ablesen.

1596, 1597 Kissenförmiges Modell »Self regulating« von Wilka Watch, Genf, um 1935; Chromgehäuse, 28×28 mm. Im Fenster bei der »1« wird einmal wöchentlich per rotem Punkt der Moment zum »Zeigerstellen mit Regulierung« über den Drücker bei der »2« angezeigt; 10½liniges Ankerwerk, 15 Steine, bimetallische Schraubenunruh mit Breguet-Spirale, patentierte automatische Regulierung.

1598, 1599 Herren-Armbanduhr »Ajustor« von ZentRa, 60er Jahre; der Rückerzeiger läßt sich über die beiden Drücker bei der »6« von außen verstellen, d. h. zur Gangkorrektur muß das Gehäuse nicht geöffnet werden; 11½liniges Ankerwerk, Kaliber FHF 73, monometallische Unruh mit autokompensierender Flachspirale, »Incabloc« Stoßsicherung, Doublégehäuse mit Edelstahlboden.

1600, 1601 Herren-Armbanduhr, signiert auf dem Zifferblatt »Players«, hergestellt um 1950; im vernickelten Messinggehäuse, Durchmesser 38 mm; 12liniges Werk FHF (Fabrique d'Horlogerie Fontainemelon)-Kaliber 27, 17 Steine, ohne Stoßsicherung, monometallische Schraubenunruh, Flachspirale, Genfer Streifen; die Uhr besitzt 4 Zählwerke, mit denen sich durch Betätigung der Drücker im Gehäuserand die Tore (but) und Ecken (corner) zweier Mannschaften zählen lassen.

1602 Herren-Armbanduhr mit springender Sekunde von Doxa, um 1960; Doublégehäuse, Durchmesser 34 mm; Ankerwerk, Ebauches Chézard, Kaliber 116, zentraler Minuten- und Sekundenzeiger, die Stundenanzeige erfolgt mit Hilfe einer Scheibe und eines Fensters, in dem eine Sonne bzw. ein Mond auf die Tagesbzw. Nachtstunden über dem Fenster zeigen. Die Uhr zeigt 21.10 Uhr an.

1602 △ 1603 ▽

1604, 1605 »Cocktail« von Ernest Borel, hergestellt ab 1953; $8\frac{3}{4}$liniges Ankerwerk mit Handaufzug, Kaliber Eta 1301, 17 Steine, monometallische Unruh mit autokompensierender Flachspirale, »Incabloc« Stoßsicherung, Doublégehäuse mit Plexiglasboden; mehrfarbig bedruckte Scheiben (eine dient als Sekundenindikation) bieten eine kaleidoskopartige Vorstellung.

1606 Einzeigrige Armbanduhr »Philosophic« von Audemars Piguet, 80er Jahre; Goldgehäuse 18 Kt.; bei dieser Uhr läßt sich das gesamte Werk mit Zifferblatt innerhalb eines Goldreifs mit 12 Einrastungsmöglichkeiten verdrehen. Auf diese Weise kann man die Uhr als Weltzeituhr verwenden; man verdreht nur das Werk um die Anzahl der Differenzstunden zur ursprünglichen Ortszeit und hat die neue Ortszeit. Die Zeit läßt sich allerdings nur im Rahmen von Viertelstunden exakt ablesen. Deutet der Zeiger auf das »Goldkorn« (links), so ist es am Heimatort entweder Mittag oder Mitternacht. Der Aufzug erfolgt durch eine Krone auf der Rückseite der Uhr.

◁◁ **1603** Damen-Armbanduhr »Lunastar« von Consul, um 1965; der zentrale Sekundenzeiger ist bei dieser Uhr als Komet gestaltet, der Mond bildet das hintere Ende des Minutenzeigers. Die Uhr zeigt 17.50 Uhr an.

1607, 1608 Herren-Armbanduhr mit springender 24-Stunden-Anzeige (1–12 und 13–24) von Gruen, um 1960; die Stundenziffern springen um 12 und 24 Uhr selbständig.

1609 Herren-Armbanduhr mit automatischem Aufzug und 24-Stunden-Anzeige von Juvenia, um 1965.

1611 Herren-Armbanduhr mit automatischem Aufzug, Datums- und 24-Stunden-Anzeige von Tissot, »Navigator«, um 1975; Doublégehäuse, Durchmesser 36 mm; 21steiniges Ankerwerk, Kaliber 788; »Incabloc« Stoßsicherung, Feinregulierung für den Rücker mittels Exzenterschraube, der automatische Aufzug erfolgt in beiden Drehrichtungen des Rotors.

1612 Herren-Armbanduhr, signiert »Carsic«, um 1965; Handaufzug, Ankerwerk mit 17 Steinen; der obere Zeiger zeigt die Stunden, der mittlere die Sekunden und der untere die Minuten an.

1609 △ 1610 ▽

◁ **1610** Herren-Armbanduhr, signiert »Stowa« mit 12- und 24-Stunden-Anzeige, um 1968; Doublégehäuse, Durchmesser 36 mm; 11½liniges Ankerwerk, Durowe-Kaliber 741-1, 17 Steine, Stoßsicherung, 21600 A/h; Adressatengruppen waren für diese Uhr u. a. unter Tage arbeitende Menschen.

1613 Herren-Armbanduhr mit digitaler Zeit- und Datumsanzeige, signiert »Sheffield Instantime«, Schweiz, um 1960; 21steiniges Ankerwerk, »Incabloc« Stoßsicherung; die Fenster im Zifferblatt zeigen von oben nach unten das Datum, die Minuten und springend die Stunden an, die Uhr ist mit einem zentral angeordneten Sekundenzeiger ausgestattet.

1615 Herren-Armbanduhr mit digitaler Stunden-, Minuten- und Datumsanzeige von Sicura, um 1965. Oben Datum, Mitte Minute, unten Stunde durch farbig abgesetztes Fenster. Stiftankerwerk.

1616, 1617 Herren-Armbanduhr mit automatischem Aufzug und digitaler Zeitanzeige von LIP, um 1970; verchromtes Gehäuse 32 × 35 mm; 11½liniges Ankerwerk, AS-Kaliber 1902, 17 Steine, »Incabloc« Stoßsicherung, 21 600 A/h; im Fenster sind von links nach rechts die springende Stunde, die Minuten und die Sekunden abzulesen.

1618 Rechteckige Herren-Armbanduhr mit retrograder (zurückspringender) Stunden- und Minutensowie digitaler Datumsanzeige durch Fenster im rechten unteren Eck von Le Phare, La Chaux-de-Fonds, um 1965; 17steiniges Ankerwerk, Kaliber Peseux 7046, 10½‴, mit aufgesetztem Mechanismus für die retrograde Zeitanzeige, monometallische Ringunruh, autokompensierende Flachspirale, »Incabloc« Stoßsicherung.

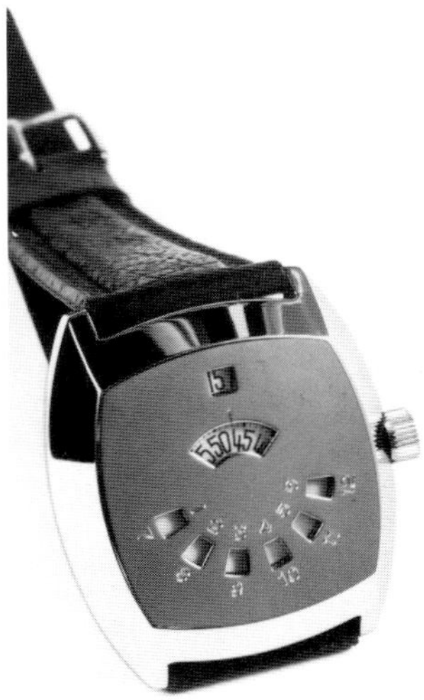

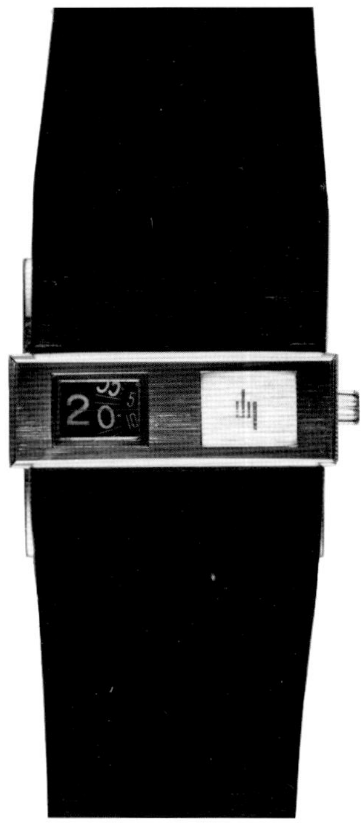

◁ **1614** Herren-Armbanduhr mit automatischem Aufzug und digitaler Zeitanzeige, »Directime« von Itraco, um 1958; 11½liniges AS-Kaliber 1902; 17 Steine, »Incabloc« Stoßsicherung, Aufzug durch unbegrenzt drehenden Rotor; in dem Zifferblatt befinden sich oben ein Fenster für die springende Stundenanzeige, in der Mitte für die Minuten- und unten für die Sekundenindikation.

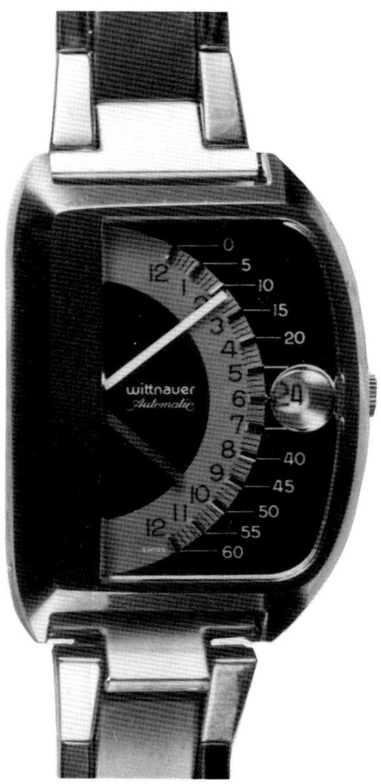

◁ **1619** Herren-Armbanduhr mit automatischem Aufzug, Zeitanzeige in Retrograd-Ausführung und Datumsanzeige von Wittnauer, um 1970; im Stahlgehäuse; Ankerwerk mit automatischem Aufzug in beiden Richtungen des Rotors, Eta-Kaliber, 11½‴, 17 Steine; der rote Stunden- und weiße Minutenzeiger bewegen sich jeweils von oben nach unten und springen nach Erreichen der 12-Stunden- bzw. 60-Minuten-Position wieder in die Ausgangslage zurück.

1620–1622 Modell »Digitrend« von Amida, um 1970. Die Zeit wird digital über 2 Scheiben angezeigt. Damit die Stunden und Minuten von vorn abgelesen werden können, wird die Zeitindikation um 90 Grad gespiegelt. Dies setzt jedoch in Spiegelschrift aufgebrachte Ziffern voraus. $10\frac{1}{2}$liniges Stiftankerwerk, 1 Stein, monometallische Nickelunruh mit autokompensierender Flachspirale.

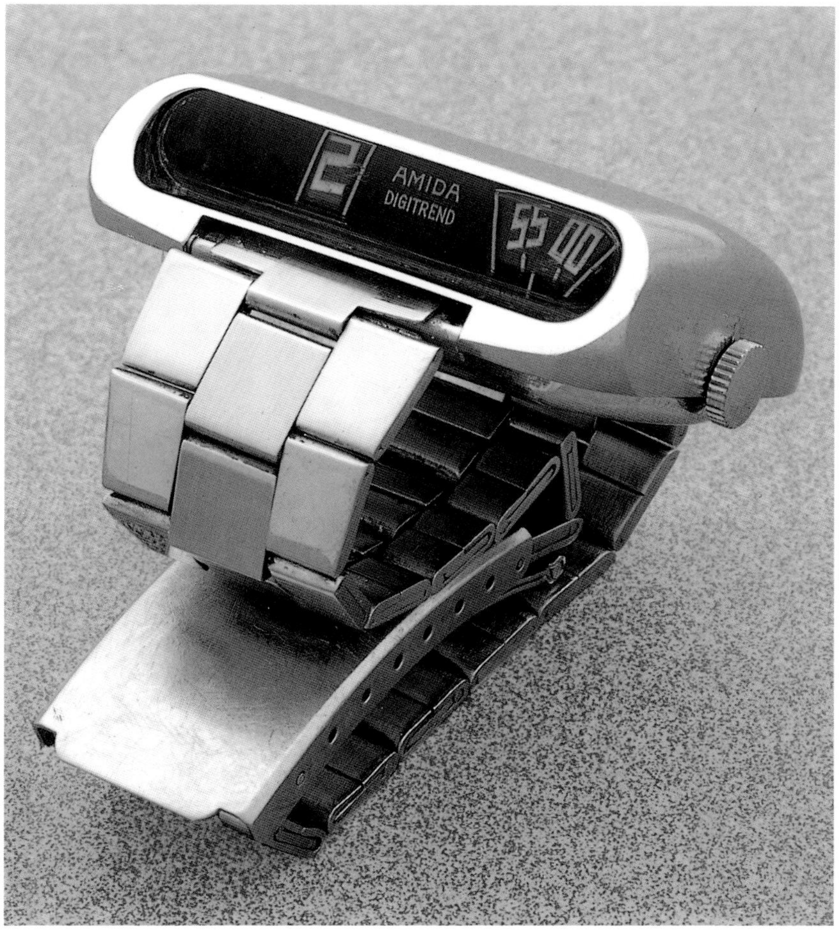

1623 Automatische Herren-Armbanduhr von Vacheron & Constantin mit springender Stundenanzeige, 90er Jahre; 36steiniges Ankerwerk mit 21karätigem Goldrotor, Unruhfrequenz 19800 A/h.

1624 Automatische Armbanduhr von Vacheron & Constantin, Modell »Mercator«, 1995; die retrograde Anzeige für Stunden und Minuten basiert auf einer Idee des belgischen Ehepaars Jean und Lucie Genbrugge. Die beiden Zeiger symbolisieren die Schenkel eines Zirkels und bewegen sich vor einem Zifferblatt, das nach einer Weltkarte des Gerhard Mercator gestaltet wurde.

1625 Die Anregung zu dieser Gübelin-Armbanduhr »Bras en l'air« mit retrograder Stunden- und Minutenanzeige (linker Arm = Stunden, rechter Arm = Minuten) stammt von Leonardo da Vinci. Ein Knopfdruck bei der »9« läßt die Arme auf die entsprechenden Ziffern springen. Das mechanische Modell wurde 1989 zur Ausstellung »Montres et Bijoux Genève« vorgestellt.

1627 Herren-Armbanduhr »Double Rétrograde« von Jozef Op de Beeck, Mechelen/Belgien, 90er Jahre; 13liniges, modifiziertes Handaufzugswerk mit 36 Stunden Gangreserve, 18 Steine, Unruhfrequenz 18000 A/h, monometallische Unruh mit autokompensierender Flachspirale, »Incabloc« Stoßsicherung, Goldgehäuse.

◁ **1626** »Star Wheel« von Audemars Piguet, 90er Jahre. Die Zeitanzeige der »Star Wheel« geht von einem zentral angeordneten Rad, dem sog. Sternrad, aus. Angetrieben durch das Automatikwerk, Kaliber 2124, dreht es sich einmal innerhalb von 3 Stunden um seine Achse. Dieses Sternrad trägt 3 Schaltsterne mit jeweils 8 Zähnen. Über jedem Schaltstern liegt eine flache Saphirglas-Scheibe, die mit 4 Stundenziffern bedruckt ist. Bei jeder Umdrehung des Sternrades werden die Ziffernscheiben um eine Position fortgeschaltet. Diejenige, welche die aktuelle Stunde anzeigt, bewegt sich jeweils über einem Kreissegment von 120 Grad, auf dem die 60 Minuten angegeben sind. Die Stundenziffer weist dabei auf die seit Beginn der vollen Stunde verstrichenen Minuten. 11½liniges Ankerwerk, 33 Steine, monometallische Unruh mit autokompensierender Flachspirale, Unruhfrequenz 21600 A/h.

1628, 1629 Herren-Armbanduhr mit unabhängiger springender Sekunde von Doxa, um 1960; tonnenförmiges Doublégehäuse, Durchmesser 34 mm; 11½liniges Ankerwerk, Ebauches Chézard, Kaliber 118, 21 Steine; monometallische Schraubenunruh, autokompensierende Flachspirale; das Uhrwerk besitzt einen Hilfsantrieb, der vom eigentlichen Uhrwerk laufend nachgespannt wird und den zentralen Sekundenzeiger nach 5 Unruhschwingungen um eine Sekunde weiterspringen läßt; mit Hilfe der Krone sind 2 Funktionen schaltbar; gezogene Krone – die Uhr wird angehalten, die Zeiger lassen sich genau einstellen; gedrückte Krone – die Uhr läuft weiter, aber der Sekundenzeiger bleibt stehen, die Uhr läßt sich so als einfacher Chronograph verwenden.

1630 Herren-Armbanduhr von Vincent Calabrese, Modell »Comédia«, 1995; mit springender Stundenanzeige bei der »6«, mechanisches Werk.

1631 Herren-Armbanduhr von Vincent Calabrese, Modell »Transworld«, 1995; mit Anzeige des Datums der Gangreserve sowie einer zweiten Zonenzeit, mechanisches Werk.

1632, 1633 Armbanduhr mit springender Sekunde von Werba, um 1960; Doublégehäuse 34 mm; Ankerwerk, Ebauches Chézard, Kaliber 7400, 11½''', 17 Steine, »Incabloc« Stoßsicherung, monomet. Schraubenunruh, autokomp. Flachspirale; die »Vorrichtung zur schrittweisen Vorwärtsbewegung des Sekundenzeigers von Uhrwerkgetrieben« wurde in Deutschland bereits am 3. 6. 1949 patentiert und besitzt im Triebwerk des Sekundenzeigers 2 durch eine Feder »elastisch-nachgiebig« miteinander verbundene Räder unterschiedlicher Größe, jedoch gleicher Zahnzahl; Unruh-Stoppvorrichtung.

1634, 1635 Herren-Armbanduhr, signiert »P. W. C. Girolunette« von Perfecta S. A., um 1960; Doublégehäuse, Durchmesser 34 mm; Uhrwerk mit Handaufzug, Felsa-Kaliber, 15 Steine, »Incabloc« Stoßsicherung, Genfer Streifen; Aufzug und Zeigerstellung erfolgen bei dieser Armbanduhr durch Drehen der Zifferblattlünette.

1636 Herren-Armbanduhr mit sichtbarer Unruh, auf dem Zifferblatt Verkäufersignatur »Beyer Zürich«, um 1965 (Hersteller der Uhr war vermutlich die Firma Luxor); 17steiniges Ankerwerk mit monometallischer Schraubenunruh, autokompensierende Flachspirale, »Incabloc« Stoßsicherung.

1637 Herren-Armbanduhr »Research« von Tissot, um 1972, die bis auf wenige Teile völlig aus Fiberglas gefertigt wurde, sich jedoch aufgrund ihrer mangelnden Funktionstüchtigkeit auf dem Markt nicht behaupten konnte.

1638, 1639 Herren-Armbanduhr im verchromten Gehäuse, auf dem Zifferblatt Hitler-Porträt und die Aufschrift »Deutschland erwache«; Schweizer Roskopf-Werk ohne Steine.

1640–1642 Herren-Armbanduhr von Mauthe, 50er Jahre, Geschenk der Volkswagenwerk AG als Anerkennung für die Erreichung der 100 000 km-Grenze; 10½liniges Kaliber 612, 19 Steine, direkte Zentralsekunde, »Contrachoc« Stoßsicherung.

1643 Werbe-Armbanduhr mit der Zifferblattaufschrift »Curaçao Hilton Casino«; Schweizer Fabrikat mit Roskopf-Werk, die Ziffern sind vertieft, eine lose Kugel kann durch Drehen der ganzen Uhr in Bewegung gesetzt werden (auf der Abbildung liegt die Kugel in der »7«). 60er Jahre.

1644 Armbanduhr zur 200-Jahrfeier der Unabhängigkeitserklärung der Vereinigten Staaten 1976; Kunststoffgehäuse, das Zifferblatt wurde der Fahne Amerikas nachempfunden; Hersteller der Uhr war die Gisa AG (Gisiger-Greder Sohn in Selzach); 17steiniges Werk, der Sternenkranz dreht sich als Sekundenzeiger.

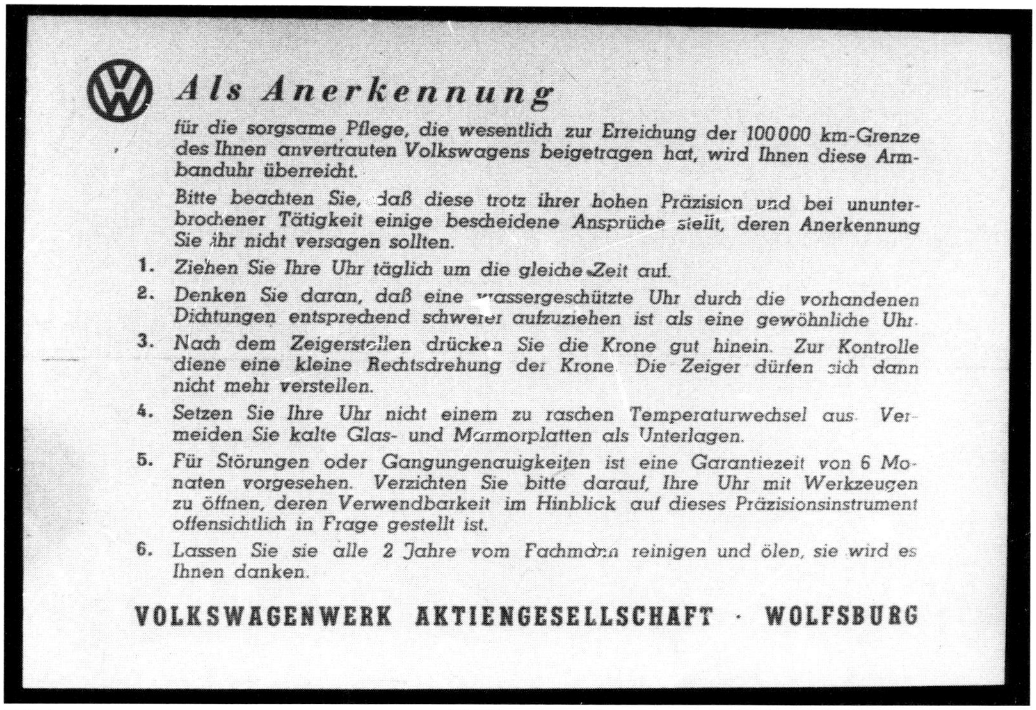

Als Anerkennung

für die sorgsame Pflege, die wesentlich zur Erreichung der 100 000 km-Grenze des Ihnen anvertrauten Volkswagens beigetragen hat, wird Ihnen diese Armbanduhr überreicht.

Bitte beachten Sie, daß diese trotz ihrer hohen Präzision und bei ununterbrochener Tätigkeit einige bescheidene Ansprüche stellt, deren Anerkennung Sie ihr nicht versagen sollten.

1. Ziehen Sie Ihre Uhr täglich um die gleiche Zeit auf.
2. Denken Sie daran, daß eine wassergeschützte Uhr durch die vorhandenen Dichtungen entsprechend schwerer aufzuziehen ist als eine gewöhnliche Uhr.
3. Nach dem Zeigerstellen drücken Sie die Krone gut hinein. Zur Kontrolle diene eine kleine Rechtsdrehung der Krone. Die Zeiger dürfen sich dann nicht mehr verstellen.
4. Setzen Sie Ihre Uhr nicht einem zu raschen Temperaturwechsel aus. Vermeiden Sie kalte Glas- und Marmorplatten als Unterlagen.
5. Für Störungen oder Gangungenauigkeiten ist eine Garantiezeit von 6 Monaten vorgesehen. Verzichten Sie bitte darauf, Ihre Uhr mit Werkzeugen zu öffnen, deren Verwendbarkeit im Hinblick auf dieses Präzisionsinstrument offensichtlich in Frage gestellt ist.
6. Lassen Sie sie alle 2 Jahre vom Fachmann reinigen und ölen, sie wird es Ihnen danken.

VOLKSWAGENWERK AKTIENGESELLSCHAFT · WOLFSBURG

1640 △ 1641 ▽ 1642 ▽ 1643 △ 1644 ▽

1645, 1646 Herren-Armbanduhr mit erotischem Bild auf dem Zifferblatt, hergestellt von der Hafner Watch Co., um 1975; 1steiniges Stiftankerwerk, Ebauches Bettlach, Kaliber 8810, 13''', Stoßsicherung; anstelle des Sekundenzeigers besitzt die Uhr eine polarisierende Scheibe, die sich, mit einem weißen Pfeil versehen, einmal pro Minute dreht und das erotische Bild alle 30 Sekunden sichtbar macht.

1647, 1648 Kinder-Armbanduhr mit »Mickey Mouse«-Abbildung auf dem Zifferblatt, Schweiz, 80er Jahre; Roskopf-Werk mit Stiftankerhemmung, Ebauches Bettlach, 1 Stein, keine Stoßsicherung, Zentralsekunde; die Arme der Mickey Mouse bilden bei dieser Uhr die Zeiger.

1649 Modell »Motochron« mit automatischem Aufzug und Datumsanzeige, Anfang 90er Jahre; Zifferblatt im Design eines Mercedes-Benz-Tachometers; Eta-Kaliber, Edelstahlgehäuse.

1650, 1651 Herren-Armbanduhr mit automatischem Aufzug von Corum, ab 1974 hergestellt; als Gehäuse dient der sog. »Doppel-Adler«, die amerikanische 20 Dollar Goldmünze; Ankerwerk mit exzentrisch angeordnetem Rotor, der die Uhr in einer Drehrichtung aufzieht, Bauhöhe des Werkes 2,4 mm, 35 Steine, »Kif« Stoßsicherung und kombiniertes »Duofix« Steinfutter zur Lagerung der Ankerradzapfen (mit Handaufzugswerk wurde die Uhr etwa ab 1968 gebaut).

1652, 1653 Herren-Armbanduhr von Corum, etwa ab 1975 gefertigt; das Uhrwerk ist in einen 15 Gramm schweren Goldbarren eingebaut; 18steiniges Ankerwerk, »Kif« Stoßsicherung, »Duofix« Steinfutter zur Lagerung der Ankerradzapfen.

1654 »San Marco« von Ulysse Nardin mit Zifferblatt in Cloisonné-Email, jedes Zifferblatt-Design ist auf 25 Exemplare limitiert; 11½liniges Ankerwerk, Kaliber Eta 2892-2, 21 Steine, Rotoraufzug in beiden Drehrichtungen, Unruhfrequenz 28800 A/h. 90er Jahre.

1655, 1656 Ringuhr, signiert »Lotos«, Schweiz, um 1955; 14 Kt. Goldgehäuse mit Goldtopas-Besatz; Metallzifferblatt mit aufgelegten Markierungen, rechteckiges Formwerk $4\frac{1}{2}'''$, 17 Steine, Nivarox-Spirale und monometallische Schraubenunruh.

1657–1659 Schmuckuhr, um 1935; durch Umklappen der mäanderverzierten äußeren Umrandung zugleich als Miniatur-Tischuhr verwendbar; Lünette und Rückseite blaugrünes Email; Gehäuse Sterling Silber, vergoldet; Gehäusemaße (ohne Bügel) 35 × 29 mm, mehrfach signiert »Juvenia«; zweifarbiges (weiß/schwarz) Emailblatt mit goldfarbenen Ziffern und Zeigern; rechteckiges Schweizer Formwerk $6\frac{3}{4} \times 11'''$ mit Bimetall-Unruh, 15 Steine, keine Stoßsicherung, in 2 Lagen reguliert; Aufzug und Zeigerstellung von oben.

Elektrische Armbanduhren

1660, 1661 Elektromechanische Armbanduhr von LIP, um 1960; das LIP-Werk, Kaliber R 27, basiert auf einer bereits im Jahre 1952 in Frankreich patentierten Konstruktion; 17 Steine, elektrodynamisch angetriebene Unruh, 18000 A/h, 2 Batterien mit je 1,45 V Spannung dienten der Uhr als Energiequelle; dieses Uhrwerk ist auch in Armbanduhren mit der Zifferblattaufschrift »Porta-LIP« zu finden.

1662, 1663 Herren-Armbanduhr mit elektrisch angetriebener Unruh von Hamilton, patentiert in den USA 1954 und in England 1955, produziert ab 1957; Gehäuse aus 18 Kt. Gold; Werk Kaliber 500, 12½''', 12 Steine, 18000 Halbschwingungen der elektrodynamisch angetriebenen Unruh/Stunde; als Energiequelle dient eine 1,5 V, 110 mAh Batterie. Hamilton nahm für sich in Anspruch, die erste Firma gewesen zu sein, die eine elektrische Armbanduhr in Serie produziert hatte.

1664 Herren-Armbanduhr »Accutron« von Bulova, 1959 angekündigt und 1961 auf den Markt gebracht; diese Uhr stellte seinerzeit eine Revolution dar, da sie eine Stimmgabel als Schwingelement benützte. Die Frequenz beträgt 360 Hz und ist deutlich zu hören, wenn man die Uhr ans Ohr legt. Die Abbildung zeigt das Modell »Spaceview« (s. auch Abb. 217), bei dem das Werk mit der Stimmgabel von vorn sichtbar ist. Bulova garantierte für seine »Accutron« (der Name setzt sich aus den Begriffen »Accuracy« und »Electronic« zusammen) eine maximale Gangabweichung von 60 Sekunden pro Monat. Die Zeigerstellung erfolgt bei der »Spaceview« von hinten. Wird der Bügel zur Zeigerstellung angehoben, bleibt der Sekundenzeiger stehen. Um das hochempfindliche Schaltklinkensystem nicht zu beschädigen, darf die Accutron nur durch Vorwärtsdrehen der Zeiger verstellt werden.

1665 Damenmodell der Bulova »Accutron« (s. Abb. 1664), nach 1970; Doublégehäuse, Zifferblatt mit Indexmarkierungen. Auf Messingplatine des Werkes »Patent Bulova Watch Co. Swiss, 13 jewels. Unadjusted. N. 3. 2300«.

1666, 1667 Herren-Armbanduhr mit elektrodynamisch angetriebener Unruh, »elechron« von Porta, um 1963; 12½liniges Werk, Kaliber PUW 1001, 7 Steine, »Incabloc« Stoßsicherung, »Triovis« Feinregulierung, 28800 A/h, 1,5 V Batterie mit 160 mAh als Energiequelle.

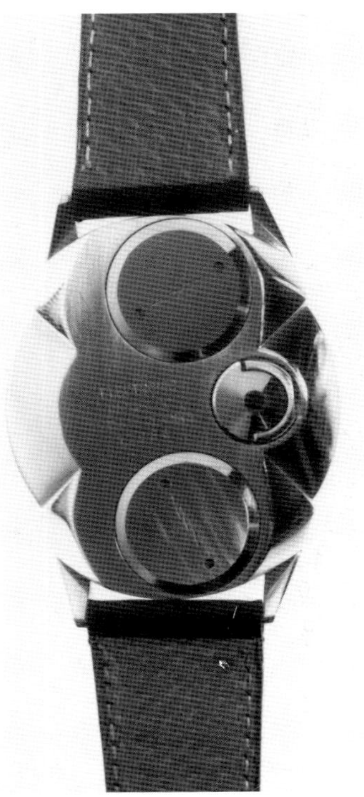

1666

1667

1668, 1669 Damen-Armbanduhr mit elektrodynamisch angetriebener Unruh, »Ladychron« von Porta, um 1965; 7steiniges Werk, »Rufa-Anti-Shock« Stoßsicherung; 28800 A/h.

1670 Herren-Armbanduhr »Constellation Chronometer« von Omega, um 1969; das Werk wird über eine Stimmgabel mit einer Frequenz von 300 Hz gesteuert.

1671, 1672 Herren-Armbanduhr »Dato-Chron« von Junghans, um 1968; Doublégehäuse, Durchmesser 36 mm; $13\frac{1}{2}$liniges Werk, Kaliber 600.12, 17 Steine; die Uhr besitzt ein kontaktlos durch Transistor gesteuertes Schwingsystem mit einer Frequenz von 3 Hz (= 21600 A/h), »Star Shock« Stoßsicherung, Feinregulierung des Rückers mit Hilfe einer Exzenterschraube. Die Uhr wurde durch die Uhrenprüfstelle des Landesgewerbeamtes in Stuttgart einer Chronometerprüfung unterzogen.

1673, 1674 Damen-Armbanduhr von Timex »Electric«, um 1965; Doublégehäuse, rechteckig mit abgeschrägten Kanten, Größe 30 × 15 mm, Höhe 10 mm; Metallblatt mit aufgesetzten Strichmarkierungen, Zentralsekunde; sehr frühes elektrisches Werk für Damen-Armbanduhren, Timex-Kaliber 900, $6\frac{3}{4} \times 8'''$; Stoßsicherung, 8 Steine, 21600 A/h, Schaltanker mit doppelter Arretierfunktion durch 2 Magnete, elektrodynamischer Antrieb bei beiden Halbschwingungen.

1668

1669

1671 △

1672 △

1670

1673 ▽

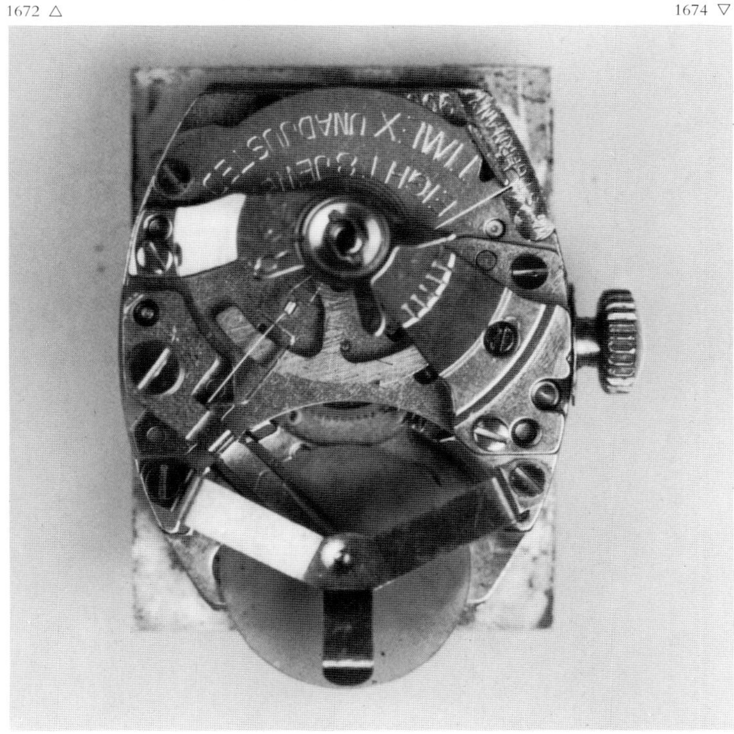

1674 ▽

1675, 1676 Armbanduhr mit Quarzwerk von Girard-Perregaux, nach 1970. Während andere Uhrenfabriken gemeinsam Kaliber Beta 21 entwickelt hatten, baute Girard-Perregaux dieses eigene Quarzwerk.

1677, 1678 Golay »µQuartz«, 1972 vorgestellt (s. auch Abb. 224); ein quarzreguliertes elektronisches Modul (Frequenz 32768 Hz) synchronisiert bei dieser Entwicklung eine scheibenförmige Unruh exakt auf eine Frequenz von 28800 A/h. Das Quarz-Modul ist mit 4 Schrauben an einem 13¼linigen, nach klassischen Gesichtspunkten konstruierten »mechanischen« Uhrwerk mit Datumsanzeige befestigt. Edelstahlgehäuse, Durchmesser 42 mm.

1679, 1680 Herren-Armbanduhr mit Chronograph, 30-Minuten- und 12-Stunden-Zähler, Tages- und Datumsanzeige, Longines »Ultronic«, Ende 70er Jahre; Stimmgabelwerk, Longines-Kaliber 749.2; Stahlgehäuse.

1681 Herren-Armbanduhr »Constellation« mit Quarzwerk »Megaquartz« von Omega, 1972; Kaliber 1510, Frequenz 2,4 mHz, Gehäuse 18 Kt. Gold, Zifferblatt aus Aventurin, den Sternenhimmel darstellend.

1682 Quarz-Armbanduhr im Goldgehäuse von Patek Philipp mit Kaliber Beta 21, 1969; Frequenz des Schwingquarzes 8291 Hz, durch Frequenzteiler auf 256 Hz reduziert; Zentralsekunde, springendes Datum.

1683 Quarz-Armbanduhr von Hewlett-Packard, 70er Jahre; mit Rechnerfunktion und Leuchtdioden als Zeitanzeige.

1684 Quarz-Armband-Chronometer der Swatch AG, 1985; durchsichtiges Plastikgehäuse, Durchmesser 34 mm; durchsichtiges Zifferblatt mit äußerem, silberfarbenem Ziffernkreis; Quarzwerk Nr. 2732, dazu Chronometerzertifikat Nr. 4.0002.732 der Schweizer COSC.

Anhang

1685 Vergleichstabelle, Umrechnung von Linien in Millimeter (mm)

1686 Bildmarken aus dem »Flume Werksucher« des Jahres 1938

Linien	mm	Sizes	Linien	mm	Sizes
1‴	2,26		13‴	29,33	0
1/4	2,82		1/4	29,89	
1/2	3,38		1/2	30,45	
3/4	3,95		3/4	31,02	
2‴	4,51		14‴	31,58	
1/4	5,08		1/4	32,15	3
1/2	5,64		1/2	32,71	
3/4	6,20		3/4	33,27	
3‴	6,77		15‴	33,84	
1/4	7,33		1/4	34,40	
1/2	7,90		1/2	34,97	6
3/4	8,46		3/4	35,53	
4‴	9,02		16‴	36,09	
1/4	9,59		1/4	36,66	8
1/2	10,15		1/2	37,22	
3/4	10,72		3/4	37,79	
5‴	11,28		17‴	38,35	
1/4	11,84		1/4	38,91	
1/2	12,41	20/0	1/2	39,48	
3/4	12,97		3/4	40,04	12
6‴	13,53		18‴	40,61	
1/4	14,10		1/4	41,17	
1/2	14,66	18/0	1/2	41,73	14
3/4	15,23		3/4	42,30	
7‴	15,79		19‴	42,86	16
1/4	16,35	16/0	1/4	43,43	
1/2	16,92		1/2	43,99	
3/4	17,48		3/4	44,55	
8‴	18,05		20‴	45,12	18
1/4	18,61		1/4	45,68	
1/2	19,17		1/2	46,25	
3/4	19,74	12/0	3/4	46,81	
9‴	20,30		21‴	47,37	21
1/4	20,87		1/4	47,94	
1/2	21,43		1/2	48,50	
3/4	21,99	10/0	3/4	49,07	
10‴	22,56		22‴	49,63	
1/4	23,12		1/4	50,19	
1/2	23,69	8/0	1/2	50,76	25
3/4	24,25		3/4	51,32	
11‴	24,81		23‴	51,88	
1/4	25,38	6/0	1/4	52,45	27
1/2	25,94		1/2	53,01	
3/4	26,51		3/4	53,58	
12‴	27,07		24‴	54,14	
1/4	27,63		1/4	54,71	
1/2	28,20		1/2	55,27	
3/4	28,76	2/0	3/4	55,83	31

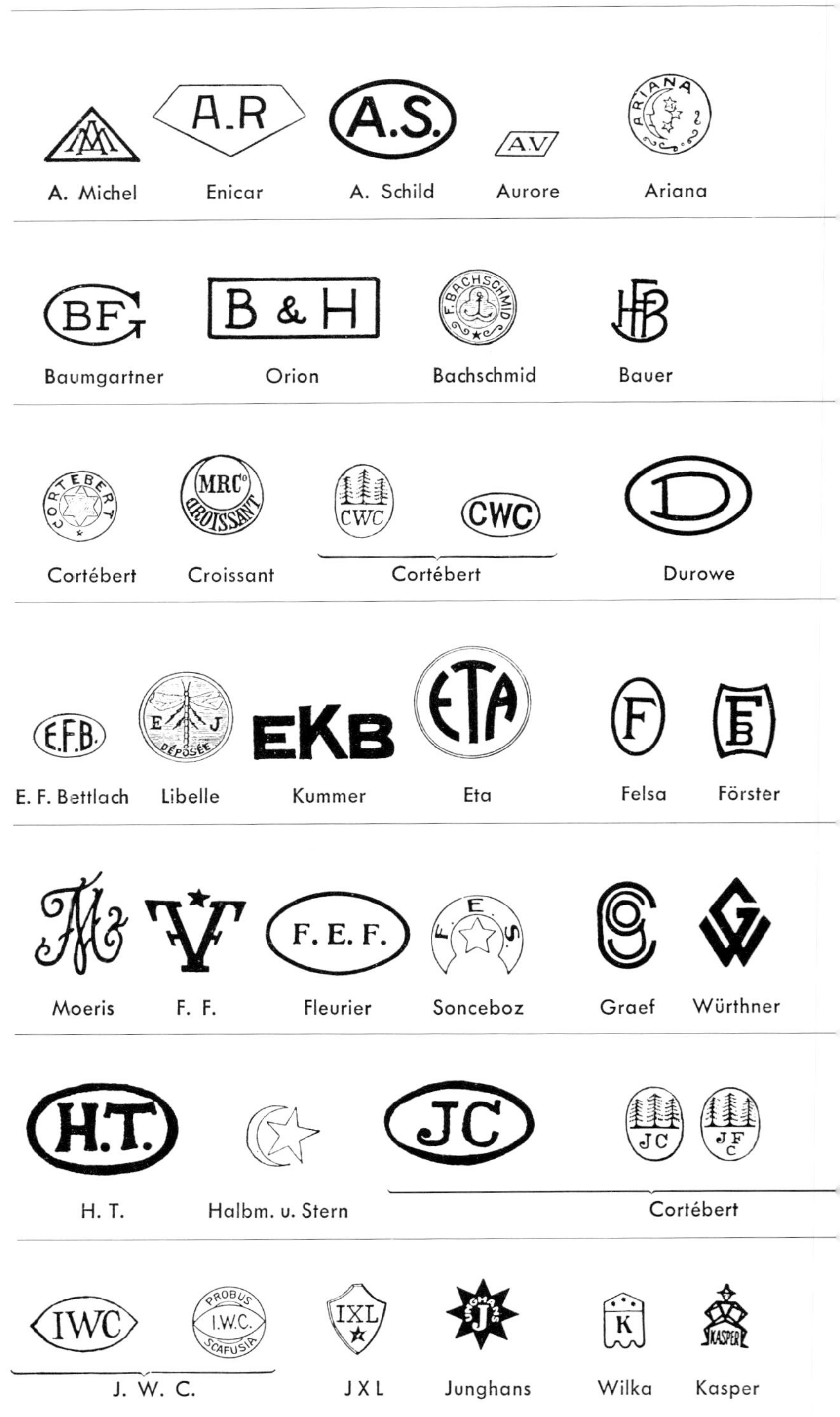

Aster · Buser · Bidlingmaier · Langendorf · La Glycine · Medana · Langendorf · Langendorf · Longines

Bienenkorb · Billodes · C. E. L. · Löwe · Eclipse · L. U. C. · Manzoni · Mido · Mader · Mercure

Election · Ebosa · Minerva · Moeris · Medana · Recta · Oris · Omega · Orion

Fontainemelon · Peseux · Solvil · P. U. W. · Postala · Minerva · Recta · Rhein · Rosk. Patent

Montilier · Uhrenfabr. A.G. · Revue · Eterna · S. F. H. · Reconvilier · Ebauches Trust · Unitas · Tavannes

Epple · Invar · Tavannes · Venus · Vogt · Freya · Cupillard · Wasa · Freco

Grana

1687 Bildmarken aus dem »Flume Werksucher K 3«, Ausgabe 1972

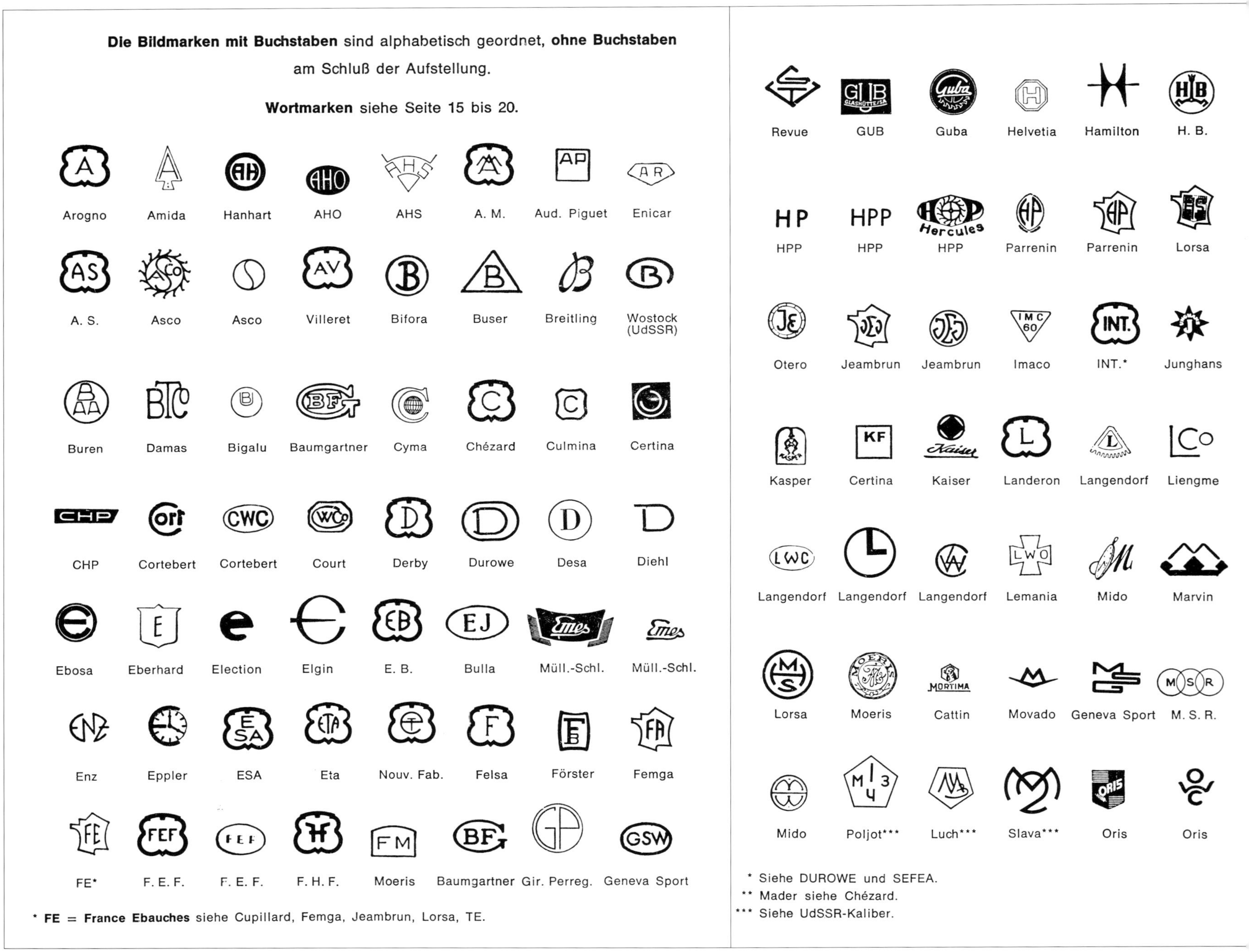
Die Bildmarken mit Buchstaben sind alphabetisch geordnet, **ohne Buchstaben** am Schluß der Aufstellung.

Wortmarken siehe Seite 15 bis 20.

Arogno, Amida, Hanhart, AHO, AHS, A. M., Aud. Piguet, Enicar

A. S., Asco, Asco, Villeret, Bifora, Buser, Breitling, Wostock (UdSSR)

Buren, Damas, Bigalu, Baumgartner, Cyma, Chézard, Culmina, Certina

CHP, Cortebert, Cortebert, Court, Derby, Durowe, Desa, Diehl

Ebosa, Eberhard, Election, Elgin, E. B., Bulla, Müll.-Schl., Müll.-Schl.

Enz, Eppler, ESA, Eta, Nouv. Fab., Felsa, Förster, Femga

FE*, F. E. F., F. E. F., F. H. F., Moeris, Baumgartner, Gir. Perreg., Geneva Sport

* **FE = France Ebauches** siehe Cupillard, Femga, Jeambrun, Lorsa, TE.

Revue, GUB, Guba, Helvetia, Hamilton, H. B.

HPP, HPP, HPP, Parrenin, Parrenin, Lorsa

Otero, Jeambrun, Jeambrun, Imaco, INT.*, Junghans

Kasper, Certina, Kaiser, Landeron, Langendorf, Liengme

Langendorf, Langendorf, Langendorf, Lemania, Mido, Marvin

Lorsa, Moeris, Cattin, Movado, Geneva Sport, M. S. R.

Mido, Poljot***, Luch***, Slava***, Oris, Oris

* Siehe DUROWE und SEFEA.
** Mader siehe Chézard.
*** Siehe UdSSR-Kaliber.

H. F. Bauer	H. F. Bauer
Lorsa	Excelsior
Kaiser	I. W. C.
Longines	Lavina
Marvin	Mader**
MST	Recta
Osco	Peseux

Peseux	PUW	Roseba	Rayville	Minerva	Valjoux	Ronda	Revue
Record	Roseba	Record	Orient	Sefea	Sefea	Angelus	Reconvilier
Standard	Tissot	Unitas	Unitas	TE	TE	Citizen	Universal
Uwersi	UMF	Universal	Cupillard	Cupillard	Venus	Venus	Vulcain
Benrus	Cyma	Court	Zenith	Zenith	Phenix	Otero	Minerva
Omega	Pierce	Lip	Lorsa	Borel	Bulova	Favre-Leuba	Hamilton
Longines	Rolex	Tudor	Zodiac	Ruhla-UMF	Cortebert	Dugena	Ultra
Chaika*	Luch*	Molnia*	Poljot*	Raketa*	Slava*	Wostok*	Zaria*

* Siehe UdSSR-Kaliber auf den Seiten 184 und 185.

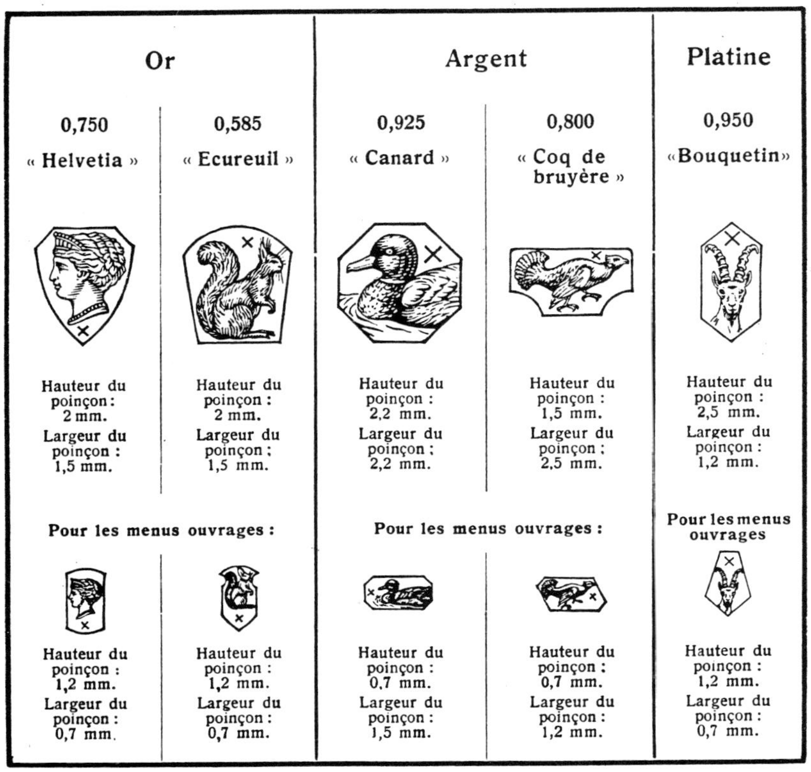

1688 △

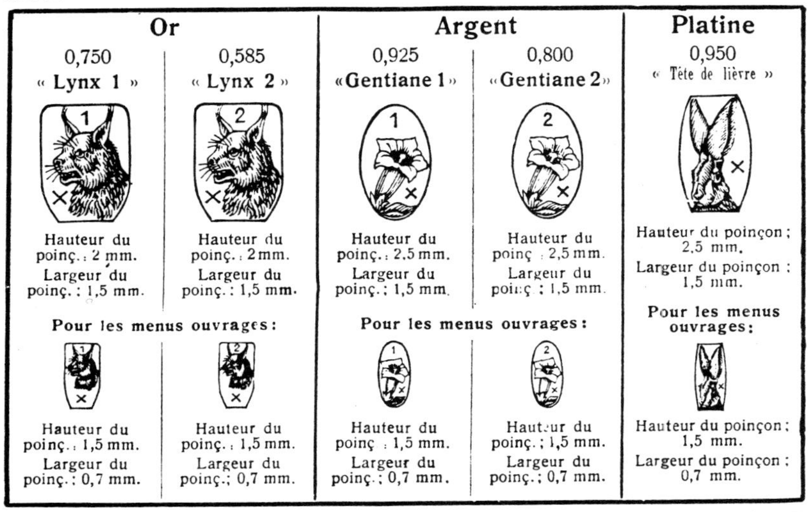

1689 △

1690 ▽

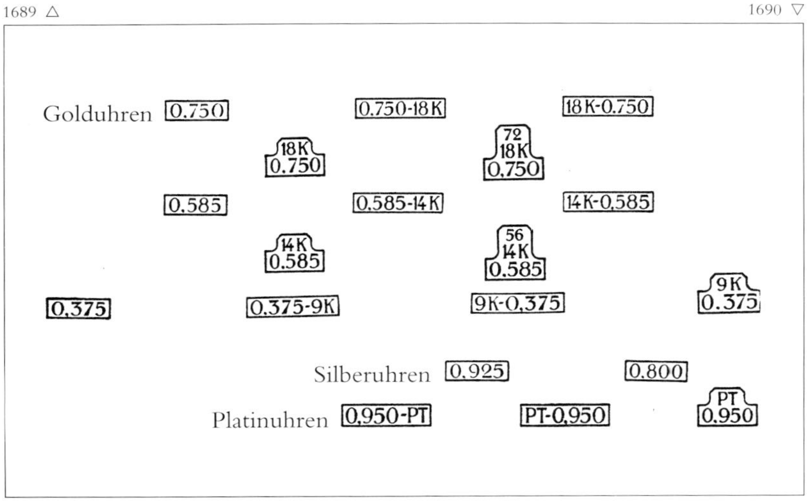

1688–1691 Zusammenstellung einiger wichtiger Gold-, Silber- und Platinpunzen (aus: Indicateur Davoine, 1955).

Abb. 1688: Punzen in Uhrengehäusen aus Schweizer Fertigung
Abb. 1689: Punzen in Schweizer Importgehäusen
Abb. 1690: Feingehaltspunzen in Gold-, Silber- und Platingehäusen
Abb. 1691: Punzen in deutschen Gehäusen

1692 Palette der Zeigerformen für Taschen- und Armbanduhren. Bei der Armbanduhr wurden schlichte Zeiger bevorzugt. Bis 1930 war Form 9 (Poires anglaises) weit verbreitet, aber auch 16 (Breguet Empire), 15 (Modernes) und 6 (Cathédral Roskopf).

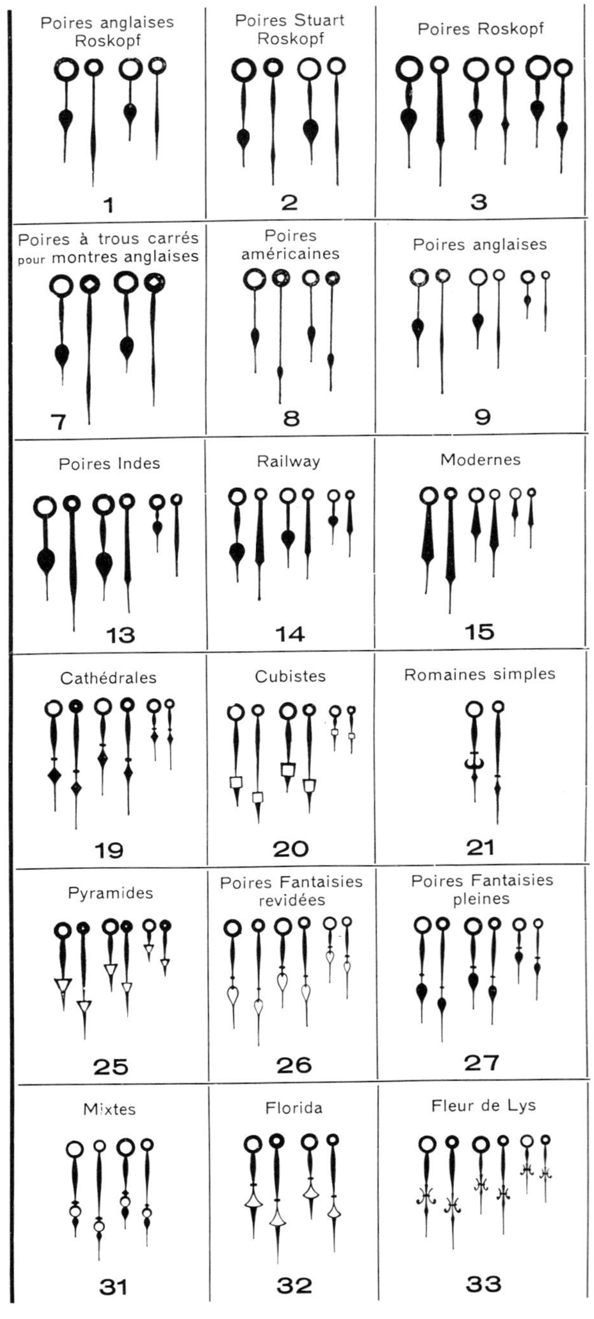

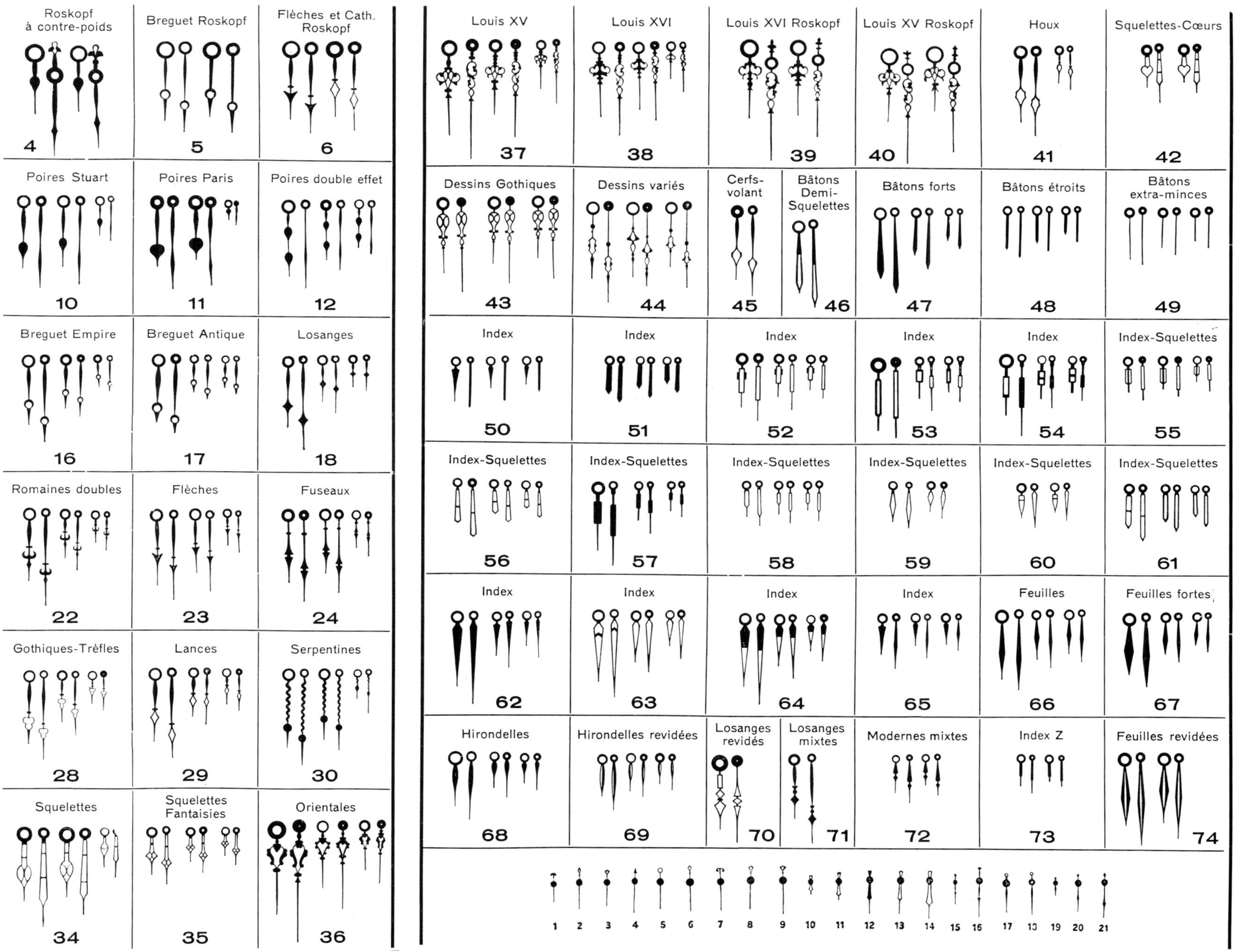
Roskopf à contre-poids
4
Breguet Roskopf
5
Flèches et Cath. Roskopf
6
Louis XV
37
Louis XVI
38
Louis XVI Roskopf
39
Louis XV Roskopf
40
Houx
41
Squelettes-Cœurs
42
Poires Stuart
10
Poires Paris
11
Poires double effet
12
Dessins Gothiques
43
Dessins variés
44
Cerfs-volant
45
Bâtons Demi-Squelettes
46
Bâtons forts
47
Bâtons étroits
48
Bâtons extra-minces
49
Breguet Empire
16
Breguet Antique
17
Losanges
18
Index
50
Index
51
Index
52
Index
53
Index
54
Index-Squelettes
55
Romaines doubles
22
Flèches
23
Fuseaux
24
Index-Squelettes
56
Index-Squelettes
57
Index-Squelettes
58
Index-Squelettes
59
Index-Squelettes
60
Index-Squelettes
61
Gothiques-Trèfles
28
Lances
29
Serpentines
30
Index
62
Index
63
Index
64
Index
65
Feuilles
66
Feuilles fortes
67
Squelettes
34
Squelettes Fantaisies
35
Orientales
36
Hirondelles
68
Hirondelles revidées
69
Losanges revidés
70
Losanges mixtes
71
Modernes mixtes
72
Index Z
73
Feuilles revidées
74
1 2 3 4 5 6 7 8 9 10 11 12 13 14 15 16 17 13 19 20 21

Die nachfolgenden Abbildungen zeigen Ihnen die verschiedenen Größen und Ausführungen der **Formwerke.** Die Größenbezeichnungen habe ich nach der in der Uhren-Industrie üblichen Art, nach Linien vorgenommen. Soweit die Fabriken andere Bezeichnungen gewählt haben, habe ich diese ebenfalls aufgeführt. Die Werkgröße wird an der Platine auf der Zifferblattseite festgestellt. Zuerst wird die schmale, dann die breite Seite gemessen. Die Höhe wird über die höchste Stelle von Brücke und Platine, ohne Zifferblatt, gemessen.

1693 Formwerke aus dem »Flume Werksucher« des Jahres 1932

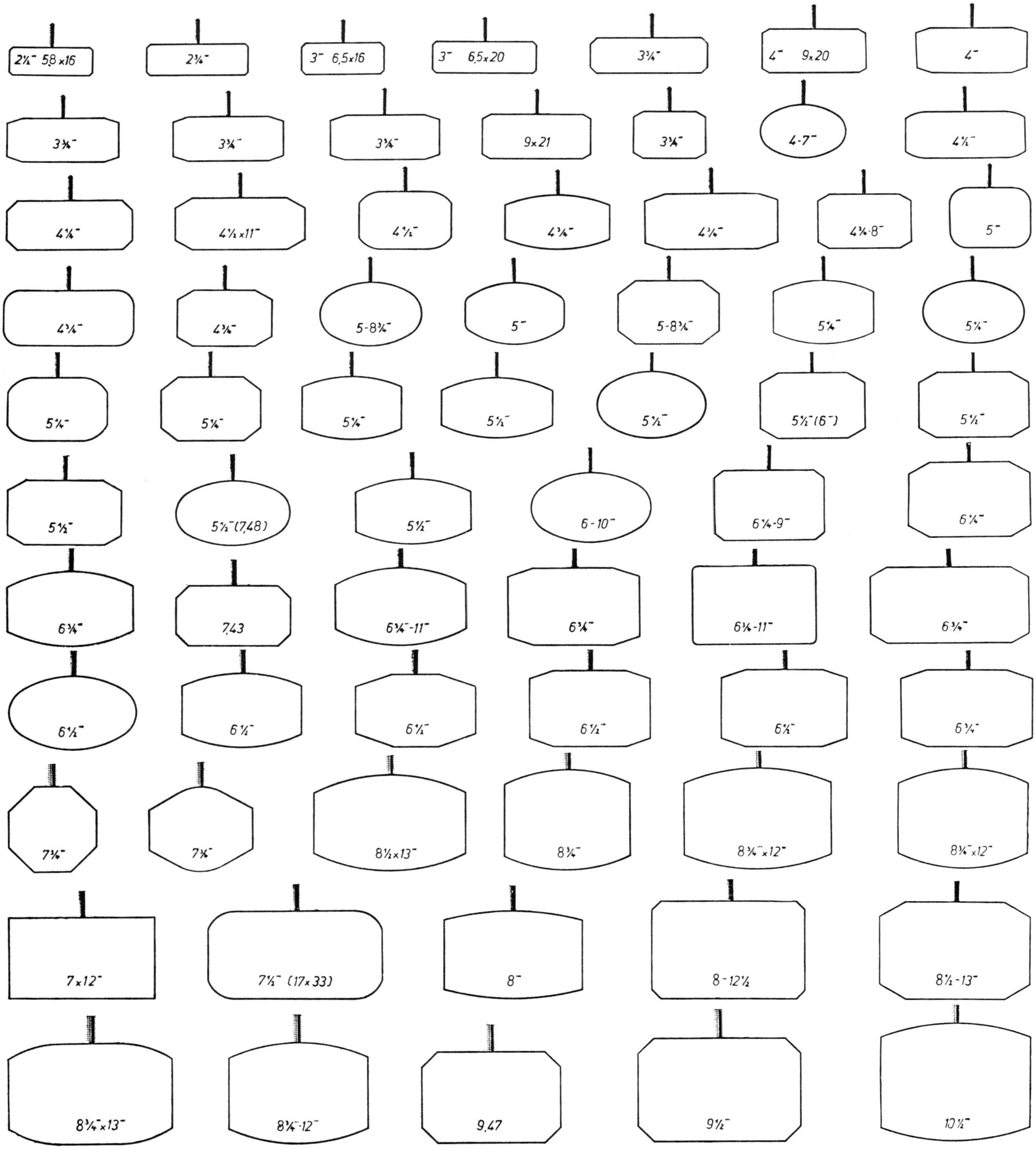

Aus den Archiven Schweizer Uhrenfirmen

Die auf den folgenden 16 Seiten abgebildeten Uhren stammen aus den Archiven der Firmen Patek Philippe & Co., Vacheron & Constantin, Movado, Omega und Jaeger-LeCoultre. Es handelt sich um Archivmaterial, das unretuschiert aus den Fotoalben herausklischiert wurde. Über den Verbleib der Uhren bestehen meist keine Aufzeichnungen. Die Bilder sollen die Vielfalt der Produktion beleuchten und den vorangegangenen Bildteil ergänzen. Für die Beschaffung des Materials möchte ich an dieser Stelle den angesprochenen Manufakturen nochmals sehr danken. Ich hoffte, auch von anderen Firmen vergleichbare Vorlagen zu bekommen, was aber leider nicht gelungen ist. *Christian Pfeiffer-Belli*

Patek Philippe & Co.

Am 1. Mai 1839 wurde in Genf von Antoine Norbert de Patek und François Czapek die Uhrenmanufaktur Patek, Czapek & Co. gegründet. Infolge von Unstimmigkeiten zwischen Patek und Czapek wurde die Firma mit dem Auslaufen des Vertrages 1845 aufgelöst.
Patek hatte zuvor schon Jean Adrien Philippe, den Erfinder des ab 1842 entwickelten modernen Kronenaufzuges für Taschenuhren kennen- und schätzen gelernt.
Am 15. Mai 1845 wurde durch Antoine Patek, Adrien Philippe und Vincent Gostkowski die Firma »Patek & Co.« gegründet. François Czapek machte unter der Bezeichnung »Czapek & Co.« allein weiter, 1869 wurde diese Firma jedoch ganz aufgelöst. Der Firmenname »Patek Philippe & Co.« wurde am 1. Januar 1851 geschaffen.
Eine wichtige wirtschaftsrechtliche Umwandlung erfolgte am 1. Februar 1901. Mit einem Kapital von 1,6 Millionen Schweizer Franken wurde die »Ancienne Manufacture d'Horlogerie Patek Philippe & Co. S. A.« ins Leben gerufen.
Aufgrund des Ausbruchs der Weltwirtschaftskrise im Jahre 1929 mußte ein Käufer für die Mehrheit des Aktienkapitals gesucht werden. Dieser fand sich in den Eigentümern der Zifferblattfabrik »Fabrique de Cadrans Stern Frères«, Charles und Jean Stern. Von dieser Firma hatte Patek Philippe damals ausschließlich Zifferblätter bezogen.
Am 14. Juni 1932 endete die Teilhaberschaft und Mitarbeit von Adrien Philippe, des Enkels von Jean Adrien Philippe.
1933 wurde unter der Firmenleitung von Jean Pfister wieder eine eigene Rohwerke-Fabrikation aufgenommen.
Auch heute befindet sich Patek Philippe & Co. noch in den Händen der Familie Stern.

1694–1708 Auszüge aus dem Programm von Patek Philippe & Co., um 1920–1925 ▷

Zu Seite 486, 487:
1709–1738 Auszüge aus dem Programm von Patek Philippe & Co., 1910–1935

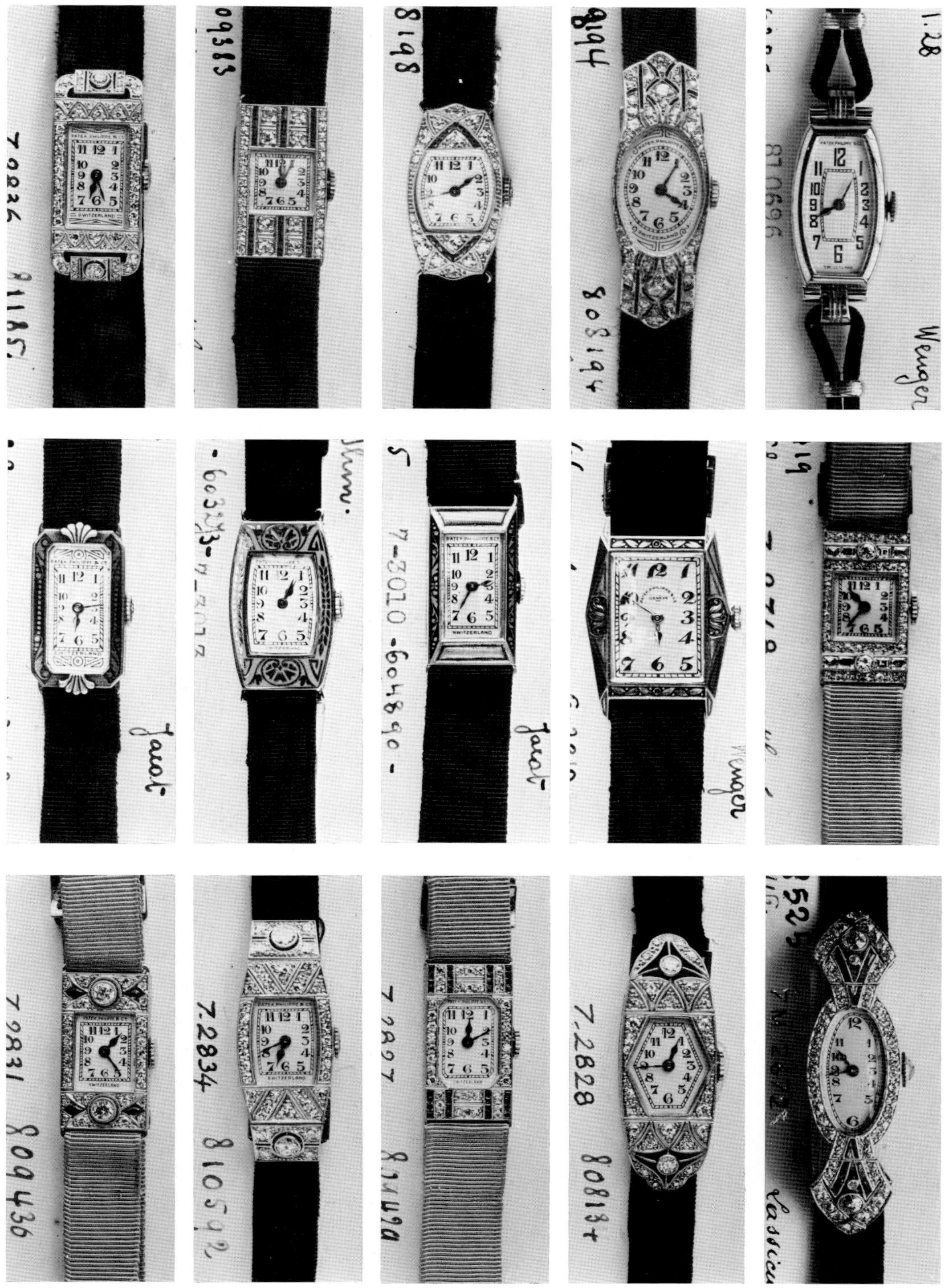

1694–1708

1709–1723

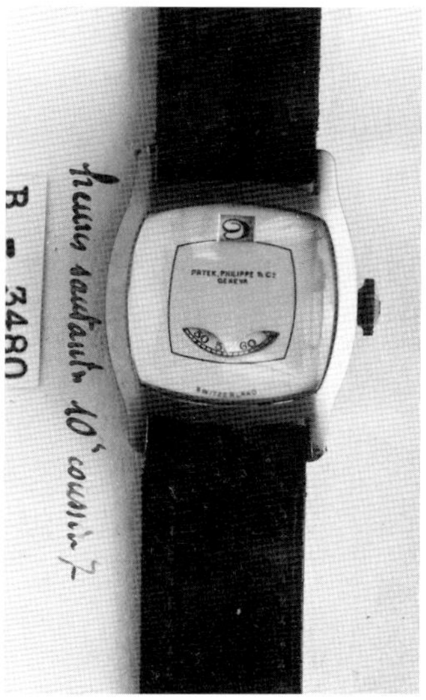

1724–1738

Vacheron & Constantin

1755 begründete Jean-Marc Vacheron im Alter von 24 Jahren eine Uhrenherstellung. Als Mitarbeiter hatte er einen Lehrling.
1785 folgte Abraham Vacheron, der Sohn von Jean-Marc Vacheron. Ihm gelang es, einen Teil der französischen Aristokratie als Kunden zu gewinnen. Durch den Ausbruch der französischen Revolution verlor Abraham Vacheron diesen Abnehmerkreis für seine Erzeugnisse von einem Tag auf den anderen. Im Jahre 1794 kam es in Genf zu einer Revolutionsregierung. 1798 wurde Genf ein Teil Frankreichs.
1810 übergab Abraham Vacheron seinem Sohn Jacques-Barthélémy die Uhrenmanufaktur. Dieser gründete 1819 mit François Constantin zusammen die neue Firma »Vacheron & Constantin« (1815 war Genf der 22. Kanton der Schweiz geworden).
Schon relativ früh, nämlich im Jahre 1839, stellte man sich bei Vacheron & Constantin auf die industrielle Herstellung erstklassiger Uhren um.
Ab dem 18. 12. 1880 fügte man dem Namensschriftzug das »Malteserkreuz« als Bild- und Schutzmarke hinzu, das bis heute auf den Uhren der Firma abgebildet wird.

1739–1748

1749–1758

Movado

Im Jahre 1881 begann Achille Ditesheim, damals 19jährig, zusammen mit sechs Uhrmachern in La Chaux-de-Fonds eine Uhrenherstellung. Bald kamen die Brüder Leopold und Isidor Ditesheim hinzu, und die Firma wurde in L. A. I. Ditesheim (nach den Anfangsbuchstaben der Vornamen der drei Brüder) umbenannt. 1890 beschäftigte man bereits dreißig Mitarbeiter. Die Produktionsschwerpunkte lagen bei Anhänge-, Taschen- sowie Damen-Armbanduhren. Bis man entsprechend kleine, zuverlässige und genaue Ankerwerke entwickelt hatte, fanden in den Armbanduhren von L. A. I. Ditesheim ausschließlich Zylinderwerke Verwendung.

In den ersten Jahren des 20. Jahrhunderts kam noch Isaac Ditesheim, der Zwillingsbruder Leopolds, hinzu. Auf der Suche nach einem ansprechenden und einprägsamen Firmennamen kamen die Brüder Ditesheim 1905 auf den Namen »Movado«. Movado entstammt der damals neu entstandenen internationalen Sprache Esperanto und bedeutet so viel wie »immer in Bewegung«.

1924 eröffnete Movado eine erste Agentur in den Vereinigten Staaten von Amerika, in New York.

Gegen Ende der 60er Jahre kam es zu einer Zusammenarbeit mit Zenith in Le Locle; 1971 wurde der Firmensitz auch nach Le Locle verlegt.

1759–1762

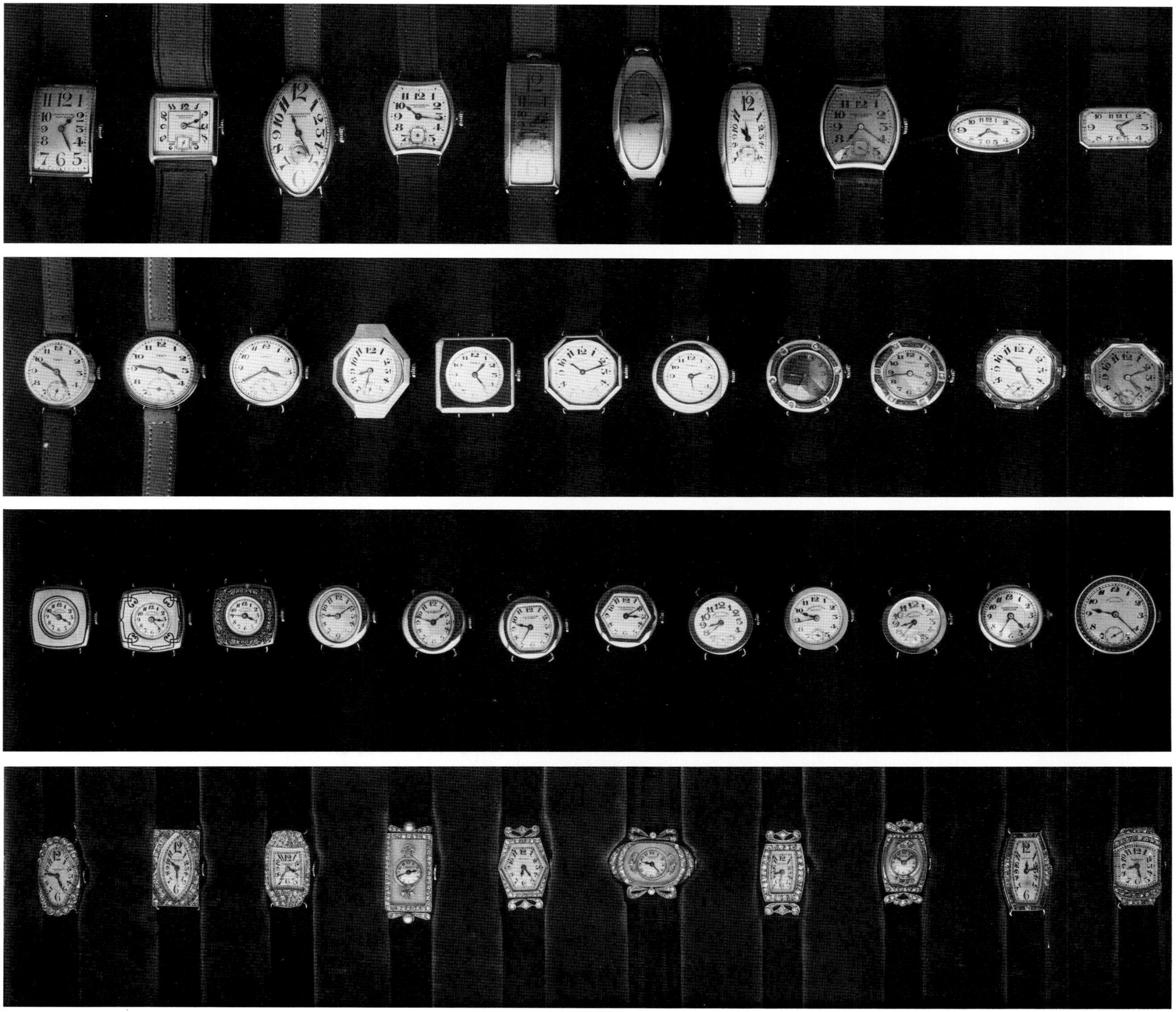

1763–1766

Omega

Im Jahre 1848 begann der damals 23jährige Louis Brandt in La Chaux-de-Fonds mit einer Fertigung von Uhrenteilen. Nach dem Eintritt der Söhne Louis und César Brandt wurde die Firma in »Louis Brandt & Fils« umbenannt. Ein Jahr nach dem Tode des Firmengründers, im Jahre 1880, erfolgte der Umzug nach Biel und die Gründung einer Uhrenmanufaktur unter der Verwendung industrieller Fertigungsmethoden.
1894 hatte man ein Uhrenkaliber entwickelt, das den Namen »Omega« erhielt. Die Bezeichnung mit dem letzten Buchstaben des griechischen Alphabets stand symbolisch dafür, daß es sich bei dem Uhrwerk um den »letzten Schrei« in der Uhrentechnik handeln sollte.
Nach dem Tode der Brüder Louis und César im Jahre 1903 kam die dritte Generation zum Zuge, die der Firma den Namen »S. A. Louis Brandt & Frère, Omega Watch Co.« gab. Der erste Katalog unter dem Namen »Omega« erschien 1904 in einer Auflage von 10000 Exemplaren.

1767 Auszug aus der Kollektion von Omega, 1925

Ab dem Jahre 1925 entwickelte sich eine bedeutsame Zusammenarbeit mit der Uhrenmanufaktur »Charles Tissot & Fils« in Le Locle, die sich zuvor auf die Produktion von Luxusuhren für den russischen Markt konzentriert und diesen durch die Oktoberrevolution eingebüßt hatte.
1930 wurde die Holding S.S.I.H (Société Suisse pour l'Industrie Horlogère) gegründet, unter deren Dach im Laufe der Jahre neben Omega und Tissot die Firmen »Lemania«, »Rayville«, »Lanco«, »Cortébert«, »Marc Favre«, »Hamilton« und 1971 die »Economic Swiss Time Holding« (ESTH) mit den Billig-Roskopf-Uhren »Agon«, »Buler«, »Continental« und »Ferex« zusammenkamen.

Zu Seite 493:
1768–1774 Auszüge aus der Kollektion von Omega, etwa 1925–1930

Zu Seite 494, 495:
1775–1783 Auszüge aus der Kollektion von Omega und Tissot, 1933–1935

1784–1790 Auszüge aus der Kollektion von Omega und Tissot, 1934–1936

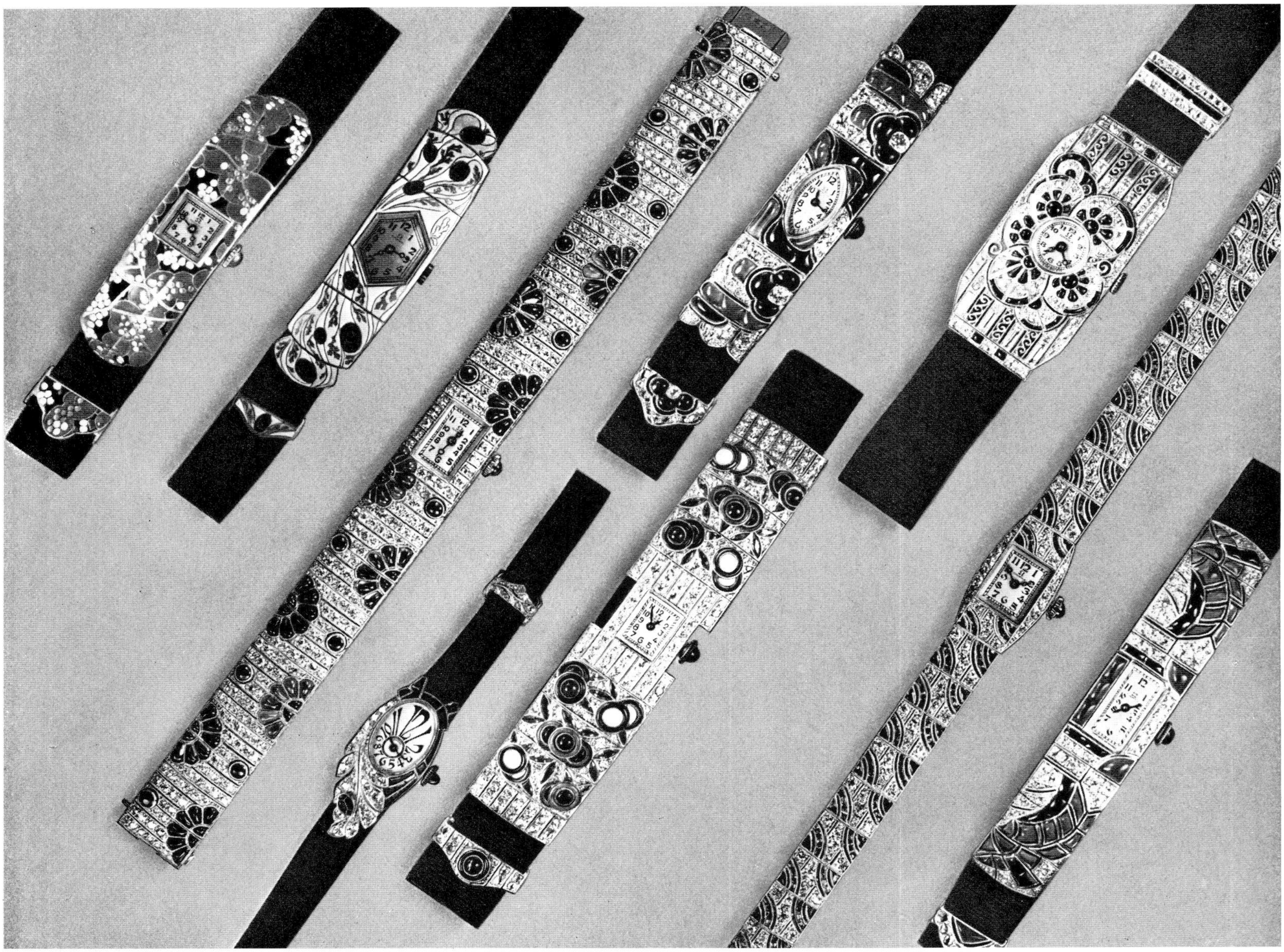

1767

1768–1774

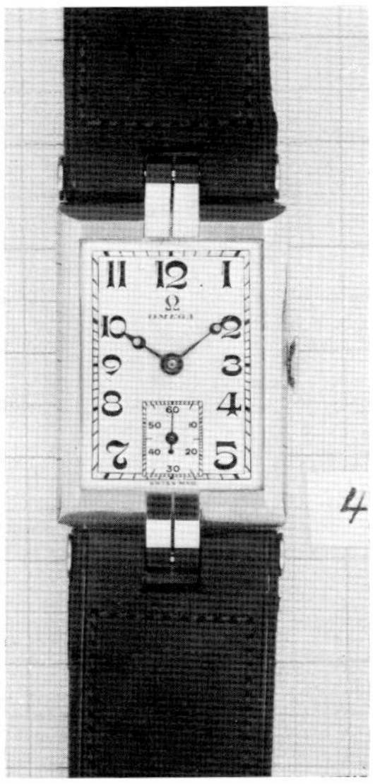
OMEGA
4

OMEGA

OMEGA
cad. 500
CK 700

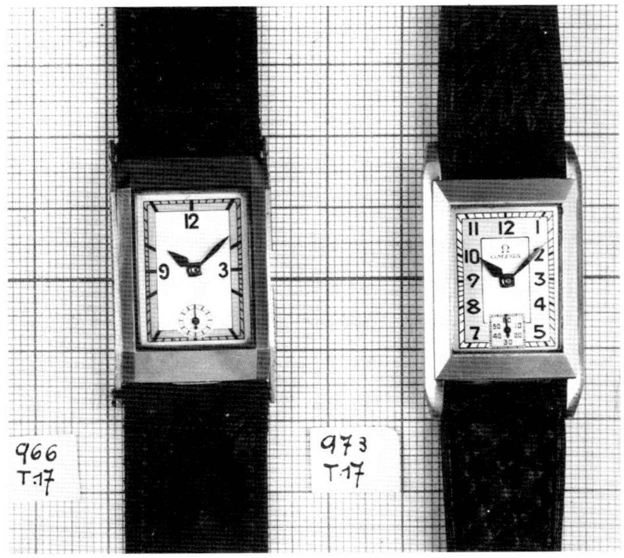
966
T.17
OMEGA
973
T.17

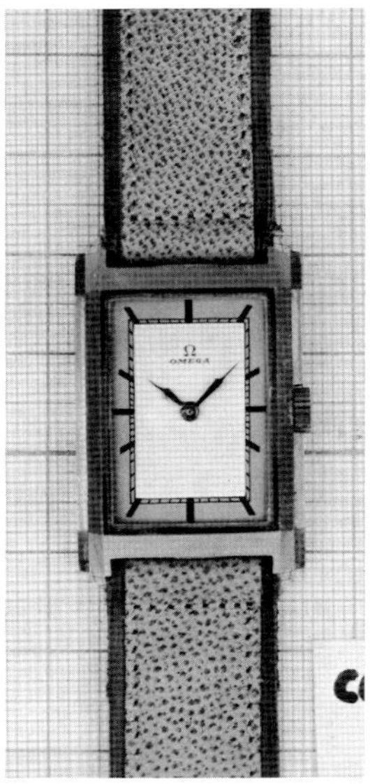
OMEGA

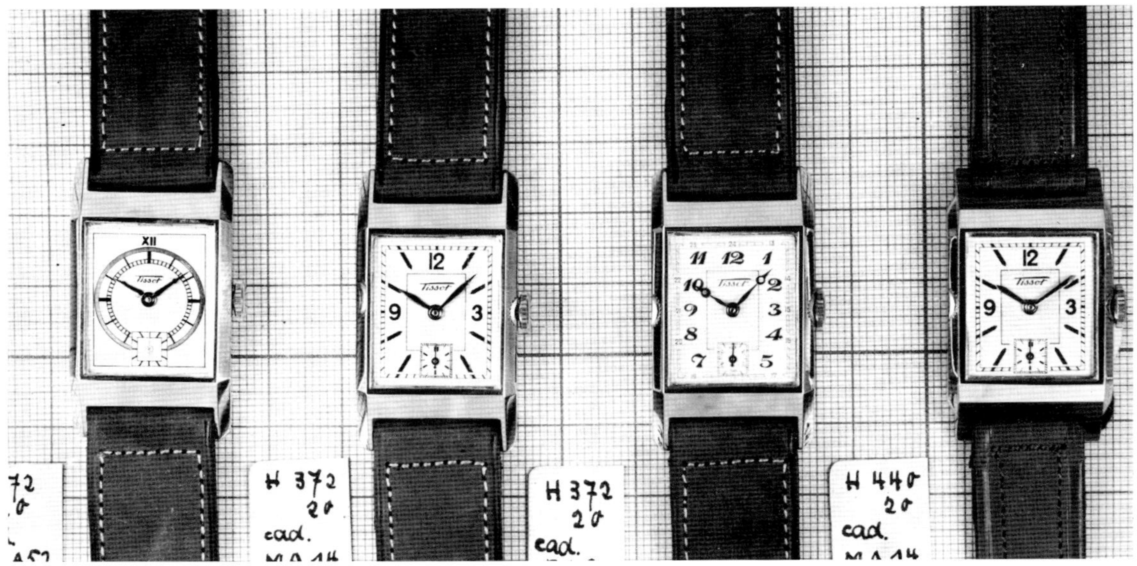
Tissot
Tissot
Tissot
Tissot
H 372
20
cad.
H 372
20
cad.
H 440
20
cad.

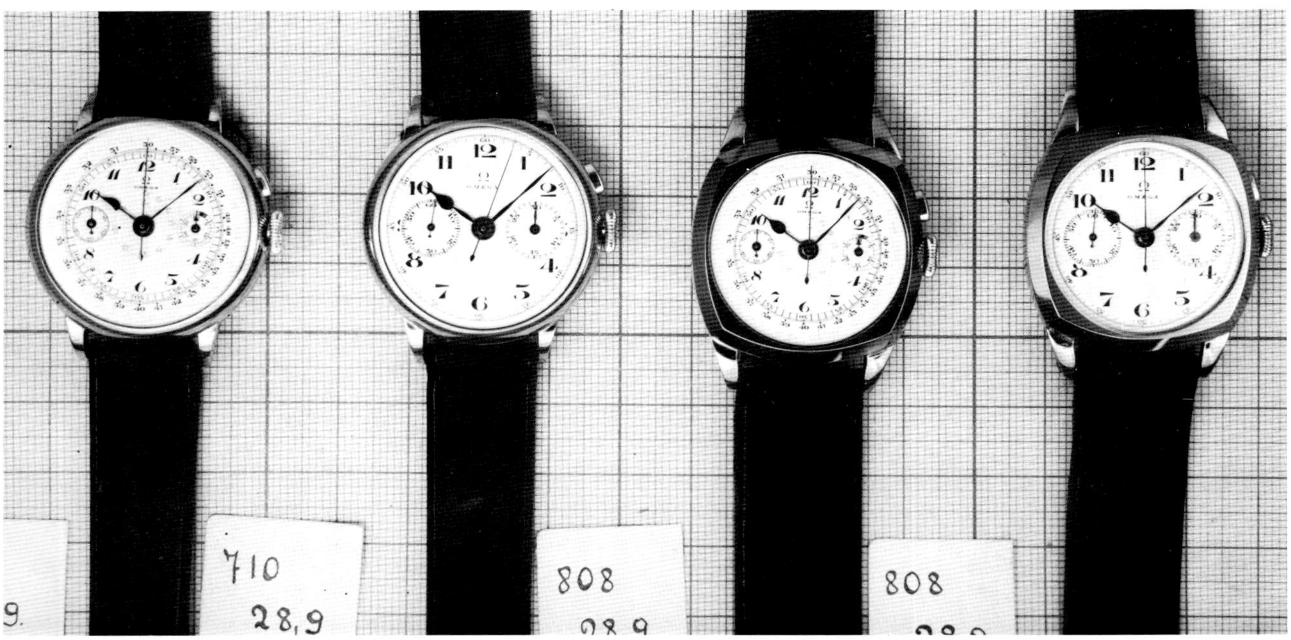
OMEGA
OMEGA
OMEGA
710
28,9
808
808

TELEMETRE
Tissot

1775–1783

TELEMETRE
KM
OMEGA

TELEMETRE
OMEGA
CK 987 / 33,3
lun.tournante

2468
OMEGA

Tissot
TELEMETRE

OMEGA
MER
JUIN

OMEGA

1784–1790

Jaeger-LeCoultre

Die Firma »LeCoultre« wurde im Jahre 1833 in Le Sentier im Vallée de Joux gegründet.
Jacques LeCoultre und sein Sohn Antoine hatten sich besonders um die Verbesserung des Stahls für Uhrenteile verdient gemacht. Antoine LeCoultre erwarb sich in der Folgezeit einen Namen mit der Herstellung von Trieben großer Güte, der Entwicklung der »LeCoultre Stichel« und 1844 der Erfindung des »Milliometer«, einem Instrument, welches es erlaubte, auf $^{1}/_{1000}$ Millimeter genau zu messen.
1930 liierte der Enkel Jacques-David LeCoultre mit Edmond Jaeger, einem elsässischen Industriellen (Uhrmacher der französischen Marine und Lieferant von Cartier), und es kam zu der Firmenbezeichnung Jaeger-LeCoultre.
Bereits im Jahre 1929 hatte sich Jacques-David LeCoultre vergeblich um die Übernahme einer Aktienmehrheit an der Firma Patek Philippe bemüht, mit der er seit 1905 als Hauptlieferant von Rohwerken in geschäftlicher Verbindung stand.

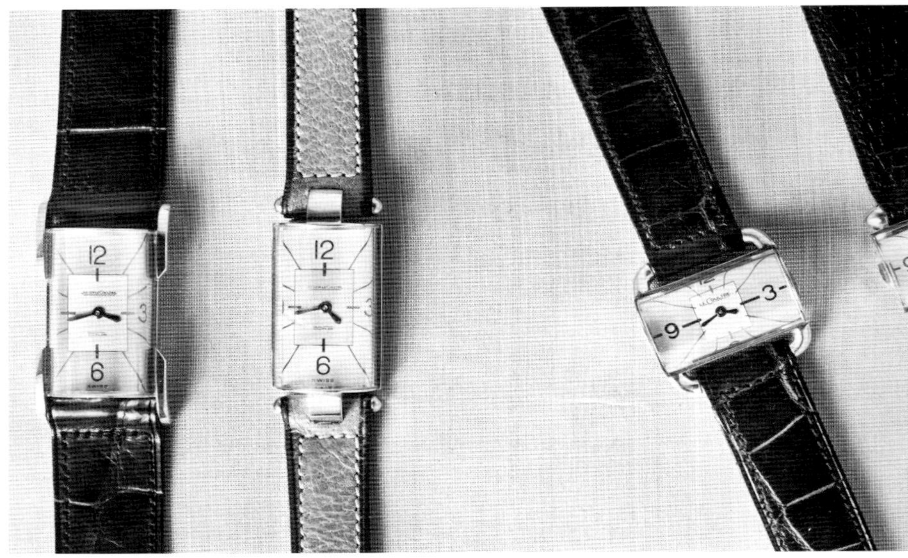

1791–1793

1791–1794 Verschiedene Damen- und Herren-Armbanduhren der Firma Jaeger-LeCoultre, 1945

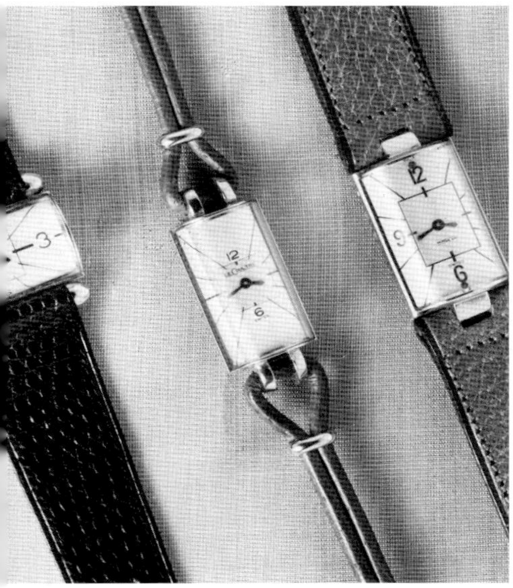

1794

1795–1797 Verschiedene Herren-Armbanduhren der Firma Jaeger-LeCoultre, 1945

1798 Verschiedene Herren-Armbanduhren der Firma Jaeger-LeCoultre, 1945

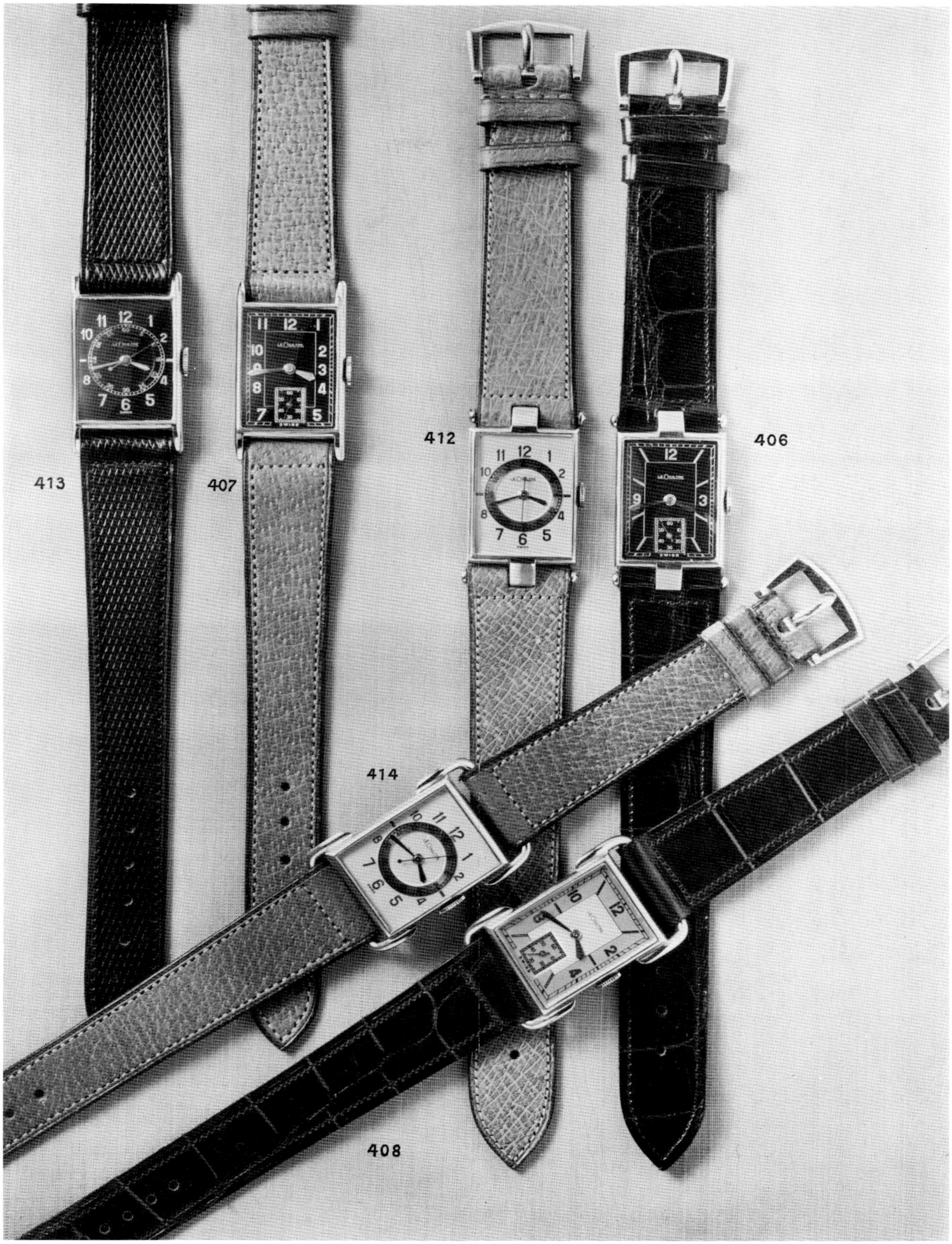

Zu Seite 500:
1799, 1800 Verschiedene Herren-Armbanduhren der Firma Jaeger-LeCoultre, 1945

LE COULTRE
386
395
391
385

1799

LE COULTRE
REVERSO LE COULTRE
MEMBER OF
APP-A-WEEK CLUB
3000
2601-S
3001
REVERSO · 200

1800

Gründungsdaten Schweizer Uhrenfabriken

(aus: Indicateur Suisse de l'Horlogerie, 1943)

Raison sociale	*Localités*	*Maison fondée par*	*Année*
Acacia S. A.	Genève	Racheter & Sengstag	1923
Actua Watch Co. S. A.	Genève	Richard Vogt	1918
Aegler S. A.	Bienne	Jean Aegler	1878
Aerni, Charles	Le Locle	Aerni, Charles	1932
Agassiz Watch Co. S. A.	Genève	Fabr. d'horlogerie du Vallon S. A.	1876
Allemann, Ad. Fils	Rosières	Ad. Allemann	1902
Alpina, Union Horlogère S. A.	Bienne	Une groupe d'horlogers	1883
Altus S. A.	Bienne	Troesch Hans	1920
Amida S. A.	Grenchen	Braun & Zwahlen	1918
Anew S. A.	Bienne	A. & W. Steiner	1929
Ano S. A.	Bienne	Fr. Stuck & K. Wälti	1924
Antmann, Charles	Bienne	Antmann, Charles	1919
Antmann, Léon	Genève	L. Antmann	1922
Ardath Watch Co. S. A.	Genève	Edmond Dreyfus	1935
Astin Watch Co. S. A.	La Chaux-de-Fonds	Schwarz-Etienne	1926
Aubert-Piguet, A.	Le Brassus	Paul Piguet-Capt	1895
Aubry-Donzé, Omer	Les Breuleux	Aubry-Donzé, O.	1916
Aubry, Edmond	Les Breuleux	Edmond Aubry	1917
Aubry Frères S. A. «Ciny»	Le Noirmont	Marc & Henri Aubry	1917
Audemars, Piguet & Cie. S. A.	Le Brassus	J. Audemars & Ed. Piguet	1875
Auréole Watch Co. S. A.	La Chaux-de-Fonds	Philidor Wolf	1868
Bader & Hafner	Holderbank	A. Bader & H. Hafner	1916
Baer, J. G.	Sumiswald	Baer, J. G.	1824
Bandelier-Kunz, Edm.	Bienne	Bandelier, Edmond	1923
Barré, Achille	Porrentruy	E. Barré & Cie.	1901
Barré, Camille	Bressaucourt	Camille Barré	1910
Baume & Mercier S. A.	Genève	W. Baume & P. Mercier	1919
Béguelin & Cie. «Damas»	Tramelan	Ch. Ed. Béguelin & J. Béguelin	1913
Bella S. A.	Genève	Ch. Deckelmann	1853
Benguerel, Georges Fils	La Chaux-de-Fonds	Georges Benguerel	1897
Benrus Watch Co.	La Chaux-de-Fonds	Benjamin Lazrus	1923
Bernheim, J. & Cie. «Timor»	La Chaux-de-Fonds	Bernheim & Luthy	1921
Berthoud, Charles «Jury»	Bienne	Chs. Berthoud	1918
Beuret, Armand	Tramelan	Beuret & Bruat	1928
Bichsel, Edmond «Orano»	Grenchen	Edm. Bichsel	1918
Biedermann Frères S. A.	Neuveville	Biedermann Frères	1923
Bloch, Jean-Louis	La Chaux-de-Fonds	Joseph Bloch	1875
Boichat-Jeanrenaud, A. & Cie.	Saint-Sulpice	A. Boichat	1891
Boillat Frères	Les Bois	Boillat Frères	1924
Boillat Frères S. A.	Bienne	Boillat Frères	1894
Boillat-Froidevaux, Paul	Les Breuleux	P. Boillat-Froidevaux	1903
Boillat, Joseph	Les Breuleux	Boillat Frères	1894
Borel, Ernest & Cie. S. A.	Neuchâtel	J.-Alph. Borel-Courvoisier	1859
Bouverat, Célien	Les Breuleux	Eugène Bouverat	1856
Bovet Frères & Cie S. A.	Fleurier	Landry Frères	1888
Brac S. A.	Breitenbach	Marty, Léo	1904
Braïlowsky, Max	La Chaux-de-Fonds	Max Braïlowsky	1915
Brandt, L. Fr. S. A. «Oméga»	Bienne	Louis Brandt	1848
Brandt, Robert «Colgor»	Bienne	Colombo & Guenin	1924
Breitling, G.-Léon S. A.	La Chaux-de-Fonds	Léon Breitling	1884
Brenzikofer Frères S. A.	Tavannes	R. & Rob. Brenzikofer	1918
Brienza S. A.	Brienz	E. Ruefli	1919
Brigos S. A.	La Chaux-de-Fonds	Gindrat-Delachaux & Co.	1891
Bueche, A. «Arbu»	Bienne	A. Bueche	1937
Bueche, Paul «Silex»	Malleray	Paul Bueche	1910
Bühler, Walther	La Chaux-de-Fonds	Walther Bühler	1900
Buhré, Paul S. A.	Le Locle	Paul Buhré	1815
Büren Watch Co. S. A.	Büren a. A.	F. Suter	1867
Buser Frères & Cie. S. A.	Niederdorf	Buser & Cie.	1916
Busga Watch Co. S. A.	La Chaux-de-Fonds	E. Schoepf-Courvoisier	1870
Buttes Watch Co. S. A.	Buttes	A. Charlet	1920
Caprara, Pierre	Grenchen	Caprara Frères	1913
Capt, Gaston	Colombier	Gaston Capt	1920
Cart, Robert S. A.	Le Locle	Robert Cart	1921
Cattin, Gaston «Rodams»	La Chaux-de-Fonds	Gaston Cattin	1931
Caussignac-Gagnebin, Léo	La Chaux-de-Fonds	L. Caussignac	1933
Cervine S. A.	La Chaux-de-Fonds	Achille Hirsch	1875
Châtelain, Adrien	Tramelan	Adrien Châtelain	1923
Châtelain & Cie. «Bétina»	Tramelan	Gindrat & Châtelain	1920
Châtelain-Voumard, Armand	Tramelan	A. Châtelain-Voumard	1918
Chevrolet, Alfred Fils	Bonfol	Pierre Chevrolet	1845
Choffat, Paul	Tramelan	Willy & Paul Choffat	1912
Chopard, le petit-fils de L.-U.	Genève	L.-U. Chopard	1860
Chopard, Robert	Reuchenette	Robert Chopard	1920
Clémence Frère & Cie.	La Chaux-de-Fonds	Clémence Frères	1860
Concord Watch Co. S. A.	Bienne	Société Anonyme	1908
Cornioley & Co.	La Sagne	Francis Cornioley	1908
Cortébert Watch Co.	Cortébert	Adam Louis Juillard	1790
Cossali, Attilio	La Chaux-de-Fonds	Attilio Cossali	1915
Cuanillon & Cie «Kulm»	Bienne	Frédéric Cuanillon.	1855
Datum Watch Co. S. A.	Genève	Nirvana Watch Co. S. A.	1922
Degoumois & Cie.	Neuchâtel	Henri Victor Degoumois	1887
Delévaux, Nestor	La Chaux-de-Fonds	Nestor Delévaux	1900
Della Balda, Goliardo «Delba»	Grenchen	Goliardo Della Balda	1931
Derby S. A.	La Chaux-de-Fonds	J. A. Vuilleumier, Renan	1858
Dimier, Georges S A.	La Chaux-de-Fonds	Dimier Frères & Cie.	1924
Ditisheim & Cie. «Vulcain»	La Chaux-de-Fonds	Maurice Ditisheim	1858
Dom, Charles	Genève	Charles Dom	1928
Donzé, Bernard	Les Breuleux	Bernard Donzé	1938
Doxa S. A.	Le Locle	Georges Ducommun	1889
Dreffa Watch Co. S. A.	Genève	Armand Dreyfus	1924
Dreyfus, Fils de Moïse	La Chaux-de-Fonds	Moïse Dreyfus	1898
Driva Watch Co.	Genève	—	1924
Droz & Cie.	Tavannes	G. Droz & Ed. Laubscher	1919
Droz, Fernand	La Chaux-de-Fonds	Fd. & Ad. Droz	1923
Dubois Frères & Cie.	La Chaux-de-Fonds	Alexandre Dubois	1888
Dubois Ph. & Fils	Le Locle	Philippe Dubois	1785
Duvoisin, Henri	Le Geneveys s. C.	Paul Duvoisin	1890
Ebel S. A.	La Chaux-de-Fonds	Blum & Cie.	1911
Eberhard & Cie.	La Chaux-de-Fonds	Georges Eberhard	1887
Eideldinger & Cie. S. A.	La Chaux-de-Fonds	André Eigeldinger	1909
Eldor Watch Co. S. A.	Genève	E. Bill	1920
Elida Watch Co. S. A.	Fleurier	E. Bilat	1910
Eloga S. A.	Longeau	F. & H. Spahr Frères	1917
Enicar S. A.	Longeau	Ariste Racine	1914
Era Watch Co. S. A.	Bienne	—	1884
Eros Watch Co. S. A.	Porrentruy	Soc. Horlog. de Porrentruy	1925
Eterna S. A.	Grenchen	U. Schild	1856
Etienne & Béguelin	Tramelan	Ed. & G. Etienne & H. Béguelin	1918
Etienne, Edmond	Tramelan	E. & A. Vuilleumier	1913
Etna Watch Co. Ltd.	Genève	A. Neumann	1918
Excelsior Park	St-Imier	Jules-Frédéric Jeanneret	1866
Fabr. d'hor. de St-Blaise S. A.	St-Blaise	Fabris S. A	1912
Fabrique Solvil	Genève	Paul Ditisheim	1892
Falorsi-Kaenzig, M.	Bienne	Henri Colliot	1936
Farine, Georges	La Chaux-de-Fonds	Georges Farine	1926
Favag S. A.	Neuchâtel	Favarger	1860
Favre, Marc & Cie. S. A.	Bienne	Marc Favre	1904
Felco S. A.	Grenchen	Fritz Schluep	1925
Fleurier Watch Co. «Acardia»	Fleurier	J. S. Jéquier	1858
Flury, Charles	La Chaux-de-Fonds	P. Chopard-Rosselet	1926
Frey & Co. S. A.	Bienne	Monnier & Frey	1888
Gagnebin, G. & Co. S. A.	Tramelan	Gagnebin & Nicolet	1911
Gagnebin, Fils de Numa S. A.	Tramelan	Numa Gagnebin	1885
Gallet & Cie.	La Chaux-de-Fonds	Julien Gallet	1826
Général Watch Co. «Helvetia»	Bienne	—	1895
Geneva Sport Watch Co. S. A.	Genève	F. Delay & J. Robert	1930
Gerber-Morgenthaler, Ad.	Bienne	P. O. Mathey & Co.	1916
Gervaux S. A.	La Chaux-de-Fonds	G. Froidevaux-Rusconi	1933
Gigantic S. A.	Genève	Georges Henry	1927
Gilomen A. & A.	Longeau	Ad. & Alb. Gilomen	1924
Gilomen-Ritter, Hans	Longeau	H. Gilomen-Ritter	1907
Gindrat, Léon «Isis»	Tramelan	Léon Gindrat	1924
Gindrat-Mathez, Philémon	Tramelan	Ph. Gindrat-Mathez	1898
Gindrat René «Dulux»	Tramelan	René Gindrat	1930
Gindrat & Vuille	Tramelan	Gindrat & Vuille	1921
Girard-Degoumois, B. S. A.	St-Imier	B. Girard-Degoumois	1901
Girard, Erwin	Moutier	Bon & Cie.	1887
Girard, Jules «Dorly»	Tramelan	Jules Girard	1924
Girard-Perregaux & Cie. S. A.	La Chaux-de-Fonds	Moulinié & Bautte	1793
Gisiger-Greder, B.	Selzach	Bernard Gisiger-Greder	1916
Glycine S. A.	Bienne	Glycine S. A.	1914
Gobber, Johann	Grenchen	Johann Gobber	1934
Goetschel, les Fils de Marc	La Chaux-de-Fonds	Marc Goetschel	1868
Golaz & Cie.	Fleurier	Droz & Co.	1919
Gostely, Paul Fils	St-Imier	L. P. Gostely	1900
Graef & Co. «Mimo»	La Chaux-de-Fonds	Otto Graef	1889
Grandy & Crevoisier «Aero»	Neuchâtel	Erwin Hirt	1935
Gribi-Pfaeffli, Hans	Longeau	H. Gribi Pfaeffli	1918
Gröflin, W. & H.	Tenniken	W. & H. Gröflin	1925
Grossert, Armin	Crémines	A. Grossert	1906
Gruen Watch Mfg Co. S. A.	Bienne	Gruen Watch Mfg Co. S. A.	1903
Gübelin, E.	Lucerne	Maurice Breitschmid	1854
Guenat, Ali	Les Breuleux	Ali Guenat	1914
Guinand, Georges-Henri	Les Brenets	L. & A. Guinand	1865
Gunzinger Frères S. A.	Rosières	M. Gunzinger-Allemann	1900
Gurtner, Werner «Wedo»	La Chaux-de-Fonds	Werner Gurtner	1935
Gyger-Hauri, Ggs.	Bienne	G Gyger-Hauri	1916

Raison sociale	*Localités*	*Maison fondée par*	*Année*
Hasler, Alfred «Arléa»	Bienne	Alfred Hasler	1915
Helios S. A.	Porrentruy	Perfecta S. A.	1882
Henchoz Fils	Genève	Fritz Henchoz-Huguenin	1878
Henex S. A.	Tavannes	Haenni Frères	1920
Hennefeld, B.	Berne	B. Hennefeld	1903
Hermann & Co. «Alexora»	La Chaux-de-Fonds	Picard & Hermann	1876
Herold S. A.	Soleure	—	1936
Heuer, Ed. & Co.	Bienne	Edouard Heuer	1864
Hirschy, J. A. «Dulcia»	La Chaux-de-Fonds	Hirschy, J. A.	1909
Hissarlian, Aram-K.	Grenchen	Hissarlian, Aram-K.	1928
Hoeter & Cie.	La Chaux-de-Fonds	Auguste Hoeter	1872
Hofer, Henri	Genève	Henri Hofer	1917
Homberger, Gve. «Fulton»	Bienne	Gve. Homberger	1885
Homberger-Rauschenbach, E.	Schaffhouse	J. A. Jones	1868
Home Watch Co. S. A.	Bienne	Jämes Schneider	1898
Huga S. A.	La Chaux-de-Fonds	Une S. A.	1933
Huguenin, A. Fils S. A.	Bienne	Alfred Huguenin	1857
Huning, Alex. Vve	Genève	Alexandre Huning	1893
Hunsperger, Jean «Mirific»	La Chaux-de-Fonds	Jean Hunsperger	1932
Imhof, Arthur	La Chaux-de-Fonds	Arthur Imhof	1924
Invicta S. A.	La Chaux-de-Fonds	Raphaël Picard	1837
Isola Watch Co.	Saint-Sulpice	A. Boichat	1891
Iwo & Fournituria S. A.	Bienne	Jacques Wollmann	1916
Jacquat, C. P. W. C.	Porrentruy	C. Jacquat	1867
Jeanneret Arthur	Bienne	Arthur Jeanneret	1927
Jeanneret, Charles Fils	Corcelles	Telle Jeanneret-Henzi	1894
Jeannin, Numa S. A. «Olma»	Fleurier	Numa Jeannin	1906
Jenny & Frey «Jenco»	Niederdorf	Jenny & Frey	1927
Jobin, Emile	La Chaux-de-Fonds	Auguste Jobin	1890
Jobin Frères & Cie.	Tramelan	W., Ggs. & L. Jobin	1916
Jobin, Les Fils de P. «Flora»	Porrentruy	J.-C., J. & A. Jobin	1848
Juillard, Charles	Sonvilier	Frêne & Juillard	1917
Juillard, Emile S. A. «Bulla»	Porrentruy	Emile Juillard	1872
Juillerat Frères S. A.	Malleray	Alb., V. & Virg. Juillerat	1917
Jura Watch Co. S. A.	Delémont	Gerber Frères	1909
Juvenia (Fabrique)	La Chaux-de-Fonds	J. Didisheim-Goldschmidt	1860
Kessler-Béguelin, Emile	Bienne	E. Kessler	1919
Klopmann, M. «Fluva»	Genève	J. D. Klopmann	1919
Koch, Th. «Siléna»	Büren a. A.	Th. Koch, senior	1916
Kocher, S. & Co. «Eska»	Grenchen	S. & E. Kocher	1918
Kollros, P.	Bienne	J. Mutter-Kappeler	1880
Kolpin, Otto	Neuchâtel	Otto Kolpin	1932
Kolsky, Henri	La Chaux-de-Fonds	Henry Kolsky	1918
Kramkimel, Jean «Vitalis»	La Chaux-de-Fonds	Jean Kramkimel	1914
Kurth Frères S. A.	Grenchen	Kurth Frères	1888
La Champagne S. A. «Aster»	Bienne	Louis Muller	1854
Langendorf Watch Co.	Langendorf	Jean Kottmann	1873
Lapanouse, Joseph «Régo»	Bubendorf	J. Lapanouse	1919
Lavina S. A.	Villeret	Paul Brack	1852
Le Coultre & Cie. S. A.	Le Sentier	Antoine Le Coultre	1833
Lemania Watch Co. S. A.	L'Orient	Alfred Lugrin	1884
Léonidas Watch Co. S. A.	St-Imier	Julien Bourquin	1841
Levaillant & Cie.	La Chaux-de-Fonds	Adolphe Levaillant	1874
Liebmann, Siegmund «Liban»	Bienne	S. Siebmann	1917
Liema S. A.	Bienne	—	1930
Liengme & Co. S. A. «Gala»	Cormoret	Arthur & Gges. Liengme	1914
Liga S. A.	Soleure	Bourquard, Bossart & Jabas	1902
Longines Watch Co. S. A.	St-Imier	Ernest Francillon	1867
Looping S. A.	Corcelles	M. Droz-Meylan	1921
Luthy, Albert	La Chaux-de-Fonds	Albert Luthy	1921
Luxor S. A.	Le Locle	J. H. Brunner	1935
Maire, Georges Ed. «Iko»	La Chaux-de-Fonds	René Debrot	1928
Maire, Otto S. A.	Longeau	Otto Maire	1903
Maître L. & Fils S. A. «Pronto»	Le Noirmont	Maître Frères	1890
Manufacture Pierce S. A.	Bienne	Lévy Frères	1883
Marchand, Auguste	Sonvilier	Auguste Marchand	1920
Mardon Watch Ltd.	La Chaux-de-Fonds	Pierre Gutknecht	1917
Martel Watch Co. S. A.	Les Ponts-de-Martel	Gges. Pellaton-Steudler	1911
Marvin Watch Co. S. A.	La Chaux-de-Fonds	M. & E. Didisheim	1850
Mathey-Tissot, E. & Cie. S. A.	Les Ponts-de-Martel	Edm. Mathey-Tissot	1886
Mathez, Paul-Virgile S. A.	Tramelan	Paul-Virgile Mathez	1919
Matthey-Grau, Ed.	Bienne	Ed. Matthey-Gau	1916
Maurer, Henri	La Chaux-de-Fonds	Maurer, Henri	1924
Meyer & Stüdeli S. A.	Soleure	Fritz Meyer	1888
Meylan, Walther	La Chaux-de-Fonds	Walther Meylan	1898
Meylan Watch Co. S. A.	Le Brassus	Charles-Henri Meylan	1878
Mido S. A.	Bienne	G. Schären	1918

Raison sociale	*Localités*	*Maison fondée par*	*Année*
Mildia S. A.	La Chaux-de-Fonds	Mosimann	1876
Milex-Elem Watch Co. S. A.	Bienne	O. Marchand-Monnier	1889
Minerva Sport S. A.	Villeret	Robert Frères	1858
Moeri, Fritz S. A.	St-Imier	Moeri & Jeanneret	1893
Montavon & Biedermann	Bienne	Montavon & Biedermann	1918
Montilier Watch Co. S. A.	Montilier	E.-O. Domon & C. Dinichert	1859
Montres Choisi S. A.	Locarno	Constant Darbre	1929
Moser-Baer, W.	Sumiswald	Baer J. G.	1824
Moser, H. & Co. S. A.	Le Locle	Henry Moser	1826
Moser, Paul & Cie. S. A.	Bienne	Paul Moser & Alb. Monnier	1879
Mulco S. A.	La Chaux-de-Fonds	—	1931
Muller & Cie.	Günsberg	Muller	1926
Muller, Henri & Fils «Mulfi»	La Chaux-de-Fonds	H. Muller & Fils	1927
Muralt, Alfred	Obergerlafingen	A. Muralt	1896
Nardin, Ulysse S. A.	Le Locle	Ulysse Nardin	1846
Nave Watch Co. S. A.	Arogno	E. & R. Navoni & C. Bagutti	1926
Neuchâtel Watch Co. S. A.	Neuchâtel	Neuchâtel Watch Co.	1925
Nicolet, Achille	Tramelan	Achille Nicolet	1913
Nicolet, Charles	Tramelan	Charles Nicolet	1916
Nicolet, Marc & Cie.	La Chaux-de-Fonds	Marc Nicolet	1888
Nisus S. A.	Péry	Amédée Douard	1857
Niton S. A.	Genève	Jeannet, Morel & Bourquin	1919
Nivada S. A.	Grenchen	Wullimann, Schneider & Cie.	1925
Nordmann & Cie. «Normana»	La Chaux-de-Fonds	J. J. Nordmann	1874
Nouv. Fabr. Election S. A.	La Chaux-de-Fonds	L. Braunschweig	1848
Nouv. Fabr. Le Phare S. A.	La Chaux-de-Fonds	C. Barbezat-Baillod	1888
Novus S. A.	Grenchen	David Châtelain	1880
Obrecht, Adolf	Soleure	Adolf Obrecht	1929
Octo S. à r. l.	Bienne	Ernest Tolck	1848
Olor Watch S. A.	La Chaux-de-Fonds	Louis Grisel	1839
Orion S. A.	Bienne	F. Barschmid	1876
Oris S. A.	Hölstein	Cattin & Christian	1904
Ott, Walter	Soleure	Walter Ott	1923
Pamm Frères «Lusina»	Genève	J. & F. Pamm	1937
Parel, Jean «Loki»	La Chaux-de-Fonds	J. U. Parel	1876
Patek, Philippe & Co. S. A.	Genève	Le Comte A. N. de Patek	1839
Perotto, Salvian Fils	Sonvilier	Savio Perotto-Droz	1916
Perret & Berthoud S. A.	Genève	G. Perret & L. Berthoud	1894
Perret, Roger	Le Locle	Georges Perret	1918
Perusset & Didisheim S. A.	Genève	A. & J. Jaccard & Cie.	1858
Péry Watch, Montre «Sigma»	Bienne	Dreyfus Frères	1865
Phénix Watch Co. S. A.	Porrentruy	—	1873
Piaget & Co.	La Côte-aux-Fées	Gges. Piaget & Co.	1874
Piguet, Les Fils de V.	Le Sentier	Victorin Piguet	1880
Prêtre, Paul	Bienne	Paul Prêtre	1923
Provis S. A.	Genève	Jakob Grünberg	1931
Quartier, Fils	Les Brenets	Emile Quartier	1844
Rayville S. A.	Villeret	F. E. Blancpain	1815
Reconvilier Watch Co. S. A.	Reconvilier	Société Anonyme	1902
Record Watch Co. S. A.	Tramelan	Record S. A.	1905
Recta S. A.	Bienne	Muller & Vaucher	1897
Renfer-Abrecht, César	Longeau	César Renfer-Abrecht	1933
Reuge, Charles	Genève	Chs. Reuge	1924
Reusser Frères S. A.	Bévilard	Reusser Frères	1918
Raymond, A. S. A. «Arsa»	Tramelan	Auguste Reymond	1898
Reymond, Camille	La Chaux-de-Fonds	Perrenoud & Reymond	1913
Ries, Gaston	La Chaux-de-Fonds	Gaston Ries	1920
Ris, W. «Ostara»	Grenchen	W. Ris	1911
Rodana S. A.	Longeau	Baumgartner	1930
Rogelin Watch, E. Siegrist	Grenchen	Roger Béguelin	1933
Rohrer, Albert	Tramelan	Albert Rohrer	1925
Rolex Watch Co. S. A.	Genève	Hans Wilsdorf	1920
Rollier, Edmond	Cormoret	Jules Rollier-Favre	1876
Rossé & Affolter «L'Essor»	Court	Rossé & Bueche	1913
Rossel-Conrad, A. «La Trame»	Bienne	A. Rossel-Conrad	1895
Roth, Charles «Artis»	La Chaux-de-Fonds	Charles Roth	1937
Roth, E. S. A.	Neuchâtel	Ernest Roth	1937
Ruefli, Roland	Genchen	Roland Ruefli	1921
Sada S. A.	Bienne	Société Anonyme	1920
Sandoz, Henry & Fils «Odin»	La Chaux-de-Fonds	Beer-Grühring	1870
Sauter Frères & Cie.	Bienne	Fr. Sauter & A. Bourquin	1901
Schaeffer Carl	Bienne	C. Schaeffer	1902
Schild & Co S. A. «Reform»	La Chaux-de-Fonds	O. Schild & Arth. Graizely	1904
Schindler & Moenig	La Chaux-de-Fonds	L. Moenig	1912
Schlesinger, les Fils de B.	La Chaux-de-Fonds	Henri Schlesinger	1870
Schlup-Abrecht, Erwin «Ufesa»	Longeau	Charles Abrecht	1898

Raison sociale	*Localités*	*Maison fondée par*	*Année*
Schlup & Co. S. A. «Rado»	Longeau	Schlup & Co.	1917
Schmid, Vve C. L. & Cie. S. A.	La Chaux-de-Fonds	Georges-Fréd. Roskopf	1867
Schwab, Louis S. A.	Moutier	Louis Schwab	1904
Schwarz-Etienne, les Fils de P.	La Chaux-de-Fonds	Paul Schwarz-Etienne	1918
Schwob Frères & Co. S. A.	La Chaux-de-Fonds	Théodore Schwob	1862
Schymanski, Oiser «Homis»	Bienne	O. Schymansky	1914
Selza Watch Co. S. A.	Bienne	V. Gisiger	1925
Silvana S. A.	Tramelan	H Gasser & Co.	1868
Sindaco S. A.	Locarno	Haas	1930
Sinex S. A.	La Chaux-de-Fonds	—	1937
Soly S. A.	Neuchâtel	—	1933
Stauffer, M.-T. Jeune	Les Ponts-de-Martel	M.-T. Stauffer	1903
Stolz Frères S A. «Angélus»	Le Locle	Stolz Frères	1891
Straub & Co. S. A. «Alpina»	Bienne	J. Straub	1882
Stroun Frères S. A.	Grenchen	Stroun Frères	1913
Stuber, Hans «Diodor»	Soleure	Hans Stuber	1916
Studer, Albert «Union»	Soleure	Brandt & Studer	1897
Sultana S. A.	La Chaux-de-Fonds	Gaston Schwarz	1935
Suprécis S. A.	Bienne	Fritz Schaefer	1937
Suter, F. & Cie. «Hafis»	Bienne	F. Suter & Cie.	1916
Taillard Valère «Elvado»	La Chaux-de-Fonds	Louis Weber	1925
Tavannes Watch Co. S. A.	Tavannes	Henri-Fréd. Sandoz	1891
Terrasse Watch Co. S. A.	Le Locle	Jacot Frères	1850
Thommen, A. «Basis»	Tecknau	Adolf Thommen	1918
Thommen S. A. «Revue»	Waldenburg	La Commune de Waldenburg	1853
Tissot, Charles & Fils S. A.	Le Locle	Chs.-F. Tissot & Fils	1853
Transit Watch Co. S. A.	Bienne	Rosenfed, Siegmund	1935
Triebold, Erwin «Muros»	Mumpf	Erwin Triebold	1930
Triebold, W.	Rheinfelden	W. Triebold	1933
Tschuy Frères S. A. «Tegra»	Grenchen	Franz & Hans Tschuy	1908
Tschuy-Vogt, Jos.	Grenchen	Joseph Tschuy-Vogt	1922
Uhlmann, Hilaire	Genève	Rodolf Uhlmann	1870
Ulmann Fils	La Chaux-de-Fonds	Ulmann Frères	1896

Raison sociale	*Localités*	*Maison fondée par*	*Année*
Vacheron & Constantin S. A.	Genève	—	1785
Varrin, Paul	Courgenay	Paul Varrin	1900
Vermot, Paul & Cie.	La Chaux-de-Fonds	Paul Vermot	1902
Vertex Watch Co. S. A.	La Chaux-de-Fonds	Goetschel & Wolf	1868
Viatte, Marc «Donexy»	Genève	Marc Viatte	1934
Viatte, Numa	La Chaux-de-Fonds	Numa Viatte	1916
Vinca S. A.	Bienne	René Heimgartner	1892
Virchaux, Charles	La Chaux-de-Fonds	François Huguenin	1900
Vittori & Cie. «Dolmy»	La Chaux-de-Fonds	Vittori & Cie.	1919
Vixia S. A.	Bienne	—	1928
Vogt & Cie. S. A. «Fortis»	Grenchen	Walter Vogt	1912
Vogt-Fueg, Albert	Aedermannsdorf	A. Vogt-Fueg	1912
Vogt, R. & Co. «Mira»	Bienne	R. Vogt	1901
Vuilleumier, Eugène S. A.	Tramelan	Eugène Vuilleumier	1912
Vuilleumier, Georges	Colombier	Georges Vuilleumier	1939
Veuilleumier, les Fils de J. A., S. A.	Tramelan	Fils de J. A. Vuilleumier	1918
Vulcain, Ditisheim & Cie.	La Chaux-de-Fonds	Maurice Ditisheim	1858
Weber-Chopard J. S. A.	Sonvilier	Jules Weber-Chopard	1916
Wega Watch Co. S. A.	Grenchen	O. Kessler	1919
Weiss & Cie. «White Star»	La Chaux-de-Fonds	Henry Weiss	1895
Welta S. A.	Bienne	Wyss & Troesch	1917
Wenger, B. C.	Genève	Bernard Wenger	1915
West End S. A.	Genève	—	1917
Wilka Watch Co. S. A.	Genève	William Kaufmann	1902
Willemin, Joseph	Les Breuleux	Joseph Willemin	1916
Wittnauer & Cie. S. A.	Genève	Wittnauer Frères	1897
Wyler S. A.	Bienne	Wyler Paul	1931
Wyss, Ed. «Octus»	Grenchen	Wyss Frères	1917
Zénith S. A.	Le Locle	Gges. Favre-Jacot	1865
Zila S. A.	La Heutte	O. Scheidegger-Bourquin	1917
Zodiac S. A.	Le Locle	Ariste Calame	1882
Zuckermann, L. «Bénédict»	La Chaux-de-Fonds	L. Zuckermann	1930

Glossar

Analoge Zeitmessung: Zeitanzeige erfolgt durch Zeiger auf dem Zifferblatt. Aus der Stellung zueinander, optisch unterstützt durch das Zifferblatt, läßt sich die Zeit ablesen. Dieses im Vergleich zur digitalen Anzeige relativ komplizierte Verfahren hat sich jedoch so stark eingebürgert, daß selbst bei Quarz- und Funkuhren, trotz höheren technischen Aufwands, die Analoganzeige bevorzugt wird.

Automatischer Aufzug: Bei der modernen Automatikuhr erfolgt der Aufzug der Zugfeder durch ein in der Mitte des runden Basiswerks gelagertes Aufzugsgewicht ohne Begrenzung seiner Rotation (Rotor), wobei (oft) beide Drehrichtungen genutzt werden. Obwohl das Grundkonzept bereits nach 1770 von Abraham Louis Perrelet aus Le Locle bei Taschenuhren verwendet worden war, tasteten sich die Konstrukteure von Armbanduhren nur langsam an die Optimallösung heran. John Harwood steuerte die Idee bei, eine zentral gelagerte Pendelschwungmasse einzusetzen (Patent 1923, Serienfertigung 1929), Rolex verwendete 1931 erstmals den Rotor mit Aufzug in einer Drehrichtung. Ein Wechselgetriebe, entwickelt vom Rohwerkhersteller Felsa 1942, erlaubte es, beide Drehrichtungen des Rotors für den Aufzug zu gebrauchen (Bidynator). Mit der Erfindung des kugelgelagerten Rotors durch Eterna 1948 waren alle Voraussetzungen für zukunftsweisende Selbstaufzugssysteme geschaffen.

Chronograph: Uhr mit Zusatzfunktion, die es gestattet, einen Sekundenzeiger unabhängig vom eigentlichen Uhrwerk zu starten, zu stoppen und wieder in seine Ausgangsposition zurückzuführen. Die Zeitanzeige wird also dadurch nicht beeinträchtigt. Je nach Konstruktion besitzen Armband-Chronographen auf dem Zifferblatt noch zusätzliche Zählzeiger für die seit dem Startvorgang abgelaufenen vollen Minuten und Stunden. Um 1910 wurden die ersten Armbanduhren mit Chronograph vorgestellt, Chronographen mit automatischem Aufzug kamen erstmals 1969 auf den Markt.

Chronograph-Rattrapante: Chronographen der kompliziertesten Form mit zwei Drückern und zwei zentralen Sekundenzeigern: Chronographenzeiger und Schleppzeiger (Rattrapante). Das Anwendungsspektrum wird erweitert. So können Zwischenzeiten registriert oder zwei Vorgänge mit zeitgleichem Beginn aber unterschiedlicher Dauer gestoppt werden. Durch abermaligen Knopfdruck wird erreicht, daß der Rattrapante den Chronographenzeiger wieder »einholt«, denn »rattraper« bedeutet im Französischen: wieder fangen, erwischen. Armbanduhren mit Chronograph-Rattrapante kamen gegen 1920 auf den Markt. Erst seit 1992 gibt es dieses System auch mit automatischem Aufzug.

Chronometer: siehe Regulierung

Datumsanzeige: Die Indikation des Datums erfolgt entweder analog durch einen Zeiger oder digital durch eine bedruckte Scheibe (hinter einem Ausschnitt des Zifferblattes). Beide Arten werden täglich gegen Mitternacht automatisch um eine Position weitergeschaltet. Fast allen Datumsanzeigen in mechanischen Uhren ist gemeinsam, daß sie in Monaten von weniger als 31 Tagen von Hand korrigiert werden müssen. Armbanduhren mit Datumsanzeige über Zeiger gibt es seit etwa 1915, die heute übliche digitale Anzeige, mit »einem Blick« erkennbar, setzte sich nach 1935 allmählich durch.

Digitale Zeitanzeige: Die Zeit wird in Ziffern dargestellt. Einige Armbanduhren dieser Art kamen Mitte der 1920er Jahre auf den Markt. Stunde und Minuten konnten an kleinen Ausschnitten auf der Vorderseite der sonst rundherum geschlossenen Metallgehäuse abgelesen werden. Im Zeitalter der Quarzuhr wurde die digitale Zeitanzeige jedoch hochaktuell. Die Ziffern hat man sichtbar gemacht mit Hilfe von Leuchtdioden (LED), die jedoch bald wegen des geringeren Stromverbrauchs von Flüssigkristallanzeigen (LCD) abgelöst wurden. Die elektronische digitale Zeitanzeige hat inzwischen an Popularität und Faszination verloren. Sie findet noch Verwendung in Billiguhren aus Fernost oder in besonderen Sportuhren.

Ewiger Kalender: Kalendarium, das die unterschiedlichen Monatslängen in Normaljahren und in Schaltjahren automatisch berücksichtigt. Es werden üblicherweise Datum, Wochentag und Monat angezeigt. Der automatische Kalender ist ein höchst komplexes Zusatzwerk, das aus etwa 100 Teilen besteht. Serien-Armbanduhren mit dieser »Komplikation« gibt es seit 1941 (Patek Philippe), das kleinste ewige Kalendarium mit einem Durchmesser von nur 23 mm stammt von Audemars Piguet. Die »Ewigkeit« dauert freilich bei allen bisher bekannten Modellen nur bis zum 28. Februar des Jahres 2100. In diesem Jahr, ein Säkularjahr, das nicht durch 4 teilbar ist, entfällt nach dem Gregorianischen Kalender das Schaltjahr und damit auch der im Vierjahreszyklus der Uhr fest einprogrammierte 29. Februar. Diesen Tag würde also die Uhr anzeigen, während in Wirklichkeit bereits der 1. März ist.

Formwerk: Bezeichnung für Uhrwerke, die von der runden Form abweichen. Bei Herrenuhren waren zeitweilig breite Rechteckformen üblich, bei Damenuhren sehr schmale Rechtecke (Baguette-Werk, franz. Stäbchen), es gab aber auch ovale oder spitzovale Formen. Die meisten Formwerke entstanden zwischen 1920 und 1940. Später, unter dem Einfluß der automatischen Armbanduhr, setzten sich die runden Uhrwerke wieder allgemein durch. Verschiedene Versuche im Zeitraum 1920/35, Formwerke mit automatischen Aufzugshilfen zu kombinieren, haben nicht befriedigt.

Gangreserveanzeige: Indikation der vorhandenen Gangreserve einer Uhr auf dem Zifferblatt. Es sollte damit die Zuverlässigkeit der neu aufkommenden Automatikwerke belegt werden, meinen die einen, andere sprechen vom Mißtrauen der Käufer gegenüber dem bislang unbekannten System. Die Gangreserveanzeige ist typisches Merkmal mancher in den 1950er Jahren gebauten Automatik-Kaliber, die aber als Modeerscheinung um 1990 wieder auflebte.

Genfer Siegel: Qualitätssiegel mit dem Genfer Stadtwappen, mit dem nach einem Reglement aus dem Jahre 1886 solche Uhren versehen werden dürfen, »bei denen durch die (offizielle) Prüfung festgestellt wurde, daß sie alle Eigenschaften von Qualitätsarbeit besitzen, die einen regelmäßigen und dauerhaften Gang gewährleisten, und an denen ein Minimum an von der Prüfungskommission festgelegten Arbeiten von Handwerkern gemacht worden ist, die im Kanton Genf wohnen«. Das Reglement erfuhr 1957 eine erhebliche Verschärfung.

Genfer Streifen: Häufig verwendete rippenförmige Dekoration auf den Brücken und Kloben feiner Uhren. Sie wird vor der galvanischen Veredelung aufgebracht, bleibt aber dennoch erkennbar.

Handaufzug: Die Zugfeder soll regelmäßig einmal täglich durch Drehen der Krone von Hand gespannt werden. Voll aufgezogene Uhrwerke ticken zwar 40 Stunden lang, doch nachlassende Federkraft führt zu Gangabweichungen. Auch moderne Automatikuhren können von Hand aufgezogen werden. Es hat eine Reihe technischer Probleme gegeben, Handaufzug und Automatik dabei strikt zu trennen, doch die Käufer legten offenbar Wert darauf. Bei einigen frühen Automatikuhren – so etwa von Harwood oder LeCoultre – gab es keinen Handaufzug, was vom System her gesehen konsequent war.

Heures Sautantes: »Springende« digitale Stundenanzeige. Der Stundenzeiger wird ersetzt durch eine Stundenziffer. Sobald der Minutenzeiger die »12« erreicht, springt die Stundenscheibe, von der jeweils auf dem Zifferblatt nur eine Zahl erkennbar ist, ruckartig auf die nächste Stunde weiter.

Kadratur: Begriff für das zusätzliche Schaltwerk bei komplizierten Uhren, z. B. Mechanismus für ein Repetitionsschlagwerk, ein Kalendarium oder einen Chronographen.

Kaliber: Dieser Begriff läßt sich auf die Werkgröße, die

Werkform oder den Werktyp beziehen. Die Angabe des Kalibers, z.B. Omega 551, auf dem Werk erlaubt eine genaue Identifizierung. Spezielle Verzeichnisse mit Abbildungen wie der »Offizielle Katalog der Ersatzteile der Schweizer Uhr« erleichtern die Suche.

Komplizierte Armbanduhr: Darunter versteht man ein Uhrwerk mit bestimmter aufwendiger Zusatzeinrichtung (»Komplikation«), etwa Chronograph, Mondphasenanzeige, Wecker oder Repetition, die auch miteinander kombiniert sein können, so Chronograph mit ewigem Kalender und Mondphase (Patek Philippe 1950). Automatischer Aufzug oder Datumsanzeige gelten jedoch bei Armbanduhren aus der Zeit nach 1950 nicht (mehr) als »kompliziert«. Dies trifft jedoch nicht zu, wenn eine bisher nur mit Handaufzug bekannte »Komplikation« mit automatischem Aufzug ausgestattet wird.

Linie: Kleines Längenmaß, abgeleitet von einer alten französischen Maßeinheit. Trotz des metrischen Systems in der Uhrmachersprache weiterhin übliche Bezeichnung für die Größe eines Uhrwerks. 1 Linie (abgekürzt ''') = 2,2558 Millimeter. Kleinste Maßeinheit ist die Unterteilung nach 1/4'''.

Manufaktur: In der Uhrenwerbung häufig gebrauchtes Wort, um den als verkaufsfördernd eingeschätzten Anteil der Handarbeit (manus, lat. Hand) bei der Uhrenfertigung besonders herauszustellen. Im strengen Sinn des Wortes ist Manufaktur jedoch eine Uhrenfabrik, die mindestens ein Kaliber selbst entwickelt hat und zur Marktreife bringt. Es soll eine Abgrenzung erreicht werden zu Unternehmen, die ihre Rohwerke ausschließlich von fremden Lieferanten beziehen. Diese in der Schweiz früher »Etablisseure« genannten Betriebe verkaufen jedoch – ebenso wie die Manufakturen im engeren Sinn – fertige Armbanduhren unter eigenem Namen oder eigener Marke.

Mondaltersanzeige: Indikation zum Ablesen der Anzahl von Tagen, die seit dem letzten Neumond vergangen sind. Auch die aktuelle Stellung des Mondes ist in einem Ausschnitt des Zifferblattes erkennbar, bei Vollmond die volle (goldene) Mondscheibe, bei Neumond keine. Im synodischen Monat beträgt eine Lunation, also das Zeitintervall von Neumond zu Neumond, exakt 29 Tage, 12 Stunden und 44 Minuten. Je nach Konstruktion treten bei Uhren mit Mondaltersanzeige jährliche Mißweisungen bis zu etwa 8 Stunden auf.

Mondphasen: Der Mond durchläuft seine (von der Stellung Sonne – Mond – Erde abhängigen) Mondphasen (Neumond – erstes Viertel – Vollmond – letztes Viertel – Neumond) innerhalb einer Lunation von etwa 29,5 Tagen.

Präzision: Eine mechanische Uhr, die pro Tag (86400 Sekunden) eine Gangabweichung von 30 Sekunden aufweist, besitzt eine rechnerische Fehlerquote von 0,035 %. Ihr Genauigkeitsgrad liegt also bei 99,965 %. Damit übertrifft sie die Meßgenauigkeit der meisten mechanischen Systeme bei weitem.

Quarzwerke: Elektronische Uhrwerke, bei denen ein Schwingquarz als Zeitnormal dient. Als Standard-Frequenz sind heute international 32768 Hz (Hertz-Schwingungen je Sekunde) üblich. Frühe Quarzwerke aus der Zeit um 1970 arbeiteten mit Frequenzen unter 10000 Hz, spätere auch mit 4000000 Hz. Hinsichtlich Ganggenauigkeit, Preis und Wartung ist die Quarzarmbanduhr der mechanischen Uhr eindeutig überlegen. Bei modernen Quarzwerken liegen die Gangabweichungen im Bereich von ±1 Minute pro Jahr entsprechend ±0,00019 % pro Tag.

Referenz: Nummer oder Buchstaben-Nummern-Kombination zur Kennzeichnung eines Uhrenmodells. Alle Uhrenfirmen verwenden Referenzen, in die vielfach auch das Gehäusematerial, Zifferblatt- und Zeiger-Typ, Werk etc. eingearbeitet sind. Bei einer Bestellung wissen Firmen-Insider sofort, um was es sich dabei handelt.

Regulierung: Die Regulierung eines Uhrwerks besteht darin, den täglichen Gang in verschiedenen Lagen und Temperaturen zu beobachten und ggf. zu optimieren. Je nach Qualität und gewünschtem Genauigkeitsgrad werden verschiedene Stufungen der Regulierung unterschieden: Bei der gewöhnlichen Regulierung einer guten Armbanduhr wird eine Überprüfung in zwei Lagen (Zifferblatt oben und Krone oben) vorgenommen. Die Gangabweichungen zwischen diesen Lagen sollen unter 30 Sekunden täglich liegen. Präzisionsregulierung nach amtlichen Vorgaben erfordert den Abgleich mindestens in fünf Lagen und bei drei verschiedenen Temperaturen (meistens 4, 20 und 36° Celsius). Erfolgt die Überprüfung durch eine offizielle Institution auf vorgegebene Mindestwerte, darf die Uhr die Bezeichnung »offiziell geprüfter Chronometer« tragen.

Repetitionsschlagwerk: Aufwenige Zusatzfunktion eines Uhrwerks, die es gestattet, die aktuelle Zeit akustisch wiederzugeben. Je nach Ausführung des Schlagwerks unterscheidet man zwischen Uhren mit Viertelstunden-, Achtelstunden- (7 1/2 Minuten), 5-Minuten- oder Minuten-Repetition. Unter allen ist die letztgenannte Form die komplizierteste, aber auch teuerste. Sie vermag die aktuelle Zeit (Stunden, Viertelstunden und Minuten) durch Schlag auf Tonfedern akustisch darzustellen. Armbanduhren mit Minutenrepetition stellten bereits 1914 im Rahmen der Schweizerischen Nationalausstellung mehrere Manufakturen dem Publikum vor.

Retrograde Anzeige: Ein Zeiger bewegt sich zur Indikation z.B. der Zeit oder des Datums über ein Kreissegment (1–12 bzw. 1–31). Wenn er am Ende der Skala angekommen ist, springt er ruckartig in seine Ausgangsposition zurück.

Rohwerk: Das Rohwerk (franz. ébauche) ist das Kernstück einer Uhr (Platine, Brücken, Kloben, Räder- und Hebelwerk). Nicht dazu gehören Hemmung, Unruh, Spiralfeder, Zugfeder, Zifferblatt und Zeiger. Rohwerke können in verschiedenen Graden der Feinbearbeitung geliefert werden, auch mit oder ohne eingepreßte Lochsteine. In der Schweizer Uhrenbranche zeigte sich seit den 1930er Jahren immer stärker die Tendenz, durch Zusammenschluß von Rohwerkfabriken die Produktion zu koordinieren und auf den Bau besonders verkaufsstarker Kaliber einzugrenzen. Während ein Sammler von Armbanduhren vor 1940 auf eine verwirrende Vielfalt von Werken und Namen trifft, begegnen ihm später immer häufiger zwei Abkürzungen: AS (Adolf Schild) und Eta (Abk. nicht feststellbar). Beide schließen sich 1978 zusammen, wobei viele AS-Kaliber dieser Fusion zum Opfer fallen. Eta fertigte 1991 in 12 Produktionsstätten 75 Millionen Uhrwerke, darunter 4 Millionen mechanische.

Schnellschwinger: Es ist in der Uhrmacherei üblich, nicht wie in der Physik die Zahl der vollen Unruhschwingungen zu nennen, sondern die Zahl der Halbschwingungen. Als Normalwert galten 1800 Unruhhalbschwingungen pro Stunde (A/h). Uhren mit höherer Schlagzahl wurden »Schnellschwinger« genannt, das Maximum bei Serienwerken – 36000 Unruhhalbschwingungen – konnte sich jedoch nicht durchsetzen. Verbreitet sind gegenwärtig Werke mit 21600 oder 28800 Unruhhalbschwingungen.

Schweizer Ankerhemmung: Mit diesem Hemmungssystem sind gegenwärtig, von recht billigen Uhren abgesehen, alle mechanischen Damen- und Herren-Armbanduhren ausgestattet. Die Form des Ankers und das spezifisch geformte Gangrad wurden schon im Zeitalter der Taschenuhr in der Schweiz entwickelt. Der Antrieb verteilt sich auf die Paletten (Ankersteine) und auf die Hebeflächen der Zähne des Ankerrades. Dieses System erlaubt es, hoch präzise mechanische Armbanduhren zu bauen.

Sekundenanzeige: Im Vergleich zu Taschenuhren ist bei Armbanduhren vor 1930 die Sekundenanzeige selbst bei Herrenuhren weniger häufig anzutreffen, bei Damenuhren ist sie recht selten. Das Sekundenblatt wurde, wie bei der Taschenuhr, dezentral unten in der Nähe der »6« angeordnet. Kennzeichnend für Armbanduhren wird später die Sekunde aus der Mitte (Zentralsekunde). Dabei müssen zwei, von außen nicht erkennbare Varianten unterschieden werden. Die (ältere) »indirekte« Zentralsekunde ist außerhalb des Kraftflusses des Räderwerks angeordnet und benötigt zusätzliche Bauteile, die (jüngere) »direkte« Zentralsekunde innerhalb des Kraftflusses. Die Minutenradwelle ist durchbohrt und dient als Lager für die Zentralsekunde.

Skelettwerk: Uhrwerk, bei dem Platine, Brücken, Kloben, Federhaus und ggf. Rotor soweit durchbrochen werden, daß nur noch das für Funktion und Stabilität unabdingbar notwendige Material übrigbleibt. Auf diese Weise kann man durch das Uhrwerk hindurchschauen, wenn Skelettwerke auch rückseitig verglast werden. Die Skelettierung, die häufig eine Ornamentierung einschließt, wird bei feinen Uhren von Hand ausgeführt. Einfachere Modelle sind maschinenskelettiert. Armbanduhren mit skelettiertem Uhrwerk gibt es seit Mitte der 1930er Jahre, doch auch gegenwärtig sind sie recht beliebt.

Steine: Armbanduhrwerke mit Handaufzug besserer Qualität hatten vor 1940 meist 15 Steine, um 1960 meist 17 Steine. Bei Zylinderwerken wurden bis zu 10 Steine eingebaut. Unzulässig erscheint die Aussage, an der Zahl der Steine (jewels) könne man immer die Qualität eines Werks erkennen. Berechtigt ist jedoch die umgekehrte Formulierung: gute Werke brauchen eine bestimmte Zahl von Steinen, die aber an der richtigen Stelle (funktionsgerecht) eingebaut sein müssen, etwa als perfekte Gleitlager für die Zapfen der Unruhwelle, der Ankerwelle und der Räderwerkswellen (Lochsteine).

Stiftankerwerk: Wird verwendet bei billigen mechanischen Armbanduhren und löste häufig das Zylinderwerk ab. Bei der Stiftankerhemmung greifen keine Ankersteine, sondern gehärtete, senkrecht stehende Stahlstifte in das unkompliziert geformte Ankerrad ein. Seit den 1960er Jahren gab es auch Stiftankeruhren mit automatischem Aufzug. Genauigkeit und Lebensdauer von Stiftankerwerken, besonders der späten Produktion um 1970, werden oft unterschätzt.

Stoppsekunde: Vorrichtung zum Anhalten von Uhrwerk und Sekundenzeiger, um die Uhrzeit sekundengenau – etwa nach dem Zeitzeichen des Fernsehens – einstellen zu können. Zu diesem Zweck muß man die Krone ziehen, wenn sich der Sekundenzeiger bei der »12« befindet. Bei eingedrückter Krone setzt sich der Sekundenzeiger wieder in Bewegung.

Stoßsicherung: Vorrichtung, um die empfindlichen Zapfen der Unruhwelle vor radialen und axialen Stößen zu schützen. Seit etwa 1960 ist die Ausstattung von Ankerwerken mit Stoßsicherung allgemein üblich. Das am häufigsten verwendete System »Incabloc« ist erkennbar an der lyraförmigen Klemmfeder.

Swiss Made: Ursprungsbezeichnung auf dem Zifferblatt und/oder dem Werk einer Schweizer Armbanduhr. Eine Armbanduhr darf diesen Schriftzug nur dann tragen, wenn ihr Werk in der Schweiz zusammengesetzt, in Gang genommen, reguliert und vom Hersteller kontrolliert worden ist. Außerdem müssen mindestens 50 Prozent des Wertes aller Bestandteile (ohne die Kosten des Zusammenbaus) aus schweizerischer Fabrikation stammen. Schließlich muß die Uhr in der Schweiz der technischen Kontrolle nach den dort geltenden Normen unterliegen.

Tourbillon: Von Abraham Louis Breguet 1795 erfundene und im Jahre 1801 patentierte Konstruktion zur Kompensation der Schwerpunktfehler im Schwingsystem (Unruh und Unruhspirale) mechanischer Uhren. Beim Tourbillon (frz. Wirbelwind) wird das komplette Schwing- und Hemmungssystem in einen möglichst leichten »Käfig« eingebaut. Dieser dreht sich innerhalb einer bestimmten Zeitspanne (meist 1 Minute) einmal um seine Achse. Auf diese Weise sollen die Einflüsse der Erdanziehung in der senkrechten Lage einer Uhr ausgeglichen und die Gangleistungen gesteigert werden. Wer Tourbillons baut, beschreitet den »Königsweg« der klassischen Uhrmacherkunst. Tourbillons in Armbanduhren werden (noch) nicht serienmäßig gefertigt.

Vierjahreskalender: Uhren mit dieser Indikation geben die unterschiedliche Länge der Monate im Zeitraum zwischen zwei Schaltjahren korrekt wieder. Lediglich den alle vier Jahre benötigten 29. Februar kennt dieses System nicht, das unterscheidet es vom »Ewigen Kalender«.

Vollkalendarium: Komplettes Kalendarium mit Anzeige von Tag, Datum und Monat. Es erfordert in sämtlichen Monaten mit weniger als 31 Tagen eine manuelle Korrektur der Datums- und der Monatsindikation.

Wasserdichte Armbanduhren: Armbanduhren, deren Gehäuse im Originalzustand bis zur angegebenen Tiefe widerstandsfähig gegen eindringendes Wasser sind. Nach derzeit gültigen Normen darf eine Armbanduhr dann als »wasserdicht« bezeichnet werden, wenn sie gegen Schweiß, Wassertropfen, Regen resistent ist und dem nassen Element beim Tauchen bis 1 m Wassertiefe für die Dauer von 30 Minuten zu widerstehen vermag. Für Taucheruhren gelten weitaus strengere Maßstäbe: Sie müssen konstruiert sein für einen täglichen Gebrauch von mindestens einer Stunde in 100 m Wassertiefe. Wasserdichte Armbanduhren sollten nach Möglichkeit einmal jährlich auf ihre Widerstandsfähigkeit hin überprüft werden. Wesentliche Entwicklungsarbeiten auf diesem Sektor leistete das Haus Rolex mit »Oyster« (1926) und »Submariner« (1953).

Wecker: Sehr früh schon wurden mechanische Uhren aller Art mit Weckeinrichtung ausgestattet. Im Jahre 1908 meldete Eterna einen Armbandwecker zum Patent an. Es gibt diesen Uhrentyp mit nur einem Federhaus, wobei darauf geachtet werden muß, daß auch bei abgelaufenem Wecker für das Gehwerk noch genügend Antriebskraft bleibt, und mit zwei Federhäusern, eines für das Gehwerk, eines für das Weckerwerk, die jeweils getrennt aufgezogen werden müssen. Die Forderung an den Armbandwecker, tagsüber dezent an Termine zu mahnen, aber auch nachhaltig den Schlaf zu unterbrechen, erfüllten Jaeger-LeCoultre mit dem Modell »Memovox« (1950) und Pierce mit dem Modell »Duofon« (1955). Von einem Sonderfall abgesehen (»Memovox Automatik« von 1957) hatten vor 1963 alle Armbandwecker Handaufzug, bei den gegenwärtig lieferbaren Weckern überwiegen jedoch deutlich die Automatikwerke.

Weltzeitindikation: Die Idee, die Erde in 24 Zeitzonen zu unterteilen, stammt von dem kanadischen Eisenbahningenieur Sandford Fleming. Ausgehend vom Null-Meridian (Greenwich) verschiebt sich die Zeit nach jeweils 15 Längengraden um eine Stunde. Dieses Weltzeitsystem wurde 1883 zuerst von Kanada und den USA eingeführt, Deutschland schloß sich 1893 an. Uhren mit Weltzeitindikation zeigen zwei oder mehrere Zonenzeiten auf einem Zifferblatt an. Zu diesem Zweck sind entweder mehrere Uhrwerke in einem Gehäuse untergebracht oder ein Zusatzmechanismus ermöglicht die Darstellung mehrerer Zonenzeiten (bis hin zu 24).

Zentralsekunde: siehe Sekundenanzeige

Zylinderwerk: Werke mit Zylinderhemmung waren um 1900 selbst bei goldenen »Damen-Taschenuhren« üblich. Diese Werke wurden bis etwa 1940 gebaut, und nach 1920 vorwiegend für billigere Armbanduhren verwendet. Bei der Zylinderhemmung greifen die spezifisch geformten Zähne des Hemmungsrades direkt in die als (ausgeschnittener) Hohlzylinder ausgeformte Unruhwelle ein. Zylinderwerke messen die Zeit nicht allzu genau, arbeiten jedoch auch am Handgelenk – bei ausreichender Schmierung – zufriedenstellend. Bei offenem Werk erkennt man die Zylinderunruh rasch am schlichten Unruhreif, während bei Ankerwerken aus jener Zeit die Unruh außen herum mit Schrauben bestückt ist.

Literatur

Aebi, Peter: John Harwood, dem Erfinder der automatischen Armbanduhr gewidmet; in: Neue Uhrmacher-Zeitung, Heft 5/1966, S. 18–20

Andressen, Michael M.: Armbanduhren 1 des 20. Jahrhunderts; München/Berlin 1996

Auberson, J. R.: Die Sammlerkurse von Armbanduhren (Preisführer); Nizza 1992

Audemars, Pierre: Louis Audemars – das Goldene Zeitalter; in: Journal Suisse d'Horlogerie et de Bijouterie, 1954, S. 151–155, 237–241, 301–305, 471–476, sowie 1955, S. 93–95

Audemars Piguet (Hg.): La plus prestigieuse des signatures; Festschrift, Le Brassus o. J.

Baillie, G. H.: Watchmakers & Clockmakers of the World, Bd. 1; London 1982 (Neuauflage)

Baillod, Gil: Die Geschichte der Zeitmessung; Lausanne 1979

Balfour, Michael: Die klassische Armbanduhr; Stuttgart 1990

Barracca, J., Negretti, G. und Nencini, F.: Armbanduhren – Die schönsten Sammlerstücke; München 1988

– Le Temps de Cartier; München 1989

Barrelet, Jean-Marc: Petit Guide pour servir à l'Histoire de l' Horlogerie (Archiv); Neuchâtel 1988

Bauer, F.: Taschen- und Armbanduhren – Erzeugung und Sondermaschinen für den Werkzeugbau der Gebrüder Thiel GmbH, Ruhla, Thüringen; Leipzig 1938

Béguelin, Sylvie: De l'art de séduire à l'art de compter le temps: la montre-bracelet à la conquête de la societé (1880–1950). Memoire de licence, Université de Neuchâtel, Faculté des Lettres, Oktobre 1993 (Vervielfältigung)

– Naissance et développement de la montre-bracelet: histoire d'une conquête (1880–1950); in: Chronometrophilia, Nr. 37, 2. Halbjahr 1994, S. 33–44

Béguin, Pierre: Reinhard Straumann (1892–1967). Zum Gedenken; in: Schweizerische Uhrmacher-Zeitung, Heft 10/1969, S. 50–55

Belmont, Henry-L.: Léon Hatot; in: Horlogerie Ancienne Nr. 12/1982, S. 97–104

Benz, Adolf: Die Bedeutung einer arretierbaren Masse beim automatischen Aufzug eines Armbanduhrwerks mit Gangreservenanzeige; in: Chronometrophilia, Nr. 25/1988, S. 87–90

Bergler, Georg: Die Uhr im Urteil des Verbrauchers; in: Die Uhrmacherkunst, 1938, S. 78–80

Berner, G. A.: La montre-bracelet, autrefois, aujourd'hui; Biel 1945

– Praktische Notizen für den Uhrmacher; Biel o. J. (3. Auflage)

– Dictionnaire Professionel illustré de l'Horlogerie; La Chaux-de-Fonds 1961

Blauer, E.: American Wristwatches: five decades of style and design; Westchester/USA 1988

Bolaffi, Giulio (Hg.): Bolaffi Arte presenta Omega, numero speciale monografico; Turin 1979

Boy, Albert: Übersicht über die Chronographen; in: Die Uhr, 1953, S. 11–14

Breguet, H.: La boîte étanche; in: Journal Suisse de l'Horlogerie et de Bijouterie, Heft 2/1942, S. 65–68

Breguet S. A. (Hg.): Breguet heute; Paris 1986

Bock, H.: Die Uhr. Grundlagen und Technik der Zeitmessung: Leipzig/Berlin 1917 (2. Auflage)

Borer, Harry: Zur Absatzlage der Schweizer Uhrenfabrikanten; Diss. Bern/Solothurn 1963

Brinkmann, Hermann: Einführung in die Uhrenlehre; Düsseldorf 1979 (7. Auflage)

Brunner, Gisbert L.: Armbanduhren der Fabrikations- und Handelsmarke »Andreas Huber« München; in: Alte Uhren, Heft 1/1982, S. 43–50

– Mechanische Armbandchronometer aus der Manufaktur von Junghans in Schramberg; in: Alte Uhren, Heft 4/1982, S. 312–320

– Die Stundenwinkel-Armbanduhr Typ »Lindbergh« von Longines; in: Alte Uhren, Heft 2/1983, S. 128–131

– Armbanduhren mit ewigem Kalender; in: Alte Uhren, Heft 4/1985, S. 41–61

– Armbanduhren mit Repetitionsschlagwerk; in: Alte Uhren, Heft 2/1986, S. 65–79 und Heft 3/1986, S. 50–58

– Audemars Piguet – Manufacture d'Horlogerie; in: Alte Uhren, Heft 4/1986, S. 9–40

– Breitling – Geschichte einer Uhrenmarke; in: Alte Uhren, Heft 3/1987, S. 7–8

– Der Driva-Repeater; in: Alte Uhren, Heft 3/1987, S. 68–69

– Blancpain – Uhrmacherei mit 250jähriger Tradition; in: Alte Uhren, Heft 1/1988, S. 9–28

– The Golden Age of the Wristwatches; in: Éclat international, Heft 17, Paris 1988, S. 106–109

– Uhren mit Seele; in: Lui, Heft 12/1988, S. 48–51

– Goldene Zeiten für Zeitmesser am Handgelenk; in: Uhren, Heft 5/1989, S. 45–54

– Zur Geschichte der Chronographen; in: Die schönsten Uhren, 1990, S. 58–63

– Weltzeituhren; in: Der Mann Magazin, Nr. 2/1991, S. 76–78

– Die absolute Uhr – Triumph der Mechanik; in: New Mag, Nr. 4/1991, S. 74–82

– Eterna – 135 Jahre Präzisionsuhrmacherei; in: Alte Uhren, Heft 5/1991, S. 33–48 und Heft 6/1991, S. 9–24

– Les montres Hermès; in: Uhren, Juwelen, Schmuck, Heft 4/1991, S. 22–26

– Das mechanische Uhrwerk – ein wunderbarer Mikrokosmos; in: Die schönsten Uhren, 1991, S. 96–105

– Klassik Uhren Revue – Vorstellung alter, klassischer Armbanduhren in der Zeitschrift Chronos, je 8 Uhren pro Ausgabe seit September 1992 (bislang ca. 200 Armbanduhren)

– Der ewige Kalender – Hommage an die Zeit, Broschüre für Audemars Piguet; Genf und Bad Soden 1994

– Armbanduhren – Vom ersten Chronometer am Handgelenk zum begehrten Sammlerstück; München 1994 (5. Auflage)

– Corum – Design aus Leidenschaft; La Chaux-de-Fonds 1993

– Der lange Weg zur elektronischen Präzision; in: Uhren – Juwelen – Schmuck, Heft 2/1995, S. 95–104 und Heft 3/1995, S. 71–78

Brunner, Gisbert L. und Pfeiffer-Belli, Christian: Schweizer Armbanduhren; München 1990

– Armbanduhren – von den Vorläufern bis zur Swatch; Battenberg Antiquitäten-Katalog, Augsburg 1994 (2. Auflage)

Brunner, Gisbert L., Pfeiffer-Belli, Christian und Wehrli, Martin: Audemars Piguet; München 1992

Brunner, Gisbert L. und Sinn, H.: Beobachtungsarmbanduhren – ein Vergleich; in: Alte Uhren, Heft 3/1983, S. 243–246

Buehler, Henri: Le pays de Neuchâtel: Horlogerie; Neuchâtel 1948

Bureau de Documentation Industrielle (Hg): Einkaufsführer der Uhren-Industrie; Genf, versch. Jahrgänge

Burrer, Dieter: Die Wettbewerbssituation der baden-württembergischen Kleinuhrenindustrie und ihre wirtschaftspolitische Beeinflussung; Diss. Mannheim 1968

Calame, L. C. (Hg.): Indicateur Suisse de l'Horlogerie; Biel, versch. Jahrgänge

Carle, Donald de: Complicated Watches and Their Repair; London 1978 (Reprint)

– Watch & Clock Encyclopedia; New York 1977 (Reprint)

Carrera, Roland: Swatchissimo; Genf 1991

Centre d'Information de la Montre Française (Hg.): Die Französischen Uhrwerke; Paris 1974

Ceyp, Michael: Faszination Russische Uhren; Bremen 1994

Chaplay & Mottier S. A. (Hg.): Annuaire de l'Horlogerie Suisse; Genf, versch. Jahrgänge

Chaponnière, M. H.: Le Chronographe et ses applications; Biel/Besançon 1924

Chapuis, Alfred und Jaquet, Eugène: La Montre Automatique Ancienne 1770–1931; Neuchâtel 1952

Château des Monts, Musée d'Horlogerie (Hg.): Horamatic –

Montres à remontage automatique de 1770 à 1978; Le Locle o. J.
Claußen, Gerhard und Ströde, Karl-Hermann: Das große Uhren-ABC; Bremen 1996 (2. Auflage)
Cleves, Charles: Old Watches. Movado – Ahead of its Time; in: Horological Times, November 1988, S. 32 ff.
– Militärarmbanduhren; in: Horological Times, Mai 1991
Coboilli Gigli, N., Grazzini, G. und Gregato, G.: Orologi – Storia, Costume, Collezionismo dell'Orologio da Polso; Mailand 1986
Coligni, Franco, Negretti, Campiero und Nencini, Franco: Piaget. Mythos einer Uhrenmarke; München 1995
Defossez, Léopold: »Accutron«, die elektrische Armbanduhr Bulova; in: Schweizer Uhren und Schmuck Journal, 1961, S. 79–86
– Die Genauigkeit der Uhr; in: Schweizer Uhren und Schmuck Journal, 1961, S. 587–597
– Zu viele Schweizer Kaliber; in: Schweizer Uhren und Schmuck Journal, 1963, S. 234–239
Divo Institut (Hg.): Gruppenwirtschaftliche Untersuchung der deutschen Uhrenindustrie; Juni 1969 (als Manuskript gedruckt)
Doensen, Pieter: Watch – history of the modern wristwatch; Utrecht 1994
Droz, Ives, Flores, Joseph und Thiry, André: Une page importante ajoutée à l'histoire de la montre automatique; in: Horlogerie Ancienne Nr. 33, 1. Halbjahr 1993, S. 109–127
Ebauches S. A.: Die automatische Uhr; Neuchâtel o. J.
– Les Ebauches – Zwei Jahrhunderte Uhrenindustrie; Neuchâtel 1951
– Technologisches Wörterbuch der Uhrbestandteile; Neuchâtel 1953 (2. Auflage)
– Répertoire des calibres classés par position tarifaire, grandeur et hauteur; Neuchâtel 1973
Ehrhardt, Roy (Hg.): Vintage American & European Wrist Watch Price Guide; 1. Band Kansas City 1984, 6. Band Umetilla/Florida 1993
ETA: Groupe de Fabriques d'Ebauches. Liste des Calibres; verschiedene Ausgaben
Faber, E. und Unger, St. (zusammen mit Blauer, E.): Amerikanische Armbanduhren; München 1989
Fischer, A.: Les deux premières montres-bracelets avec indicateur de développement; in: Schweizer Uhrmacher-Zeitung, Juni-Ausgabe, Lausanne 1949
Flume, Rudolf (Hg.): Der Flume-Kleinuhr-Schlüssel K 2; Berlin und Essen 1963
– Der Flume-Kleinuhr-Schlüssel K3; Berlin und Essen 1972
– Service-Informationen für mechanische Uhrwerke der Ebauches S. A.; Essen und Berlin 1985
Fried, Henry B.: Some Early Self-Winding Wristwatches; in: Horological Times, Juni 1989, S. 36 ff.
Fritz, Manfred: Grande Complication; Schaffhausen 1991
– Reverso – die Legende lebt; Heidelberg 1992
Glaser, Günther: Handbuch der Chronometrie und Uhrentechnik, Bd. 2 Mechanische Uhren; Ulm 1981
– Lexikon der Uhrentechnik; Ulm 1974
Gohl, Antony: The Wristwatch; in: NAWCC Bulletin, Dezember 1977
Good, Richard: Collecting Wristwatches; in: Clocks, März 1980, S. 43–45; 1982 Teil 1, Heft 11, S. 21–24, Teil 2, Heft 12, S. 15–19
Gordon, George: Cartier. A Century of Cartier Wristwatches; Honkong 1989
– Rolex. Hans Wilsdorf and the Evolution of Time; Hongkong 1989
– Twentieth Century Wristwatches; London 1990
Guide des Acheteurs (Einkaufsführer Uhren-Industrie, Schmuckwaren und verwandte Branchen); Genf (viele Auflagen)
Guye, S.: La Montre-Bracelet; in: Chapuis A. (Hg.): L'Horlogerie. Une Tradition Helvétique; Neuchâtel 1948, S. 161–185
Habinger, Otto: Armbanduhren aus den Manufakturen von Glashütte; in: Uhren. Journal klassischer Zeitmesser, Heft 1/1992, S. 37–43
– Tourbillon – Konstruktionen bei Armbanduhren; in: Alte Uhren, Heft 1/1984, S. 32–36
Haider, R., Jacobs, O. und Zimmermann, A.: Mechanische Armbandstoppuhren – Chronographen; Wien 1988
Hampel, Heinz: Automatic-Armbanduhren aus der Schweiz; München 1992
– Automatic Armbanduhren aus Deutschland, England, Frankreich ..., München 1996
Hanhart, Joseph: Swatch o' Clock; Neuallschwil/Basel 1986
Hantz, Georges: Le bracelet extensible; in: Journal Suisse d'Horlogerie, Nr. 1/1916, S. 1–4
Harris, Dennis: Wrist Watches 1910–1920; in: Antiquarian Horology, Band 17 (1988), S. 357–366
Harwood, John: Die Geschichte der automatischen Armbanduhr, erzählt von ihrem Erfinder; in: Schweizerische Uhrmacherzeitung, Heft 11/1951, S. 31–34 (Nachdruck: Alte Uhren, Heft 5/1986, S. 65 ff.)
Hein, J.: Eine Schweizer Armbanduhr mit abstellbarem Weckwerk und Schutzgitter über dem Glas aus der Zeit zwischen 1914 und 1918; in: Uhren und Schmuck, Berlin (Ost), Heft 1/1984, S. 22–24
Helwig, Alfred: Von der Taschenuhr zur Armbanduhr; in: Die Uhrmacher-Woche, 1930, S. 568f. in Fortsetzung
Herkner, Kurt: Glashütte und seine Uhren; Dormagen 1978
– Glashütte und seine Uhren, Bd. 2 Glashütter Armbanduhren; Dormagen 1993
– Die Glashütter Armbanduhren bis 1945 von A. Lange & Söhne; in: Schriften der Freunde Alter Uhren, Band XX, Ulm 1981, S. 125–129
– Glashütter Armbanduhren; in: Schriften der Freunde Alter Uhren, Band XXXI, o. O. 1992, S. 15–41
– Urofa- und Tutima – Armbanduhren; in: Schriften der Freunde Alter Uhren, Band XXI, Ulm 1982, S. 81–85
Hillmann, Bruno: Die Armbanduhr – ihr Wesen und ihre Behandlung bei der Reparatur; Berlin 1925
– Die Damenarmbanduhr als Zeitmesser; in: Deutsche Uhrmacher-Zeitung, 1927, S. 176f.
Hofrichter, Arno: Die Reparatur der kleinen Armbanduhr; in: Die Uhrmacherkunst, 1926, S. 62 in Fortsetzungen
Hoke, Donald: Lever Setting Hampden Wristwatches; in: NAWCC Bulletin, Nr. 254/1988, S. 195–206
Hottenroth, J.: Die Taschen- und Armbanduhr, 2 Bände; Pforzheim 1950
Huber, Martin: Kostbare Uhren der Gegenwart – begehrte Antikuhren von morgen; in: Alte Uhren, Heft 3/1981, S. 182–187
– Die Uhren von A. Lange & Söhne Glashütte/Sachsen; München 1988 (5. Auflage)
Huber, M. und Banbery, A. (zusammen mit Brunner, G. L.): Patek Philippe – Die Armbanduhren; Genf 1988
Humbert, B.: Die Armband-Weckeruhr; in: Schweizer Uhren und Schmuck Journal, 1958, S. 385–397 in Fortsetzungen
– Moderne Kalender- und Datum-Uhren; in: Schweizerische Uhrmacher Zeitung, Heft 6/1951, S. 49–51 in Fortsetzungen bis 1953
– Die Schweizer Uhr mit automatischem Aufzug; Lausanne 1956
IFW: Die Absatzverhältnisse deutscher Uhrenerzeugnisse auf dem Außenmarkt, II. Teil Kleinuhren; in: Markt und Verbrauch, 1939, S. 255–263
Indicateur Devoine; La Chaux-de-Fonds 1909 (51. Auflage) in zahlreichen Fortsetzungen (zeitweise größtes Adressenbuch der Uhrenbranche)
Indicateur Suisse de l'Horlogerie (Schweizerischer Uhrenanzeiger); Bienne (viele Auflagen, enthält Firmenanschriften und registrierte Fabrikmarken)
Institut der Mensch und die Zeit (Hg.): Der Mensch und die Zeit in der Schweiz; La Chaux-de-Fonds 1991
Introna, Elena und Ribolini, Gabriele: I Grandi dell' Orologio Zeta Editore; Monza/Italien 1992
Jaeger-LeCoultre (Hg.): Die Uhrenmanufaktur; Pforzheim o. J.
Jagger, Cedric: Some early wrist watches; in: Clocks, Heft 4/1985, S. 21–33
Jaquet, E. und Chapuis, A.: Technique and History of the Swiss Watch; London und New York 1970
Jendritzki, Hans: Die Reparatur der Armbanduhr; Halle 1937 (viele Auflagen)
– Vom Zugfeder-Antrieb; in: Schriften der Freunde Alter Uhren, Heft 21, Ulm 1982, S. 71–80
Jobin, A.-F.: Klassifikation der schweizerischen Uhrwerke und Uhrenfurnituren; Genf (um 1938)
Journal Suisse d'Horlogerie (Hg.): Le Livre d'Or de l'Horlogerie; Genf und Neuchâtel 1927
Kahlert, Helmut: Automatische Armbanduhren; in: Trödler & Magazin Sammeln, Heft 5/1995, S. 32–37
– Bruno Hillmann (1869–1928); in: Uhren. Journal für Sammler klassischer Zeitmesser, Heft 6/1992, S. 49 f.
– Warum Email so edel ist (Damenarmbanduhren); in: Uhren Magazin, Heft 1 und 2/1995, S. 84–91
– Die frühen Jahre der Armbanduhr; in: Alte Uhren, Heft 1/1981, S. 27–35
– Die rote 12. Armbanduhren zwischen 1910 und 1930; in: Trödler & Magazin Sammeln, Heft 1/1994, S. 16–19
– Sammelgebiet mit Zukunft? Damenarmbanduhren; in: Sammler Journal, Heft 3/1992, S. 366–370
– Der Schwung, der die Uhr verändert; in: Uhren Magazin, Heft 4/1991, S. 102–112
– Von der Taschenuhr zur Armbanduhr. Ein Rückblick; in: Uhren Magazin, Heft 5/1990, S. 68–78
– Als die Uhr zum Band fand; in: Uhren Magazin, Heft 3/1992, S. 114–120
– Wie der Wecker ans Handgelenk kam; in: Uhren Magazin, Heft 3/1993, S. 104–111
– Zeitmesser mit Charme – Mechanische Damen-Armbanduhren; in: Weltkunst, Heft 23/1989, S. 3869–3875
Kahlert, Helmut und Mühe, Richard: Was die Armbanduhr der Taschenuhr verdankt; in: Uhren Magazin, Heft 5/1994, S 92–100
Koch, Rudi (Hg.): BJ – Lexikon. Uhren und Zeitmessung; Leipzig 1989 (2. Auflage)

Kocher, Hans: Automatische Uhren; Ulm 1969
– Die Geschichte der Uhrmacherei in Büren; München 1992
Kochmann, Karl: Clock and Watch Trademark Index. Austria - England - France - Germany - Switzerland; Concord/California 1993 (stark erweiterte Neuauflage)
Kreuzer, Anton: Die Armbanduhr. Spezialitäten, Extravaganzen und technische Steckbriefe; Klagenfurt 1983
– Faszinierende Welt der alten Armbanduhren; Klagenfurt 1985
– Omega-Uhren; Klagenfurt 1990
– Patek Philippe; Klagenfurt 1991
– Schweizer Marken; Klagenfurt 1991
– Die Uhr am Handgelenk; Klagenfurt 1982
– Vacheron & Constantin; Klagenfurt 1992
Kreuzer, Anton und Joseph, Gisbert A.: Rolex; Klagenfurt 1991
Kühnhanss, H.: Stoßsicherung im Selbstaufzug; in: Die Uhr, Heft 23/1954, S. 12–14
Kunz, Willy: Die Uhr, Eterna S.A.; Grenchen 1955
Lambelet, C. und Coen, L.: The World of Vacheron Constantin; La Conversion/Lausanne 1992
Landes, David S.: Revolution in Time; Harvard University Press, Cambridge (Mass.)/London 1983
Lang, Gerd-R. und Meis, Reinhard: Chronographen – Armbanduhren; München 1992
L'Associazione Piemontese Orafi e Orologiai (Hg.): Elogio all'Orologio; Turin 1987
Lavest, R.: Grundlegende Kenntnisse der Uhrmacherei; Biel 1945 (2. Auflage)
Laviolette, G.: Du gousset au poignet; in: Horlogerie Ancienne, 2. Halbjahr 1983, Nr. 14
Lechner, Anton: Laßt den Vata a Ruh', der macht eine ganz kleine Armbanduhr; in: Süddeutsche Uhrmacherzeitung, Heft 1/1933, S. 12 in Fortsetzung
LeCoultre, François: Komplizierte Taschenuhren; Neuenburg 1985
Lehotzky, Ludwig: Mechanische Uhren, 2 Bände; Wien und Heidelberg, 1960/61 (3. Auflage)
Leonardi, Ribotini: The Wrist Watch; o.O. 1986
Les Fabricants Suisse d'Horlogerie (Hg.): Les principaux types de chronographes expliqués par leurs cadrans; Biel und Neuchâtel 1952
– Offizielle Kataloge der Ersatzteile der Schweizer Uhr, Bände M und O; La Chaux-de-Fonds 1948 und 1955
Leuthold, Fritz: Von Armbanduhren und ihren Formen; in: Die Uhrmacher-Woche, 1928, S. 150–153 in Fortsetzung
Levenberg, Juri: Russische Armbanduhren, Bd. 1; München 1995 (2. Auflage)
– Russische Armbanduhren, Bd. 2; München 1995
Lixfeld, Gisela (Hg.): Zeitmesser – Zeichen der Zeit. Uhrenfabrikation in Schramberg; Schramberg 1986
Loeske, M.: Die kleine Uhr; in: Deutsche Uhrmacher-Zeitung, 1923, S. 550–552 und S. 562–564
– Die Uhren in den letzten fünfzig Jahren, in: Deutsche Uhrmacher-Zeitung, 1926, S. 960–966
Longines (Hg.): Festschrift 1889–1989; St. Imier 1989
Mackintosh Consultants. Studie im Auftrag der Fraunhofer Gesellschaft: Technologie und Markttendenzen in der Uhrenindustrie, drei Teile; Bonn 1977 (Vervielfältigung)
Mann, Helmut: Porträt einer Taschenuhr; München 1986 (3. Auflage)
Manufacture des Montres Rolex (Hg.): Hundertjahrfeier der Fabrik 1878–1978; Biel 1978
Marozzi, Daria und Toselli, G.: Longines; Bologna 1990
Marquis, Henri: Die hohe Schule von Form und Zeit – Ein Jahrhundert Uhrendesign von Juvenia; Lausanne 1995
Marti, F.: Gibt es eine Entwicklung in der Technik der Stoßsicherungen?; in: Journal Suisse d'Horlogerie et de Bijouterie, 1954, S. 420–422
Martinek, Z. und Rehor, J.: Mechanische Uhren; Berlin (Ost) 1983 (5. Auflage)
Mehltretter, Michael J.: Kaufen und Revidieren von alten Automatikuhren; in: Klassik Uhren, Heft 6/1995, S. 32–48
Meis, Reinhard: IWC-Uhren; Klagenfurt 1985
Menny, Klaus: Die Funktion der Uhr; München 1989
Mercier, François: Mechanische Uhren mit automatischem Aufzug; in: Alte Uhren, Heft 1/1985, S. 21–32 und Heft 2/1985, S. 27–47
Meylan, Charles und Flageollet, Denis: Transformation du Calibre 13‴ Valjoux VZHCL Nr. 88 en quantième perpétuel; in: Chronometrophilia, Nr. 25/1988, S. 99–106
Mongrolle, Yves: Les Productions Horlogères de Cartier; in: ANCAHA, Nr. 31, Sommer 1981, S. 63–67
Montres Rolex S.A. (Hg.): Rolex Jubiläum 1905–1920–1945; Genf 1945
– Rolex Jubilee Vade Mecum, 4 Bände; Genf 1946
– Un Jubilé Rolex; Genf 1951
– The Anatomy of Time; Genf o. J.
– Hans Wilsdorf; Genf 1960
Mühe, Richard: Armbanduhren; in: Das Deutsche Uhrenmuseum, Furtwangen 1992, S. 104–108
Nadelhoffer, Hans: Cartier – König der Juweliere, Juwelier der Könige; Herrsching 1984
– Cartier – Die Uhr als Juwel; in: Alte Uhren, Heft 2/1985, S. 9–26
Negretti, Giampiero und Nencini, Franco: Die schönsten Armbanduhren; München 1986
Negretti, Giampiero und De Vecchi, Paolo: Faszination Uhr; München 1996
Neher, F. L.: Ein Jahrhundert Junghans; Schramberg 1961
Nelson Alan A.: The Moon Watch: A History of the Omega Speedmaster Professional; in: NAWCC Bulletin, Bd. 35/1 Nr. 282, Februar 1993, S. 33–38
Odmark, Albert L. (Hg.): Patents for Inventions, Class 139: Watches, Clocks and Other Timepieces, Bd. 2, 1901–1930; Seattle 1979
Osterhausen, F. v.: Die Movado-Story; München 1996
– Movado – immer in Bewegung; in: Alte Uhren, Heft 3/1991, S. 9–24 und Heft 4/1991, S. 9–24
– Wie kaufe ich eine alte Armbanduhr. Ratgeber für Sammler; München 1993
– Chronometer-Armbanduhren; München 1996 (2. Auflage)
Parechoc S. A. (Hg.): Die Vollsicherung KIF, Hefte 1 und 2; Le Sentier 1962
Partridge, Ian: The Hills are alive. The story of five generations of Suffolk family clockmakers; in: Clocks, Januar 1995, S. 24–31
Patrizzi, Madelaine und Patrizzi, Osvaldo: Patek Philippe; Genf 1994
Patrizzi, Osvaldo: Rolex Wristwatches; Genf 1991
Pieper, Wolfgang: Geschichte der Pforzheimer Uhrenindustrie 1767–1992; Baden-Baden 1992
Pohl, Helga: Wenn Dein Schatten sechzehn Fuß mißt; München/ Wien 1955
Pröstler, Victor: Callweys Handbuch der Uhrentypen; München 1994
Reinke, Ulrich: Hausuhren – Gebrauchsuhren. Hamaland Museum; Verden o. J. (1987)
Richter, Benno: Breitling; München 1994 (2. Auflage)
Salm, Wolfgang: Welchen Wert hat mein Chronograph?; Duisburg 1992
– Welchen Wert hat meine Omega-Uhr?; Duisburg 1992
Sauers, Don: Time for America – Hamilton Watch 1892–1992; Sutter House, Lititz/ Pennsylvania 1993
Schindler, Georg: Entwicklung, heutiger Stand und Reparatur der automatischen Uhr; in: Die Uhr, Heft 18/1964, S. 18–24
Schmeltzer, Bernhard: Die automatische Armbanduhr; Duisburg 1992
– Taschen- und Armbanduhren richtig sammeln und bewerten; Duisburg 1989
– Wie alt ist meine Taschen- oder Armbanduhr; Duisburg 1986
Schmidlin, Franz: Elektrische und elektronische Armbanduhren; Lausanne 1970
Seide, Klaus: Rußlands Uhren, Bd. 2, Sowjetunion; Haren/Ems 1992 (Selbstverlag)
Shugart, Cooksey und Engle, Tom: Official Price Guide to Watches; New York 1990 (10. Auflage)
Shugart, Cooksey und Gilbert, Richard E.: Complete Price Guide to Watches; Cleveland/TN (USA) 1993 (13. Auflage)
Sievert, Hermann: Leitfaden der Uhrmacherlehre; Berlin 1931 (13. Auflage)
Stock, Karl: Die deutschen Armbanduhrkaliber; in: Neue Uhrmacher-Zeitung, 1953, S. 28 f.
Stolberg, Lukas: Lexikon der Taschenuhr; Klagenfurt 1995 (4. Auflage)
Straumann, Reinhard: Festschrift. Fortschritte der Uhrentechnik durch Forschung; Stuttgart 1962
– Neue Werkstoffe für Uhrwerke; in: Die Uhrmacher-Woche, 1938, S. 349–351
Ströde, Karl Hermann: Wer warum welche Werke benutzt; in: Uhren Magazin, Heft 7 und 8/1994, S. 42–46
Swiss Watch Chamber of Commerce (Hg.): The Inside Story of the Swiss Watch; La Chaux-de-Fonds o. J.
Tölke, Hans F.: Alles schon dagewesen. Zur »Gyromatik« von Girard-Perregaux; in: Alte Uhren, Heft 3/1988, S. 63–68
– Nickelstahl – vor 50 Jahren starb Charles-Edouard Guillaume; in: Alte Uhren, Heft 2/1989, S. 59–62
Tölke, Hans-F. und King, Jürgen: International Watch Co. Schaffhausen; Zürich 1986
Vacheron & Constantin (Hg.): In Genf seit 1755; Genf 1973
Vereinigung Schweizer Juwelen und Edelmetall-Branchen: Schmuck, Edelsteine, Uhren; Thun 1975
Viola, Gerald und Brunner, Gisbert L.: Zeit in Gold; München 1988
Vogel, Horand: Uhren von Patek Philippe; Düsseldorf 1980
Wartmann, E.: Die automatische Uhr; in: Die Uhr, Heft 1/1950, S. 5–9 in Fortsetzungen
Weaver, J. D.: Electrical & Electronic Clocks & Watches; London 1982
Weger, Fritz: Armbanduhr und Uhrarmband; in: Die Uhr, Heft 16/1963, S. 14–23

Weger, Fritz: Das regulierende Organ; in: Neue Uhrmacher-Zeitung, Heft 1/1956, S. 10f. in Fortsetzungen

Wendorff, Rudolf: Zeit und Kultur. Geschichte des Zeitbewußtseins in Europa; Opladen 1985 (3. Auflage)

Zagoory, J. und Chan, H.: A Time to Watch; Hongkong 1985

Zeppelin, Kurt von: Betrachtungen über Qualität, Arbeitsaufwand und Preis von Herrenarmbanduhren; in: Jahrbuch der Deutschen Gesellschaft für Chronometrie, Heft 6/1955, S. 49–51

Veröffentlichungen ohne Verfasserangabe (chronologisch geordnet)

La Mode et la montre bracelet; in: Revue Internationale de l'Horlogerie, 1912, S. 796f.

Exposition nationale suisse à Berne en 1914; in: Journal Suisse d'Horlogerie, Nr. 6–9/1915, S. 179ff. und S. 242 ff.

Reflexions sur les montres-bracelets par un vieil horloger – détaillant; in: Revue Internationale de l'Horlogerie, 1916, S. 1409–1411

Les origines des montres-bracelets et des bagues-montres; in: Journal Suisse d'Horlogerie et de Bijouterie, Nr. 9/1932, S. 185–189

Deutsche Taschen- und Armbanduhren aus deutschen Rohwerken; in: Deutsche Uhrmacher-Zeitung, 1934, S. 85–89

Werkzeuge und Arbeitsmethoden für Armbanduhren; in: Deutsche Uhrmacher-Zeitung, 1934, S. 321–324

L'Accord Jaeger-LeCoultre – Vacheron & Constantin; in: Journal Suisse d'Horlogerie et de Bijouterie, Nr. 9 und 10/1938, S. 155–159

Die Kaliber der deutschen Armbanduhrenfabriken; in: Die Uhrmacher-Woche, 1939, S. 446ff. in Fortsetzungen

La montre étanche; in: Journal Suisse d'Horlogerie et de Bijouterie, Hefte 7-10/1940, S. 177ff.

Rund um die wasserdichte Uhr; in: Deutsche Uhrmacher-Zeitung, Hefte 11 und 12/1943, S. 47–51

Der Wassertropfen in der wasserdichten Uhr; in: Deutsche Uhrmacher-Zeitung, 1943, S. 148–150

Offizieller Katalog der Ersatzteile der Schweizer Uhr, 2 Bände; Soleure 1949 (Loseblattsammlung)

Das Uhrwerk in modisch-technischer Entwicklung; in: Die Uhr, Heft 23/1953, S. 15–17

Ständige Musterausstellung Schmuck Uhren – Edles Gerät; Industriehaus Pforzheim o. O., o. J. (1956) (enthält Markenzeichen und Kaliberangaben der Pforzheimer Uhrenindustrie)

Das Uhrarmband im Wandel der Zeit; in: Uhren und Schmuck Journal, Heft 5/1987, S. 54–56

125 Jahre Uhrenwerke Ruhla; in: Alte Uhren, Heft 4/1988, S. 7f.

Die schönsten Uhren; Edition 1993, Ulm 1992 (erscheint jährlich)

Zeitschriften

Uhrmacherzeitschriften in deutscher Sprache (Auswahl)

Allgemeines Journal der Uhrmacherkunst, Leipzig/Halle, seit 1876; ab 1915 unter dem Titel »Die Uhrmacherkunst« (bis 1943)

Deutsche Uhrmacher-Zeitung, Berlin, seit 1877 (bis 1944)

Schweizerische Uhrmacher-Zeitung/Journal Suisse des Horlogers, Bern seit 1879; gegenwärtig unter dem Titel »Schweizerische Uhrmacher und Goldschmiede Zeitung«

Österreichisch-Ungarische Uhrmacher-Zeitung, Wien, seit 1882 (vermutlich bis 1918)

Süddeutsche Uhrmacher-Zeitung mit Bezugsquellen Anzeiger, Augsburg 1 (1889)–52 (1941)

Leipziger Uhrmacher-Zeitung, Leipzig, seit 1893; ab 1927 unter dem Titel »Die Uhrmacher-Woche«; 1949 vereinigt mit der »Deutschen Uhrmacher-Zeitschrift« (s. dort)

Der Uhrmacher, Wien 1928-1938, 1948-1956; fortgesetzt unter dem Titel »Uhrmacher und Goldschmied«

Deutsche Uhrmacher-Zeitschrift, Stuttgart, 1949-1971; gegenwärtig unter dem Titel »Goldschmiede und Uhrmacher Zeitung«

Neue Uhrmacher-Zeitung, Ulm, 1947-1972; gegenwärtig unter dem Titel »Schmuck und Uhren«

Die Uhr, Bielefeld, seit 1947-1972; gegenwärtig unter dem Titel »Uhren, Juwelen, Schmuck«

Uhren und Schmuck, Berlin (Ost) 1964-1990

Fachzeitschriften für Armbanduhren-Sammler (Auswahl)

Diese bieten einen recht guten Überblick über das Marktgeschehen im Bereich der alten und neuen (Armband-)Uhren, bringen Auktionsvor- und -nachberichte, Terminkalender und informieren in Artikeln über Uhrengeschichte und -technik.

Chronos, Ebner Verlag, Karlstraße 41, D-89073 Ulm (6 Hefte/Jahr, am Kiosk erhältlich)

Alte Uhren bis 1985, dann unter dem Titel »Uhren. Journal für Sammler klassischer Zeitmesser« im Callwey Verlag, Streitfeldstraße 35, D-81673 München; ab 1995 »Klassik Uhren« im Ebner Verlag, Karlstraße 41, D-89073 Ulm (6 Hefte/Jahr, im Abonnement)

Uhren Magazin, Markus Allee 7a, D-28359 Bremen (10 Hefte/Jahr, am Kiosk erhältlich)

Schweizer Uhren und Schmuck Journal, Offizielles Organ der Europäischen Uhren- und Schmuckmesse, Basel, Scriptar S. A., Postfach, CH-1093 La Conversion/Lausanne (6 Hefte/Jahr, im Abonnement)

Armbanduhren International, Heel Verlag, Hauptstraße 354, D-53639 Königswinter (4 Hefte/Jahr, im Abonnement und am Kiosk erhältlich)

Publikationen von Uhrensammler-Vereinigungen

Erfaßt wird das gesamte Gebiet der Zeitmessung, doch man findet auch eine Reihe interessanter Veröffentlichungen über Armbanduhren.

Deutschland:
  Schriften der Freunde Alter Uhren, Stuttgart

Frankreich:
  Horlogerie Ancienne (Revue de l'A.F.A.H.A.), Besançon
  Horlogerie Ancienne (ANCAHA), Paris

Großbritannien:
  Horological Journal, Upton Hall
  Antiquarian Horologie, London

Schweiz:
  Chronometrophilia, La Chaux-de-Fonds

Vereinigte Staaten:
  NAWCC Bulletin, Columbia
  Horological Times, Cincinnati

Dank

Für Sammler und Freunde alter wie neuer Armbanduhren steht somit ein umfassendes, aktualisiertes Nachschlagewerk zur Verfügung und gleichzeitig – so hoffen wir – ein zum Lesen anregender Textband.
Autoren und Verlag haben viel Unterstützung erfahren, sonst hätte dieses Buch nicht veröffentlicht werden können.

Unser Dank gilt im einzelnen folgenden **Damen** und **Herren**:
J. Abeler, Wuppertal;
A. Banbery, Genf;
O. Bantele, München;
A. Bauer, München;
Th. Beyer, München;
O. Dagge, München;
S. Dering, München;
E. Eisenegger, La Chaux-de-Fonds;
F. Falk, Pforzheim;
W. K. Fulde, München;
O. Habinger, München;
H. Hampel, Berlin;
F. Hemmerle, München;
D. Herrmann, Spaichingen;
H. Hohendahl, München;
H. Holze, Hannover;
M. Huber, München;
P. Ineichen, Zürich;
H. Jendritzki †;
M. Klink, München;
N. Kriegel, Bremen;
P. Kuck, München;
G. R. Lang, München;
J. Levenberg, München;
R. Meis, Stockach;
F. Mercier, Le Locle;
D. Merkel, Furtwangen;
F. v. Osterhausen, Lüneburg;
W. Pfänder, Schwenningen;
Chr. Pfeiffer-Belli, München;
K. Scholl, München;
G. Schulz, München;
E. Schuster, München;
H. Sinn, Frankfurt;
P. Tauchner, München;
H. Vogel, Stuttgart;
G. von Voithenberg, München;

folgenden **Firmen**:
Audemars Piguet, Le Brassus;
Cartier, Paris / Genf;
Chopard, Genf;
Ebel, La Chaux-de-Fond;
Ebner Verlag, Ulm;
Eterna, Grenchen;
Flume, Essen / Berlin;
Fortis, Sarstedt;
Girard-Perregaux, La Chaux-de-Fonds;
IWC, Schaffhausen;
Jaeger-LeCoultre, Le Sentier;
Longines, Saint Imier;
Movado, New York / Grenchen;
Omega, Biel;
Parechoc, Le Sentier;
Patek Philippe, Genf;
Portescape, La Chaux-de-Fonds;
Rolex, Genf;
TAG Heuer, Marin;
Universal, Genf;
Vacheron & Constantin, Genf;
Zenith, Le Locle;

folgenden **Auktionshäusern**:
Antiquorum, Genf;
Christie's, London / New York;
Dr. H. Crott (Stefan Muser),
Aachen / Mannheim;
Ineichen, Zürich;
Sotheby's, London / New York;

und den **Uhrenmuseen** in
Furtwangen,
Genf,
La Chaux-de-Fonds,
Le Locle,
Pforzheim,
Stuttgart,
Wuppertal und
Zürich.

Bildnachweis

Die Textabbildungen stammen größtenteils aus den im Literaturverzeichnis genannten Titeln und aus den Sammlungen der Autoren.
Die Uhren im Bildteil wurden zum größten Teil von Privatsammlern zur Verfügung gestellt. Sie wurden von Günter von Voithenberg, Mathias Mühe und Andreas Bauer fotografiert.
Darüber hinaus stellten uns die Uhrenfabriken, Museen und Auktionshäuser großzügig ihr Bildmaterial zur Verfügung.
Weiterhin halfen uns Auktionshäuser und Verlage mit Farblithos aus ihren Katalogen und Büchern.

Ihnen allen und auch den Fotografen, die wir nicht ermitteln konnten, sei hiermit gedankt.

Register

Die normalen Ziffern beziehen sich auf die Seitenzahlen, die halbfetten auf die Abbildungsnummern.

Anzeigen

ROLEX
PATEK PHILIPPE
CORUM
Chopard
IWC
Breguet
GIRARD-PERREGAUX
Cartier
BVLGARI
JAEGER-LECOULTRE
A. LANGE & SÖHNE
GLASHÜTTE I/SA
BREITLING
BAUME & MERCIER
BEYER
BEYER
BEYER

Armband-und Taschenuhren bei Sotheby's

Weltweit über 10 auf Uhren spezialisierte Auktionen pro Jahr

1. London, Auktion vom 3. Oktober 1996
Äusserst seltene Stahl Armbanduhr mit ewigem Kalender, Mondphase und indirekter Zentralsekunde, Patek Philippe & Co., Geneve, No. 864470, circa 1944
Verkauft für 573'500 Pfund

2. Genf, Auktion vom 19. Mai 1998
Feine und seltene Gold Armbanduhr mit ewigem Kalender, Mondphase, Chronograph mit Minuten-und Stundenzähler und original Goldband, Patek Philippe & Co., Geneve, No. 863192, circa 1945, Referenz 1518
Verkauft für 141'000 Schweizer Franken

3. New York, Auktion vom 28. Oktober 1996
Seltene und bedeutende kissenförmige Armbanduhr mit Minutenrepetition in Platin-Gold Gehäuse, Patek Philippe & Co., No. 138147, circa 1925, ursprünglich verkauft durch Tiffany & Co.
Verkauft für 662'500 Dollar

4. Hong Kong, Auktion vom 27 April 1998
Seltene und bedeutende Platin Armbanduhr mit ewigem retrogradem Kalender, Mondphase, Tourbillon und Mintenrepetition, Patek Philippe & Co., Geneve, No. 1905010, circa 1995, Referenz 5016
Verkauft für 3'320'000 Hong Kong Dollar

2.

3.

1.

4.

Für weitere Informationen, Kauf-oder Verkaufsberatung und Einlieferungen kontaktieren Sie bitte:

Daryn Schnipper,
Jane Puckett,
1334 York Avenue,
New York, NY 10021, USA,
Tel. (212) 606'7162,
Fax. (212) 606'7014

Aurel Bacs,
Daniela Wieghardt,
13. Quai du Mont-Blanc,
1201 Geneva, Switzerland,
Tel ++41 (22) 908'48'55,
Fax. ++41 (22) 908'48'58

Jonathan Darracott,
34/35 New Bond Street,
London W1A 2AA,
Great Britain,
Tel ++44 (171) 293'5810,
Fax. ++44 (171) 293'5915

Tim Bourne,
1 Cuscaden Road, 01-01 The Regent
Singapore, Singapore 249715,
Tel. ++65 732'8239,
Fax. ++65 737'0295

Arthur Cheng,
Li Po Chun Chambers, 18th Floor,
189 Des Voeux Road, Central,
Hong Kong,
Tel. ++852 2822'8157,
Fax. ++852 2810'6238

SOTHEBY'S